华为 HCIA-Datacom 网络技术学习指南

韩立刚　张怀亮　赵　尚　刘育欣◎著

人 民 邮 电 出 版 社
北　京

图书在版编目（C I P）数据

华为HCIA-Datacom网络技术学习指南 / 韩立刚等著
. -- 北京 : 人民邮电出版社, 2023.6
ISBN 978-7-115-61296-0

Ⅰ. ①华… Ⅱ. ①韩… Ⅲ. ①计算机网络－指南
Ⅳ. ①TP393-62

中国国家版本馆CIP数据核字(2023)第040016号

内 容 提 要

本书基于华为 HCIA-Datacom v1.0 考试大纲编写，采用基础知识讲解+原理剖析+实战案例分析的方式，以助力读者通过华为 HCIA-Datacom 认证考试。本书主要内容包括计算机通信基础、IP 地址和子网划分、管理华为设备、静态路由、动态路由、交换机组网、网络安全与网络地址转换、网络服务、无线局域网、IPv6、广域网、园区网典型组网案例、SDN 和自动化运维等。

本书内容全面、原理剖析深入、案例思路清晰。本书不仅有专业的网络技术基础知识介绍，而且有深入浅出的技术原理解析。本书既可以作为准备参加华为 HCIA-Datacom 认证考试的学员的自学用书，也可以作为高等院校、培训机构的教学用书。

◆ 著　　　韩立刚　张怀亮　赵　尚　刘育欣
责任编辑　秦　健
责任印制　王　郁　焦志炜

◆ 人民邮电出版社出版发行　　北京市丰台区成寿寺路 11 号
邮编　100164　　电子邮件　315@ptpress.com.cn
网址　https://www.ptpress.com.cn
廊坊市印艺阁数字科技有限公司印刷

◆ 开本：787×1092　1/16
印张：22.5　　2023 年 6 月第 1 版
字数：560 千字　　2024 年 7 月河北第 4 次印刷

定价：109.80 元

读者服务热线：(010)81055256　印装质量热线：(010)81055316
反盗版热线：(010)81055315
广告经营许可证：京东市监广登字 20170147 号

前　言

我大学学的是化工工艺专业，1999 年毕业后到化肥厂上班，我感觉信息技术（Information Technology，IT）在未来将会得到广泛应用。我认为 IT 更能体现个人价值，而且学高端 IT 只需要一台计算机即可。于是我怀揣着对未来美好生活的期待，毅然决定改行，进军 IT 领域，开始学习 IT。

我从一名非计算机专业毕业的大学生到一名 IT 职业培训讲师，从一个 IT“菜鸟”到一位出版 10 多本计算机图书的作者，从一名化工技术员到一名微软公司的最有价值专家（Most Valuable Professional，MVP），历经 20 多年，其间有对坚持学习 IT 的恒心，也有对 IT 职业培训的思考。随着“互联网时代”到来，我敏锐地察觉到 IT 培训要和互联网结合，通过在线教育打破教学的时间和空间限制。随着技术发展和人们需求的变化，互联网教育已走向历史的舞台。

由于我自己是非计算机专业出身且从零基础开始学习计算机网络知识，后成为教授计算机网络课程的老师，因此非常了解零基础的学生在学习计算机网络知识过程中所遇到的困惑。在微软公司授权的培训中心工作时我经常给企业网管做培训，通过帮他们解决工作中的问题，形成了实战风格较强的网络课程。计算机专业的学生在学习我的网络课程的过程中能清晰感觉到与学院派讲师的差别。

学习计算机网络就像考驾照，只学习理论知识是不够的，还需要动手实践。

我听过很多老师的计算机网络课程。有些老师参照书本制作 PPT，所教授的内容仅局限于书本，对知识没有进一步扩展，和实际没有多少关联，这样的教学过程其实和学生自己看书差不多。授课老师还需要站在学生的角度才能把课讲好。

我教授计算机网络课程 20 多年，教授计算机网络原理课程 12 年，每一年都有新的提高，每一遍都有新的认识。如今我把对网络的认识写成这本书，用直白的语言、通俗的案例阐述计算机网络技术，将实战融入理论，并使用华为路由器和交换机搭建计算机网络环境。读者在阅读完本书之后，能够掌握计算机通信理论，使用华为路由器和交换机组建企业局域网和广域网，熟练配置华为设备。

如果你是高校教师，讲台就是舞台，老师就是演员，一本好的教材就是一个好的剧本，它可以让你的舞台表演更加精彩。

如果你是学生，感觉学习计算机网络无从下手，甚至失去信心，不要认为自己不适合学习 IT，可能是你没找到适合自己的教材。

本书特色

本书具有如下特色。

- 理论与实践并重，用理论引导实践，用实践验证理论。

- 无须购买硬件设备，可使用 eNSP 软件来模拟网络设备，搭建学习环境。
- 一图胜千言，本书主要内容配有形象的示意图，以降低读者的学习门槛。
- 大多数章配备课后习题，以帮助读者夯实基础。
- 提供教学课件，以视听等多种方式进一步帮助读者理解并掌握本书内容。
- 为关键知识点和实验章节提供配套的讲解视频。
- 提供答疑教学服务群，解答师生问题。

本书组织结构

本书共 13 章，每章讲解的主要内容如下所示。

- 第 1 章介绍计算机通信使用的应用层协议、传输层协议、网络层协议和数据链路层协议等基础知识。
- 第 2 章介绍 IP 地址的组成和 IP 地址分类、子网划分和变长子网划分、使用超网合并网段等。
- 第 3 章介绍使用 eNSP 搭建实验环境，通过 Console 口、Telnet 对路由器进行常规配置，创建登录账户和密码，管理路由器配置文件，以及使用抓包工具捕获链路中的数据包等。
- 第 4 章讲解网络畅通的条件，在路由器上添加静态路由，通过路由汇总和默认路由简化路由表等。
- 第 5 章介绍 OSPF 协议的工作特点，以及使用 OSPF 协议构造路由表等。
- 第 6 章介绍配置交换机的端口安全，STP 阻断交换机组网的环路，创建 VLAN 隔绝网络广播，以及使用单臂路由和三层交换实现 VLAN 间路由等。
- 第 7 章介绍在路由器上创建基本访问控制列表（Access Control List，ACL）和高级访问控制列表实现数据包过滤、网络安全，以及使用 ACL 保护路由器安全等。在路由器上配置 NAPT，实现私网访问 Internet，配置端口映射实现 Internet 访问内网服务器。
- 第 8 章介绍将路由器配置为 DHCP 服务器以便为网络中的计算机分配 IP 地址，实现跨网段分配 IP 地址，并介绍了网络管理、SNMP、NTP 等。
- 第 9 章讲解什么是 WLAN，以及 WLAN 业务分类、WLAN 的标准、WLAN 产品的演进和企业无线网络的配置等。
- 第 10 章讲解 IPv6 地址分类和地址格式、IPv6 地址自动配置、IPv6 静态路由和 IPv6 动态路由等。
- 第 11 章介绍广域网使用的数据链路层协议，如 HDLC、PPP、帧中继等，将路由器配置为 PPPoE 客户端和 PPPoE 服务器。
- 第 12 章介绍一个企业园区网典型组网案例，通过一个企业的具体应用场景，使用华为设备组建企业园区网、规划内网网段、部署有线和无线网络设备等。
- 第 13 章讲解 SDN（软件定义网络）、NFV（网络功能虚拟化）、网络编程与自动化运维、使用 Python 进行网络设备管理等。

本书常用图标

为便于读者理解，本书配套提供了大量讲解图片，其中涉及的图标的含义如下。

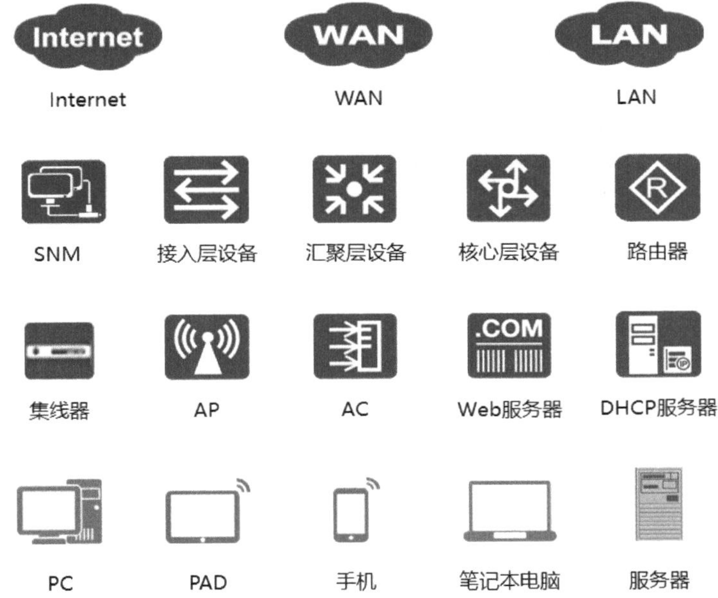

在本书中，图中涉及的部分缩写词含义是：E 表示 Ethernet 接口；F 或 FE 表示 Fast Ethernet 接口；G 或 GE 代表 GigabitEthernet 接口；S 表示 Serial 接口。

本书读者对象

本书是数据通信基础教辅，定位为本科院校计算机网络方面的教辅，其中的数据通信知识和网络案例是对计算机网络理论的落地，读者学完相关知识后能够考取华为认证网络工程师（Huawei Certified ICT Associate，HCIA）。

本书适合的读者对象如下：

- 大中专院校网络工程、软件工程等专业学生；
- 从事 IT 运维、网络安全、软件开发、软件测试工作的在职人员；
- 致力于考取计算机专业研究生的学生；
- 致力于考取 HCIA 的学生和在职人员。

本书资源

除了纸质图书之外，作者还为本书提供了完整的教学课件（免费）以及配套的视频课程（收费）。教学课件资源可通过本书在异步社区的相应页面进行下载，也可以向本书作者索要。

由于作者水平有限，疏漏之处在所难免，恳请广大读者批评指正。欢迎各位读者扫描下方的二维码加作者微信，及时进行沟通。欲了解作者最新动态和知识点分享，请关注其抖音号。

微信二维码

抖音号

致谢

Internet 技术的发展为老师提供了广阔的舞台。感谢 51CTO 学堂为全国的 IT 专家和 IT 教育工作者提供教学平台。

感谢我的学生们，正是与他们的沟通，我才了解到初学者的困惑，授课水平的提升离不开对学生更深入的了解。更感谢工作在一线的 IT 运维人员，他们反馈的在工作中遇到的疑难问题丰富了我讲课的案例。

感谢那些通过网络视频学习我的课程的学生们，我们虽然没有见过面，但我能够感受到你们想通过知识改变命运的决心和毅力。这也一直激励着我不断提供更丰富的学习资源。

感谢韩旭同学提供的技术校对支持。

韩立刚

资源与支持

本书由异步社区出品，社区（https://www.epubit.com）为您提供相关资源和后续服务。

提交勘误

作者、译者和编辑尽最大努力来确保书中内容的准确性，但难免会存在疏漏。欢迎您将发现的问题反馈给我们，帮助我们提升图书的质量。

当您发现错误时，请登录异步社区，按书名搜索，进入本书页面，单击“发表勘误”，输入错误信息，单击“提交勘误”按钮即可，如下图所示。本书的作者和编辑会对您提交的错误信息进行审核，确认并接受后，您将获赠异步社区的 100 积分。积分可用于在异步社区兑换优惠券、样书或奖品。

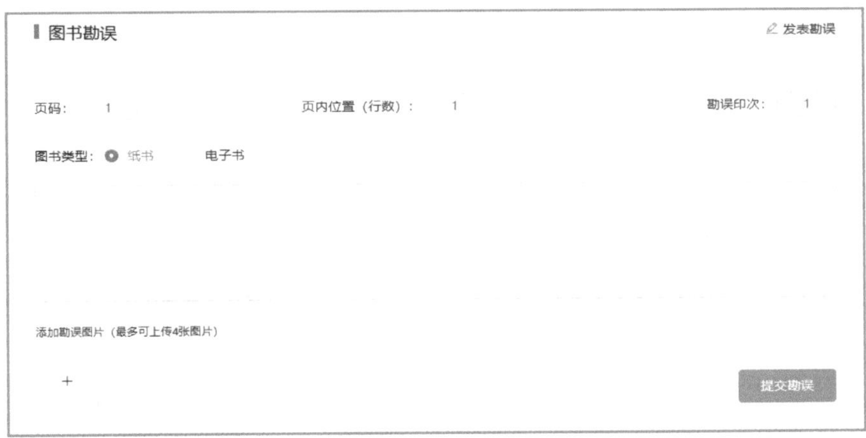

扫码关注本书

扫描下方二维码，您将会在异步社区微信服务号中看到本书信息及相关的服务提示。

与我们联系

我们的联系邮箱是 contact@epubit.com.cn。

如果您对本书有任何疑问或建议，请您发邮件给我们，并请在邮件标题中注明本书书名，以便我们更高效地做出反馈。

如果您有兴趣出版图书、录制教学视频，或者参与图书翻译、技术审校等工作，可以发邮件给我们；有意出版图书的作者也可以到异步社区投稿（直接访问 www.epubit.com/contribute 即可）。

如果您所在的学校、培训机构或企业想批量购买本书或异步社区出版的其他图书，也可以发邮件给我们。

如果您在网上发现有针对异步社区出品图书的各种形式的盗版行为，包括对图书全部或部分内容的非授权传播，请您将怀疑有侵权行为的链接通过邮件发送给我们。您的这一举动是对作者权益的保护，也是我们持续为您提供有价值的内容的动力之源。

关于异步社区和异步图书

“**异步社区**”是人民邮电出版社旗下 IT 专业图书社区，致力于出版精品 IT 图书和相关学习产品，为作译者提供优质出版服务。异步社区创办于 2015 年 8 月，提供大量精品 IT 图书和电子书，以及高品质技术文章和视频课程。更多详情请访问异步社区官网 https://www.epubit.com。

“**异步图书**”是由异步社区编辑团队策划出版的精品 IT 图书的品牌，依托于人民邮电出版社几十年的计算机图书出版积累和专业编辑团队，相关图书在封面上印有异步图书的 LOGO。异步图书的出版领域包括软件开发、大数据、人工智能、测试、前端、网络技术等。

异步社区

微信服务号

目　录

第 1 章

计算机通信基础

本章内容

- 应用层协议
- 传输层协议
- 网络层协议
- 数据链路层协议
- TCP/IPv4 栈和 OSI 参考模型

本章重点讲解计算机通信使用的协议。计算机通信实际上是指计算机上的应用程序通信，比如通过浏览器访问网站时，浏览器和网站就是计算机上的两个应用程序。适用于访问 Internet 资源的浏览器有多种，比如 360 浏览器、谷歌浏览器、火狐浏览器等。Internet 上的网站也是由多种服务组成的，比如 Windows 服务器上的 IIS 服务、Linux 操作系统下的 Tomcat 服务等。为了让不同的浏览器能够访问不同的网站，需要将访问网站的方法确定下来，这就是协议，网络中访问网站的协议是 HTTP。Internet 中的应用有很多，每一种应用都有相应的协议，比如发送电子邮件的协议是 SMTP，接收电子邮件的协议是 POPv3。这些协议称为应用层协议。常见的应用层协议有 HTTP、POPv3、SMTP、FTP、DNS、DHCP、Telnet 等。

计算机网络有时是不可靠的，有可能拥塞，造成数据包丢失，这就需要网络中的计算机通过可靠的传输协议为应用程序通信提供可靠的数据传输，这些协议称为传输层协议。传输层协议有 TCP 和 UDP 等。

由于 Internet 由众多网络连接而成，因此数据从一个网络到达目的网络可能有多条路径，这就需要有专门为数据包选择转发路径的协议，这些协议称为网络层协议。网络层协议有 IP、ICMP、IGMP（Internet Group Management Protocol，互联网组管理协议）和 ARP 等。

计算机通信通常要经过多条链路，这些链路可以是光纤、双绞线、无线等。计算机通信时发送端需要将数据包从链路的一端传输到另一端，接收端要能够判断出哪儿是数据的头，哪儿是数据的尾，在传输过程中有没有差错等。这就要求发送端和接收端遵循相同的规范即数据链路层协议来封装数据。不同的链路可以选用不同的数据链路层协议，数据链路层协议实现的功能都一样，包括封装成帧、透明传输、差错检验 3 个。

为了使全球范围内的计算机可以进行开放式通信，国际标准化组织（International Organization for Standardization，ISO）制定了实现网络互连的一个参考模型，即开放系统互连参考模型（Open System Interconnection Reference Model，OSI-RM）。该模型（体系结构标准）定义了网络互连的 7 层框架，即物理层、数据链路层、网络层、传输层、会话层、表示层和应用层，更多信息请参考 1.5.2 节。

TCP/IPv4 栈是现行的工业标准，它对 OSI-RM 模型进行精简，将其合并成 4 层。TCP/IPv4

栈是一组协议，根据功能，这组协议从上到下依次对应应用层、传输层、网络层和网络接口层。

1.1　应用层协议

计算机通信实质上是指计算机上的应用程序通信，通常由客户端向服务端发起通信请求，服务端向客户端返回响应，实现应用程序的功能。

在 Internet 中应用有多种，如访问网站、域名解析、发送电子邮件、接收电子邮件、文件传输等。如图 1-1 所示，每一种应用都需要规定好客户端能够向服务端发送哪些请求，服务端能够向客户端返回哪些响应，客户端向服务端发送请求（命令）的顺序，发生意外后如何处理，发送请求和响应的报文有哪些字段，每个字段的长及值代表什么意思等。这些规定就是应用程序通信使用的协议，也称为应用层协议。

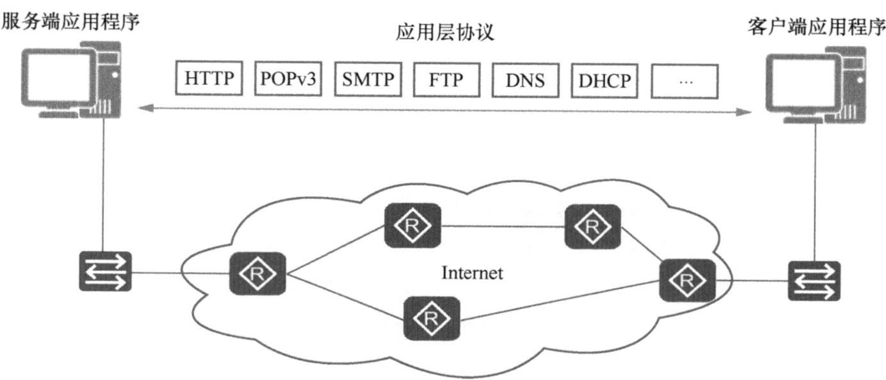

图 1-1　应用层协议（图中各图标的含义见前言的介绍）

下面列出了计算机网络中常见应用程序使用的协议及其用途。

- 超文本传送协议（HyperText Transfer Protocol，HTTP）用于访问 Web 服务。
- 简单邮件传送协议（Simple Mail Transfer Protocol，SMTP）用于发送电子邮件。
- 邮局协议第 3 版（Post Office Protocol version 3，POPv3）用于接收电子邮件。
- 域名服务（Domain Name Service，DNS）用于域名解析。
- 文件传送协议（File Transfer Protocol，FTP）用于在 Internet 中上传和下载文件。
- 远程登录协议（Telnet protocol，Telnet）用于远程配置网络设备、Linux 操作系统和 Windows 操作系统。
- 动态主机配置协议（Dynamic Host Configuration Protocol，DHCP）用于计算机或其他网络设备自动配置 IP 地址、子网掩码、网关和 DNS 等。

1.1.1　HTTP

访问网站使用的 HTTP 是应用最为广泛的应用层协议之一。本节通过抓包分析 HTTP，查看客户端（Web 浏览器）向 Web 服务器发送的请求（命令）、查看 Web 服务器向客户端返回的响应（状态码），以及请求报文和响应报文的格式。HTTP 实现 Web 浏览器访问 Web 服务器的示意如图 1-2 所示。

图 1-2 HTTP

1. 请求报文格式

由于 HTTP 是面向文本的，因此报文中的每一个字段都是一些 ASCII 字符串，各个字段的长度都是不确定的。如图 1-3 所示，HTTP 请求报文由 3 个部分组成。

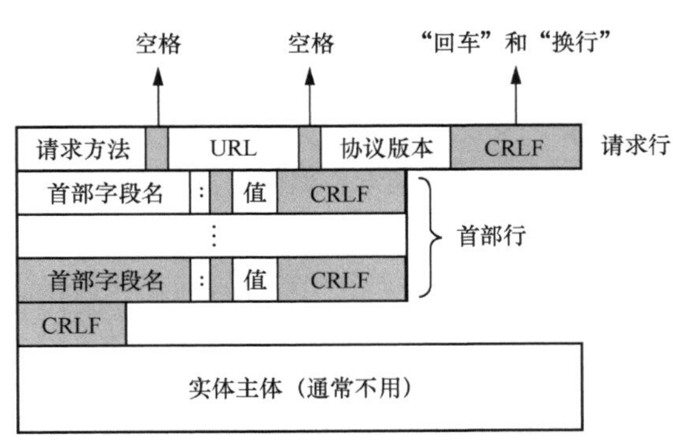

图 1-3 请求报文格式

（1）开始行。

开始行用于区分该报文是请求报文还是响应报文。在请求报文中的开始行叫作请求行，而在响应报文中的开始行叫作状态行。开始行的 3 个字段之间都以空格分隔，最后的“CRLF”中“CR”和“LF”分别代表“回车”和“换行”。

（2）首部行。

首部行用来说明浏览器、服务器或报文主体的信息。首部行可以有 0 行或多行。每个首部行都有首部字段名及其值，每一行在结束的地方都要有“CRLF”（“回车”和“换行”）。整个首部行结束时，还有一个空行将首部行和后面的实体主体分开。

（3）实体主体。

请求报文一般不用实体主体这个字段，而响应报文也可能没有这个字段。

Web 浏览器能够向 Web 服务器发送以下 8 种方法（有时也叫动作或命令）来表明 Request-URL 指定的资源的不同操作方式。

- GET：请求获取 Request-URL 所标识的资源。通过在 Web 浏览器的地址栏中输入网址的方式访问网页时，Web 浏览器采用 GET 方法向服务器请求网页。
- POST：在 Request-URL 所标识的资源后附加新的数据。要求被请求 Web 服务器接收附在请求后面的数据，常用于提交表单。比如向 Web 服务器提交信息、发帖、登录等。
- HEAD：请求获取由 Request-URL 所标识的资源的响应消息报文首部。
- PUT：请求 Web 服务器存储一个资源，并用 Request-URL 作为其标识。
- DELETE：请求 Web 服务器删除 Request-URL 所标识的资源。
- TRACE：请求 Web 服务器回送收到的请求信息，主要用于测试或诊断。
- CONNECT：用于代理服务器。
- OPTIONS：请求查询 Web 服务器的性能，或者查询与资源相关的选项和需求。

方法名称是区分大小写的。当某个请求所针对的资源不支持对应的请求方法的时候，Web 服务器应当返回状态码 405（Method Not Allowed）；当 Web 服务器不认识或者不支持对应的请求方法的时候，应当返回状态码 501（Not Implemented）。

2. 响应报文格式

通常每一个请求报文发出后，都能收到一个响应报文。响应报文的第一行就是状态行。如图 1-4 所示，状态行包括 3 项内容，即 HTTP 的版本、状态码以及解释状态码的简单短语。

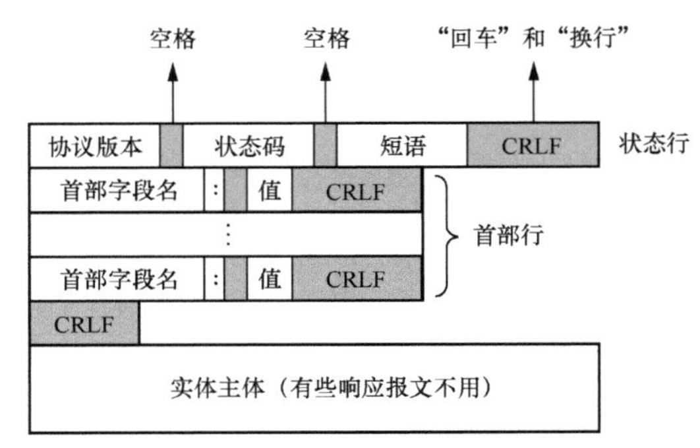

图 1-4　响应报文格式

3. HTTP 响应报文状态码

HTTP 响应报文状态码（Status-Code）都是 3 位数字的，分为 5 大类 33 种，如下所示。

- 1××表示通知信息，如请求收到或正在处理。
- 2××表示成功，如接受或知道了。
- 3××表示重定向，如要完成请求还必须采取进一步的行动。
- 4××表示客户端错误，如请求中有错误的语法或不能完成。
- 5××表示服务端出现错误，如由于 Web 服务器失效而导致无法完成请求。

下面是响应报文中经常见到的几种状态行。

- HTTP/1.1　202　Accepted（接受）。
- HTTP/1.1　400　Bad Request（错误的请求）。
- HTTP/1.1　404　Not Found（找不到）。

综上可知，HTTP 定义了 Web 浏览器访问 Web 服务器的步骤，能够向 Web 服务器发送哪些请求（方法），HTTP 请求报文格式（有哪些字段，分别代表什么意思）等，也定义了 Web 服务器能够向 Web 浏览器发送哪些响应（状态码），HTTP 响应报文格式（有哪些字段，分别代表什么意思）等。

举一反三，其他的应用层协议也需要定义以下内容。

- 客户端能够向服务端发送哪些请求（方法或命令）。
- 客户端和服务端命令交互顺序，比如针对 POPv3，需要先验证用户身份才能接收邮件。
- 服务端有哪些响应（状态码），每种状态码代表什么意思。
- 协议中每种报文的格式。如报文包含哪些字段，字段是定长还是变长，如果是变长，字段分隔符是什么等。

在计算机中通过抓包工具可以捕获网卡发出和接收的数据包，当然也能捕获应用程序通信时的数据包。这样就可以查看客户端和服务端的交互过程，即客户端发送了哪些请求，服务端返回了哪些响应。

如图 1-5 所示，在显示过滤器中输入“http and ip.addr == 202.206.100.34”，单击，应用显示过滤器，此时只显示访问河北师范大学网站的 HTTP 请求和响应的数据包。单击第 1 396 个数据包，可以看到该数据包中的 HTTP 请求报文，可以参照 HTTP 请求报文的格式进行对比，其请求方法是 GET。

第 1 440 个数据包是 Web 服务器响应数据包，状态码为 404。状态码 404 代表 Not Found（找不到）。

如图 1-6 所示，第 11 626 个数据包是 HTTP 响应报文，状态码为 200，表示成功处理了请求，一般情况下都会返回此状态码。可以参照 HTTP 响应报文的格式进行对比。

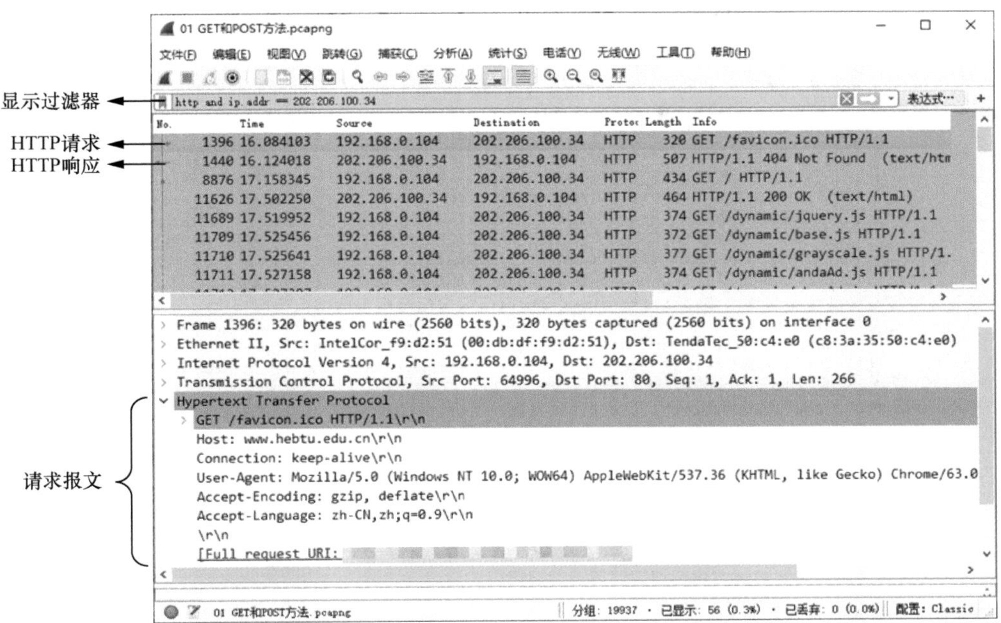

图 1-5 HTTP 请求报文

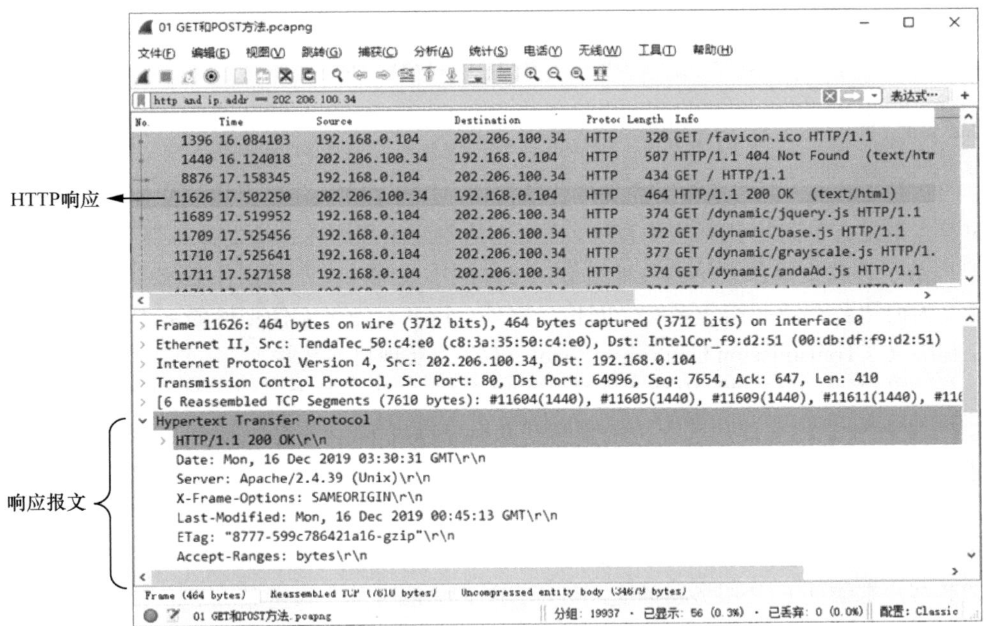

图 1-6 HTTP 响应报文

HTTP 除定义客户端使用 GET 方法请求网页以外，还定义了其他很多方法，比如通过 Web 浏览器向 Web 服务器提交内容、登录网站、搜索网站等就需要使用 POST 方法。使用相同的方法，在显示过滤器中输入“http.request.method == POST”，单击[按钮]，应用显示过滤器。如图 1-7 所示，单击第 19 390 个数据包，可以看到 Web 浏览器使用 POST 方法将搜索的内容提交给 Web 服务器。

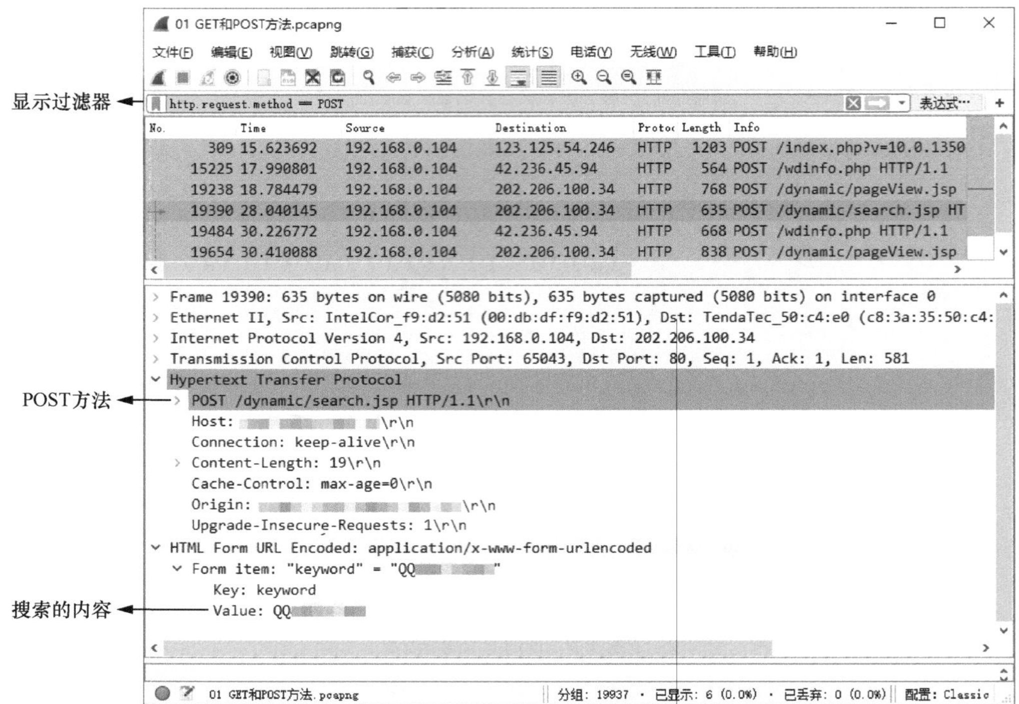

图 1-7 HTTP 的 POST 方法

1.1.2 FTP

FTP 是 Internet 中广泛使用的文件传输协议，用于在 Internet 上控制文件的双向传输。不同的操作系统有不同的 FTP 应用程序，而所有这些应用程序在传输文件时都遵守同一种协议。FTP 屏蔽了计算机操作系统的各种细节，可以减小或消除在不同操作系统中处理文件的不兼容性，因而适合在不同操作系统之间传送文件。FTP 只提供文件传输的基本服务。它使用传输控制协议（Transmission Control Protocol，TCP）实现可靠传输。

在使用 FTP 的过程中，用户会遇到两个概念——“下载”(Download) 和“上传”(Upload)。“下载”文件就是将文件从远程主机复制到本地计算机中，“上传”文件就是将文件从本地计算机复制到远程主机中。下面通过抓包工具 Wireshark 来分析 FTP 工作的过程。

首先在虚拟机中安装 Windows Server 2012 R2 服务器和 FTP 服务，然后在客户端（这里以 Windows 10 操作系统为例）利用抓包工具分析 FTP 客户端访问 FTP 服务器的数据包，观察 FTP 客户端访问 FTP 服务器的交互过程。在 FTP 服务器上设置禁止 FTP 的某些方法，以实现对 FTP 服务器的安全访问，比如禁止删除 FTP 服务器中的文件。

当运行抓包工具开始抓包后，通过 FTP 客户端上传一个 test.txt 文件，并将其重命名为 abc.txt，最后删除 FTP 服务器上的 abc.txt 文件。抓包工具会捕获 FTP 客户端发送的全部请求以及 FTP 服务器返回的全部响应。如图 1-8 所示，右击其中的一个 FTP 数据包，在弹出菜单中单击“追踪流”→“TCP 流”，出现图 1-9 所示的窗口。该窗口中显示了 FTP 客户端访问 FTP 服务器交互过程产生的所有数据。在该窗口中可以看到 FTP 中的方法，其中，STOR 方法用于上传 test.txt，CWD 方法用于改变工作目录，RNFR 方法用于重命名 test.txt，DELE 方法用于删除 abc.txt 文件。通过抓包工具还可看到 FTP 的其他方法，如使用 FTP 客户端在 FTP

服务器上创建文件夹、删除文件夹、下载文件等操作对应的方法。

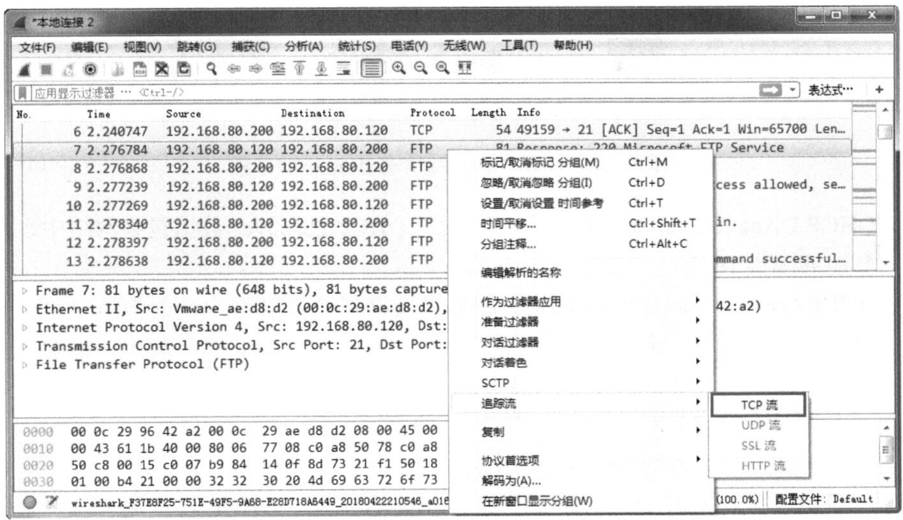

图 1-8 启用追踪流功能

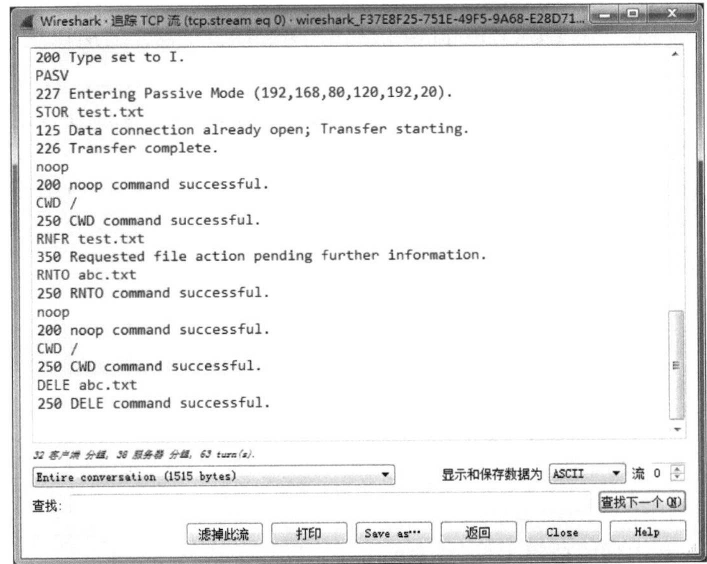

图 1-9 FTP 客户端访问 FTP 服务器交互过程示意

1.1.3 DHCP

在网络中计算机的 IP 地址、子网掩码、网关和 DNS 服务器等的设置既可以手动指定，也可以设置成自动获得。若设置成自动获得，就需要使用 DHCP 客户端从 DHCP 服务器请求 IP 地址。本节将讲解 DHCP 的工作过程以及 DHCP 的 4 种报文。

DHCP 客户端与 DHCP 服务器之间通过以下 4 种报文进行通信，具体过程如图 1-10 所示。DHCP 定义了 4 种类型的报文。

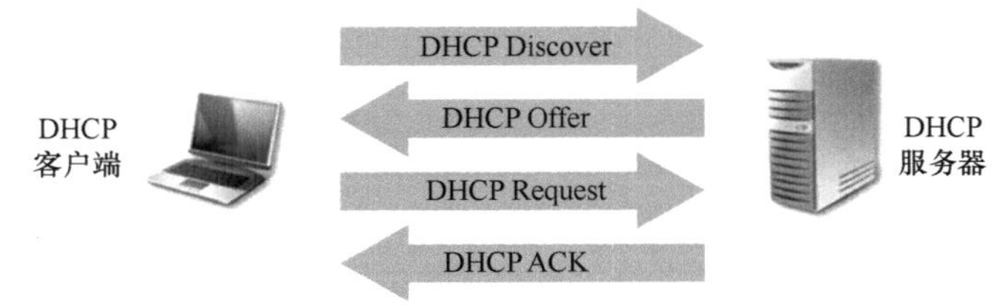

图 1-10　DHCP 客户端请求 IP 地址的过程

- DHCP Discover。DHCP 客户端会先发送 DHCP Discover 数据包到网络中，以寻找一台能够提供 IP 地址的 DHCP 服务器。
- DHCP Offer。当网络中的 DHCP 服务器接收到 DHCP 客户端的 DHCP Discover 数据包后，就会从 IP 地址池中挑选一个尚未出租的 IP 地址，然后利用广播的方式发送给 DHCP 客户端。之所以使用广播方式，是因为此时 DHCP 客户端还没有 IP 地址。在尚未与 DHCP 客户端完成租用 IP 地址的流程之前，这个 IP 地址会被暂时保留起来，避免再分配给其他的 DHCP 客户端。如果网络中多台 DHCP 服务器均收到 DHCP 客户端发送的 DHCP Discover 数据包，并且都响应了 DHCP 客户端（表示它们都可以提供 IP 地址给此客户端），那么 DHCP 客户端会选择收到的第一个 DHCP Offer 信息。
- DHCP Request。当 DHCP 客户端选择收到的第一个 DHCP Offer 信息后，就利用广播的方式，响应一个 DHCP Request 信息给 DHCP 服务器。之所以使用广播方式，是因为它不但要通知所挑选的 DHCP 服务器，还必须通知没有选择的其他 DHCP 服务器，以便这些 DHCP 服务器将原本欲分配给此 DHCP 客户端的 IP 地址收回，以供其他 DHCP 客户端使用。
- DHCP ACK。DHCP 服务器收到 DHCP 客户端请求 IP 地址的 DHCP Request 信息后，就会利用广播的方式送出 DHCP ACK 信息给 DHCP 客户端。之所以使用广播的方式，是因为此时 DHCP 客户端还没有 IP 地址，此信息包含 DHCP 客户端所需要的 TCP/IP 配置信息，如子网掩码、默认网关、DNS 服务器等。

DHCP 客户端在收到 DHCP ACK 信息后，就完成了获取 IP 地址的步骤，接下来可以利用这个 IP 地址与网络中的其他计算机通信。

在 DHCP 客户端上使用抓包工具 Wireshark，捕获 DHCP 服务器给计算机分配 IP 地址的 4 种数据包——DHCP Discover、DHCP Offer、DHCP Request 和 DHCP ACK。

运行抓包工具 Wireshark，将本地连接的地址由静态地址设置成“自动获得 IP 地址”，将 DNS 服务器地址设置成“自动获得 DNS 服务器地址”，单击“确定”按钮，如图 1-11 所示。

图 1-11　设置 DHCP 客户端

停止抓包，在显示过滤器中输入“ip.addr == 255.255.255.255”。因为在请求 IP 地址和提供 IP 地址的过程中目的 IP 地址都是广播地址。可以看到 DHCP 服务器给计算机分配 IP 地址的 4 种报文。图 1-12 所示的是 DHCP Offer 报文的格式。DHCP 不仅定义了 4 种报文格式，而且定义了这 4 种报文的交互顺序。

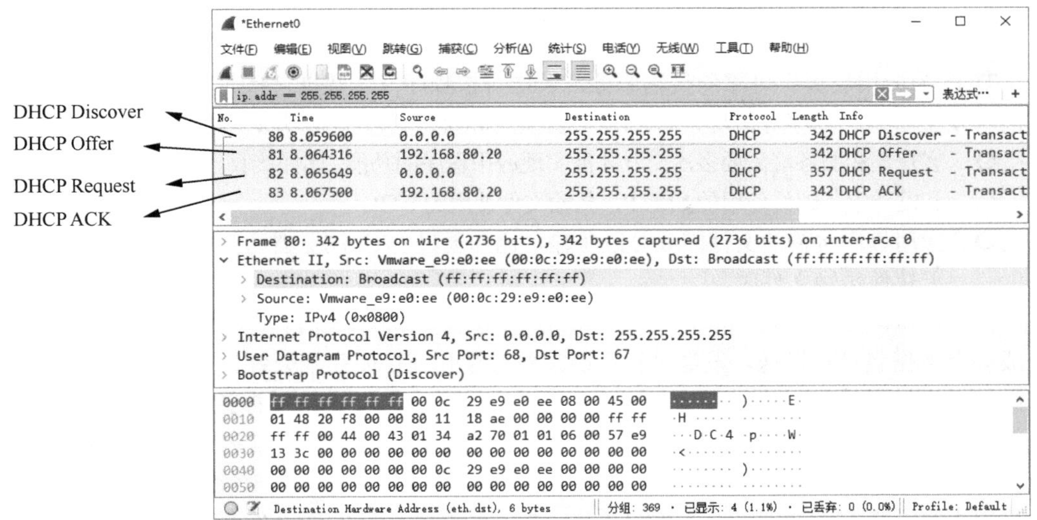

图 1-12 DHCP Offer 报文格式

1.2 传输层协议

计算机网络负责为网络中的计算机和智能设备传输数据。如图 1-13 所示，服务端给客户端发送一个网页。有可能因网络拥塞而造成数据包丢失，如第 5 个数据包被路由器丢弃了。由于不同的数据包单独选择转发路径，因此这些数据包也可能不按顺序到达客户机，如第 4 个数据包已经到达客户端并缓存，而第 3 个数据包还没到达。

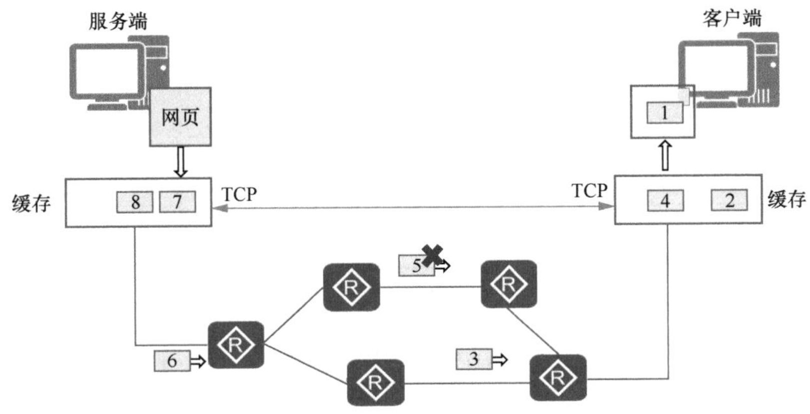

图 1-13 数据包在网络中的传输过程

为了在不可靠的网络中为计算机提供可靠的通信，进行通信的计算机就需要有一种机制，使得发送端能够发现丢包后自动重传，接收端能够排序接收的数据包，同时发送端还要能够感知网络是否拥塞，以自动调整发送速率。

TCP 可以保障计算机在 Internet 中实现可靠的数据通信。TCP 使得 Internet 中的各种服务器（如 Windows 服务器、Linux 服务器等）和计算机、智能设备（如安卓手机、苹果手机等）能够相互通信。

1.2.1 TCP 的应用场景

TCP 为应用层提供可靠的传输服务，发送端按顺序发送数据，接收端按顺序接收数据，其间若发生丢包、乱序等情况，TCP 须负责重传和排序。下面是 TCP 的应用场景。

- 客户端和服务端需要多次交互才能实现应用程序的功能，比如接收电子邮件使用的 POPv3 和发送电子邮件使用的 SMTP，传输文件使用的 FTP。
- 应用程序传输的文件需要分段传输，比如通过 Web 浏览器访问网页或者使用 QQ 聊天软件传输文件时。

例如，从网络中下载一个大小为 500MB 的电影或 200MB 的软件，这么大的文件需要拆分成多个数据包进行发送，发送过程可能需要持续几分钟或几十分钟。其间，发送端以字节流的形式将发送的内容一边发送一边放入缓存，传输层会将缓存中的字节流分段并编号，然后按顺序发送。这一过程需要发送端和接收端建立连接，并协商通信过程的一些参数（比如一个段的最大字节等）。需要说明的是，这里所说的段在网络层加上 IP 首部即可形成数据包。如果因网络不稳定而造成某个数据包丢失，发送端必须重新发送丢失的数据包，否则会造成接收的文件不完整。如果发送端发送速率太快，接收端来不及处理，此时接收端还会通知发送端降低发送速率甚至停止发送，这就是 TCP 的流量控制功能。Internet 中的流量不固定，流量高峰时段可能产生网络拥塞（这一点很好理解，就像城市上下班高峰时的交通堵塞一样）。发生网络拥塞时，来不及转发的数据包就会被路由器丢弃。在传输过程中 TCP 会一直探测网络是否拥塞，进而来调整发送速率。TCP 有拥塞避免机制。

如图 1-14 所示，发送端的发送速率由网络是否拥塞和接收端接收速率两个因素控制，哪个速率低，就用那个速率发送。

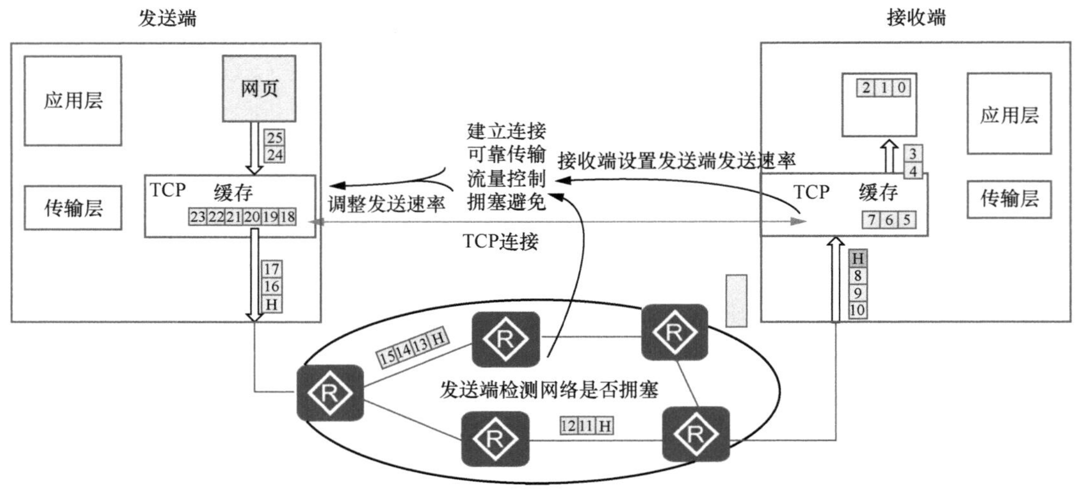

图 1-14 TCP 拥塞避免机制示意

1.2.2 UDP 的应用场景

有些应用程序通信使用 TCP 效率就会变低。比如在有些应用程序中，客户端只需向服务端发送一个请求报文，服务端返回一个响应报文就完成了相应功能。这类应用程序如果使用

TCP，需要发送 3 个数据包建立连接，再发送 4 个数据包释放连接，传输效率不高。这类应用程序在传输层中通常使用用户数据报协议（User Datagram Protocol，UDP）。以下是 UDP 的应用场景。

- 客户端和服务端通信时，应用程序发送的数据包不需要分段。比如域名解析时，DNS 服务器在传输层使用 UDP。客户端向 DNS 服务器发送一个解析某个网站的域名的报文请求，DNS 服务器将解析的结果用一个报文返回给客户端。
- 实时通信。比如使用 QQ、微信等实时通信工具进行语音聊天、视频聊天等。这类应用程序的发送端和接收端需要实时交互，也就是不允许有较长的延迟，即便有几句话因为网络拥塞没听清，也不能使用 TCP 等待丢失的报文，如果等待的时间太长，就无法实现实时通信。
- 组播或广播通信。比如在学校的多媒体机房中，教师使用的计算机需要向学生使用的计算机分享屏幕，此时可以在教师使用的计算机上安装多媒体教室服务端软件，在学生使用的计算机上安装多媒体教室客户端软件，教师使用的计算机通过组播地址或广播地址发送报文，而学生使用的计算机都能收到报文。

知道了传输层中 TCP、UDP 两种协议的特点和应用场景，就很容易判断某个应用程序在传输层使用什么协议。接下来分析使用 QQ 传输文件以及使用 QQ 聊天在传输层使用什么协议。

使用 QQ 传输文件的过程通常会持续几分钟或几十分钟，由于无法使用一个数据包完整传输文件，因此需要分段传输文件。由于在传输过程中需要实现可靠传输、流量控制、拥塞避免等功能，因此可以在传输层使用 TCP 来实现。

在使用 QQ 聊天的过程中，由于通常一次输入的聊天内容不会有太多文字，因此使用一个数据包就能发送聊天内容。另外说完第一句后，无法确定什么时候会说第二句，即发送数据不是持续的，没必要让通信的两台计算机一直保持连接，因此可以在传输层使用 UDP 发送 QQ 聊天内容。

综上可知，应用程序在传输层可以根据通信的特点选择不同的协议。

传输层的 UDP 是一个无连接的传输协议。UDP 为应用程序提供了一种无须建立连接就可以发送 IP 数据包的方法。

UDP 没有对发送的数据包进行排序、丢包重传、流量控制等功能。也就是说，当报文发送之后，无法得知其是否已安全、完整到达。UDP 存在的意义更多的是利用 UDP 加端口号的方式来标识一个应用层协议。

1.2.3 传输层协议和应用层协议之间的关系

应用层协议有很多个，但是传输层协议只有两个。那么如何使用传输层的这两个协议来标识不同的应用层协议呢？

在传输层中可以使用一个 16 位二进制数来标识一个端口，端口号取值范围为 0～65 535，这对一台计算机来说是够用的。

端口号可分为两大类——服务端使用的端口号和客户端使用的端口号。

1. 服务端使用的端口号

服务端使用的端口号又可分为两类，最重要的一类叫作熟知端口号（Well-Known Port Number）或系统端口号，数值为 0～1 023。因特网编号分配机构（Internet Assigned Numbers

Authority，IANA）把这些端口号指派给 TCP/IP 非常重要的一些应用程序，以便所有的用户都知道。图 1-15 给出了一些常用的熟知端口号。

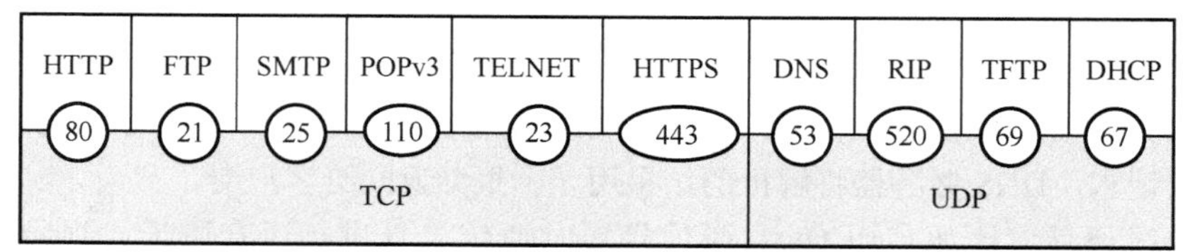

图 1-15 熟知端口号

另一类叫作登记端口号，数值为 1 024～49 151。这类端口号是为没有熟知端口号的应用程序使用的。使用这类端口号必须按照规定的流程在 IANA 进行登记，以防止重复。比如微软公司的远程桌面协议（Remote Desktop Protocol，RDP）使用的 TCP 3 389 端口就属于登记端口号。

2. 客户端使用的端口号

当通过 Web 浏览器访问网站或登录 QQ 等客户端软件与服务端软件建立连接时，计算机会为客户端软件分配临时端口号，这就是客户端端口号，取值范围为 49 152～65 535，由于这类端口号仅在客户端进程运行时才动态分配，因此又叫作临时（短暂）端口号。这类端口号是留给客户端进程暂时使用的。当服务端进程收到客户端进程的报文时，就知道了客户端进程所使用的端口号，因而可以把数据发送给客户端进程。通信结束后，已使用过的客户端端口号将不复存在。之后这个端口号也可以供其他客户端进程使用。

下面列出了一些常见的应用层协议默认使用的协议和端口号。

- HTTP 默认使用 TCP 的 80 端口。
- FTP 默认使用 TCP 的 21 端口。
- SMTP 默认使用 TCP 的 25 端口。
- POPv3 默认使用 TCP 的 110 端口。
- 超文本传输安全协议（HyperText Transfer Protocol Secure，HTTPS）默认使用 TCP 的 443 端口。
- DNS 默认使用 UDP 的 53 端口。
- RDP 默认使用 TCP 的 3 389 端口。
- Telnet 默认使用 TCP 的 23 端口。
- Windows 操作系统访问共享资源时默认使用 TCP 的 445 端口。
- 微软公司的 SQL 数据库默认使用 TCP 的 1 433 端口。
- MySQL 数据库默认使用 TCP 的 3 306 端口。

以上列出的都是默认端口，也可以更改应用层协议所使用的端口。如果不使用默认端口，客户端需要指明所使用的端口。如图 1-16 所示，服务端运行了 Web 服务、SMTP 服务和 POPv3 服务，这 3 个服务分别使用 HTTP、SMTP 和 POPv3 与客户端通信。现在网络中的客户端计算机 A、计算机 B 和计算机 C 分别打算访问服务器的 Web 服务、SMTP 服务和 POPv3 服务，并发送了 3 个数据包①、②、③，这 3 个数据包的目的端口号分别是 80、25 和 110，服务端收到这 3 个数据包后，会根据目的端口号将数据包提交给不同的服务。

总结：数据包的目的 IP 地址用于在网络中定位某一个服务端，目的端口号用于定位服务端上的某个服务。

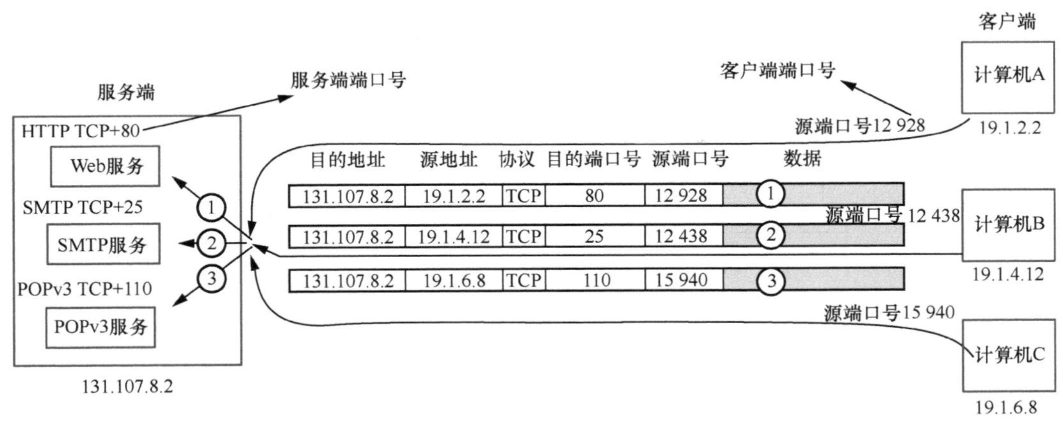

图 1-16 端口和服务的关系示意

1.2.4 TCP 首部

本节讲解 TCP 报文的首部格式。由于 TCP 需要实现数据分段传输、可靠传输、流量控制、网络拥塞避免等功能，因此 TCP 报文首部比 UDP 报文首部字段要多，并且其首部长度不固定。如图 1-17 所示，TCP 报文首部的前 20 字节是固定的，后面的 4*N* 字节是根据需要而增加的选项（*N* 是整数）。因此 TCP 首部的最小长度是 20 字节。

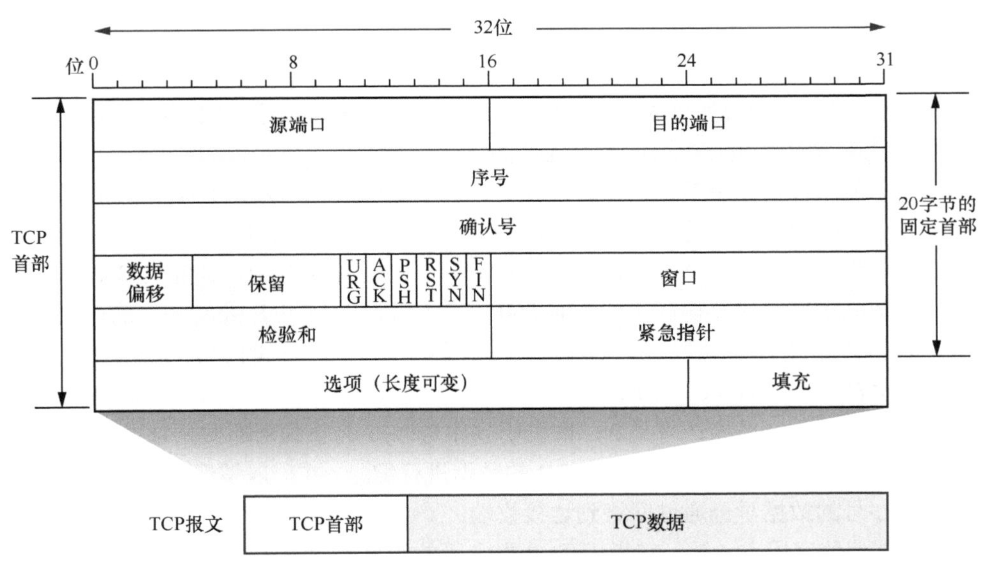

图 1-17 TCP 首部

TCP 首部固定部分各字段的含义如下。

（1）源端口和目的端口字段各占 2 字节，分别写入源端口号和目的端口号。

（2）序号字段占 4 字节。序号范围是[0，$2^{32}-1$]，共 2^{32}（即 4 294 967 296）个序号。序号增加到 $2^{32}-1$ 后，下一个序号就又回到 0。TCP 是面向字节流的。在一个 TCP 连接中传送的字节流的每一字节都按顺序编号。整个要传送的字节流的起始序号必须在连接建立时设置。首部中的序号字段值指的是本报文段所发送的数据的第 1 字节的序号。如图 1-18 所示，以计算机 A 给计算机 B 发送一个文件为例来说明序号和确认号的用法，为了方便说明问题，这里没有展现传输层的其他字段，第一个报文段的序号字段值是 1，而携带的数据共有 100 字节。这就表明：

本报文段的数据的第 1 字节的序号是 1，最后 1 字节的序号是 100。下一个报文段的数据序号应当从 101 开始，即下一个报文段的序号字段值应为 101。因此，这个字段的名称也叫作“报文段序号”。

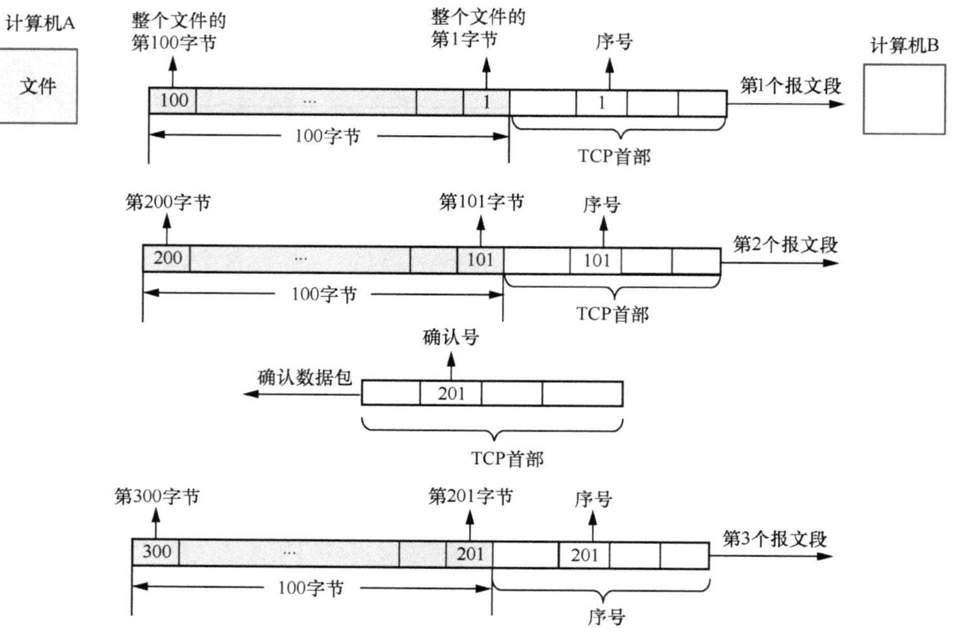

图 1-18　序号和确认号的用法

计算机 B 将接收的数据包放到缓存中，根据序号对接收的数据包中的字节进行排序，计算机 B 的应用程序会从缓存中读取编号连续的字节。

（3）确认号字段占 4 字节，是期望接收对方下一个报文段的第一个数据字节的序号。

TCP 之所以能够实现可靠传输，是因为接收端收到几个数据包后，就会给发送端一个确认数据包，告诉发送端下一个数据包该发第几字节了。在图 1-18 中，计算机 B 收到两个数据包，将两个数据包字节排序得到连续的前 200 字节，此时计算机 B 要发一个确认数据包给计算机 A，告诉计算机 A 应该发送第 201 字节了，这个确认数据包的确认号就是 201。确认数据包没有数据部分，只有 TCP 首部。

总之，应当记住，若确认号是 N，则表明到序号 $N-1$ 为止的所有数据都已正确收到。

由于序号字段有 32 位，因此可对 4GB 的数据进行编号。在一般情况下可保证当序号重复使用时，旧序号的数据早已通过网络到达接收端。

（4）数据偏移字段占 4 位，它指出 TCP 报文段的数据起始处距离 TCP 报文段的起始处有多远。这个字段实际上是指出 TCP 报文段的首部长度。由于首部中还有长度不确定的选项字段，因此数据偏移字段是必要的。但请注意，“数据偏移”的单位为 4 字节，由于 4 位二进制数能够表示的最大十进制数是 15，因此数据偏移的最大值是 60 字节，这也是 TCP 首部的最大长度，也就意味着选项长度不能超过 40 字节。如果只有固定长度的 20 字节的首部，数据偏移值就是 5，写成 4 位二进制数就是 0101。

（5）保留字段占 6 位，保留为今后使用，目前置为 0。

（6）紧急字段 URG（URGent）。当 URG=l 时，表明紧急指针字段有效。它告诉操作系统此报文段中有紧急数据，应尽快传送（相当于高优先级的数据），而不要按原来的排队顺序传送。例如，已经发送了一个要在远程主机上运行的很长的应用程序，但后来发现了一些问题，需要取消该应用程序的运行，此时用户通过操作键盘发出中断命令（按 Control+C 组合键）。如果不使用紧急指针，那么中断命令将存储在接收 TCP 的缓存末尾。只有在所有的数据处理完毕后这个中断命令才交付给接收端的应用程序进程。这样做会浪费许多时间。

当 URG=1 时，发送端的应用程序进程“告诉”发送端的 TCP 有紧急数据要传送。于是发送端的 TCP 把紧急数据插入本报文段数据的最前面，而在紧急数据后面的数据仍是普通数据。这时要与首部中的紧急指针字段配合使用。

（7）确认字段 ACK（ACKnowledgment）。仅当 ACK=1 时确认号字段才有效。当 ACK=0 时，确认号字段无效。TCP 规定，在连接建立后所有传送的报文段都必须把 ACK 置 1。

（8）推送字段 PSH（PuSH）。当两个应用程序进程进行交互式通信时，有时一端的应用程序进程希望在输入一个命令后立即收到对方的响应。在这种情况下，TCP 就可以使用推送（Push）操作，即发送端的 TCP 把 PSH 置 1，并立即创建和发送一个报文段。接收端的 TCP 收到 PSH=1 的报文段，就尽快地（即“推送”向前）交付给接收端的应用程序进程，而不再等到整个缓存都填满后再向上交付。虽然应用程序可以选择推送操作，但推送操作很少被使用。

（9）复位字段 RST（ReSeT）。当 RST=1 时，表明 TCP 连接中出现严重差错（如主机崩溃或其他原因），必须释放连接，然后重新建立传输连接。将 RST 置 1，还可以用来拒绝一个非法的报文段或拒绝打开一个连接。RST 也可称为重建位或重置位。

（10）同步字段 SYN（SYNchronization）。该字段在建立 TCP 连接时用来同步序号。当 SYN=1 而 ACK=0 时，表明这是一个连接请求报文段。对方若同意建立连接，则应在响应的报文段中使 SYN=1 和 ACK=1。因此，SYN 置 1 就表示这是一个连接请求或连接接受报文。关于连接的建立和释放，详见 1.2.5 节。

（11）终止字段 FIN（FINish 的意思是“完”“终”）。TCP 用该字段来表示释放一个连接。当 FIN=1 时，表明此报文段的发送端的数据已发送完毕，并要求释放传输连接。

（12）窗口字段占 2 字节。窗口值是范围为$[0, 2^{16}-1]$的整数。TCP 有流量控制功能，窗口值用来“告诉”对方：从本报文段首部中的确认号表示的数据字节序号算起，接收端目前允许发送端发送的数据量（单位是字节）。之所以要有这个限制，是因为接收端的数据缓存空间是有限的。总之，窗口值作为接收端让发送端设置发送窗口的依据。使用 TCP 传输数据的计算机会根据自己的接收能力随时调整窗口值，对方参照这个值及时调整发送窗口，从而实现流量控制。

（13）检验和字段占 2 字节。检验和字段检验的范围包括首部和数据两部分。

（14）紧急指针字段占 2 字节。紧急指针仅在 URG=1 时才有意义，它表示本报文段中的紧急数据的字节数（紧急数据结束后就是普通数据）。因此紧急指针指出了紧急数据的末尾在报文段中的位置。当所有紧急数据都处理完，TCP 就“告诉”应用程序恢复正常操作。值得注意的是，即使窗口值为 0 时也可发送紧急数据。

（15）选项字段长度可变，最长可达 40 字节。当没有使用选项字段时，TCP 的首部长度是 20 字节。TCP 最初只规定了一种选项，即最大报文段长度（Maximum Segment Size，MSS）。MSS 是每一个 TCP 报文段中的数据部分的最大长度。由于数据部分长度加上 TCP 首部长度才等于整个 TCP 报文段长度，因此 MSS 并不是整个 TCP 报文段的最大长度，而是“TCP 报文段长度减去 TCP 首部长度”。

1.2.5 TCP 连接管理

由于 TCP 是可靠传输协议，因此使用 TCP 通信的计算机双方在正式通信之前需要先确保对方存在，并协商确定通信的参数，比如接收端的接收窗口大小、支持的 MSS、是否允许选择确认（Selective ACKnowledgment，SACK）、是否支持时间戳等。建立连接后就可以进行双向通信了，通信结束后，须释放连接。

TCP 连接的建立采用客户端/服务端方式。主动发起建立连接的应用程序进程叫作客户端，而被动等待建立连接的应用程序进程叫作服务端。下面将分别详细介绍 TCP 连接的建立与释放。

1. TCP 连接建立

TCP 建立连接的过程如图 1-19 所示，客户端向服务端发起通信，客户端的 TCP 模块与服务端的 TCP 模块之间将通过“3 次握手”来建立 TCP 会话。所谓 3 次握手，是指在 TCP 会话的建立过程中共交换 3 个 TCP 数据包（没有数据，只有 TCP 首部）。需要说明的是，不同阶段在客户端和服务端能够看到不同的状态。

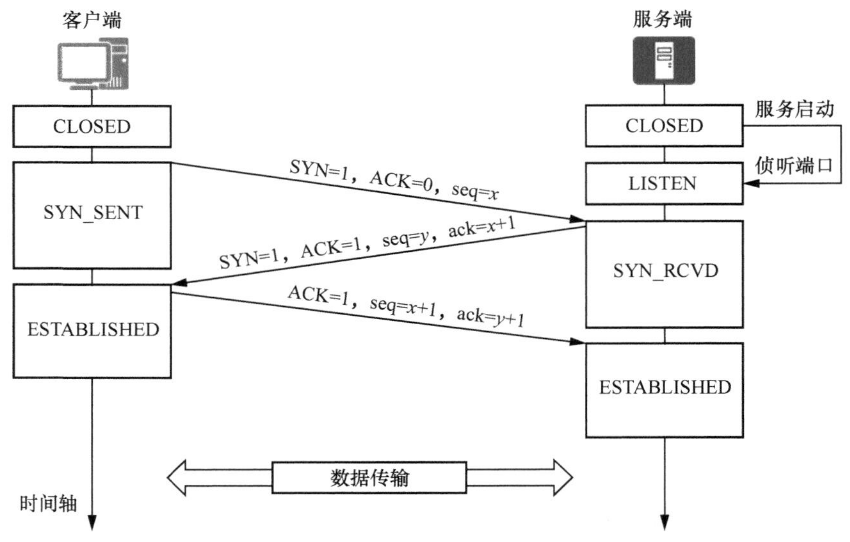

图 1-19　通过“3 次握手”建立 TCP 连接

服务端启动服务，就会使用 TCP 的某个端口侦听客户端的请求，等待客户端的连接，状态也会由 CLOSED 变为 LISTEN。下面具体介绍 3 次握手的过程。介绍描述中的英文缩写是区分大小写的，比如大写 ACK 表示 ACK 标记位，小写 ack 表示确认号的值。

（1）客户端的应用程序发送 TCP 连接请求报文，把自己的状态“告诉”服务端，这个报文的 TCP 首部 SYN 标记位为 1，ACK 标记位为 0，序号（seq）为 x，这个 x 称为客户端的初始序列号，值通常为 0。发送连接请求报文后，客户端就处于 SYN_SENT 状态。

（2）服务端收到客户端的 TCP 连接请求后，发送确认连接报文，将自己的状态“告诉”客户端，这个报文的 TCP 首部 SYN 标记位为 1，ACK 标记位为 1，确认号（ack）为 x+1，序号（seq）为 y，y 为服务端的初始序列号。服务端处于 SYN_RCVD 状态。

（3）客户端收到确认连接报文后，状态就变为 ESTABLISHED，再次给服务端发送一个确认报文，用于确认会话的建立。该报文的 SYN 标记位为 0，ACK 标记位为 1，序号（seq）为 x+1，确认号（ack）为 y+1。服务端收到确认报文后，状态变为 ESTABLISHED。

需要特别注意的是，经过 3 次握手之后，客户端和服务端之间其实建立了两个 TCP 会话，一个是从客户端指向服务端的 TCP 会话，另一个是从服务端指向客户端的 TCP 会话。客户端是发起通信的一方，说明客户端有信息要传递给服务端，于是客户端首先发送了一个 SYN 标记位为 1 的段，请求建立一个从客户端指向服务端的 TCP 会话，这个会话的目的是控制信息能够正确而可靠地从客户端传递给服务端。服务端在收到 SYN 标记位为 1 的段后，会发送一个 SYN 和 ACK 标记位都为 1 的段作为响应。这意味着服务端一方面同意了客户端的请求，另一方面请求建立一个从服务端指向客户端的 TCP 会话，这个会话的目的是控制信息能够正确而可靠地从服务端传递给客户端。客户端收到 SYN 和 ACK 标记位都为 1 的段后，会响应一个 SYN 标记位为 0、ACK 标记位为 1 的段，表示同意服务端的请求。之后就可以进行双向可靠通信了。

2. TCP 连接释放

TCP 通信结束后，需要释放连接。TCP 连接释放过程比较复杂，我们仍结合双方状态的改变来阐明连接释放的过程。数据传输结束后，通信的双方都可释放连接。如图 1-20 所示，现在客户端和服务端都处于 ESTABLISHED 状态，客户端的应用程序进程先向其 TCP 发出连接释放报文段，停止发送数据，并主动关闭 TCP 连接。客户端把连接释放报文段首部的 FIN 标记位置 1，序号（seq）为 u，它等于前面已传输过的数据的最后 1 字节的序号加 1。这时客户端进入 FIN-WAIT-1（终止等待 1）状态，等待服务端的确认。请注意，TCP 规定：FIN 报文段即使不携带数据，也会消耗一个序号。

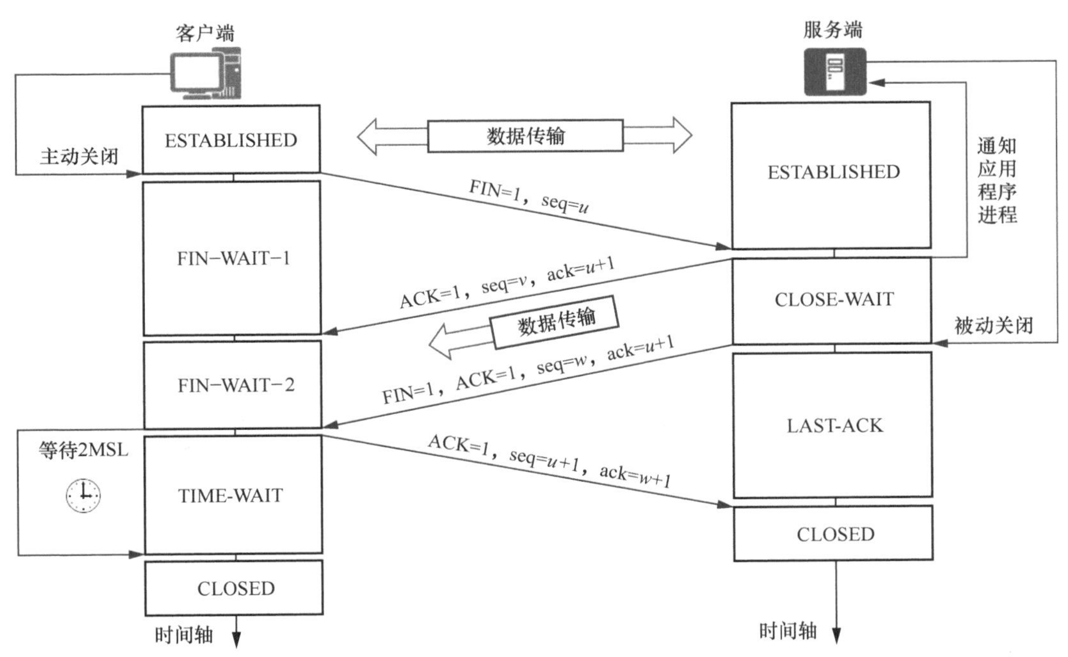

图 1-20　TCP 连接释放的过程

服务端收到连接释放报文段后即发出确认，确认号（ack）为 u+1，而这个报文段本身的序号是 v，此时确认号等于服务器前面已传输过的数据的最后 1 字节的序号加 1。然后服务端进入 CLOSE-WAIT（关闭等待）状态。服务端通知高层应用程序进程，从客户端到服务端这个方向的连接释放了，这时的 TCP 连接处于半关闭（HALF-CLOSE）状态，即客户端已经没有数据要发送，若服务端要发送数据，客户端仍要接收。也就是说，从服务端到客户端这个方向的连接并未关闭。这个状态可能会持续一段时间。客户端收到来自服务端的确认后，客户端就进入 FIN-WAIT-2（终止等待 2）状态，等待服务端发出连接释放报文段。

若服务端没有要向客户端发送的数据，其应用程序进程就通知 TCP 释放连接。这时服务端发出的连接释放报文段必须使 FIN 和 ACK 标记位都为 1。现假定服务端的序号为 w（处在半关闭状态的服务端可能又发送了一些数据）。服务端还必须重复上次已发送过的确认号（ack）u+1。这时服务端进入 LAST-ACK（最后确认）状态，等待客户端的确认。

客户端在收到服务端的连接释放报文段后，必须对此发出确认报文段。在确认报文段中把 ACK 标记位置 1，确认号（ack）为 w+1，而自己的序号（seq）为 u+1（根据 TCP 规定，前面发送过的 FIN 报文段要消耗一个序号）。然后客户端进入 TIME-WAIT（时间等待）状态。请注意，现在 TCP 连接还没有释放。必须经过时间等待计时器（TIME-WAIT timer）设置的时间 2MSL 后，客户端才进入 CLOSED 状态。RFC 793 建议将最长报文段寿命（Maximum Segment Lifetime，MSL），设为 2min。但这完全是从工程角度考虑的，对于现在的网络，MSL 为 2min 时可能太长了。因此 TCP 允许不同的实现根据具体情况使用更小的 MSL。因此，从客户端进入时间等待状态后，要经过 4min 才能进入 CLOSED 状态，开始建立下一个新的连接。

1.2.6 TCP 可靠传输的实现

TCP 实现可靠传输使用的是滑动窗口协议和连续自动重传请求（Automatic Repeat-reQuest，ARQ）协议。下面具体介绍滑动窗口协议和连续 ARQ 协议的工作过程。

双方在建立 TCP 连接后可以相互传输数据。为了方便讨论问题，这里仅考虑客户端发送数据而服务端接收数据并发送确认的过程。因此客户端叫作发送端，而服务端叫作接收端。

滑动窗口是面向字节流的，为了方便读者记住每个分组的序号，这里假设每一个分组是 100 字节。为了方便画图，将分组进行编号简化表示，如图 1-21 所示。不过务必要记住每一个分组的序号。

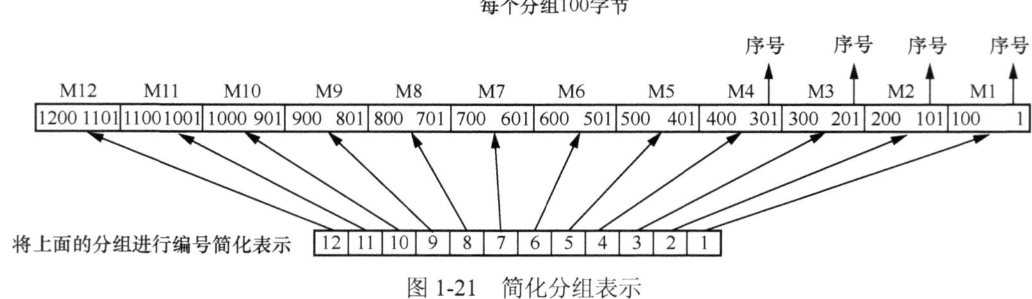

图 1-21 简化分组表示

在建立 TCP 连接时，服务器已经告诉客户端它的接收窗口为 400 字节（见图 1-22），此时客户端设置一个 400 字节的发送窗口。如果一个分组为 100 字节，在发送窗口中就有 M1、M2、M3 和 M4 这 4 个分组，发送端就可以连续发送这 4 个分组，每一个分组都记录一个发送时间，如图 1-22 中 t1 时刻所示，发送完毕后，停止发送。接收端收到这 4 个连续分组，只需给客户端发送一个确认，确认号（ack）为 401，告诉客户端 400 以前的字节已经全部收到。如图 1-22 中 t2 时刻所示，发送端收到 M4 分组的确认，发送窗口就向前滑动，M5、M6、M7 和 M8 分组进入发送窗口，这 4 个分组连续发送完毕后，停止发送，并等待确认。这就是滑动窗口协议的工作过程。

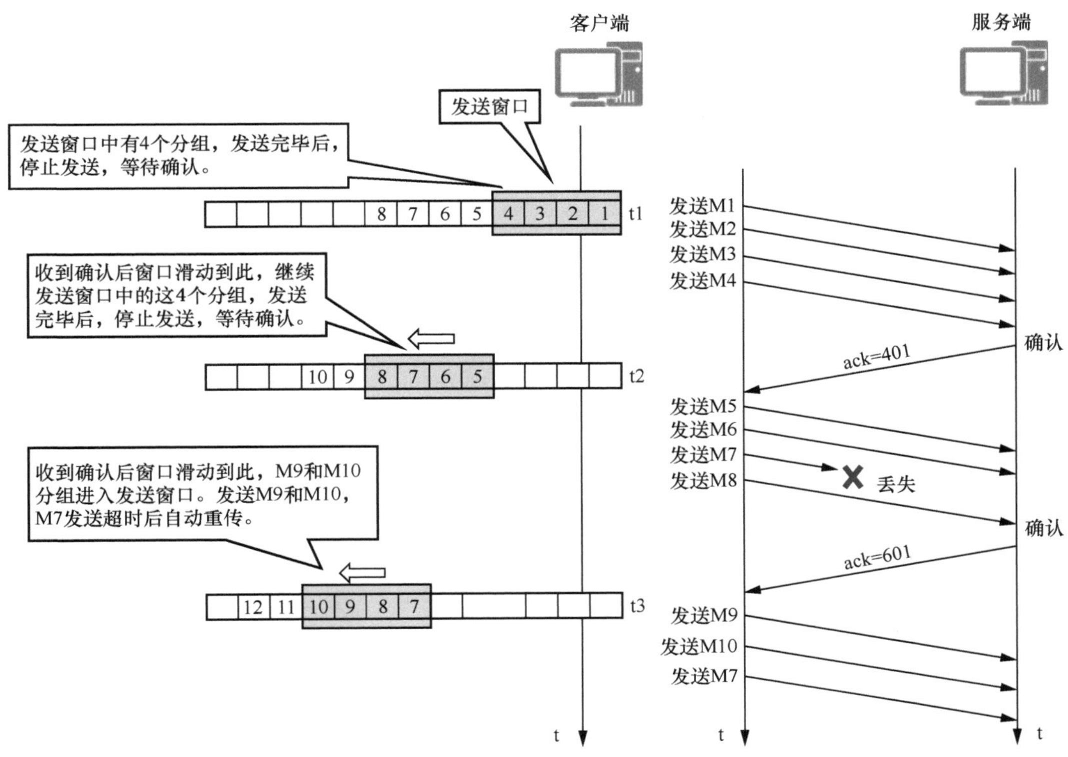

图 1-22 连续 ARQ 协议和滑动窗口协议的工作过程

如果 M7 在传输过程中丢失，服务端收到 M5、M6 和 M8 分组，收到连续的 M1、M2……M6 分组，就会给客户端发送一个确认，该确认的确认号（ack）为 601，即"告诉"客户端 600 以前的字节全部收到。如图 1-22 中 t3 时刻所示，客户端收到确认，并不是立即发送 M7，而是向前滑动发送窗口，M9 和 M10 分组进入发送窗口，发送 M9 和 M10，那么什么时候发送 M7 呢？M7 超时后就会自动重发，这个超时时间是比一个往返时间长一点的时间。如果发送了 M9，M7 就超时了，发送顺序变成 M9、M7 和 M10。这就是连续 ARQ 协议的工作过程。

1.2.7 观察 TCP 通信过程

图 1-23 所示是通过 SMTP 发送电子邮件时捕获的数据包，可以看到建立 TCP 连接的 3 个数据包、发送电子邮件的数据包，以及释放 TCP 连接的 4 个数据包。图中方框中[SYN]表示数据包的 SYN 标记位为 1，[SYN, ACK]表示数据包 SYN 标记位和 ACK 标记位均为 1。[FIN, ACK]表示数据包的 FIN 标记位和 ACK 标记位均为 1。

客户端（客户端的 IP 地址为 192.168.80.222）向服务端（服务端的 IP 地址为 192.168.80.100）发送建立 TCP 连接的请求，SYN 标记位为 1（第 3 个数据包），服务端向客户端发送建立 TCP 连接的响应，SYN 标记位为 1（第 4 个数据包）。

发送完电子邮件后，服务端向客户端发送释放连接的请求，FIN 标记位为 1（第 21 个数据包），客户端向服务端发送释放 TCP 连接的请求，FIN 标记位为 1（第 23 个数据包）。

图 1-24 所示是通过 POPv3 接收电子邮件时捕获的数据包，可以看到建立 TCP 连接的 3 个数据包、接收电子邮件时客户端和服务端交互的数据包，以及释放 TCP 连接的 4 个数据包。

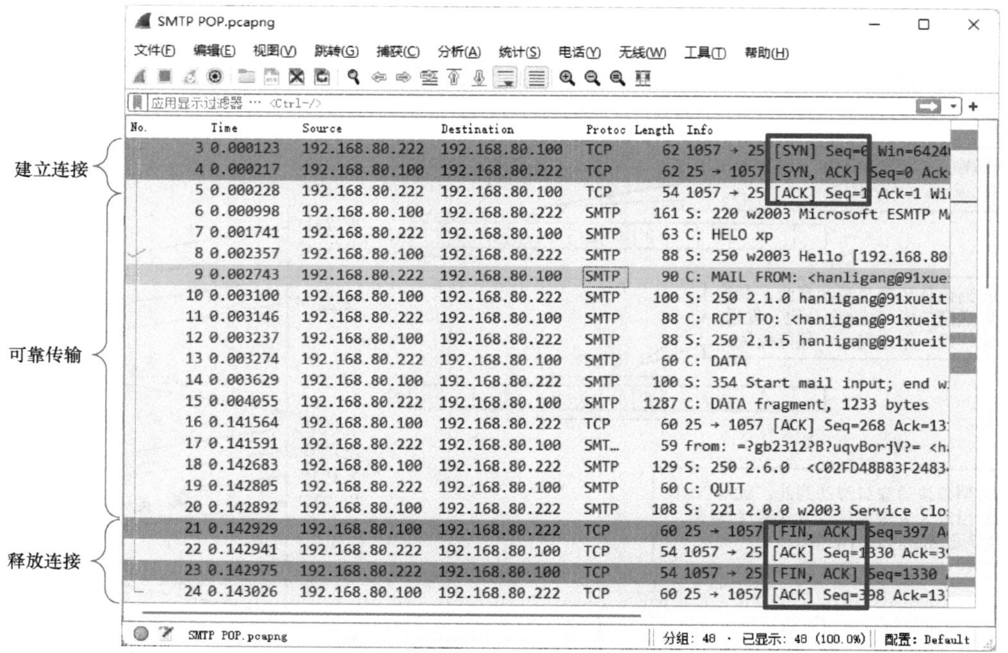

图 1-23　发送电子邮件的过程

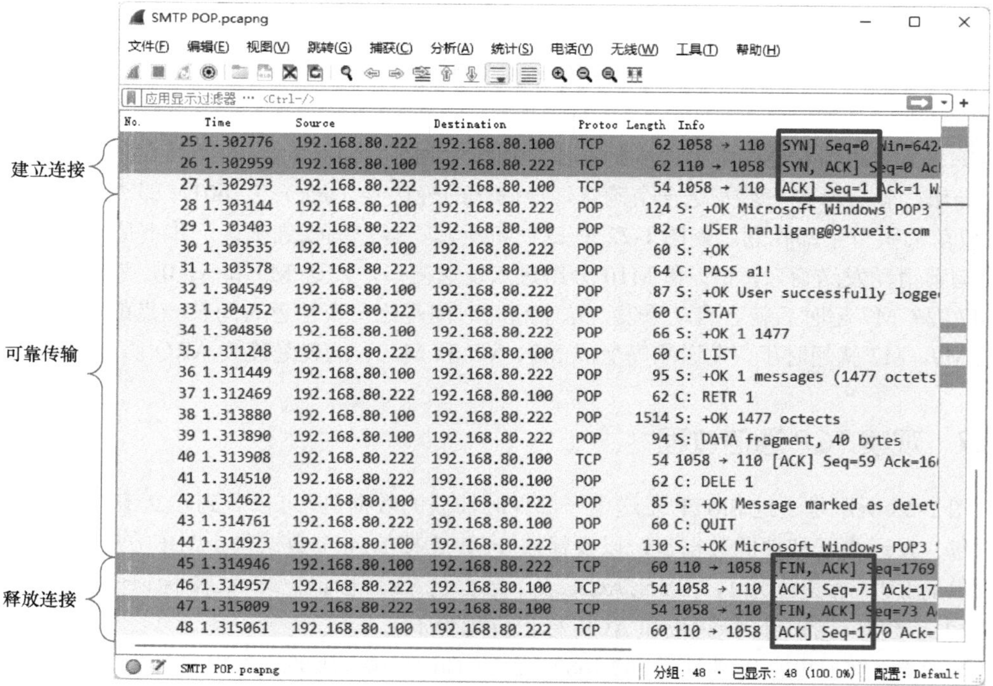

图 1-24　接收电子邮件的过程

1.3　网络层协议

要想将传输层的分段发送给目的计算机，还需要给每一个分段增加发送端、接收端的地址和其他字段，添加了地址的分段称为数据包，网络中的路由器根据数据包的目的 IP 地址确定转发出口。IP 负责 Internet 上设备之间的通信，并规定了将数据包从一个网络传输到另一个网络应遵循的规则。

1.3.1 IP

当采用 IP 作为网络层协议时，通信的双方都能使用已分配的“独一无二”的 IP 地址来标识自己。IP 地址可被写成 4 字节（32 位）的二进制数形式，但为了方便阅读和分析，人们通常将它写成点分十进制数的形式，即按照 4 字节进行划分并使用十进制数表示，中间用点分隔，比如 192.168.1.1。

IP 工作时，需要通过 OSPF、IS-IS、BGP 等路由协议帮助路由器建立路由表，通过 ICMP 协助进行网络状态诊断。如果某条链路上涌入的数据包超过路由器的处理能力，路由器就丢弃来不及处理的数据包。由于每个数据包均单独选择转发路径，因此不能保障数据包按顺序到达接收端。IP 只负责尽力转发数据包，但不能保证传输的可靠性，既有可能丢包，也不能保证数据包按顺序达到。

IP 数据包的封装与转发过程如下。

（1）当网络层收到上层（如传输层）协议传来的数据时会封装一个 IP 报文首部，并且把源 IP 地址和目的 IP 地址都添加到该 IP 报文首部中。

（2）IP 报文经过的网络设备（如路由器）会维护一张指导 IP 报文转发的路由表，通过读取 IP 数据包的目的 IP 地址，根据本地路由表转发 IP 数据包。

（3）IP 数据包最终到达目的主机，目的主机通过读取目的 IP 地址确定是否接收并进行下一步处理。

IP 数据包由首部和数据两部分组成。IP 定义了 IP 首部（即网络层首部），如图 1-25 所示。IP 首部的前一部分是固定长度，共 20 字节，是所有 IP 数据包必有的。在首部固定部分的后面是可选字段及填充，其长度是可变的。

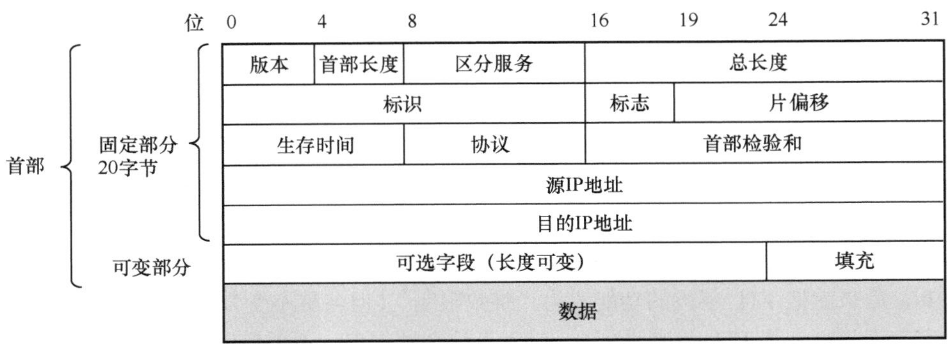

图 1-25 IP 数据包的格式

下面就网络层首部固定部分各个字段进行详细讲解。

版本字段占 4 位，指 IP 的版本。IP 目前有两个版本——IPv4 和 IPv6。通信双方使用的 IP 版本必须一致。目前广泛使用的 IP 版本号为 4（即 IPv4）。

首部长度字段占 4 位。可表示的最大十进制数是 15。请注意，这个字段所表示的数的单位是 32 位二进制数（即 4 字节），因此，当 IP 首部的长度为 1111 时（即十进制数 15），首部长度为 60 字节。当 IP 首部的长度不是 4 字节的整数倍时，必须利用最后的填充字段加以填充。

因此数据部分永远从 4 字节的整数倍开始。首部长度限制为 60 字节的缺点是有时可能不够用。但这样做是希望用户尽量减少开销。最常用的首部长度为 20 字节（即首部长度为 0101），这时不使用任何可选字段。因为首部长度有可变部分，所以需要通过一个字段来指明首部长度。如果首部长度是固定的，也就没有必要有“首部长度”这个字段了。

区分服务字段占 8 位。配置计算机给特定应用程序的数据包添加一个标志，然后再配置网络中的路由器优先转发这些带标志的数据包，在网络带宽比较紧张的情况下，也能确保这种应用程序的带宽有保障，这就是区分服务，用于确保服务质量（Quality of Service，QoS）。这个字段在旧标准中叫作服务类型，但实际上一直没有被使用过。1998 年因特网工程任务组（Internet Engineering Task Force，IETF）把这个字段改名为区分服务（Differentiated Services，DS）。只有在使用区分服务时，这个字段才起作用。

总长度指 IP 首部和数据的长度，也就是数据包的长度，单位为字节。总长度字段占 16 位，因此数据包的最大长度为 $2^{16}-1$（65 535）字节。实际上传输这样长的数据包在现实中是极少遇到的。

标识（Identification）字段占 16 位。IP 软件在存储器中维持一个计数器，每产生一个数据包，计数器就加 1，并将此值赋给标识字段。但这个“标识”并不是序号，因为 IP 是无连接服务，数据包不存在按序接收的问题。当数据包由于长度超过网络的最大传输单元（Maximum Transmission Unit，MTU）而必须分片时，同一个数据包被分成多个片，这些片的标识都一样，也就是这个数据包的标识字段的值被复制到所有的数据包分片的标识字段中。相同的标识字段的值使各数据包分片最后能正确地重装成原来的数据包。

标志（Flag）字段占 3 位。但目前只有两位有意义。标志字段中的最低位为 MF（More Fragment）。MF=1 表示后面“还有分片”的数据包；MF=0 表示这个分片是若干数据包分片中的最后一个。标志字段中间的一位为 DF（Don’t Fragment），意思是“不能分片”。只有当 DF=0 时才允许分片。

片偏移字段占 13 位。片偏移表示较长的数据包在分片后，某片在原数据包中的相对位置。也就是说，相对于用户数据字段的起点，该片从何处开始。片偏移以 8 字节为偏移单位。也就是说，每个分片的长度一定是 8 字节（64 位）的整数倍。

生存时间常用的英文缩写是 TTL（Time To Live），它表明数据包在网络中的寿命。由发出数据包的源点设置这个字段。其目的是防止无法交付的数据包无限制地在网络中“兜圈子”（例如从路由器 R1 转发到 R2，再转发到 R3，然后又转发到 R1，从而白白消耗网络资源）。最初的设计是以秒（s）作为 TTL 值的单位。每经过一个路由器时，就把 TTL 减去数据包在该路由器中所消耗的时间。若数据包在路由器消耗的时间小于 1s，就把 TTL 值减 1。当 TTL 值减至 0 时，就丢弃这个数据包。然而随着技术的进步，路由器处理数据包所需的时间不断缩短，一般都远远小于 1s，后来就把 TTL 字段的功能改为“跳数限制”（但名称不变）。路由器在转发数据包之前就把 TTL 值减 1。若 TTL 值减小到 0，就丢弃这个数据包，不再转发。因此，现在 TTL 的单位不再是秒，而是跳数。TTL 的意义是指明数据包在网络中至多可经过多少个路由器。显然，数据包能在网络中经过的路由器的最大数值是 255。若把 TTL 的初始值设置为 1，就表示这个数据包只能在本局域网中传送。这是因为这个数据包一旦传送到局域网上的某个路由器，在被转发之前 TTL 值减小到 0，此时会被这个路由器丢弃。

协议字段占 8 位。协议字段指出此数据包携带的数据使用的是何种协议，以便目的主机的网络层知道应将数据部分上交给哪个处理进程。常用的一些协议和相应的协议字段值如表 1-1 所示。

表 1-1 常用的一些协议和相应的协议字段值

协议名	ICMP	IGMP	IP	TCP	IGP	UDP	IPv6	ESP	OSPF
协议字段值	1	2	4	6	9	17	41	50	89

首部检验和字段占 16 位。这个字段只检验数据包的首部，但不包括数据部分。这是因为数据包每经过一个路由器，路由器都要重新计算一下首部检验和（一些字段如生存时间、标志、片偏移等都可能发生变化）。不检验数据部分可减少计算的工作量。

源 IP 地址字段占 32 位。

目的 IP 地址字段占 32 位。

1.3.2 ICMP

快递人员在联系不到快递收件人时会电话通知寄件人。同样，计算机发送的数据包如果没有到达目的地，网络中的路由器也要返回一个差错报告报文给发送端，以便报告出现了什么错误。ICMP（Internet Control Message Protocol，互联网控制报文协议）用于在 IP 主机、路由器之间传递控制消息。控制消息包含网络通不通、主机是否可达、路由是否可用等网络本身的消息。

ICMP 报文是在 IP 数据包内部被传输的，它封装在 IP 数据包内。ICMP 报文通常用于网络层或更高层协议（TCP 或 UDP）。一些 ICMP 报文会把差错报告报文返回给用户进程。

在 Windows 操作系统、Linux 操作系统以及网络设备上可以使用 ping 命令和 tracert 命令发送 ICMP 请求报文，以此来测试网络是否畅通或跟踪数据包到达目的 IP 地址经过的路由器。

例如，在 Windows 10 操作系统上利用 ping 命令查询某网站域名，输出结果如下。可以看到发送了 4 个 ICMP 请求报文，收到了来自这个地址的 4 个 ICMP 响应报文，这说明网络畅通。

```
C:\Users\hanlg>ping www.ptpress.com.cn

正在 Ping www.ptpress.com.cn [39.96.127.170] 具有 32 字节的数据:
来自 39.96.127.170 的回复: 字节=32 时间=10ms TTL=110
来自 39.96.127.170 的回复: 字节=32 时间=11ms TTL=110
来自 39.96.127.170 的回复: 字节=32 时间=10ms TTL=110
来自 39.96.127.170 的回复: 字节=32 时间=11ms TTL=110

39.96.127.170 的 Ping 统计信息:
    数据包: 已发送 = 4, 已接收 = 4, 丢失 = 0 (0% 丢失),
往返行程的估计时间(以毫秒为单位):
    最短 = 4ms, 最长 = 4ms, 平均 = 4ms
```

使用 tracert 命令跟踪数据包途经的路由器时，可以看到，沿途经过 12 个路由器，第 13 个是目的 IP 地址。

```
C:\Users\hanlg>tracert www.ptpress.com.cn

通过最多 30 个跃点跟踪
到 www.ptpress.com.cn [39.96.127.170] 的路由:

  1     4 ms     6 ms     8 ms  10.206.32.254
  2     5 ms     4 ms     4 ms  10.1.1.1
  3     4 ms     4 ms     5 ms  124.202.175.62
  4    10 ms     4 ms     5 ms  111.24.8.253
```

```
 5     9 ms     9 ms     8 ms  111.24.3.161
 6    38 ms    38 ms    59 ms  221.176.24.241
 7    37 ms    38 ms    39 ms  221.176.22.106
 8    53 ms    39 ms    42 ms  221.176.19.198
 9    77 ms    59 ms    48 ms  221.183.55.81
10    49 ms    63 ms    65 ms  218.189.5.25
11    61 ms    70 ms    71 ms  218.189.29.122
12    47 ms    63 ms    46 ms  10.196.94.241
13    45 ms    55 ms    47 ms  129.226.71.87
```

下面通过抓包工具来查看 ICMP 报文的格式。如图 1-26 所示，PC1 通过 ping 192.168.8.2 命令发送一个 ICMP 请求报文到目的 IP 地址，用来测试网络是否畅通。如果 PC2 收到 ICMP 请求报文，就会返回一个 ICMP 响应报文。

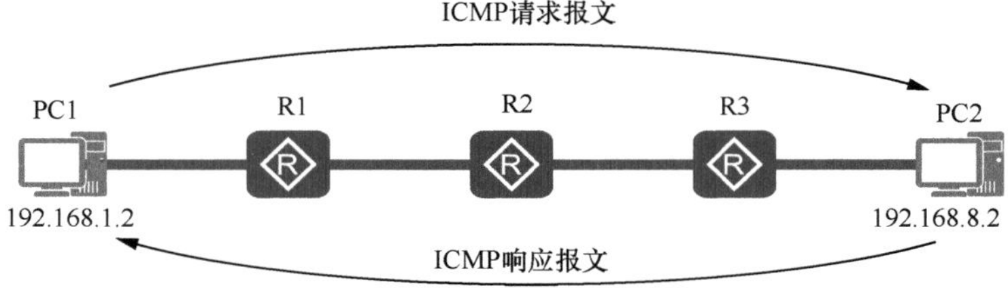

图 1-26　ICMP 请求和响应

下面介绍如何使用抓包工具捕获链路上的 ICMP 请求报文和 ICMP 响应报文，并观察这两种报文的区别。

图 1-27 展示的是 ICMP 请求报文。请求报文中有 ICMP 报文类型、ICMP 报文代码、校验和以及 ICMP 数据部分。ICMP 请求报文类型值为 8，ICMP 报文代码值为 0。

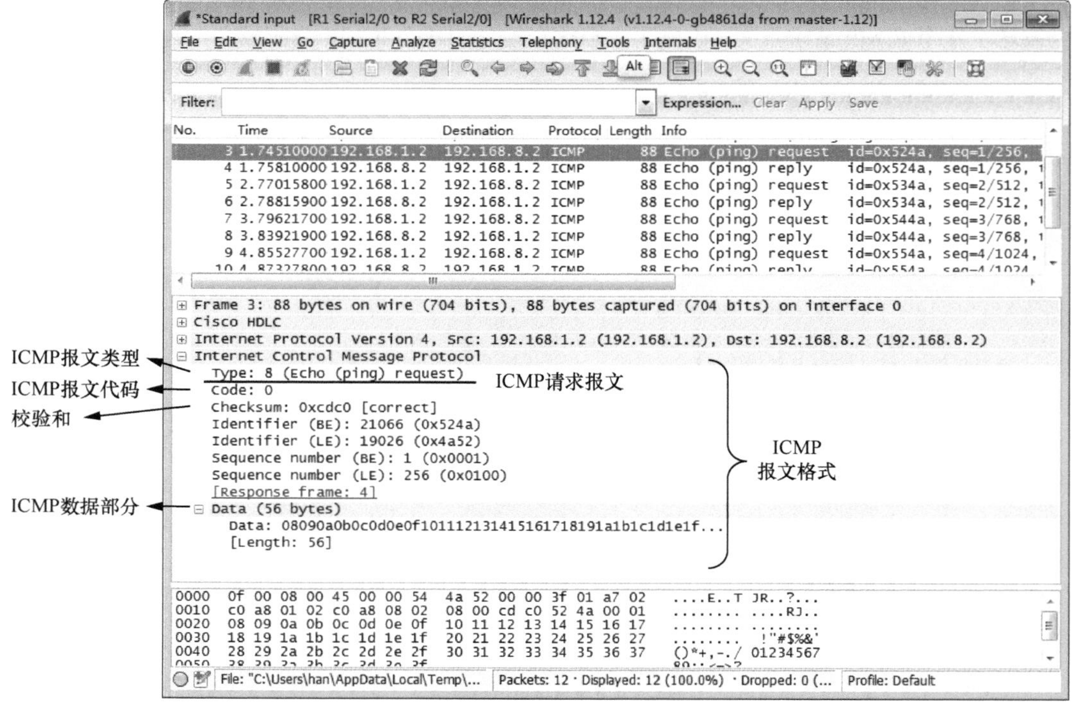

图 1-27　ICMP 请求报文

图 1-28 展示的是 ICMP 响应报文。ICMP 响应报文类型值为 0，ICMP 响应报文代码值为 0。

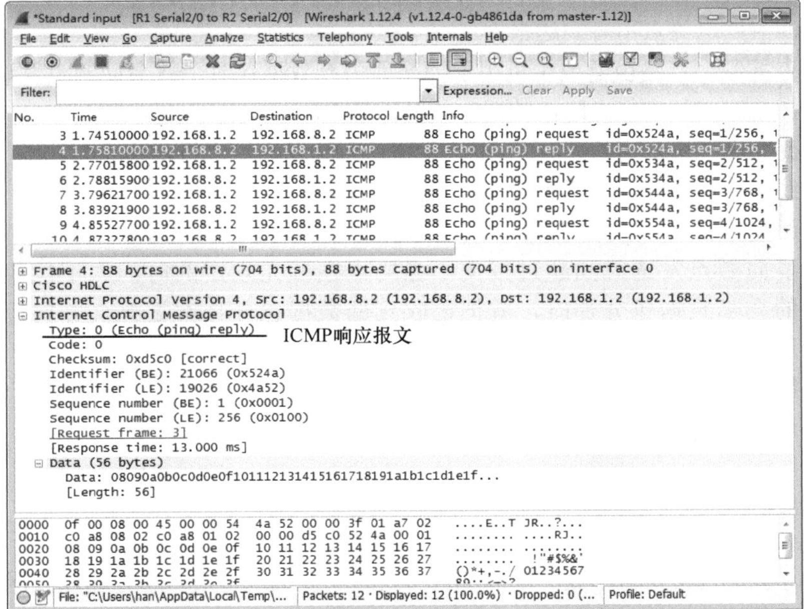

图 1-28 ICMP 响应报文

ICMP 报文分几种类型，每种类型又通过代码进一步指明 ICMP 报文所代表的不同含义。表 1-2 为常见的 ICMP 报文类型和代码所代表的含义。

表 1-2 常见的 ICMP 报文类型和代码所代表的含义

ICMP 报文类型	类型值	代码	描述
请求报文	8	0	请求回显报文
响应报文	0	0	回显应答报文
差错报告报文	3（终点不可到达）	0	网络不可达
		1	主机不可达
		2	协议不可达
		3	端口不可达
		4	需要进行分片但设置了不分片
		13	由于路由器过滤，通信被禁止
	4（源点抑制）	0	源端被关闭
	5（改变路由）	0	对网络重定向
		1	对主机重定向
	11（超时）	0	传输期间生存时间为 0
	12（参数问题）	0	坏的 IP 首部
		1	缺少必要的选项

由表 1-2 可知，ICMP 差错报告报文类型值有 5 种，具体介绍如下。

- 终点不可到达。当路由器或主机没有到达目的 IP 地址的路由时，就丢弃该数据包，给源点发送终点不可到达报文。
- 源点抑制。当路由器或主机由于拥塞而丢弃数据包时，就会向源点发送源点抑制报文，使源点知道应当降低数据包的发送速率。
- 改变路由（重定向）。路由器把改变路由报文发送给主机，让主机知道下次应将数据包发送给哪个路由器（可通过更好的路由发送）。
- 时间超时。当路由器收到生存时间为 0 的数据包时，除了丢弃该数据包以外，还要向源点发送时间超过报文。当终点在预先规定的时间内不能收到一个数据包的全部数据包分片时，就把已收到的数据包分片都丢弃，并向源点发送时间超过报文。
- 参数问题。当路由器或目的主机收到的数据包的首部中部分字段的值不正确时，就丢弃该数据包，并向源点发送参数问题报文。

1.3.3 ARP

多台计算机通过交换机形成一个局域网（通过交换机组建的网络称作以太网），计算机的网卡和路由器的接口均配置了 IP 地址，以及固定在网卡上的 MAC 地址。MAC 地址也叫物理地址、硬件地址，由网络设备制造商生产时烧录在网卡的闪存芯片上。MAC 地址在计算机中都是以二进制数表示的，由 48 位二进制数组成。

以太网中的计算机通信需要添加 IP 地址和 MAC 地址，如图 1-29 所示，计算机 A 给计算机 C 发送数据，交换机根据目的 MAC 地址转发数据。

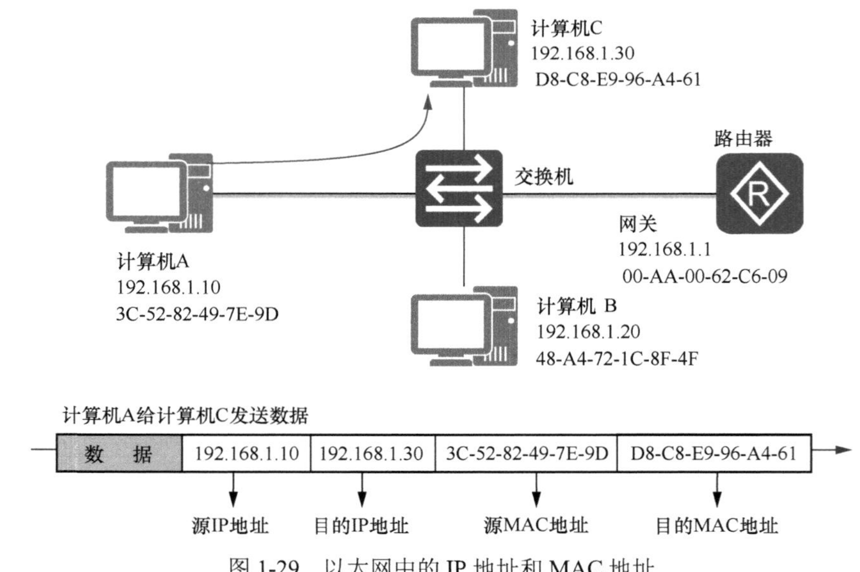

图 1-29 以太网中的 IP 地址和 MAC 地址

以太网中的计算机在通信之前需要先获知目的计算机的 MAC 地址，这就需要一个根据目的 IP 地址解析出 MAC 地址的协议。地址解析协议（Address Resolution Protocol，ARP）可以根据 IP 地址解析出 MAC 地址，维护 IP 地址与 MAC 地址的映射关系，即 ARP 表项，以实现网段内重复 IP 地址的检测。

在 Windows 操作系统中通过 ipconfig /all 命令即可查看计算机网卡的 MAC 地址，如下所示。在 Windows 操作系统中 MAC 地址称为“物理地址”，其中展示的是十六进制形式的 MAC 地址。

```
C:\Users\hanlg>ipconfig /all
Windows IP 配置

    连接特定的 DNS 后缀....... : lan
    描述................ : Intel(R) Dual Band Wireless-AC 3165
    物理地址............. : 00-DB-DF-F9-D1-51
    DHCP 已启用........... : 是
    自动配置已启用.......... : 是
    本地链接 IPv6 地址........ : fe80::65d6:9e31:63a0:9dd1%11(首选)
    IPv4 地址............ : 192.168.2.161(首选)
    子网掩码 ............ : 255.255.255.0
    获得租约的时间 ......... : 2022 年 4 月 2 日 15:46:18
    租约过期的时间 ......... : 2022 年 4 月 2 日 16:43:43
    默认网关............. : 192.168.2.1
```

网络设备一般都有一个 ARP 缓存（ARP Cache）。ARP 缓存用来存放 IP 地址和 MAC 地址的关联信息（即 ARP 表项）。在发送数据前，设备会先查找 ARP 表项。如果 ARP 表项中存在目的设备的 ARP 表项，则直接采用该表项中的 MAC 地址来封装帧，然后发送帧；如果 ARP 表项中不存在相应信息，则通过发送 ARP 请求报文来获得。

ARP 请求报文的工作过程如图 1-30 所示。计算机 A 发送 ARP 请求报文以解析 192.168.1.20 的 MAC 地址，因为计算机 A 不知道 192.168.1.20 的 MAC 地址，所以该请求的目的 MAC 地址写成广播地址即 FF-FF-FF-FF-FF-FF，交换机收到后会将该请求转发到全部端口。

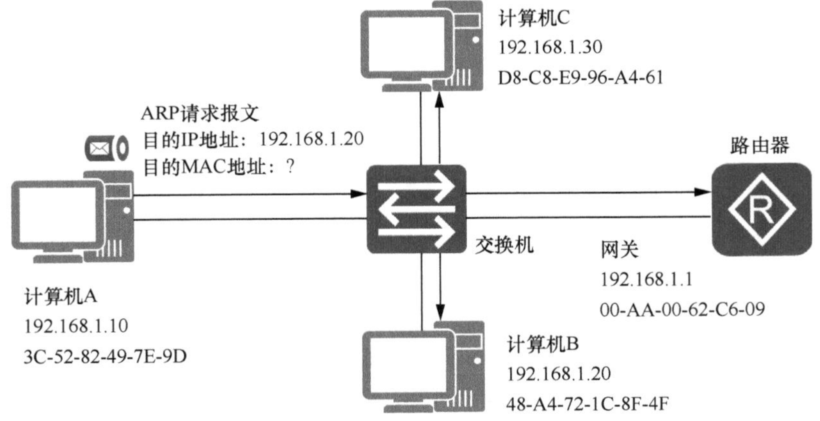

图 1-30 ARP 请求报文的工作过程

当所有主机接收到该 ARP 请求报文后，都会检查该报文的目的 IP 地址是否与自身的 IP 地址匹配。如果不匹配，该主机将不会响应该 ARP 请求报文；如果匹配，该主机会将 ARP 请求报文中的源 MAC 地址和源 IP 地址记录到自己的 ARP 表项中，然后通过 ARP 响应报文进行响应，如图 1-31 所示。ARP 响应报文的目的 MAC 地址是计算机 A 的 MAC 地址。

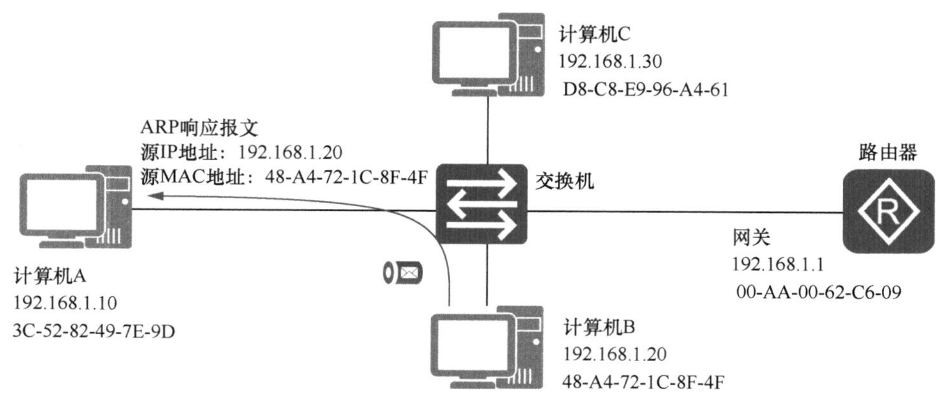

图 1-31 ARP 响应报文的工作过程

学习到的 IP 地址和 MAC 地址的映射关系会被放入 ARP 表项中存放一段时间。在有效期内（默认为 180s），设备可以直接从这个表项中查找目的 MAC 地址来进行数据封装，而无须进行 ARP 查询。过了有效期，系统会自动删除 ARP 表项。

如图 1-32 所示，网络中有两个以太网和一个点到点链路。图中的 MA、MB……MF 代表对应接口的 MAC 地址。如果计算机 A 和同一网段的计算机 B 通信，计算机 A 发送 ARP 广播以解析目的 IP 地址的 MAC 地址，解析后，以后通信的帧将直接封装目的 IP 地址和 MAC 地址。

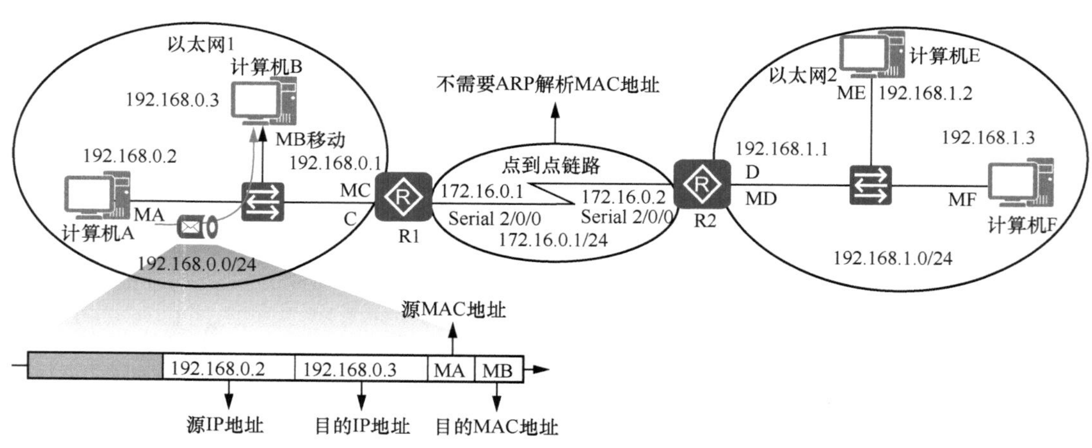

图 1-32 在同一网段通信过程中计算机 A 发送 ARP 广播以解析目的 IP 地址的 MAC 地址

如果计算机 A 和不同网段的计算机 F 进行通信，计算机 A 需要解析网关的 MAC 地址。计算机 A 发送给计算机 F 的帧如图 1-33 所示，注意观察该数据包在两个以太网中封装的 IP 地址和 MAC 地址。在传输过程中数据包的源 IP 地址和目的 IP 地址是不变的。数据包要从计算机 A 发送到计算机 F，需要经路由器 R1 的 C 接口转发，因此在以太网 1 中的数据包封装的源 MAC 地址是 MA，目的 MAC 地址是 MC。数据包到达路由器 R2，就要从 R2 的 D 接口发送到计算机 F，数据包要重新封装数据链路层相关信息，即源 MAC 地址为 MD，目的 MAC 地址是 MF。

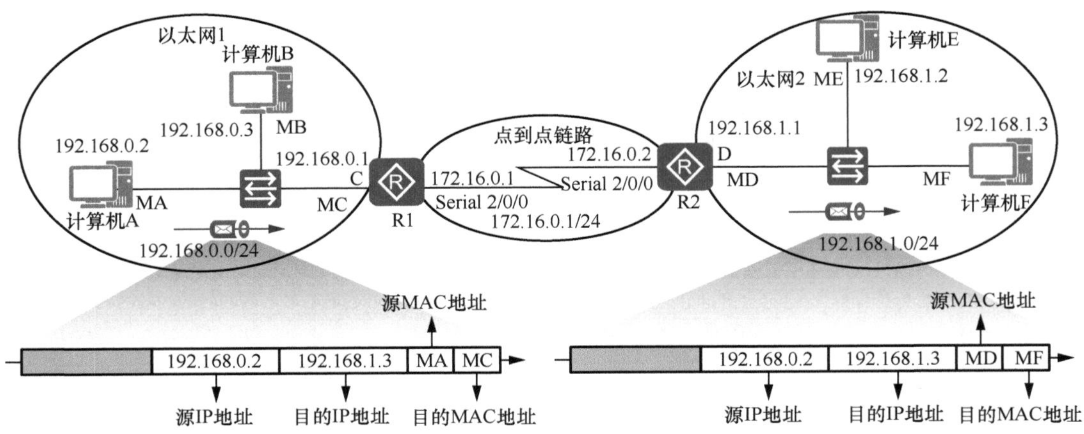

图 1-33 在跨网段通信过程中计算机 A 发送 ARP 广播以解析网关 MAC 地址

从跨网段通信帧的封装来看，数据包的目的 IP 地址决定数据包的终点，帧的目的 MAC 地址决定数据包下一跳是哪个接口。ARP 只能解析同一网段的 MAC 地址。来自其他网段的计算机的数据包的源 MAC 地址都是路由器接口的 MAC 地址。在图 1-33 中计算机 F 不知道计算机 A 的 MAC 地址，计算机 F 看到的来自计算机 A 的数据包的源 MAC 地址是路由器 R2 接口 D 的 MAC 地址。

提示：

ARP 只是在以太网中使用，点到点链路在数据链路层通常使用点到点协议（Point-to-Point Protocol，PPP）。因为 PPP 定义的帧格式没有 MAC 地址字段，所以也不用 ARP 解析 MAC 地址。

通过 ARP 解析到 MAC 地址后以太网接口会缓存解析的 MAC 地址，在 Windows 操作系统中执行 arp -a 命令可以查看 ARP 表项。其中“动态”类型的条目表明 MAC 地址（物理地址）是 ARP 解析得到的，一段时间不使用，就会从缓存中将其清除。

```
C:\Users\hanlg>arp -a
接口: 192.168.2.161 --- 0xb
  Internet 地址         物理地址              类型
  192.168.2.1           D8-C8-E9-96-A4-61     动态
  192.168.2.255         FF-FF-FF-FF-FF-FF     静态
  224.0.0.22            01-00-5E-00-00-16     静态
  224.0.0.251           01-00-5E-00-00-FB     静态
  224.0.0.252           01-00-5E-00-00-FC     静态
  255.255.255.255       FF-FF-FF-FF-FF-FF     静态
```

图 1-34 所示是使用抓包工具捕获的 ARP 请求数据包。其中第 27 帧是计算机 192.168.80.20 为解析 192.168.80.30 的 MAC 地址发送的 ARP 请求数据包。该 ARP 请求数据包的目的 MAC 地址为 FF: FF: FF: FF: FF: FF，这是为了让网络中的所有设备都能收到。其中 Opcode 是选项代码，指示当前数据包是请求报文还是响应报文，ARP 请求报文的值是 0x0001，ARP 响应报文的值是 0x0002，响应报文是单播帧。

第 28 帧是 ARP 响应数据包，可以看到该数据包的目的 MAC 地址不是广播地址，而是 192.168.80.20 的 MAC 地址。

ARP 是建立在网络中各台主机互相信任的基础上的。计算机 A 发送 ARP 广播以解析计算机 C 的 MAC 地址，同一网段的计算机都能够收到这个 ARP 请求报文，任何一个主机都可以给计算机 A 发送 ARP 响应报文，这些响应报文可能告诉计算机 A 错误的 MAC 地址，计算机 A 收到 ARP 响应报文时并不会检测该报文的真实性，而是会将其直接存入本机的 ARP 表项，这样就存在 ARP 欺骗的安全隐患。

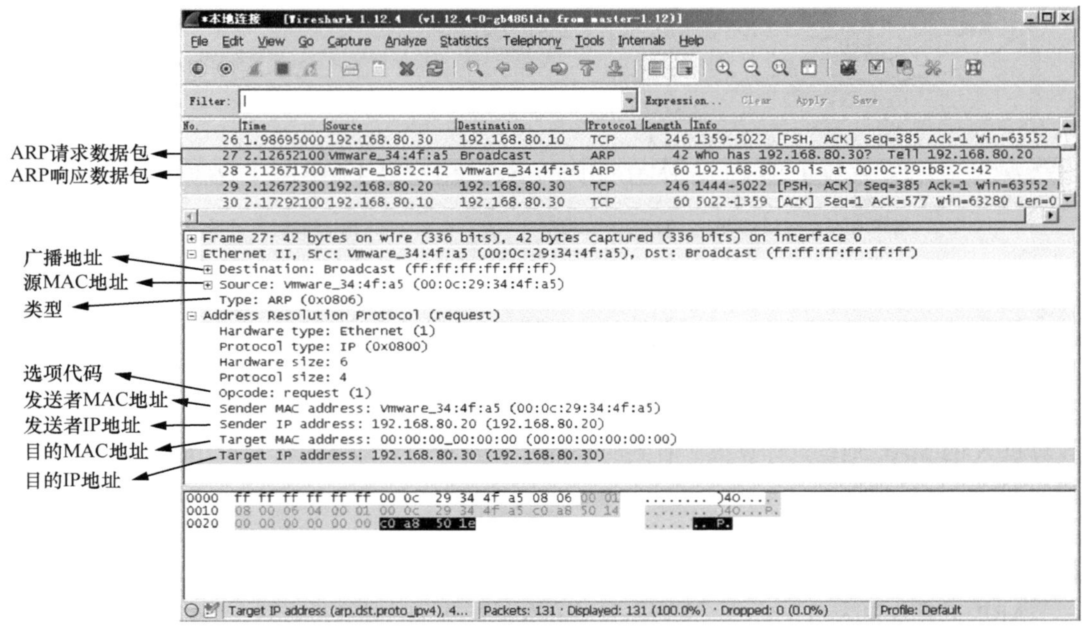

图 1-34　ARP 请求数据包和 ARP 响应数据包

1.4　数据链路层协议

数据链路层协议负责将数据包封装成帧，从链路的一端传到另一端。如图 1-35 所示，PC1 与 PC2 通信，需要经过链路 1、链路 2……链路 5。计算机连接交换机的链路是以太网链路，以太网链路使用带冲突检测的载波监听多路访问（Carrier Sense Multiple Access with Collision Detection，CSMA/CD）协议。路由器和路由器之间的连接为点到点链路，针对这种链路的数据链路层协议有 PPP、高级数据链路控制（High Level Data Link Control，HDLC）协议等。不同的数据链路层协议定义了不同的帧格式。

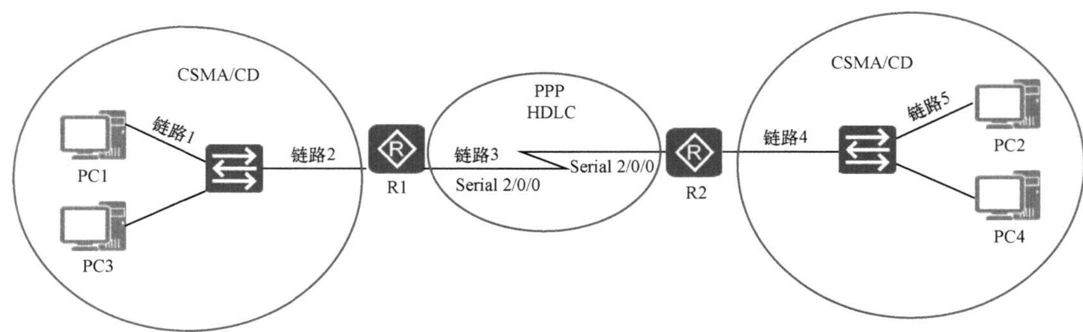

图 1-35　链路和数据链路层协议

通过命令行进入R1路由器的Serial 2/0/0接口视图，执行link-protocol ?命令可以看到该接口支持的数据链路层协议。执行link-protocol ppp命令，可以将该接口配置为使用PPP。

```
[R1]interface Serial 2/0/0
[R1-Serial2/0/0]link-protocol ?
  fr     Select FR as line protocol
  hdlc   Enable HDLC protocol
  lapb   LAPB(X.25 level 2 protocol)
  ppp    Point-to-Point protocol
  sdlc   SDLC(Synchronous Data Line Control) protocol
  x25    X.25 protocol
[Huawei-Serial2/0/0]link-protocol ppp
```

常见的数据链路层协议有CSMA/CD协议、PPP、HDLC协议、帧中继（Frame Relay，FR）、X.25等，这些数据链路层协议都具备3个基本功能，即封装成帧、透明传输和差错检验。

1. 封装成帧

封装成帧是指在网络层的IP数据包的前后分别添加首部和尾部，以构成一个帧。如图1-36所示，不同的数据链路层协议的帧首部和帧尾部包含的信息有明确的规定，帧首部和帧尾部有帧开始符和帧结束符，统称为帧定界符。接收端收到物理层传过来的数字信号，从读取到帧开始符一直到帧结束符，就认为接收到一个完整的帧。

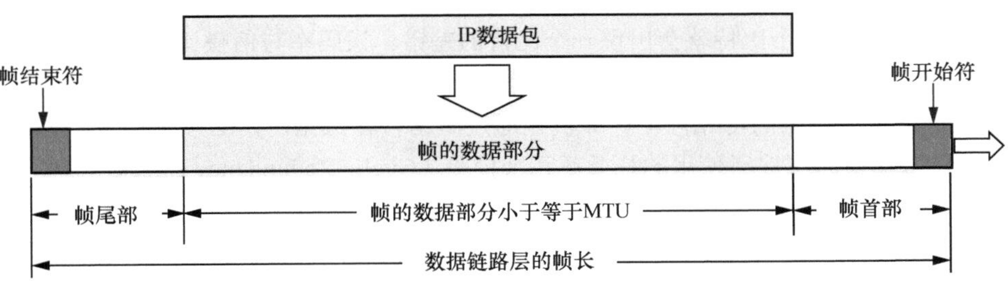

图1-36 通过添加帧首部和帧尾部来封装成帧

在数据传输过程中出现差错时，帧定界符的作用将更加明显。如果发送端在尚未发送完一个帧时突然出现故障，中断发送，接收端收到只有帧开始符没有帧结束符的帧，就认为是一个不完整的帧，必须丢弃。

为了提高数据链路层传输效率，应当使帧的数据部分尽可能大于帧首部和帧尾部的长度。但是每一种数据链路层协议都规定了所能够传送帧的数据部分长度的上限——最大传输单元（MTU），如以太网的MTU为1 500字节。

2. 透明传输

帧开始符和帧结束符最好选择不会出现在帧的数据部分的字符，如果帧数据部分出现帧开始符和帧结束符，就要插入转义字符，接收端接收时看到转移字符就会将其去掉，把转义字符后面的字符当作数据来处理。如图1-37所示，某数据链路层协议的帧开始符为SOH，帧结束符为EOT。转义字符选定为ESC。节点A给节点B发送数据帧，在将其发送到数据链路之前，在数据中出现SOH、ESC和EOT字符编码之前的位置插入转义字符ESC的编码，这个过程就是字节填充。节点B接收之后，再去掉填充的转义字符，视转义字符后的字符为数据。

节点A在发送帧之前在原始数据中的必要位置插入转义字符，节点B收到后去掉转义字符，又得到原始数据。中间插入转义字符是要让传输的原始数据原封不动地发送到节点B，这个过程称为“透明传输”。

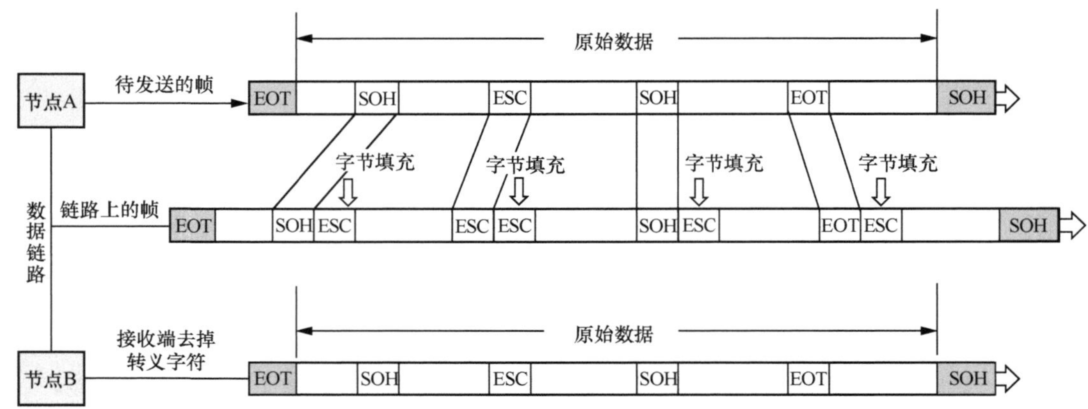

图 1-37 使用字节填充实现透明传输

3. 差错检验

现实的通信链路通常都不会是理想的。也就是说，比特在传输过程中可能会产生差错。1 可能会变成 0，而 0 也可能变成 1，这就叫作比特差错。比特差错是传输差错中的一种。在一段时间内，错误传输的比特数与所传输比特总数之比称为误码率。例如，误码率为 10^{-10} 时，表示平均每传送 10^{10} 个比特就会出现一个比特的差错。误码率与信噪比有很大的关系。提高信噪比，就可以使误码率降低。但实际的通信链路并非理想的，它不可能使误码率降到 0。因此，为了保证数据传输的可靠性，计算机在通过网络传输数据时，必须采用各种差错检验措施。目前在数据链路层广泛使用的是循环冗余校验（Cyclic Redundancy Check，CRC）差错检验技术。

想让接收端能够判断帧在传输过程中是否出现差错，需要在传输的帧中包含用于检验错误的信息，这部分信息称为帧检验序列（Frame Check Sequence，FCS）。如图 1-38 所示，使用帧的数据部分和数据链路层首部来计算 FCS，并将其放到帧的末尾。接收端收到后，再使用帧的数据部分和数据链路层首部计算 FCS，比较两个 FCS 是否相同，如果相同则认为在传输过程中没有出现差错，否则接收端丢弃该帧。

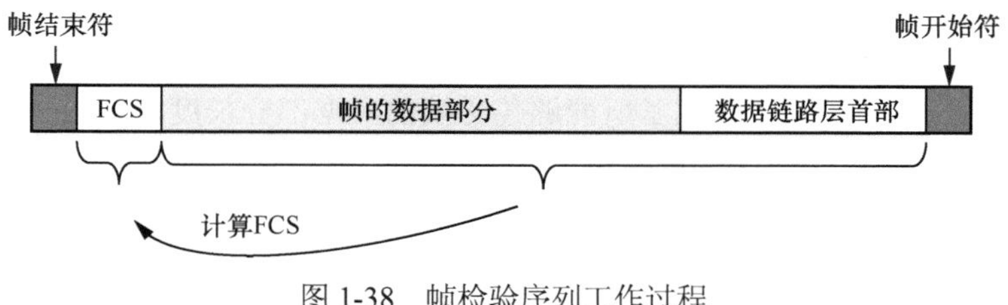

图 1-38 帧检验序列工作过程

1.5 TCP/IPv4 栈和 OSI 参考模型

1.5.1 TCP/IPv4 栈

通过对应用层协议、传输层协议、网络层协议和数据链路层协议的讲解，可以看出计算机通信使用的是一组协议，这一组协议称为 TCP/IPv4 栈。TCP/IPv4 栈是目前结构最完整、使用最广泛的通信协议，可使采用不同硬件结构、不同操作系统的计算机相互通信。如图 1-39 所示，TCP/IPv4 栈的每一个协议都是独立的，它们共同工作才能实现网络中计算机之间的通信。TCP/IPv4 栈的主要协议有 TCP 和 IPv4 两个。

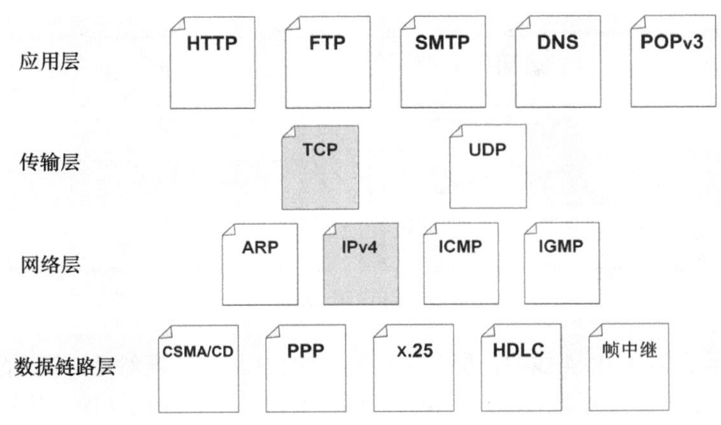

图 1-39 TCP/IPv4 栈包含的协议

为什么说计算机通信需要这一组协议呢？怎么理解分层呢？各层之间又具有怎样的关系呢？下面以网络购物为例进行说明。

在网络购物的过程中，商家和顾客之间需要购物协议，双方按照电子商务网站规定的流程完成交易：商家提供商品；顾客浏览商品，选定商品款式，网上付款到电子商务网站；商家发货；顾客收到货后确认收货，电子商务网站将货款支付给商家；如果顾客对收到的商品不满意，还可以退货；顾客可以评价购买的商品。这就是购物的流程，也可以认为是网络购物所使用的“协议”。购物协议的甲方、乙方分别是商家和顾客，网络购物协议规定了购物流程，即商家的行为、顾客的行为、操作顺序等。例如，商家不能在顾客付款前发货，顾客不能在未购物的情况下对商品做出评价等。这样的“网络购物协议”就相当于计算机通信时使用的应用层协议。类似的还有网络订餐、访问网站、收发电子邮件、远程登录等，每一种应用程序都需要应用层协议。

那么，只要有网络购物协议（这一层协议）就能实现网络购物吗？众所周知，购买的商品还需要快递员送到顾客手中，如果顾客不满意，退货时也需要快递给商家。也就是说网络购物还需要快递公司提供物流功能。顺丰速递、圆通速递、中通快递等快递公司实现的均是此类功能，即为网络购物提供物流服务。

值得注意的是，快递公司投递快件也需要一层协议，即快递协议。快递协议规定了快件投送的流程以及投送快递需要填写的快递信息。客户按照快递单要求的内容，在指定的地方填写相关信息。快递公司根据收件人所在的城市分拣快件，选择托运路线，到达目的城市后，快递人员根据快递单上的具体地址信息投送快件给收件人。图 1-40 展示了一份快递单。IP 定义的 IP 首部就相当于快递公司的快递单，其目的就是把数据包发送到目的 IP 地址。

类似快递公司为网络购物提供物流服务，TCP/IPv4 栈所包含的四层协议间也存在“服务”关系，即下层协议为其上层协议提供服务。

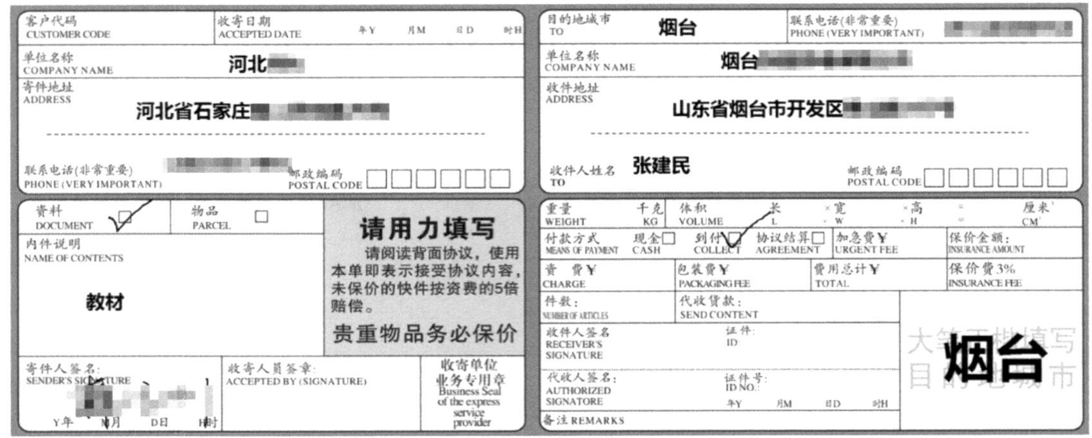
客户代码 CUSTOMER CODE
收寄日期 ACCEPTED DATE 年Y 月M 日D 时H
单位名称 COMPANY NAME 河北
寄件地址 ADDRESS 河北省石家庄
联系电话(非常重要) PHONE (VERY IMPORTANT)
邮政编码 POSTAL CODE
资料 DOCUMENT
物品 PARCEL
内件说明 NAME OF CONTENTS
教材
请用力填写
请阅读背面协议，使用本单即表示接受协议内容，未保价的快件按资费的5倍赔偿。
贵重物品务必保价
寄件人签名: SENDER'S SIGNATURE
Y年 M月 D日 H时
收寄人员签章: ACCEPTED BY (SIGNATURE)
收寄单位业务专用章 Business Seal of the express service provider
目的地城市 TO 烟台
联系电话(非常重要) PHONE (VERY IMPORTANT)
单位名称 COMPANY NAME 烟台
收件地址 ADDRESS 山东省烟台市开发区
收件人姓名 TO 张建民
邮政编码 POSTAL CODE
重量 WEIGHT 千克 KG
体积 VOLUME 长 L 宽 W 高 H 厘米 CM
付款方式 MEANS OF PAYMENT 现金 CASH 到付 COLLECT 协议结算 AGREEMENT
加急费￥ URGENT FEE
保价金额: INSURANCE AMOUNT
资费￥ CHARGE
包装费￥ PACKAGING FEE
费用总计￥ TOTAL
保价费3% INSURANCE FEE
件数: NUMBER OF ARTICLES
代收货款: SEND CONTENT
收件人签名 RECEIVER'S SIGNATURE
证件: ID
代收人签名: AUTHORIZED SIGNATORE
证件号: ID NO.
年Y 月M 日D 时H
备注 REMARKS
大写手书填写目的地城市
烟台

图 1-40 快递单

图 1-41 展示了 TCP/IPv4 栈的分层和每层协议的作用范围。既然是协议，就有甲方和乙方。应用层协议的甲方、乙方分别是服务端和客户端，实现应用程序的功能。传输层协议的甲方、乙方分别位于相互通信的两台计算机中，TCP 为应用层协议实现可靠传输，UDP 为应用层协议提供报文转发服务。网络层协议中的 IP 为数据包跨网段转发选择路径，IP 是多方协议，包括通信的两台计算机和沿途经过的路由器。网络接口层负责将网络层的数据包从链路的一端发送到另一端。同一链路中的设备是网络接口层协议的对等实体。网络接口层协议的作用范围是一段链路，不同类型的链路有不同的网络接口层协议。如图 1-41 所示，以太网链路使用 CSMA/CD 协议，点到点链路使用 PPP。

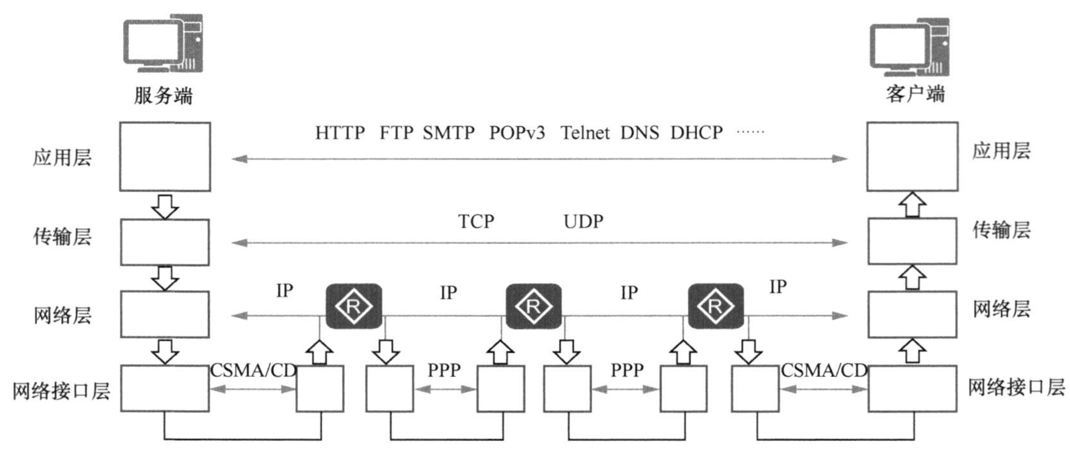

图 1-41 TCP/IPv4 栈的分层及每层协议的作用范围

下面介绍将计算机通信协议分层后的好处。

（1）各层之间是独立的。某一层并不需要知道它的下一层如何实现，仅需要知道下一层通过层间接口所提供的服务。上层对下层来说就是要处理的数据，如图 1-42 所示。应用层协议要传输的数据称为报文，加上 TCP 首部后称为段，段加上 IP 首部后称为数据包，数据包加上以太网首部后称为帧，这个过程叫作封装。接收端收到帧后，去掉以太网封装的首部，去掉 IP 首部，去掉 TCP 首部，应用程序接收到报文，这个过程称为解封。

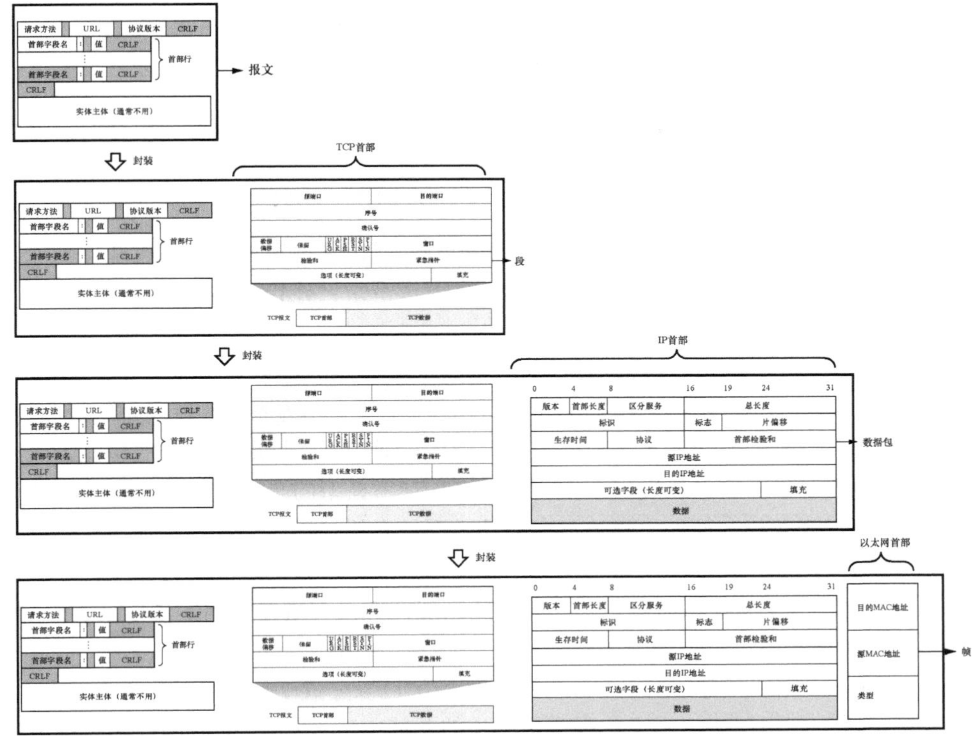

图 1-42 各层之间的关系

（2）灵活性高。某一层有所改进和变化时不会影响其他层。比如 IPv4 实现的是网络层功能，如果升级为 IPv6，实现的仍然是网络层功能；传输层的 TCP 和 UDP 不用做任何变动，网络接口层使用的协议也不用做任何变动。如图 1-43 所示，计算机可以使用 TCP/IPv4 和 TCP/IPv6 进行通信。

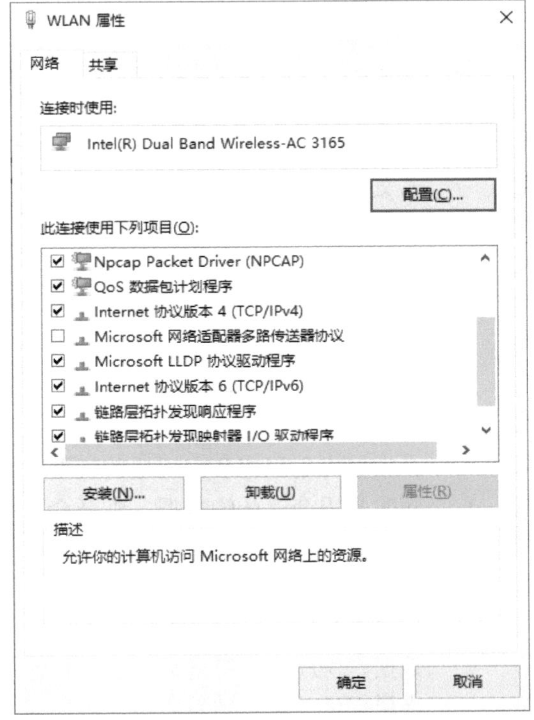

图 1-43 IPv4 和 IPv6 实现的功能一样

（3）各层都可以采用最合适的技术来实现。比如适合布线的就使用双绞线连接网络，有障碍物的就通过无线网络覆盖等。

（4）促进标准化工作。路由器实现网络层功能，交换机实现网络接口层功能，不同厂家的路由器和交换机能够相互连接以实现计算机通信，就是因为有了网络层标准和网络接口层标准。

（5）分层后有助于将复杂的计算机通信问题拆分成多个简单的问题，以及排除网络故障。比如，由于计算机没有设置网关而造成的网络故障属于网络层问题；由于 MAC 地址冲突而造成的网络故障属于网络接口层问题；由于 Web 浏览器设置了错误的代理服务器而导致无法网站的网络故障属于应用层问题。

1.5.2 OSI 参考模型与 TCP/IPv4 栈之间的关系

前面内容介绍的 TCP/IPv4 栈是 Internet 通信的工业标准。网络刚开始出现时，典型情况下只能在同一制造商制造的计算机之间进行通信。20 世纪 70 年代后期，ISO 创建的 OSI 参考模型打破了这一壁垒。

OSI 参考模型将计算机通信过程按功能划分为 7 层，并规定了每一层实现的功能。这样 Internet 设备供应商以及软件公司就能参照 OSI 参考模型来设计自己的硬件和软件。不同供应商的网络设备之间能够协同工作。

OSI 参考模型不是具体的协议，TCP/IPv4 栈才是具体的协议。那么怎么理解它们之间的关系呢？例如，ISO 定义了汽车参考模型，规定汽车要有动力系统、转向系统、制动系统、变速系统等，这就相当于 OSI 参考模型定义的计算机通信每一层所要实现的功能。汽车厂商（如奥迪）参照汽车参考模型研发汽车，实现了汽车参考模型的全部功能，那么此时的奥迪汽车就相当于 TCP/IPv4 栈。而如果奥迪汽车的动力系统有的使用汽油，有的使用天然气，发动机有的是 8 缸，有的是 10 缸，那么实现的功能就都是汽车参考模型的动力系统功能。同样，OSI 参考模型只定义了计算机通信每层要实现的功能，并没有规定如何实现以及实现的细节，不同的协议栈实现方法可以不同。

在 ISO 制定的 OSI 参考模型中，计算机通信构架可以分成 7 层，各层的具体介绍如下。

- 应用层：应用层协议用于实现应用程序的功能。Internet 中的应用程序有很多种，比如访问网站、收发电子邮件、访问文件服务器等，因此，应用层协议也有很多种。应用层协议规定了客户端能够向服务端发送哪些请求（命令）、服务端能够向客户端返回哪些响应、使用的报文格式、命令的交互顺序等。
- 表示层：表示层为应用层传送的信息提供表示方法。如果应用层传输的是字符文件，则要使用字符集将其转换成数据；如果应用层传输的是图片文件或应用程序的二进制文件，则要通过编码将其转换成数据。数据在传输前是否压缩、是否加密处理都是表示层要解决的问题。发送端的表示层和接收端的表示层是协议的双方，加密和解密、压缩和解压缩、将字符文件编码和解码都要遵循表示层协议的规范。
- 会话层：会话层为通信的客户端和服务端建立会话、保持会话和断开会话。建立会话：计算机 A 和计算机 B 之间进行通信，就要建立一条会话以供它们使用；在建立会话的过程中会经历身份认证、权限鉴定等环节。保持会话：建立会话后，通信双方开始传输数据，当数据传输完成后，会话层不一定会立即断开这条通信会话，它会根据应用程序和应用层的设置对会话进行维持，在会话维持期间，通信双方可以随时使用会话传输数据。断开会话：当应用程序或应用层规定的超时时间到期，或计算机 A/B 重启、关机，或手动断开会话，会话层会断开计算机 A 和计算机 B 之间的会话。
- 传输层：传输层主要为主机之间通信的进程提供端到端服务，以及处理数据包错误、数据包次序错误等传输问题。传输层是计算机通信架构中关键的一层，它使用了网络层提供的数据转发服务，可以向上层屏蔽下层数据的通信细节，使用户完全不用考虑物理层、数据链路层和网络层工作的详细情况。
- 网络层：网络层负责数据包从源网络传输到目的网络过程中的路由选择工作。Internet

是一个由多个网络组成的集合。正是借助网络层的路由选择功能，多个网络之间的通信才得以畅通，信息才得以共享。

- 数据链路层：数据链路层负责将数据从链路的一端传输到另一端，传输的基本单位为帧，并为网络层提供差错控制和流量控制服务。
- 物理层：物理层是 OSI 参考模型中的底层，主要定义了系统的电气、机械、过程和功能标准，如电压、带宽、最大传输距离和其他特性。物理层的主要功能是利用传输介质为数据链路层提供物理传输工作。物理层传输的基本单位是比特，即 0 和 1，也就是最基本的电信号或光信号。

TCP/IP 分层对 OSI 参考模型进行了合并简化，如图 1-44 所示。

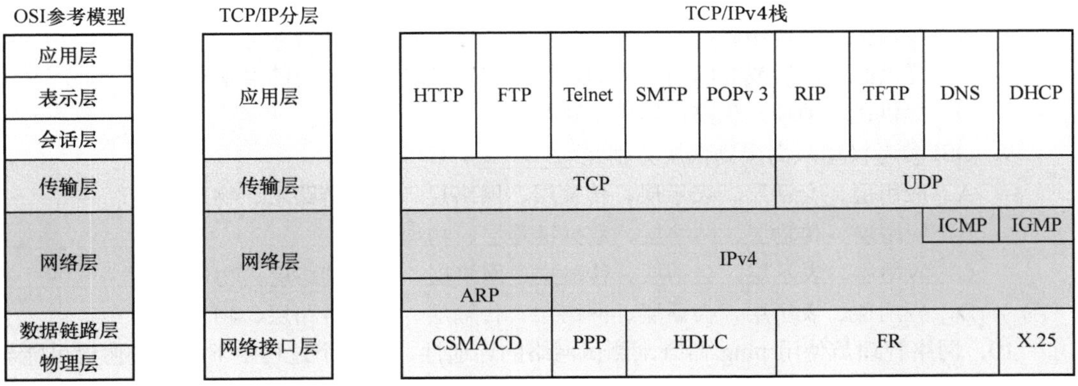

OSI参考模型	TCP/IP分层	TCP/IPv4栈
应用层 表示层 会话层	应用层	HTTP, FTP, Telnet, SMTP, POPv 3, RIP, TFTP, DNS, DHCP
传输层	传输层	TCP, UDP
网络层	网络层	ICMP, IGMP, IPv4, ARP
数据链路层 物理层	网络接口层	CSMA/CD, PPP, HDLC, FR, X.25

图 1-44 OSI 参考模型和 TCP/IP 分层的对应关系

1.6 习题

一、选择题

1．计算机通信实现可靠传输的是 TCP/IPv4 栈的哪一层？（ ）

A．物理层　　B．应用层

C．传输层　　D．网络层

2．由 IPv4 升级到 IPv6，对 TCP/IPv4 栈来说是哪一层做了更改？（ ）

A．数据链路层　　B．网络层

C．应用层　　D．物理层

3．ARP 有何作用？（ ）

A．将计算机的 MAC 地址解析成 IP 地址

B．域名解析

C．可靠传输

D．将 IP 地址解析成 MAC 地址

4．TCP 和 UDP 端口号的范围是多少？（ ）

A．0～256　　B．0～1 023

C．0～65 535　　D．1 024～65 535

5．下列网络协议中，默认使用 TCP 的 25 端口的是________？（ ）

A．HTTP　　B．Telnet

C．SMTP　　D．POPv3

6．在 Windows 操作系统中，查看侦听的端口使用的命令是________？（　　）

A．ipconfig /all　　B．netstat -an

C．ping　　D．Telnet

7．在 Windows 操作系统中，ping 命令使用的协议是________？（　　）

A．HTTP　　B．IGMP

C．TCP　　D．ICMP

8．关于 OSI 参考模型中网络层的功能，说法正确的是________。（　　）

A．OSI 参考模型中最靠近用户的一层，为应用程序提供网络服务

B．在设备之间传输比特流，规定了电平、速率和电缆针脚

C．提供面向连接或非面向连接的数据传递以及进行重传前的差错检测

D．提供逻辑地址，供路由器确定路径

9．OSI 参考模型从高层到低层分别是________。（　　）

A．应用层、会话层、表示层、传输层、网络层、数据链路层、物理层

B．应用层、传输层、网络层、数据链路层、物理层

C．应用层、表示层、会话层、传输层、网络层、数据链路层、物理层

D．应用层、表示层、会话层、网络层、传输层、数据链路层、物理层

10．网络管理员使用 ping 命令来测试网络的连通性，在这个过程中下面哪些协议可能会被使用到（多选）。（　　）

A．ARP　　B．TCP

C．ICMP　　D．IP

二、简答题

1．图 1-45 所示是在 Windows 操作系统（客户端）上捕获的访问文件服务器（服务端）共享文件夹的数据包，根据图中显示的内容回答以下问题。

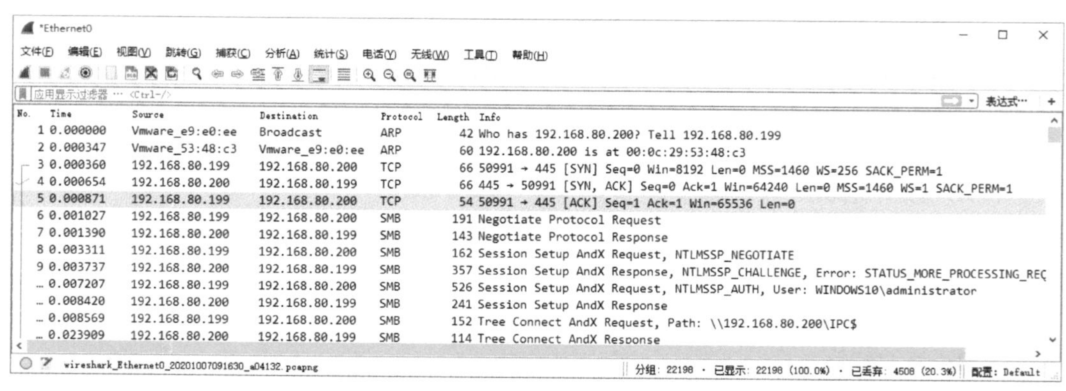

图 1-45　捕获的数据包

（1）文件服务器的 IP 地址和 MAC 地址是什么？

（2）建立 TCP 连接的 3 个数据包是哪 3 个？服务端在建立 TCP 连接时接收窗口是多少字节？

（3）SMB（Server Message Block，服务器信息块）协议属于哪一层的协议？SMB 协议在

传输层使用的是 TCP 还是 UDP？端口号是多少？

2．根据图 1-46 所示的第 7 个数据包在传输层中的内容，写出第 8 个数据包在传输层中 Sequence Number 的值，以及 Source Port 和 Destination Port 的值。

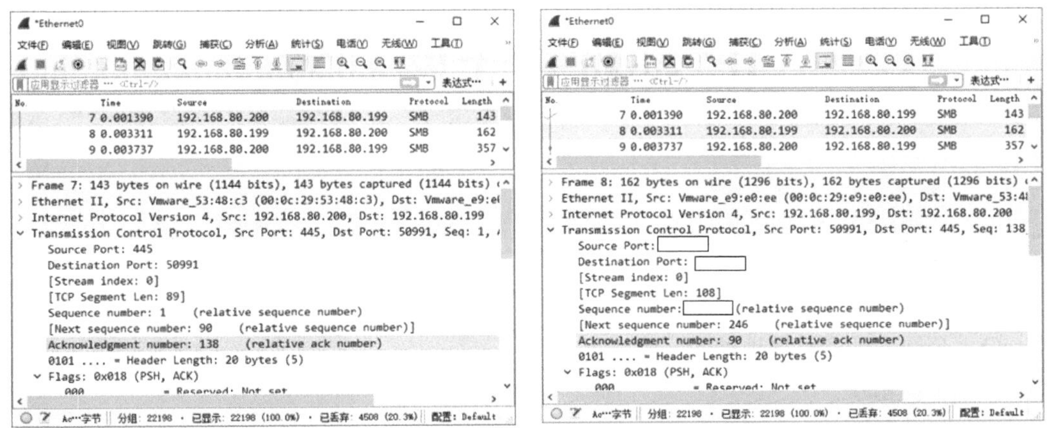

图 1-46 传输层中的数据包

3．某台计算机中了“病毒”，在网上发 ARP 广播，观察图 1-47 中的数据包，找出是哪一台计算机发送的 ARP 广播。

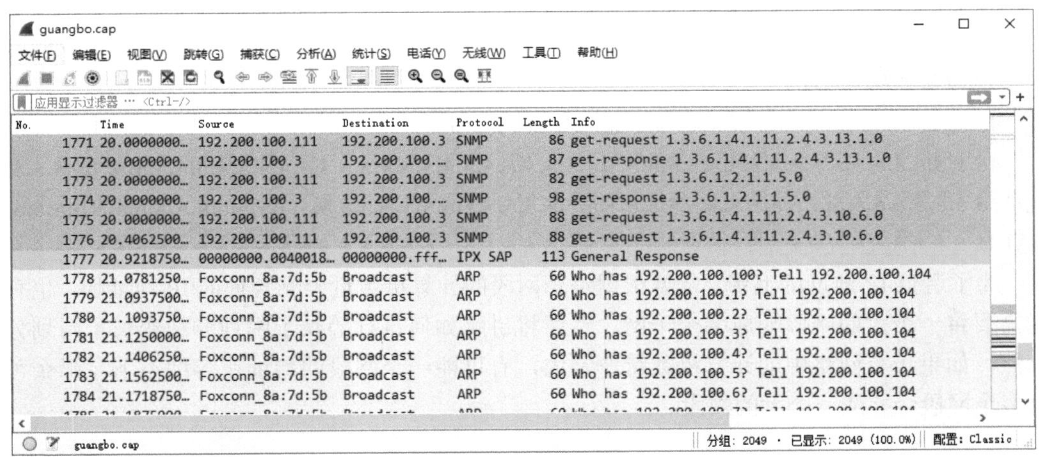

图 1-47 ARP 广播

4．TCP/IP 按什么分层？写出每层协议实现的功能。

5．列出几个常见的应用层协议。

6．应用层协议要定义哪些内容？

7．写出传输层的两个协议及其应用场景。

8．写出网络层的 4 个协议及其功能。

第2章

IP 地址和子网划分

本章内容

- IP 地址详解
- 公网地址和私网地址
- 子网划分
- 合并网段
- 子网划分需要注意的两个问题
- 判断 IP 地址所属子网
- 判断一个网段是超网还是子网

IP 地址由 32 位二进制数组成，可以划分为网络部分和主机部分。子网掩码用来确定哪些位是网络部分，哪些位是主机部分。网关作为一个网段到其他网段的出口，是连接该网段的网络层设备的接口地址。

IP 地址分为 A 类、B 类、C 类、D 类和 E 类。

IP 地址又可分为公网地址和私网地址，公网地址是全球统一规划和分配的，不能重叠。私网地址用于园区网内部，使用私网地址访问公网需要做网络地址转换（Network Address Translation，NAT）。

为了避免 IP 地址的浪费，需要根据每个网段的计算机数量分配合理的 IP 地址块，也有可能需要将一个大的网段分成多个子网。本章将讲解如何进行等长子网划分和变长子网划分。当然，如果一个网络中的计算机数量非常大，有可能一个网段的地址块容纳不下，那么可以将多个网段合并成一个大的网段。

2.1 IP 地址详解

IP 地址就是给每个连接在 Internet 上的主机分配的一个 32 位的二进制数地址。IP 地址用来定位网络中的计算机和网络设备。

2.1.1 MAC 地址和 IP 地址

既然计算机的网卡有物理层地址（MAC 地址）了，为什么还需要 IP 地址呢？

如图 2-1 所示，网络中有 3 个网段，一个交换机对应一个网段，使用两个路由器连接了这 3 个网段。图 2-1 中的 MA、MB、MC、MD、ME、MF，以及 M1、M2、M3 和 M4，分别代表计算机和路由器接口的 MAC 地址。

如果计算机 A 要想给计算机 F 发送一个数据包，则需要在网络层给数据包添加源 IP 地址（10.0.0.2）和目的 IP 地址（12.0.0.2）。

该数据包要想到达计算机 F，要经过路由器 1 转发，该数据包如何封装才能让交换机 1 转发到路由器 1 呢？这就需要在数据链路层添加 MAC 地址，源 MAC 地址为 MA，目的 MAC 地址为 M1。

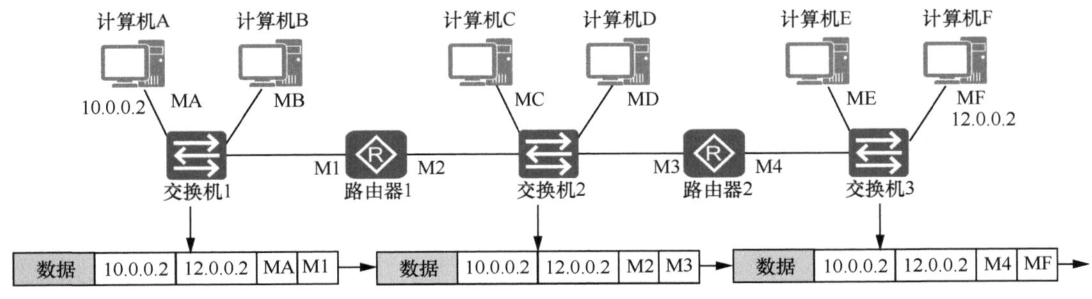

图 2-1　包含 3 个网段的网络

路由器 1 收到该数据包后，需要将该数据包转发到路由器 2，这就要求将数据包重新封装成帧，帧的目的 MAC 地址是 M3，源 MAC 地址是 M2。

数据包到达路由器 2，需要重新封装，目的 MAC 地址为 MF，源 MAC 地址为 M4。交换机 3 将该帧转发给计算机 F。

从图 2-1 可以看出，数据包的目的 IP 地址决定了数据包最终到达哪台计算机，而目的 MAC 地址决定了该数据包下一跳由哪个设备接收，但不一定是终点。

如果全球的计算机网络是一个大的以太网，就不需要使用 IP 地址进行通信了，只需使用 MAC 地址。想想那将是一个什么样的场景？一台计算机发广播帧，全球的计算机都能收到，如果都要处理，则整个网络的带宽将会被广播帧耗尽。因此必须由网络层设备（路由器或三层交换机）来隔绝以太网的广播帧，默认情况下路由器不会转发广播帧，它只负责在不同的网络间转发数据包。

2.1.2　IP 地址的组成和网关

在讲解 IP 地址之前，先介绍一下众所周知的电话号码，读者可以通过电话号码来理解 IP 地址。

国内的座机电话号码由区号和本地号码组成。如图 2-2 所示，石家庄市的区号是 0311，北京市的区号是 010，保定市的区号是 0312。同一地区的电话号码有相同的区号，打本地电话不用拨区号，打长途电话才需要拨区号（含长途字冠）。

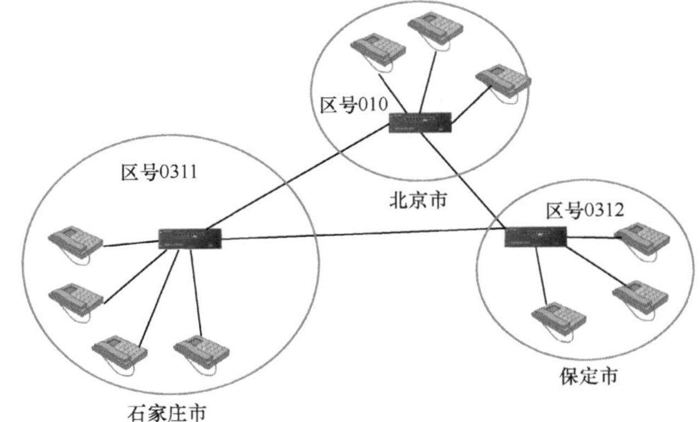

图 2-2　区号和电话号码

和电话号码类似，计算机的 IP 地址也由两部分组成：一部分为网络标识，一部分为主机标识。如图 2-3

所示，同一网段的计算机的网络标识相同。路由器连接不同网段，负责不同网段的数据转发，而交换机连接的是同一网段的计算机。

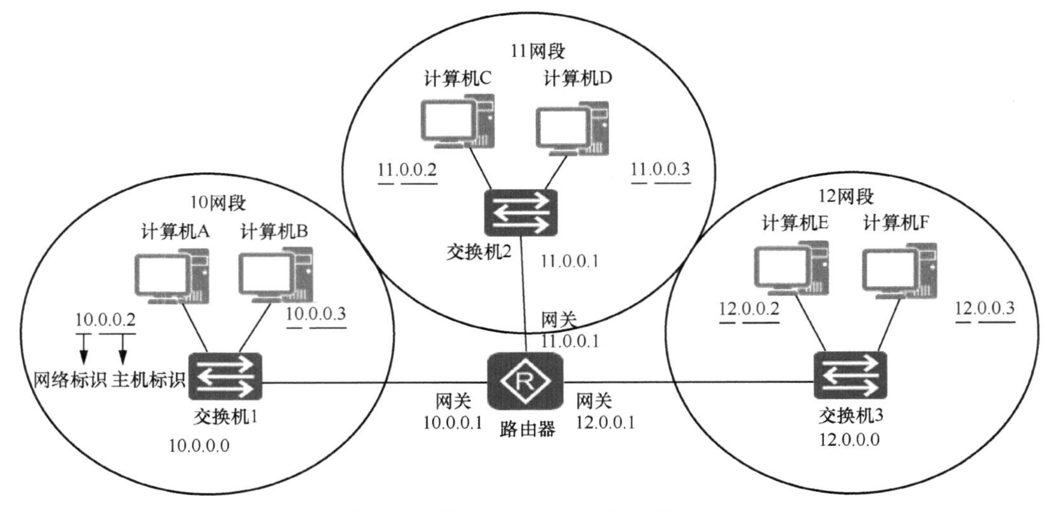

图 2-3　网络标识、主机标识以及网关

在网络中通信，不仅要给计算机配置 IP 地址和子网掩码，还要配置网关。网关就是计算机给其他网段的计算机发送数据包的出口，也就是路由器（或网络层设备）接口的地址。为了尽量避免和网络中的计算机地址冲突，网关通常使用该网段的第一个可用地址或最后一个可用地址。给路由器接口配置 IP 地址时也需要配置子网掩码。

一台计算机和其他计算机通信之前，首先要判断目的 IP 地址和自己的 IP 地址是否在同一网段，如果在同一网段，帧的目的 MAC 地址是目的主机的 MAC 地址；如果不在同一网段，帧的目的 MAC 地址是网关的 MAC 地址。

2.1.3　IP 地址的格式

按照 TCP/IPv4 栈的规定，IP 地址用 32 位二进制数来表示，换算成字节，就是 4 字节。例如一个采用二进制数形式的 IP 地址是“10101100000100000001111000111000”，这么长的地址，人们处理起来比较麻烦。为了方便使用，这么长的地址会被分割为 4 个部分，每个部分占 8 位二进制数，中间使用符号“.”分隔，分成 4 部分的二进制数 IP 地址为 10101100.00010000.00011110.00111000，经常可以写成十进制数的形式，于是，上面的 IP 地址可以表示为“172.16.30.56”。IP 地址的这种表示法叫作“点分十进制表示法”，这显然比 1 和 0 的组合容易记忆得多。

IP 地址的点分十进制表示法方便书写和记忆，通常在为计算机配置 IP 地址时就会用这种表示法，如图 2-4 所示。本书为了方便描述，给 IP 地址的这 4 部分进行了编号，从左到右分别称为第 1 部分、第 2 部分、第 3 部分和第 4 部分。

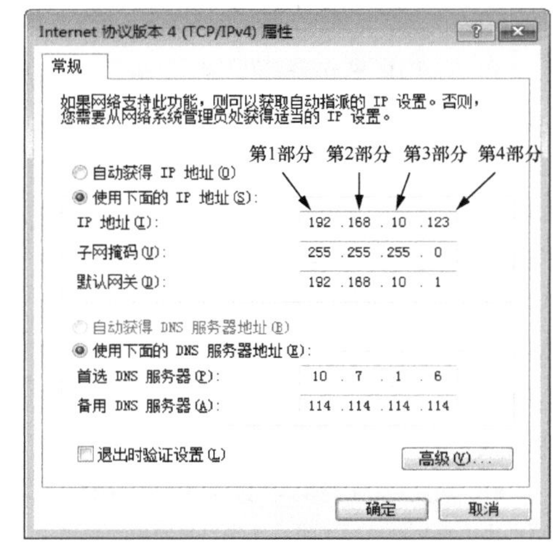

图 2-4　点分十进制表示法

二进制数 11111111 转换成十进制数就是 255，因此点分十进制表示法的每个部分最大不能超过 255。

2.1.4 IP 地址的子网掩码

子网掩码（Subnet Mask）又叫网络掩码，它是一种用来指明一个 IP 地址的哪些位是网络标识、哪些位是主机标识的方法。子网掩码只有一个作用，就是将某个 IP 地址划分成网络部分和主机部分。

子网掩码有两种表示方法，分别介绍如下。

- 使用与 IP 地址格式相同的点分十进制表示法，如 255.0.0.0 或 255.255.255.128。
- 在 IP 地址后加上“/”符号以及 1～32 的数字。其中 1～32 的数字表示子网掩码中网络标识位的长度，如 192.168.1.1/24 的子网掩码可以表示为 255.255.255.0，192.168.1.1/16 的子网掩码可以表示为 255.255.0.0。

如图 2-5 所示，计算机的 IP 地址是 131.107.41.6，子网掩码是 255.255.255.0，所在网段是 131.107.41.0/24，主机部分归 0。该计算机和远程计算机进行通信时，只要远程计算机的 IP 地址的前 3 部分是 131.107.41 就可以认为远程计算机和该计算机在同一网段。比如该计算机和 IP 地址为 131.107.41.123 的计算机在同一网段，和 IP 地址为 131.107.42.123 的计算机不在同一网段，因为网络部分不相同。

如图 2-6 所示，计算机的 IP 地址是 131.107.41.6，子网掩码是 255.255.0.0，计算机所在网段是 131.107.0.0/16，该计算机和远程计算机通信，只要目的 IP 地址前两部分是 131.107 就认为和该计算机在同一网段，比如该计算机和 IP 地址为 131.107.41.123 在同一网段，而和 IP 地址为 131.108.41.123 的计算机不在同一网段，因为网络部分不相同。

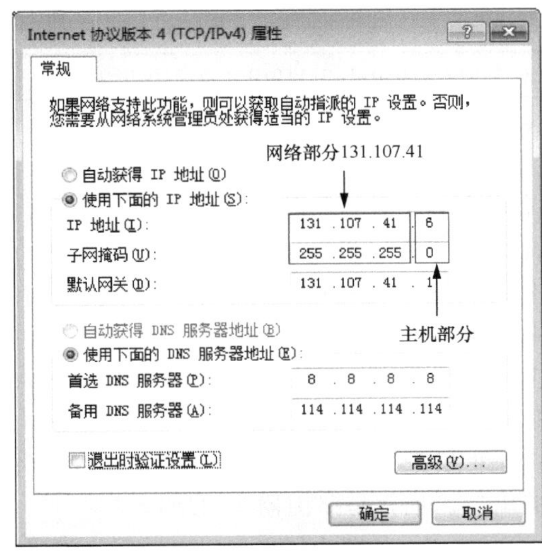

图 2-5 3 个 255 的子网掩码

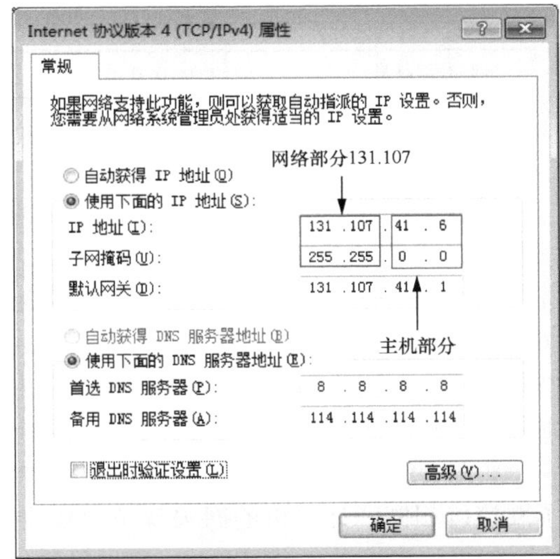

图 2-6 2 个 255 的子网掩码

如图 2-7 所示，计算机的 IP 地址是 131.107.41.6，子网掩码是 255.0.0.0，计算机所在网段是 131.0.0.0/8。该计算机和远程计算机通信，只要目的 IP 地址的第 1 部分是 131 就认为和该计算机在同一网段，比如该计算机和 IP 地址为 131.108.41.123 的计算机在同一网段，而和 IP 地址为 132.108.41.123 的计算机不在同一网段，因为网络部分不同。

那么计算机如何使用子网掩码来计算自己所在的网段呢？

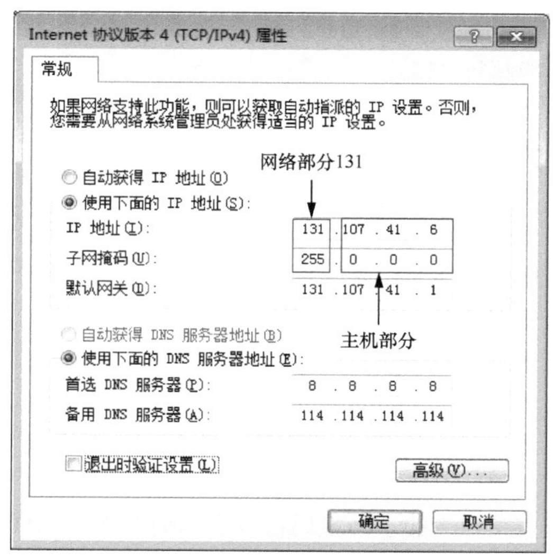

图 2-7　1 个 255 的子网掩码

如图 2-8 所示，如果一台计算机的 IP 地址为 131.107.41.6，子网掩码为 255.255.255.0。将其 IP 地址和子网掩码都写成二进制数，并对这两个二进制数对应的二进制位进行与运算，即两个位都是 1 才得 1，否则为 0，也就是 1 和 1 做与运算得 1，0 和 1、1 和 0、0 和 0 做与运算都得 0。这样将 IP 地址和子网掩码做完与运算后，主机位不管是什么值都归 0，网络位的值保持不变，得到该计算机所处的网段为 131.107.41.0/24。

IP地址	131	107	41	6
二进制数IP地址	1 0 0 0 0 0 1 1	0 1 1 0 1 0 1 1	0 0 1 0 1 0 0 1	0 0 0 0 0 1 1 0
子网掩码	255	255	255	0
二进制数子网掩码	1 1 1 1 1 1 1 1	1 1 1 1 1 1 1 1	1 1 1 1 1 1 1 1	0 0 0 0 0 0 0 0
IP地址和子网掩码做与运算				
网络号	131	107	41	0
二进制数网络号	1 0 0 0 0 0 1 1	0 1 1 0 1 0 1 1	0 0 1 0 1 0 0 1	0 0 0 0 0 0 0 0

图 2-8　子网掩码与 IP 地址做与运算

子网掩码很重要，配置错误会造成计算机通信故障。计算机和其他计算机通信时，首先判断目的 IP 地址和自己是否在同一网段，先用自己的子网掩码和自己的 IP 地址进行“与”运算得到自己所在的网段，再用自己的子网掩码和目的 IP 地址进行“与”运算，判断得到的网络部分与自己所在网段是否相同。如果不相同，则不在同一网段，封装帧时目的 MAC 地址用网关的 MAC 地址，交换机将帧转发给路由器接口；如果相同，则使用目的 IP 地址的 MAC 地址封装帧，直接把帧发给目的 IP 地址的计算机。

如图 2-9 所示，路由器连接两个网段 131.107.41.0/24 和 131.107.42.0/24，同一网段的计算机子网掩码相同，计算机的网关就是到其他网段的出口，也就是路由器接口地址。

如果计算机没有设置网关，跨网段通信时它就不知道谁是路由器接口，以及下一跳该给哪台设备。因此计算机要想实现跨网段通信，必须指定网关。

如图 2-10 所示，连接在交换机上的计算机 A 和计算机 B 的子网掩码设置不一样，都没有设置网关。思考一下，计算机 A 能否与计算机 B 通信？

回答：将计算机 A 的 IP 地址和自己的子网掩码做与运算，得到自己所在的网段 131.107.0.0/16，由于目的 IP 地址 131.107.41.28 也属于 131.107.0.0/16 网段，因此计算机 A 可以把数据包直接发送给计算机 B。当计算机 B 给计算机 A 发送返回的数据包时，由于计算机 B 在 131.107.41.0/24 网段，目的 IP 地址 131.107.41.6 碰巧也属于 131.107.41.0/24 网段，因此计算机 B 也能够把数据包直接发送到计算机 A，因此计算机 A 能够和计算机 B 通信。

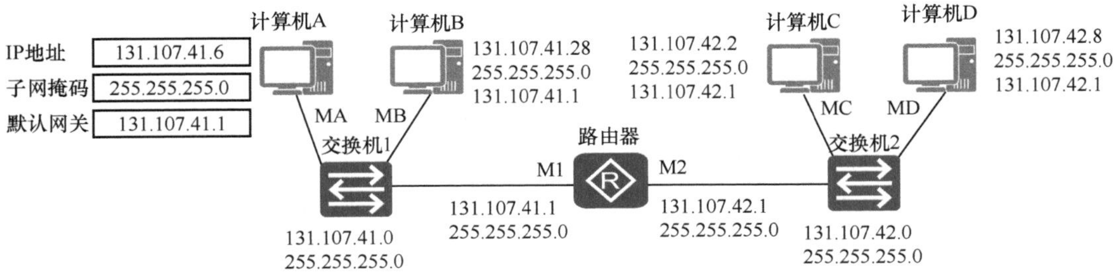

图 2-9 子网掩码和网关的作用

如图 2-11 所示，连接在交换机上的计算机 A 和计算机 B 的子网掩码设置不一样，计算机 A、B 都没有设置网关。思考一下，计算机 A 能否与计算机 B 通信？

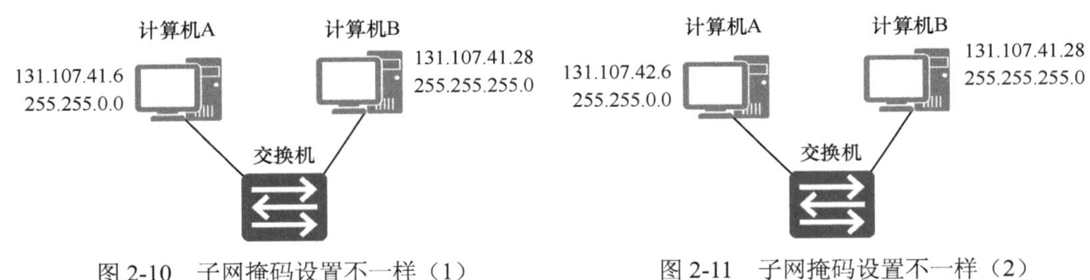

图 2-10 子网掩码设置不一样（1） 图 2-11 子网掩码设置不一样（2）

回答：将计算机 A 的 IP 地址和自己的子网掩码做与运算，得到自己所在的网段 131.107.0.0/16，由于目的 IP 地址 131.107.41.28 也属于 131.107.0.0/16 网段，因此计算机 A 可以把数据包直接发送给计算机 B。当计算机 B 给计算机 A 发送返回的数据包时，计算机 B 所在的网段为 131.107.41.0/24，由于目的 IP 地址 131.107.42.6 不属于 131.107.41.0/24 网段，计算机 B 认为计算机 A 和自己不在同一网段，需要把数据包发给网关，但网络中没有设置网关，因此计算机 B 无法把数据包发送给计算机 A。综上可知，计算机 A 能发送数据包给计算机 B，但是计算机 B 不能发送返回的数据包给计算机 A，此时网络不通。

2.1.5 IP 地址的分类

IPv4 地址为 32 位二进制数，可以划分为网络 ID 和主机 ID。可以使用 IP 地址的第 1 部分来区分网络 ID 和主机 ID。也就是说，只要看到 IP 地址的第 1 部分就知道该 IP 地址的子网掩码。通过这种方式可以将 IP 地址分成 A 类、B 类、C 类、D 类和 E 类 5 类。其中，A 类、B 类和 C 类常用于商业目的，D 类则用于组播目的，E 类用于科研目的。

1. A 类

如图 2-12 所示，网络 ID 最高位是 0 的 IP 地址为 A 类 IP 地址。网络位全是 0 的 IP 地址不能用，127 作为保留网段，因此 A 类 IP 地址的第 1 部分取值范围为 1～126。

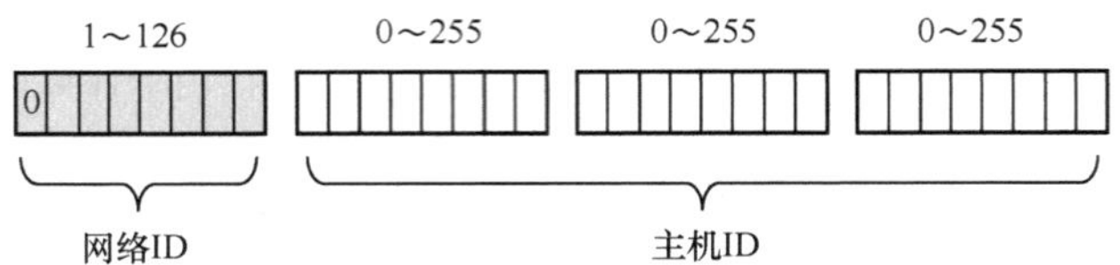

图 2-12　A 类 IP 地址的网络 ID 和主机 ID

A 类网络的默认子网掩码为 255.0.0.0。主机 ID 由第 2、3、4 部分组成，每部分的取值范围为 0～255，共 256 种取值，因此每个 A 类网络的主机数共 256×256×256（16 777 216）个，取值范围是 0～16 777 215，0 也算一个数。可用的地址还需要减去 2，主机位全是 0 的地址为网络地址，计算机无法使用，而主机位全是 1 的地址为广播地址，计算机也无法使用，因此，可用的地址数为 16 777 214。如果要给主机位全是 1 的地址发送数据包，计算机将产生一个广播帧，并发送到本网段的全部计算机。

2．B 类

如图 2-13 所示，网络 ID 最高位是 10 的 IP 地址为 B 类 IP 地址。B 类 IP 地址第 1 部分的取值范围为 128～191。

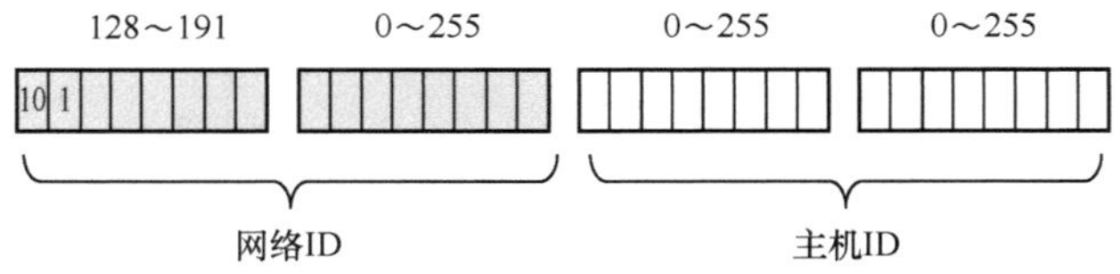

图 2-13　B 类 IP 地址的网络 ID 和主机 ID

B 类网络的默认子网掩码为 255.255.0.0。主机 ID 由第 3、4 部分组成，每个 B 类网络可以容纳的最大主机数为 256×256=65 536，取值范围为 0～65 535，去掉主机位全是 0 和全是 1 的地址，可用的地址数为 65 534。

3．C 类

如图 2-14 所示，网络 ID 最高位是 110 的 IP 地址为 C 类 IP 地址。IP 地址第 1 部分的取值范围为 192～223。

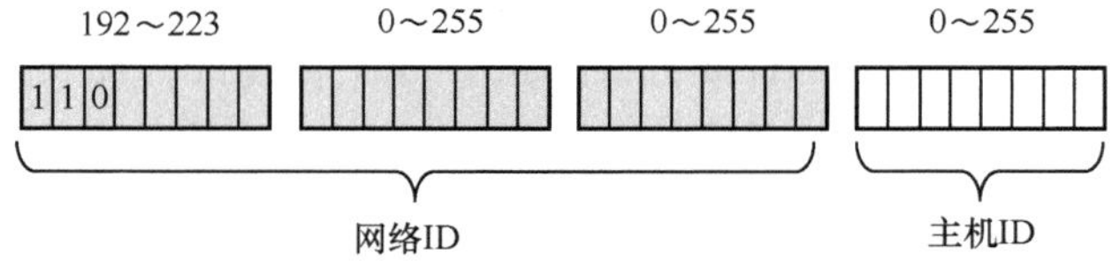

图 2-14　C 类 IP 地址的网络 ID 和主机 ID

C 类网络的默认子网掩码为 255.255.255.0。主机 ID 由第 4 部分组成，每个 C 类网络的主机数量为 256，取值范围为 0～255，去掉主机位全是 0 和全是 1 的地址，可用的地址数为 254。

计算一个网段的可用地址数，可以使用 2^n-2 来计算，其中 n 是主机位数。

4．D 类

如图 2-15 所示，网络 ID 最高位是 1110 的 IP 地址为 D 类 IP 地址。D 类 IP 地址第 1 部分的取值范围为 224～239。D 类 IP 地址是用于组播（也称多播）的地址，由于组播地址没有子网掩码，因此组播地址只能作为目的 IP 地址。读者应该多注意组播地址的范围，有些病毒除了在网络中发送广播以外，还有可能发送组播数据包，当使用抓包工具排除网络故障时，需要断定捕获的数据包来自组播还是广播。

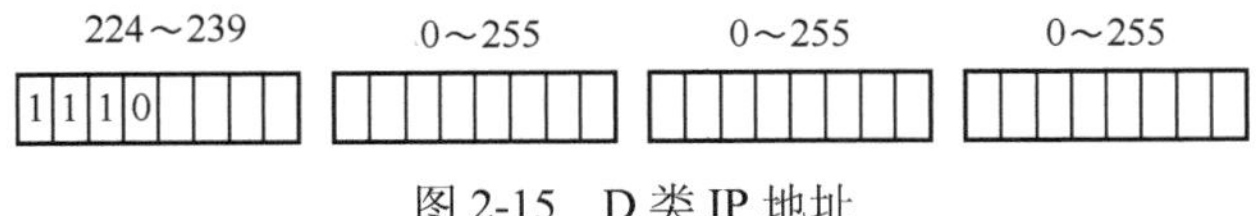

图 2-15 D 类 IP 地址

5. E 类

如图 2-16 所示，网络 ID 最高位是 1111 的 IP 地址为 E 类 IP 地址。E 类 IP 地址不区分网络 ID 和主机 ID。第 1 部分取值范围为 240～254，保留今后使用。

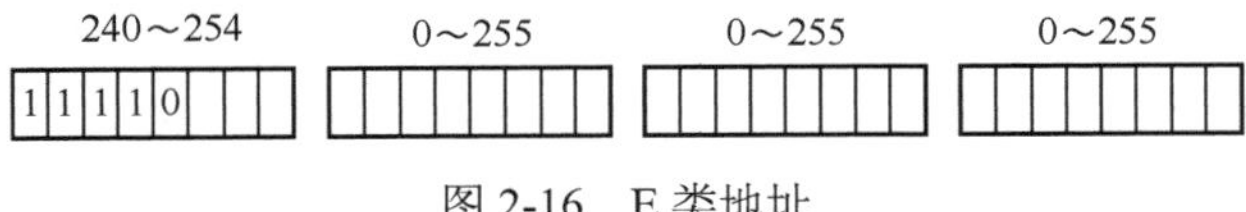

图 2-16 E 类地址

本书中不讨论 D 类和 E 类 IP 地址。

为了方便记忆 A 类、B 类、C 类、D 类、E 类地址的分界点，请观察图 2-17，将 IP 地址的第 1 部分画一条数轴，数值范围为 0～255。A 类 IP 地址、B 类 IP 地址、C 类 IP 地址、D 类 IP 地址以及 E 类 IP 地址的取值范围一目了然。

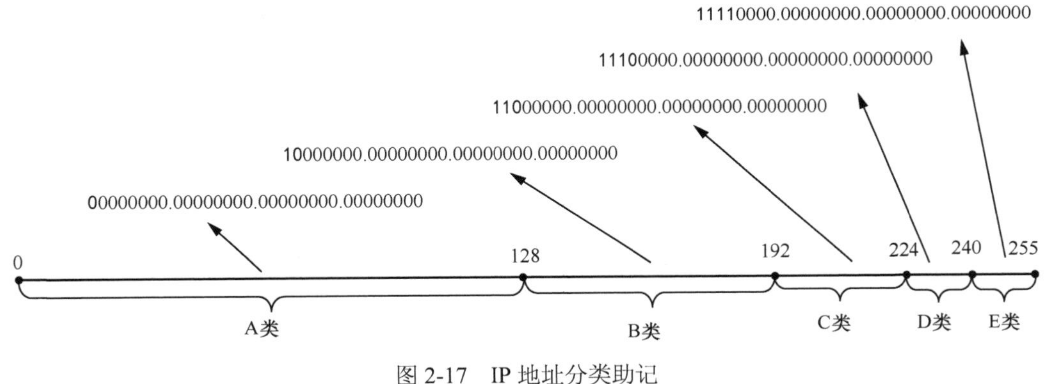

图 2-17 IP 地址分类助记

2.1.6 特殊的 IP 地址

有些 IP 地址被保留用于某些特殊目的，网络管理员不能将这些 IP 地址分配给计算机。下面列出了这些被排除在外的 IP 地址，并说明为什么要保留它们。

- 主机位全为 0 的 IP 地址为网络地址，比如“192.168.10.0 255.255.255.0”指 192.168.10.0/24 网段。
- 主机位全为 1 的 IP 地址为广播地址，特指该网段的全部主机，如果计算机发送数据包时使用主机位全是 1 的 IP 地址，那么数据链路层的目的 MAC 地址将使用广播地址 FF-FF-FF-FF-FF-FF。Windows 操作系统在解析计算机名称时会发送名称解析的广播包。比如计算机的 IP 地址是 192.168.10.10，子网掩码是 255.255.255.0，它要发送一个广播包，如果目的 IP 地址是 192.168.10.255，帧的目的 MAC 地址是 FF-FF-FF-FF-FF-FF，则该网段中的全部计算机都能收到。
- 127.0.0.1 通常称为本地回环地址（Loopback Address）。它不属于任何一个地址类。因为它代表设备的本地虚拟接口，所以默认将其看作是永远不会宕掉的接口。Windows 操作系统也有相似的定义。通常在安装网卡前可以通过 ping 命令测试这个本地回环地址。一般用来检查本地网络协议、基本数据接口等是否正常。ping 127.0.0.1 命令用来测试本机 TCP/IP 是否正常。

- 169.254.0.0：169.254.0.0～169.254.255.255 实际上是自动私有 IP 地址。在 Windows 2000 以前的操作系统中，如果计算机无法获取 IP 地址，则自动配置成“IP 地址：0.0.0.0”“子网掩码：0.0.0.0”的形式，这导致其不能与其他计算机通信。而 Windows 2000 及以后的操作系统在无法获取 IP 地址时将自动配置成“IP 地址：169.254.×.×”“子网掩码：255.255.0.0”的形式，这样可以使所有获取不到 IP 地址的计算机之间能够通信，如图 2-18 和图 2-19 所示。

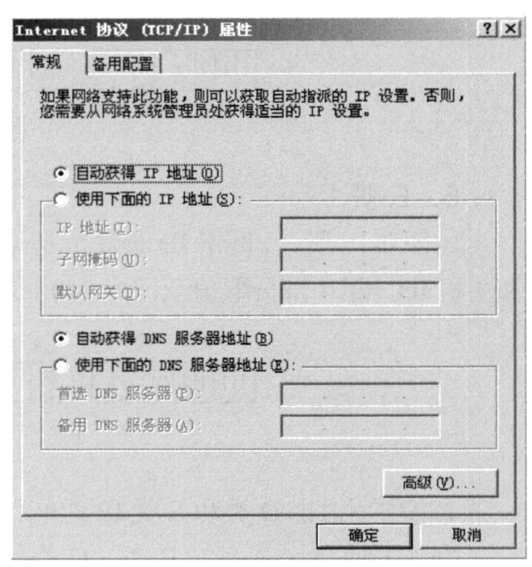

图 2-18　自动获得 IP 地址

- 0.0.0.0：如果计算机的 IP 地址和网络中其他计算机的 IP 地址冲突，执行 ipconfig 命令后看到的 IP 地址就是 0.0.0.0，子网掩码也是 0.0.0.0，如图 2-20 所示。

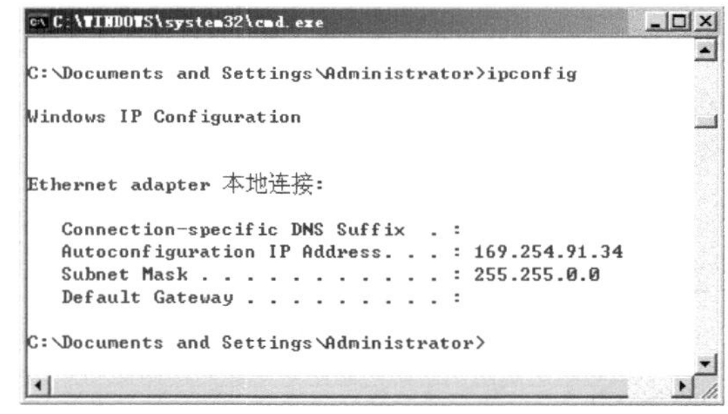

图 2-19　Windows 操作系统自动配置的 IP 地址

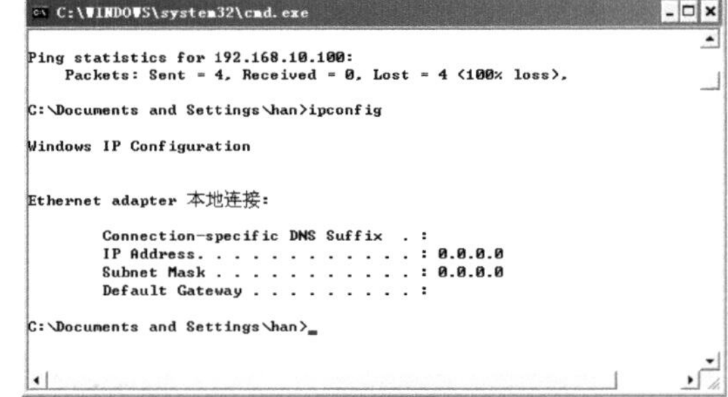

图 2-20　IP 地址冲突

2.2　公网地址和私网地址

在 Internet 上的计算机使用的 IP 地址是全球统一规划的，称为公网地址。企业、学校等组织或机构的内网通常使用保留的私网地址。

2.2.1　公网地址

Internet 上的千百万台主机都需要使用 IP 地址进行通信，这就要求接入 Internet 的各个国家的各级因特网服务提供方（Internet Service Provider，ISP）使用的 IP 地址块不能重叠。这就需要一个组织来进行 IP 地址规划和分配。这些统一规划和分配的全球唯一的 IP 地址称为“公网地址”（Public Address）。

公网地址的分配和管理由国际互联网络信息中心（Internet Network Information Center，InterNIC）负责。各级 ISP 使用的公网地址都需要向 InterNIC 提出申请，由 InterNIC 统一发放，以确保 IP 地址块不冲突。

2.2.2 私网地址

人们在创建 IP 寻址方案的同时也创建了私网地址。这些地址可以用于私有网络，而 Internet 上没有这些 IP 地址，且 Internet 上的路由器也无法路由到私网地址。这就导致通过 Internet 无法访问这些私网地址。从这一点来说，使用私网地址的计算机更加安全，同时也有效地节省了公网地址。

不同的企业或学校的内网可以使用相同的私网地址。下面列出了保留的私网地址。

- A 类：10.0.0.0 255.0.0.0，仅保留了一个 A 类网络。
- B 类：172.16.0.0 255.255.0.0～172.31.0.0 255.255.0.0，共保留了 16 个 B 类网络。
- C 类：192.168.0.0 255.255.255.0～192.168.255.0 255.255.255.0，共保留了 256 个 C 类网络。

可以根据企业或学校内网的计算机数量和网络规模选择使用哪一类私有地址。例如，如果公司目前有 7 个部门，每个部门不超过 200 台计算机，可以考虑使用保留的 C 类私网地址。如果网络规模大，比如为石家庄市教育局规划网络，石家庄市教育局要和石家庄市的上百所中小学的网络连接，那就选择保留的 A 类私有网络地址，最好用 10.0.0.0 网络地址并带有/24 的子网掩码，这样可以提供 65 536 个子网，并且每个网络允许带有 254 台主机。

2.3 子网划分

2.3.1 为什么需要子网划分

当今在 Internet 上通信时使用的协议是 TCP/IPv4 栈，而 IPv4 地址由 32 位二进制数组成，这些地址如果全部分配给计算机，共计 2^{32} 个，大约 40 亿个可用地址。这些地址中去除 D 类地址、E 类地址，以及保留的私网地址，能够在 Internet 上使用的公网地址越发紧张，并且每个人需要使用的 IP 地址不止一个，随着智能手机、智能家电接入 Internet，这些设备也需要 IP 地址。到目前为止已经无法为新的网络分配可用的 IPv4 公网地址。

在 IPv6 还没有完全在 Internet 普遍应用的 IPv4 和 IPv6 共存阶段，IPv4 公网地址资源日益紧张，这就需要用到本节讲到的子网划分，子网划分可以促进充分利用 IP 地址，以减少地址浪费。

如图 2-21 所示，按照 IP 地址传统的分类方法，如果一个网络有 200 台计算机，分配一个 C 类网络 212.2.3.0 255.255.255.0，可用的 IP 地址范围为 212.2.3.1～212.2.3.254，尽管没有全部用完，但这种情况还不算浪费。通常网络规划时会预留一些 IP 地址，方便新的计算机接入。

如果一个网络有 400 台计算机，分配一个 C 类网络，地址就不够用了；如果分配一个 B 类网络 131.107.0.0 255.255.0.0，该 B 类网络可用的 IP 地址范围为 131.107.0.1～131.107.255.254，共 65 534 个地址可用，这就造成了极大浪费。因此需要进行子网划分，以打破 IP 地址分类所限定的地址块，使得 IP 地址的数量和网络中的计算机数量更加匹配。

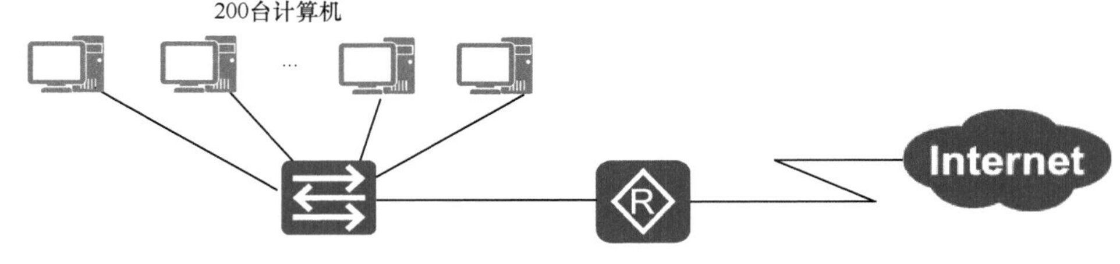

图 2-21 IP 地址分配

子网划分就是借用现有网段的主机位做子网位，划分出多个子网。子网划分的任务包括以下两部分。

- 确定子网掩码的长度。
- 确定子网中第一个可用的 IP 地址和最后一个可用的 IP 地址。

子网划分的方式有等长子网划分和变长子网划分两种，下面先介绍等长子网划分方式。

2.3.2 等长子网划分

等长子网划分就是将一个网段等分成多个网段，也就是等分成多个子网。

1. 等分成 2 个子网

下面以一个 C 类网络划分为 2 个子网为例讲解子网划分的过程。

如图 2-22 所示，某公司有两个部门，每个部门有 100 台计算机，通过路由器连接 Internet。给这 200 台计算机分配一个 C 类网络 192.168.0.0，该网段的子网掩码为 255.255.255.0，本例的路由器接口使用该网段的第一个可用的 IP 地址 192.168.0.1。

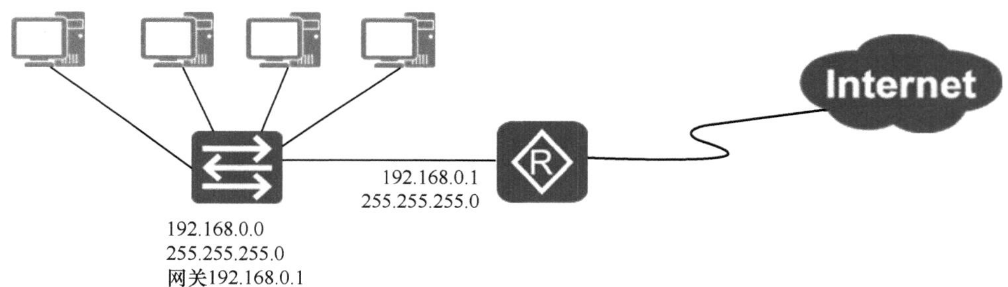

图 2-22 一个网段的情况

为了安全考虑，计划将这两个部门的计算机分在 2 个网段，中间使用路由器隔开。计算机数量没有增加，还是 200 台，此时一个 C 类网络的 IP 地址是足够用的。现在将 192.168.0.0 255.255.255.0 这个 C 类网络划分成 2 个子网。

如图 2-23 所示，将 IP 地址的第 4 部分写成二进制数形式，子网掩码使用两种方式表示——二进制数和十进制数。子网掩码向右移动 1 位（也就是子网掩码中的 1 的数量增加 1），这样 C 类 IP 地址主机 ID 的第 1 位就成为网络位，该位若为 0 则所示 A 子网，该位若为 1 则表示 B 子网。

规律：如果一个子网是原来网络的“二分之一”$\left(\frac{1}{2}\right)$，其子网掩码向右移动 1 位。

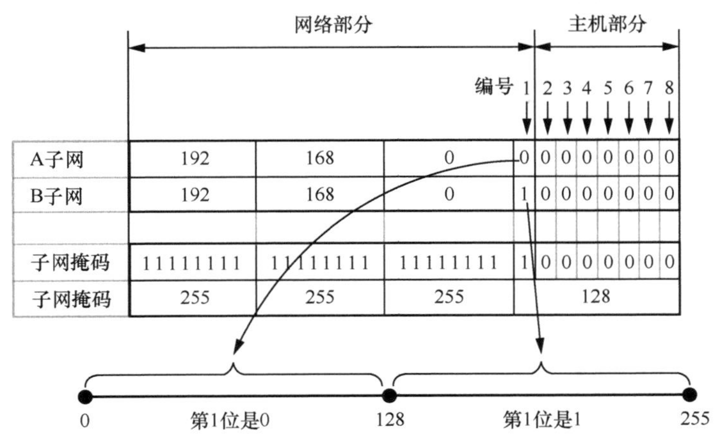

图 2-23 等分成 2 个子网

如图 2-24 所示，针对 IP 地址的第 4 部分，若取值范围为 0～127，第 1 位均为 0；若取值范围为 128～255，第 1 位均为 1。分成 A、B 两个子网，以 128 为界。现在的子网掩码中的 1 的个数变成 25，写成十进制数就是 255.255.255.128。子网掩码向右移动 1 位（即子网掩码中 1 的数量增加 1），就划分出 2 个子网。

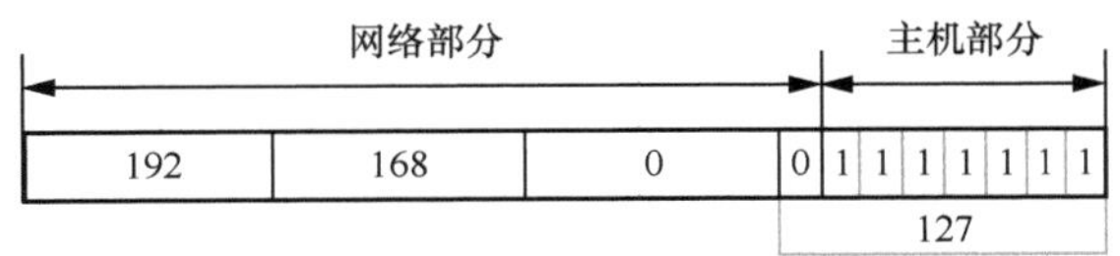

图 2-24 网络部分和主机部分

A 和 B 两个子网的子网掩码都为 255.255.255.128。

A 子网可用的地址范围为 192.168.0.1～192.168.0.126，由于 IP 地址 192.168.0.0 的主机位全为 0，是本网段的网络地址，因此不能分配给计算机使用。由于 IP 地址 192.168.0.127 的主机位全为 1，是本网段的广播地址，因此也不能分配给计算机使用。

B 子网可用的地址范围为 192.168.0.129～192.168.0.254，IP 地址 192.168.0.128 为网络地址，不能分配给计算机使用，IP 地址 192.168.0.255 为广播地址，也不能分配给计算机使用。

划分成 2 个子网后，网络规划如图 2-25 所示。

2. 等分成 4 个子网

假如公司有 4 个部门，每个部门有 50 台计算机，现在使用 192.168.0.0/24 这个 C 类网络。从安全角度考虑，计划将每个部门的计算机放置到独立的网段，这就要求将 192.168.0.0/24 这个 C 类网络划分为 4 个子网，那么如何划分成 4 个子网呢？

如图 2-26 所示，将 192.168.0.0 255.255.255.0 网段的 IP 地址的第 4 部分写成二进制数，要想分成 4 个子网，需要将子网掩码向右移动 2 位，这样第 1 位和第 2 位就变为网络位，也就可以分成 4 个子网，第 1 位和第 2 位若为 00 则表示 A 子网，若为 01 则表示 B 子网，若为 10 则表示 C 子网，若为 11 则表示 D 子网。

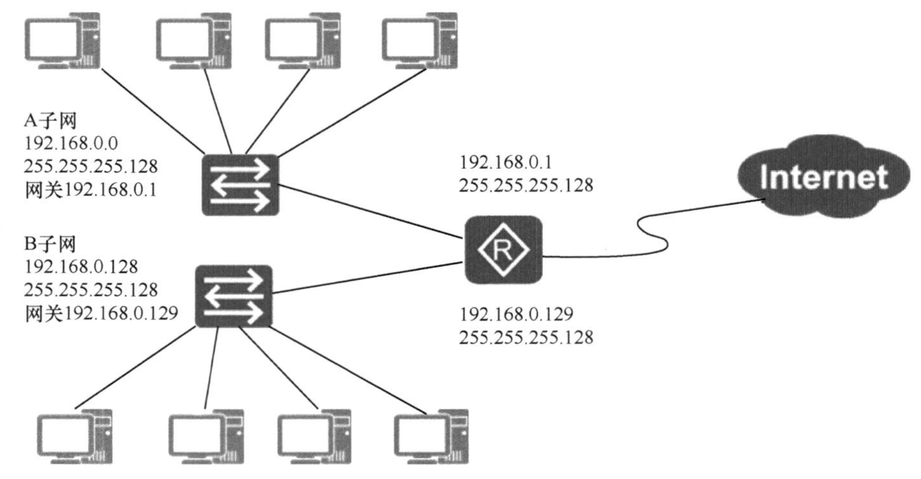

图 2-25 划分成 2 个子网后的地址规划

规律：如果一个子网是原来网络的“四分之一”$\left(\frac{1}{2}\times\frac{1}{2}\right)$，其子网掩码向右移动 2 位。

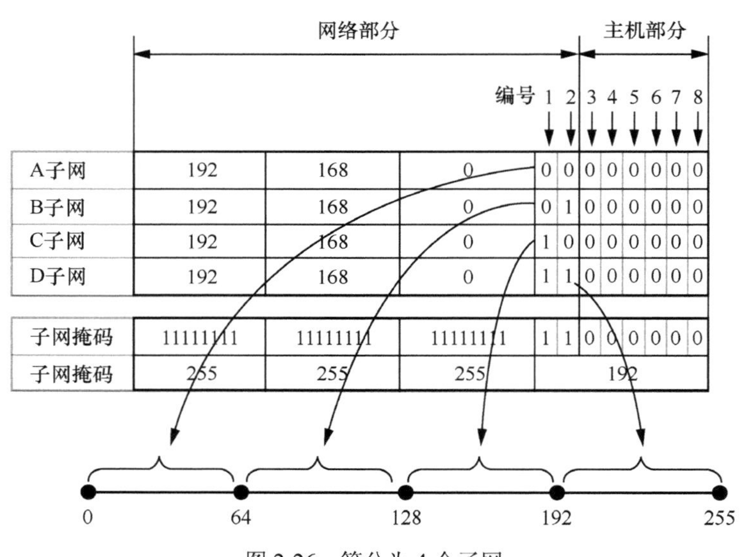

图 2-26 等分为 4 个子网

A、B、C、D 子网的子网掩码都为 255.255.255.192。

A 子网可用的开始地址和结束地址分别为 192.168.0.1 和 192.168.0.62。

B 子网可用的开始地址和结束地址分别为 192.168.0.65 和 192.168.0.126。

C 子网可用的开始地址和结束地址分别为 192.168.0.129 和 192.168.0.190。

D 子网可用的开始地址和结束地址分别为 192.168.0.193 和 192.168.0.254。

需要注意的是，图 2-27 所示的每个子网的最后一个地址都是本子网的广播地址，不能分配给计算机使用，如 A 子网的 63、B 子网的 127、C 子网的 191 和 D 子网的 255。

3．等分为 8 个子网

如果想把一个 C 类网络等分成 8 个子网，其子网掩码需要向右移动 3 位，才能划分出 8

个子网，此时第 1 位、第 2 位和第 3 位都变成网络位，如图 2-28 所示。

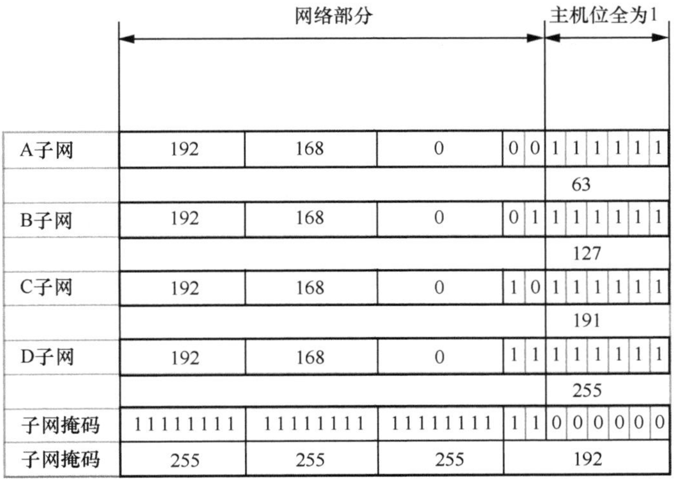

	网络部分				主机位全为1
A子网	192	168	0	0 0	1 1 1 1 1 1
					63
B子网	192	168	0	0 1	1 1 1 1 1 1
					127
C子网	192	168	0	1 0	1 1 1 1 1 1
					191
D子网	192	168	0	1 1	1 1 1 1 1 1
					255
子网掩码	11111111	11111111	11111111	1 1	0 0 0 0 0 0
子网掩码	255	255	255	192	

图 2-27 网络部分和主机部分

规律：如果一个子网是原来网络的“八分之一” $\left(\frac{1}{2}\times\frac{1}{2}\times\frac{1}{2}\right)$，其子网掩码向右移动 3 位。

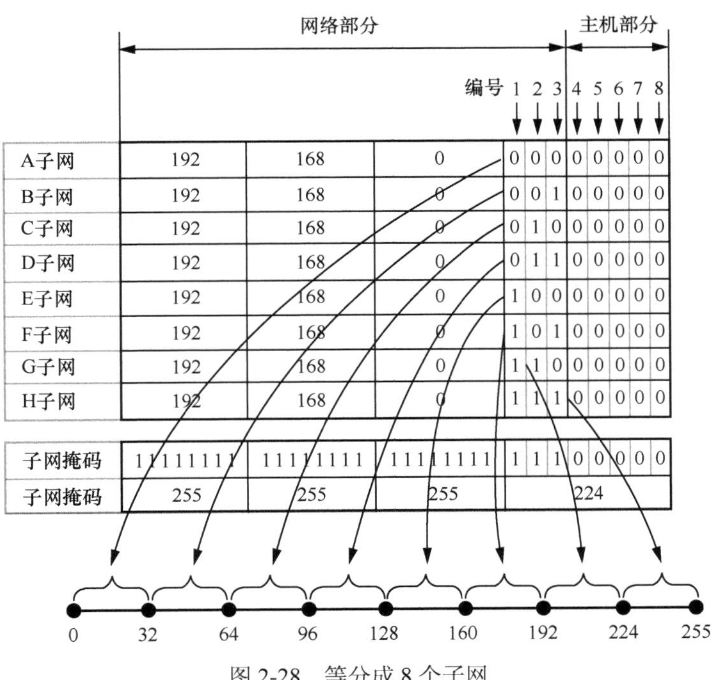

图 2-28 等分成 8 个子网

每个子网的子网掩码均为 255.255.255.224。

A 子网可用的开始地址和结束地址分别为 192.168.0.1 和 192.168.0.30。

B 子网可用的开始地址和结束地址分别为 192.168.0.33 和 192.168.0.62。

C 子网可用的开始地址和结束地址分别为 192.168.0.65 和 192.168.0.94。

D 子网可用的开始地址和结束地址分别为 192.168.0.97 和 192.168.0.126。

E 子网可用的开始地址和结束地址分别为 192.168.0.129 和 192.168.0.158。

F 子网可用的开始地址和结束地址分别为 192.168.0.161 和 192.168.0.190。

G 子网可用的开始地址和结束地址分别为 192.168.0.193 和 192.168.0.222。

H 子网可用的开始地址和结束地址分别为 192.168.0.225 和 192.168.0.254。

注意:

每个子网能用的主机 IP 地址都要去掉主机位全为 0 和主机位全为 1 的地址。在图 2-28 中，31、63、95、127、159、191、223、255 都是相应子网的广播地址。

每个子网是原来网络的“八分之一”$\left(\frac{1}{2}\times\frac{1}{2}\times\frac{1}{2}\right)$，即 3 个$\frac{1}{2}$，子网掩码向右移动 3 位。

规律：如果一个子网地址块是原来网络的$\left(\frac{1}{2}\right)^n$，其子网掩码就在原来网络的基础上向右移动 n 位。

2.3.3　等长子网划分示例

前面通过一个 C 类网络讲解了等长子网划分，总结的规律同样适用于 B 类网络的子网划分。但是，在不太熟悉该规律的情况下很容易出错，因此在进行子网划分时，建议将主机位写成二进制数的形式，以确定子网掩码以及每个子网第一个和最后一个能用的 IP 地址。

如图 2-29 所示，将 131.107.0.0　255.255.0.0 等分成 2 个子网，其子网掩码向右移动 1 位，就能将其等分成 2 个子网。

	网络部分			主机部分	
A子网	131	107	0	0 0 0 0 0 0 0	0 0 0 0 0 0 0 0
B子网	131	107	1	0 0 0 0 0 0 0	0 0 0 0 0 0 0 0
子网掩码	11111111	11111111	1	0 0 0 0 0 0 0	0 0 0 0 0 0 0 0
子网掩码	255	255		128	0

图 2-29　B 类网络子网划分示意

等分所得的 2 个子网的子网掩码都是 255.255.128.0。

先确定 A 子网第一个可用地址和最后一个可用地址。在不熟悉的情况下，建议按照图 2-30 所示将主机部分写成二进制数，主机位不能全是 0，也不能全是 1，然后根据二进制数写出第一个可用地址和最后一个可用地址。

	网络部分			主机部分	
A子网第一个可用地址	131	107	0	0 0 0 0 0 0 0	0 0 0 0 0 0 0 1
	131	107		0	1
A子网最后一个可用地址	131	107	0	1 1 1 1 1 1 1	1 1 1 1 1 1 1 0
	131	107	127		254

图 2-30　A 子网第一个可用地址和最后一个可用地址

A 子网第一个可用地址是 131.107.0.1，最后一个可用地址是 131.107.127.254。思考一下，A 子网中 131.107.0.255 这个地址是否可以给计算机使用？将该地址主机位写成二进制数，可以看出主机部分不全为 1，因此可以给计算机使用。

如图 2-31 所示，B 子网第一个可用地址是 131.107.128.1，最后一个可用地址是 131.107.255.254。

	网络部分			主机部分	
B子网第一个可用地址	131	107	1	0 0 0 0 0 0 0	0 0 0 0 0 0 0 1
	131	107		128	1
B子网最后一个可用地址	131	107	1	1 1 1 1 1 1 1	1 1 1 1 1 1 1 0
	131	107		255	254

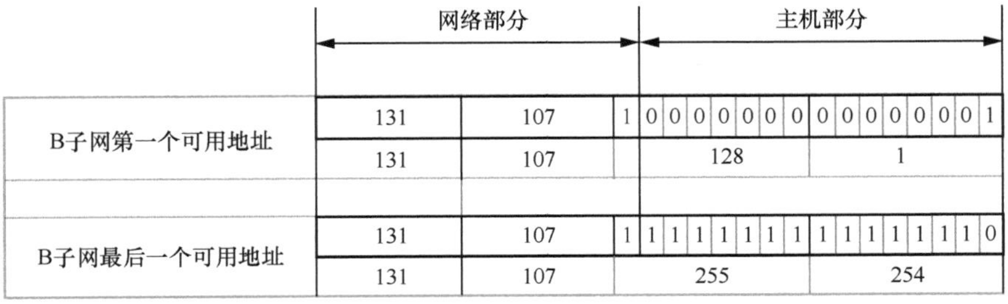

图 2-31 B 子网第一个可用地址和最后一个可用地址

虽然使用这种子网划分方式的步骤烦琐，但不容易出错，等熟悉之后就可以直接写出子网的第一个可用地址和最后一个可用地址。

2.3.4 变长子网划分

前面介绍的子网划分是将一个网段等分成多个子网。如果每个子网中计算机的数量不一样，就需要将该网段划分成地址空间不等的子网，这就是变长子网划分。下面举例说明变长子网划分的方式。

如图 2-32 所示，有一个 C 类网络 192.168.0.0 255.255.255.0，需要将该网络划分成 5 个网段以满足以下网络需求：该网络中有 3 个交换机，分别连接 20 台计算机、50 台计算机和 100 台计算机，路由器之间的连接接口也需要分配地址，虽然就两个地址也需要占用一个网段，这样，该网络中共有 5 个网段。

如图 2-32 所示，按 192.168.0.0 255.255.255.0 的主机部分取值范围 0～255 画一条数轴，128～255 的地址空间分配给有 100 台计算机的网段 C 比较合适，该子网的地址范围是原来网络的$\frac{1}{2}$，子网掩码往右移动 1 位，写成十进制数形式就是 255.255.255.128。第一个可用地址是 192.168.0.129，最后一个可用地址是 192.168.0.254。

64～127 的地址空间分配给有 50 台计算机的网段 B 比较合适，该子网的地址范围是原来的$\frac{1}{2}\times\frac{1}{2}$，子网掩码往右移动 2 位，写成十进制数就是 255.255.255.192。第一个可用地址是 192.168.0.65，最后一个可用地址是 192.168.0.126。

32～63 的地址空间分配给有 20 台计算机的网段 A 比较合适，该子网的地址范围是原来的$\frac{1}{2}\times\frac{1}{2}\times\frac{1}{2}$，子网掩码往右移动 3 位，写成十进制数就是 255.255.255.224。第一个可用地址是 192.168.0.33，最后一个可用地址是 192.168.0.62。

当然也可以使用以下的子网划分方案。100 台计算机的网段可以使用 0～127 的子网，50 台计算机的网段可以使用 128～191 的子网，20 台计算机的网段可以使用 192～223 的子网，如图 2-33 所示。

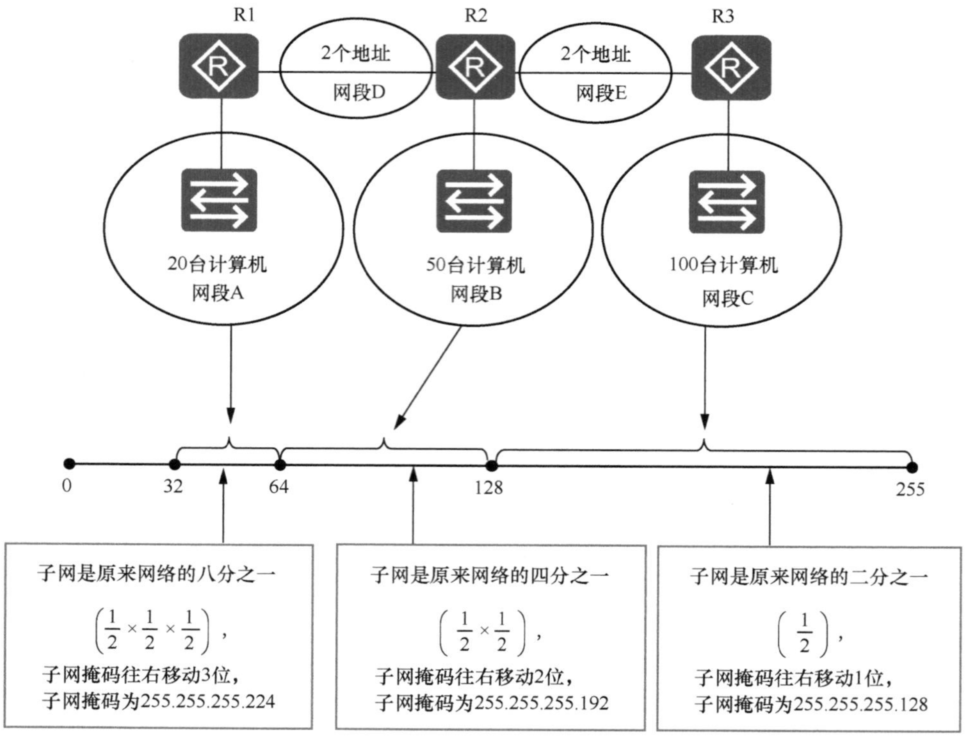

R1
R2
R3
2个地址
网段D
2个地址
网段E
20台计算机
网段A
50台计算机
网段B
100台计算机
网段C
0
32
64
128
255
子网是原来网络的八分之一
$\left(\frac{1}{2}\times\frac{1}{2}\times\frac{1}{2}\right)$，
子网掩码往右移动3位，
子网掩码为255.255.255.224
子网是原来网络的四分之一
$\left(\frac{1}{2}\times\frac{1}{2}\right)$，
子网掩码往右移动2位，
子网掩码为255.255.255.192
子网是原来网络的二分之一
$\left(\frac{1}{2}\right)$，
子网掩码往右移动1位，
子网掩码为255.255.255.128

图 2-32　变长子网划分

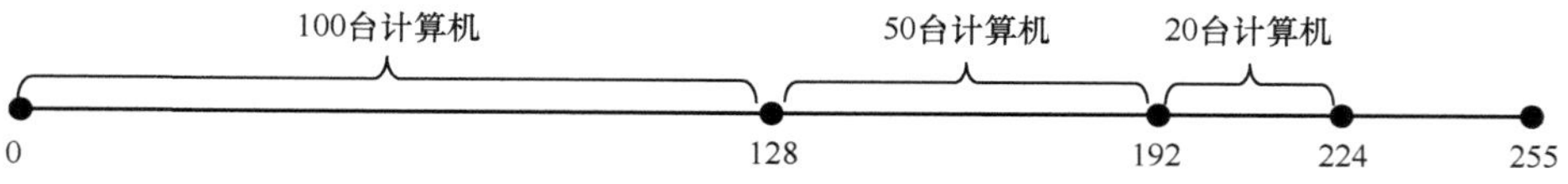

100台计算机
50台计算机
20台计算机
0
128
192
224
255

图 2-33　子网划分数轴

如果一个网络中需要 2 个 IP 地址，子网掩码该是多少呢？如图 2-32 所示，路由器之间连接的接口也需要一个网段，且需要 2 个地址。下面看看如何给图 2-32 所示的 D 网络和 E 网络规划子网。

如图 2-34 所示，D 网络和 E 网络采用的是点到点网络的地址块，0～3 的子网可以给 D 网络中的 2 个路由器接口使用，第一个可用地址是 192.168.0.1，最后一个可用地址是 192.168.0.2，192.168.0.3 是该网络中的广播地址。子网掩码如图 2-35 所示。

D
E
A网段
B网段
C网段
0
4
8
16
32
64
128
255

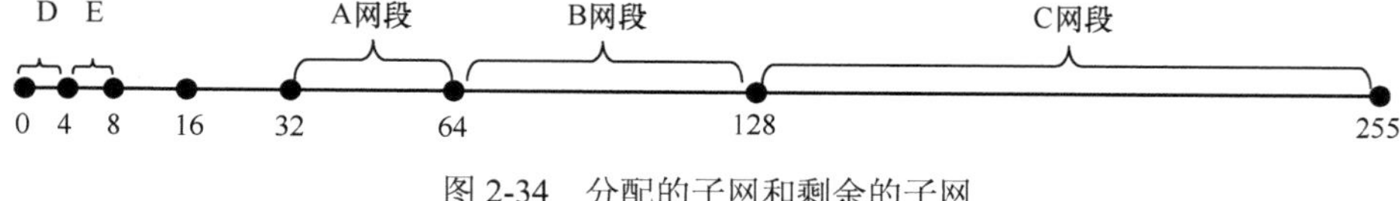

图 2-34　分配的子网和剩余的子网

4～7 的子网可以给 E 网络中的 2 个路由器接口使用，第一个可用地址是 192.168.0.5，最后一个可用地址是 192.158.0.6，192.168.0.7 是该网络中的广播地址，如图 2-36 所示。

每个子网是原来网络的“六十四分之一”$\left(\frac{1}{2}\times\frac{1}{2}\times\frac{1}{2}\times\frac{1}{2}\times\frac{1}{2}\times\frac{1}{2}\right)$，也就是$\left(\frac{1}{2}\right)^6$，子网掩码向右移动 6 位，11111111.11111111.11111111.11111100 写成十进制数也就是 255.255.255.252。

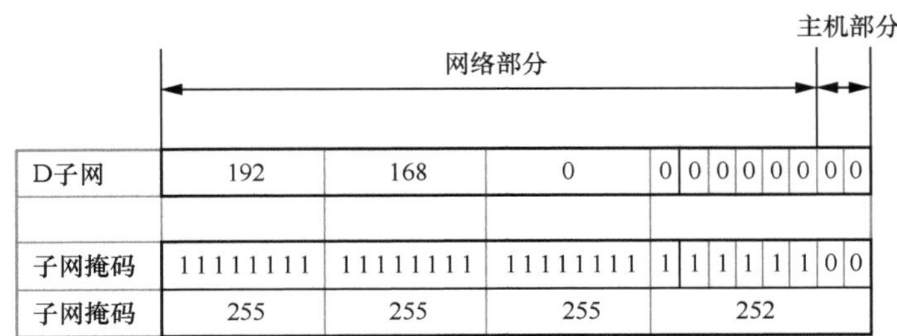

图 2-35 广播地址

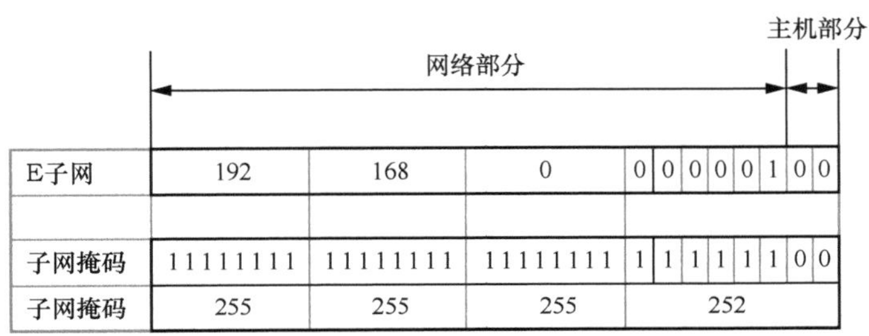

图 2-36 广播地址

子网划分的最终结果如图 2-34 所示。经过精心规划，不但满足了 5 个网段的地址需求，还剩余 2 个地址块，即 8～15 地址块和 16～31 地址块。

等长子网划分和变长子网划分打破了 IP 地址“类”的概念，使得 ISP 可以灵活地将大的地址块分成恰当的小地址块（子网）给客户使用，而不会造成大量 IP 地址浪费。同时，子网掩码也打破了字节的限制，这种子网掩码可以称为可变长子网掩码（Variable Length Subnet Masking，VLSM）。可变长子网掩码通常使用/*n* 这种方式表示，比如 131.107.23.32/25、192.168.0.178/26，反斜线后面的数字表示子网掩码中网络标识位的长度。

2.4 合并网段

超网（supernetting）与子网划分相反，它把多个网络（子网）的网络位当作主机位，就能将多个连续的网段合并成一个大的网络。合并后的网络称为超网。

如图 2-37 所示，某企业的一个网段中有 200 台计算机。在使用 192.168.0.0 255.255.255.0 网段后，计算机数量增加到 400 台。

在该网络中添加交换机，可以扩展网络的规模，此时，若一个 C 类 IP 地址不够用，可以再添加一个 C 类地址 192.168.1.0 255.255.255.0。这些计算机在物理层面处于同一网段，但是其 IP 地址没在同一网段，即逻辑上不在同一网段。如果想让这些计算机之间能够通信，可以在路由器的接口添加这两个 C 类网络的地址作为两个网段的网关。

在这种情况下，PC1 与 PC2 进行通信，必须通过路由器转发。本来这些计算机在物理层面上处于同一网段，但还需要路由器转发，效率不高。

有没有更好的办法可以让这两个 C 类网络的计算机被认为在同一网段呢？解决办法就是将 192.168.0.0/24 和 192.168.1.0/24 两个 C 类网络合并。

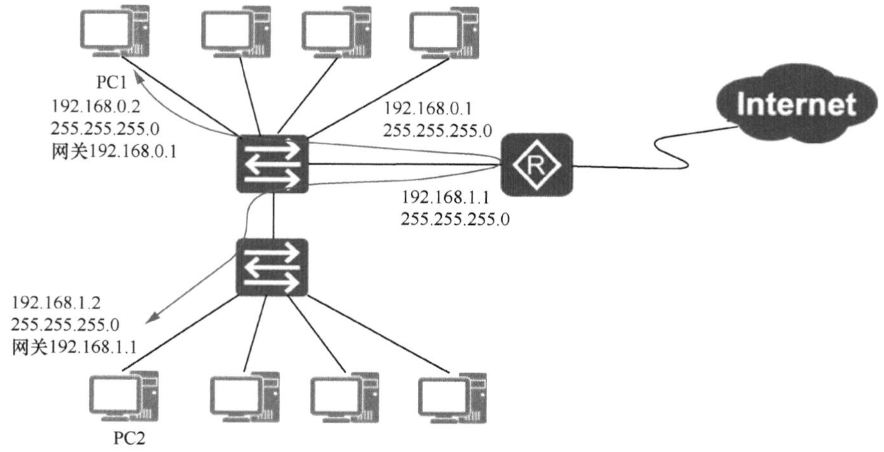

图 2-37 两个网段的地址

如图 2-38 所示，将这两个网段的 IP 地址的第 3 部分和第 4 部分写成二进制数，可以看到将子网掩码向左移动 1 位（子网掩码中 1 的数量减少 1），两个网段的网络部分就一样了，这样两个网段就在同一网段了。

	网络部分			主机部分	
192.168.0.0	192	168	0 0 0 0 0 0 0	0	0 0 0 0 0 0 0 0
192.168.1.0	192	168	0 0 0 0 0 0 0	1	0 0 0 0 0 0 0 0
子网掩码	11111111	11111111	1 1 1 1 1 1 1	0	0 0 0 0 0 0 0 0
子网掩码	255	255	254		0

图 2-38 合并两个子网

合并后的网段为 192.168.0.0/23，子网掩码写成十进制数为 255.255.254.0，可用地址范围为 192.168.0.1～192.168.1.254。网络中计算机的 IP 地址和路由器接口的地址配置如图 2-39 所示。

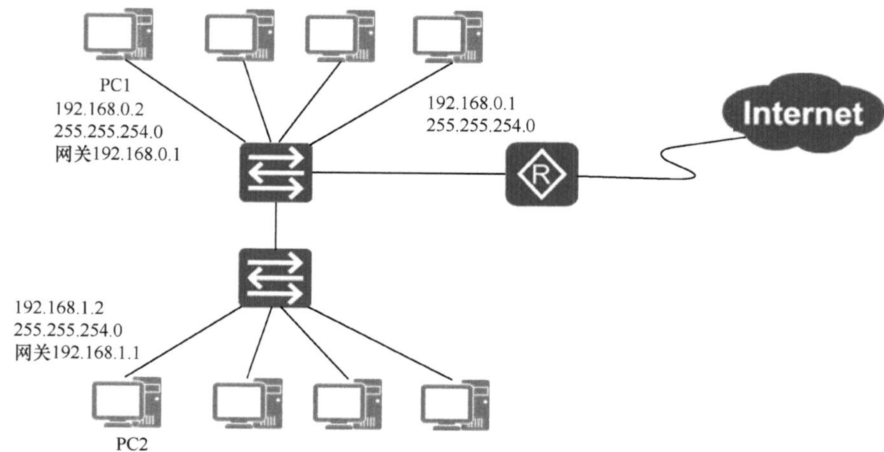

图 2-39 合并后的地址配置

合并之后，IP 地址 192.168.0.255/23 就可以给计算机使用了。看起来该地址的主机位好像全是 1，不能给计算机使用，但是把这个 IP 地址的第 3 部分和第 4 部分写成二进制数后可以看到主机位并不全为 1 了，如图 2-40 所示。这种方法可以判断该地址是不是广播地址。

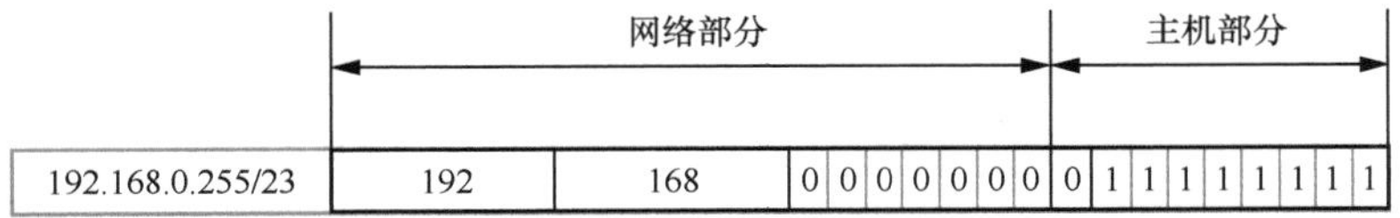

图 2-40 判断是否是广播地址的方法

子网掩码向左移动 1 位，能够合并两个连续的网段，但不是任何两个连续的网段都能向左移动 1 位后合并成一个网段。

比如 192.168.1.0/24 和 192.168.2.0/24 就不能向左移动 1 位子网掩码合并成一个网段。如图 2-41 所示，将这两个网段的第 3 部分和第 4 部分写成二进制数后即可看出，向左移动 1 位子网掩码，这两个网段的网络部分还是不相同，说明这两个网段不能合并成一个网段。

	网络部分									主机部分								
192.168.1.0	192	168	0	0	0	0	0	0	0	1	0	0	0	0	0	0	0	0
192.168.2.0	192	168	0	0	0	0	0	0	1	0	0	0	0	0	0	0	0	0
子网掩码	11111111	11111111	1	1	1	1	1	1	1	0	0	0	0	0	0	0	0	0
子网掩码	255	255	254								0							

图 2-41 向左移动 1 位子网掩码后两个网段还是无法合并成一个网段

要想合并成一个网段，子网掩码就要向左移动 2 位，但如果移动 2 位，将会合并 4 个网段，如图 2-42 所示。

	网络部分								主机部分									
192.168.0.0	192	168	0	0	0	0	0	0	0	0	0	0	0	0	0	0	0	0
192.168.1.0	192	168	0	0	0	0	0	0	0	1	0	0	0	0	0	0	0	0
192.168.2.0	192	168	0	0	0	0	0	0	1	0	0	0	0	0	0	0	0	0
192.168.3.0	192	168	0	0	0	0	0	0	1	1	0	0	0	0	0	0	0	0
子网掩码	11111111	11111111	1	1	1	1	1	1	0	0	0	0	0	0	0	0	0	0
子网掩码	255	255	252								0							

图 2-42 向左移动 2 位子网掩码后将合并 4 个网段

下面讲解哪些连续的网络（子网）能够合并，即合并网段的规律。

1．判断两个子网能否合并

如图 2-43 所示，192.168.0.0/24 和 192.168.1.0/24 子网掩码向左移动 1 位，可以合并为一个网段 192.168.0.0/23。

如图 2-44 所示，192.168.2.0/24 和 192.168.3.0/24 子网掩码向左移动 1 位，可以合并为一个网段 192.168.2.0/23。

规律：合并两个连续的网段，第一个网络的网络部分写成二进制数后最后一位是 0，这两个网段就能合并。只要一个数能够被 2 整除，写成二进制数后最后一位肯定是 0。

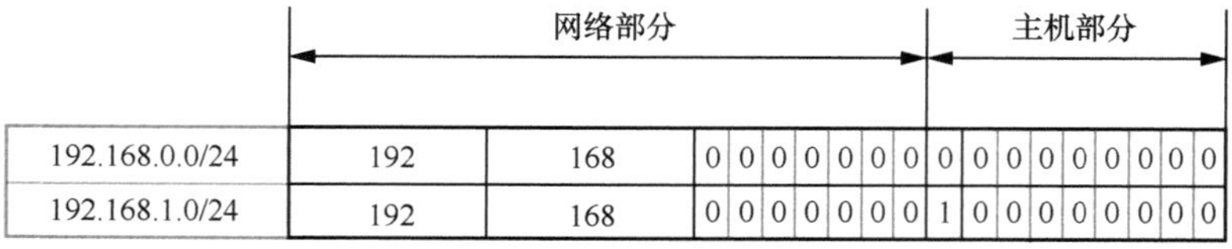

	网络部分			主机部分
192.168.0.0/24	192	168	0 0 0 0 0 0 0	0 0 0 0 0 0 0 0 0
192.168.1.0/24	192	168	0 0 0 0 0 0 0	1 0 0 0 0 0 0 0 0

图 2-43　将 192.168.0.0/24 和 192.168.1.0/24 合并成一个网段

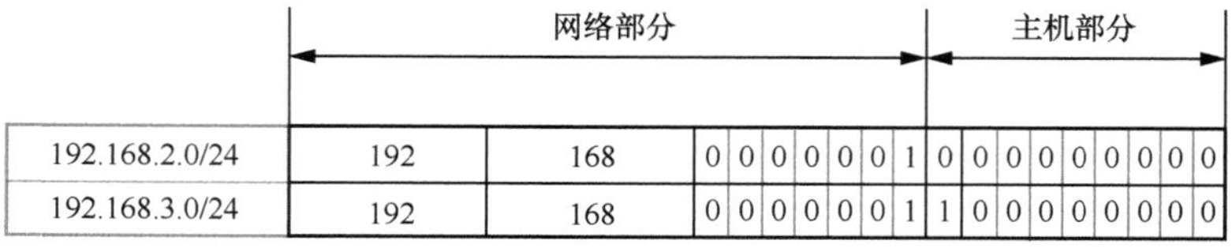

	网络部分			主机部分
192.168.2.0/24	192	168	0 0 0 0 0 0 1	0 0 0 0 0 0 0 0 0
192.168.3.0/24	192	168	0 0 0 0 0 0 1	1 0 0 0 0 0 0 0 0

图 2-44　将 192.168.2.0/24 和 192.168.3.0/24 合并成一个网段

131.107.31.0/24 和 131.107.32.0/24 能否向左移动 1 位子网掩码后进行合并？

131.107.142.0/24 和 131.107.143.0/24 能否向左移动 1 位子网掩码后进行合并？

根据上面的结论，由于 31 除以 2，余 1，因此 131.107.31.0/24 和 131.107.32.0/24 不能通过向左移动 1 位子网掩码来合并成一个网段。由于 142 除以 2，余 0，因此 131.107.142.0/24 和 131.107.143.0/24 能通过向左移动 1 位子网掩码后合并成一个网段。

2．判断 4 个网段能否合并

如图 2-45 所示，合并 192.168.0.0/24、192.168.1.0/24、192.168.2.0/24 和 192.168.3.0/24 这 4 个网段，子网掩码需要向左移动 2 位。

	网络部分			主机部分
192.168.0.0	192	168	0 0 0 0 0 0	0 0 0 0 0 0 0 0 0 0
192.168.1.0	192	168	0 0 0 0 0 0	0 1 0 0 0 0 0 0 0 0
192.168.2.0	192	168	0 0 0 0 0 0	1 0 0 0 0 0 0 0 0 0
192.168.3.0	192	168	0 0 0 0 0 0	1 1 0 0 0 0 0 0 0 0

子网掩码	11111111	11111111	1 1 1 1 1 1 0 0	0 0 0 0 0 0 0 0
子网掩码	255	255	252	0

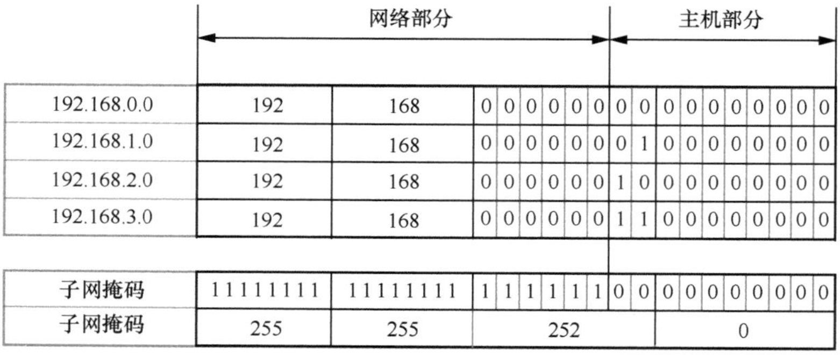

图 2-45　向左移动 2 位子网掩码后合并 4 个网段为一个网段（1）

如图 2-46 所示，合并 192.168.4.0/24、192.168.5.0/24、192.168.6.0/24 和 192.168.7.0/24 这 4 个网段，子网掩码需要向左移动 2 位。

	网络部分			主机部分
192.168.4.0/24	192	168	0 0 0 0 0 1	0 0 0 0 0 0 0 0 0 0
192.168.5.0/24	192	168	0 0 0 0 0 1	0 1 0 0 0 0 0 0 0 0
192.168.6.0/24	192	168	0 0 0 0 0 1	1 0 0 0 0 0 0 0 0 0
192.168.7.0/24	192	168	0 0 0 0 0 1	1 1 0 0 0 0 0 0 0 0

子网掩码	11111111	11111111	1 1 1 1 1 1 0 0	0 0 0 0 0 0 0 0
子网掩码	255	255	252	0

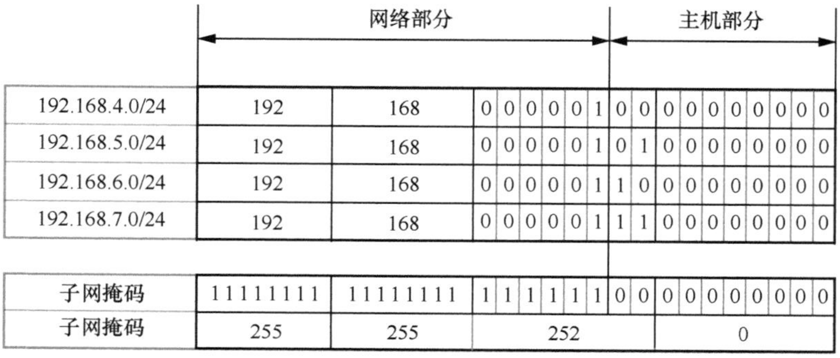

图 2-46　向左移动 2 位子网掩码后合并 4 个网段为一个网段（2）

规律：要合并连续的 4 个网络，只要第一个网络的网络部分写成二进制数后，后面两位是 00，那么这 4 个网段就能通过向左移动 2 位子网掩码来合并成一个网段。只要一个数能够被 4 整除，写成二进制数后，最后两位肯定是 00。

思考一下，如何判断连续的 8 个网段能否合并成一个网段？

2.5 子网划分需要注意的两个问题

1. 将一个网络等分成两个子网，每个子网肯定是原来网络的一半，且子网地址不能交叉

比如将 192.168.0.0/24 分成两个网段，要求一个子网能够容纳 140 台计算机，另一个子网容纳 60 台计算机，能实现吗？

从主机数量来说，虽然总数没有超过 254 台，该 C 类网络能够容纳这些主机需要的 IP 地址，但将网络等长划分成两个子网后可以发现，由于子网地址不能交叉，这两个子网都不能容纳 140 台计算机，如图 2-47 所示。因此不能实现，140 台计算机最少占用一个 C 类地址。

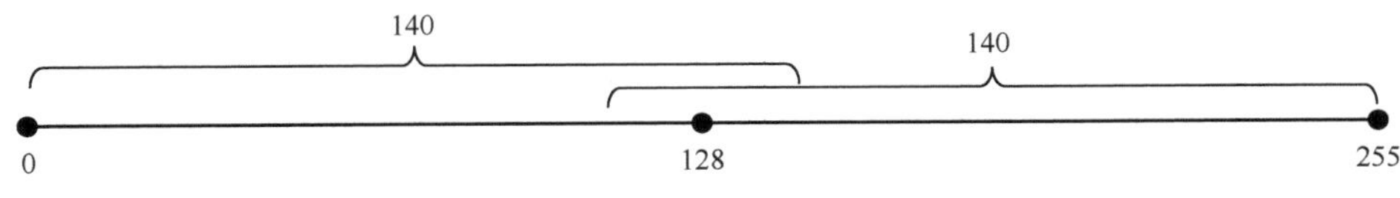

图 2-47 子网地址不能交叉

2. 子网地址不可重叠

如果将一个网络变长划分为多个子网，那么这些子网的地址不可重叠。

将 192.168.0.0/24 划分成 3 个子网：子网 A 192.168.0.0/25、子网 C 192.168.0.64/26 和子网 B 192.168.0.128/25，这就出现了地址重叠。如图 2-48 所示，子网 A 和子网 C 的地址重叠了。

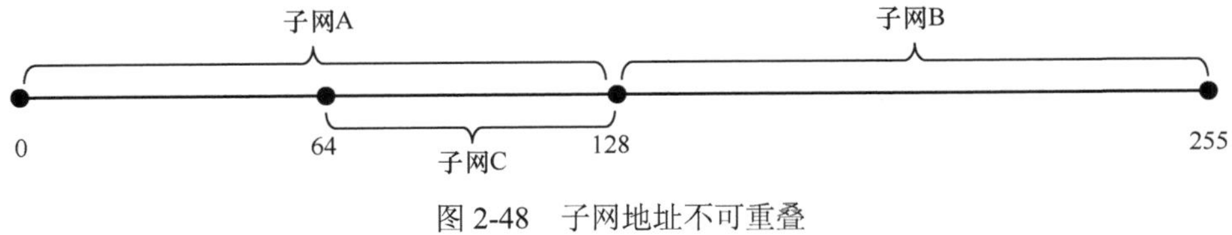

图 2-48 子网地址不可重叠

2.6 判断 IP 地址所属子网

本节学习根据给出的 IP 地址和子网掩码来判断 IP 地址所属的网段。IP 地址中主机位归 0 后就是该主机所在的网段。

判断 192.168.0.101/26 所属的子网。该地址为 C 类地址，默认子网掩码为 24 位，现在是 26 位。子网掩码向右移动 2 位，根据 2.3.2 节总结的规律，每个子网是原来网络的“四分之一”，即将这个 C 类网络等分成 4 个子网。如图 2-49 所示，101 位于 64～128，主机位归 0 后等于 64，因此该地址所属的子网是 192.168.0.64/26。

判断 192.168.0.101/27 所属的子网。该地址为 C 类地址，默认子网掩码为 24 位，现在是 27 位。子网掩码向右移动 3 位，根据 2.3.2 节总结的规律，每个子网是原来网络的“八分之一”，即将这个 C 类网络等分成 8 个子网。如图 2-50 所示，101 位于 96～128，主机位归 0 后等于 96。因此该地址所属的子网是 192.168.0.96/27。

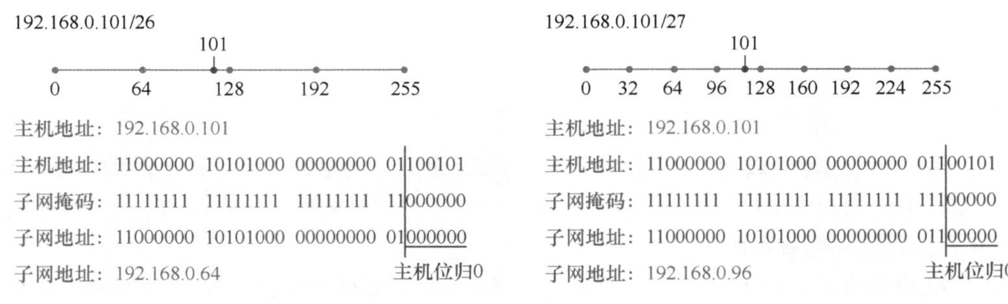

图 2-49　判断 IP 地址所属子网（1）　　图 2-50　判断 IP 地址所属子网（2）

总结如下。

IP 地址范围为 192.168.0.0～192.168.0.63 的都属于 192.168.0.0/26 子网。

IP 地址范围为 192.168.0.64～192.168.0.127 的都属于 192.168.0.64/26 子网。

IP 地址范围为 192.168.0.128～192.168.0.191 的都属于 192.168.0.128/26 子网。

IP 地址范围为 192.168.0.192～192.168.0.255 的都属于 192.168.0.192/26 子网，如图 2-51 所示。

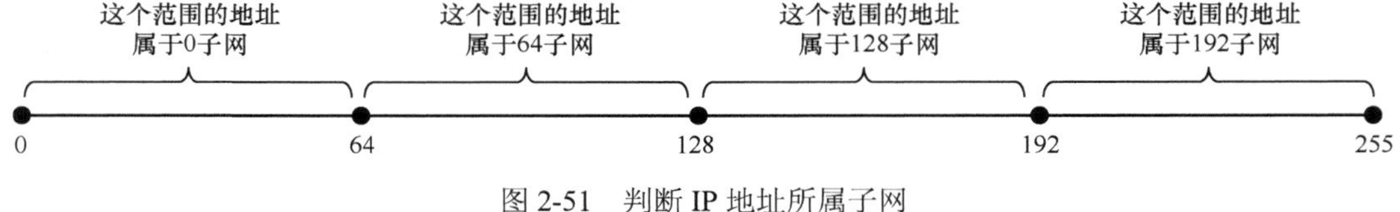

图 2-51　判断 IP 地址所属子网

2.7　判断一个网段是超网还是子网

通过向左移动子网掩码可合并多个网段，通过向右移动子网掩码可将一个网段划分成多个子网，这打破了传统的 A 类、B 类、C 类网络的界限。

要判断一个网段到底是子网还是超网，就要看该网段是 A 类网络、B 类网络还是 C 类网络。默认 A 类网络的 IP 地址的子网掩码是/8、B 类网络的 IP 地址的子网掩码是/16、C 类网络的 IP 地址的子网掩码是/24。如果该网段的子网掩码比默认子网掩码长（子网掩码 1 的个数多于默认子网掩码 1 的个数），就是子网；如果该网段的子网掩码比默认子网掩码短（子网掩码 1 的个数少于默认子网掩码 1 的个数），则是超网。

12.3.0.0/16 是 A 类网络还是 C 类网络呢？是超网还是子网呢？该 IP 地址的第 1 部分是 12，这是一个 A 类网络，A 类网络的 IP 地址的默认子网掩码是/8，而该 IP 地址的子网掩码是/16，比默认子网掩码长，因此它是 A 类网结的一个子网。

222.3.0.0/16 是 C 类网络还是 B 类网络呢？是超网还是子网呢？该 IP 地址的第 1 部分是 222，这是一个 C 类网络，C 类网络的 IP 地址的默认子网掩码是/24，而该 IP 地址的子网掩码是/16，比默认子网掩码短，因此它是一个合并了 222.3.0.0/24～222.3.255.0/24 共 256

个 C 类网络的超网。

2.8 习题

一、选择题

1．下面________地址属于 113.64.4.0/22 网段。（选择 3 个答案）（　　）

A．113.64.8.32　　B．113.64.7.64

C．113.64.6.255　　D．113.64.5.255

E．113.64.3.128　　F．113.64.12.128

2．子网________包含于 172.31.80.0/20 网段。（选择 2 个答案）（　　）

A．172.31.17.4/30　　B．172.31.51.16/30

C．172.31.64.0/18　　D．172.31.80.0/22

E．172.31.92.0/22　　F．172.31.192.0/18

3．某公司设计网络，需要 300 个子网，每个子网的主机数最多为 50，将一个 B 类网络进行子网划分，可以用下面________的子网掩码。（　　）

A．255.255.255.0　　B．255.255.255.128

C．255.255.255.224　　D．255.255.255.192

4．网段 172.25.0.0/16 被分成 8 个等长子网，下面________地址属于第 3 个子网。（选择 3 个答案）（　　）

A．172.23.78.243　　B．172.25.98.16

C．172.23.72.0　　D．172.25.94.255

E．172.25.96.17　　F．172.23.100.16

5．根据图 2-52 所示的网络拓扑，下面________网段能够分别指派给网络 A 和链路 A。（选择 2 个答案）（　　）

A．网络 A——172.16.3.48/26　　B．网络 A——172.16.3.128/25

C．网络 A——172.16.3.192/26　　D．链路 A——172.16.3.0/30

E．链路 A——172.16.3.40/30　　F．链路 A——172.16.3.112/30

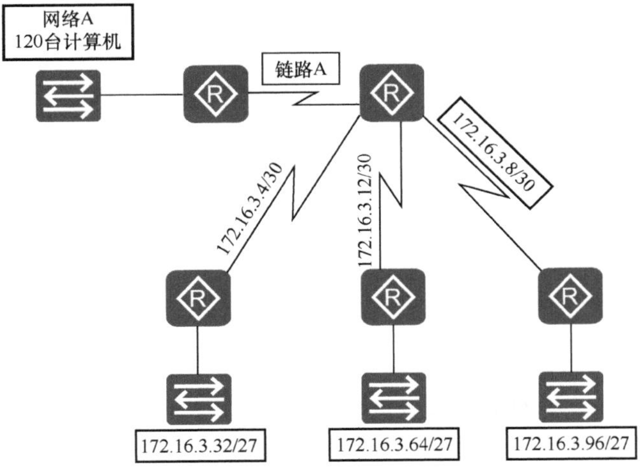

图 2-52　网络拓扑

6．IP 地址中的网络部分用来识别________。（　　）

A．路由器　　B．主机

C．网卡　　D．网段

7．以下网络属于私网地址的是________。（　　）

A．192.178.32.0/24　　B．128.168.32.0 /24

C．172.13.32.0/24　　D．192.168.32.0/24

8．网络 122.21.136.0/22 中最多可用的地址是________。（　　）

A．102　　B．1023

C．1022　　D．1000

9．主机地址 192.15.2.160 所在的网络是________。（　　）

A．192.15.2.64/26　　B．192.15.2.128/26

C．192.15.2.96/26　　D．192.15.2.192/26

10．某公司的网络地址为 192.168.1.0/24，要划分成 5 个子网，每个子网最多 20 台主机，则适用的子网掩码是________。（　　）

A．255.255.255.192　　B．255.255.255.240

C．255.255.255.224　　D．255.255.255.248

11．某端口的 IP 地址为 202.16.7.131/26，则该 IP 地址所在网络的广播地址是________。（　　）

A．202.16.7.255　　B．202.16.7.129

C．202.16.7.191　　D．202.16.7.252

12．在 IPv4 中，组播地址是________地址。（　　）

A．A 类　　B．B 类

C．C 类　　D．D 类

13．某主机的 IP 地址为 180.80.77.55，子网掩码为 255.255.252.0。该主机向所在子网发送广播分组，则目的地址可以是________。（　　）

A．180.80.76.0　　B．180.80.76.255

C．180.80.77.255　　D．180.80.79.255

14．某网络的网段为 192.168.5.0/24，采用等长子网划分，子网掩码为 255.255.255.248，则划分的子网个数、每个子网内的最大可分配地址个数分别为________。（　　）

A．32，8　　B．32，6

C．8，32　　D．8，30

二、简答题

1．将 192.168.10.0/24 网段划分成 3 个子网，每个网段的计算机数量如图 2-53 所示，写出各个网段的子网掩码和能够给计算机使用的第一个可用地址和最后一个可用地址。

	第一个可用地址	最后一个可用地址	子网掩码
A 网段	____________	____________	____________
B 网段	____________	____________	____________
C 网段	____________	____________	____________

2．计算机 A 给计算机 D 发送数据包要使用两个以太网帧，如图 2-54 所示，写出数据包的源 IP 地址和目的 IP 地址、源 MAC 地址和目的 MAC 地址。

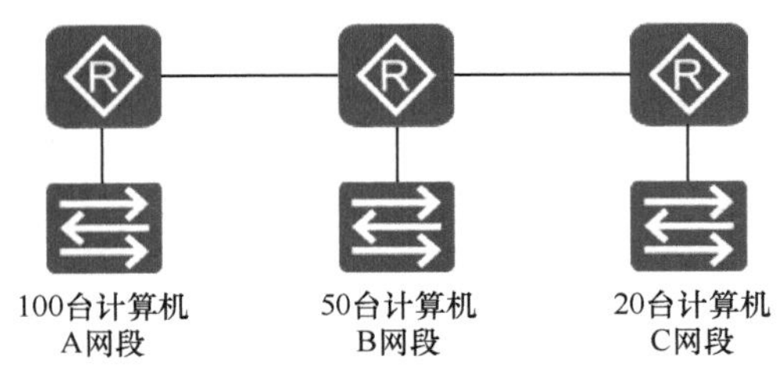

图 2-53 网段划分

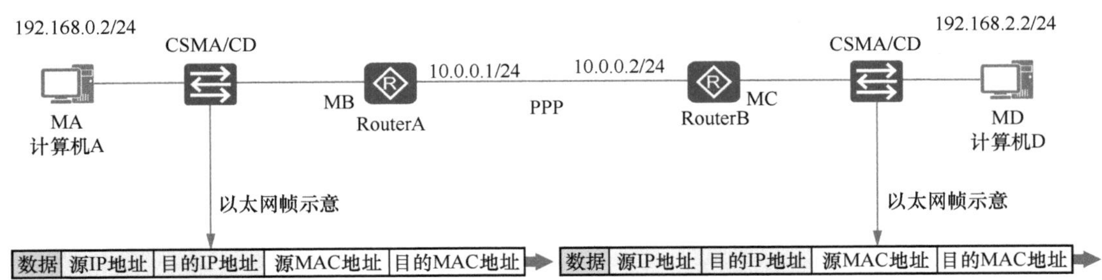

图 2-54 计算机 A 与计算机 D 通信示意

3．有如下 4 个/24 地址块，最大可能的聚合是________。

```
212.56.132.0/24
212.56.133.0/24
212.56.134.0/24
212.56.135.0/24
```

4．图 2-55 所示的网络已标出计算机 A 和计算机 B 的 IP 地址、子网掩码和网关设置，路由器连接两个网段和 Internet。判断网络中计算机 A 和计算机 B 能否通信，以及计算机 A 和计算机 B 能否访问 Internet 中的 Web 服务器。

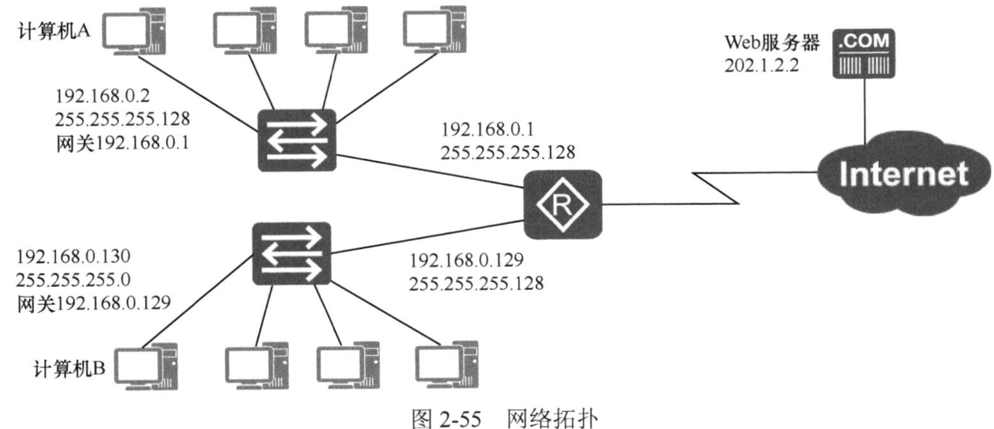

图 2-55 网络拓扑

5．根据图 2-56 所示网络拓扑和网络中的主机数量，将左侧的 IP 地址填写到相应的位置。

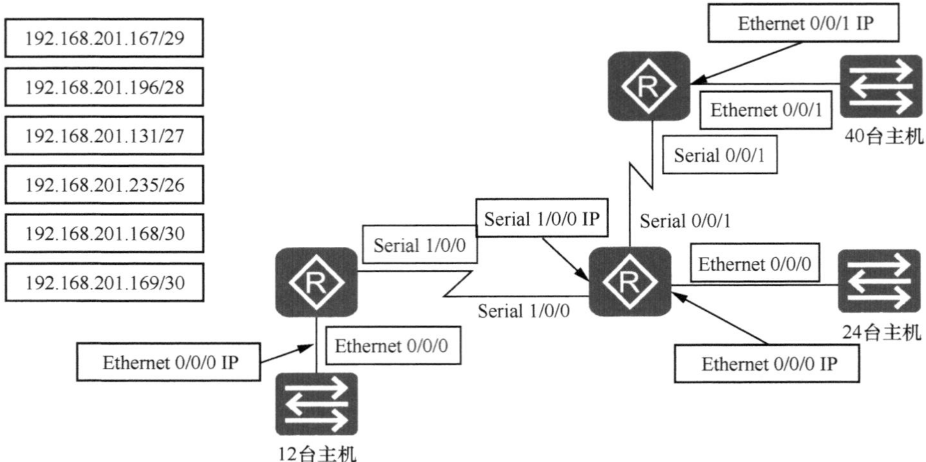
192.168.201.167/29
192.168.201.196/28
192.168.201.131/27
192.168.201.235/26
192.168.201.168/30
192.168.201.169/30
Ethernet 0/0/1 IP
Ethernet 0/0/1
40台主机
Serial 0/0/1
Serial 1/0/0 IP
Serial 0/0/1
Serial 1/0/0
Ethernet 0/0/0
24台主机
Serial 1/0/0
Ethernet 0/0/0 IP
Ethernet 0/0/0
Ethernet 0/0/0 IP
12台主机

图 2-56 网络拓扑

第 3 章 管理华为设备

本章内容

- 华为设备操作系统简介
- eNSP 简介
- VRP 命令行
- 登录设备
- 基本配置
- 配置文件的管理

VRP（Versatile Routing Platform，通用路由平台）是华为公司（以下简称华为）在通信领域多年的研究经验结晶，是华为所有基于 IP/ATM 架构的数据通信产品操作系统平台。运行 VRP 的华为产品包括路由器、局域网交换机、ATM 交换机、拨号访问服务器、IP 电话网关、电信级综合业务接入平台、智能业务选择网关，以及专用硬件防火墙等。这无疑降低了 IT 从业者的学习成本。

VRP 为用户提供了命令行界面（Command-Line Interface，CLI），以管理网络设备。用户需要掌握命令行的使用方法。

第 1 次配置华为设备时通常通过 Console 口登录，配置好网络后，就可以通过 Telnet、SSH、Web 等登录网络设备进行设备配置操作。网络设备的常规配置包括更改设备名称、设置设备时钟、给网络设备接口配置 IP 地址以及设置登录密码等。

设备配置完成后会立即生效，此时可通过执行 display current-configuration 命令来查看当前生效的配置，还可以通过执行 display saved-configuration 命令来保存当前配置，也可以更改下一次启动加载的配置文件。

VRP 通过文件系统对设备上的所有文件（包括设备的配置文件、系统文件、License 文件、补丁文件）和目录进行管理。VRP 文件系统主要用来创建、删除、修改、复制和显示文件及目录。

3.1 华为设备操作系统简介

VRP 是华为具有完全自主知识产权，且可以运行在从低端到高端的全系列路由器、交换机等数据通信产品上的通用网络操作系统，就如同微软公司的 Windows 操作系统、苹果公司的 iOS。目前，在全球各地的网络中，华为设备几乎无处不在，因此，学习 VRP 的相关知识对网络通信技术人员来说显得尤为重要。

VRP 拥有一致的网络界面、用户界面和管理界面，为用户提供灵活丰富的应用解决方案，如图 3-1 所示。

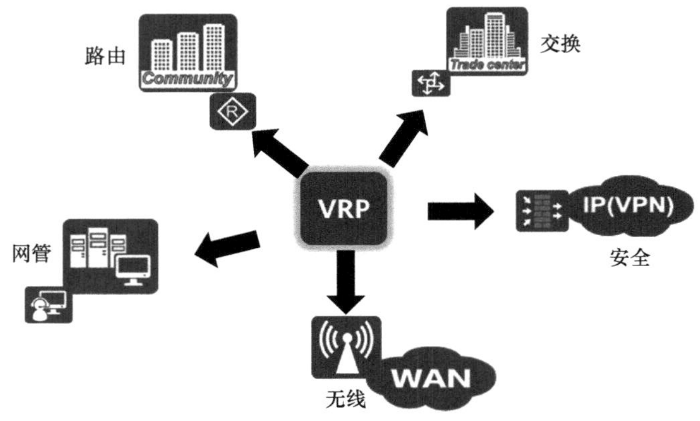

图 3-1 VRP 应用解决方案

VRP 以 TCP/IP 栈为核心，实现了数据链路层、网络层和应用层的多种协议，集成了路由交换技术、QoS 技术、安全技术和 IP 语音技术等数据通信功能，并以 IP 转发引擎技术为基础，为网络设备提供出色的数据转发功能。

3.2 eNSP 简介

eNSP[1]（Enterprise Network Simulation Platform）是由华为提供的一款免费、可扩展、图形化操作的网络仿真工具平台，主要用于对企业网络路由器、交换机等设备进行软件仿真，能完美呈现真实设备实景，支持大型网络模拟，让广大用户有机会在没有真实设备的情况下能够进行模拟演练，学习网络技术。

软件特点：高度仿真。具体如下。

- 可模拟华为 AR、x7 系列交换机的大部分特性。
- 可模拟 PC 终端、Hub、云、帧中继交换机。
- 仿真设备配置功能，有助于快速学习 VRP 命令行。
- 可模拟大规模网络。
- 可通过网卡实现与真实网络设备间的通信。
- 可以抓取任意链路中的数据包，直观展示协议交互过程。

3.2.1 安装 eNSP

eNSP 需要使用 Virtual Box 运行路由器和交换机操作系统，使用 Wireshark 捕获链路中的数据包。当前华为官网提供的 eNSP 安装包包含这两款软件。当然，这两款软件也可以单独下载安装，先安装 Virtual Box 和 Wireshark，最后安装 eNSP。

接下来的操作基于 Windows 10 操作系统企业版（x64）进行，先安装 VirtualBox-5.2.6-120293-Win.exe，再安装 Wireshark-win64-3.4.3.exe，最后安装 eNSP V100R002C00B510 Setup.exe。

1 可以通过作者获取 eNSP 相关软件。

安装 eNSP 时，当出现图 3-2 所示的 eNSP 安装界面时，不要选择“安装 WinPcap 4.1.3”“安装 Wireshark”和“安装 VirtualBox 5.1.24”，因为这些都已经提前安装好了。

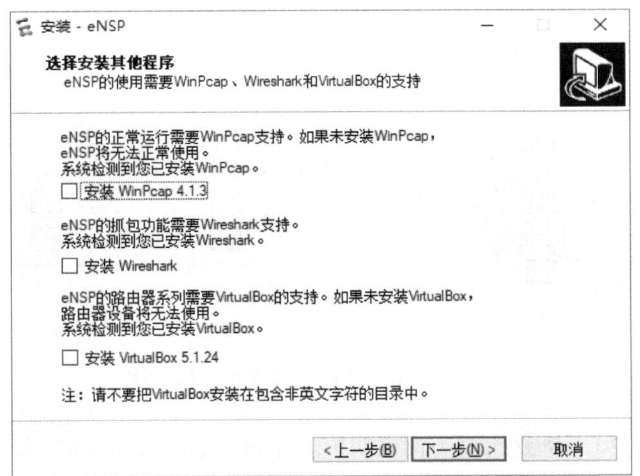

图 3-2 eNSP 安装界面

3.2.2 华为设备型号

华为的交换机和路由设备有不同的型号，下面讲解华为设备的命名规则。

S 系列，是以太网交换机。从交换机的主要应用环境或用户定位来划分，企业园区网接入层主要应用的是 S2700 和 S3700 两大系列，汇聚层主要应用的是 S5700 系列，核心层主要应用的是 S7700、S9300 和 S9700 系列。同一系列交换机版本有精简版（LI）、标准版（SI）、增强版（EI）、高级版（HI），如 S2700-26TP-PWR-EI 表示该设备软件版本类型为增强版。

AR 系列，是访问路由器。路由器型号前面的 AR 是 Access Router（访问路由器）的英文首字母组合。AR 系列企业路由器有多个型号，包括 AR150、AR200、AR1200、AR2200、AR3200 等。它们是华为第三代路由器产品，提供路由、交换、无线、语音和安全等功能。AR 被部署在企业网络和公网之间，作为两个网络传输数据的入口和出口。在 AR 上部署多种业务能降低企业的网络建设成本和运维成本。根据一个企业的用户数和业务的复杂程度可以选择不同型号的 AR 来部署。

下面就以 AR201 路由器为例进行介绍。如图 3-3 所示，该型号路由器的接口包括一个 CON/AUX、一个 WAN 和 8 个 FE（Fast Ethernet，快速以太网接口，100M 口）。

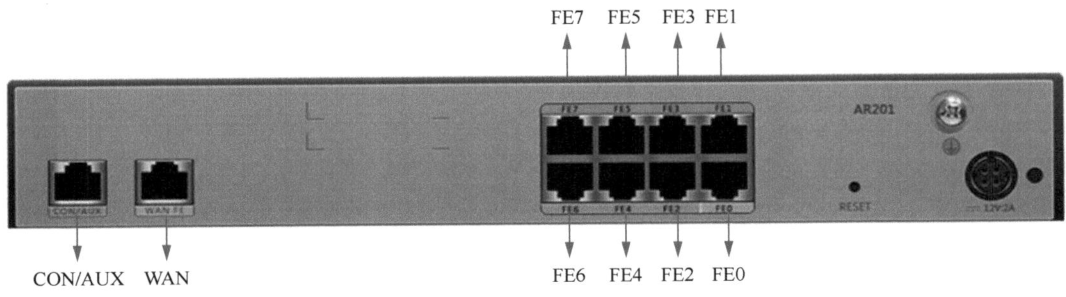

图 3-3 AR201 路由器的接口

AR201 路由器是面向小型企业网络的设备，其相当于一个路由器和一台交换机的组合，8 个 FE 端口是交换机端口，WAN 端口就是路由器端口（路由器端口用于连接不同的网段，可以通过为其设置 IP 地址来作为计算机的网关，而交换机端口用于连接计算机，不能配置 IP 地址），路由器使用逻辑接口 Vlanif 1 和交换机连接，交换机的所有端口默认都属于 VLAN 1。AR201 路由器逻辑结构如图 3-4 所示。

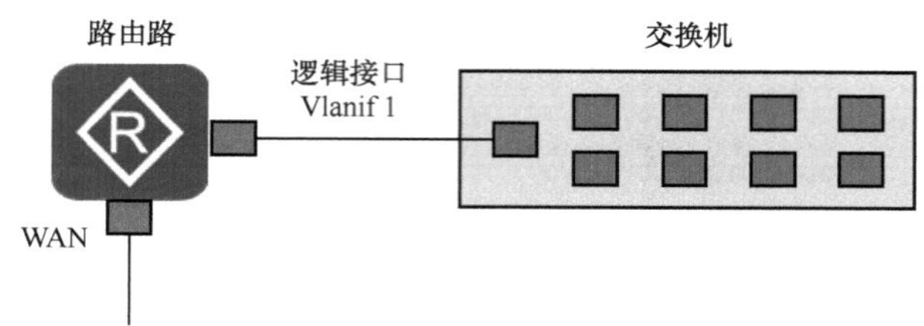

图 3-4　AR201 路由器逻辑结构示意

接下来以 AR1220 系列路由器为例说明模块化路由器的接口类型。如图 3-5 所示，AR1220 是面向中型企业总部或大中型企业分部以宽带、专线接入、语音和安全场景为主的多业务路由器。该型号的路由器是模块化路由器，包括：两个插槽，可以根据需要插入合适的模块；两个千兆以太网接口，分别是 GE0 和 GE1，均为路由器接口；8 个 FE 端口，均是交换机端口。该设备也相当于两台设备——路由器和交换机，如图 3-5 所示。

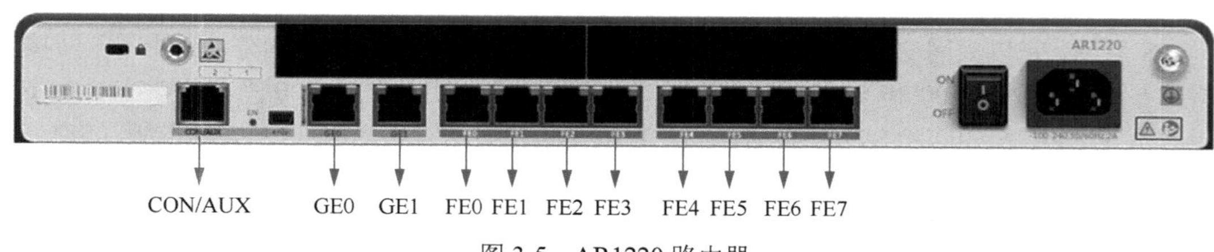

图 3-5　AR1220 路由器

针对端口命名规则，这里以 4GEW-T 为例进行介绍。

- 4：表示 4 个端口。
- GE：表示千兆以太网。
- W：表示 WAN 接口板，这里的 WAN 表示三层接口。
- T：表示电接口。

端口名中还有以下标识。

- FE：表示快速以太网接口。
- L2：表示二层接口，即交换机接口。
- L3：表示三层接口，即路由器接口。
- POS：表示光纤接口。

图 3-6 展示了常见的接口及其描述。

接口	描述
1GEC	1 端口-GE COMBO WAN 接口卡
2FE	2 端口-FE WAN 接口卡
4GEW-T	4 端口-GE 电接口 WAN 接口卡
8FE1GE	9 端口-8FE/1GE L2/L3 以太网接口卡
24GE	24 端口-GE L2/L3 以太接网口卡
2SA	2 端口-同异步WAN 接口卡
1POS	1 端口-POS 光纤接口卡
2E1F	2 端口-非通道化E1/T1 WAN 接口卡
4G.SHDSL	4 线对G.SHDSL WAN 接口卡

图 3-6　常见接口及其描述

3.3 VRP 命令行

3.3.1 命令行的基本概念

1. 命令行

华为设备功能的配置和业务的部署是通过 VRP 命令行来完成的。命令行是在设备内部注册的、具有一定格式和功能的字符串。一个命令行由关键字和参数组成。关键字是一组与命令行功能相关的单词或词组，通过关键字可以唯一确定一个命令行。参数是为了完善命令行的格式或指示命令的作用对象而指定的相关单词或数字等，包括整数、字符串、枚举值等数据类型。例如，测试设备连通性的命令行 ping ip-address 中，ping 为命令行的关键字，ip-address 为参数（其取值为一个 IP 地址）。

新购买的华为设备，初始配置为空。若希望它能够具有诸如文件传输、网络互通等功能，则首先需要进入该设备的命令行界面，并使用相应的命令进行配置。

2. 命令行界面

命令行界面是用户与设备之间的文本类指令交互界面，就如同 Windows 操作系统中的 DOS（Disk Operating System）窗口一样。VRP 命令行界面如图 3-7 所示。

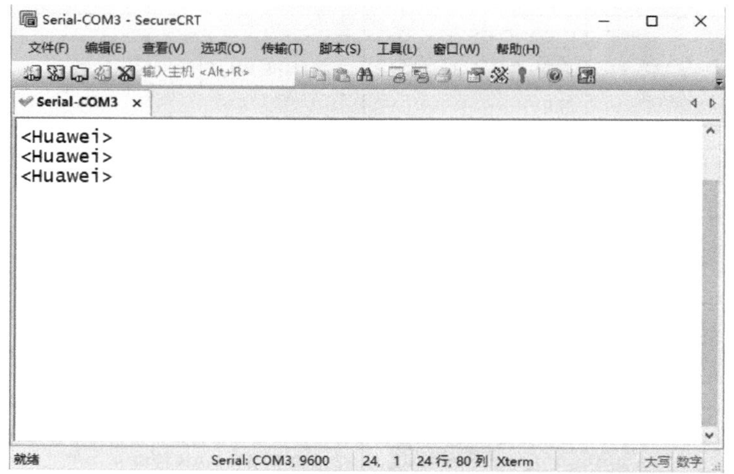

图 3-7　VRP 命令行界面

VRP 命令的总数有数千条之多，为了实现对它们的分级管理，VRP 将这些命令按照功能类型分别注册在不同的视图下。

3. 命令行视图

命令行界面可分成若干种命令行视图，使用某个命令行时，需要先进入该命令行所在的视图。常用的命令行视图有用户视图、系统视图和接口视图，三者之间既有联系，又有一定的区别。

如图 3-8 所示，登录华为设备后，先进入的是用户视图，如<R1>。在提示符“<R1>”中，“<>”表示用户视图，“R1”是设备的主机名。在用户视图下，用户可以了解设备的基础信息、查询设备状态，但不能进行与业务功能相关的配置。如果需要对设备进行业务功能配置，则需要进入系统视图。

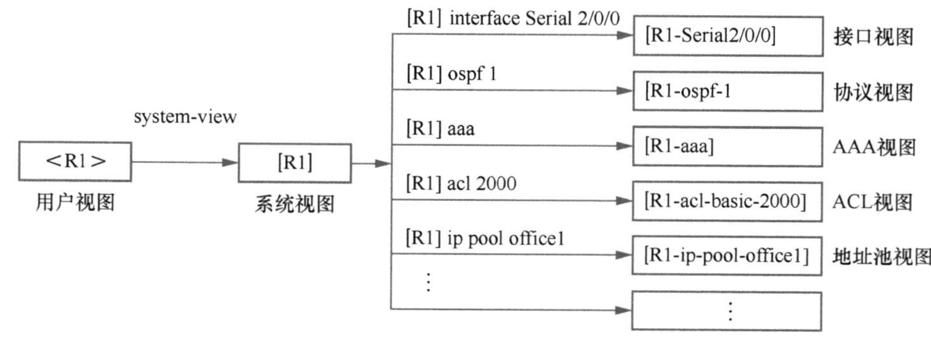

图 3-8　命令行视图架构

在用户视图下执行 system-view 命令后进入系统视图，如[R1]。在系统视图下可以配置系统参数，此时的提示符为方括号“[ ]”。在系统视图下可以使用绝大部分的基础功能配置命令，也可以配置路由器的一些全局参数，比如路由器主机名称等。

在系统视图下可以进入接口视图、协议视图、AAA 视图等。配置接口参数、路由协议参数、IP 地址池参数等都要分别进入相应的视图，进入不同的视图后，就能使用该视图下的命令。若希望进入其他视图，则必须先进入系统视图。

执行 quit 命令可以返回上一级视图。

执行 return 命令直接返回用户视图。

按 Ctrl+Z 快捷键可以返回用户视图。

进入不同的视图，提示内容会有相应变化。比如，进入接口视图后，主机名后将追加接口类型和接口编号的信息。在接口视图下，可以完成相应接口的配置操作，例如配置接口的 IP 地址等，如下所示。

```
[R1]interface GigabitEthernet 0/0/0
[R1-GigabitEthernet0/0/0]ip address 192.168.10.111 24
```

VRP 将命令和用户进行了分级，每个命令都有相应的级别，每个用户也有自己的权限级别，并且用户权限级别与命令级别具有一定的对应关系。具有一定权限级别的用户登录以后，只能执行等于或低于自己级别的命令。

4．命令级别与用户权限级别

VRP 的命令级别分为 0～3 级——0 级（参观级）、1 级（监控级）、2 级（配置级）、3 级（管理级）。网络诊断类命令属于参观级命令，用于测试网络是否连通等。监控级命令用于查看网络状态和设备基本信息。对设备进行业务配置时，需要用到配置级命令。对于一些特殊的功能，如上传或下载配置文件，则需要用到管理级命令。

VRP 的用户权限分为 0～15 级，共 16 个级别。默认情况下，3 级用户就可以操作 VRP 的所有命令，也就是说 4～15 级的用户权限在默认情况下与 3 级用户权限是一致的。4～15 级的用户权限一般与提升命令级别的功能一起使用，例如，当设备管理员较多，需要在管理员中再进行权限细分时，可以提高某个关键命令所对应的用户级别，如提高到 15 级，这样一来，默认的 3 级管理员便不能再使用该关键命令。

命令级别与用户权限级别的对应关系如表 3-1 所示。

表 3-1　命令级别与用户权限级别的对应关系

用户级别	命令级别	说明
0	0	网络诊断类命令（如 ping、tracert）、从本设备访问其他设备的命令（如 telnet）等
1	0、1	系统维护命令，包括 display 等。但并不是所有的 display 命令都是监控级的，例如 display current-configuration 和 display saved-configuration 都是管理级命令
2	0、1、2	业务配置命令，包括路由、各个网络层次的命令等
3～15	0、1、2、3	涉及系统基本运行的命令，如文件系统、FTP 下载、配置文件切换命令、用户管理命令、命令级别设置命令、系统内部参数设置命令等，还包括故障诊断的 debugging 命令

3.3.2　命令行的使用方法

1．进入命令视图

用户进入 VRP 后，首先展示的就是用户视图。如果出现<Huawei>，则表明用户已成功进入用户视图。

进入用户视图后，便可以通过命令来了解设备的基础信息、查询设备状态等。如果需要对 GigabitEthernet 1/0/0 接口进行配置，则需先执行 system-view 命令后进入系统视图，再执行 interface interface-type interface-number 命令进入相应的接口视图，如下所示。

```
<Huawei>system-view                         --进入系统视图
[Huawei]
[Huawei]interface gigabitethernet 1/0/0     --进入接口视图
[Huawei-GigabitEthernet1/0/0]
```

2. 退出命令视图

quit 命令的功能是从任何一个视图退回到上一层视图。例如，因为接口视图是从系统视图进入的，所以系统视图是接口视图的上一层视图，如下所示。

```
[Huawei-GigabitEthernet1/0/0] quit          --退回到系统视图
[Huawei]
```

如果希望继续退回到用户视图，可再次执行 quit 命令，如下所示。

```
[Huawei]quit                                --退回到用户视图
<Huawei>
```

有些命令视图的层级很深，从当前视图退回到用户视图，需要多次执行 quit 命令。使用 return 命令，可以直接从当前视图退回到用户视图，如下所示。

```
[Huawei-GigabitEthernet1/0/0]return        --退回到用户视图
<Huawei>
```

另外，在任意视图下，使用 Ctrl+Z 快捷键，可以达到与使用 return 命令相同的效果。

3. 输入命令行

VRP 提供了丰富的命令行输入方法，支持多行输入，每个命令最大长度为 510 个字符，命令关键字不区分字母大小写，同时支持不完整关键字输入功能。表 3-2 列出了命令行输入过程中常用的一些快捷键。

表 3-2　命令行输入过程中常用的一些快捷键

快捷键	功能
退格键（Backspace）	删除光标所在位置的前一个字符，光标左移，若已经到达命令起始位置，则停止
左方向键（←）或 Ctrl+B	光标向左移动一个字符位置，若已经到达命令起始位置，则停止
左方向键（←）或 Ctrl+F	光标向右移动一个字符位置，若已经到达命令尾部，则停止
删除键（Del）	删除光标所在位置的一个字符，光标位置保持不动，光标后方字符向左移动一个字符位置，若已经到达命令尾部，则停止
上方向键（↑）或 Ctrl+P	显示上一个历史命令。如果需要显示更早的历史命令，可以重复使用该功能键
下方向键（↓）或 Ctrl+N	显示下一个历史命令，可重复使用该功能键

4. 不完整关键字输入

为了提高命令行输入的效率和准确性，VRP 支持不完整的关键字输入功能，即在当前视图下，当输入的字符能够匹配唯一的关键字时，可以不必输入完整的关键字。例如，当需要输入 display current-configuration 命令时，可以通过输入 d cu、di cu 或 dis cu 来实现，但不能输入 d c 或 dis c 等，因为系统内有多条以 d c、dis c 开头的命令，如 display cpu-defend、display clock 和 display current-configuration 等。

5. 在线帮助

在线帮助是 VRP 提供的一种实时帮助功能。在命令行输入过程中，用户可以随时输入“？”以获得在线帮助信息。命令行在线帮助可分为完全帮助和部分帮助。

关于完全帮助，首先来看一个例子。假如我们希望查看设备的当前配置情况，但在进入用户视图后不知道下一步该如何操作，这时就可以输入“？”，得到如下的回显帮助信息。

```
<Huawei>?
User view commands:
  arp-ping                 ARP-ping
  autosave                 <Group> autosave command group
  backup                   Backup  information
 …
  dialer                   Dialer
  dir                      List files on a filesystem
  display                  Display information
  factory-configuration    Factory configuration
---- More ----
```

从显示的关键字中可以看到 display，对此关键字的解释为 Display information。我们自然会想到，要查看设备的当前配置情况，很可能会用到 display 这个关键字。于是，按任意字母键退出帮助后，输入 display 和空格，再输入问号“？”，得到如下的回显帮助信息。

```
<Huawei>display ?
  Cellular                      Cellular interface
  aaa                           AAA
  access-user                   User access
  accounting-scheme             Accounting scheme
…
  cpu-usage                     CPU usage information
  current-configuration         Current configuration
  cwmp                          CPE WAN Management Protocol
---- More ----
```

从回显信息中，我们发现了 current-configuration。通过简单的分析和推理，我们便知道，要查看设备的当前配置情况，应该执行的命令是 display current-configuration。

我们再来看一个部分帮助的例子。通常情况下，我们不会完全不知道整个需要输入的命令行，而是知道命令行关键字的部分字母。假如我们希望执行 display current-configuration 命令，但不记得完整的命令格式，只是记得关键字 display 的开头字母为 dis，current-configuration 的开头字母为 c。此时，我们就可以利用部分帮助功能来确定完整的命令行。输入 dis 后，再输入问号“？”，如下所示。

```
<Huawei>dis?
display Display information
```

回显信息表明，以 dis 开头的关键字只有 display，根据不完整关键字输入原则，用 dis 就可以唯一确定关键字 display。所以，在输入 dis 后直接输入空格，然后输入 c，最后输入“？”，以获取下一个关键字的帮助信息，如下所示。

```
<Huawei>dis c?
  <0-0>                    Slot number
```

```
Cellular                  Cellular interface
calibrate                 Global calibrate
capwap                    CAPWAP
channel                   Informational channel status and configuration
                          information
clock                     Clock status and configuration information
config                    System config
controller                Specify controller
cpos                      CPOS controller
cpu-defend                Configure CPU defend policy
cpu-usage                 CPU usage information
current-configuration     Current configuration
cwmp                      CPE WAN Management Protocol
```

回显信息表明，关键字 display 后以 c 开头的关键字只有为数不多的十几个，从中很容易找到 current-configuration。至此，我们便从 dis 和 c 这样的记忆片段中复原完整的命令行 display current-configuration。

6．快捷键

快捷键的使用可以进一步提高命令行的输入效率。VRP 已经定义了一些快捷键，称为系统快捷键。系统快捷键功能固定，用户不能重新定义。常见的 VRP 系统快捷键如表 3-3 所示。

表 3-3 常见 VRP 系统快捷键及其功能

快捷键	功能
Ctrl+A	将光标移动到当前行的开始
Ctrl+E	将光标移动到当前行的末尾
Esc+N	将光标向下移动一行
Esc+P	将光标向上移动一行
Ctrl+C	停止当前正在执行的功能
Ctrl+Z	返回到用户视图，其功能相当于 return 命令
Tab	部分帮助的功能，输入不完整的关键字后按 Tab 键，当关键字唯一时系统自动补全

VRP 还允许用户自定义快捷键，但自定义快捷键可能会与某些操作命令发生混淆，所以一般情况下不建议自定义快捷键。

3.4 登录设备

配置华为设备，可以通过 Console 口、Telnet 或 SSH 方式来完成。本节将介绍用户界面配置和登录设备的方式。

3.4.1 用户界面配置

1．用户界面的概念

用户在与设备进行信息交互的过程中，不同的用户拥有不同的用户界面。使用 Console

口登录设备的用户，其用户界面对应设备的物理 Console 接口；使用 Telnet 登录设备的用户，其用户界面对应设备的虚拟终端接口（Virtual Type Terminal，VTT）。不同的设备支持的 VTY 总数可能不同。

如果希望对不同的用户进行登录控制，则需要首先进入对应的用户界面视图进行相应的配置（如规定用户权限级别、设置用户名和密码等）。例如，假设规定通过 Console 口登录的用户的权限级别为 3 级，则相应的操作如下。

```
<Huawei>system-view
[Huawei]user-interface console 0          --进入 Console 口的用户界面视图
[Huawei-ui-console0]user privilege level 3 --设置通过Console口登录的用户的权限级别为3
```

如果有多个用户登录设备，且每个用户都会有自己的用户界面，那么设备如何识别这些不同的用户界面呢？

2. 用户界面的编号

用户登录设备时，系统会根据该用户的登录方式，自动分配一个当前空闲且编号最小的相应类型的用户界面给该用户。用户界面的编号包括以下两种。

（1）相对编号。

相对编号的形式是：用户界面类型+序号。一般地，一台设备只有 1 个 Console 口（插卡式设备可能有多个 Console 口，每个主控板提供 1 个 Console 口），VTY 类型的用户界面一般有 15 个（默认情况下开启其中的 5 个）。所以，相对编号的具体呈现如下。

- Console 口的编号：CON 0。
- VTY 的编号：第 1 个为 VTY 0，第 2 个为 VTY 1，以此类推。

（2）绝对编号。

绝对编号仅仅是一个数值，用来唯一标识一个用户界面。绝对编号与相对编号具有一一对应的关系：Console 用户界面的相对编号为 CON 0，对应的绝对编号为 0；VTY 用户界面的相对编号为 VTY 0～VTY 14，对应的绝对编号为 129～143。

执行 display user-interface 命令后可以查看设备当前的用户界面信息，操作如下。可以看到，CON 0 包含一个用户连接，权限级别为 15；一个用户通过虚拟接口连接 VTY 0，权限级别为 2。Auth 表示身份认证模式，值 P 代表 password（只需输入密码），值 A 代表 AAA 验证（需要输入用户名和密码）。

```
<Huawei>display user-interface
  Idx  Type     Tx/Rx       Modem Privi ActualPrivi   Auth  Int
+ 0    CON 0    9600         -     15    15           P     -
+ 129  VTY 0                 -      2     2           A     -
  130  VTY 1                 -      2    -            A     -
  131  VTY 2                 -      2    -            A     -
  132  VTY 3                 -      0    -            P     -
  133  VTY 4                 -      0    -            P     -
  145  VTY 16                -      0    -            P     -
  146  VTY 17                -      0    -            P     -
  147  VTY 18                -      0    -            P     -
  148  VTY 19                -      0    -            P     -
  149  VTY 20                -      0    -            P     -
  150  Web 0    9600         -     15   -             A     -
  151  Web 1    9600         -     15   -             A     -
  152  Web 2    9600         -     15   -             A     -
```

```
  153  Web 3    9600       -     15    -                A      -
  154  Web 4    9600       -     15    -                A      -
  155  XML 0    9600       -      0     -               A      -
  156  XML 1    9600       -      0     -               A      -
  157  XML 2    9600       -      0     -               A      -
UI(s) not in async mode -or- with no hardware support:
1-128
  +    : Current UI is active.
  F    : Current UI is active and work in async mode.
  Idx  : Absolute index of UIs.
  Type : Type and relative index of UIs.
  Privi: The privilege of UIs.
  ActualPrivi: The actual privilege of user-interface.
  Auth : The authentication mode of UIs.
      A: Authenticate use AAA.
      N: Current UI need not authentication.
      P: Authenticate use current UI's password.
  Int  : The physical location of UIs.
```

回显信息中，第 1 列 Idx 表示绝对编号，第 2 列 Type 表示绝对编号对应的相对编号。

3．用户认证

不同用户登录设备时进入的是不同的用户界面。那么，如何做到只有合法用户才能登录设备呢？答案是通过用户认证机制。华为设备支持的认证方式有 3 种——Password 认证、AAA 认证和 None 认证。

- Password 认证：只需输入密码，密码认证通过后，即可登录设备。默认情况下，设备使用的是 Password 认证方式。使用该方式时，如果没有配置密码，则无法登录设备。
- AAA 认证：需要输入用户名和密码，只有输入正确的用户名及其对应的密码时，才能登录设备。因为需要同时认证用户名和密码，所以 AAA 认证方式的安全性比 Password 认证方式高，并且该方式可以区分不同的用户，用户之间互不干扰。使用 Telnet 登录时，一般都采用 AAA 认证方式。
- None 认证：不需要输入用户名和密码，可直接登录设备，即无须进行任何认证。安全起见，不推荐使用这种认证方式。

用户认证机制保证了用户登录的合法性。默认情况下，通过 Telnet 登录的用户登录系统后的权限级别是 0 级。

4．用户权限级别

前面已经对用户权限级别的含义及其与命令级别的对应关系进行了讲解。用户权限级别也称为用户级别，默认情况下，用户级别在 3 级及以上时，便可以操作设备的所有命令。针对某个用户的级别，可以在对应用户界面视图下执行 user privilege level *level* 命令进行配置，其中 *level* 为指定的用户级别。

了解以上这些关于用户界面的相关知识后，接下来我们通过两个实例来说明 Console 口和 VTY 用户界面的配置方法。

3.4.2　通过 Console 口登录设备

初次配置路由器，需要使用 Console 通信电缆，一端连接路由器的 Console 口，另一端连接计算机的 COM 口，不过现在的笔记本电脑大多没有 COM 口了。如图 3-9 所示，可以使用 COM 口转 USB 接口线缆，接入计算机的 USB 接口。

如图 3-10 所示，打开“计算机管理”，单击“设备管理器”，安装驱动后，可以看到 USB 接口充当了 COM3 接口。

图 3-9 通过 COM 口转 USB 接口线缆连接计算机

图 3-10 查看 USB 接口充当的 COM 口

打开 SecureCRT 软件，如图 3-11 所示，将 SecureCRT 协议设置为“Serial”，然后单击“下一步”。如图 3-12 所示，在出现的端口选择界面，选择 USB 设备模拟出的端口，在这里选择“COM3”，其他设置参照图 3-12 所示进行设置，然后单击“下一步”。

图 3-11 设置协议

图 3-12 选择 COM 端口波特率

Console 用户界面对应从 Console 口直连登录的用户，一般采用 Password 认证方式。通过 Console 口登录的用户一般为网络管理员，需要最高级别的用户权限。

（1）进入 Console 用户界面。

进入 Console 用户界面使用的命令为 user-interface console *interface-number*，interface-number 表示 console 用户界面的相对编号，取值为 0，如下所示。

```
[Huawei]user-interface console 0
```

（2）配置用户界面。

在 Console 用户界面视图下配置认证方式为 Password 认证，并配置密码为 91xueit，密码将以密文形式保存在配置文件中。

配置用户界面的用户认证方式的命令为 authentication-mode {aaa | password}，如下所示。

```
[Huawei-ui-console0]authentication-mode ?
  aaa        AAA authentication
```

```
  password  Authentication through the password of a user terminal interface
[Huawei-ui-console0]authentication-mode password
Please configure the login password (maximum length 16):91xueit
```

如果需要重设密码，可以执行以下命令，将密码设置为91xueitcom。

```
[Huawei-ui-console0]set authentication password cipher 91xueitcom
```

配置完成后，配置信息会保存在设备的内存中，执行display current-configuration命令后即可查看。如果不进行存盘保存，则这些信息将会在设备断电或重启时丢失。

执行display current-configuration section user-interface命令后可以显示当前配置中user-interface的设置，如下所示。如果只执行display current-configuration命令则显示全部设置。

```
<Huawei>display current-configuration section user-interface
[V200R003C00]
#
user-interface con 0
 authentication-mode password
 set authentication password cipher %$%${PA|GW3~G'2AJ%@K{;MA,$/:\,wmOC*yI7U_x!,w
kv].$/=,%$%$
user-interface vty 0 4
user-interface vty 16 20
#
return
```

3.4.3 通过Telnet登录设备

VTY用户界面对应于使用Telnet方式登录的用户。由于Telnet是远程登录，存在安全隐患，因此在用户认证方式上采用AAA认证。一般地，设备调试阶段登录设备的人员较多，并且需要进行业务方面的配置，所以通常配置最大VTY用户界面数为15，即允许最多15个用户同时使用Telnet方式登录设备。同时，应将用户级别设置为2级，即配置级，以便进行正常的业务配置。

（1）配置最大VTY用户界面数为15。

配置最大VTY用户界面数使用的命令是user-interface maximum-vty *number*。如果希望配置最大VTY用户界面数为15，则number应取值为15，如下所示。

```
[Huawei]user-interface maximum-vty 15
```

（2）进入VTY用户界面视图。

执行user-interface vty *first-ui-number* [*last-ui-number*]命令后进入VTY用户界面视图，其中*first-ui-number*和*last-ui-number*均为VTY用户界面的相对编号，方括号“[ ]”表示该参数为可选参数。假设现在需要对15个VTY用户界面进行整体配置，则*first-ui-number*应取值为0，*last-ui-number*取值为14，如下所示。

```
[Huawei]user-interface vty 0 14
```

执行上述命令后进入VTY用户界面视图，如下所示。

```
[Huawei-ui-vty0-14]
```

（3）配置VTY用户界面的用户级别为2级。

配置用户级别的命令为user privilege level *level*。因为现在需要配置用户级别为2级，所

以 *level* 的取值为 2，如下所示。

```
[Huawei-ui-vty0-14]user privilege level 2
```

（4）配置 VTY 用户界面的用户认证方式为 AAA。

配置用户认证方式的命令为 authentication-mode {aaa | password}，其中花括号“{ }”表示其中的参数应任选其一，如下所示。

```
[Huawei-ui-vty0-14]authentication-mode aaa
```

（5）配置 AAA 认证方式的用户名和密码。

首先退出 VTY 用户界面视图，执行 aaa 命令，进入 AAA 视图。然后执行 local-user *user-name* password cipher *password* 命令，配置用户名和密码。其中，*user-name* 表示用户名，*password* 表示密码，关键字 cipher 表示配置的密码将以密文形式保存在配置文件中。最后，执行 local-user *user-name* service-type telnet 命令，定义这些用户的接入类型为 telnet。例如以 admin 用户进行配置的命令如下。

```
[Huawei-ui-vty0-14]quit
[Huawei]aaa
[Huawei-aaa]local-user admin password cipher admin@123
[Huawei-aaa]local-user admin service-type telnet
[Huawei-aaa]quit
```

配置完成后，当用户通过 Telnet 方式登录设备时，设备会自动分配一个编号最小的可用 VTY 用户界面，进入命令行界面之前需要输入上面配置的用户名（admin）和密码（admin@123）。

Telnet 协议是 TCP/IP 栈中应用层协议的一员。Telnet 的工作方式为“服务端/客户端”方式，它提供从一台设备（Telnet 客户端）远程登录到另一台设备（Telnet 服务端）的方法。Telnet 服务端与 Telnet 客户端需要建立 TCP 连接，Telnet 服务端的默认端口号为 23。

VRP 既支持 Telnet 服务端功能，也支持 Telnet 客户端功能。利用 VRP，用户还可以先登录某台设备，然后将这台设备作为 Telnet 客户端再通过 Telnet 方式远程登录到网络上的其他设备，从而可以更为灵活地实现对网络的维护操作。如图 3-13 所示，路由器 R1 既是 PC 的 Telnet 服务端，又是路由器 R2 的 Telnet 客户端。这也就是 Telnet 的二级连接功能。

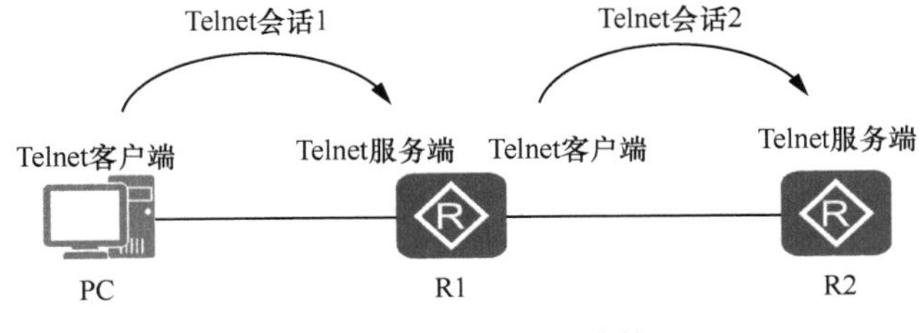

图 3-13 Telnet 二级连接

在 Windows 操作系统中，通过命令提示符窗口，确保 Windows 操作系统和路由器的网络畅通，可以执行 telnet *ip-address* 命令，并输入用户名和密码，就能远程登录路由器进行配置。如图 3-14 所示，执行 telnet 192.168.10.111 命令，然后输入用户名和密码即可成功登录<Huawei>，再执行 telnet 172.16.1.2 命令并输入密码即可成功登录<R2>路由器，若要退出 Telnet，则可以执行 quit 命令。

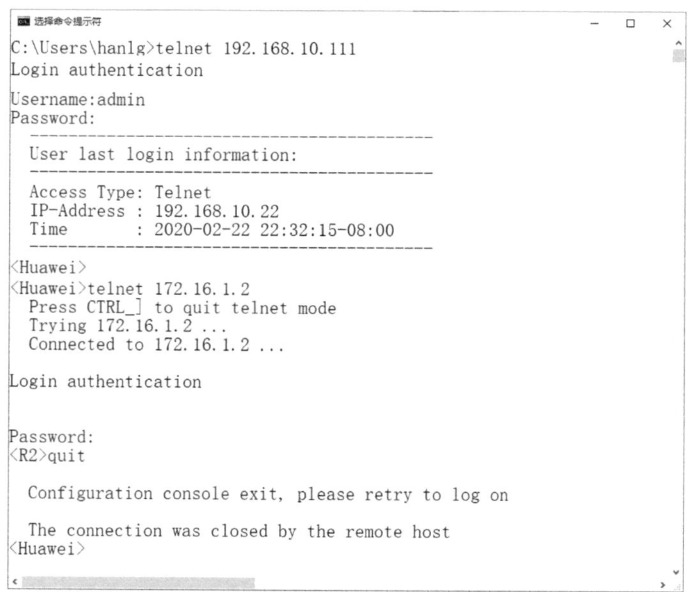
```
C:\Users\hanlg>telnet 192.168.10.111
Login authentication

Username:admin
Password:
  -----------------------------------------
  User last login information:
  -----------------------------------------
  Access Type: Telnet
  IP-Address : 192.168.10.22
  Time       : 2020-02-22 22:32:15-08:00
  -----------------------------------------
<Huawei>
<Huawei>telnet 172.16.1.2
  Press CTRL_] to quit telnet mode
  Trying 172.16.1.2 ...
  Connected to 172.16.1.2 ...

Login authentication


Password:
<R2>quit

  Configuration console exit, please retry to log on

  The connection was closed by the remote host
<Huawei>
```

图 3-14 在 Windows 操作系统上远程登录路由器

3.5 基本配置

下面讲述华为设备的一些基本配置，如设置设备名称、更改系统时钟、给接口设置 IP 地址等。

3.5.1 设置设备名称

命令行界面中的角括号“< >”或方括号“[ ]”中为设备的名称，也称为设备主机名。默认情况下，设备名称为“Huawei”。为了更好地区分不同的设备，通常需要修改设备名称。我们可以通过执行 sysname *hostname* 命令来对设备名称进行修改，其中，sysname 是命令行的关键字；*hostname* 为参数，表示希望设置的设备名称。

例如，通过如下操作，就可以将设备名称设置为 Huawei-AR-01。

```
<Huawei>?                          --可以查看用户视图下可以执行的命令
<Huawei>system-view                --进入系统视图
[Huawei]sysname Huawei-AR-01       --更改设备名称为 Huawei-AR-01
[Huawei-AR-01]
```

3.5.2 更改系统时钟

华为设备出厂时默认采用协调世界时（Universal Time Coordinated，UTC），但没有配置时区，所以在配置设备系统时钟前，需要了解设备所在的时区。

设置时区的命令为 clock timezone *time-zone-name* { add | minus } offset，其中，*time-zone-name* 为用户定义的时区名，用于标识配置的时区；根据偏移方向选择 add 或 minus，正向偏移（UTC 时间加上偏移时间为当地时间）选择 add，负向偏移（UTC 时间减去偏移时间为当

地时间）选择 minus；offset 为偏移时间。假设设备位于北京时区，则相应的配置应该是（注意，设置时区和时间是在用户模式下）：

```
<Huawei>clock timezone BJ add 8:00
```

设置好时区后，就可以设置设备当前的日期和时间了。华为设备仅支持 24 小时制，使用的命令行为 clock datetime *HH:MM:SS YYYY-MM-DD*，其中，HH:MM:SS 为设置的时间；YYYY-MM-DD 为设置的日期。假设当前的日期为 2020 年 2 月 23 日，时间为 16:37:00，则相应的配置应该是：

```
<Huawei>clock datetime 16:37:00 2020-02-23
```

执行 display clock 命令后显示当前设备的时区、日期和时间，如下所示。

```
<Huawei>display clock
2020-02-23 16:37:07
Sunday
Time Zone(BJ) : UTC+08:00
```

3.5.3 给接口设置 IP 地址

用户可以通过不同的方式登录设备的命令行界面，如 Console 口和 Telnet。首次登录新设备时，由于新设备为空配置设备，因此只能通过 Console 口或 Mini USB 口登录。首次登录新设备后，便可以给设备配置一个 IP 地址，然后开启 Telnet 功能。

IP 地址是针对设备接口的配置。通常一个接口配置一个 IP 地址。配置接口 IP 地址的命令为 ip address *ip-address* { mask | mask-length }，其中，ip address 是命令关键字；ip-address 为希望配置的 IP 地址；mask 表示点分十进制方式的子网掩码；mask-length 表示长度方式的子网掩码，即掩码中二进制数 1 的个数。

假设设备 Huawei 的接口为 Ethernet 0/0/0，分配的 IP 地址为 192.168.1.1，子网掩码为 255.255.255.0，则相应的配置应该是：

```
[Huawei]interface Ethernet 0/0/0                              --进入接口视图
[Huawei-Ethernet0/0/0]ip address 192.168.1.1 255.255.255.0   --添加 IP 地址和子网掩码
[Huawei-Ethernet0/0/0]undo shutdown                           --启用接口
 [Huawei-Ethernet0/0/0]ip address 192.168.2.1 24 ?
  sub    Indicate a subordinate address
  <cr>   Please press ENTER to execute command
[Huawei-Ethernet0/0/0]ip address 192.168.2.1 24 sub          --给接口添加第 2 个地址
[Huawei-Ethernet0/0/0]display this                            --显示接口的配置
[V200R003C00]
#
interface Ethernet0/0/0
ip address 192.168.1.1 255.255.255.0
 ip address 192.168.2.1 255.255.255.0 sub
#
return
[Huawei-Ethernet0/0/0]quit                                    --退出接口视图
```

执行 display ip interface brief 命令后即可显示接口 IP 地址相关的摘要信息。

```
<Huawei>display ip interface brief
*down: administratively down
```

```
^down: standby
(l): loopback
(s): spoofing
The number of interface that is UP in Physical is 3
The number of interface that is DOWN in Physical is 1
The number of interface that is UP in Protocol is 3
The number of interface that is DOWN in Protocol is 1

Interface                          IP Address/Mask      Physical   Protocol
Ethernet0/0/0                      192.168.1.1/24       up         up
Ethernet0/0/8                      unassigned           down       down
NULL0                              unassigned           up         up(s)
Vlanif1                            192.168.10.1/24      up         up
```

从以上信息可以看到，Ethernet 0/0/0 接口的 Physical（物理层）为 up（启用），Protocol（数据链路层）也为 up。

执行 undo ip address 命令后将删除接口配置的 IP 地址，如下所示。

```
[Huawei-Ethernet0/0/0]undo ip address
```

3.6　配置文件的管理

华为设备配置更改后立即生效，为当前配置，并保存在设备的内存中。如果设备断电或重启，内存中的配置会丢失，如果想让当前的配置在重启后依然生效，就需要将配置保存下来。下面讲解华为设备中的配置文件，以及如何管理华为设备中的文件。

3.6.1　华为设备配置文件

本节介绍华为设备——路由器的配置和配置文件。这涉及 3 个概念——当前配置、配置文件和下次启动的配置文件。

- 当前配置。设备内存中的配置就是当前配置，进入系统视图更改的路由器配置，就是更改的当前配置。设备断电或重启后，内存中的所有信息（包括配置信息）全部消失。
- 配置文件。包含设备配置信息的文件称为配置文件，它保存在设备的外部存储器中（注意，不是内存），其文件名的格式一般为“*.cfg”或“*.zip”，用户可以将当前配置保存到配置文件中。当设备重启时，将重新加载配置文件的内容到内存中，并作为当前的配置。配置文件除了保存配置信息以外，还方便维护人员查看、备份以及移植配置信息以便用于其他设备。默认情况下，保存当前配置时，设备会将配置信息保存到名为“vrpcfg.zip”的配置文件中，并保存于设备的外部存储器的根目录下。
- 下次启动的配置文件。保存配置时可以指定配置文件的名称，也就是说保存的配置文件可以有多个，也可以指定下次启动时加载哪个配置文件。默认情况下，下次启动的配置文件名为“vrpcfg.zip”。

3.6.2 保存当前配置

保存当前配置的方式有两种——手动保存和自动保存。

1. 手动保存配置

用户可以使用 save [*configuration-file*] 命令随时将当前配置以手动方式保存到配置文件中。其中，参数 *configuration-file* 为指定的配置文件名，格式必须为“*.cfg”或“*.zip”。如果未指定配置文件名，则配置文件名默认为“vrpcfg.zip”。

例如，需要将当前配置保存到文件名为“vrpcfg.zip”的配置文件中时，可进行如下操作。

在用户视图，使用 save 命令，再输入 y，进行确认，即可保存路由器的配置，如下所示。

```
<R1>save
  The current configuration will be written to the device.
  Are you sure to continue? (y/n)[n]:y                          --输入 y
  It will take several minutes to save configuration file, please wait.......
  Configuration file had been saved successfully
  Note: The configuration file will take effect after being activated
```

如果不指定保存的配置文件名，配置文件就是“vrpcfg.zip”，执行 dir 命令，在列出 flash 根目录下的全部文件和文件夹后就能看到这个配置文件。路由器中的 flash 相当于计算机中的硬盘，可以存放文件和保存的配置信息。

如果还需要将当前配置保存到名为“backup.zip”的配置文件中，作为对“vrpcfg.zip”的备份，则可进行如下操作。

```
<Huawei>save backup.zip
 Are you sure to save the configuration to backup.zip? (y/n)[n]:y
  It will take several minutes to save configuration file, please wait......
  Configuration file had been saved successfully
  Note: The configuration file will take effect after being activated
```

2. 自动保存配置

自动保存配置功能可以有效降低用户因忘记保存配置而导致配置丢失的风险。自动保存功能分为周期性自动保存和定时自动保存两种方式。

在周期性自动保存方式下，设备会根据用户设定的保存周期，自动完成配置保存操作；无论设备的当前配置相比配置文件是否有变化，设备都会进行自动保存操作。在定时自动保存方式下，用户设定一个时间点，设备会每天在此时间点自动进行一次保存操作。默认情况下，设备的自动保存功能是关闭的，需要用户开启之后才能使用。

周期性自动保存的设置方法如下。首先执行 autosave interval on 命令，开启设备的周期性自动保存功能，然后执行 autosave interval *time* 命令，设置自动保存周期。其中，time 为指定的时间周期，单位为分钟，默认值为 1 440min（24h）。

定时自动保存的设置方法如下。首先执行 autosave time on 命令，开启设备的定时自动保存功能，然后执行 autosave time *time-value* 命令，设置自动保存的时间点。其中，time-value 为指定的时间点，格式为 HH:MM:SS，默认值为 00:00:00。

通过以下命令打开周期性自动保存功能，设置自动保存间隔为 120min。

```
<R1>autosave interval on                   --打开周期性自动保存功能
  System autosave interval switch: on
  Autosave interval: 1440 minutes          --默认 1 440min 保存一次
  Autosave type: configuration file
```

```
  System autosave modified configuration switch: on --如果配置更改了，30min 自动保存一次
  Autosave interval: 30 minutes
  Autosave type: configuration file

<R1>autosave interval 120                              --设置每隔 120min 自动保存一次
  System autosave interval switch: on
  Autosave interval: 120 minutes
  Autosave type: configuration file
```

周期性自动保存和定时自动保存不能同时启用，只有关闭周期性自动保存功能，才能开启定时自动保存功能。例如更改定时保存时间为中午 12 点。

```
<R1>autosave interval off                              --关闭周期性自动保存功能
<R1>autosave time on                                   --开启定时自动保存功能
  System autosave time switch: on
  Autosave time: 08:00:00                              --默认每天上午 8 点定时保存一次
  Autosave type: configuration file
<R1>autosave time ?                                    --查看 time 后可以输入的参数
  ENUM<on,off>      Set the switch of saving configuration data automatically by
                    absolute time
  TIME<hh:mm:ss>    Set the time for saving configuration data automatically
<R1>autosave time 12:00:00                             --更改定时自动保存时间为中午 12 点
  System autosave time switch: on
  Autosave time: 12:00:00
  Autosave type: configuration file
```

默认情况下，设备会保存当前配置到“vrpcfg.zip”文件中。如果用户指定另外一个配置文件为设备下次启动的配置文件，则设备会将当前配置保存到新指定的下次启动的配置文件中。

3.6.3 设置下一次启动加载的配置文件

设备支持设置任何一个存在于设备的外部存储器根目录下（如 flash:/）的“*.cfg”或“*.zip”文件作为设备下一次启动的配置文件。我们可以通过执行 startup saved-configuration *configuration-file* 命令来设置设备下一次启动加载的配置文件，其中，configuration-file 为指定的配置文件名。如果设备的外部存储器的根目录下没有该配置文件，则系统会提示设置失败。

例如，如果需要指定已经保存的 backup.zip 文件作为下一次启动加载的配置文件，可执行如下命令。

```
<R1>startup saved-configuration backup.zip     --指定下一次启动加载的配置文件
This operation will take several minutes, please wait.....
Info: Succeeded in setting the file for booting system
<R1>display startup                            --显示下一次启动加载的配置文件
MainBoard:
  Startup system software:                   null
  Next startup system software:              null
  Backup system software for next startup:   null
  Startup saved-configuration file:          flash:/vrpcfg.zip
  Next startup saved-configuration file:     flash:/backup.zip --下一次启动加载的配置文件
```

设置下一次启动加载的配置文件后，再保存当前配置时，默认会将当前配置保存到所设

置的下一次启动加载的配置文件中，从而覆盖下一次启动加载的配置文件原有内容。周期性自动保存配置和定时自动保存配置也会将当前配置保存到指定的下一次启动加载的配置文件中。

3.7 习题

选择题

1．下面哪个是更改路由器名称的命令。（　　）

A．< Huawei > sysname R1　　B．[Huawei]sysname R1

C．[Huawei]system R1　　D．< Huawei > system R1

2．本章介绍的 eNSP 模拟软件需要和哪两款软件一起安装。（　　）

A．Wireshark 和 VMware Workstation　　B．Wireshark 和 Virtual Box

C．Virtual Box 和 VMware Workstation　　D．Virtual Box 和 Ethereal

3．给路由器接口配置 IP 地址，下面哪个命令是错误的。（　　）

A．[R1]ip address 192.168.1.1 255.255.255.0

B．[R1-GigabitEthernet0/0/0]ip address 192.168.1.1 24

C．[R1-GigabitEthernet0/0/0]ip add 192.168.1.1 24

D．[R1-GigabitEthernet0/0/0]ip address 192.168.1.1 255.255.255.0

4．下面哪个命令是查看路由器当前配置的命令。（　　）

A．<R1>display current-configuration　　B．<R1>display saved-configuration

C．[R1-GigabitEthernet0/0/0]display　　D．[R1]show current-configuration

5．下面哪个命令是华为路由器保存配置的命令。（　　）

A．[R1]save　　B．<R1>save

C．<R1>copy current startup　　D．[R1] copy current startup

6．更改路由器下一次启动加载的配置文件应使用哪个命令。（　　）

A．<R1>startup saved-configuration backup.zip

B．<R1>display startup

C．[R1]startup saved-configuration

D．[R1]display startup

7．通过 Console 口配置路由器，只需要密码认证，需要配置身份认证模式为________。（　　）

A．[R1-ui-console0]authentication-mode password

B．[R1-ui-console0]authentication-mode aaa

C．[R1-ui-console0]authentication-mode Radius

D．[R1-ui-console0]authentication-mode scheme

8．在路由器上创建用户 han，允许其通过 Telnet 方式配置路由器，且用户权限级别为 3，需要执行哪两个命令。（　　）

A．[R1-aaa]local-user han password cipher 91xueit3 privilege level 3

B．[R1-aaa]local-user han service-type Telnet

C．[R1-aaa]local-user han password cipher 91xueit3

D．[R1-aaa]local-user han service-type terminal

9．在系统视图下执行哪个命令可以切换到用户视图。（　　）

A．system-view　　B．router

C．quit　　D．user-view

10．网络管理员想要彻底删除旧的设备配置文件 config.zip，下面哪个命令是正确的。（　　）

A．delete /force config.zip　　B．delete /unreserved config.zip

C．reset config.zip　　D．clear config.zip

11．在华为 AR 的命令行界面下，save 命令的作用是保存当前的系统时间。（　　）

A．正确　　B．错误

12．在保存路由器的配置文件时一般保存在下面哪种存储介质中？（　　）

A．SDRAM　　B．NVRAM

C．Flash　　D．Boot ROM

13．VRP 的英文全称是什么？（　　）

A．Versatile Routine Platform　　B．Virtual Routing Platform

C．Virtual Routing Plane　　D．Versatile Routing Platform

14．VRP 命令分为参观级、监控级、配置级和管理级 4 个级别。能运行各种业务配置命令但不能操作文件系统的是哪一级？（　　）

A．参观级　　B．监控级

C．配置级　　D．管理级

15．网络管理员在哪个视图下才能为路由器修改设备名称？（　　）

A．用户视图　　B．系统视图

C．接口视图　　D．协议视图

16．目前，公司有一个网络管理员，公司网络中的 AR2200 通过 Telent 方式直接输入密码后就可以实现远程管理。新来两个网络管理员后，公司希望给所有的网络管理员分配各自的用户名和密码，以及不同的权限等级，那么应该如何操作呢？（选择 3 个答案）（　　）

A．在 AAA 视图下配置 3 个用户名和各自对应的密码

B．通过 Telent 配置的用户认证模式必须选择 AAA 模式

C．在配置每个网络管理员的用户名时，需要配置不同的权限级别

D．每个网络管理员在执行 telent 命令时，使用设备的不同公网地址

17．VRP 支持通过哪几种方式对路由器进行配置？（选择 3 个答案）（　　）

A．通过 Console 口对路由器进行配置　　B．通过 Telent 对路由器进行配置

C．通过 Mini USB 口对路由器进行配置　　D．通过 FTP 对路由器进行配置

18．用户通过 Telnet 方式成功登录路由器后，无法使用配置命令配置接口 IP 地址，可能的原因有________。（　　）

A．用户的 Telnet 终端软件不允许用户对设备的接口配置 IP 地址

B．没有正确设置 Telnet 用户的认证方式

C．没有正确设置 Telnet 用户的级别

D．没有正确设置 SNMP 参数

19．关于 display 信息下面的描述正确的是________。（　　）

```
[R1]display interface g0/0/0 GigabitEthernet0/0/0 current state:Administratively
DOWN Line protocol current state:DOWN
```

A．GigabitEthernet0/0/0 接口连接了一条错误的线缆

B．GigabitEthernet0/0/0 接口没有配置 IP 地址

C．GigabitEthernet0/0/0 接口没有启用动态路由协议

D．GigabitEthernet0/0/0 接口被网络管理员手动关闭了

20．路由器上电时，会从默认存储路径中读取配置文件进行路由器的初始化工作。如果默认存储路径中没有配置文件，则路由器会使用什么来进行初始化？（　　）

A．当前配置　　B．新建配置

C．默认参数　　D．起始配置

第4章

静态路由

本章内容

- 路由
- 路由汇总
- 默认路由
- 路由优先级
- VRRP
- 浮动静态路由

要想网络畅通，应让网络中的路由器知道如何转发数据包到各个网段。路由器根据路由表来转发数据包，而路由表是通过直连网络、静态路由以及动态路由来构建的。

静态路由是指手动给路由器添加的路由项。如果 IP 地址规划合理，就可以在边界路由器上进行路由汇总。通过路由汇总可以简化路由表，提高查表速率。

默认路由是一种特殊的静态路由，是指当路由表中没有与数据包的目的 IP 地址相匹配的路由时，路由器能够做出的选择。如果没有默认路由，目的 IP 地址在路由表中没有匹配路由的数据包将被丢弃。在 Windows 操作系统中设置了网关就等价于在 Windows 操作系统中添加了默认路由。

虚拟路由冗余协议（Virtual Router Redundancy Protocol，VRRP）可以实现网关的故障切换。

4.1 路由

路由是指路由器从一个接口上收到数据包，并根据数据包的目的 IP 地址转发到另一个接口的过程。数据包通过路由器转发，就是数据路由。

4.1.1 网络畅通的条件

计算机网络畅通的条件就是数据包能去能回。这也是我们排除网络故障的理论依据。这就要求数据包经过的路由器必须知道如何转发数据包到目的网络，也就是必须有到达目的网络的路由，且沿途的路由器还必须有数据包返回所需的路由。

如图 4-1 所示，网络中的计算机 A 要想实现和计算机 B 的通信，沿途的所有路由器都必须有到目的网络 192.168.1.0/24 的路由，计算机 B 要想给计算机 A 返回数据包，途中的所有路由器也都必须有到 192.168.0.0/24 网段的路由。

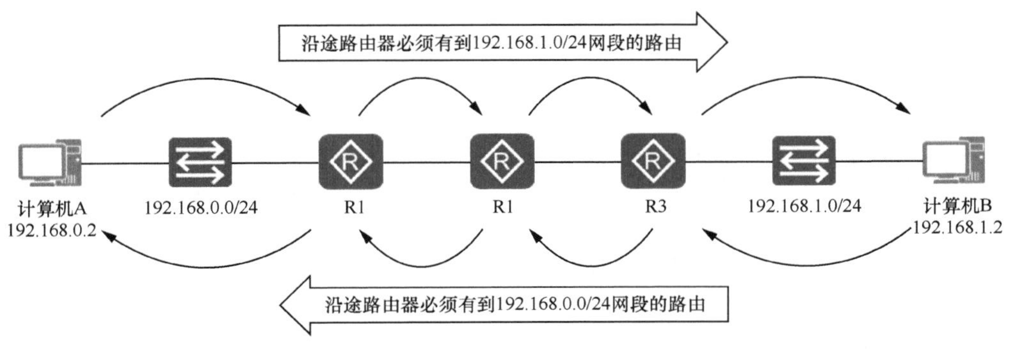

图 4-1 网络畅通的条件

基于以上原理，网络排错就变得简单了。如果网络不通，就要检查计算机是否配置了正确的 IP 地址、子网掩码以及网关，逐一检查沿途路由器上的路由表，查看是否有到达目的网络的路由以及数据包返回所需的路由。

路由器如何知道网络中的各个网段以及下一跳地址呢？答案是路由器通过查询路由表来确定如何转发数据包。

4.1.2 路由信息的来源

路由表包含若干条路由信息，这些路由信息的生成方式有 3 种——设备自动发现、手动配置以及通过动态路由协议生成。

1. 直连路由

我们把设备自动发现的路由信息称为直连路由（Direct Route）。网络设备启动之后，当路由器接口状态为 UP 时，路由器就能够自动发现与自己接口直接相连的网络的路由。

如图 4-2 所示（图中 GE 表示 GigabitEthernet 接口），路由器 R1 的 GigabitEthernet 0/0/1 接口的状态为 UP 时，R1 便可以根据 GigabitEthernet 0/0/1 接口的 IP 地址 11.1.1.1/24 推断出 GigabitEthernet 0/0/1 接口所在的网络的网络地址为 11.1.1.0/24。于是，R1 便会将 11.1.1.0/24 作为一个路由项填写进自己的路由表，这条路由的目的地/掩码为 11.1.1.0/24，出接口为 GigabitEthernet 0/0/1，下一跳 IP 地址是与出接口的 IP 地址相同的，即 11.1.1.1。因为这条路由是直连路由，所以其 Proto 属性值为 Direct。另外，对于直连路由，其 Cost 的值总是 0。

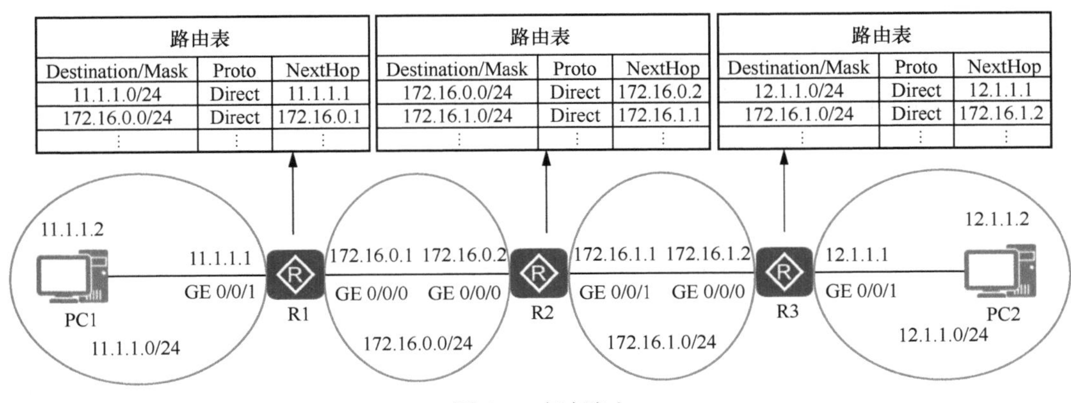

图 4-2 直连路由

类似地，路由器 R1 还会自动发现另外一条直连路由，该路由的目的地/掩码为 172.16.0.0/24，出接口为 GigabitEthernet 0/0/0，下一跳地址是 172.16.0.1，Proto 属性值为 Direct，Cost 的值为 0。

图 4-2 中的 R1、R2、R3 路由器只要一开机，端口状态变为 UP，这些端口连接的网段就会出现在路由表中。

2．静态路由

要想让网络中的计算机能够访问任何网段，网络中的路由器就必须有到全部网段的路由。对于路由器直连的网段，路由器能够自动发现并将其加入路由表。对于没有直连的网段，网络管理员需要手动添加到这些网段的路由到路由表中。路由器上手动配置的路由信息称为静态路由（Static Route），它适合规模较小的网络或网络不怎么变化的场景。

如图 4-3 所示（其中，GE 表示 GigabitEthernet 接口），网络中有 4 个网段，每个路由器直连两个网段，对于没有直连的网段，需要手动添加静态路由。我们需要在每个路由器上添加两条静态路由。注意观察静态路由的下一跳，在 R1 上添加到 12.1.1.0/24 网段的路由，其下一跳是 172.16.0.2，而不是 R3 的 GigabitEthernet 0/0/0 接口的 172.16.1.2。很多初学者会“下一跳”产生误解。

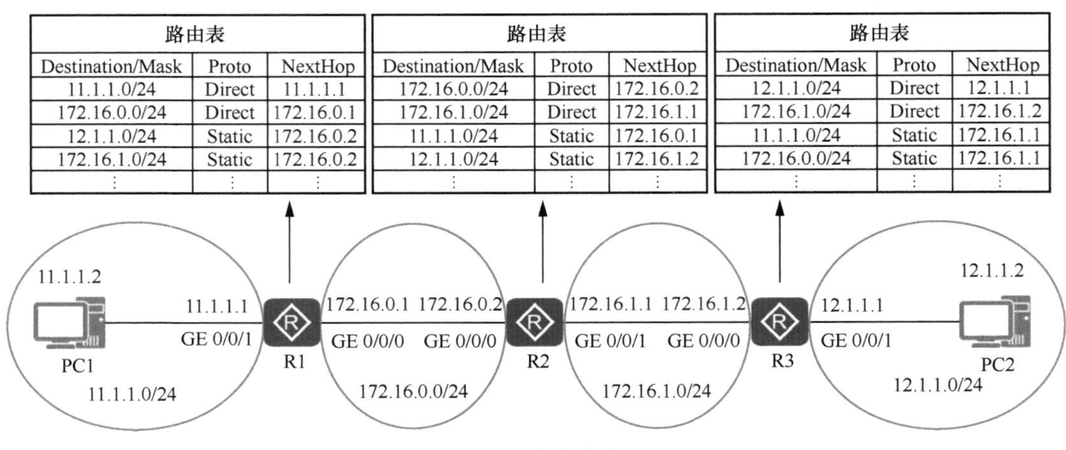

路由表		
Destination/Mask	Proto	NextHop
11.1.1.0/24	Direct	11.1.1.1
172.16.0.0/24	Direct	172.16.0.1
12.1.1.0/24	Static	172.16.0.2
172.16.1.0/24	Static	172.16.0.2
⋮	⋮	⋮

路由表		
Destination/Mask	Proto	NextHop
172.16.0.0/24	Direct	172.16.0.2
172.16.1.0/24	Direct	172.16.1.1
11.1.1.0/24	Static	172.16.0.1
12.1.1.0/24	Static	172.16.1.2
⋮	⋮	⋮

路由表		
Destination/Mask	Proto	NextHop
12.1.1.0/24	Direct	12.1.1.1
172.16.1.0/24	Direct	172.16.1.2
11.1.1.0/24	Static	172.16.1.1
172.16.0.0/24	Static	172.16.1.1
⋮	⋮	⋮

图 4-3 静态路由

3．动态路由

路由器使用动态路由协议（如 RIP、OSPF）而获得的路由信息称为动态路由（Dynamic Route）。动态路由适合规模较大的网络，能够针对网络的变化自动选择最佳路径。

如果网络规模不大，可以通过手动配置的方式“告诉”网络设备去往哪些非直连的网络的路由。然而，如果非直连的网络的数量众多时，必然会耗费大量的人力来进行手动配置，这在现实中往往是不可取的，甚至是不可能的。另外，手动配置的静态路由还有一个明显的缺陷，就是它不具备自适应性。当网络发生故障或网络结构发生改变而导致相应的静态路由发生变化或失效时，必须手动对这些静态路由进行修改，而这在现实中往往也是不可取的，或是不可能的。

事实上，网络设备还可以通过动态路由来获取路由信息。如果网络新增了网段、删除了网段、改变了某个接口所在的网段，或网络拓扑发生了变化（网络中断了一条链路或增加了一条链路），动态路由协议能够及时地更新路由表中的路由信息。

需要特别指出的是，一个路由器是可以同时运行多种动态路由协议的。如图 4-4 所示，R2 路由器同时运行路由信息协议（Routing Information Protocol，RIP）和开放最短通路优先（Open Shortest Path First，OSPF）协议。此时，该路由器除了会创建并维护一个 IP 路由表以外，还会分别创建并维护一个 RIP 路由表和一个 OSPF 路由表。RIP 路由表用来专门存放 RIP

发现的所有路由，OSPF 路由表用来专门存放 OSPF 协议发现的所有路由。

RIP 路由表和 OSPF 路由表中的路由项都会加进 IP 路由表中，如果 RIP 路由表和 OSPF 路由表都有到某一网段的路由项，那就要比较路由协议优先级了。在图 4-4 中（其中，GE 表示 GigabitEthernet 接口），R2 路由器的 RIP 路由表和 OSPF 路由表都有 24.6.10.0/24 网段的路由信息，由于 OSPF 协议的优先级高于 RIP，OSPF 路由表中的 24.6.10.0/24 路由项被加进 IP 路由表。而路由器最终是根据 IP 路由表来进行 IP 报文的转发的。

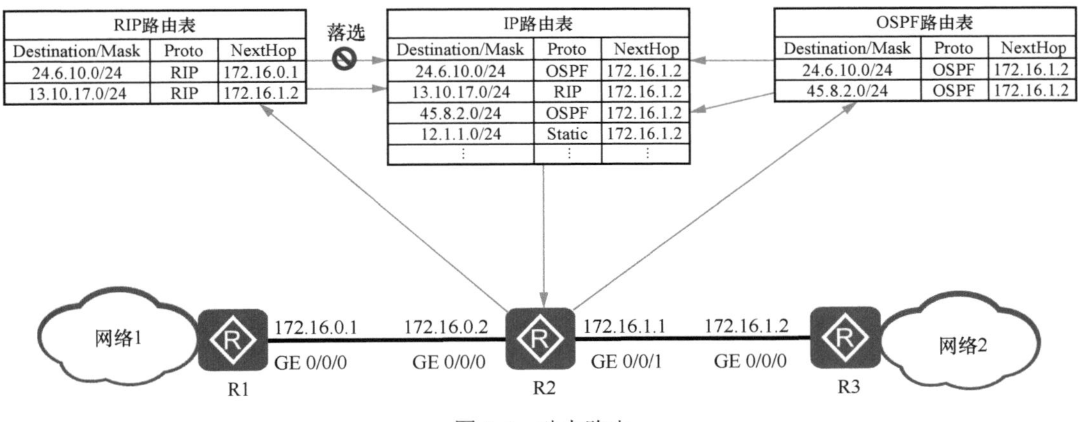

图 4-4 动态路由

4.1.3 配置静态路由示例

下面通过一个案例来学习静态路由的配置。网络拓扑如图 4-5 所示。其中，E 表示 Ethernet 接口，S 表示 Serial 接口。设置网络中的计算机和路由器接口的 IP 地址，PC1 和 PC2 都要设置网关。可以看到，该网络中有 4 个网段。现在需要在路由器上添加路由，实现这 4 个网段网络的畅通。

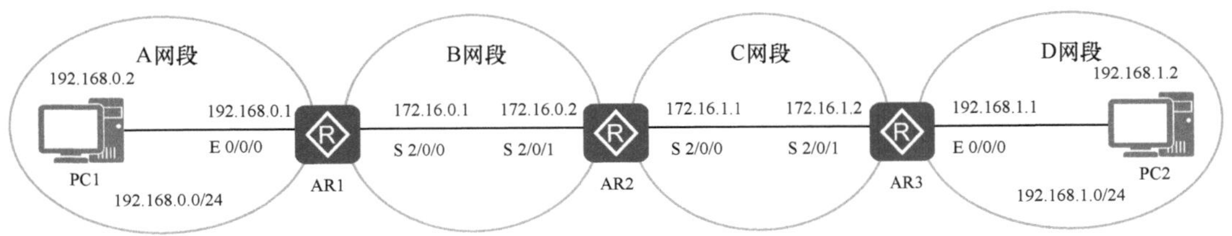

图 4-5 静态路由网络拓扑

前面讲过，只要给路由器接口配置了 IP 地址和子网掩码，路由器的路由表就有了到直连网段的路由，不需要再添加该直连网段的路由。在添加静态路由之前先看看路由器的路由表。

在 AR1 路由器上，进入系统视图，执行 display ip routing-table 命令后可以看到两个直连网段的路由。

```
[AR1]display ip routing-table
Route Flags: R - relay, D - download to fib
------------------------------------------------------------------------------
Routing Tables: Public
         Destinations : 11        Routes : 11
Destination/Mask    Proto   Pre  Cost    Flags NextHop        Interface
127.0.0.0/8         Direct  0    0        D    127.0.0.1      InLoopBack0
127.0.0.1/32        Direct  0    0        D    127.0.0.1      InLoopBack0
```

```
127.255.255.255/32  Direct  0    0      D     127.0.0.1     InLoopBack0
172.16.0.0/24       Direct  0    0      D     172.16.0.1    Serial2/0/0
                         --直连网段路由
172.16.0.1/32       Direct  0    0      D     127.0.0.1     Serial2/0/0
172.16.0.2/32       Direct  0    0      D     172.16.0.2    Serial2/0/0
172.16.0.255/32     Direct  0    0      D     127.0.0.1     Serial2/0/0
192.168.0.0/24      Direct  0    0      D     192.168.0.1   GigabitEthernet 0/0/0
                         --直连网段路由
192.168.0.1/32      Direct  0    0      D     127.0.0.1     GigabitEthernet 0/0/0
192.168.0.255/32    Direct  0    0      D     127.0.0.1     GigabitEthernet 0/0/0
255.255.255.255/32  Direct  0    0      D     127.0.0.1     InLoopBack0
```

可以看到路由表中已经有了两个直连网段的路由条目。

在路由器 AR1、AR2 和 AR3 上添加静态路由。

（1）在路由器 AR1 上添加到 172.16.1.0/24、192.168.1.0/24 网段的路由，并显示添加的静态路由。

```
[AR1]ip route-static 172.16.1.0 24 172.16.0.2          --添加静态路由、下一跳地址
[AR1]ip route-static 192.168.1.0 255.255.255.0 Serial 2/0/0 --添加静态路由、出接口
[AR1]display ip routing-table                              --显示路由表
[AR1]display ip routing-table protocol static              --只显示静态路由表
Route Flags: R - relay, D - download to fib
------------------------------------------------------------------------------
Public routing table : Static
           Destinations : 2        Routes : 2        Configured Routes : 2
Static routing table status : <Active>
           Destinations : 2        Routes : 2
Destination/Mask     Proto     Pre  Cost       Flags   NextHop        Interface
      172.16.1.0/24   Static    60   0          RD      172.16.0.2     Serial2/0/0
     192.168.1.0/24   Static    60   0           D      172.16.0.1     Serial2/0/0
Static routing table status : <Inactive>
           Destinations : 0        Routes : 0
```

（2）在路由器 AR2 上添加到 192.168.0.0/24、192.168.1.0/24 网段的路由。

```
[AR2]ip route-static 192.168.0.0 24 172.16.0.1
[AR2]ip route-static 192.168.1.0 24 172.16.1.2
```

（3）在路由器 AR3 上添加到 192.168.0.0/24、172.16.0.0/24 网段的路由。

```
[AR3]ip route-static 192.168.0.0 24 172.16.1.1
[AR3]ip route-static 172.16.0.0 24 172.16.1.1
```

在 AR2 路由器上删除到 192.168.1.0/24 网络的路由。

```
[AR2]undo ip route-static 192.168.1.0 24   --删除到某个网段的路由，不用指定下一跳地址
```

执行 PC1 ping PC2 命令，显示 Request timeout!请求超时，实际上就是目的主机不可达。

并不是所有的“请求超时”都是由路由器的路由表造成的，其他原因也可能导致请求超时，比如对方的计算机启用了防火墙，或对方的计算机关机。

4.2 路由汇总

Internet 是全球最大的互联网，如果 Internet 上的路由器把全球所有的网段都添加到路由

表中，那将是一张非常庞大的路由表。路由器每转发一个数据包，都要检查路由表，为该数据包选择转发出口，庞大的路由表势必会增加处理时延。

如果为物理位置连续的网络分配地址连续的网段，就可以在边界路由器上将远程的网段合并成一条路由，这就是路由汇总。通过路由汇总能够大大减少路由器上的路由表条目。

4.2.1 通过路由汇总精简路由表

下面以实例来说明如何实现路由汇总。

如图 4-6 所示，北京市的网络可以认为是物理位置连续的网络，为北京市的网络分配连续的网段，即从 192.168.0.0/24 开始，一直到 192.168.255.0/24 的网段。

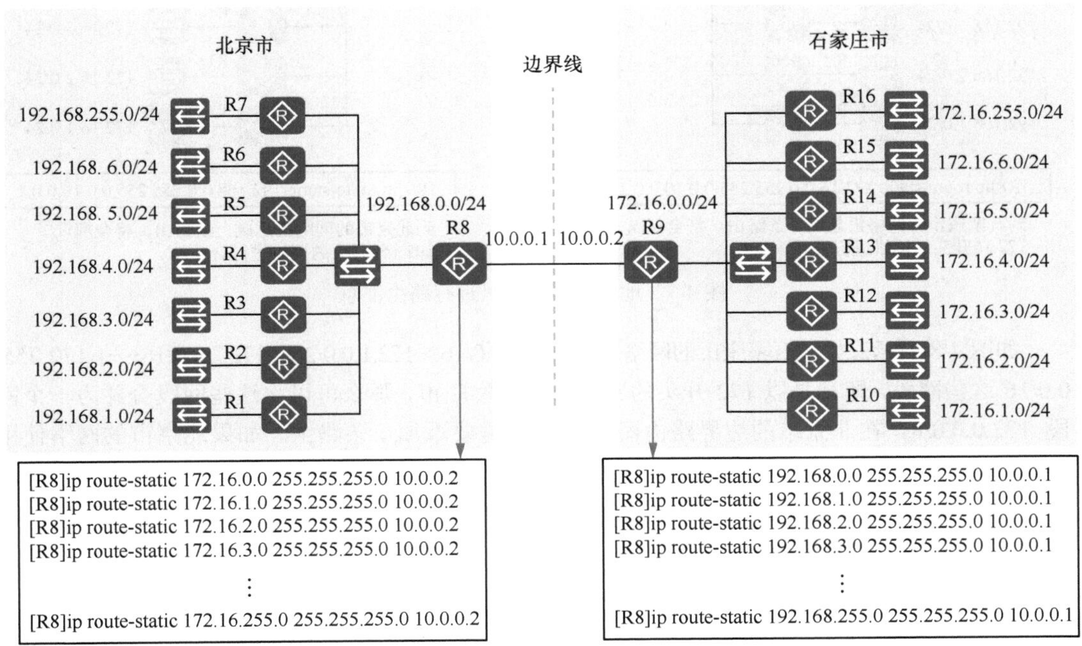

图 4-6 地址规划

石家庄市的网络也可以认为是物理位置连续的网络，为石家庄市的网络分配连续的网段，即从 172.16.0.0/24 开始，一直到 172.16.255.0/24 的网段。

在北京市的路由器中添加到石家庄市全部网段的路由，如果为每一个网段添加一条路由，需要添加 256 条路由。在石家庄市的路由器中添加到北京市全部网络的路由，如果为每一个网段添加一条路由，也需要添加 256 条路由。

石家庄市的这些子网 172.16.0.0/24、172.16.1.0/24、172.16.2.0/24……172.16.255.0/24 都属于 172.16.0.0/16 网段，这个网段包括全部以 172.16 开始的网段。因此，在北京市的路由器中添加一条到 172.16.0.0/16 这个网段的路由即可。

北京市的网段从 192.168.0.0/24 开始，一直到 192.168.255.0/24，也可以合并成一个网段 192.168.0.0/16（这时候一定要能够想起第 2 章介绍的使用超网合并网段，192.168.0.0/16 就是一个超网，子网掩码左移了 8 位，合并了 256 个 C 类网络），这个网段包括全部以 192.168 开始的网段。因此，在石家庄市的路由器中添加一条到 192.168.0.0/16 这个网段的路由即可。

汇总后，北京市的路由器 R8 和石家庄市的路由器 R9 的路由表得到极大精简，如图 4-7 所示。

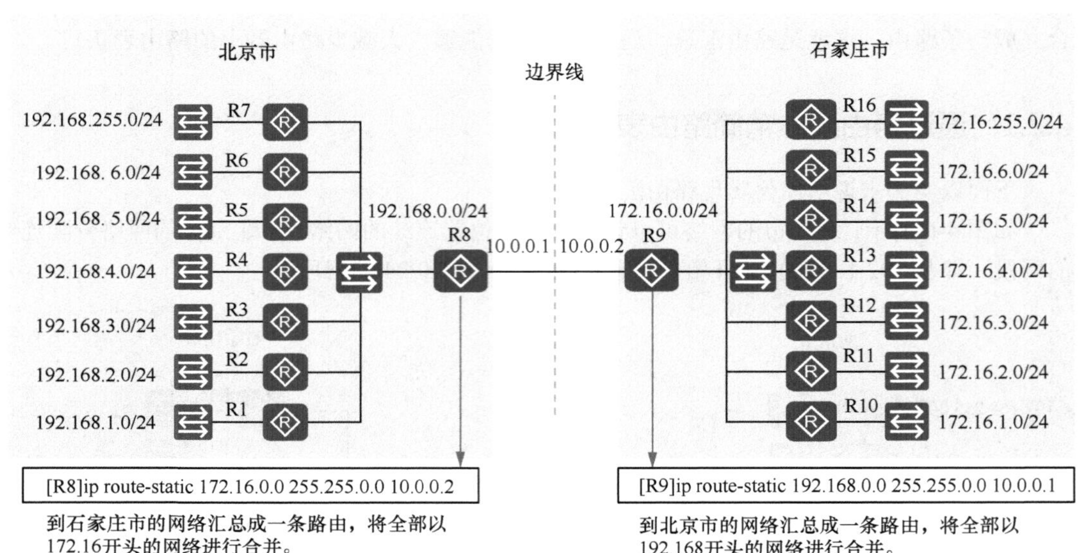

图 4-7 地址规划后可以进行路由汇总

如图 4-8 所示，如果石家庄市的网络使用 172.0.0.0/16、172.1.0.0/26、172.2.0.0/16……172.255.0.0/16 这些网段，即凡是以 172 开头的网络都在石家庄市，那么可以将这些网段合并为一个网段 172.0.0.0/8。在北京市的边界路由器 R8 中只需要添加一条路由。如果北京市的网络使用 192.0.0.0/16、192.1.0.0/16、192.2.0.0/16……192.255.0.0/26 这些网段，即凡是以 192 开头的网络都在北京市，那么也可以将这些网段合并为一个网段 192.0.0.0/8，在石家庄市的边界路由器 R9 中只需要添加一条路由。

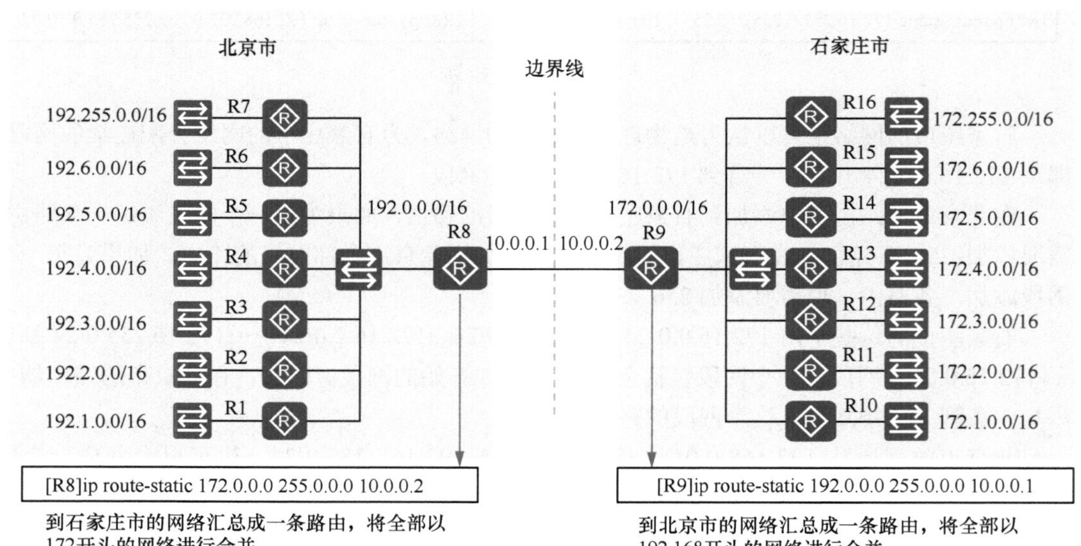

图 4-8 路由汇总

根据以上实例可以看出，在添加路由时，网络位越少（子网掩码中 1 的个数越少），路由汇总的网段越多。

4.2.2 路由汇总例外

如图 4-9 所示，北京市的某个网络使用了 172.16.10.0/24 网段，后来石家庄市的网络要连接北京市的网络，给石家庄市的网络规划为使用 172.16 开头的网段，在这种情况下，北京市的路由器还能不能把到石家庄市的路由汇总成一条路由呢？

在这种情况下，北京市的路由器中照样可以把到石家庄市网络的路由汇总成一条路由，但要针对例外的网段单独添加一条路由，如图 4-9 所示。

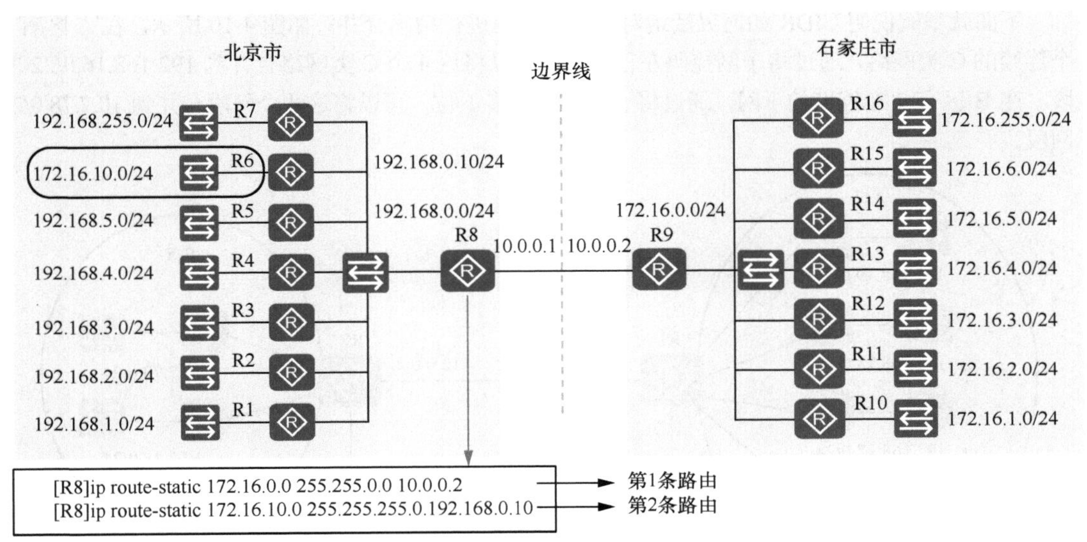

图 4-9 路由汇总例外

如果路由器 R8 收到目的 IP 地址是 172.16.10.2 的数据包，应该使用哪一条路由进行路径选择呢？

因为该数据包的目的 IP 地址与第 1 条路由和第 2 条路由都匹配，路由器将使用最精确匹配的那条路由来转发数据包。这叫作最长前缀匹配（Longest Prefix Match）。它是 IP 路由器在路由表中进行路径选择的一种算法。因为路由表中的每个表项都指定了一个网络，所以一个目的地址可能与多个表项匹配。最精确的一个表项（即子网掩码最长的一个）就叫作最长前缀匹配。之所以这样称呼它，是因为这个表项也是路由表中与目的地址的高位匹配得最多的表项。

下面举例说明什么是最长前缀匹配算法。比如在路由器中添加了以下 3 条路由：

```
[R1]ip route-static 172.0.0.0  255.0.0.0  10.0.0.2              --第 1 条路由
[R1]ip route-static 172.16.0.0  255.255.0.0  10.0.1.2           --第 2 条路由
[R1]ip route-static 172.16.10.0  255.255.255.0  10.0.3.2        --第 3 条路由
```

路由器 R1 收到一个目的 IP 地址是 172.16.10.12 的数据包，会使用第 3 条路由转发该数据包。路由器 R1 收到一个目的 IP 地址是 172.16.7.12 的数据包，会使用第 2 条路由转发该数据包。路由器 R1 收到一个目的 IP 地址是 172.18.17.12 的数据包，会使用第 1 条路由转发该数据包。

路由表中常常包含一个默认路由。这个路由在所有表项都不匹配的时候有着最短的前缀匹配。

4.2.3 无类别域间路由

为了让初学者容易理解，以上讲述的路由汇总通过将子网掩码向左移 8 位，合并了 256 个网段。无类别域间路由（Classless Inter-Domain Routing，CIDR）采用 13～27 位可变网络 ID，而不是 A、B、C 类网络 ID 所用的固定的 8、16 和 24 位。这样可以将子网掩码向左移动 1 位以合并两个网段；向左移动 2 位以合并 4 个网段；向左移动 3 位以合并 8 个网段；向左移动 n 位，就可以合并 2^n 个网段。

下面就举例说明 CIDR 如何灵活地对连续的子网进行精确合并。如图 4-10 所示，在 A 区有 4 个连续的 C 类网络，通过将子网掩码左移 2 位，可以将这 4 个 C 类网络合并到 192.168.16.0/22 网段。在 B 区有 2 个连续的子网，通过将子网掩码左移 1 位，可以将这两个网段合并到 10.7.78.0/23 网段。

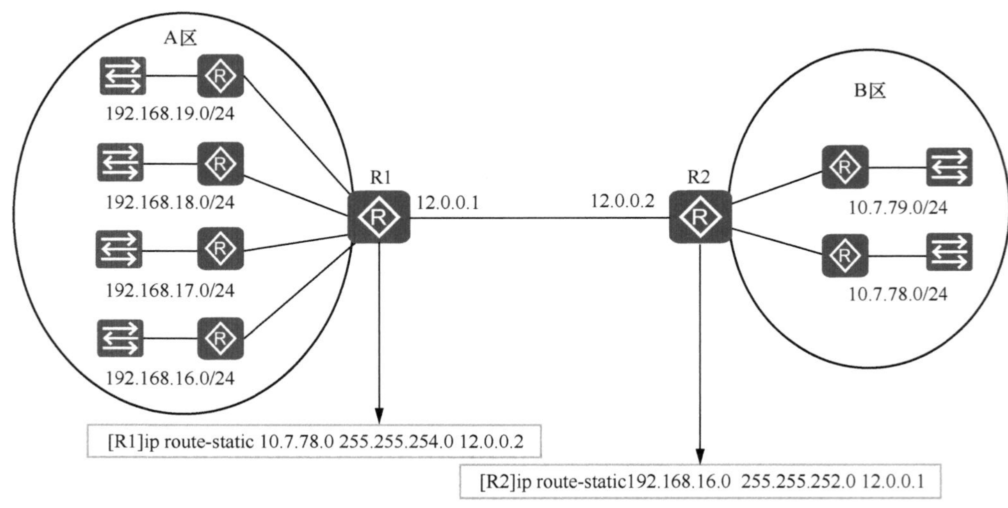

图 4-10 使用 CIDR 简化路由表

需要注意的是，在学习本节知识时，一定要和第 2 章所讲的使用超网合并网段结合起来理解。

4.3 默认路由

在某些时候默认路由非常有用，如连接末端网络的路由器使用默认路由时会大大简化路由器的路由表，减轻网络管理员的工作负担，提高网络性能。

4.3.1 全球最大的网段

在理解默认路由之前，先看看全球最大的网段在路由器中如何表示。在路由器中添加以下 3 条路由。

```
[R1]ip route-static 172.0.0.0  255.0.0.0  10.0.0.2                 --第 1 条路由
[R1]ip route-static 172.16.0.0  255.255.0.0  10.0.1.2              --第 2 条路由
[R1]ip route-static 172.16.10.0  255.255.255.0  10.0.3.2           --第 3 条路由
```

从上面 3 条路由可以看出，子网掩码越短（子网掩码写成二进制数形式后 1 的个数越少），主机位越多，该网段的地址数量就越大。

如果想让一个网段包括全部的 IP 地址，就要求子网掩码短到极限，最短就是 0，子网掩码变成了 0.0.0.0，这也意味着该网段的 32 位二进制数形式的 IP 地址都是主机位，任何一个地址都属于该网段。因此，子网掩码为 0.0.0.0 的网段包括全球所有的 IPv4 地址，也就是全球最大的网段，换一种写法就是 0.0.0.0/0。

在路由器中添加到 0.0.0.0 0.0.0.0 网段的路由就是默认路由。

```
[R1]ip route-static 0.0.0.0 0.0.0.0 10.0.0.2                       --第 4 条路由
```

任何一个目的 IP 地址都与默认路由匹配，根据前面所讲的最长前缀匹配算法可知，默认路由是在路由器没有为数据包找到更为精确匹配的路由时最后匹配的一条路由。

接下来将讲解默认路由的几个经典应用场景。

4.3.2 默认路由应用案例

某公司内网有 A、B、C 和 D 共 4 个路由器，有 10.1.0.0/24、10.2.0.0/24、10.3.0.0/24、10.4.0.0/24、10.5.0.0/24、10.6.0.0/24 共 6 个网段，网络拓扑和地址规划如图 4-11 所示。现在要求在这 4 个路由器中添加路由，使内网的 6 个网段能够相互通信，同时这 6 个网段也要能够访问 Internet。

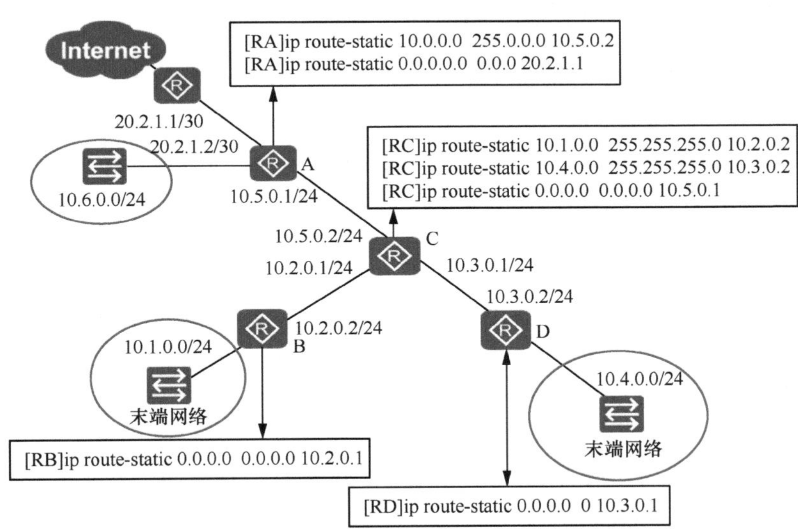

图 4-11　某公司内网的网络拓扑和地址规划

路由器 B 和 D 是网络的末端路由器，分别直连两个网段，到其他网络都需要通过路由器 C，在这两个路由器中只需要添加一条默认路由即可。

对路由器 C 来说，由于直连了 3 个网段，因此到 10.1.0.0/24、10.4.0.0/24 两个网段的路由需要单独添加，到 Internet 和 10.6.0.0/24 网段的数据包都需要转发给路由器 A，再添加一条默认路由即可。

对路由器 A 来说，由于直连了 3 个网段，对于没有直连的几个内网，因此需要单独添加路由，到 Internet 的访问只需要添加一条默认路由即可。

观察图 4-12，看看路由器 A 中的路由表是否可以进一步简化。企业内网使用的网段可以合并到 10.0.0.0/8 网段中，因此，在路由器 A 中，到内网网段的路由可以汇总成一条。那么路由器 C 中的路由表还能简化吗？

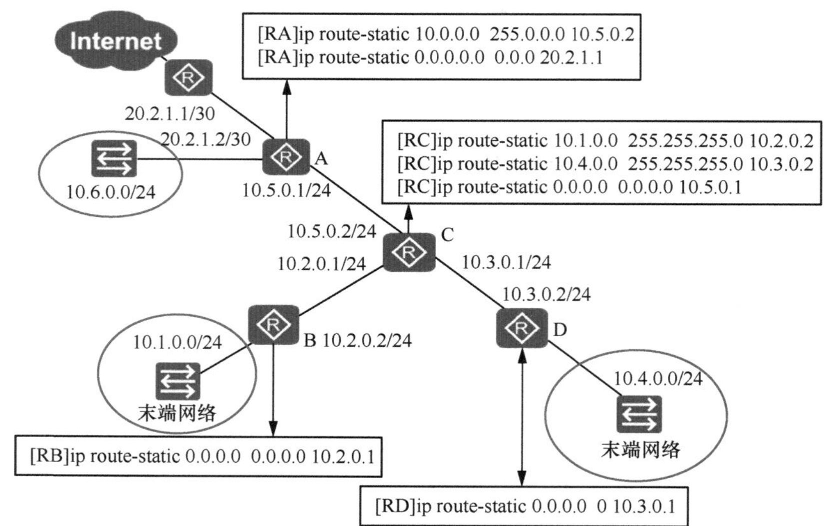

图 4-12 路由器路由汇总和默认路由简化路由表

4.3.3 使用默认路由和路由汇总简化路由表

Internet 上的计算机要想实现互相通信，就要正确配置 Internet 上路由器中的路由表。如果公网地址规划得当，就能够使用默认路由和路由汇总大大简化 Internet 上路由器中的路由表。

下面举例说明 Internet 上的 IP 地址规划，以及网络中的各级路由器如何使用默认路由和路由汇总简化路由表。为了方便说明，在这里只列举了 3 个国家。

国家级网络规划：英国使用 30.0.0.0/8 网段，美国使用 20.0.0.0/8 网段，中国使用 40.0.0.0/8 网段，一个国家分配一个大的网段，方便路由汇总。

中国国内的地址规划：省级 IP 地址规划为河北省使用 40.2.0.0/16 网段，河南省使用 40.1.0.0/16 网段，其他省份分别使用 40.3.0.0/16、40.4.0.0/16、40.5.0.0/16……40.255.0.0/16 网段。

河北省内的地址规划：石家庄市使用 40.2.1.0/24 网段，秦皇岛市使用 40.2.2.0/24 网段，保定市使用 40.2.3.0/24 网段，如图 4-13 所示。

添加的路由表如图 4-14 所示，路由器 A、D 和 E 分别是中国、英国和美国的国际出口路由器。这一级别的路由器，到中国的只需要添加一条 40.0.0.0 255.0.0.0 路由，到美国的只需要添加一条 20.0.0.0 255.0.0.0 路由，到英国的只需要添加一条 30.0.0.0 255.0.0.0 路由。由于很好地规划了 IP 地址，可以将一个国家的路由汇总为一条路由，这一级路由器中的路由表就变得精简了。

中国的国际出口路由器 A，除了添加到美国和英国两个国家的路由以外，还需要添加到河南省、河北省的路由。由于各个省份的 IP 地址也得到很好规划，一个省份的网络可以汇总成一条路由，这一级路由器的路由表也很精简。

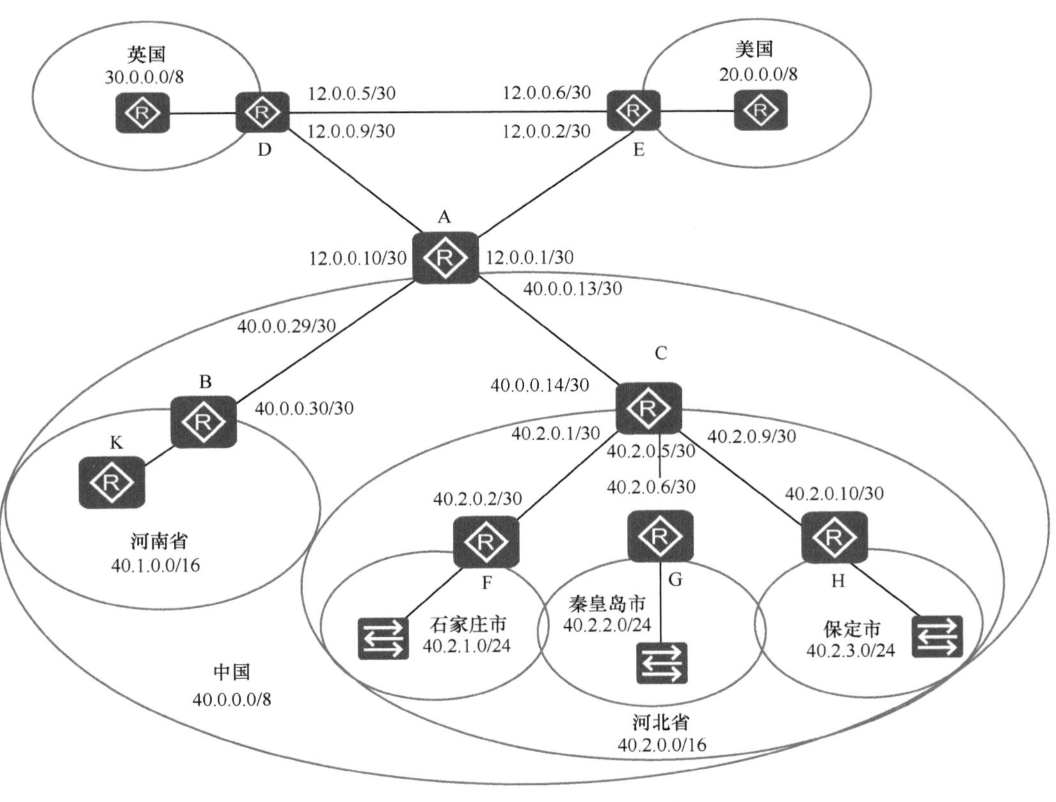

图 4-13 Internet 地址规划示意

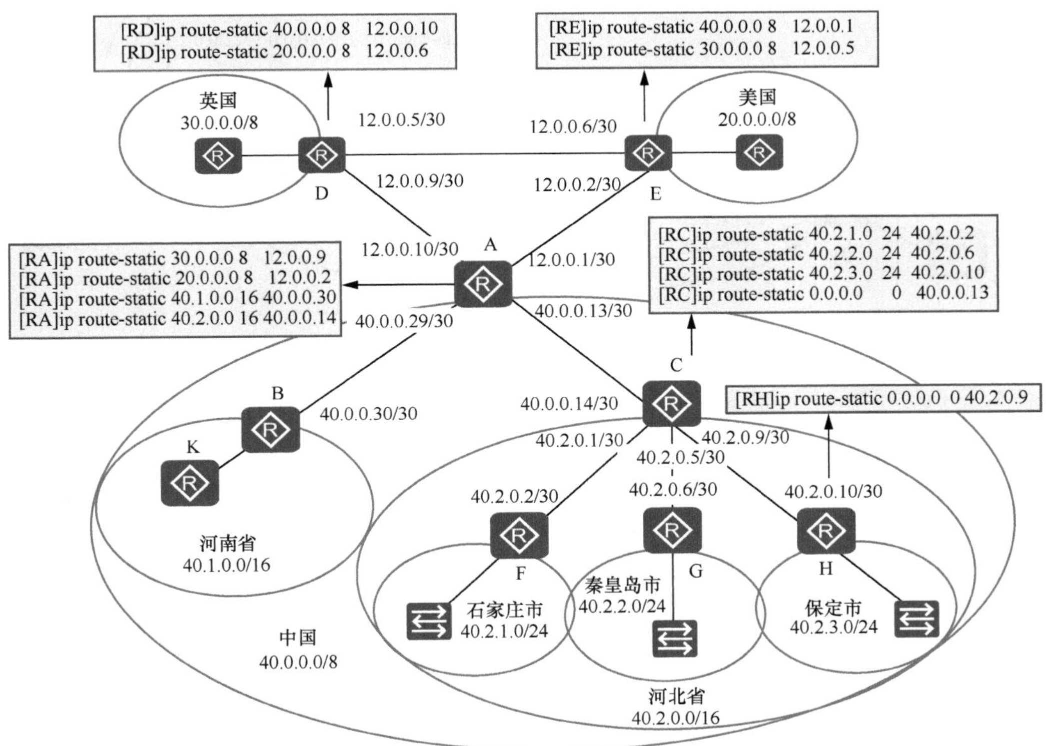

图 4-14 使用路由汇总和默认路由简化路由表

河北省的路由器 C 的路由如何添加呢？对路由器 C 来说，数据包除了到石家庄市、秦皇岛市和保定市的网络以外，其他要么是出省的，要么是出国的，都需要转发到路由器 A。在省级路由器 C 中要添加到石家庄市、秦皇岛市和保定市的网络的路由，到其他网络的路由则使用一条默认路由指向路由器 A。这一级路由器使用默认路由，也能够使路由表变得精简。

对网络末端的路由器 H、G 和 F 来说，只需要添加一条默认路由指向省级路由器 C 即可。

总结：要想网络地址规划合理，骨干网上的路由器可以使用路由汇总精简路由表，网络末端的路由器可以使用默认路由精简路由表。

4.3.4 默认路由造成路由环路

如图 4-15 所示，网络中的路由器 RA、RB、RC、RD、RE、RF 连成一个环，要想让网络畅通，只需要在每个路由器中添加一条默认路由以指向下一个路由器的地址即可。

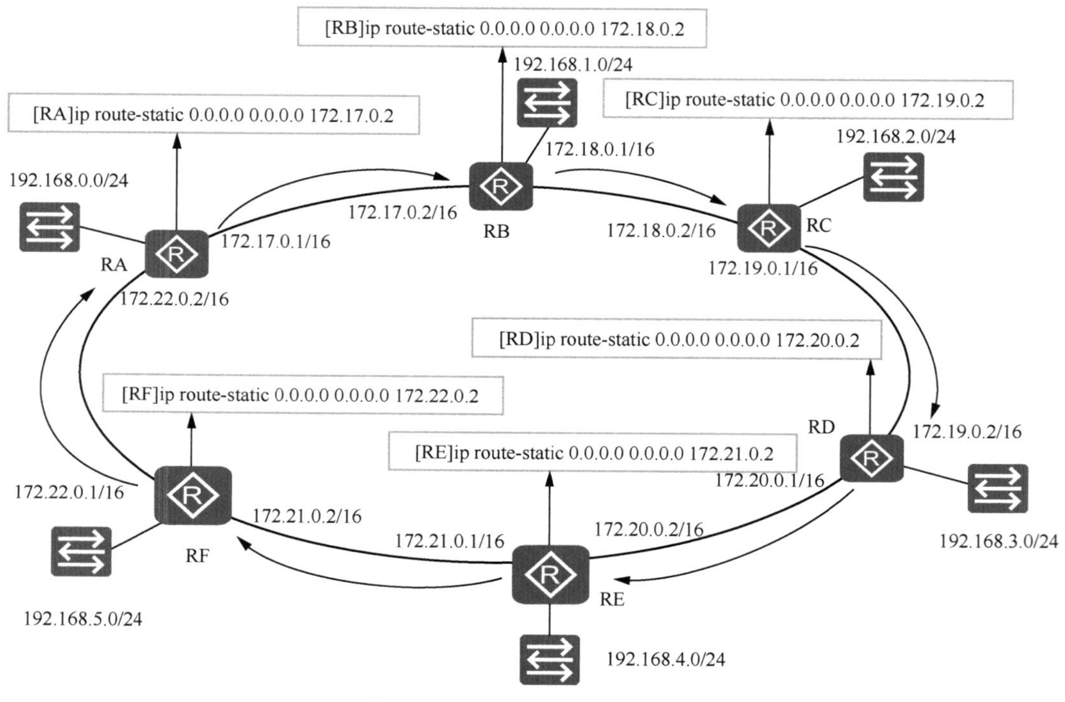

图 4-15 环形网络使用默认路由

通过这种方式配置路由，网络中的数据包就沿着环路顺时针传递。在图 4-16 所示的网络中，计算机 A 到计算机 B 的数据包途经路由器 RF→RA→RB→RC→RD→RE，计算机 B 到计算机 A 的数据包途经路由器 RE→RF。可以看到数据包到达目的 IP 地址的路径和返回的路径不一定是同一条路径，数据包走哪条路径，完全由路由表决定。

该环形网络没有 40.0.0.0/8 这个网段，如果在计算机 A 中执行 ping 40.0.0.2 命令，会出现什么情况呢？

如果在计算机 A 中执行 ping 40.0.0.2 命令，所有的路由器都会使用默认路由将数据包转发到下一个路由器。数据包会在这个环形网络中一直顺时针转发，永远不能到达目的网络，并一直消耗网络带宽，这就形成一个路由环路。幸好数据包的网络层首部有一个字段用来指定数据包的生存时间（TTL）。生存时间的作用是限制 IP 数据包在计算机网络中存在的时间。TTL 的最大值是 255，推荐值是 64。关于 TTL 更多详情，请参考 1.3.1 节。

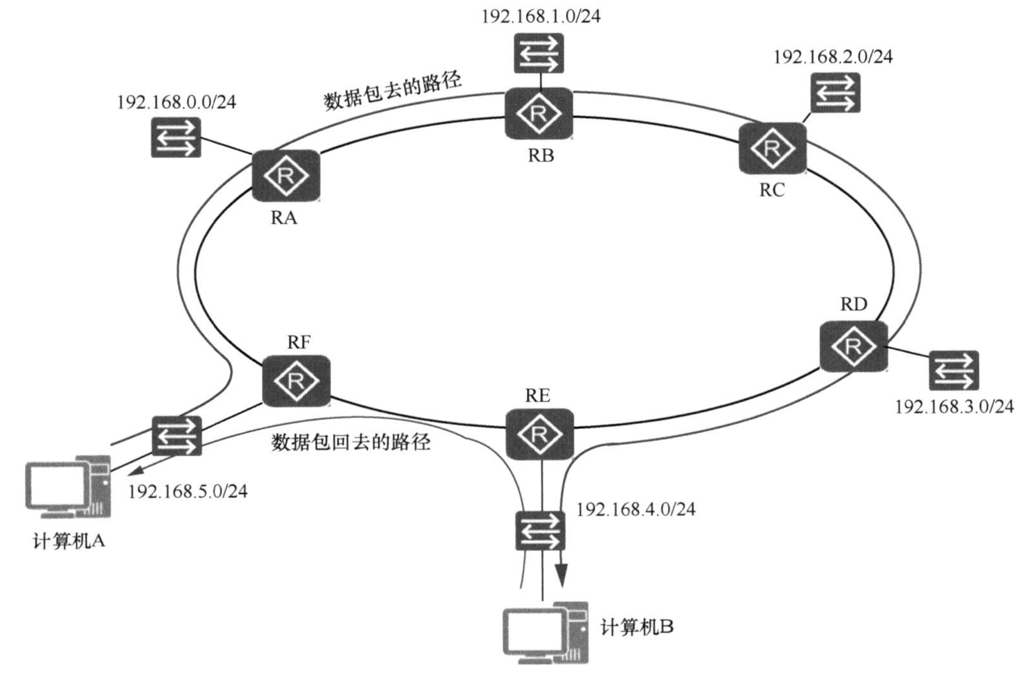

图 4-16　数据包往返路径

上面讲到环形网络使用默认路由，造成数据包在环形网络中一直顺时针转发的情况。即便不是环形网络，使用默认路由也可能造成数据包在链路上往复转发，直到数据包的 TTL 耗尽。

如图 4-17 所示，网络中有 3 个网段、两个路由器。在 RA 路由器中添加默认路由，下一跳指向 RB 路由器；在 RB 路由器中也添加默认路由，下一跳指向 RA 路由器，从而实现这 3 个网段网络的畅通。

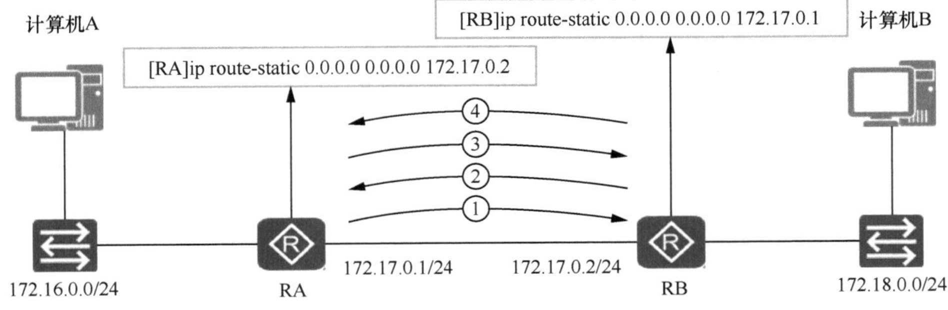

图 4-17　默认路由产生的问题

该网络中没有 40.0.0.0/8 网段，如果在计算机 A 中执行 ping 40.0.0.2 命令，该数据包会转发给 RA，RA 根据默认路由将该数据包转发给 RB，RB 使用默认路由转发给 RA，RA 再转发给 RB，直到该数据包的 TTL 减为 0，路由器丢弃该数据包，向发送者发送 ICMP time exceeded 消息。

4.3.5　Windows 操作系统上的默认路由和网关

以上内容介绍了为路由器添加静态路由。其实计算机也有路由表，可以在 Windows 操作系统中执行 route print 命令来显示 Windows 操作系统上的路由表，执行 netstat -r 命令也可以达到相同的效果。

如图 4-18 所示，给计算机配置网关就是为计算机添加默认路由，网关地址通常是本网段路由器接口的地址。如果不配置网关，计算机将不能跨网段通信，因为计算机不知道到其他网段的下一跳是哪个接口。

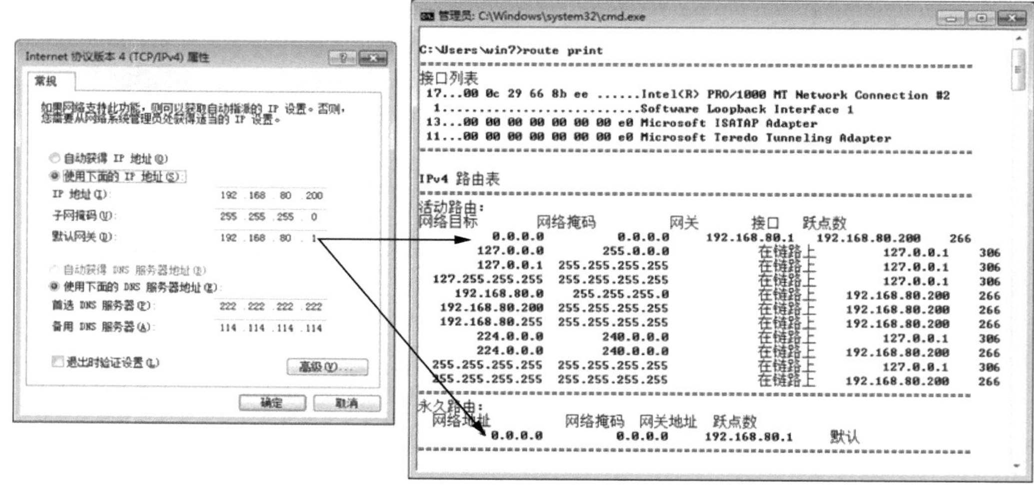

图 4-18　网关就是默认路由

如果计算机的本地连接没有配置网关，也可以使用 route add 命令来添加默认路由。如图 4-19 所示，删除本地连接的网关，在命令提示符窗口中执行 netstat -r 命令将显示路由表，可以看到没有默认路由了。

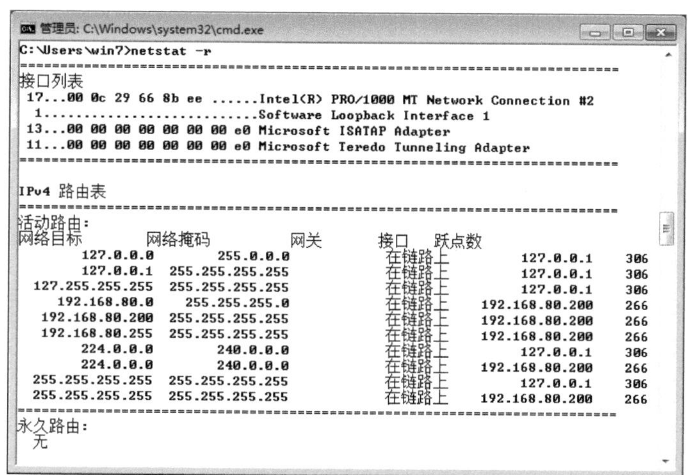

图 4-19　查看路由表

在命令提示符窗口中执行 route ?命令可以看到该命令的帮助信息，如下所示。

```
C:\Users\dell>route ?
操作网络路由表。
ROUTE [-f] [-p] [-4|-6] command [destination]
                  [MASK netmask]  [gateway] [METRIC metric]  [IF interface]
  -f           清除所有网关项的路由表。如果与某个命令结合使用，在运行该命令前，应清除路由表。
  -p           与 ADD 命令结合使用时，将路由设置为在系统引导期间保持不变。默认情况下，
               重新启动系统时，
               不保存路由。忽略所有其他命令，
               这始终会影响相应的永久路由。
  -4           强制使用 IPv4。
  -6           强制使用 IPv6。
  command      其中之一：
                 PRINT      打印路由
                 ADD        添加路由
                 DELETE     删除路由
                 CHANGE     修改现有路由
  destination  指定主机。
  MASK         指定下一个参数为"netmask"值。
  netmask      指定此路由项的子网掩码值。
               如果未指定，其默认设置为 255.255.255.255。
  gateway      指定网关。
  interface    指定路由的接口号码。
  METRIC       指定跃点数，例如目标的成本。
```

如图 4-20 所示，执行 route add 0.0.0.0 mask 0.0.0.0 192.168.80.1 -p 命令，其中，-p 参数代表添加一条永久默认路由，即重启计算机后默认路由依然存在。

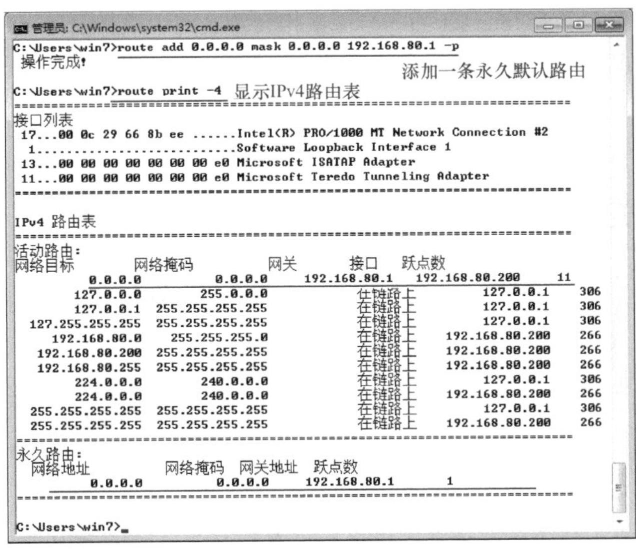

图 4-20 添加默认路由

什么情况下会给计算机添加路由呢？下面介绍一个应用场景。

如图 4-21 所示，某公司在电信机房部署了一台 Web 服务器，该 Web 服务器需要访问数据库服务器，安全起见，将数据库服务器单独部署到一个网段（内网）。该公司在电信机房又部署了企业路由器和交换机，将数据库服务器部署在内网。

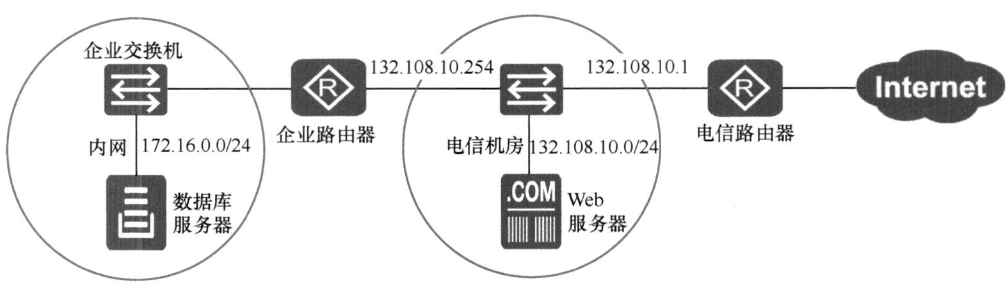

图 4-21　需要添加静态路由

在企业路由器上没有添加任何路由，在电信路由器上也没有添加到内网的路由（关键是电信机房的网络管理员也不同意添加到内网的路由）。

在这种情况下，需要在 Web 服务器上添加一条到 Internet 的默认路由，再添加一条到内网的静态路由，如图 4-22 所示。

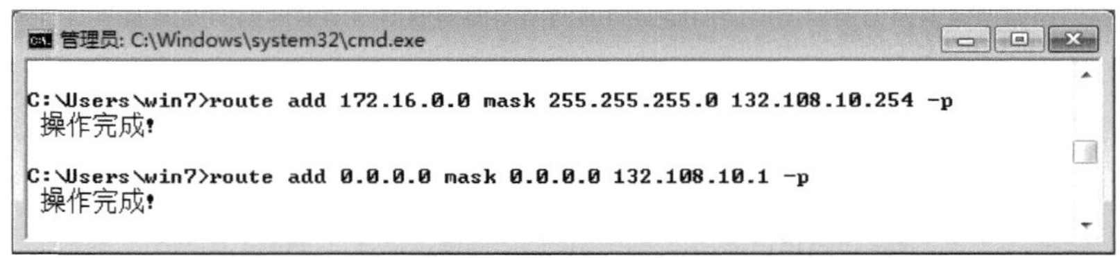

图 4-22　添加静态路由和默认路由

这种情况下，不能在 Web 服务器上添加两条默认路由，一条指向 132.108.10.1，另一条指向 132.108.10.254，或在本地连接中添加两个默认网关。如果添加两条默认路由，就相当于到 Internet 有两条等价路径，到 Internet 的一半流量将会发送到企业路由器，并被企业路由器丢掉。

如果想删除到 172.16.0.0 255.255.255.0 网段的路由，执行以下命令：

```
route delete 172.16.0.0 mask 255.255.255.0
```

4.4　路由优先级

假设一个华为 AR 同时运行了 RIP 和 OSPF 这两种路由协议，RIP 发现了一条去往目的地/掩码为 *z/y* 的路由，OSPF 也发现了一条去往目的地/掩码为 *z/y* 的路由。另外，我们还手动配置了一条去往目的地/掩码为 *z/y* 的路由。也就是说，该设备同时获取了去往同一目的地/掩码的 3 条不同的路由，那么该设备究竟会采用哪一条路由来进行 IP 报文的转发呢？或者说，这 3 条路由中的哪一条会被加入 IP 路由表呢？

事实上，我们给不同来源的路由规定了不同的优先级（使用 preference 参数），并规定优先级的值越小，则路由的优先级越高。这样，当存在多条目的地/掩码相同，但来源不同的路由时，则具有最高优先级的路由便成为最优路由，并被加入路由表，而其他路由则处于未激活状态，不显示在路由表中。

设备上的路由优先级一般都具有默认值。不同厂家的设备对于优先级的默认值的规定可能不同。华为 AR 上部分路由优先级的默认值规定如表 4-1 所示。这些都是默认优先级。我们可以更改优先级，比如添加静态路由时指定该静态路由的优先级。添加两条默认路由，并指定不同的优先级，具体命令如下。

```
[AC]ip route-static 0.0.0.0 0 192.168.1.10 preference 60
[AC]ip route-static 0.0.0.0 0 192.168.1.14 preference 40
```

表 4-1 华为 AR 上部分路由的优先级

路由来源	优先级的默认值
直连路由	0
OSPF	10
静态路由	60
RIP	100
BGP	255

4.5 VRRP

虚拟路由冗余协议（VRRP）可以实现网关的故障切换。下面介绍 VRRP 的应用场景和实现方法。

如图 4-23 所示（其中，GE 表示 GigabitEthernet 接口），网络中有两个路由器 R1 和 R2，它们均连接内网和 Internet。使用两个路由器的目的是实现故障切换，网络中的计算机优先使用 R1 路由器访问 Internet，如果 R1 路由器连接 Internet 的接口 GigabitEthernet 0/0/1 断开，网络中的计算机要通过 R2 访问 Internet 就需要计算机更改网关，这很不方便。而 VRRP 可以解决这个问题。

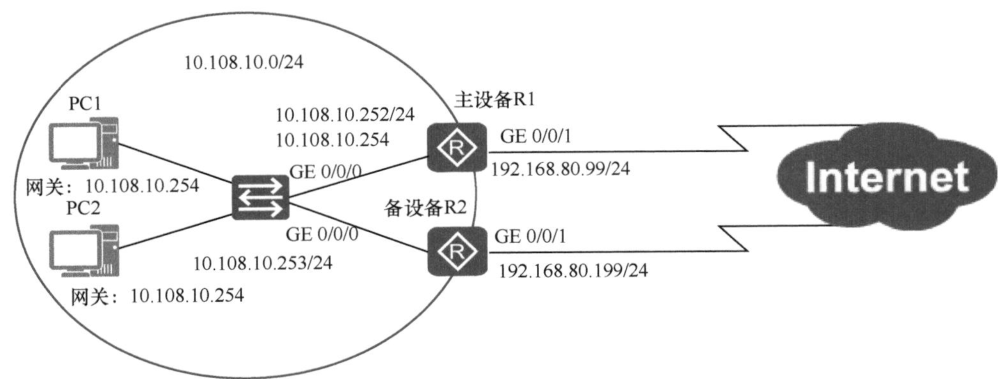

图 4-23 VRRP 通过主设备访问 Internet

VRRP 允许在 R1 和 R2 路由器的 GigabitEthernet 0/0/0 接口上配置一个虚拟地址（Virtual Address）10.108.10.254，这个虚拟地址绑定在优先级高的接口上。当 R1 连接 Internet 的接口断开后，降低优先级，该虚拟地址就会绑定在 R2 的 GigabitEthernet 0/0/0 上。这样内网计算机可以通过 R2 访问 Internet，如图 4-24 所示（其中，GE 表示 GigabitEthernet 接口）。

给 R1 路由器接口配置 IP 地址，添加默认路由，如下所示。

```
[R1]interface GigabitEthernet 0/0/0
[R1-GigabitEthernet0/0/0]ip address 10.108.10.252 24
```

```
[R1-GigabitEthernet0/0/0]quit
[R1]interface GigabitEthernet 0/0/1
[R1-GigabitEthernet0/0/1]ip address 192.168.80.99 24
[R1-GigabitEthernet0/0/1]quit
[R1]ip route-static 0.0.0.0 0 192.168.80.2
```

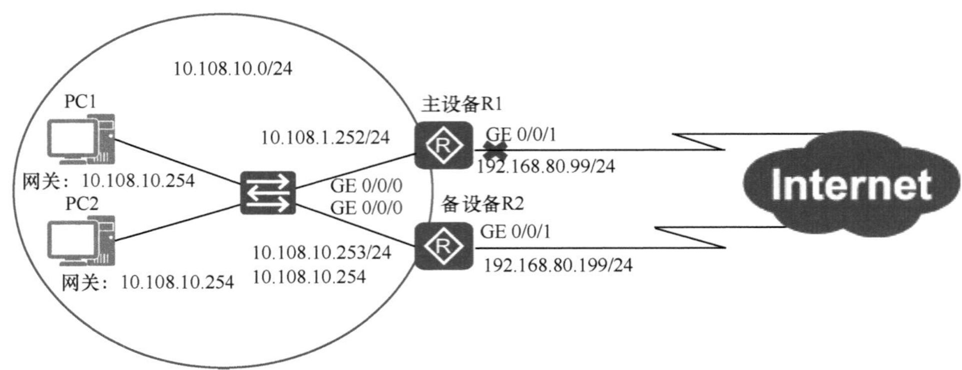

图 4-24 VRRP 通过备设备访问 Internet

给 R2 路由器接口配置 IP 地址，添加默认路由，如下所示。

```
[R2]interface GigabitEthernet 0/0/0
[R2-GigabitEthernet0/0/0]ip address 10.108.10.253 24
[R2-GigabitEthernet0/0/0]quit
[R2]interface GigabitEthernet 0/0/1
[R2-GigabitEthernet0/0/1]ip address 192.168.80.199 24
[R2-GigabitEthernet0/0/1]quit
[R2]ip route-static 0.0.0.0 0 192.168.80.2
```

在 R1 的 GigabitEthernet 0/0/0 接口配置 VRRP，设置虚拟地址、优先级、故障恢复后延迟 60s 抢占回主设备，设置跟踪端口，当 GigabitEthernet 0/0/1 接口宕掉后，优先级值减少 30，如下所示。

```
[R1]interface GigabitEthernet 0/0/0
[R1-GigabitEthernet0/0/0]vrrp vrid 1 virtual-ip 10.108.10.254   --设置虚拟地址
[R1-GigabitEthernet0/0/0]vrrp vrid 1 priority 120               --设置优先级
[R1-GigabitEthernet0/0/0]vrrp vrid 1 preempt-mode timer delay 60
--故障恢复后延迟 60s 抢占回主设备
[R1-GigabitEthernet0/0/0]vrrp vrid 1 track interface GigabitEthernet 0/0/1 reduced
30  --设置跟踪端口
[R1-GigabitEthernet0/0/0]quit
```

在 R2 的 GigabitEthernet 0/0/0 接口配置 VRRP，设置虚拟地址、优先级、故障恢复后延迟 60s 抢占回主设备，设置跟踪端口，当 GigabitEthernet 0/0/1 接口宕掉后，优先级值减少 30，如下所示。

```
[R2]interface GigabitEthernet 0/0/0
[R2-GigabitEthernet0/0/0]vrrp vrid 1 virtual-ip 10.108.10.254
[R2-GigabitEthernet0/0/0]vrrp vrid 1 priority 100
[R2-GigabitEthernet0/0/0]vrrp vrid 1 preempt-mode timer delay 60
[R2-GigabitEthernet0/0/0]vrrp vrid 1 track interface GigabitEthernet 0/0/1 reduced 30
```

执行 display vrrp 命令，查看 VRRP 配置。可以看到运行优先级 PriorityRun 为 120，配置优先级 PriorityConfig 为 120，Master IP 为 10.108.10.252，Virtual IP 绑定在 R1 的 GigabitEthernet 0/0/0 接口上，如下所示。

```
[R1]display vrrp
  GigabitEthernet0/0/0 | Virtual Router 1
    State : Master
    Virtual IP : 10.108.10.254
    Master IP : 10.108.10.252
    PriorityRun : 120
    PriorityConfig : 120
    MasterPriority : 120
    Virtual MAC : 0000-5e00-0101
    Track IF : GigabitEthernet0/0/1   Priority reduced : 30
```

断开 R1 的 GigabitEthernet 0/0/1 接口，再次查看 VRRP 的状态。运行优先级 PriorityRun 变为 90，Master IP 为 10.108.10.252，Virtual IP 绑定在 R2 的 GigabitEthernet 0/0/0 接口上，如下所示。

```
[R1]display vrrp
  GigabitEthernet0/0/0 | Virtual Router 1
    State : Master
    Virtual IP : 10.108.10.254
    Master IP : 10.108.10.252
    PriorityRun : 90
    PriorityConfig : 120
    MasterPriority : 90
    Virtual MAC : 0000-5e00-0101
    Track IF : GigabitEthernet0/0/1   Priority reduced : 30
```

4.6 浮动静态路由

浮动静态路由又称为路由备份，它由两条或多条链路组成。当到达某一网络有多条路径时，可以通过为静态路由设置不同的优先级来指定主用路径和备用路径。当主用路径不可用时，备用路径的静态路由进入路由表，数据包通过备用路径转发到目的网络，这就是浮动静态路由。

如图 4-25 所示，从 A 网段到 B 网段的最佳路径（主用路径）是从 R1→R3，当最佳路径不可用时，可以走备用路径 R1→R2→R3。这就需要配置浮动静态路由，并在添加静态路由时指定优先级。指定路由优先级的参数是 preference，取值范围为 1～255，值越大，优先级越低，直连路由优先级为 0，静态路由默认为 60。

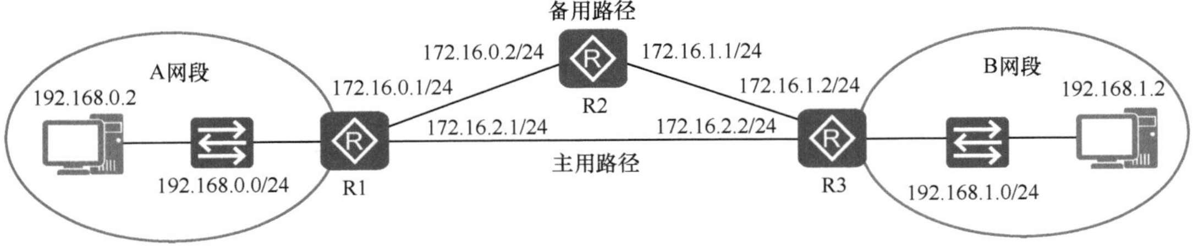

图 4-25 备用路径

在 R1 上添加两条到 192.168.1.0/24 网段的静态路由，主用路径的静态路由优先级使用默认值，备用路径的静态路由优先级设置成 100，如下所示。

```
[R1]ip route-static 192.168.1.0 24 172.16.2.2
[R1]ip route-static 192.168.1.0 24 172.16.0.2 preference ?
```

```
  INTEGER<1-255>  Preference value range
[R1]ip route-static 192.168.1.0 24 172.16.0.2 preference 100
```

在 R3 上添加两条到 192.168.0.0/24 网段的静态路由，主用路径的静态路由优先级使用默认值，备用路径的静态路由优先级设置成 100，如下所示。

```
[R3]ip route-static 192.168.0.0 24 172.16.2.1
[R3]ip route-static 192.168.0.0 24 172.16.1.1 preference 100
```

在 R2 上添加到 192.168.0.0/24 和 192.168.1.0/24 网段的静态路由，如下所示。

```
[R2]ip route-static 192.168.0.0 24 172.16.0.1
[R2]ip route-static 192.168.1.0 24 172.16.1.2
```

在 R1 上查看路由表，可以看到主用路径的路由，备用路径的静态路由没有加入路由表，如下所示。

```
[R1]display ip routing-table
Route Flags: R - relay, D - download to fib
------------------------------------------------------------------------------
Routing Tables: Public
         Destinations : 14       Routes : 14
Destination/Mask    Proto   Pre  Cost     Flags  NextHop        Interface
 …
 192.168.0.0/24      Direct  0    0         D     192.168.0.1   Vlanif1
 192.168.0.1/32      Direct  0    0         D     127.0.0.1     Vlanif1
 192.168.0.255/32    Direct  0    0         D     127.0.0.1     Vlanif1
 192.168.1.0/24      Static  60   0         RD    172.16.2.2    GigabitEthernet0/0/1
255.255.255.255/32   Direct  0    0         D     127.0.0.1     InLoopBack0
```

查看全部静态路由时能够显示主路由和备用路由。Active 表示该路由加入了路由表，Inactive 表示该路由没有加入路由表，如下所示。

```
<R1>display ip routing-table protocol static
Route Flags: R - relay, D - download to fib
------------------------------------------------------------------------------
Public routing table : Static
        Destinations : 1        Routes : 2        Configured Routes : 2
Static routing table status : <Active>
             Destinations : 1        Routes : 1
Destination/Mask    Proto   Pre  Cost     Flags NextHop       Interface
   192.168.1.0/24  Static  60   0         RD   172.16.2.2    GigabitEthernet0/0/1
Static routing table status : <Inactive>
             Destinations : 1        Routes : 1
Destination/Mask    Proto   Pre  Cost     Flags NextHop       Interface
    192.168.1.0/24  Static  100  0         R    172.16.0.2    GigabitEthernet0/0/0
```

在 R1 上关闭主用路径的接口，再次查看路由表，可以看到备用路径生效，如下所示。

```
[R1]interface GigabitEthernet 0/0/1
[R1-GigabitEthernet0/0/1]shutdown
<R1>display ip routing-table
Route Flags: R - relay, D - download to fib
------------------------------------------------------------------------------
…
Destination/Mask    Proto   Pre  Cost     Flags NextHop       Interface
  192.168.0.255/32  Direct  0    0        D     127.0.0.1     Vlanif1
  192.168.1.0/24    Static  100  0        RD    172.16.0.2    GigabitEthernet0/0/0
```

4.7 习题

一、选择题

1．华为路由器静态路由的配置命令为________。（　　）

A．ip route-static　　B．ip route static

C．route-static ip　　D．route static ip

2．假设有 4 个网段：170.18.129.0/24、170.18.130.0/24、170.18.132.0/24 和 170.18.133.0/24，如果进行路由汇总，能覆盖这 4 个网段的路由是________。（　　）

A．170.18.128.0/21　　B．170.18.128.0/22

C．170.18.130.0/22　　D．170.18.132.0/23

3．假设有两个网段 21.1.193.0/24 和 21.1.194.0/24，如果进行路由汇总，能覆盖这两个网段的路由是________。（　　）

A．21.1.200.0/22　　B．21.1.192.0/23

C．21.1.192.0/22　　D．21.1.224.0/20

4．路由器收到一个 IP 数据包，其目的 IP 地址为 202.31.17.4，与该地址匹配的子网是________。（　　）

A．202.31.0.0/21　　B．202.31.16.0/20

C．202.31.8.0/22　　D．202.31.20.0/22

5．假设有两个子网 210.103.133.0/24 和 210.103.130.0/24，如果进行路由汇总，得到的网络地址是________。（　　）

A．210.103.128.0/21　　B．210.103.128.0/22

C．210.103.130.0/22　　D．210.103.132.0/20

6．在路由表中设置一条默认路由，目的 IP 地址和子网掩码应为________。（　　）

A．127.0.0.0　255.0.0.0　　B．127.0.0.1　0.0.0.0

C．1.0.0.0　255.255.255.255　　D．0.0.0.0　0.0.0.0

7．网络 122.21.136.0/24 和 122.21.143.0/24 经过路由汇总后，得到的网络地址是________。（　　）

A．122.21.136.0/22　　B．122.21.136.0/21

C．122.21.143.0/22　　D．122.21.128.0/24

8．路由器收到一个数据包，其目的 IP 地址为 195.26.17.4，该地址属于________子网。（　　）

A．195.26.0.0/21　　B．195.26.16.0/20

C．195.26.8.0/22　　D．195.26.20.0/22

9．如图 4-26 所示，R1 路由器连接的网段在 R2 路由器上汇总成一条路由 192.1.144.0/20，下面哪个 IP 地址的数据包会被 R2 路由器使用这条汇总的路由转发给 R1。（　　）

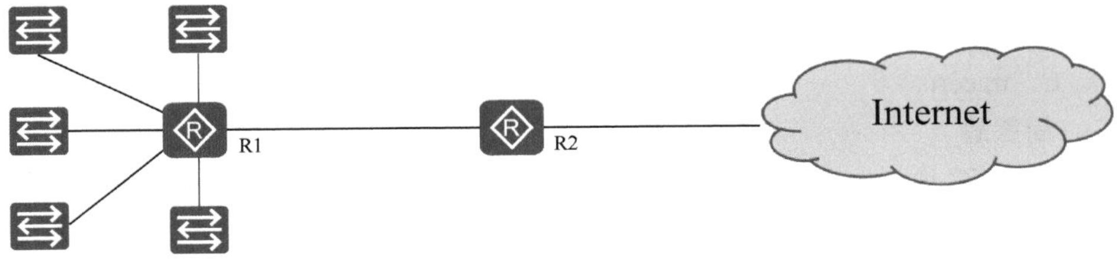

图 4-26　示例网络（1）

A．192.1.159.2　　B．192.1.160.11

C．192.1.138.41　　D．192.1.1.144

10．下列静态路由配置中正确的是________。（　　）

A．[R1]ip route-static 129.1.4.0 16 serial 0

B．[R1]ip route-static 10.0.0.2 16 129.1.0.0

C．[R1]ip route-static 129.1.0.0 16 10.0.0.2

D．[R1]ip route-static 129.1.2.0 255.255.0.0 10.0.0.2

11．IP 报文首部有一个 TTL 字段，以下关于该字段的说法中正确的是________。（　　）

A．该字段长度为 7 位　　B．该字段用于数据包分片

C．该字段用于数据包防环　　D．该字段用来表述数据包的优先级

12．路由器在转发某个数据包时，如果未匹配到对应的路由且无默认路由，将直接丢弃该数据包，该描述正确吗？（　　）。

A．正确　　B．错误

13．以下哪一项不包含在路由表中？（　　）

A．源 IP 地址　　B．下一跳

C．目的网络　　D．路由开销

14．下列关于华为设备静态路由的优先级说法中，错误的是________。（　　）

A．静态路由优先级值的范围为 0～65 535

B．静态路由优先级的默认值为 60

C．静态路由的优先级值可以指定

D．静态路由的优先级值为 255 表示该路由不可用

15．下面关于 IP 报文首部 TTL 字段的说法中，正确的是________。（　　）

A．TTL 定义了源主机可以发送的数据包数量

B．TTL 定义了源主机可以发送数据包的时间间隔

C．IP 报文每经过一个路由器时，其 TTL 值会被减 1

D．IP 报文每经过一个路由器时，其 TTL 值会被加 1

16．对于 ip route-static 10.0.12.0 255.255.255.0 192.168.1.1 命令，以下描述正确的是________。（　　）

A．此命令配置一条到达 192.168.1.1 网络的路由

B．此命令配置一条到达 10.0.12.0/24 网络的路由

C．该路由的优先级为 100

D．如果路由器通过其他协议学习到和此路由相同网络的路由，路由器将会优先选择此路由

17．下面哪个程序或命令可以用来探测源节点到目的节点之间数据报文所经过的路径？（　　）

A．route　　B．netstat

C．tracert　　D．send

二、简答题

1．如图 4-27 所示，需要在 RA 和 RB 路由器中添加路由表，让 A 网段和 B 网段能够相互访问。

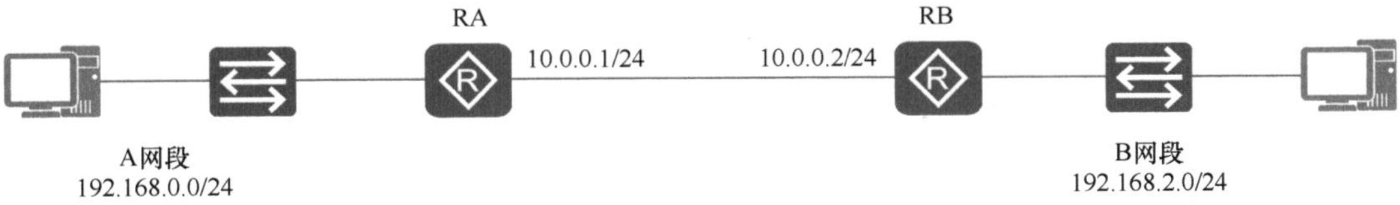

图 4-27 示例网络（2）

[RA]ip route-static ______ ______ ______

[RB]ip route-static ______ ______ ______

2．如图 4-28 所示，要求 192.168.1.0/24 网段到达 192.168.2.0/24 网段的数据包经过 R1→R2→R4；192.168.2.0/24 网段到达 192.168.1.0/24 网段的数据包经过 R4→R3→R1。在这 4 个路由器上添加静态路由，让 192.168.1.0/24 和 192.168.2.0/24 两个网段能够相互通信。

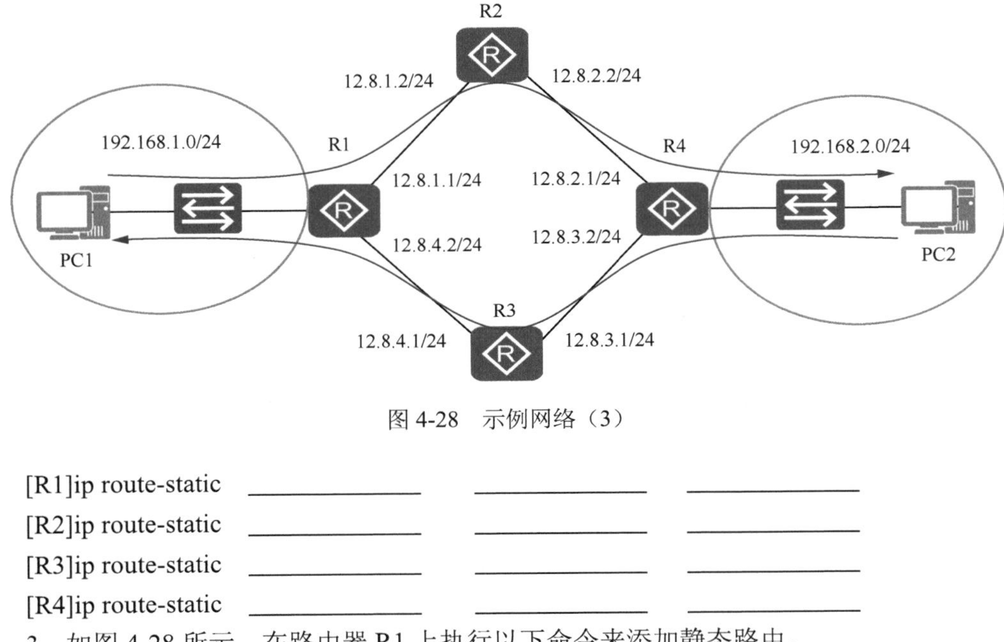

图 4-28 示例网络（3）

[R1]ip route-static ______ ______ ______

[R2]ip route-static ______ ______ ______

[R3]ip route-static ______ ______ ______

[R4]ip route-static ______ ______ ______

3．如图 4-28 所示，在路由器 R1 上执行以下命令来添加静态路由。

```
[R1]ip route-static 0.0.0.0 0 192.168.1.1
[R1]ip route-static 10.1.0.0 255.255.0.0 192.168.3.3
[R1]ip route-static 10.1.0.0 255.255.255.0 192.168.2.2
```

连线图 4-29 所示左侧的目的 IP 地址和右侧路由器的下一跳地址。

4．如图 4-30 所示，总公司的网络和分公司的内网连接，分公司为了访问 Internet，又组建了分公司外网。分公司的计算机连接两根网线，其中一根用于访问 Internet 时接分公司外网，另一根用于访问总公司网络时接分公司内网。现在应如何规划分公司的网络，实现在不用切换网络的情况下，让分公司计算机既能访问 Internet，又能访问总公司网络。

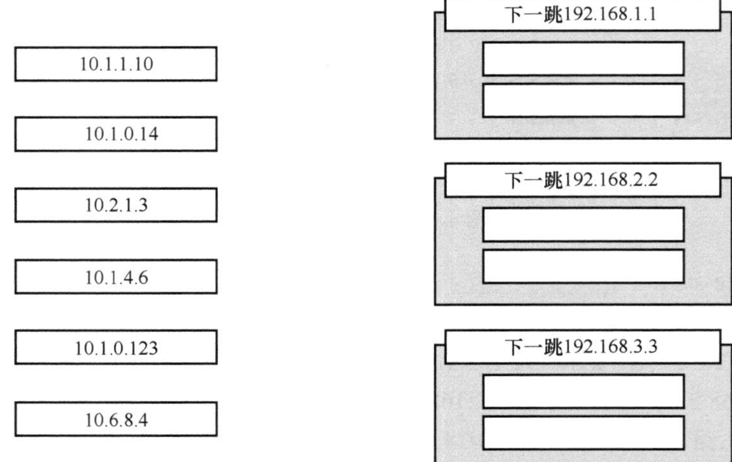

图 4-29 连线目的 IP 地址和下一跳地址

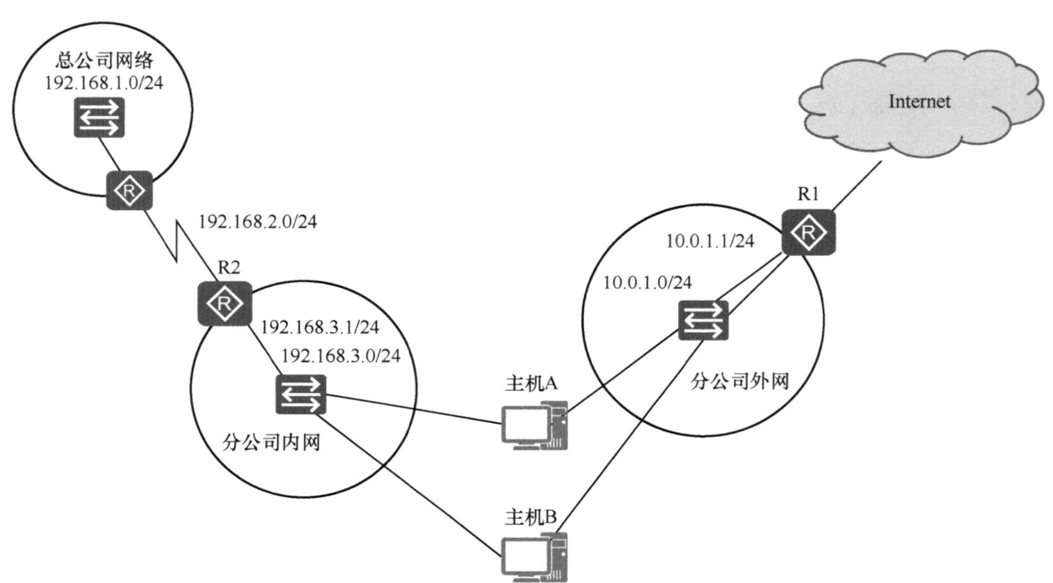

图 4-30 总公司网络和分公司网络

第5章

动态路由

本章内容

- OSPF 协议概述
- 配置单区域 OSPF 协议
- 配置多区域 OSPF 协议

静态路由不能随着网络的变化自动调整，且在大规模网络中，人工管理路由器的路由表既是一项非常艰巨的任务，又容易出错。网络中的路由器配置了动态路由协议后，动态路由协议可以自动建立路由表，维护路由信息，选择最佳路径。动态路由协议可以自动适应网络状态的变化，自动维护路由信息而不需要网络管理员的参与。动态路由协议由于需要相互交换路由信息，因而会占用网络带宽与系统资源，安全性不如静态路由。在有冗余连接的复杂网络环境中，适合采用动态路由协议。

动态路由协议很多，如路由信息协议（RIP）、开放最短路径优先（Open Shortest Path First，OSPF）协议（也称开放式最短路径优先协议）、中间系统到中间系统（Intermediate System to Intermediate System，IS-IS）、边界网关协议（Border Gateway Protocol，BGP）等。其中 OSPF 是应用场景十分广泛的路由协议之一，适用于企业网络和 Internet，是一种基于链路状态算法的路由协议。

本章讲解 OSPF 协议的优点，OSPF 协议选择最佳路径的标准，OSPF 协议相关术语，OSPF 工作过程，配置单区域 OSPF 协议和多区域 OSPF 协议，查看 OSPF 协议邻居表、路由表、链路状态表等。

5.1 OSPF 协议概述

OSPF 协议通过链路状态数据库（Link State DataBase，LSDB）用最短路径优先（Shortest Path First，SPF）算法计算到各个网段的最短路径，本节以生活中的案例来讲解 SPF 算法。本节将介绍 OSPF 协议的优点、工作过程、报文类型、相关术语、支持的网络类型、DR（Designated Router）和 BDR（Backup Designated Router）角色、3 张表和 OSPF 区域等。

5.1.1 OSPF 协议简介

OSPF 协议是一种典型的链路状态路由协议。运行 OSPF 协议的路由器（称为 OSPF 路由器）之间交互的是链路状态（Link State，LS）信息，而不是路由。OSPF 路由器将网络中的链路状态信息收集起来，存储在 LSDB 中。网络中的 OSPF 路由器都有相同的 LSDB，也就是相同的网络拓扑。每个 OSPF 路由器都采用 SPF 算法计算到达各个网段的最短路径，并将这些最短路径形成的路由加入路由表。

OSPF 协议主要有以下优点。

- OSPF 支持可变长子网掩码和手动路由汇总。
- OSPF 协议能够避免路由环路。每个路由器通过 LSDB 使用 SPF 算法，这样不会产生环路。
- OSPF 协议收敛速率快，能够在最短的时间内将路由变化传递到整个自治系统（Autonomous System，AS）。
- OSPF 协议适合大范围的网络。对于路由的跳数，它是没有限制的。OSPF 协议提出区域划分的概念，多区域的设计使其能够支持更大规模的网络。
- 以开销作为度量值。OSPF 协议在设计时就考虑了链路带宽对路由度量值的影响。OSPF 协议是以开销值作为标准，而链路开销和链路带宽，正好形成了反比关系，带宽越高，开销越小。

5.1.2 由最短路径生成路由表

运行 OSPF 协议的路由器，根据 LSDB 就能生成一个完整的网络拓扑，所有的路由器都有相同的网络拓扑。图 5-1 展示了路由器连接的网段和每条链路上由带宽计算出来的开销。为了便于计算，这里标出的开销值都比较小。为了描述简洁，这里没有给出路由器之间的网段，接下来的讨论也不包含它们。

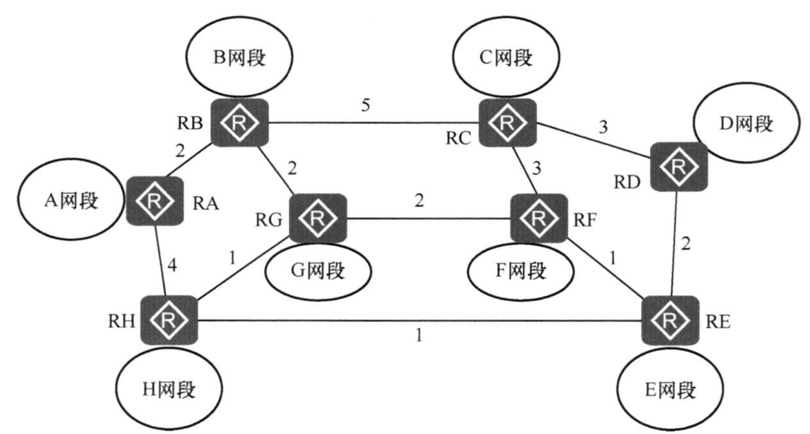

图 5-1 根据链路状态生成的网络拓扑

每个路由器都利用 SPF 算法计算出以自己为根的、无环路的、拥有最短路径的一棵树。在这里不阐述 SPF 算法的过程，只展现结果。图 5-2 展示了 RA 路由器的最短路径树，即到其他网段累计开销最低的路线，该路线是无环路的。

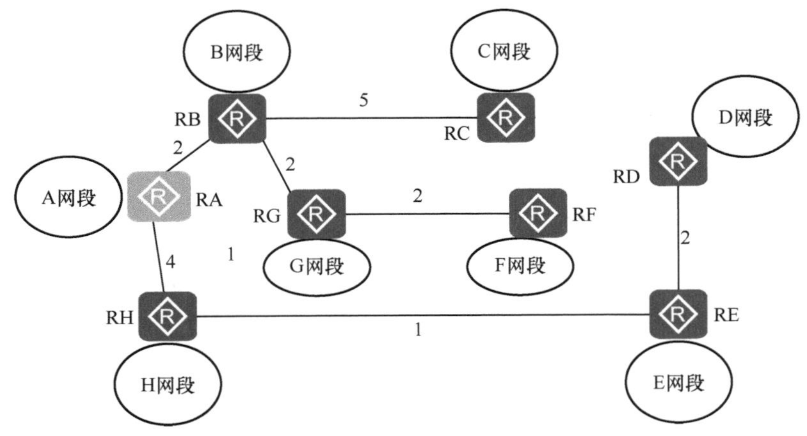

图 5-2 RA 路由器的最短路径树

由图 5-2 可知，从 RA 路由器到各网段的最小累计开销如下所示。

到 B 网段：RA→RB，合计 2。

到 C 网段：RA→RB→RC，合计 7。

到 D 网段：RA→RH→RE→RD，合计 7。

到 E 网段：RA→RH→RE，合计 5。

到 F 网段：RA→RB→RG→RF，合计 6。

到 G 网段：RA→RB→RG，合计 4。

到 H 网段：RA→RH，合计 4。

图 5-3 展示了 RH 路由器的最短路径树，即到其他网段累计开销最小的路径，该路径也是无环路的。

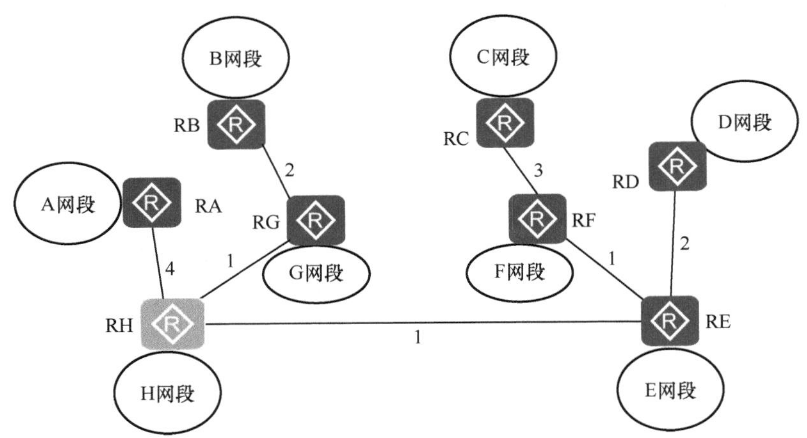

图 5-3 RH 路由器的最短路径树

为了快速为数据包选择转发路径，每个路由器还要根据计算的最短路径树生成到各个网段的路由表。图 5-4 展示了 RA 路由器根据最短路径树生成的路由表。

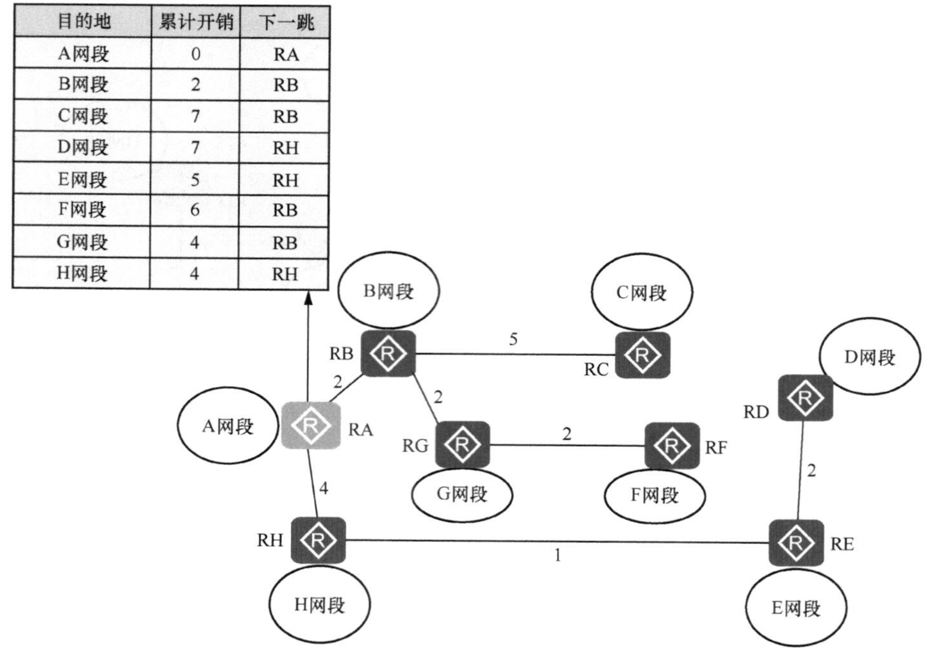

目的地	累计开销	下一跳
A网段	0	RA
B网段	2	RB
C网段	7	RB
D网段	7	RH
E网段	5	RH
F网段	6	RB
G网段	4	RB
H网段	4	RH

图 5-4 RA 路由器根据最短路径树生成的路由表

5.1.3 OSPF 协议相关术语

1. Router-ID

网络中运行 OSPF 协议的路由器都要有一个唯一的标识，这就是 Router-ID（路由器 ID）。Router-ID 在网络中不可以重复，否则路由器无法通过收到的链路状态确定发起者的身份，OSPF 路由器发出的链路状态都带有自己的 Router-ID。Router-ID 使用 IP 地址的形式来表示，确定 Router-ID 的方法如下。

- 手动指定 Router-ID。
- 路由器上活动的 Loopback 接口中最大的 IP 地址，也就是数值最大的 IP 地址，如 C 类地址优先于 B 类地址，一个非活动接口的 IP 地址是不能用作 Router-ID 的。
- 如果没有活动的 Loopback 接口，则选择活动的物理接口中最大的 IP 地址。

在实际项目中，通常会通过手动配置的方式为设备指定 Router-ID。做法是将 Route-ID 配置为与该设备某个接口（通常为 Loopback 接口）的 IP 地址一致。

2. 度量值

OSPF 协议使用 Cost（开销）作为路由的度量值。每个激活了 OSPF 协议的接口都会维护一个接口 Cost 值，默认时接口 $\text{Cost}=\dfrac{100}{\text{接口带宽}}$。其中 100（单位：Mbit/s）为 OSPF 协议指定的默认参考值，该值是可配置的。

从上述公式可以看出，OSPF 协议选择最佳路径的标准是接口带宽，带宽越大，计算出来的开销越小。到达目的网络的各条链路中累计开销最小的，就是最佳路径。

例如一个带宽为 10Mbit/s 的接口，计算开销的方法为：将 10Mbit/s 换算成 bit/s 为 10 000 000bit/s，然后用 100 000 000 除以该带宽，结果为 100 000 000/10 000 000 = 10，所以一个 10Mbit/s 的接口，OSPF 协议认为该接口的开销为 10。需要注意的是，在计算中，带宽的单位取 bit/s，而不是

Kbit/s，例如一个带宽为 100Mbit/s 的接口，开销值为 100 000 000/100 000 000=1。因为开销值必须为整数，所以即使是一个带宽为 1 000Mbit/s（1Gbit/s）的接口，其开销值也和 100Mbit/s 的一样，为 1。如果路由器要经过两个接口才能到达目的网络，那么很显然，这两个接口的开销值要累加，才是到达目的网络的度量值，所以 OSPF 路由器计算到达目的网络的度量值时，必须将沿途所有接口的开销值累加，在累加时，只计算出接口，不计算入接口。图 5-5 展示了接口开销和累计开销，其中 FE 表示 FastEthernet 接口，GE 表示 GigabitEthernet 接口。

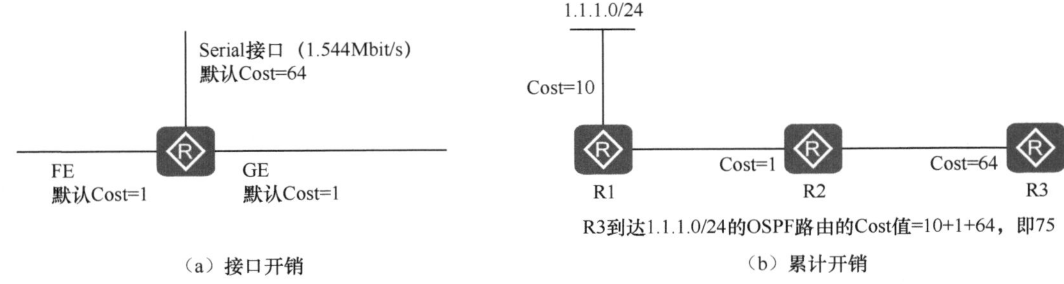

图 5-5　接口开销和累计开销

OSPF 路由器会自动计算接口上的开销值，但也可以手动指定接口的开销值，手动指定的优先于自动计算的。

3．链路

链路（Link）是路由器上的接口，这里指运行在 OSPF 进程下的接口。

4．链路状态

链路状态就是 OSPF 接口的描述信息，例如接口的 IP 地址、子网掩码、网络类型、开销值等，OSPF 路由器之间交换的并不是路由表，而是链路状态。

5．邻居

同一网段的路由器可以成为邻居（Neighbor）。通过 Hello 数据包发现邻居，Hello 数据包使用 IP 多播方式在每个端口定期发送。路由器一旦在其相邻路由器的 Hello 数据包中发现它们自己，则它们成为邻居关系。在这种方式中，需要通信双方确认。

6．邻接状态

相邻路由器交互完数据库描述、链路状态请求、链路状态更新、链路状态确认报文后，两端设备的链路状态表（LSDB）完全相同，才进入邻接状态。

5.1.4　OSPF 工作过程

运行 OSPF 协议的路由器有 3 张表，分别是邻居表、LSDB 和路由表。下面以这 3 张表的产生过程为例分析在这个过程中路由器发生了哪些变化，从而说明 OSPF 协议的工作过程。

1．邻居表的建立

OSPF 区域的路由器首先要跟邻居路由器建立邻居关系。当一个路由器刚开始工作时，每隔 10s 就发送一个 Hello 数据包，通过发送 Hello 数据包得知它有哪些相邻的路由器在工作，以及将数据发往相邻路由器所付出的“代价”，并生成“邻居表”。

若路由器在 40s 内没有收到某个相邻路由器发来的 Hello 数据包，则可认为该相邻路由器是不可到达的，会立即修改 LSDB，并重新计算路由表。

图 5-6 展示了 OSPF 协议的工作过程。一开始 R1 路由器接口的 OSPF 状态为 down state，R1 路由器发送一个 Hello 数据包之后，状态变为 init state，等收到 R2 路由器发过来的 Hello 数据包，看到自己的 Router-ID 出现在其他路由器的邻居表中，它们就建立了邻居关系，并将自己的状态更改为 two-way state。

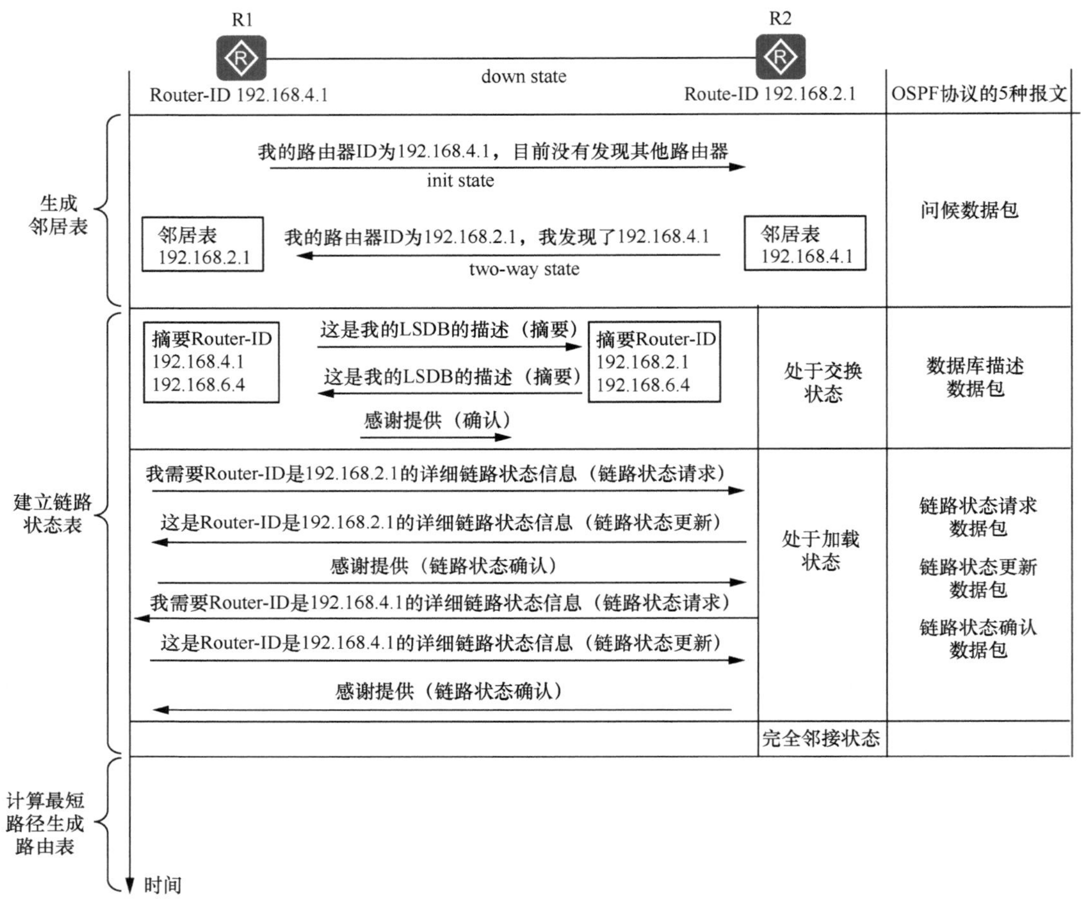

图 5-6　OSPF 协议的工作过程

2．链路状态表的建立

如图 5-6 所示，建立邻居表之后，相邻路由器就要交换链路状态以建立链路状态表。在建立链路状态表的时候，路由器要经历交换状态、加载状态和完全邻接状态。

- 交换状态：OSPF 协议让每一个路由器用数据库描述数据包和相邻路由器交换本数据库中已有的链路状态摘要（描述）信息。发送的摘要信息包含自己链路状态表中所有的路由器 ID。
- 加载状态：经过与相邻路由器交换数据库描述数据包后，路由器使用链路状态请求数据包，向对方请求自己所缺少的与某些路由器相关的链路状态的详细信息。通过这种一系列的分组交换，全网同步的 LSDB 就建立了。
- 完全邻接状态：邻居间的 LSDB 同步完成后，网络中所有路由器都有相同的 LSDB，掌握全网拓扑。

3．生成路由表

每个路由器基于 LSDB，使用 SPF 算法计算出一棵以自己为根的、无环的、拥有最短路径的“树”，产生到达目的网络的路由条目。

OSPF 协议共有 5 种报文类型，图 5-6 中标出了 OSPF 协议运行各个阶段用到的报文类型。

类型 1：问候（Hello）数据包，用于发现与维持邻居。

类型 2：数据库描述（Database Description，DD）数据包，向相邻路由器给出自己的 LSDB 中所有链路状态项目的摘要信息，摘要信息包括链路状态表中的所有路由器。

类型 3：链路状态请求（Link State Request，LSR）数据包，向对方请求缺少的某个路由器相关的链路状态的详细信息。

类型 4：链路状态更新（Link State Update，LSU）数据包，发送详细的链路状态信息。路由器使用这种数据包将其链路状态通知给相邻路由器。在 OSPF 协议中，只有 LSU 需要显示确认。

类型 5：链路状态确认（Link State Acknowledgement，LSAck）数据包，对 LSU 进行确认。

OSPF 协议有 3 张重要的表项——OSPF 邻居表、LSDB 表和 OSPF 路由表。

OSPF 协议在传递链路状态信息之前，需要建立邻居关系。邻居关系通过交互 Hello 报文建立。OSPF 邻居表显示了 OSPF 路由器之间的邻居状态，可使用 display ospf peer 命令查看邻居表。

运行链路状态路由协议的路由器在网络中泛洪链路状态信息。在 OSPF 协议中，这些信息称为链路状态公告（Link State Announcement，LSA）。由于 LSDB 会保存自己产生的以及从邻居处收到的 LSA 信息，因此 LSDB 可以当作路由器对网络的完整认知。在华为设备上查看设备的 LSDB 的命令是 display ospf lsdb。

OSPF 协议根据 LSDB 中的数据，运行 SPF 算法得到一棵以自己为根的、无环的最短路径树。基于这棵树，OSPF 协议能够发现到达网络中各个网段的最佳路径，从而得到路由信息并将其加载到 OSPF 路由表中。当然，这些 OSPF 路由表中的路由最终是否会被加载到全局路由表中，还要经过进一步比较路由优先级等过程。在华为设备上查看设备的 OSPF 路由表的命令是 display ospf routing。

5.1.5 OSPF 区域

为了使 OSPF 协议能够用于规模很大的网络，OSPF 协议将一个自治系统划分为若干更小的范围，叫作区域（Area）。划分区域的好处是可以把通过洪泛法交换的链路状态信息的范围控制在一个区域而不是整个自治系统，这就减少了整个网络上的通信量，减小 LSDB 大小，提高网络的可扩展性，以达到快速收敛的目的。一个区域内部的路由器只需要知道本区域的完整网络拓扑，而不需要知道其他区域的网络拓扑。为了使一个区域能够和本区域以外的区域进行通信，OSPF 协议使用层次结构来进行区域划分。

当网络中包含多个区域时，OSPF 协议有特殊的规定，即其中必须有一个 Area 0，通常也叫作骨干区域（Backbone Area）。当设计 OSPF 网络时，一个很好的方法就是从骨干区域开始，然后扩展到其他区域。骨干区域在所有其他区域的中心，即所有区域都必须与骨干区域物理上或逻辑上相连，这种设计思想产生的原因是，OSPF 协议要把所有区域的路由信息引入骨干区域，然后将路由信息从骨干区域分发到非骨干区域中。

图 5-7 展示了一个有 3 个区域的自治系统（AS）。每一个区域都有一个 32 位的区域标识符（用点分十进制数表示）。一个区域的规模不能太大，区域内的路由器建议不超过 200 个。

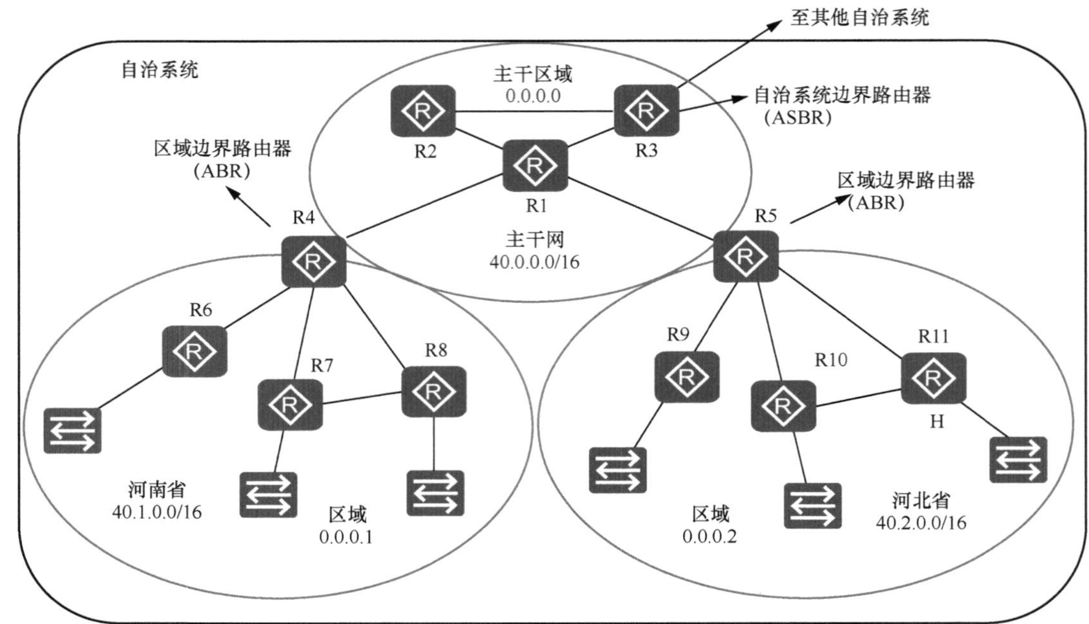

图 5-7 自治系统和 OSPF 区域

如图 5-7 所示，使用多区域划分时要和 IP 地址规划相结合，以确保一个区域内的地址空间连续，这样才能在区域边界路由器上将一个区域的路由汇总成一条路由并通告给其他区域。

上层的区域叫作骨干区域，骨干区域的标识符规定为 0.0.0.0。骨干区域的作用是连通其他下层的区域。从其他区域发来的信息都由区域边界路由器（Area Border Router，ABR）进行路由汇总。如图 5-7 所示，路由器 R4 和 R5 都是区域边界路由器。显然，每一个区域至少应当有一个区域边界路由器。骨干区域内的路由器叫作骨干路由器（Backbone Router），如 R1、R2、R3、R4 和 R5。骨干路由器可以同时是区域边界路由器，如 R4 和 R5。骨干区域内还要有一个路由器（图 5-7 中的 R3）——专门和本自治系统外的其他自治系统交换路由信息，这样的路由器叫作自治系统边界路由器（Autonomous System Boundary Router，ASBR）。

需要说明的是，ABR 连接骨干区域和非骨干区域，ASBR 连接其他 AS。

5.2 实战 1：配置单区域 OSPF 协议

通常，中小企业网络规模不大，路由设备数量有限，可以考虑将所有设备都放在同一个 OSPF 区域。大型企业网络规模大，路由设备数量很多，网络层次分明，建议采用 OSPF 多区域的方式部署。

参照图 5-8 所示网络拓扑搭建网络环境（其中，S 表示 Serial 接口，E 表示 Ethernet 接口），网络中的路由器和计算机按照图中的拓扑连接并配置接口 IP 地址。以下操作为配置这些路由器运行 OSPF 协议，并将这些路由器配置在一个区域。虽然只有一个区域，该区域也只能是骨干区域，区域编号是 0.0.0.0，也可以写成 0。

进入 OSPF 视图之后，需要根据网络规划来指定运行 OSPF 协议的接口以及这些接口所在的区域。首先，需要在 OSPF 视图下执行 area area-id 命令，该命令用来创建区域，并进入区域视图。然后，在区域视图下执行 network address wildcard-mask 命令，该命令用来指定运行 OSPF 区域的接口，其中，wildcard-mask 称为反掩码。

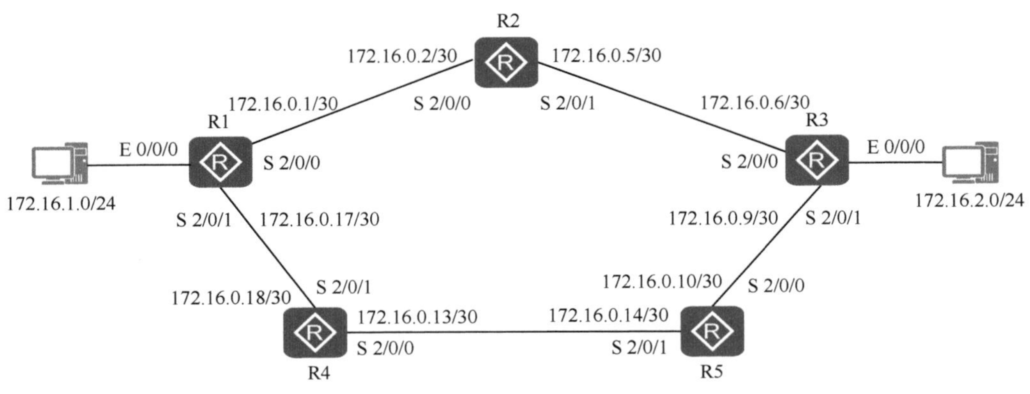

图 5-8 为 OSPF 协议配置网络拓扑

路由器 R1 的配置如下。

```
[R1]display router id                          --查看路由器的 ID
RouterID:172.16.1.1
[R1]ospf 1 router-id 1.1.1.1                   --启用 ospf 1 进程并指明使用的 Router-ID
[R1-ospf-1]area 0.0.0.0                        --进入区域 0.0.0.0
[R1-ospf-1-area-0.0.0.0]network 172.16.0.0 0.0.255.255   --指定工作在 Area 0 的接口
[R1-ospf-1-area-0.0.0.0]quit
```

相关说明如下。

- ospf 1 router-id 1.1.1.1 命令表示在路由器上启用 OSPF 进程，后面的数字 1 是给进程分配的编号，编号的范围是 1～65535。
- 在启用 OSPF 协议时，如果不指定 Router-ID，就使用 router id 命令指定的 Router-ID。下面的命令用于指定 Router-ID。

```
[R1]router id 1.1.1.1
```

- area 0.0.0.0：OSPF 协议数据包内用来表示区域的字段占 4 字节，正好是一个 IPv4 地址占用的空间，所以配置的时候可以直接写数字，也可以用点分十进制数来表示指定 ospf 1 进程的区域。区域 0 可以写成 0.0.0.0，区域 1 可以写成 0.0.0.1。
- OSPF 协议宣告网段的命令是 network + IP 地址 + wildcard-mask（反掩码），通过 IP 地址和 wildcard-mask 筛选出一组 IP 地址，从而确定需要开启 OSPF 协议的接口范围（哪个接口的 IP 地址在这个范围，哪个接口就开启 OSPF 协议）。

反掩码用来限定主机位的个数，即用由右至左连续的“1”来表示主机位的个数，不能被 0 断开。

在配置 OSPF 协议时，如果执行 network 172.16.0.0 0.0.255.255 命令，则表示 IP 地址范围为 172.16.0.0～172.16.255.255，这个地址集合包含 R1 路由器的所有接口。

如果要在 network 后面针对每一个接口所在的网段来写反掩码，就要写 3 条，这样标识的地址集合更精确。如果不同的接口在不同的区域，就要针对每一个接口进行配置。在本例中，对于路由器 R1，如果要在 network 后面针对每个接口所在的网段来写，反掩码就应该写 3 条，如下所示。

```
[R1-ospf-1-area-0.0.0.0]network 172.16.1.0 0.0.0.255
[R1-ospf-1-area-0.0.0.0]network 172.16.0.0 0.0.0.3
[R1-ospf-1-area-0.0.0.0]network 172.16.0.16 0.0.0.3
```

路由器 R2 的配置如下。

```
[R2]ospf 1 router-id 2.2.2.2
[R2-ospf-1]area 0
[R2-ospf-1-area-0.0.0.0]network 172.16.0.0 0.0.255.255    --指定工作在Area 0的接口
[R2-ospf-1-area-0.0.0.0]quit
```

路由器 R3 的配置如下。

```
[R3]ospf 1 router-id 3.3.3.3
[R3-ospf-1]area 0
[R3-ospf-1-area-0.0.0.0]network 172.16.0.6 0.0.0.0
                                            --后跟接口的 IP 地址，反掩码就是 0.0.0.0
[R3-ospf-1-area-0.0.0.0]network 172.16.0.9 0.0.0.0
[R3-ospf-1-area-0.0.0.0]network 172.16.2.1 0.0.0.0
```

network 后面也可以写接口的 IP 地址，反掩码要写成 0.0.0.0。这样写，接口的 IP 地址一旦更改，就要重新配置 OSPF 协议覆盖的接口。

路由器 R4 的配置如下。

```
[R4]ospf 1 router-id 4.4.4.4
[R4-ospf-1]area 0
[R4-ospf-1-area-0.0.0.0]network 172.16.0.16 0.0.0.3
[R4-ospf-1-area-0.0.0.0]network 172.16.0.12 0.0.0.3
[R4-ospf-1-area-0.0.0.0]quit
```

路由器 R5 的配置如下。

```
[R5]ospf 1 router-id 5.5.5.5
[R5-ospf-1]area 0
[R5-ospf-1-area-0.0.0.0]network 0.0.0.0 255.255.255.255   --这种写法涵盖了所有地址
```

R1 中显示运行 OSPF 协议的接口如下。

```
[R1]display ospf interface

        OSPF Process 1 with Router ID 1.1.1.1
                                                                Interfaces

 Area: 0.0.0.0            (MPLS TE not enabled)
 IP Address       Type          State      Cost     Pri    DR             BDR
 172.16.1.1       Broadcast     Waiting    1        1      0.0.0.0        0.0.0.0
 172.16.0.1       P2P           P-2-P      48       1      0.0.0.0        0.0.0.0
 172.16.0.17      P2P           P-2-P      48       1      0.0.0.0        0.0.0.0
```

运行 OSPF 协议的路由器分为自治系统边界路由器、区域边界路由器等角色，不同角色的路由器会产生不同类型的 LSA。LSA 分为 5 种类型。

1 类 LSA 称为路由器 LSA（Router-LSA），所有路由器都会产生 1 类 LSA，一个路由器在一个区域内会产生一条该区域的 LSA1，换言之，如果设备连接多个区域，那么这个设备会针对每个区域产生一条 LSA1。1 类 LSA 以泛洪的形式发送，泛洪的边界是 ABR。

2 类 LSA 叫作网络 LSA（Network-LSA），由区域内的 DR 产生，在每个 MA（Multi-Access）网络中 DR 会产生一条关于该网络的 LSA2，对等网络（Peer-to-Peer，P2P）中不产生 2 类 LSA。

3 类 LSA 叫作网络汇总 LSA（Network-Summary-LSA），只有 ABR 产生。由于 ABR 连接多个区域，同时会收到来自不同区域的 LSA1 与 LSA2，ABR 把这些 LSA 经计算之后转换成 LSA3 并进行区域发送。

4 类 LSA 叫作自治系统边界汇总 LSA（ASBR-Summary-LSA），这里不过多介绍。

5 类 LSA 叫作 AS 外部 LSA（AS-External-LSA），这里不过多介绍。

执行 display ospf lsdb router x.x.x.x 命令则可以查看 Router-ID 是“x.x.x.x”的路由器产生的 1 类 LSA，如下所示。1 类 LSA 在所连接的区域中进行“自我介绍”：我的哪些接口启用了 OSPF 协议；我与谁建立了 OSPF 邻居关系；我怎么去连接对方；我和邻居之间的网段是怎样的等。

```
[R1]display ospf lsdb router 1.1.1.1
      OSPF Process 1 with Router ID 1.1.1.1
                    Area: 0.0.0.0
         Link State Database
  Type       : Router             --类型为 Router
  Ls id      : 1.1.1.1
  Adv rtr    : 1.1.1.1
  Ls age     : 72
  Len        : 84
  Options    :  E
  seq#       : 80000004
  chksum     : 0x83e1
  Link count: 5
   * Link ID: 172.16.1.0          --连接 172.16.1.0/24 网段，开销为 1
     Data    : 255.255.255.0
     Link Type: StubNet
     Metric : 1
     Priority : Low
   * Link ID: 2.2.2.2             --和 Router-ID 为 2.2.2.2 的路由器点到点连接，开销是 48
     Data    : 172.16.0.1
     Link Type: P-2-P
     Metric : 48
   * Link ID: 172.16.0.0          --连接 172.16.0.0/30 网段，开销是 48
     Data    : 255.255.255.252
     Link Type: StubNet
     Metric : 48
     Priority : Low
   * Link ID: 4.4.4.4             --和 Router-ID 为 4.4.4.4 的路由器点到点连接，开销是 48
     Data    : 172.16.0.17
     Link Type: P-2-P
     Metric : 48
   * Link ID: 172.16.0.16         --连接 172.16.0.16/30 网段，开销是 48
     Data    : 255.255.255.252
     Link Type: StubNet
     Metric : 48
     Priority : Low
```

5.3 实战 2：配置多区域 OSPF 协议

参照图 5-9 搭建网络环境，网络中的路由器按照图 5-9 所示的拓扑连接，按照规划的网段配置接口 IP 地址。网络中的路由器划分为 3 个区域，Area 0 中的网络分配 40.0.0.0/16 地址块，Area 1 中的网络分配 40.1.0.0/16 地址块，Area 2 中的网络分配 40.2.0.0/16 地址块。配置这 3 个区域的路由器通过运行 OSPF 协议来构建路由表，并在区域边界路由器进行路由汇总。

从图 5-9 中可以看到，OSPF 协议的区域和 IP 地址规划相关，一个区域的地址最好是连续的，这样方便在区域边界路由器中进行路由汇总。

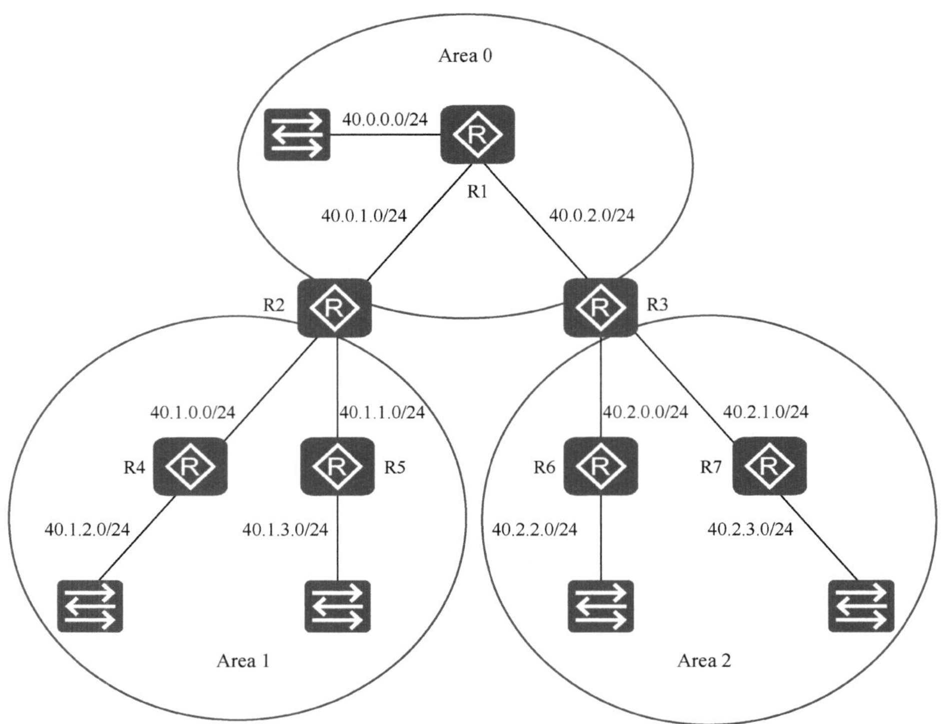

图 5-9　多区域 OSPF 网络拓扑

5.3.1　配置多区域 OSPF 协议

路由器 R1 的配置如下。R1 是骨干区域路由器。

```
<R1>system
[R1]ospf 1 router-id 1.1.1.1                     --启用 ospf 1 进程并指明使用的 Router-ID
[R1-ospf-1]area 0.0.0.0                          --创建区域并进入区域 0.0.0.0
[R1-ospf-1-area-0.0.0.0]network 40.0.0.0 0.0.255.255 --指定工作在 Area 0 的地址范围
[R1-ospf-1-area-0.0.0.0]quit
```

路由器 R2 的配置如下。R2 是区域边界路由器，要分别指定工作在 Area 0 的接口和 Area 1 的接口。

```
[R2]ospf 1 router-id 2.2.2.2
[R2-ospf-1]area 0
[R2-ospf-1-area-0.0.0.0]network 40.0.0.0 0.0.255.255   --指定工作在 Area 0 的接口
[R2-ospf-1-area-0.0.0.0]quit

[R2-ospf-1]area 0.0.0.1
[R2-ospf-1-area-0.0.0.1]network 40.1.0.0 0.0.255.255   --指定工作在 Area 1 的接口
[R2-ospf-1-area-0.0.0.1]quit
 [R2-ospf-1]display this                               --显示 ospf 1 的配置
[V200R003C00]
#
ospf 1 router-id 2.2.2.2
 area 0.0.0.0
  network 40.0.0.0 0.0.255.255
 area 0.0.0.1
```

```
 network 40.1.0.0 0.0.255.255
#
return
```

路由器 R3 的配置如下。

```
[R3]ospf 1 router-id 3.3.3.3
[R3-ospf-1]area 0.0.0.0
[R3-ospf-1-area-0.0.0.0]network 40.0.0.0 0.0.255.255
[R3-ospf-1-area-0.0.0.0]quit
[R3-ospf-1]area 0.0.0.2
[R3-ospf-1-area-0.0.0.2]network 40.2.0.1 0.0.0.0 --写接口地址，wildcard-mask 为 0.0.0.0
[R3-ospf-1-area-0.0.0.2]network 40.2.1.1 0.0.0.0 --写接口地址，wildcard-mask 为 0.0.0.0
[R3-ospf-1-area-0.0.0.2]quit
```

路由器 R4 的配置如下。

```
[R4]ospf 1 router-id 4.4.4.4
[R4-ospf-1]area 1
[R4-ospf-1-area-0.0.0.1]network 40.1.0.0 0.0.255.255
[R4-ospf-1-area-0.0.0.1]quit
```

路由器 R5 的配置如下。

```
[R5]ospf 1 router-id 5.5.5.5
[R5-ospf-1]area 1
[R5-ospf-1-area-0.0.0.1]network 40.1.0.0 0.0.255.255
[R5-ospf-1-area-0.0.0.1]quit
```

路由器 R6 的配置如下。

```
[R6]ospf 1 router-id 6.6.6.6
[R5-ospf-1]area 2
[R5-ospf-1-area-0.0.0.2]network 40.2.0.0 0.0.255.255
[R5-ospf-1-area-0.0.0.2]quit
```

路由器 R7 的配置如下。

```
[R7]ospf 1 router-id 7.7.7.7
[R7-ospf-1]area 2
[R7-ospf-1-area-0.0.0.2]network 40.2.0.0 0.0.255.255
[R7-ospf-1-area-0.0.0.2]quit
```

5.3.2 查看 OSPF 协议的 3 张表

接下来介绍运行 OSPF 协议的路由器的 3 张表。

查看 R1 路由器的邻居表。在系统视图下执行 display ospf peer 命令，可以查看邻居路由器信息；执行 display ospf peer brief 命令，可以显示邻居路由器摘要信息。

```
<R1>display ospf peer              --显示邻居路由器信息（由于信息较多，不再展示）
<R1>display ospf peer brief        --显示邻居路由器摘要信息
    OSPF Process 1 with Router ID 1.1.1.1
         Peer Statistic Information
 ----------------------------------------------------------------------------
 Area Id          Interface                     Neighbor id       State
 0.0.0.0          Serial2/0/0                   2.2.2.2           Full
 0.0.0.0          Serial2/0/1                   3.3.3.3           Full
 ----------------------------------------------------------------------------
```

在 Full 状态下，路由器及其邻居会处于完全邻接状态。所有路由器的 LSDB 达到同步。

显示链路状态表。display ospf lsdb 命令用于显示链路状态表中有哪些路由器通告了链路状态。通告了链路状态的路由器表示为 AdvRouter，如下所示。

```
<R1>display ospf lsdb

     OSPF Process 1 with Router ID 1.1.1.1
          Link State Database

                 Area: 0.0.0.0
 Type       LinkState ID     AdvRouter          Age  Len   Sequence   Metric
 Router      2.2.2.2         2.2.2.2            1260  48   80000011     48
 Router      1.1.1.1         1.1.1.1            1218  84   80000013      1
 Router      3.3.3.3         3.3.3.3            1253  48   80000010     48
 Sum-Net    40.1.3.0         2.2.2.2            301   28   80000001     49
 Sum-Net    40.1.2.0         2.2.2.2            221   28   80000001     49
 Sum-Net    40.1.1.0         2.2.2.2            932   28   80000001     48
 Sum-Net    40.1.0.255       2.2.2.2            932   28   80000001     48
 Sum-Net    40.2.3.0         3.3.3.3            856   28   80000001     49
 Sum-Net    40.2.2.0         3.3.3.3            856   28   80000001     49
 Sum-Net    40.2.1.0         3.3.3.3            856   28   80000001     48
 Sum-Net    40.2.0.255       3.3.3.3            856   28   80000001     48
```

从以上输出可以看到，骨干区域路由器 R1 的 LSDB 出现了 Area 1 和 Area 2 的子网信息。这些子网信息是由区域边界路由器通告给骨干区域路由器的。如果在区域边界路由器上配置了路由汇总，Area 1、Area 2 就会被汇总成一条链路状态。

OSPF 协议是根据 LSDB 计算最短路径的。LSDB 记录了运行 OSPF 协议的路由器有哪些，每个路由器连接几个子网（Subnet），每个路由器有哪些邻居，通过什么链路连接（点到点链路还是以太网链路）。

执行 display ip routing-table protocol ospf 命令后可以查看 OSPF 路由表。路由表中的 Proto 表示通过什么协议学到的路由，OSPF 协议的优先级（也就是 Pre）是 10，Cost 表示通过带宽计算的到达目的网段的累计开销，如下所示。

```
<R1>display ip routing-table protocol ospf                        --查看 OSPF 路由
Route Flags: R - relay, D - download to fib
------------------------------------------------------------------------------
Public routing table : OSPF
          Destinations : 8        Routes : 8

OSPF routing table status : <Active>
          Destinations : 8        Routes : 8

Destination/Mask    Proto   Pre  Cost      Flags  NextHop        Interface

        40.1.0.0/24  OSPF    10   96          D   40.0.1.2        Serial2/0/0
        40.1.1.0/24  OSPF    10   96          D   40.0.1.2        Serial2/0/0
        40.1.2.0/24  OSPF    10   97          D   40.0.1.2        Serial2/0/0
        40.1.3.0/24  OSPF    10   97          D   40.0.1.2        Serial2/0/0
        40.2.0.0/24  OSPF    10   96          D   40.0.2.2        Serial2/0/1
        40.2.1.0/24  OSPF    10   96          D   40.0.2.2        Serial2/0/1
        40.2.2.0/24  OSPF    10   97          D   40.0.2.2        Serial2/0/1
```

```
    40.2.3.0/24  OSPF    10   97          D   40.0.2.2       Serial2/0/1

OSPF routing table status : <Inactive>
         Destinations : 0        Routes : 0
```

执行 display ospf routing 命令，可显示 OSPF 协议生成的路由，能够看到通告者的 ID，也就是 AdvRouter。从下面的输出可以看到，直连的以太网接口开销默认为 1，直连的串口开销默认为 48。

```
<R1>display ospf routing

    OSPF Process 1 with Router ID 1.1.1.1
         Routing Tables

 Routing for Network
 Destination         Cost  Type         NextHop       AdvRouter      Area
 40.0.0.0/24         1     Stub         40.0.0.1       1.1.1.1       0.0.0.0
--直连的以太网接口开销
 40.0.1.0/24         48    Stub         40.0.1.1       1.1.1.1       0.0.0.0
--直连的串口开销
 40.0.2.0/24         48    Stub         40.0.2.1       1.1.1.1       0.0.0.0
 40.1.0.0/24         96    Inter-area   40.0.1.2       2.2.2.2       0.0.0.0
 40.1.1.0/24         96    Inter-area   40.0.1.2       2.2.2.2       0.0.0.0
 40.1.2.0/24         97    Inter-area   40.0.1.2       2.2.2.2       0.0.0.0
 40.1.3.0/24         97    Inter-area   40.0.1.2       2.2.2.2       0.0.0.0
 40.2.0.0/24         96    Inter-area   40.0.2.2       3.3.3.3       0.0.0.0
 40.2.1.0/24         96    Inter-area   40.0.2.2       3.3.3.3       0.0.0.0
 40.2.2.0/24         97    Inter-area   40.0.2.2       3.3.3.3       0.0.0.0
 40.2.3.0/24         97    Inter-area   40.0.2.2       3.3.3.3       0.0.0.0

 Total Nets: 11
 Intra Area: 3  Inter Area: 8  ASE: 0  NSSA: 0
```

5.3.3 配置路由汇总

在区域边界路由器 R2 上进行路由汇总。将 Area 1 汇总成 40.1.0.0 255.255.0.0，开销指定为 10，将 Area 0 汇总成 40.0.0.0 255.255.0.0，指定开销为 10，如下所示。

```
[R2]ospf 1
[R2-ospf-1]area 1
[R2-ospf-1-area-0.0.0.1]abr-summary 40.1.0.0 255.255.0.0 cost 10
[R2-ospf-1-area-0.0.0.1]quit

[R2-ospf-1]area 0
[R2-ospf-1-area-0.0.0.0]abr-summary 40.0.0.0 255.255.0.0 cost 10
[R2-ospf-1-area-0.0.0.0]quit
```

在区域边界路由器 R3 上进行路由汇总。将 Area 2 汇总成 40.2.0.0 255.255.0.0，开销指定为 20，将 Area 0 汇总成 40.0.0.0 255.255.0.0，指定开销为 10，如下所示。

```
[R3]ospf 1
[R3-ospf-1]area 0
[R3-ospf-1-area-0.0.0.0]abr-summary 40.0.0.0 255.255.0.0 cost 10
```

```
[R3-ospf-1-area-0.0.0.0]quit
[R3-ospf-1]area 2
[R3-ospf-1-area-0.0.0.2]abr-summary 40.2.0.0 255.255.0.0 cost 20
[R3-ospf-1-area-0.0.0.2]quit
[R3-ospf-1]quit
```

在区域边界路由器配置路由汇总后，在 R1 上查看 OSPF 协议的链路状态，可以看到 Area 1 和 Area 2 在 R1 的 LSDB 中均只显示一条路由，如下所示。

```
<R1>display ospf lsdb

	 OSPF Process 1 with Router ID 1.1.1.1
		 Link State Database

		         Area: 0.0.0.0
 Type      LinkState ID    AdvRouter          Age  Len   Sequence   Metric
 Router     2.2.2.2        2.2.2.2           1732  48    80000011     48
 Router     1.1.1.1        1.1.1.1           1690  84    80000013      1
 Router     3.3.3.3        3.3.3.3           1725  48    80000010     48
 Sum-Net   40.1.0.0        2.2.2.2             99  28    80000001     10
 Sum-Net   40.2.0.0        3.3.3.3             26  28    80000001     20
```

在 R1 上显示 OSPF 协议生成的路由。可以看到 Area 0 和 Area 1 均汇总成一条路由，开销分别是 58 和 68，这和路由汇总时指定的开销有关，如下所示。

```
<R1>display ospf routing

	 OSPF Process 1 with Router ID 1.1.1.1
		 Routing Tables

 Routing for Network
 Destination        Cost  Type       NextHop         AdvRouter       Area
 40.0.0.0/24        1     Stub       40.0.0.1        1.1.1.1         0.0.0.0
 40.0.1.0/24        48    Stub       40.0.1.1        1.1.1.1         0.0.0.0
 40.0.2.0/24        48    Stub       40.0.2.1        1.1.1.1         0.0.0.0
 40.1.0.0/16        58    Inter-area 40.0.1.2        2.2.2.2         0.0.0.0
 40.2.0.0/16        68    Inter-area 40.0.2.2        3.3.3.3         0.0.0.0

 Total Nets: 5
 Intra Area: 3  Inter Area: 2  ASE: 0  NSSA: 0
```

5.4 习题

选择题

1. 以下关于 OSPF 协议的描述中，最准确的是________。(　　)
   A. OSPF 协议根据链路状态计算最佳路由
   B. OSPF 协议是用于自治系统之间的外部网关协议
   C. OSPF 协议不能根据网络通信情况动态地改变路由
   D. OSPF 协议只能适用于小型网络
2. 关于 OSPF 协议，下面的描述中不正确的是________。(　　)

A．OSPF 协议是一种链路状态协议

B．OSPF 协议使用链路状态公告（LSA）扩散路由信息

C．OSPF 网络中用区域 1 表示骨干网段

D．OSPF 路由器中可以配置多个路由进程

3．OSPF 协议支持多进程，如果不指定进程号，则默认使用的进程号是________。（　　）

A．0　　B．1

C．10　　D．100

4．如图 5-10 所示，为网络中的路由器配置了 OSPF 协议，在路由器 A 和路由器 B 上分别进行以下配置。

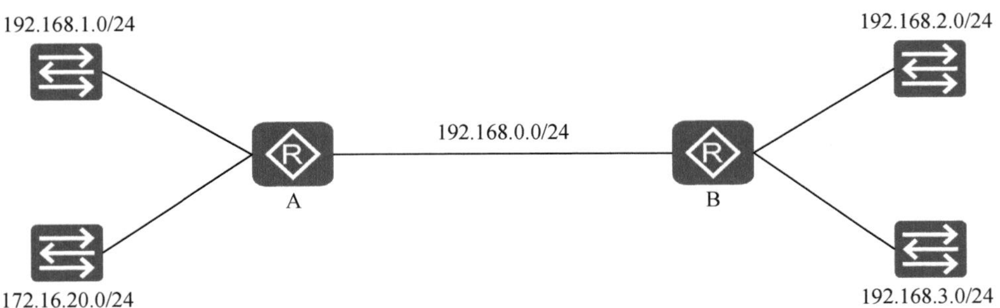

图 5-10　网络拓扑

```
[A]ospf 1 router-id 1.1.1.1
[A-ospf-1]area 0.0.0.0
[A-ospf-1-area-0.0.0.0]network 172.16.0.0 0.0.255.255
[A-ospf-1-area-0.0.0.0]network 192.168.0.0 0.0.0.255
[B]ospf 1 router-id 1.1.1.2
[B-ospf-1]area 0.0.0.0
[B-ospf-1-area-0.0.0.0]network 192.168.0.0 0.0.255.255
```

以下哪些说法不正确？（　　）

A．在路由器 B 上能够通过 OSPF 协议学到 172.16.0.0/24 网段的路由

B．在路由器 B 上能够通过 OSPF 协议学到 192.168.1.0/24 网段的路由

C．在路由器 A 上能够通过 OSPF 协议学到 192.168.2.0/24 网段的路由

D．在路由器 A 上能够通过 OSPF 协议学到 192.168.3.0/24 网段的路由

5．在一个路由器上配置 OSPF 协议，必须手动进行的配置有________。（选择 3 个答案）（　　）

A．配置 Router-ID　　B．开启 OSPF 进程

C．创建 OSPF 区域　　D．指定每个区域中包含的网段

6．在 VRP 上，直连路由、静态路由、RIP、OSPF 的默认协议优先级从高到低依次是________。（　　）

A．直连路由、静态路由、RIP、OSPF　　B．直连路由、OSPF、静态路由、RIP

C．直连路由、OSPF、RIP、静态路由　　D．直连路由、RIP、静态路由、OSPF

7．网络管理员在某个路由器上配置了 OSPF 协议，但该路由器未配置 Loopback 接口，则以下关于 Router-ID 的描述中正确的是________。（　　）

A．该路由器物理接口的最小 IP 地址将会成为 Router-ID

B．该路由器物理接口的最大 IP 地址将会成为 Router-ID

C．该路由器管理接口的 IP 地址将会成为 Router-ID

D．该路由器的优先级将会成为 Router-ID

8．以下关于 OSPF 协议中 Router-ID 的描述，正确的是________。（ ）

A．同一区域内 Router-ID 必须相同，不同区域内的 Router-ID 可以不同

B．Router-ID 必须是路由器某接口的 IP 地址

C．必须通过手动配置方式来指定 Router-ID

D．OSPF 协议正常运行的前提条件是路由器有 Router-ID

9．一个路由器通过 RIP、OSPF 和静态路由都学习了到达同一目的 IP 地址的路由。默认情况下，VRP 最终将选择通过哪种协议学习到的路由？（ ）

A．RIP B．OSPF

C．RIP D．静态路由

10．假定配置如下所示：

```
[R1]ospf
[R1-ospf-1]area 1
[R1-ospf-1-area-0.0.0.1]network 10.0.12.0 0.0.0.255
```

网络管理员在路由器 R1 上配置了 OSPF 协议，但路由器 R1 学习不到其他路由器的路由，那么可能的原因是________。（多选）（ ）

A．此路由器配置的区域 ID 和它的邻居路由器的区域 ID 不同

B．此路由器没有配置认证功能，而邻居路由器配置了认证功能

C．此路由器配置时没有配置 OSPF 进程

D．此路由器在配置 OSPF 协议时没有宣告连接邻居的网络

第6章 交换机组网

本章内容

- 交换技术
- 交换机端口安全
- VLAN
- 实现 VLAN 间路由
- STP
- 链路聚合

当前园区网大多使用交换机组网。交换机能够构建 MAC 地址表，根据目的 MAC 地址转发数据。在连接计算机的交换机上可以设置交换机端口安全来实现接入安全，可以限制一个交换机接口连接的计算机和计算机数量，也可以配置镜像端口来监控网络流量，配置端口隔离禁止同一网段的计算机相互通信。

针对通过交换机组建的网络，网络管理非常灵活，可以根据部门、管理要求、安全性要求创建虚拟局域网（Virtual Local Area Network，VLAN）。将同一部门或管理要求、安全性要求相同的计算机指定到相同的 VLAN。

为了避免单点故障（设备损坏造成网络中断），通过交换机组网时通常设计成双汇聚层和双核心层网络架构，这种设计可能会形成物理环路。一旦形成环路，网络中就会产生广播风暴和 MAC 地址震荡。可以通过生成树协议（Spanning Tree Protocol，STP）阻断交换机接口，避免形成环路。

通过交换机组建的网络，可以将多条链路配置成一条逻辑链路，从而实现流量负载均衡和链路冗余，这就是链路聚合技术。

本章将讲解交换机组建园区网用到的技术。

6.1 交换技术

目前用于园区网组网的设备主要是交换机，交换机会自动构建 MAC 地址表，并基于 MAC 地址表转发数据。

6.1.1 交换机组网特点

使用交换机组网有以下特点。

1. 端口独享带宽

交换机的每个端口独享带宽。100Mbit/s 交换机的每个端口带宽为 100Mbit/s。对于 48 口 100Mbit/s 交换机，其总体交换能力为 4 800Mbit/s，如图 6-1 所示。

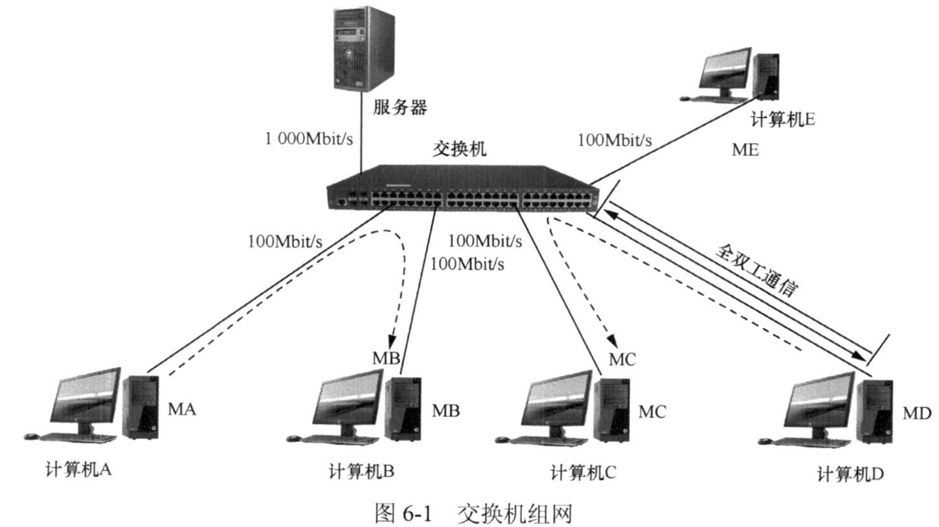

图 6-1　交换机组网

2. 安全

使用交换机组建的网络安全，比如图 6-1 中的计算机 A 给计算机 B 发送的帧，以及计算机 D 给计算机 C 发送的帧，交换机根据 MAC 地址表将收到的帧只转发到目的端口，计算机 E 根本收不到其他计算机通信的数字信号，即便安装了抓包工具也没用。

3. 全双工通信

交换机接口和计算机直接相连，计算机和交换机之间的链路可以使用全双工通信，即可以同时收发数据。

4. 全双工不再使用 CSMA/CD 协议

CSMA/CD（Carrier Sense Multiple Access with Collision Detection，带冲突检测的载波监听多路访问）协议主要是早期以太网络中的数据传输方式，广泛应用于以太网中。

交换机接口和计算机直接相连，使用全双工通信，数据链路层就不再需要使用 CSMA/CD 协议，这就意味着发送数据时不需要载波侦听冲突检测了。

5. 接口可以工作在不同的速率

交换机使用的存储转发就是，交换机的每一个接口都可以存储帧，且将其从其他端口转发出去时，可以使用不同的速率。通常连接服务器的接口带宽要比连接普通计算机的接口带宽大，交换机连接交换机的接口带宽也比连接普通计算机的接口带宽大。

6. 转发广播帧

广播帧会转发到除了发送端口以外的全部端口。广播帧就是指目的 MAC 地址的 48 位二进制数全是 1，如图 6-2 所示，抓包工具捕获的广播帧的目的 MAC 地址为 FF-FF-FF-FF-FF-FF，图中捕获的数据帧是 ARP 发送的广播帧，ARP 将本网段计算机 IP 地址解析为 MAC 地址。有些病毒也会在网络中发送广播帧，造成交换机忙于转发这些广播帧而影响网络中计算机的正常通信，造成网络拥塞。

交换机组建的以太网就是一个广播域，路由器负责在不同网段转发数据。由于广播数据包不能跨路由器，因此路由器隔绝了广播。

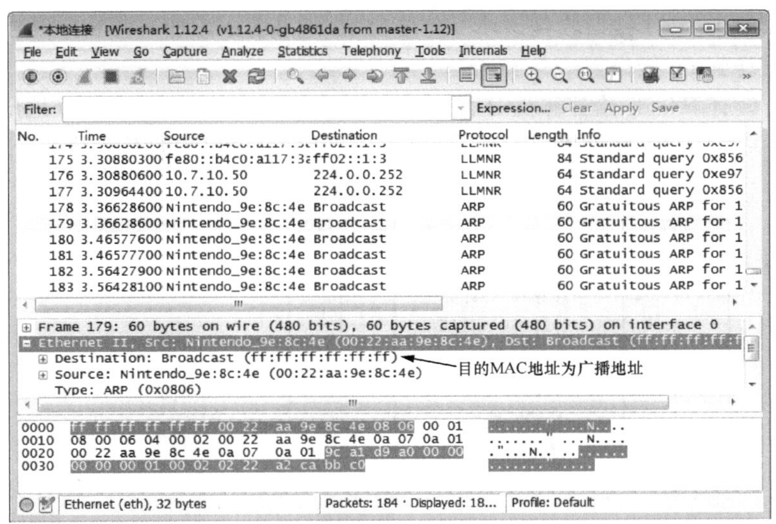

图 6-2 广播帧的目的 MAC 地址

6.1.2 交换机 MAC 地址表构建过程

交换机接入以太网时，MAC 地址表是空的，交换机会在计算机通信过程中自动构建 MAC 地址表，这称为“自学习”。

1. 自学习

交换机的接口每收到一个帧，就要检查 MAC 地址表中是否有与收到的帧的源 MAC 地址匹配的项目，如果没有，就在 MAC 地址表中添加该接口和该帧的源 MAC 地址的对应关系以及该帧进入接口的时间；如果有，则对原有的项目进行更新。

2. 转发帧

交换机的接口每收到一个帧，就检查 MAC 地址表中有没有与该帧的目的 MAC 地址对应的端口，如果有，就将该帧转发到对应的端口；如果没有，则将该帧转发到全部端口（接收端口除外）。如果 MAC 地址表中给出的接口就是该帧进入交换机的接口，则丢弃这个帧（因为这个帧不需要经过交换机进行转发）。

下面举例说明 MAC 地址表的构建过程。如图 6-3 所示，交换机 1 和交换机 2 刚刚接入以太网，MAC 地址表都是空的。集线器是早期的以太网组网设备，主要功能是对接收的信号进行再生整型放大，并传输到所有接口，以扩大网络的传输距离。

（1）计算机 A 给计算机 B 发送一个帧，源 MAC 地址为 MA，目的 MAC 地址为 MB。交换机 1 的 E0 接口收到该帧，该帧的源 MAC 地址是 MA，可以断定 E0 接口连接着 MA，于是在 MAC 地址表记录一条 MA 和 E0 的对应关系，这就意味着以后要到达 MA 的帧，需要将其转发给 E0。

（2）交换机 1 在 MAC 地址表中没有找到关于 MB 和任意接口的对应关系，会将该帧转发到除 E0 接口以外的所有接口，该帧从 E1 接口转发出去。

（3）交换机 2 的 E2 接口收到该帧，查看该帧的源 MAC 地址，并在 MAC 地址表中记录一条 MA 和 E2 的对应关系。

（4）这时，计算机 F 给计算机 C 发送一个帧，会在交换机 2 的 MAC 地址表中添加一条 MF 和 E3 的对应关系。由于交换机 2 的 MAC 地址表中没有 MC 和任意接口的对应关系，该帧会被发送到除 E3 接口以外的所有接口，该帧从 E2 接口发送出去。

（5）交换机 1 的 E1 接口收到该帧，会在 MAC 地址表中添加一条 MF 和 E1 的对应关系，同时将该帧发送到 E0 接口。

（6）同样，计算机 E 给计算机 B 发送一个帧，会在交换机 1 的 MAC 地址表中添加 ME 和 E1 的对应关系，在交换机 2 的 MAC 地址表中添加 ME 和 E3 的对应关系。

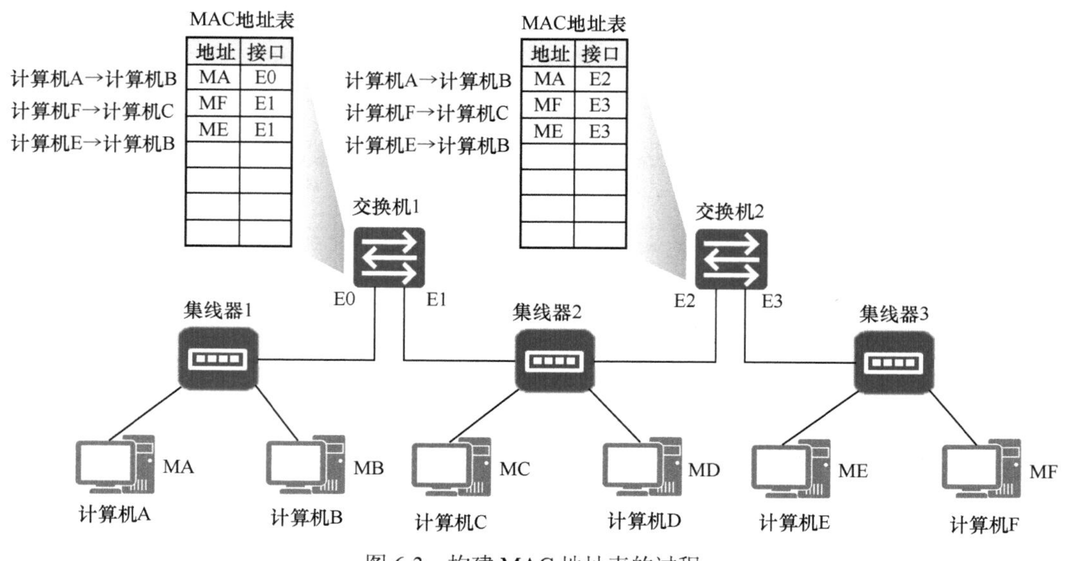

图 6-3 构建 MAC 地址表的过程

只要交换机收到的帧的目的 MAC 地址能够匹配 MAC 地址表中对应的接口，就会将该帧转发到该接口。

交换机 MAC 地址表中的 MAC 地址和接口的对应关系只是临时的，这是为了适应网络中的计算机可能发生的调整，比如连接在集线器 1 上的计算机 A 连接到集线器 2 上，或者从网络中移除计算机 F，交换机 MAC 地址表中的条目就不能一成不变。还需要知道的是，接口和 MAC 地址的对应关系有时间限制，如果在设置的时间内没有使用该对应关系转发帧，将会从 MAC 地址表中删除该条目。

6.1.3 查看交换机的 MAC 地址表

搭建图 6-4 所示网络拓扑（其中，E 表示 Ethernet 接口，GE 表示 GigabitEthernet 接口），使用两个交换机和 5 台计算机组建一个网络。查看交换机构造的 MAC 地址表。

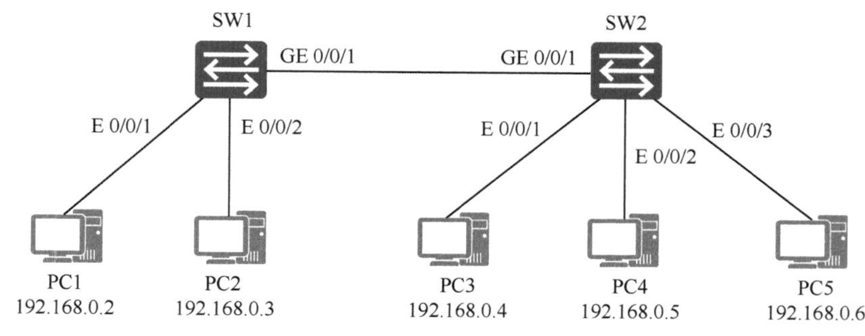

图 6-4 网络拓扑

在 PC1 上分别执行 ping PC2、PC3、PC4、PC5 的 IP 地址的命令，这样交换机就能构建该网络拓扑完整的 MAC 地址表。在 SW2 上执行 display mac-address 命令，可以看到 MAC 地址表，GigabitEthernet 0/0/1 接口对应 PC1、PC2 两台计算机的 MAC 地址，可以断定 SW2 交换机的 GigabitEthernet 0/0/1 接口连接 SW1，如下所示。过 300s 后，再次在 SW2 上执行 display mac-address 命令，查看 MAC 地址表，可以看到 MAC 地址表中的条目已自动清空。

```
<SW2>display mac-address
MAC address table of slot 0:
-------------------------------------------------------------------------------
MAC Address    VLAN/     PEVLAN   CEVLAN   Port        Type       LSP/LSR-ID
               VSI/SI                                                MAC-Tunnel
-------------------------------------------------------------------------------
5489-9853-3b60   1         -        -      GE0/0/1      dynamic    0/-
5489-9851-0fbe   1         -        -      Eth0/0/1     dynamic    0/-
5489-98a6-7d20   1         -        -      Eth0/0/2     dynamic    0/-
5489-985e-16b9   1         -        -      Eth0/0/3     dynamic    0/-
5489-986a-20ec   1         -        -      GE0/0/1      dynamic    0/-
-------------------------------------------------------------------------------
Total matching items on slot 0 displayed = 5
```

从以上输出可以看到 Type 为 dynamic，这就意味着该条目是动态构建的，老化时间到期后会自动删除。执行 display mac-address aging-time 命令后可以查看 MAC 地址表老化时间，如下所示。

```
[SW2]display mac-address aging-time
     Aging time: 300 seconds
```

在现实中，一个低档交换机的 MAC 地址表通常可以存放数千条地址表项。一个中档交换机的 MAC 地址表通常可以存放数万条地址表项。一个高档交换机的 MAC 地址表通常可以存放几十万条地址表项。

在现实中，交换机和计算机在网络中的位置可能会发生变化。如果交换机或计算机的位置真的发生了变化，那么交换机的 MAC 地址表中某些原来的地址表项很可能会错误地反映当前 MAC 地址与接口的映射关系。另外，如果 MAC 地址表中的地址表项太多，交换机查表一次所需的时间就会很长（交换机为了确定对单播帧执行何种转发操作，需要在 MAC 地址表中查找该单播帧的目的 MAC 地址），也就是说，交换机的转发速率会受到一定的影响。鉴于上述两个主要原因，人们为 MAC 地址表设计了一种老化机制。

老化时间默认为 300s，这就意味着 MAC 地址表中的一个条目在 300s 内没有被使用，就会从 MAC 地址表中删除。老化时间也可以通过命令进行配置，老化时间越短，计算机位置或交换机位置发生变化后，MAC 地址表就能越快学习到新的 MAC 地址和接口的对应条目。如果计算机和交换机位置不怎么发生变化，老化时间短，MAC 地址和接口的对应条目会很快被删除，若有到该 MAC 地址的帧，那么交换机就会泛洪。

6.1.4 配置交换机管理地址

用交换机的接口连接计算机时，该接口既不能设置 IP 地址，也不能充当计算机的网关。但是为了远程管理交换机，需要给交换机设置管理地址。该地址不充当计算机的网关，只是用于 Telnet 远程管理交换机。

如图 6-5 所示，交换机 LSW1 和 LSW2 的管理地址分别是它们所在网段的一个地址，并且需要设置网关。

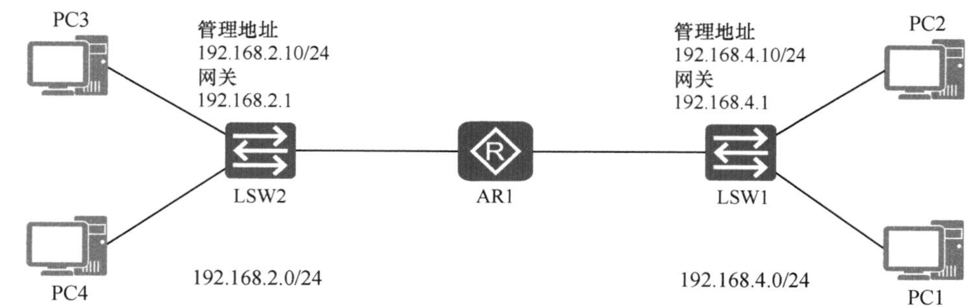

图 6-5 交换机的管理地址

下面为 LSW1 配置管理地址。默认情况下交换机的所有接口都属于 VLAN 1，交换机的每个 VLAN 都有一个对应的虚拟接口（Vlanif），可以给虚拟接口设置 IP 地址并作为管理地址，关于 VLAN 的知识在本章后面会讲到。

```
[LSW1]interface Vlanif 1                                    --Vlanif 1 接口
[LSW1-Vlanif1]ip address 192.168.4.10 24                    --设置管理地址
[LSW1-Vlanif1]quit
[LSW1]ip route-static 0.0.0.0 0.0.0.0 192.168.4.1           --添加默认路由，也就是网关
```

关于设置 Console 口的身份认证模式及密码，设置方法和配置路由器的 Console 口类似，如下所示。

```
[LSW1]user-interface console 0
[LSW1-ui-console0]authentication-mode password
[LSW1-ui-console0]set authentication password cipher 91xueit
[LSW1-ui-console0]idle-timeout 5 30
```

设置 VTY 接口的身份认证模式及密码，如下所示。

```
[LSW1]user-interface vty 0 4
[LSW1-ui-vty0-4]authentication-mode password
[LSW1-ui-vty0-4]set authentication password cipher 51cto
[LSW1-ui-vty0-4]idle-timeout 3 30
```

6.2 交换机端口安全

如果企业网络对安全性要求比较高，通常会对接入网络的计算机进行控制。可通过在交换机上启用端口安全，对接入的计算机进行控制。

6.2.1 交换机端口安全详解

交换机启用端口安全可以通过将 MAC 地址与端口绑定来实现，即当发现主机的 MAC 地址与交换机上指定的 MAC 地址不同时，交换机相应的端口宕机；也可以通过限制交换机端口连接的计算机数量来实现，即发现某个端口对应的 MAC 地址数量超过限制的数量时，交换机相应的端口宕机。

- 启用端口安全。在交换机接口上激活端口安全后，该接口就有了安全功能，例如该

功能能够限制接口的最大 MAC 地址数量，从而限制接入的主机数量；也可以将接口和 MAC 地址绑定，从而实现接入安全。

- 保护措施（protect-action）。如果违反了端口的安全设置，比如一个端口的 MAC 地址数量超过设定数量，或这个端口绑定的 MAC 地址有变化，那么该端口将会启用保护措施。
- 保护措施有 protect（丢弃违反安全设置的帧）、restrict（丢弃违反安全设置的帧并产生警报）、shutdown（关闭端口，需要人工启用端口才能恢复），默认是 restrict。
- 端口与 sticky MAC 地址。通常配置端口和进行 MAC 地址绑定的工作量很大，这时可以让交换机将动态学习到的 MAC 地址变成“粘滞状态”。可以简单理解为，先动态地学，学完之后再将 MAC 地址和端口粘起来（进行绑定），形成“静态”条目。

6.2.2 配置交换机端口安全

如图 6-6 所示（其中，E 表示 Ethernet 接口），在 LSW2 交换机上配置端口安全，端口 Ethernet 0/0/1 只允许连接 PC1，端口 Ethernet 0/0/2 只允许连接 PC2，端口 Ethernet 0/0/3 只允许连接 PC3，端口 Ethernet 0/0/4 最多允许连接两台计算机且只能是 PC4 和 PC5，若违反安全规则，端口关闭（shutdown）。

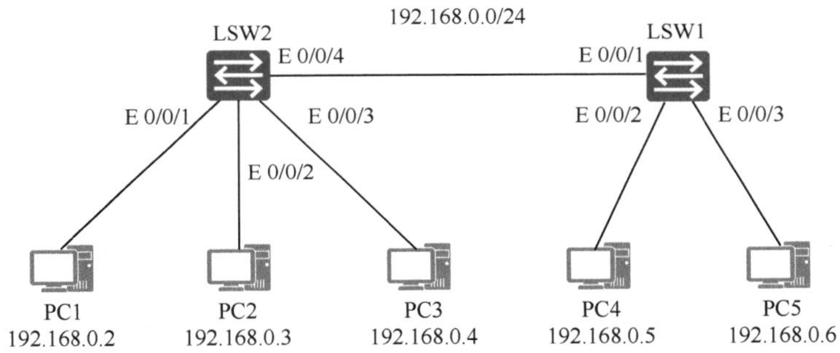

图 6-6 配置交换机端口安全

以下操作将设置交换机 LSW2，为 Ethernet 0/0/1～Ethernet 0/0/3 启用端口安全，每个端口只允许连接一个 MAC 地址（计算机），端口和 MAC 地址的绑定通过 sticky 的方式实现。同时为 Ethernet 0/0/4 启用端口安全，设置最多允许连接两个 MAC 地址，并且人工绑定 PC4 和 PC5 两个 MAC 地址。

在 PC1 上分别执行 ping PC2、PC3、PC4、PC5 的 IP 地址的命令，使 LSW2 完成 MAC 地址表的构建。

LSW2 的配置如下。

```
[Huawei]sysname LSW2                    --改名为 LSW2
[LSW2]display mac-address               --显示 MAC 地址表
MAC address table of slot 0:
-------------------------------------------------------------------------------
MAC Address    VLAN/      PEVLAN CEVLAN Port           Type      LSP/LSR-ID
               VSI/SI                                            MAC-Tunnel
-------------------------------------------------------------------------------
5489-9854-3d93  1          -      -      Eth0/0/1       dynamic   0/-
5489-9813-531a  1          -      -      Eth0/0/2       dynamic   0/-
5489-9889-60df  1          -      -      Eth0/0/3       dynamic   0/-
```

```
5489-9809-119b  1          -      -      Eth0/0/4       dynamic   0/-
5489-98bd-0b2c  1          -      -      Eth0/0/4       dynamic   0/-
-------------------------------------------------------------------------------
Total matching items on slot 0 displayed = 5
```

可以看到 MAC 地址表中列出了每个 MAC 地址所属的 VLAN、对应的接口和类型。

针对设置 Ethernet 0/0/1～Ethernet 0/0/3 的端口安全，可以将现有计算机的 MAC 地址和端口绑定，然后逐个端口进行设置，也可以定义一个端口组，通过添加端口成员进行批量安全设置，如下所示。

```
[LSW2]port-group 1to3                         --定义端口组 1to3
[LSW2-port-group-1to3]group-member Ethernet 0/0/1 to Ethernet 0/0/3   --添加成员
[LSW2-port-group-1to3]display this        --显示端口组设置
#
port-group 1to3
 group-member Ethernet 0/0/1
 group-member Ethernet 0/0/2
 group-member Ethernet 0/0/3
#
Return
```

对于以下操作，步骤不能少，且顺序不能颠倒。

```
[LSW2-port-group-1to3]port-security enable                  --启用端口安全
[LSW2-port-group-1to3]port-security protect-action shutdown --设置违反安全规定就关闭端口
[LSW2-port-group-1to3]port-security mac-address sticky --将现有端口与对应的 MAC 地址绑定
[LSW2-port-group-1to3]quit
```

交换机的 MAC 地址表中的条目有老化时间，默认为 300s，如果某条目没有被刷新，300s 后就会从 MAC 地址表中清除。再次在 PC1 上分别执行 ping PC2、PC3、PC4、PC5 的 IP 地址的命令，交换机会自动重新构建 MAC 地址表。

查看 MAC 地址表，可以看到端口 Ethernet 0/0/1～Ethernet 0/0/3 的 Type 为 sticky，端口 Ethernet 0/0/4 的 Type 依然是 dynamic，如下所示。

```
[LSW2]display mac-address vlan 1          --只显示 VLAN 1 的 MAC 地址表
MAC address table of slot 0:
-------------------------------------------------------------------------------
MAC Address    VLAN/       PEVLAN CEVLAN Port            Type      LSP/LSR-ID
               VSI/SI                                              MAC-Tunnel
-------------------------------------------------------------------------------
5489-9854-3d93  1          -      -      Eth0/0/1        sticky    -
5489-9889-60df  1          -      -      Eth0/0/3        sticky    -
5489-9813-531a  1          -      -      Eth0/0/2        sticky    -
-------------------------------------------------------------------------------
Total matching items on slot 0 displayed = 3

MAC address table of slot 0:
-------------------------------------------------------------------------------
MAC Address    VLAN/       PEVLAN CEVLAN Port            Type      LSP/LSR-ID
               VSI/SI                                              MAC-Tunnel
-------------------------------------------------------------------------------
5489-9809-119b 1           -      -      Eth0/0/4        dynamic   0/-
5489-98bd-0b2c 1           -      -      Eth0/0/4        dynamic   0/-
-------------------------------------------------------------------------------
Total matching items on slot 0 displayed = 2
```

设置交换机的 Ethernet 0/0/4 的端口安全，使其只允许连接两台计算机，如下所示。

```
[LSW2]interface Ethernet 0/0/4                          --接入接口视图
[LSW2-Ethernet0/0/4]port-security enable
[LSW2-Ethernet0/0/4]port-security protect-action shutdown
[LSW2-Ethernet0/0/4]port-security max-mac-num 2         --设置最大 MAC 地址数量
```

再次查看 MAC 地址表，可以看到端口 Ethernet 0/0/4 的 Type 为 security，说明启用了端口安全，如下所示。

```
[LSW2]display mac-address
MAC address table of slot 0:
-------------------------------------------------------------------------------
MAC Address    VLAN/       PEVLAN CEVLAN Port            Type      LSP/LSR-ID
               VSI/SI                                              MAC-Tunnel
-------------------------------------------------------------------------------
5489-9813-531a 1           -      -      Eth0/0/2        sticky    -
5489-9809-119b 1           -      -      Eth0/0/4        security  -
5489-98bd-0b2c 1           -      -      Eth0/0/4        security  -
5489-9889-60df 1           -      -      Eth0/0/3        sticky    -
5489-9854-3d93 1           -      -      Eth0/0/1        sticky    -
-------------------------------------------------------------------------------
Total matching items on slot 0 displayed = 5
```

上面的设置只指定了 Ethernet 0/0/4 端口的 MAC 地址数量。如果需要进一步将 Ethernet 0/0/4 端口和指定的两个 MAC 地址绑定，就要在接口视图中启用 sticky，然后绑定 MAC 地址。

因为在前面的配置中 Ethernet 0/0/4 端口对应的 MAC 地址的最大数量为 2，所以这里可以设置两个 MAC 地址，如下所示。默认只允许 1 个端口绑定 1 个 MAC 地址。

```
[LSW2]interface Ethernet 0/0/4                                            --进入接口视图
[LSW2-Ethernet0/0/4]port-security mac-address sticky                      --启用 sticky
[LSW2-Ethernet0/0/4]port-security mac-address sticky 5489-9809-119b vlan 1 --绑定 MAC 地址
[LSW2-Ethernet0/0/4]port-security mac-address sticky 5489-98bd-0b2c vlan 1 --绑定 MAC 地址
```

以上操作设置了交换机的端口安全，若违反安全规则，端口将处于关闭状态，需要执行 undo shutdown 命令才能启用端口。

执行以下命令，清除端口的全部配置。

```
[LSW2]clear configuration interface Ethernet 0/0/4
```

清除配置后，端口将处于关闭状态，需要执行 undo shutdown 命令后才能重新启用端口。

6.2.3 镜像端口监控网络流量

如图 6-7 所示，如果计划在 PC4 上安装抓包工具或流量监控软件来监控网络中的计算机上网流量，PC4 只能捕获自己发送和接收的数据包，PC1、PC2、PC3 的上网流量由交换机直接转发到路由器，PC4 上的抓包工具或流量监控软件是没有办法捕获这些数据包的。

为了让 PC4 上的抓包工具或流量监控软件能够捕获、分析内网计算机访问 Internet 的流量，可以将交换机的 Ethernet 0/0/4 端口设置为被监控端口，将 Ethernet 0/0/3 端口设置为监控端口（镜像端口）。这样进出 Ethernet 0/0/4 端口的帧会同时转发给 Ethernet 0/0/3 端口。

由于 eNSP 软件中模拟的交换机不支持镜像端口功能，因此我们使用 AR1220 路由器替代交换机来做镜像端口实验，如图 6-7 所示（其中，E 表示 Ethernet 接口）。

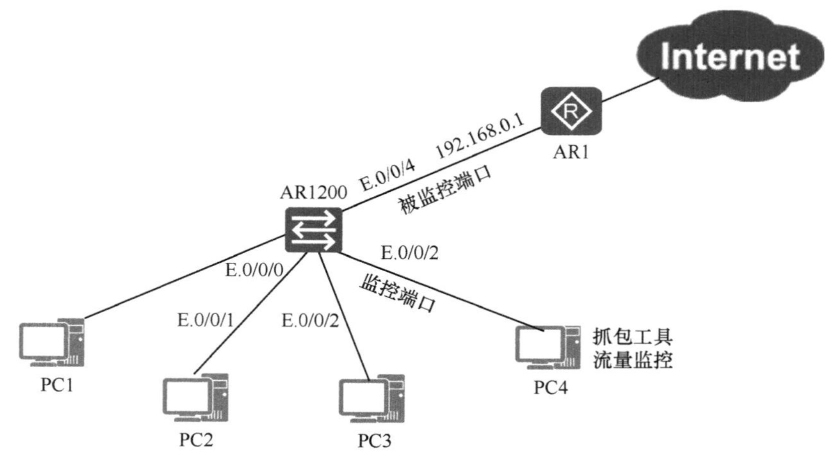

图 6-7　通过 AR1220 路由器做镜像端口实验

相关配置如下所示。

```
[AR1200]observe-port interface Ethernet 0/0/3                          --指定监控端口
[AR1200]interface Ethernet 0/0/4
[AR1200-Ethernet0/0/4]mirror to observe-port ?
  both      Assign Mirror to both inbound and outbound of an interface --出入端口的流量
  inbound   Assign Mirror to the inbound of an interface               --入端口的流量
  outbound  Assign Mirror to the outbound of an interface              --出端口的流量
[AR1200-Ethernet0/0/4]mirror to observe-port both --将出入端口的流量同时发送到监控端口
```

验证镜像端口功能，捕获 PC4 Ethernet 0/0/1 端口的数据包，在 PC1 上执行 ping 192.168.0.1 命令，可以看到捕获了 PC1 到网关的数据包。

注意：

华为交换机只能设置一个 observe-port 监控端口。如果计划取消监控端口，需要先在被监控端口上取消镜像，再取消监控端口，配置命令如下。

```
[AR1200]interface Ethernet 0/0/4
[AR1200-Ethernet0/0/4]undo mirror both
[AR1200-Ethernet0/0/4]quit
[AR1200]undo observe-port
```

6.2.4　端口隔离

在交换机上配置端口隔离可以实现同一网段的计算机不允许相互通信，只允许访问 Internet。这对隔离病毒，实现网络安全非常有用。端口隔离分为二层隔离和三层隔离，在这里只讲解和演示二层隔离。

如图 6-8 所示（其中，GE 表示 GigabitEthernet 接口，E 表示 Ethernet 接口），下面的命令为在交换机 S1 上启用二层隔离，不允许 PC1、PC2、PC3 和 PC4 相互通信，但都能够访问 Internet。

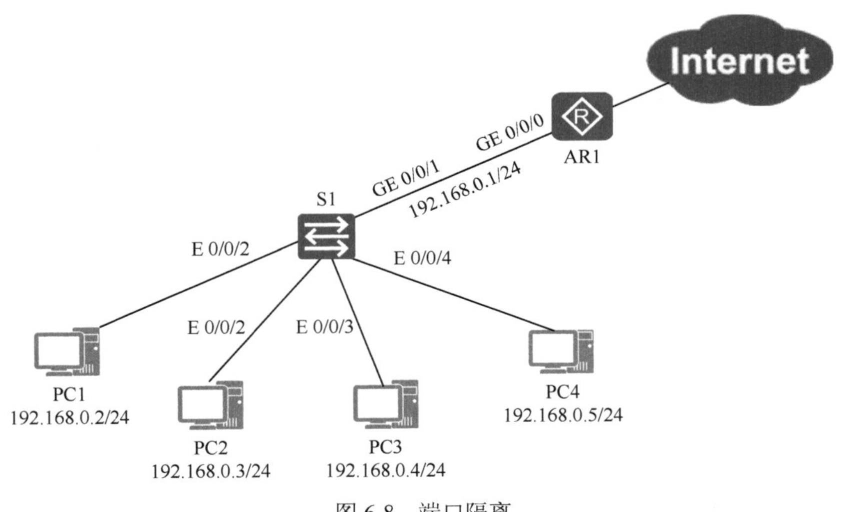

图 6-8 端口隔离

```
[S1]port-isolate mode ?
  all   All                                          --同时启用二层、三层隔离
  l2    L2 only                                      --仅启用二层隔离
[S1]port-isolate mode l2                             --启用 L2 层隔离功能
[S1]port-group vlan1port                             --定义一个端口组
[S1-port-group-vlan1port]group-member Ethernet 0/0/1 to Ethernet 0/0/4
--将需要相互隔离的接口添加到端口组中
[S1-port-group-vlan1port]port link-type access       --将接口配置为 access
[S1-port-group-vlan1port]port default vlan 1         --将接口指定到 VLAN 1
[S1-port-group-vlan1port]port-isolate enable group ?
  INTEGER<1-64>  Port isolate group-id
[S1-port-group-vlan1port]port-isolate enable group 1    --配置隔离组的编号
```

6.3 VLAN

6.3.1 VLAN 简介

虚拟局域网（VLAN）是一组逻辑上的设备和用户，这些设备和用户并不受物理位置的限制，这一技术使得网络管理员可以根据实际应用需求，把同一物理局域网内的不同用户从逻辑上划分成不同的广播域，每一个 VLAN 都包含一组有着相同需求的计算机或服务器，它们相互之间的通信就好像在同一网段一样，由此得名虚拟局域网。VLAN 工作在 OSI 参考模型的第 2 层和第 3 层，一个 VLAN 就是一个广播域，VLAN 之间的通信需要通过三层设备（路由器或三层交换机）来完成。

如图 6-9 所示，某公司在办公大楼的第 1 层、第 2 层和第 3 层分别部署了交换机，这 3 个交换机均为接入层交换机，通过汇聚层交换机进行连接。公司的销售部、研发部和财务部的计算机在每一层都有。从安全和控制网络广播方面考虑，可以为每一个部门创建一个 VLAN。在交换机上不同的 VLAN 使用数字进行标识，可以将销售部的计算机指定到 VLAN 1，为研

发部创建 VLAN 2，为财务部创建 VLAN 3。

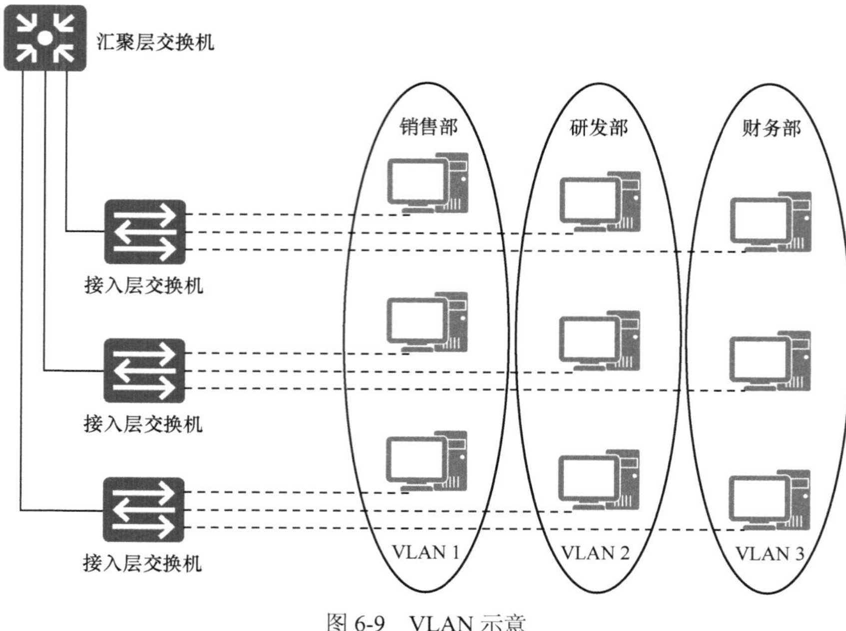

图 6-9　VLAN 示意

VLAN 的优势如下。

- 控制广播范围。一个 VLAN 就是一个广播域。一个 VLAN 中的计算机发送的广播帧不会扩散到其他 VLAN，从而减小广播的影响范围。
- 安全性高。可以根据安全性要求创建不同的 VLAN，将安全性要求一致的计算机放到同一个 VLAN 中。比如将含有敏感数据的计算机与网络中的其他计算机隔离，从而降低泄露机密信息的可能性。不同 VLAN 的计算机在数据链路层是相互隔离的，即一个 VLAN 内的用户不能和其他 VLAN 内的用户直接通信。如果不同 VLAN 之间要进行通信，则需要通过路由器或三层交换机等三层设备，同时，还可以在三层设备上进行流量控制。
- 提升性能。将第 2 层网络划分为多个逻辑工作组（广播域）可以减少网络上不必要的流量并提高性能。
- 提高 IT 人员工作效率。VLAN 为网络管理带来了方便，因为有相似网络需求的用户将共享同一个 VLAN。

6.3.2　单交换机上多个 VLAN

交换机的所有接口默认都属于 VLAN 1，VLAN 1 是默认 VLAN，不能删除。如图 6-10 所示，交换机 S1 的所有接口都在 VLAN 1 中，进入交换机接口的帧自动加上接口所属 VLAN 的标记，出交换机接口则会去掉 VLAN 标记。在图 6-10 中，计算机 A 给计算机 D 发送一个帧，帧进入 F0 接口，加了 VLAN 1 的标记，出 F3 接口，去掉 VLAN 1 的标记。对于通信的计算机 A 和 D 而言，这个过程是透明的。如果计算机 A 发送一个广播帧，该帧会加上 VLAN 1 的标记，转发到 VLAN 1 的所有接口。

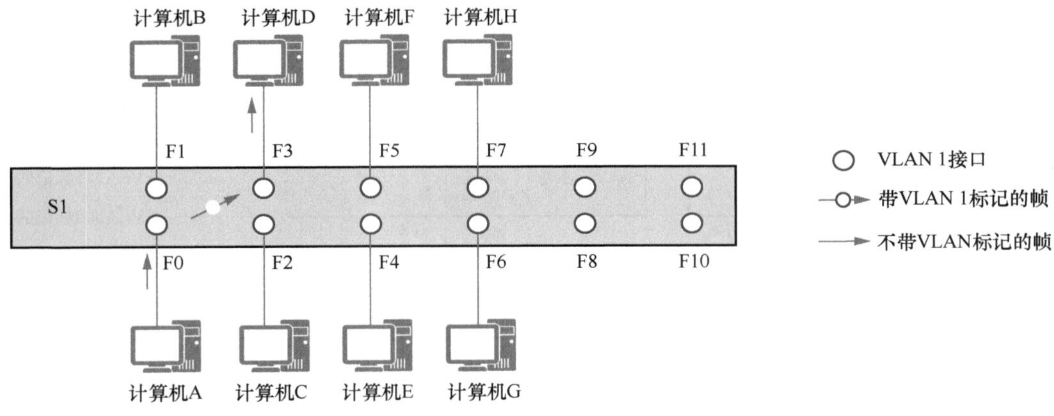

图 6-10 交换机接口默认属于 VLAN 1

假如交换机 S1 上连接了两个部门的计算机，A、B、C、D 是销售部的计算机，E、F、G、H 是研发部的计算机。为了安全考虑，将销售部的计算机指定到 VLAN 1，将研发部的计算机指定到 VLAN 2。如图 6-11 所示，计算机 E 给计算机 H 发送一个帧，帧进入 F8 接口，加上了 VLAN 2 的标记，从 F11 接口出去，去掉了 VLAN 2 的标记。计算机发送和接收的帧不带 VLAN 标记。

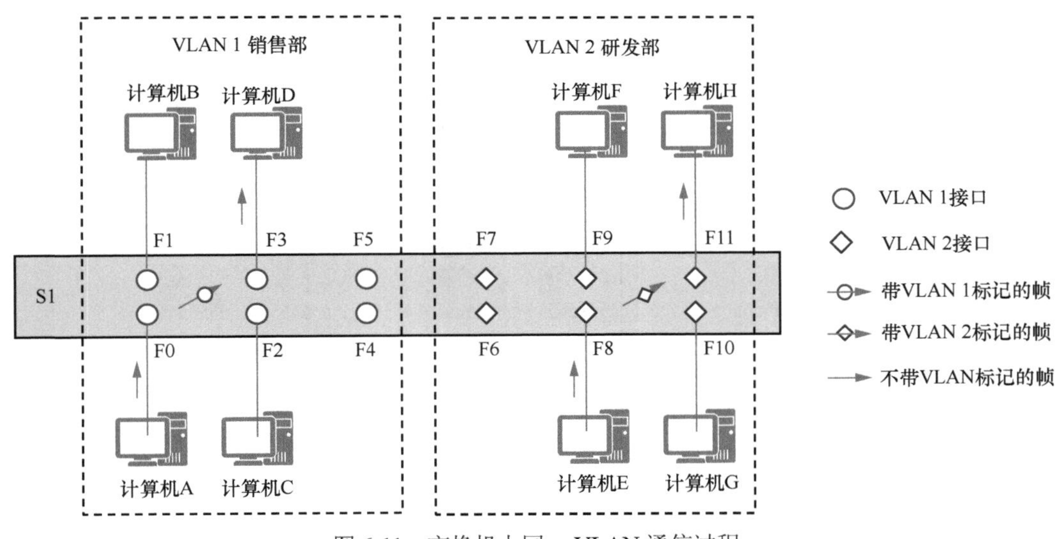

图 6-11 交换机上同一 VLAN 通信过程

交换机 S1 划分了两个 VLAN，等价于把该交换机从逻辑上分成了两个独立的交换机 S1-VLAN 1 和 S1-VLAN 2，等价图如图 6-12 所示。从这幅等价图可以看出，不同 VLAN 的计算机即便 IP 地址设置成一个网段，也不能通信了。要想实现 VLAN 间通信，必须经过路由器（三层设备）转发，这就要求不同 VLAN 分配不同网段的 IP 地址，图 6-12 中 S1-VLAN 1 分配的网段是 192.168.1.0/24，S1-VLAN 2 分配的网段是 192.168.2.0/24。图 6-12 中添加了一个路由器来展示 VLAN 间的通信过程，路由器的 F0 接口连接 S1-VLAN 1 的 F5 接口，F1 接口连接 S1-VLAN 2 的 F7 接口。图 6-12 标记了计算机 C 给计算机 E 发送数据包，帧进出交换机和路由器接口时 VLAN 标记的变化。

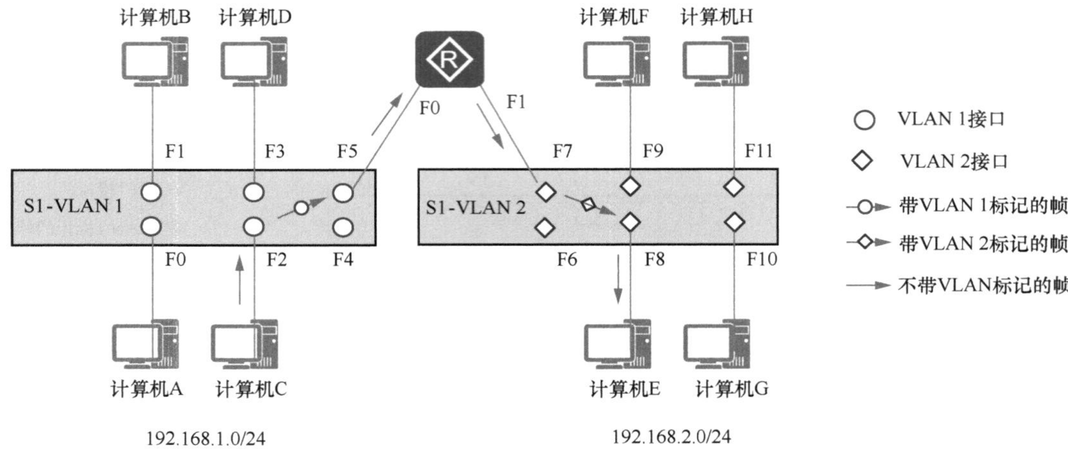

图 6-12　VLAN 等价图

6.3.3　跨交换机 VLAN

6.3.2 节介绍了一个交换机上创建多个 VLAN 的场景，有时候同一个部门的计算机接到不同的交换机，也要把它们划分到同一个 VLAN，这就是跨交换机 VLAN。

如图 6-13 所示，网络中有两个交换机 S1 和 S2，计算机 A、B、C、D 属于销售部，计算机 E、F、G、H 属于研发部。按部门划分 VLAN，销售部的为 VLAN 1，研发部的为 VLAN 2。为了让 S1 的 VLAN 1 和 S2 的 VLAN 1 能够通信，对两个交换机的 VLAN 1 接口进行连接，这样计算机 A、B、C、D 就属于同一个 VLAN，VLAN 1 跨两个交换机。同样将两个交换机上的 VLAN 2 接口进行连接，VLAN 2 也跨两个交换机。注意观察，计算机 D 与计算机 C 通信时帧的 VLAN 标记变化。

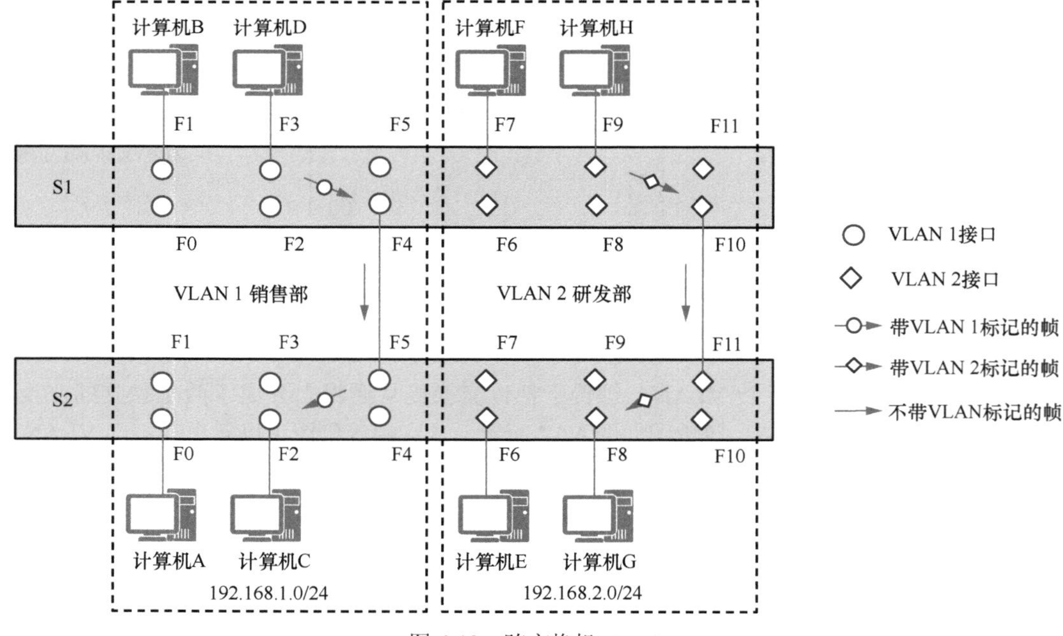

图 6-13　跨交换机 VLAN

通过图 6-13，大家能够很容易理解跨交换机 VLAN 是如何实现的，图 6-13 展示了两个跨交换机的 VLAN，每个 VLAN 使用单独的一根网线进行连接。跨交换机的多个 VLAN 也可以共用同一根网线，这根网线就称为干道（Trunk）链路。干道链路连接的交换机接口就称为干道接口，如图 6-14 所示。

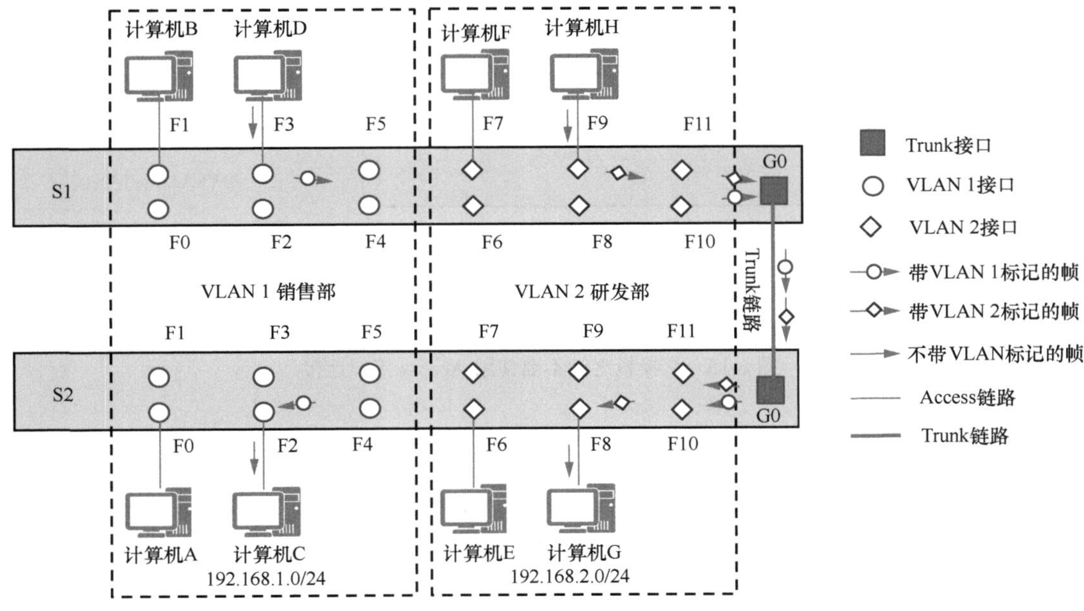

图 6-14 干道链路的帧有 VLAN 标记

在图 6-14 所示的网络中，计算机连接交换机的链路称为接入（Access）链路。允许多个 VLAN 帧通过的交换机之间的链路称为 Trunk 链路。Access 链路上的帧不带 VLAN 标记（Untagged 帧），Trunk 链路上的帧带 VLAN 标记（Tagged 帧）。通过 Trunk 链路传递帧，VLAN 信息不会丢失。比如计算机 B 发送一个广播帧，通过 Trunk 链路传到交换机 S2，交换机 S2 就知道这个广播帧来自 VLAN 1，并把该帧转发到 VLAN 1 的全部接口。

交换机上的接口分为 Access 接口、Trunk 接口和混合（Hybrid）接口。Access 接口只能属于一个 VLAN，一般用于连接计算机接口；Trunk 接口可以允许多个 VLAN 的帧通过，进出该接口的帧可以带 VLAN 标记。Hybrid 接口在 6.3.4 节详细介绍。

如图 6-15 所示，两个交换机有 3 个 VLAN，思考一下，由 VLAN 1 中的计算机 A 发送的一个广播帧是否能够到达 VLAN 2 和 VLAN 3？

由图 6-15 可以看到计算机 A 发出的广播帧，从 F2 接口发送出去就不带 VLAN 标记，该帧进入 S2 的 F3 接口后加了 VLAN 2 标记，S2 就会把该帧转发到所有 VLAN 2 接口，计算机 B 能够收到该帧。该帧还从 S2 的 F5 接口发送出去，去掉 VLAN 2 标记。S1 的 F6 接口收到该帧，加上 VLAN 3 标记后，就把该帧转发给所有的 VLAN 3 接口，计算机 C 也能收到该帧。

从以上分析可以看出，创建了 VLAN 的交换机，交换机之间的连接建议不要使用 Access 接口。如果连接错误，会造成莫名其妙的网络故障。本来 VLAN 是隔绝广播帧的，这种连接却使得广播帧能够扩散到 3 个 VLAN 中。

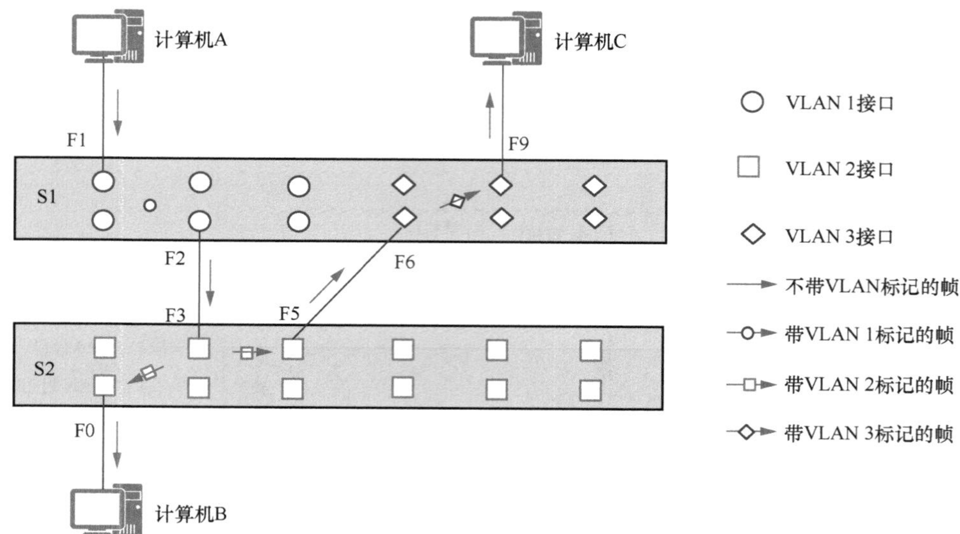

图 6-15　交换机之间不要使用 Access 接口连接

6.3.4 链路类型和接口类型

一个 VLAN 帧可能带有 Tag（称为 Tagged VLAN 帧，或简称为 Tagged 帧），也可能不带 Tag（称为 Untagged VLAN 帧，或简称为 Untagged 帧）。在谈及 VLAN 技术时，如果一个帧被交换机划分到 VLAN *i*（*i*=1, 2, 3, …, 4 094），我们就把这个帧称为一个 VLAN *i* 帧。对于带有 Tag 的 VLAN *i* 帧，*i* 其实就是这个帧的 Tag 中的 VID（VLAN ID）字段的取值。注意，对于 Tagged VLAN 帧，交换机显然能够从其 Tag 中的 VID 值判定出它属于哪个 VLAN；对于 Untagged VLAN 帧（例如终端计算机发出的帧），交换机需要根据某种原则（比如根据这个帧是从哪个接口进入交换机的）来判定或划分它属于哪个 VLAN。

在一个支持 VLAN 特性的交换网络中，我们把交换机与终端计算机直接相连的链路称为 Access 链路，把 Access 链路上交换机一侧的接口称为 Access 接口。同时，我们把交换机之间直接相连的链路称为 Trunk 链路，把 Trunk 链路上两侧的接口称为 Trunk 接口。在一条 Access 链路上传输的帧只能是（或者说应该是）Untagged 帧，并且这些帧只能属于某个特定的 VLAN；在一条 Trunk 链路上传输的帧可以是 Tagged 帧，这些帧可以属于不同的 VLAN。一个 Access 接口只能属于某个特定的 VLAN，并且只能让属于这个特定 VLAN 的帧通过；一个 Trunk 接口可以同时属于多个 VLAN，并且可以让属于不同 VLAN 的帧通过，如图 6-14 所示。

在实际的 VLAN 技术实现中，还常常定义并配置另外一种类型的接口，即 Hybrid 接口。既可以将交换机上与终端计算机相连的接口配置为 Hybrid 接口，也可以将交换机上与其他交换机相连的接口配置为 Hybrid 接口。

每一个交换机的接口（无论是 Access、Trunk 接口还是 Hybrid 接口）都应该配置一个 PVID（Port VLAN ID），到达这个接口的 Untagged 帧将被交换机划分到 PVID 所指定的 VLAN 中。例如，如果一个接口的 PVID 被配置为 5，则所有到达这个接口的 Untagged 帧都将被认定为属于 VLAN 5 的帧。默认情况下，PVID 的值为 1。

概括地讲，链路（线路）上传输的帧，可能是 Tagged 帧，也可能是 Untagged 帧。但一个交换机内部不同接口之间传输的帧则一定是 Tagged 帧。

接下来，我们具体地描述一下 Access 接口、Trunk 接口和 Hybrid 接口对于帧的处理和转发规则。

1. Access 接口

当 Access 接口从链路（线路）上收到一个 Untagged 帧后，交换机会在这个帧中添加 VID 为 PVID 的 Tag，然后对得到的 Tagged 帧进行转发操作（泛洪、点到点转发、丢弃）。

当 Access 接口从链路（线路）上收到一个 Tagged 帧后，交换机会检查这个帧的 Tag 中的 VID 是否与 PVID 相同。如果相同，则对这个 Tagged 帧进行转发操作（泛洪、点到点转发、丢弃）；如果不同，则直接丢弃这个 Tagged 帧。

当一个 Tagged 帧从交换机的其他接口到达一个 Access 接口后，交换机会检查这个帧的 Tag 中的 VID 是否与 PVID 相同。如果相同，则将这个 Tagged 帧的 Tag 进行剥离，然后将得到的 Untagged 帧从链路（线路）上发送出去；如果不同，则直接丢弃这个 Tagged 帧。

2. Trunk 接口

对于每一个 Trunk 接口，除了要配置 PVID（默认 PVID 为 1）以外，还必须配置允许通过的 VLAN ID 列表。

当 Trunk 接口从链路（线路）上收到一个 Untagged 帧后，交换机会在这个帧中添加 VID 为 PVID 的 Tag，然后查看 PVID 是否在允许通过的 VLAN ID 列表中。如果在，则对得到的 Tagged 帧进行转发操作（泛洪、点到点转发、丢弃）；如果不在，则直接丢弃得到的 Tagged 帧。

当 Trunk 接口从链路（线路）上收到一个 Tagged 帧后，交换机会查看这个帧的 Tag 中的 VID 是否在允许通过的 VLAN ID 列表中。如果在，则对该 Tagged 帧进行转发操作（泛洪、点到点转发、丢弃）；如果不在，则直接丢弃该 Tagged 帧。

当一个 Tagged 帧从交换机的其他接口到达一个 Trunk 接口后，如果这个帧的 Tag 中的 VID 不在允许通过的 VLAN ID 列表中，则该 Tagged 帧会被直接丢弃。

当一个 Tagged 帧从交换机的其他接口到达一个 Trunk 接口后，如果这个帧的 Tag 中的 VID 在允许通过的 VLAN ID 列表中，且 VID 与 PVID 相同，则交换机会对这个 Tagged 帧的 Tag 进行剥离，然后将得到的 Untagged 帧从链路（线路）上发送出去。

当一个 Tagged 帧从交换机的其他接口到达一个 Trunk 接口后，如果这个帧的 Tag 中的 VID 在允许通过的 VLAN ID 列表中，但 VID 与 PVID 不相同，则交换机不会对这个 Tagged 帧的 Tag 进行剥离，而是直接将它从链路（线路）上发送出去。

3. Hybrid 接口

Hybrid 接口除了需要配置 PVID 以外，还需要配置两个 VLAN ID 列表，一个是 Untagged VLAN ID 列表，另一个是 Tagged VLAN ID 列表。属于这两个 VLAN ID 列表中的所有 VLAN 的帧都是允许通过这个 Hybrid 接口的。

当 Hybrid 接口从链路（线路）上收到一个 Untagged 帧后，交换机会在这个帧中添加 VID 为 PVID 的 Tag，然后查看该帧是否在 Untagged VLAN ID 列表或 Tagged VLAN ID 列表中。如果在，则对得到的 Tagged 帧进行转发操作（泛洪、点到点转发、丢弃）；如果不在，则直接丢弃得到的 Tagged 帧。

当 Hybrid 接口从链路（线路）上收到一个 Tagged 帧后，交换机会查看这个帧的 Tag 中的 VID 是否在 Untagged VLAN ID 列表或 Tagged VLAN ID 列表中。如果在，则对该 Tagged 帧进行转发操作（泛洪、点到点转发、丢弃）；如果不在，则直接丢弃该 Tagged 帧。

当一个 Tagged 帧从交换机的其他接口到达一个 Hybrid 接口后，如果这个帧的 Tag 中的 VID 既不在 Untagged VLAN ID 列表中，也不在 Tagged VLAN ID 列表中，则直接丢弃该 Tagged 帧。

当一个 Tagged 帧从交换机的其他接口到达一个 Hybrid 接口后，如果这个帧的 Tag 中的 VID 在 Untagged VLAN ID 列表中，则交换机会对这个 Tagged 帧的 Tag 进行剥离，然后将得到的 Untagged 帧从链路（线路）上发送。

当一个 Tagged 帧从交换机的其他接口到达一个 Hybrid 接口后，如果这个帧的 Tag 中的 VID 在 Tagged VLAN ID 列表中，则交换机不会对这个 Tagged 帧的 Tag 进行剥离，而是直接将它从链路（线路）上发送。

Hybrid 接口的工作机制比 Trunk 接口和 Access 接口更为丰富而灵活：Trunk 接口和 Access 接口可以看成 Hybrid 接口的特例。当 Hybrid 接口配置中的 Untagged VLAN ID 列表中有且只有 PVID 时，Hybrid 接口就等效于一个 Trunk 接口；当 Hybrid 接口配置中的 Untagged VLAN ID 列表中有且只有 PVID，并且 Tagged VLAN ID 列表为空时，Hybrid 接口就等效于一个 Access 接口。

6.3.5 VLAN 的类型

计算机发送的帧都是不带 Tag 的。对一个支持 VLAN 特性的交换网络来说，计算机发送的 Untagged 帧一旦进入交换机，交换机必须通过某种划分原则把这个帧划分到某个特定的 VLAN 中。根据划分原则的不同，VLAN 便有了不同的类型。

1. 基于接口的 VLAN

划分原则：将 VLAN 的编号（VLAN ID）配置映射到交换机的物理接口上，从某一物理接口进入交换机的、由终端计算机发送的 Untagged 帧都被划分到该接口的 VLAN ID 所表明的那个 VLAN 中。这种划分原则简单而直观，实现也很容易，并且也比较安全可靠。注意，对于这种类型的 VLAN，当计算机接入交换机的接口发生变化时，该计算机发送的帧的 VLAN 归属可能会发生改变。基于接口的 VLAN 通常也称为物理层 VLAN 或一层 VLAN。

2. 基于 MAC 地址的 VLAN

划分原则：交换机内部建立并维护了一个 MAC 地址与 VLAN ID 的对应表，当交换机接收到计算机发送的 Untagged 帧时，交换机将分析帧中的源 MAC 地址，然后查询 MAC 地与 VLAN ID 的对应表，并根据对应关系把这个帧划分到相应的 VLAN 中。这种划分原则实现起来稍显复杂，但配置计算机 VLAN 的灵活性得到提高。例如，当计算机接入交换机的接口发生变化时，该计算机发送的帧的 VLAN 归属并不会改变（因为计算机的 MAC 地址不会发生变化）。但需要指出的是，这种类型的 VLAN 的安全性不是很高，因为一些恶意的计算机是很容易伪造自己的 MAC 地址的。基于 MAC 地址的 VLAN 通常也称为二层 VLAN。

3. 基于协议的 VLAN

划分原则：交换机根据计算机发送的 Untagged 帧中的帧类型字段的值来决定该帧的 VLAN 归属。例如，可以将类型值为 0x0800 的帧划分到一个 VLAN，将类型值为 0x86dd 的帧划分到另一个 VLAN；这实际上是将载荷数据为 IPv4 数据包的帧和载荷数据为 IPv6 数据包的帧分别划分到了不同的 VIAN。基于协议的 VLAN 通常也称为三层 VLAN。

以上介绍了 3 种不同类型的 VLAN。从理论上说，VLAN 的类型远远不止这些，因为划分 VLAN 的原则可以是灵活而多变的，并且某一种划分原则还可以是另外若干种划分原则的某种组合。在现实中，究竟该选择哪种类型的 VLAN，需要根据网络的具体需求、实现成本等因素决定。就目前来看，基于接口的 VLAN 在实际的网络中应用较为广泛。如无特别说明，本书中所提到的 VLAN，均指基于接口的 VLAN。

6.3.6 实战：配置基于接口的 VLAN

下面就以二层结构的局域网为例创建基于接口的跨交换机的 VLAN。

如图 6-16 所示（其中，GE 表示 GigabitEthernet 接口），网络中有两个接入层交换机 LSW2 和 LSW3、一个汇聚层交换机 LSW1，以及 6 台计算机，PC1 和 PC2 在 VLAN 1，PC3 和 PC4 在 VLAN 2，PC5 和 PC6 在 VLAN 3，VLAN 1 所在的网段是 192.168.1.0/24，VLAN 2 所在的网段是 192.168.2.0/24，VLAN 3 所在的网段是 192.168.3.0/24。

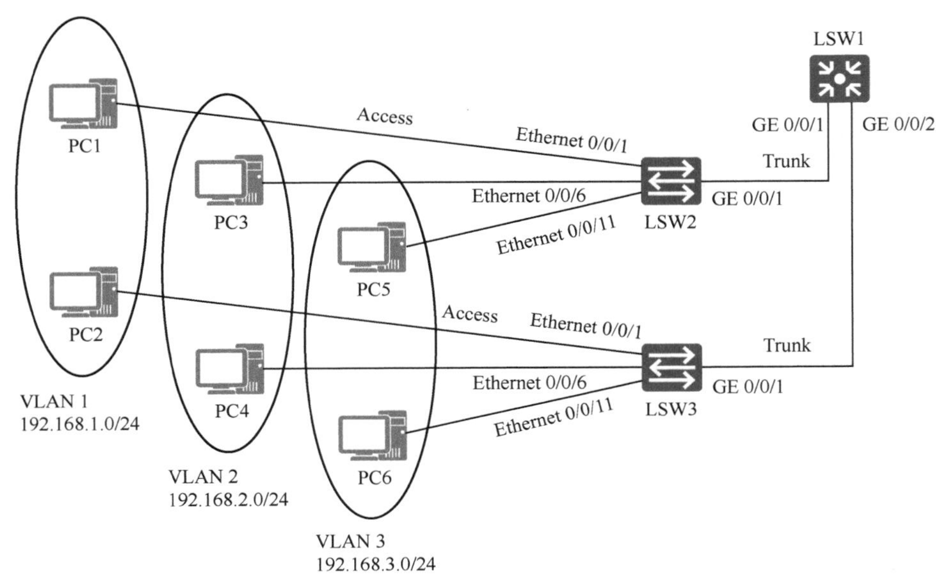

图 6-16 跨交换机 VLAN

我们需要完成以下功能。

（1）每个交换机都创建 VLAN 1、VLAN 2 和 VLAN 3，VLAN 1 是默认 VLAN，不需要创建。

（2）将接入层交换机接口 Ethernet 0/0/1～Ethernet 0/0/5 指定到 VLAN 1。

（3）将接入层交换机接口 Ethernet 0/0/6～Ethernet 0/0/10 指定到 VLAN 2。

（4）将接入层交换机接口 Ethernet 0/0/11～Ethernet 0/0/15 指定到 VLAN 3。

（5）将连接计算机的接口设置成 Access 接口。

（6）将交换机之间的连接接口设置成 Trunk 接口，允许 VLAN 1、VLAN 2、VLAN 3 的帧通过。

（7）捕获并分析 Trunk 链路上带 VLAN 标记的帧。

需要注意的是，接计算机的接口要设置成 Access 接口，交换机和交换机连接的接口要设置成 Trunk 接口。也可以这样记，如果接口需要多个 VLAN 的帧通过，就需要将其设置成 Trunk 接口。同时还要留意，交换机的这些 Trunk 接口的 PVID 要一致。汇聚层交换机虽然没有连接 VLAN 2 和 VLAN 3 的计算机，也需要创建 VLAN 2 和 VLAN 3，也就是说，网络中的这 3 个交换机要有相同的 VLAN。

在交换机 LSW2 上创建 VLAN，如下所示。

```
[LSW2]vlan ?
  INTEGER<1-4094>   VLAN ID                    --支持的 VLAN 数量，最大为 4 094
  batch             Batch process              --可以批量创建 VLAN
```

```
[LSW2]vlan 2                                --创建 VLAN 2
[LSW2-vlan2]quit
[LSW2]vlan 3                                --创建 VLAN 3
[LSW2-vlan3]quit
[LSW2]display vlan summary                  --显示 VLAN 摘要信息
static vlan:
Total 3 static vlan.                        --总共 3 个 VLAN
  1 to 3
dynamic vlan:
Total 0 dynamic vlan.
reserved vlan:
Total 0 reserved vlan.
[LSW2]
```

VLAN 1 是默认 VLAN，不用创建。

以下命令用于批量创建 VLAN 4、VLAN 5 和 VLAN 6。

```
[LSW2]vlan batch 4 5 6
```

以下命令用于批量创建 VLAN 10～VLAN 20 共 11 个 VLAN。

```
[LSW2]vlan batch 10 to 20
```

以下命令用于批量删除 VLAN 4、VLAN 5 和 VLAN 6。

```
[LSW2]undo vlan batch 4 5 6
```

由于要批量设置接口，有必要创建接口组进行批量设置。下面的操作为创建接口组 vlan1port，将 Ethernet 0/0/1～Ethernet 0/0/5 接口设置为 Access 接口，并将它们指定到 VLAN 1。

```
[LSW2]port-group vlan1port
[LSW2-port-group-vlan1port]group-member Ethernet 0/0/1 to Ethernet 0/0/5
[LSW2-port-group-vlan1port]port link-type ?           --查看支持的接口类型
  access          Access port
  dot1q-tunnel    QinQ port
  hybrid          Hybrid port
  trunk           Trunk port
[LSW2-port-group-vlan1port]port link-type access      --将接口设置成 Access 接口
[LSW2-port-group-vlan1port]port default vlan 1
--将接口组指定到 VLAN 1，这些接口默认就在 VLAN 1 中，可以不执行该命令
[LSW2-port-group-vlan1port]quit
```

为 VLAN 2 创建接口组 vlan2port，将 Ethernet 0/0/6～Ethernet 0/0/10 接口设置为 Access 接口，并将它们指定到 VLAN 2，如下所示。

```
[LSW2]port-group vlan2port
[LSW2-port-group-vlan2port]group-member Ethernet 0/0/6 to Ethernet 0/0/10
[LSW2-port-group-vlan2port]port link-type access
[LSW2-port-group-vlan2port]port default vlan 2
--将接口组指定到 VLAN 2，执行这个命令后，这些接口的 PVID 就变成了 2
[LSW2-port-group-vlan2port]quit
```

为 VLAN 3 创建接口组 vlan3port，将 Ethernet 0/0/11～Ethernet 0/0/15 接口设置为 Access 接口，并将它们指定到 VLAN 3，如下所示。

```
[LSW2]port-group vlan3port
[LSW2-port-group-vlan3port]group-member Ethernet 0/0/11 to Ethernet 0/0/15
[LSW2-port-group-vlan3port]port link-type access
```

```
[LSW2-port-group-vlan3port]port default vlan 3
--将接口组指定到VLAN 3，执行这个命令后，这些接口的PVID就变成了3
[LSW2-port-group-vlan3port]quit
```

将 GigabitEthernet 0/0/1 接口配置为 Trunk 接口，允许 VLAN 1、VLAN 2 和 VLAN 3 的帧通过，如下所示。

```
[LSW2]interface GigabitEthernet 0/0/1
[LSW2-GigabitEthernet0/0/1]port link-type trunk
[LSW2-GigabitEthernet0/0/1]port trunk allow-pass vlan ?
  INTEGER<1-4094>  VLAN ID
  all              All                                  --允许所有VLAN的帧通过
[LSW2-GigabitEthernet0/0/1]port trunk allow-pass vlan 1 2 3 --指定允许通过的VLAN ID
```

默认所有接口的PVID都是VLAN 1，执行以下命令将Trunk接口的PVID更改为VLAN 2。

```
[LSW2-GigabitEthernet0/0/1]port trunk pvid vlan 2
```

对于Access接口，接口所属VLAN就是该接口的PVID。执行以下命令后可查看接口的PVID。

```
[LSW2]display interface Ethernet 0/0/1
Ethernet0/0/1 current state : UP
Line protocol current state : UP
Description:
Switch Port, PVID :  2 , TPID : 8100(Hex), The Maximum Frame Length is 9216
IP Sending Frames' Format is PKTFMT_ETHNT_2, Hardware address is 4c1f-cc8d-71bf
```

执行以下命令显示 VLAN 设置，可以看到接口 GigabitEthernet 0/0/1 同时属于 VLAN 1、VLAN 2 和 VLAN 3。

```
[LSW2]display vlan
The total number of vlans is : 3                    --VLAN数量
--------------------------------------------------------------------------------
U: Up;    D: Down;   TG: Tagged;    UT: Untagged; --TG:带VLAN标记。UT：不带VLAN标记
MP: Vlan-mapping;          ST: Vlan-stacking;
#: ProtocolTransparent-vlan;     *: Management-vlan;
--------------------------------------------------------------------------------
VID  Type     Ports
--------------------------------------------------------------------------------
1    common  UT:Eth0/0/1(U)      Eth0/0/2(D)      Eth0/0/3(D)      Eth0/0/4(D)
                Eth0/0/5(D)      Eth0/0/16(D)     Eth0/0/17(D)     Eth0/0/18(D)
                Eth0/0/19(D)     Eth0/0/20(D)     Eth0/0/21(D)     Eth0/0/22(D)
                GE0/0/1(U)       GE0/0/2(D)
--GigabitEthernet 0/0/1的PVID为VLAN 1，VLAN 1的帧通过该接口时不带VLAN标记

2    common  UT:Eth0/0/6(U)      Eth0/0/7(D)      Eth0/0/8(D)      Eth0/0/9(D)
                Eth0/0/10(D)
             TG:GE0/0/1(U)              --TG代表VLAN 2的帧通过该接口时需要带VLAN标记

3    common  UT:Eth0/0/11(U)     Eth0/0/12(D)     Eth0/0/13(D)     Eth0/0/14(D)
                Eth0/0/15(D)
             TG:GE0/0/1(U)              --TG代表VLAN 3的帧通过该接口时需要带VLAN标记

…
```

参照LSW2的配置，在LSW3上创建VLAN并指定接口类型。

在汇聚层交换机LSW1上创建VLAN 2、VLAN 3，将两个接口类型设置成Trunk，允许

VLAN 1、VLAN 2、VLAN 3 的帧通过，如下所示。

```
[LSW1]vlan batch  2 3                                --批量创建 VLAN 2 和 VLAN 3
[LSW1]interface GigabitEthernet 0/0/1
[LSW1-GigabitEthernet0/0/1]port link-type trunk
[LSW1-GigabitEthernet0/0/1]port trunk allow-pass vlan 1 2 3
[LSW1-GigabitEthernet0/0/1]quit
[LSW1]interface GigabitEthernet 0/0/2
[LSW1-GigabitEthernet0/0/2]port link-type trunk
[LSW1-GigabitEthernet0/0/2]port trunk allow-pass vlan 1 2 3
[LSW1-GigabitEthernet0/0/2] quit
```

通过抓包工具捕获 Trunk 链路的帧，如图 6-17 所示，可以看到华为交换机的 Trunk 链路的帧在数据链路层和网络层之间插入了 VLAN 标记，使用的是 IEEE 802.1Q 帧格式。VLAN ID 使用 12 位二进制数表示，VLAN ID 的取值范围为 0～4 095，由于 0 和 4 095 为协议保留值，因此 VLAN ID 的有效取值范围为 1～4 094，图 6-17 中展示的帧是 VLAN 2 的帧。

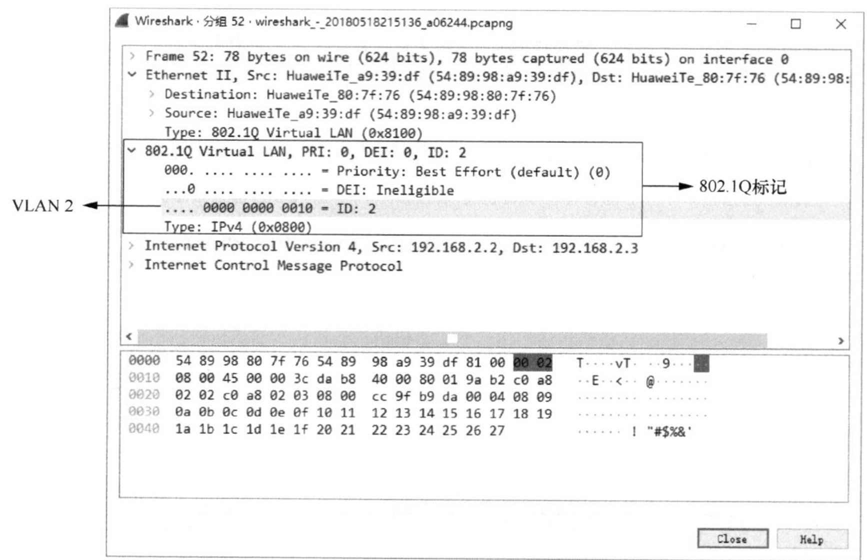

图 6-17　带 VLAN 标记的帧

6.4　实现 VLAN 间路由

6.4.1　路由器实现 VLAN 间路由

在交换机上创建多个 VLAN，VLAN 间的通信可以使用路由器实现。如图 6-18 所示，两个交换机使用干道链路连接，创建了 3 个 VLAN，路由器的 F0、F1 和 F2 接口分别连接 3 个 VLAN 的 Access 接口，路由器在不同 VLAN 间转发数据包。路由器的一条物理链路被形象地称为“手臂”，VLAN 1、VLAN 2 和 VLAN 3 中的计算机网关分别是路由器 F0、F1、F2 接口的 IP 地址。图 6-18 展示了使用多臂路由器实现 VLAN 间路由，另外还展示了 VLAN 1 中的计算机 A 与 VLAN 3 中的计算机 L 通信的过程，注意观察帧在途经链路上的 VLAN 标记。思考一下，计算机 H 给计算机 L 发送数据时，帧的路径和经过每条链路时的 VLAN 标记。

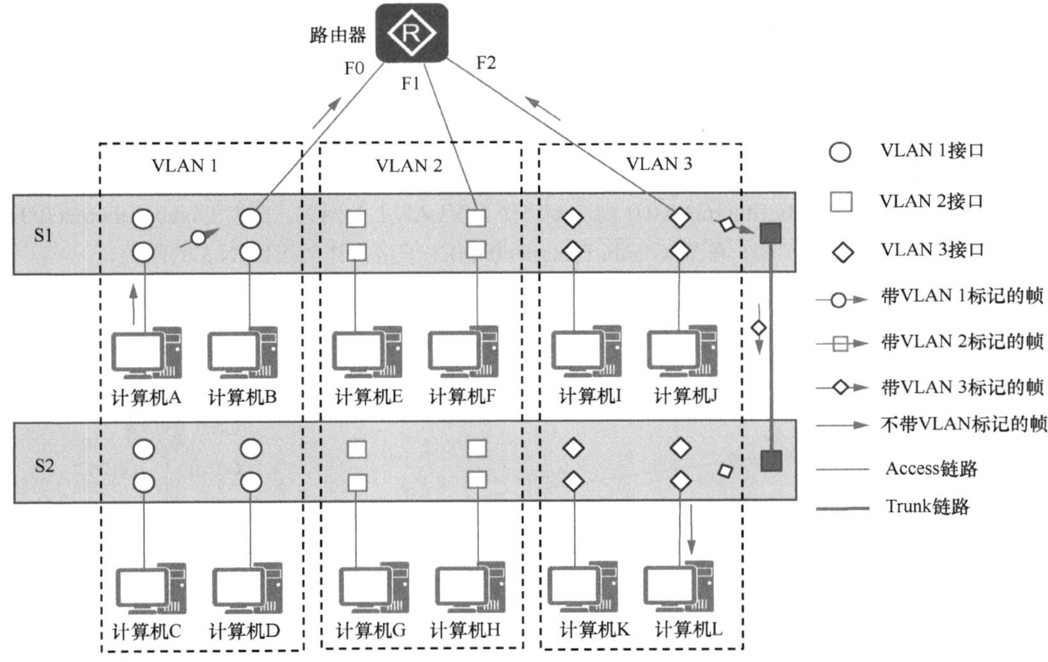

图 6-18 多臂路由器实现 VLAN 间路由示意

将路由器的接口连接 VLAN 的 Access 接口，一个 VLAN 需要路由器的一个物理接口，这样增加 VLAN 时就要考虑路由器的接口是否够用，也可以将路由器的物理接口连接到交换机的 Trunk 接口。如图 6-19 所示，将路由器的物理接口划分成多个子接口，每个子接口对应一个 VLAN，在子接口设置 IP 地址作为对应 VLAN 的网关，一个物理接口就可以实现 VLAN 间路由，这就是使用单臂路由器实现 VLAN 间路由。图 6-19 展示了 VLAN 1 中的计算机 A 给 VLAN 3 中的计算机 L 发送数据时帧经过的链路。

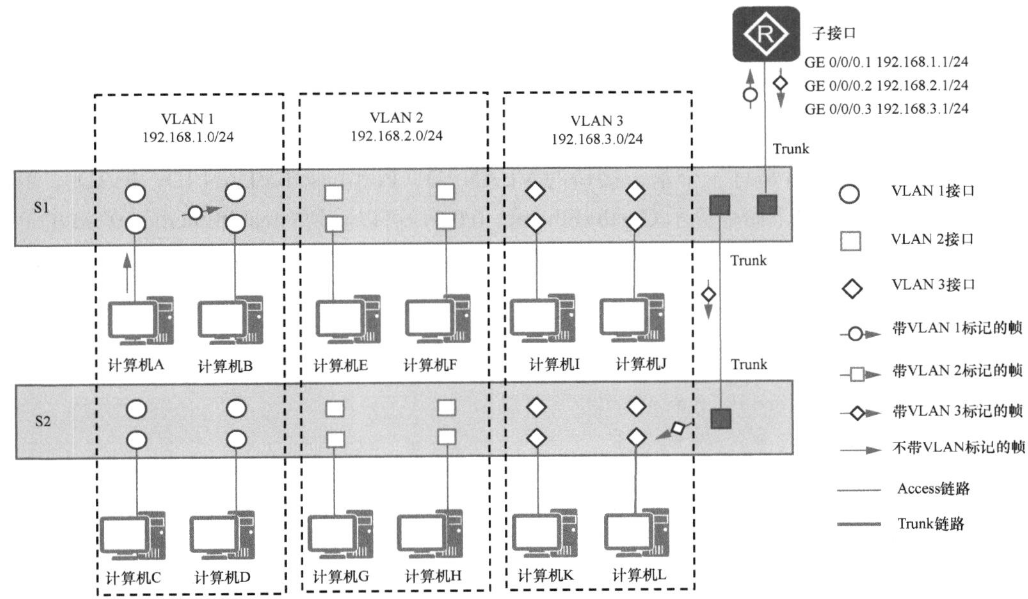

图 6-19 单臂路由器实现 VLAN 间路由示意

6.4.2 配置单臂路由实现 VLAN 间路由

如图 6-20 所示（其中，E 表示 Ethernet 接口，GE 表示 GigabitEthernet 接口），跨交换机的 3 个 VLAN 已经创建完成，在 LSW1 交换机上连接一个路由器以实现 VLAN 间通信，需要将 LSW1 交换机的 GigabitEthernet 0/0/3 配置成 Trunk 接口，允许 VLAN 1、VLAN 2 和 VLAN 3 的帧通过。配置 AR1 路由器的 GigabitEthernet 0/0/0 物理接口作为 VLAN 1 的网关，配置 GigabitEthernet 0/0/0.2 子接口作为 VLAN 2 的网关，配置 GigabitEthernet 0/0/0.3 子接口作为 VLAN 3 的网关。

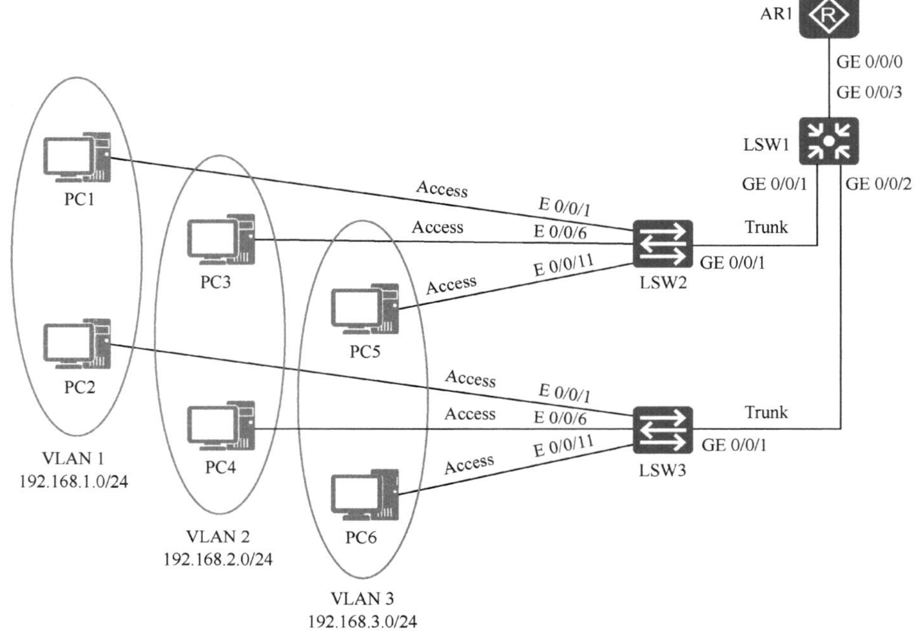

图 6-20 使用单臂路由器实现 VLAN 间路由

配置 LSW1 连接路由器的接口 GigabitEthernet 0/0/3 为 Trunk 接口，允许所有 VLAN 的帧通过，如下所示。

```
[LSW1]interface GigabitEthernet 0/0/3
[LSW1-GigabitEthernet0/0/3]port link-type trunk
[LSW1-GigabitEthernet0/0/3]port trunk allow-pass vlan all
```

交换机的所有接口都有一个基于接口的 VLAN ID（Port-based VLAN ID，PVID），Trunk 接口也不例外。执行以下命令显示 GigabitEthernet 0/0/3，可以看到 GigabitEthernet 0/0/3 的 PVID 是 1。该接口发送 VLAN 1 的帧时去掉 VLAN 标记，接收到没有 VLAN 标记的帧时加上 VLAN 1 标记。发送和接收其他 VLAN 的帧时，帧的 VLAN 标记不变。

```
[LSW1]display interface GigabitEthernet 0/0/3
GigabitEthernet 0/0/3 current state : UP
Line protocol current state : UP
Description:
Switch Port, PVID :   1, TPID : 8100(Hex), The Maximum Frame Length is 9216 --PVID是1
```

配置 AR1 路由器的 GigabitEthernet 0/0/0 接口及其子接口。由于连接路由器的交换机接口的 PVID 是 VLAN 1，就让物理接口作为 VLAN 1 的网关，接收不带 VLAN 标记的帧。在物理接口后面加一个数字就是一个子接口，子接口编号和 VLAN 编号不要求一致，这里为了好记，子接口编号和 VLAN 编号通常设置成一样的，如下所示。

```
[AR1]interface GigabitEthernet 0/0/0          --配置物理接口作为 VLAN 1 的网关
[AR1-GigabitEthernet0/0/0]ip address 192.168.1.1 24
[AR1-GigabitEthernet0/0/0]quit
[AR1]interface GigabitEthernet 0/0/0.2                  --进入子接口
[AR1-GigabitEthernet0/0/0.2]ip address 192.168.2.1 24
[AR1-GigabitEthernet0/0/0.2]dot1q termination vid 2     --指定子接口对应的 VLAN ID
[AR1-GigabitEthernet0/0/0.2]arp broadcast enable        --开启 ARP 广播功能
[AR1-GigabitEthernet0/0/0.2]quit
[AR1]interface GigabitEthernet 0/0/0.3
[AR1-GigabitEthernet0/0/0.3]ip address 192.168.3.1 24
[AR1-GigabitEthernet0/0/0.3]dot1q termination vid 3     --指定子接口对应的 VLAN ID
[AR1-GigabitEthernet0/0/0.3]arp broadcast enable        --开启 ARP 广播功能
[AR1-GigabitEthernet0/0/0.3]quit
```

arp broadcast enable 命令用来启用子接口的 ARP 广播功能。undo arp broadcast enable 命令用来取消子接口的 ARP 广播功能。默认情况下，子接口没有启用 ARP 广播功能。

如果子接口上没有配置 arp broadcast enable 命令，那么该子接口将丢弃接收到的报文。此时该子接口的路由可以看作黑洞路由（黑洞路由是将所有无关路由吸入其中，使它们有来无回的路由）。如果子接口上配置了 arp broadcast enable 命令，那么系统会构造带 Tag 的 ARP 广播报文，然后将其从该子接口发出。

6.4.3　使用三层交换实现 VLAN 间路由

三层交换是在交换机中引入路由模块，从而取代传统路由器以实现交换与路由相结合的网络技术。三层交换在 IP 路由的处理上进行了改进，实现了简化的 IP 转发流程，利用专用的专用集成电路（Application Specific Integrated Circuit，ASIC）芯片实现硬件的转发，这样绝大多数的报文处理就都可以在硬件中实现了，只有极少数报文才需要使用软件转发，整个系统的转发性能得以提升，相同性能的设备在成本上也大幅下降。

具有三层交换功能的交换机到底是交换机还是路由器？对很多学生来说这不太好理解。大家可以把三层交换机理解成虚拟路由器和交换机的组合。在交换机上有几个 VLAN，在虚拟路由器上就有几个虚拟接口（Vlanif）与这几个 VLAN 相连。

如图 6-21 所示（其中，F 表示 Fast Ethernet 接口），在三层交换机 S1 上创建了 VLAN 1 和 VLAN 2，在虚拟路由器上就有两个虚拟接口 Vlanif 1 和 Vlanif 2，这两个虚拟接口相当于分别接入 VLAN 1 的某个接口和 VLAN 2 的某个接口。图中的接口 F5 和 Vlanif 1 连接，接口 F7 和 Vlanif 2 连接。图 6-21 仅仅用于形象化展示，实际上虚拟路由器是不可见的，也不会占用交换机的物理接口以及与 Vlanif 接口连接。我们能够操作的就是给虚拟接口配置 IP 地址和子网掩码，让其充当 VLAN 的网关，以便不同 VLAN 中的计算机能够相互通信。

6.3.6 节的实战只配置了跨交换机的 VLAN，这里继续 6.3.6 小节的实战，使用三层交换实现 VLAN 间路由。本例中 LSW1 是三层交换机，配置 LSW1 以实现 VLAN 1、VLAN 2 和 VLAN 3 之间的路由，如下所示。

```
[LSW1]interface Vlanif 1
[LSW1-Vlanif1]ip address 192.168.1.1 24
[LSW1-Vlanif1]quit
[LSW1]interface Vlanif 2
[LSW1-Vlanif2]ip address 192.168.2.1 24
[LSW1-Vlanif2]quit
```

```
[LSW1]interface Vlanif 3
[LSW1-Vlanif3]ip address 192.168.3.1 24
[LSW1-Vlanif3]quit
```

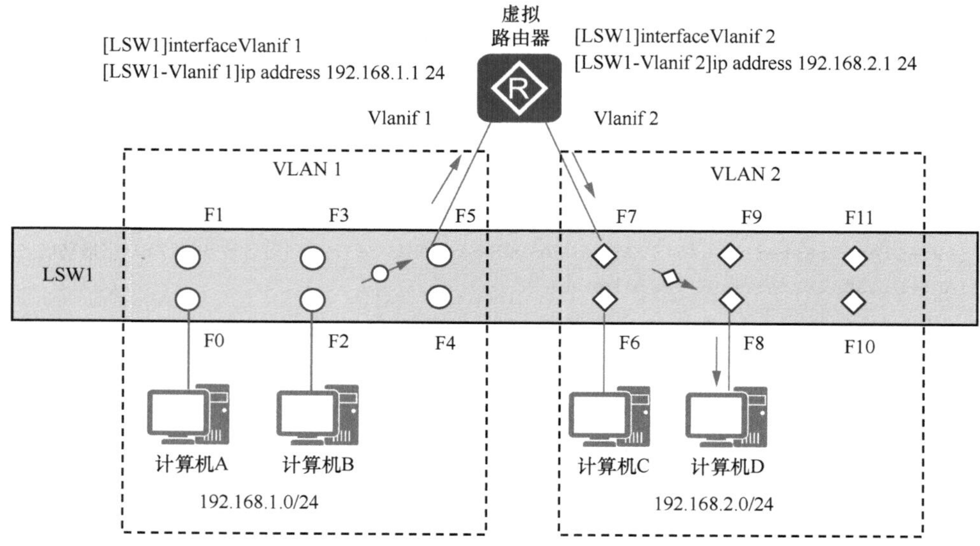

图 6-21 三层交换机等价图

执行 display ip interface brief 命令后将显示 vlanif 接口的 IP 地址信息及其状态，如下所示。

```
<LSW1>display ip interface brief
*down: administratively down
^down: standby
(l) : loopback
(s) : spoofing
The number of interface that is UP in Physical is 4
The number of interface that is DOWN in Physical is 1
The number of interface that is UP in Protocol is 4
The number of interface that is DOWN in Protocol is 1

Interface                         IP Address/Mask      Physical   Protocol
MEth0/0/1                         unassigned           down       down
NULL0                             unassigned           up         up (s)
Vlanif1                           192.168.1.1/24       up         up
Vlanif2                           192.168.2.1/24       up         up
Vlanif3                           192.168.3.1/24       up         up
```

6.5 STP

6.5.1 交换机组网环路问题

如图 6-22 所示，企业组建局域网通常采用二层架构，即接入层交换机连接汇聚层交换机，如果汇聚层交换机出现故障，两个接入层交换机就不能相互访问，这就是单点故障。某些企业和单位的业务不允许因设备故障造成网络长时间中断，为了避免汇聚层交换机单点故障，在组网时通常会部署两个汇聚层交换机，如图 6-23 所示（其中，GE 表示 GigabitEthernet 接口），当汇聚层交换机 1 出现故障时，接入层的两个交换机可以通过汇聚层交换机 2 进行通信。

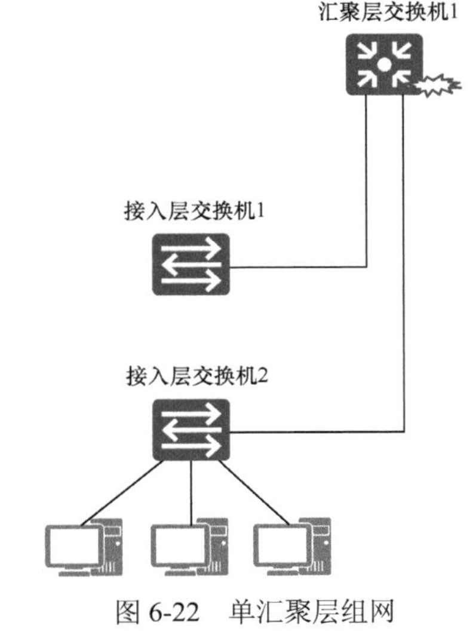

图 6-22　单汇聚层组网

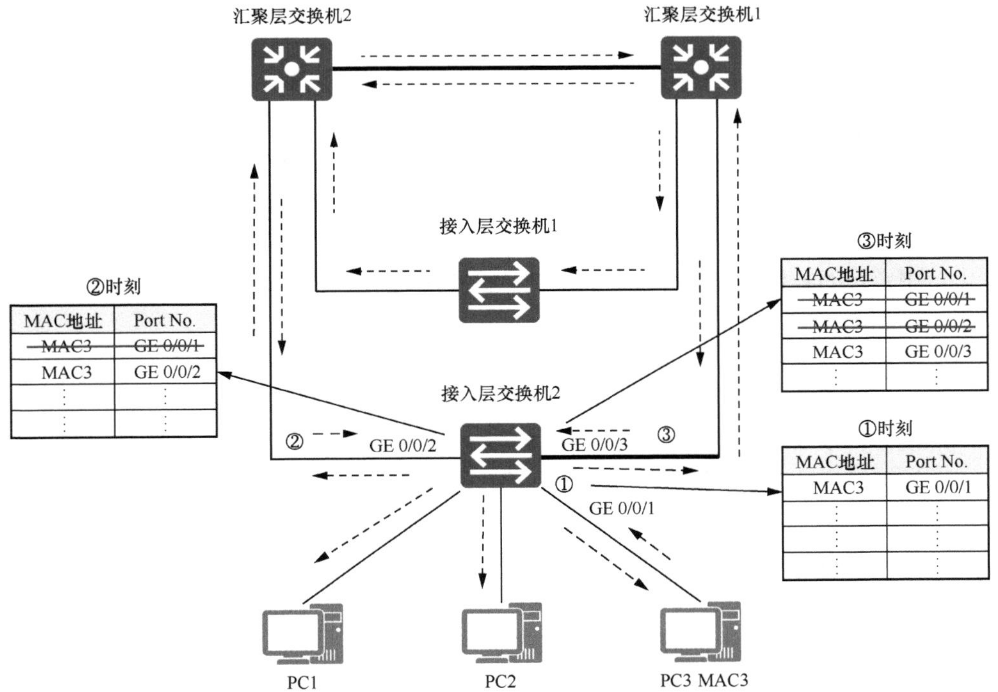

图 6-23　双汇聚层组网

这样一来，交换机组建的网络则会形成环路。如图 6-23 所示，如果网络中的 PC3 发送广播帧，交换机收到广播帧后会泛洪，广播帧会在环路中一直转发，占用交换机的接口带宽，消耗交换机的资源，而网络中的计算机会一直重复收到该帧，从而影响计算机接收正常通信的帧，这就是广播风暴。

交换机组建的网络如果有环路，还会出现交换机 MAC 地址表的快速震荡。如图 6-23 所示，在①时刻接入层交换机 2 的 GigabitEthernet 0/0/1 接口收到了 PC3 的广播帧，会在 MAC

地址表添加一条 MAC3 和 GigabitEthernet 0/0/1 接口的映射关系。该广播帧会从接入层交换机 2 的 GigabitEthernet 0/0/3 和 GigabitEthernet 0/0/2 接口发送出去。在②时刻接入层交换机 2 的 GigabitEthernet 0/0/2 从汇聚层交换机 2 收到该广播帧，将 MAC 地址表中 MAC3 对应的接口修改为 GigabitEthernet 0/0/2。在③时刻接入层交换机 2 的 GigabitEthernet 0/0/3 接口从汇聚层交换机 1 收到该广播帧，将 MAC 地址表中 MAC3 对应的接口更改为 GigabitEthernet 0/0/3。这样一来，接入层交换机 2 的 MAC 地址表中关于 PC3 的 MAC 地址的表项内容就会无休止地、快速地变来变去，这就是 MAC 地址震荡。接入层交换机 1 和汇聚层交换机 1、2 的 MAC 地址表也会出现完全一样的快速震荡现象。MAC 地址表的快速震荡会大量消耗交换机的资源，甚至可能会导致交换机瘫痪。

这就要求交换机能够有效解决环路问题。交换机使用 STP 来阻断环路，STP 通过阻塞接口来阻断环路。

6.5.2 STP 版本和生成树相关术语

STP 可应用于计算机网络中树形拓扑结构的建立，其主要作用是防止交换机网络中的冗余链路形成环路。STP 适用于所有厂商的网络设备，不同厂商的设备在配置上有所差别，但在原理和应用效果上是一致的。

STP 通过在交换机之间传递网桥协议数据单元（Bridge Protocol Data Unit，BPDU），采用生成树算法选举根桥、根接口和指定接口的方式，最终形成树形结构的网络。其中，根接口、指定接口都处于转发状态，其他接口处于禁用状态。如果网络拓扑发生改变，将重新计算生成树拓扑。STP 的存在，既满足了核心层和汇聚层网络需要冗余链路的网络健壮性要求，又解决了因为冗余链路形成的物理环路导致的广播风暴问题和 MAC 地址震荡问题。

STP 有以下 3 个版本，我们可以为华为的交换机配置其中一个版本，也就是指定生成树的模式。

- 生成树协议。这里所说的生成树协议（STP）特指 STP 的一个版本，是 IEEE 802.1D 中定义的数据链路层协议，如果交换机 STP 运行在 STP 的模式下，不管交换机中有多少个 VLAN，所有的流量都会经过相同的路径。
- 快速生成树协议。在 STP 网络中，如果新增或减少交换机，更改了交换机的网桥优先级，或者某条链路失效，那么 STP 有可能要重新选定根桥，为非根桥重新选定根接口，以及为每条链路重新选定指定接口，那些处于阻塞状态的接口有可能变成转发接口，这个过程通常需要几十秒的时间（这段时间又称为收敛时间），在此期间会引起网络中断。为了缩短收敛时间，IEEE 802.1w 定义了快速生成树协议（Rapid Spanning Tree Protocol，RSTP），RSTP 在 STP 的基础上进行了许多改进，使收敛时间大大减少，一般只需要几秒。在现实网络中 STP 几乎已经停止使用，取而代之的是 RSTP，RSTP 最重要的一个改进就是，接口状态只有 3 种：放弃、学习和转发。
- 多生成树协议。STP 和 RSTP 都存在同一个缺陷，即局域网内所有的 VLAN 共享一棵生成树，链路被阻塞后将不承载任何流量，造成带宽浪费。多生成树协议（Multiple Spanning Tree Protocol，MSTP）是 IEEE 802.1s 中定义的一种新型 STP。MSTP 中引入了“实例”（Instance）和“域”（Region）的概念。所谓“实例”，就是多个 VLAN 的集合，这种将多个 VLAN 捆绑到一个实例中的方法可以节省通信开销和降低资源占用率。MSTP 各个实例拓扑的计算是独立的，在这些实例上就可以实现负载均衡。使用的时候，可以把多个具有相同拓扑结构的 VLAN 映射到某个实例中，这些 VLAN 在接口上的转发状态将取决于对应实例在 MSTP 里的转发状态。

华为交换机 STP 默认使用 MSTP 模式，本书演示将 STP 更改为 RSTP 模式。在描述 STP 之前，我们还需要了解桥（Bridge）、桥 MAC 地址（Bridge MAC Address）、桥 ID（Bridge Identifier，BID）、接口 ID（Port Identifier，PID）等几个基本术语。

1. 桥

因为受性能方面的限制等，早期的交换机一般只有两个转发接口（如果接口多了，交换机的转发速率就会慢得使人无法接受），所以那时的交换机常常被称为“网桥”，或简称“桥”。在电气电子工程师学会（Institute of Electrical and Electronics Engineers，IEEE）的术语中，“桥”这个术语一直沿用至今，并不特指只有两个转发接口的交换机，而是泛指具有任意多接口的交换机。目前，“桥”和“交换机”这两个术语是完全混用的，本书也采用了这一混用习惯。

2. 桥的 MAC 地址

一个桥有多个转发接口，每个接口有一个 MAC 地址。通常，我们把接口编号最小的那个接口的 MAC 地址作为整个桥的 MAC 地址。

3. 桥 ID

如图 6-24 所示，一个桥（交换机）的桥 ID 由两部分组成，前面 2 字节是这个桥的桥优先级，后面 6 字节是这个桥的 MAC 地址。桥优先级的值可以人为设定，默认值为 32 768。

图 6-24　BID 的组成

4. 接口 ID

一个桥（交换机）的某个接口的接口 ID 的定义方法有很多种，图 6-25 给出了其中的两种定义方法。在第 1 种定义中，接口 ID 由 2 字节组成，第 1 字节是该接口的接口优先级，后一字节是该接口的接口编号。在第 2 种定义中，接口 ID 由 16 比特组成，前 4 比特是该接口的接口优先级，后 12 比特是该接口的接口编号。接口优先级的值可以人为设定。不同的设备商所采用的 PID 定义方法可能不同。华为交换机的 PID 采用第 1 种定义。

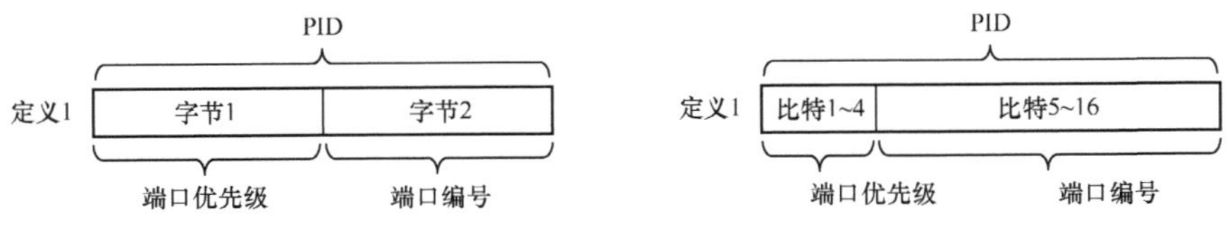

图 6-25　PID 的组成

6.5.3 STP 工作过程

STP 的基本原理，就是在具有物理环路的交换网络中，交换机通过运行 STP，自动生成没有环路的网络拓扑。

STP 的任务是找到网络中的所有链路，并关闭所有冗余的链路，这样就可以防止网络环路的产生。为了完成这个任务，STP 首先需要选举一个根桥（根交换机），由根桥负责决定网络拓扑。一旦所有的交换机都同意将某个交换机选举为根桥，其余的交换机就要选定唯一的根接口，还必须为两个交换机之间的每一条链路两端连接的接口（一根网线就是一条链路）选定一个指定接口。既不是根接口也不是指定接口的接口就成为备用接口，备用接口不转发计算机通信的帧，从而阻断环路。

下面将以图 6-26 所示（其中，G 表示 GigabitEthernet 接口，F 表示 Fast Ethernet 接口）的网络拓扑为例讲解 STP 的工作过程，分为 4 个步骤：选举根桥（Root Bridge）；为非根桥选定根接口（Root Port，RP）；为每条链路两端连接的接口选定一个指定接口（Designated Port，DP）；阻塞备用接口（Alternate Port，AP）。

1．选举根桥

根桥是整个交换网络的逻辑中心，但不一定是该网络的物理中心。当网络的拓扑发生变化时，根桥也可能发生变化。

运行 STP 的交换机（简称 STP 交换机）会相互交换 STP 帧，这些帧的载荷数据被称为网桥协议数据单元（BPDU）。虽然 BPDU 是 STP 帧的载荷数据，但它并非网络层的数据单元；BPDU 的产生者、接收者、处理者都是 STP 交换机本身，而非终端计算机。BPDU 中包含与 STP 相关的所有信息，其中就有 BID。

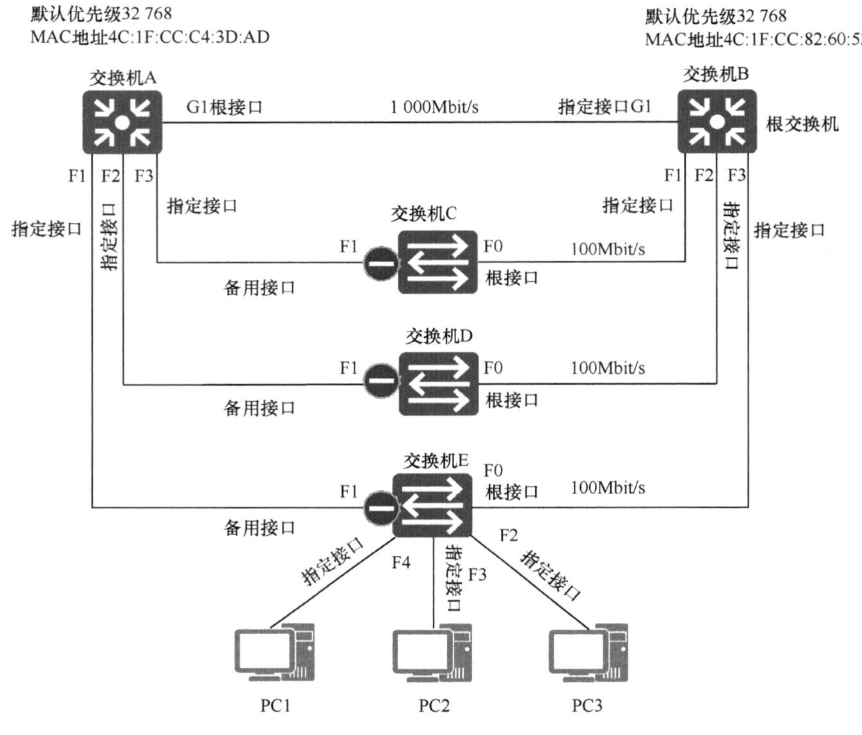

图 6-26 STP 的工作过程

STP 交换机启动之后，都会认为自己是根桥，并在发送给别的交换机的 BPDU 中宣告自己是根桥。当交换机从网络中收到其他设备发送过来的 BPDU 时，会比较 BPDU 中指定的根桥 BID 和自己的 BID。交换机不断地交互 BPDU，同时对 BID 进行比较，直至最终选举出一个 BID 最小的交换机作为根桥。

图 6-26 所示的网络中有 A、B、C、D、E 共 5 个交换机，BID 最小的将被选举为根桥。

默认每隔 2s 发送一次 BPDU。在本例中，交换机 A 和交换机 B 的优先级相同，交换机 B 的 MAC 地址为 4C:1F:CC:82:60:53，比交换机 A 的 MAC 地址 4C:1F:CC:C4:3D:AD 小，交换机 B 就更有可能成为根桥。此外，可以通过更改交换机的优先级来指定成为根桥的首选和备用交换机。通常我们会事先指定性能较好、距离网络中心较近的交换机作为根桥。在本例中，显然让交换机 B 和交换机 A 分别为根桥的首选和备用交换机最佳。

2．选定根接口

根桥确定后，其他没有成为根桥的交换机都被称为非根桥。一个非根桥上可能会有多个接口与网络相连，为了保证从某个非根桥到根桥的工作路径是最优且唯一的，就必须从该非根桥的接口中确定一个被称为“根接口”的接口，由根接口作为该非根桥与根桥之间进行报文交互的接口。

在一个运行 STP 的网络中，我们将某个交换机的接口到根桥的累计路径开销（即从该接口到根桥所经过的所有链路的路径开销的和）称为这个接口的根路径开销（Root Path Cost，RPC）。链路的路径开销（Path Cost）与接口带宽有关，接口带宽越大，则路径开销越小。接口带宽与路径开销的对应关系可参考表 6-1。

表 6-1　接口带宽和路径开销的对应关系

接口带宽	路径开销（IEEE 802.1t）
10Mbit/s	2 000 000
100Mbit/s	200 000
1 000Mbit/s	20 000
10Gbit/s	2 000

在根接口的选举中首先比较 RPC，STP 把 RPC 作为确定根接口的重要依据。RPC 值越小，越优选；当 RPC 相同时，比较上行交换机的 BID，即比较交换机各个接口收到的 BPDU 中的 BID，值越小，越优选；当上行交换机 BID 相同时，比较上行交换机的 PID，即比较交换机各个接口收到的 BPDU 中的 PID，值越小，越优选；当上行交换机的 PID 相同时，则比较本地交换机的 PID，即比较本地交换机各个接口各自的 PID，值越小，越优选。一个非根桥设备上最多只能有一个根接口。

在确定交换机 B 为根桥后，交换机 A、C、D 和 E 为非根桥，每个非根桥要选择一个到达根桥最近（累计路径开销最小）的接口作为根接口。图 6-26 中交换机 A 的 G1 接口、交换机 C、D、E 的 F0 接口成为这些交换机的根接口。

如图 6-27 所示（其中，GE 表示 GigabitEthernet 接口），S1 为根桥，假设 S4 到根桥的路径 1 的开销和路径 2 的开销相同，则 S4 会对上行设备 S2 和 S3 的 BID 进行比较，如果 S2 的 BID 小于 S3 的 BID，S4 会将 GigabitEthernet 0/0/1 确定为自己的根接口；如果 S3 的 BID 小于 S2 的 BID，S4 会将 GigabitEthernet 0/0/2 确定为自己的根接口。

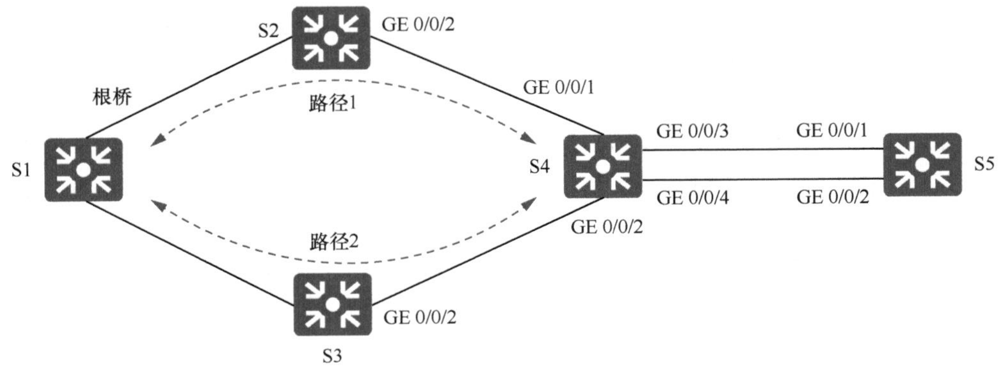

图 6-27　确定根接口

对于 S5 而言，假设其 GigabitEthernet 0/0/1 接口的 RPC 与 GigabitEthernet 0/0/2 的接口 RPC 相同，因为这两个接口的上行设备同为 S4，所以 S5 还会对 S4 的 GigabitEthernet 0/0/3 和 GigabitEthernet 0/0/4 接口的 PID 进行比较，如果 S4 的 GigabitEthernet 0/0/3 接口 PID 小于 GigabitEthernet 0/0/4 的 PID，则 S5 会将 GigabitEthernet 0/0/1 作为根接口；如果 S4 的 GigabitEthernet 0/0/4 接口 PID 小于 GigabitEthernet 0/0/3 的 PID，则 S5 会将 GigabitEthernet 0/0/2 作为根接口。

3．选定指定接口

根接口保证了交换机与根桥之间工作路径的唯一性和最优性。为了防止产生工作环路，连接交换机的网线两端连接的接口还要确定一个指定接口。指定接口也是通过比较 RPC 来确定的，RPC 较小的接口将成为指定接口；如果 RPC 相同，则比较 BID，值较小的那个接口成为指定接口；如果 BID 相同，则再比较设备的 PID，PID 值较小的那个接口成为指定接口。

如图 6-28 所示（其中，GE 表示 GigabitEthernet 接口），假定 S1 已被选举为根桥，并且各链路的开销均相等。显然，S3 的 GigabitEthernet 0/0/1 接口的 RPC 小于 S3 的 GigabitEthernet 0/0/2 接口的 RPC，所以 S3 将 GigabitEthernet 0/0/1 接口确定为自己的根接口。类似地，S2 的 GigabitEthernet 0/0/1 接口的 RPC 小于 S2 的 GigabitEthernet 0/0/2 接口的 RPC，所以 S2 将 GigabitEthernet 0/0/1 接口确定为自己的根接口。

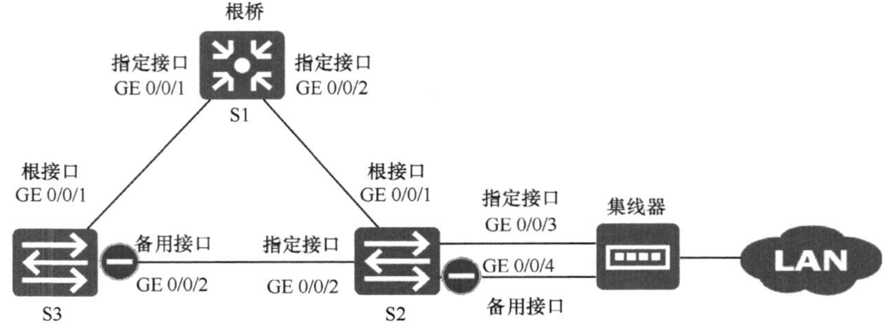

图 6-28 确定指定接口

对 S3 的 GigabitEthernet 0/0/2 和 S2 的 GigabitEthernet 0/0/2 之间的网段来说，S3 的 GigabitEthernet 0/0/2 接口的 RPC 与 S2 的 GigabitEthernet 0/0/2 接口的 RPC 相等，所以需要比较 S3 的 BID 和 S2 的 BID。假定 S2 的 BID 小于 S3 的 BID，则 S2 的 GigabitEthernet 0/0/2 接口将被确定为 S3 的 GigabitEthernet 0/0/2 和 S2 的 GigabitEthernet 0/0/2 之间的链路的指定接口。

对 LAN 来说，如果 LAN 是一个由集线器组建的网络，那么集线器相当于网线，不参与生成树。与之相连的交换机只有 S2。在这种情况下，就需要比较 S2 的 GigabitEthernet 0/0/3 接口的 PID 和 GigabitEthernet 0/0/4 接口的 PID。假定 GigabitEthernet 0/0/3 接口的 PID 小于 GigabitEthernet 0/0/4 接口的 PID，则 S2 的 GigabitEthernet 0/0/3 接口将被确定为网段 LAN 的指定接口。

在图 6-26 所示的网络中，由于交换机 A 和 B 之间的连接带宽为 1 000Mbit/s，因此交换机 A 的 F1、F2、F3 接口比交换机 C、D 和 E 的 F1 接口的 RPC 小，交换机 A 的 F1、F2 和 F3 接口成为指定接口。根桥的所有接口都是指定接口。交换机 E 连接计算机的 F2、F3、F4 接口为指定接口。

4．阻塞备用接口

确定了根接口和指定接口后，剩下的接口就是非指定接口和非根接口，这些接口统称为备用接口。STP 会对这些备用接口进行逻辑阻塞。所谓逻辑阻塞，是指这些备用接口不能转发由终端计算机产生并发送的帧，这些帧也被称为用户数据帧。不过，备用接口可以接收并处理 STP 帧，根接口和指定接口既可以发送和接收 STP 帧，又可以转发用户数据帧。

如图 6-26 和图 6-28 所示，一旦备用接口被逻辑阻塞后，STP 树（无环工作拓扑）的生成过程便宣告完成。

6.5.4 生成树的接口状态

对运行 STP 的网桥或交换机来说，其接口状态会在下列 5 种状态之间转变。

- 阻塞（Blocking）：被阻塞的接口将不能转发帧，它只能监听 BPDU。设置阻塞状态的意图是防止使用有环路的路径。当交换机加电时，默认情况下所有的接口都处于阻塞状态。
- 侦听（Listening）：过渡状态，开始生成树计算，端口可以接收和发送 BPDU，但不转发用户流量。在默认情况下，该端口会在这种状态下停留 15s。
- 学习（Learning）：交换机接口侦听 BPDU，并学习交换网络中的所有路径。处在学习状态的接口会生成 MAC 地址表，但不能转发数据帧。转发延迟是指将接口从侦听状态转换到学习状态所花费的时间，默认设置为 15s。
- 转发（Forwarding）：在桥接的接口上，处在转发状态的接口发送并接收所有的数据帧。如果在学习状态结束时，接口仍然是指定接口或根接口，就会进入转发状态。
- 禁用（Disabled）：从管理上讲，处于禁用状态的接口不能参与帧的转发或形成 STP 树。禁用状态下，接口实质上是不工作的。

大多数情况下，交换机接口都处在阻塞或转发状态。转发接口是指到根桥开销最小的接口，但如果网络的拓扑发生改变（可能是链路失效了，或者有人添加了一个新的交换机），交换机上的接口就会处于侦听或学习状态。

正如前面提到的，阻塞接口是一种防止网络环路的策略。一旦交换机决定了到根桥的最佳路径，其他所有的接口都将处于阻塞状态。被阻塞的接口仍然能接收 BPDU，但不能发送任何帧。

6.5.5 实战：查看和配置 STP

用 3 个交换机 S1、S2 和 S3 组建企业局域网，网络拓扑如图 6-29 所示（其中，GE 表示 GigabitEthernet 接口）。下面的配置将实现以下功能。

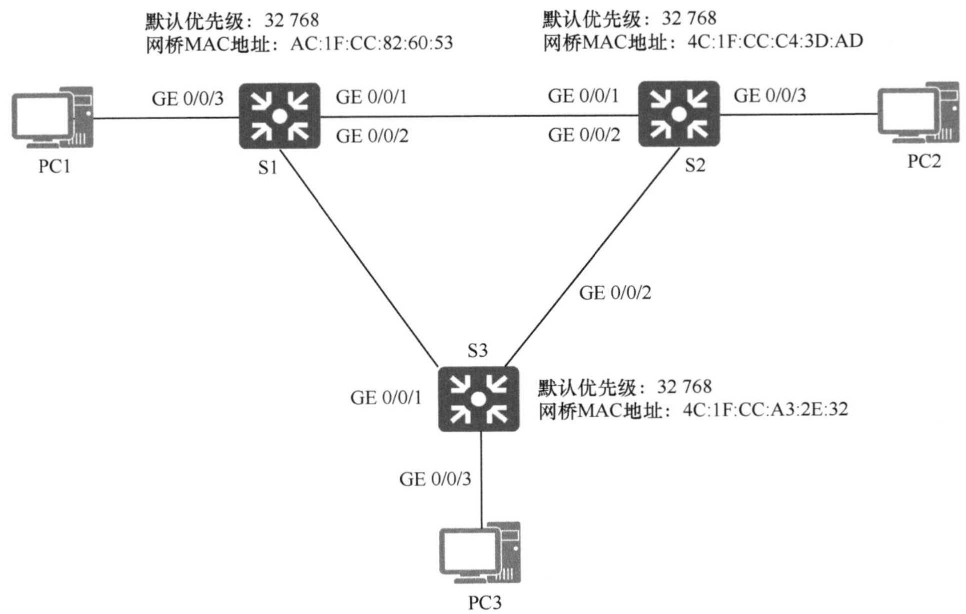

图 6-29　STP 实验网络拓扑

- 启用 STP。
- 确定根桥。
- 查看接口状态。
- 配置 STP 模式为 RSTP 模式。
- 指定 S2 为根桥，S1 为备用的根桥。

在 S1 上显示 STP 运行状态，如下所示。

```
[S1]display stp                                    --显示 STP 的配置
-------[CIST Global Info][Mode MSTP]-------        --全局设置，STP 模式默认为 MSTP 模式
CIST Bridge           :32768.4c1f-cc82-6053        --交换机 S1 的桥 ID，32 768 是优先级
Config Times          :Hello 2s MaxAge 20s FwDly 15s MaxHop 20
Active Times          :Hello 2s MaxAge 20s FwDly 15s MaxHop 20
CIST Root/ERPC        :32768.4c1f-cc82-6053 / 0    --根桥 ID，S1 就是根桥
CIST RegRoot/IRPC     :32768.4c1f-cc82-6053 / 0
CIST RootPortId       :0.0
BPDU-Protection       :Disabled
TC or TCN received    :7
TC count per hello    :0
STP Converge Mode     :Normal
Time since last TC    :0 days 0h:3m:23s
Number of TC          :8
Last TC occurred      :GigabitEthernet0/0/1
----[Port1(GigabitEthernet0/0/1)][FORWARDING]- --- --接口 GigabitEthernet0/0/1 处于转发状态
 Port Protocol        :Enabled
 Port Role            :Designated Port            --指定接口
 Port Priority        :128                        --接口优先级，默认为 128
 Port Cost(Dot1T )    :Config=auto / Active=20000
 Designated Bridge/Port    :32768.4c1f-cc82-6053 / 128.1
 Port Edged           :Config=default / Active=disabled
 Point-to-point       :Config=auto / Active=true
 Transit Limit        :147 packets/hello-time
 Protection Type      :None
 Port STP Mode        :MSTP
 Port Protocol Type   :Config=auto / Active=dot1s
 BPDU Encapsulation   :Config=stp / Active=stp
 PortTimes            :Hello 2s MaxAge 20s FwDly 15s RemHop 20
 TC or TCN send       :1
 TC or TCN received   :0
 BPDU Sent            :96
          TCN: 0, Config: 0, RST: 0, MST: 96
 BPDU Received        :1
          TCN: 0, Config: 0, RST: 0, MST: 1
 …
```

执行 display stp brief 命令后显示 STP 接口状态。

```
[S1]display stp brief
 MSTID  Port                        Role  STP State     Protection
   0    GigabitEthernet0/0/1        DESI  FORWARDING    NONE        --指定接口，转发状态
   0    GigabitEthernet0/0/2        DESI  FORWARDING    NONE        --指定接口，转发状态
   0    GigabitEthernet0/0/3        DESI  FORWARDING    NONE        --指定接口，转发状态
```

根交换机上的所有接口都是指定接口，其中，GigabitEthernet 0/0/3 接口连接计算机，也会参与到 STP 中。

注释：

如果交换机之间的连接没有环路，可以执行 stp disable 命令禁用 STP，如下所示。这样交换机开机，接口很快进入转发状态，从而没有生成树这个过程。

```
[S1]stp disable
```

执行 stp enable 命令可以启用 STP，如下所示。华为交换机 STP 默认已经启用。

```
[S1]stp enable
```

以下命令用于查看华为交换机支持的 STP 模式，以及配置 STP 模式为 RSTP。

```
[S1]stp mode ?              --查看支持的 STP 模式
  mstp  Multiple Spanning Tree Protocol (MSTP) mode
  rstp  Rapid Spanning Tree Protocol (RSTP) mode
  stp   Spanning Tree Protocol (STP) mode
[S1]stp mode rstp           --设置 STP 模式为 RSTP
```

可以更改交换机的优先级来指定根桥和备用的根桥。

下面更改交换机 S2 的优先级，让其优先成为根桥，并更改 S1 的优先级，让其成为备用根桥。

```
[S2]stp priority ?                                  --查看优先级取值范围
  INTEGER<0-61440>  Bridge priority, in steps of 4096 --优先级取值范围，取值是 4 096 的倍数
[S2]stp priority 0                                  --优先级设置为 0
[S1]stp priority 4096                               --优先级设置为 4 096
```

也可以使用以下命令将 S2 的优先级设置为 0。

```
[S2]stp root primary
```

使用以下命令将 S1 的优先级设置为 4 096。

```
[S1]stp root secondary
```

在 S2 上查看 STP 的配置信息，观察 STP 的模式、根桥 ID 和优先级，如下所示。

```
 [S2]display stp
-------[CIST Global Info][Mode RSTP]-------         --STP 模式为 RSTP
CIST Bridge          :0    .4c1f-ccc4-3dad         --根桥 ID，优先级为 0
Config Times         :Hello 2s MaxAge 20s FwDly 15s MaxHop 20
Active Times         :Hello 2s MaxAge 20s FwDly 15s MaxHop 20
CIST Root/ERPC       :0    .4c1f-ccc4-3dad / 0
CIST RegRoot/IRPC    :0    .4c1f-ccc4-3dad / 0
…
```

在 S3 上查看 STP 摘要信息，从中可以看到接口的角色和状态，如下所示。

```
<S3>display stp brief
 MSTID  Port                       Role   STP State      Protection
   0    GigabitEthernet0/0/1       ALTE   DISCARDING     NONE
   0    GigabitEthernet0/0/2       ROOT   FORWARDING     NONE
   0    GigabitEthernet0/0/3       DESI   FORWARDING     NONE
```

可以看到 GigabitEthernet 0/0/1 为备用（ALTE）接口，状态为 DISCARDING（丢弃）；GigabitEthernet 0/0/2 为根（ROOT）接口，状态为 FORWARDING（转发）；GigabitEthernet 0/0/3 为指定（DESI）接口，状态为 FORWARDING（转发）。

注释：

ROOT 表示接口角色为根接口。

ALTE 是英文单词 Alternative 的缩写，表示接口角色为备用接口。

DESI 是英文单词 Designation 的缩写，表示接口角色为指定接口。

6.6 链路聚合

6.6.1 链路聚合简介

首先，我们来厘清一些常见的概念。读者可能经常会听到这样一些概念，例如标准以太口、FE（FastEthernet）接口、百兆口、GE（GigabitEthernet）接口、万兆口等。那么，这些概念究竟是什么意思呢？

其实，这些概念都跟以太网技术的规范有关，特别是跟以太网接口的带宽规范有关。IEEE 在制定关于以太网信息传输速率的规范时，信息传输速率几乎总是按照十倍关系来递增的。目前，规范化的以太网接口带宽主要有 10Mbit/s、100Mbit/s、1 000Mbit（1Gbit/s）、10Gbit/s 和 100Gbit/s。这种按十倍关系递增的方式既能很好地匹配微电子技术及光学技术的发展，又能控制关于以太网信息传输速率规范的混乱性。试想一下，如果 IEEE 今天推出一个信息传输速率为 415Mbit/s 的规范，明天又推出了一个信息传输速率为 624Mbit/s 的规范，那么以太网网卡的生产厂家必定会苦不堪言。并且，在实际搭建以太网的时候，以太网链路两端的接口带宽匹配问题也会变得非常混乱。

以太网链路的概念是与以太网接口的概念相对应的。例如，如果一条链路两端的接口是 GE 接口，则这条链路就称为一条 GE 链路；如果一条链路两端的接口是 FE 接口，则这条链路就称为一条 FE 链路，如此等等。

现在介绍什么是链路聚合技术。图 6-30 展示了某公司的网络结构，接入层交换机和汇聚层交换机使用 GE 链路连接，如果计划提高接入层交换机和汇聚层交换机的连接带宽，从理论上来讲，可以再增加一条 GE 链路，但 STP 会阻断其中一条链路的一个接口。

根据扩展链路带宽的需求，需要让链路两端的设备将多条链路视为一条逻辑链路进行处理，这就需要用到以太网链路聚合技术。以太网链路聚合（Eth-Trunk）简称链路聚合，也称为链路绑定，英文描述有 Link Aggregation、Link Trunking、Link Bonding 等。需要说明的是，这里所说的链路聚合技术，针对的都是以太网链路。

Eth-Trunk 接口可以作为普通的以太网接口来使用，与普通以太网接口的差别就是转发数据的时候 Eth-Trunk 接口（逻辑接口）需要从成员接口（物理接口）中选择一个或多个接口来进行数据转发，以实现流量负载分担和链路冗余。如图 6-31 所示，如果两条 1 000Mbit/s 链路构建的 2 000Mbit/s 链路聚合就能满足要求，就不用购买 10 000Mbit/s 接口的设备。

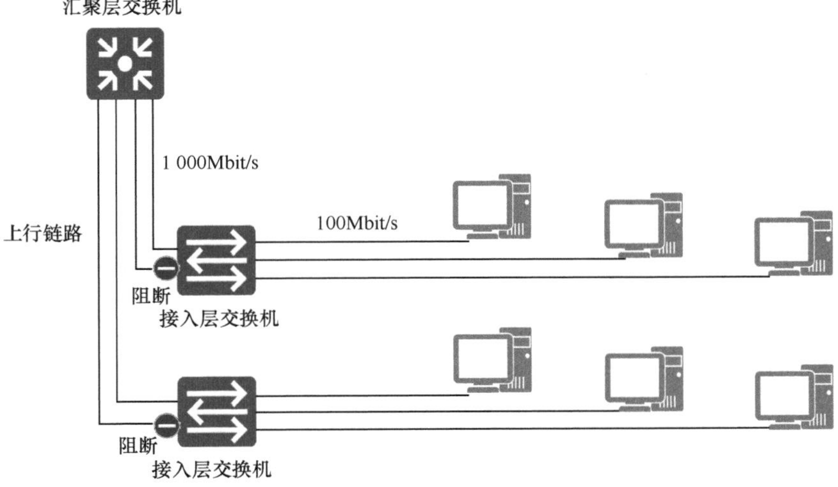

图 6-30 STP 阻塞多条上行链路其中一条链路的一个接口

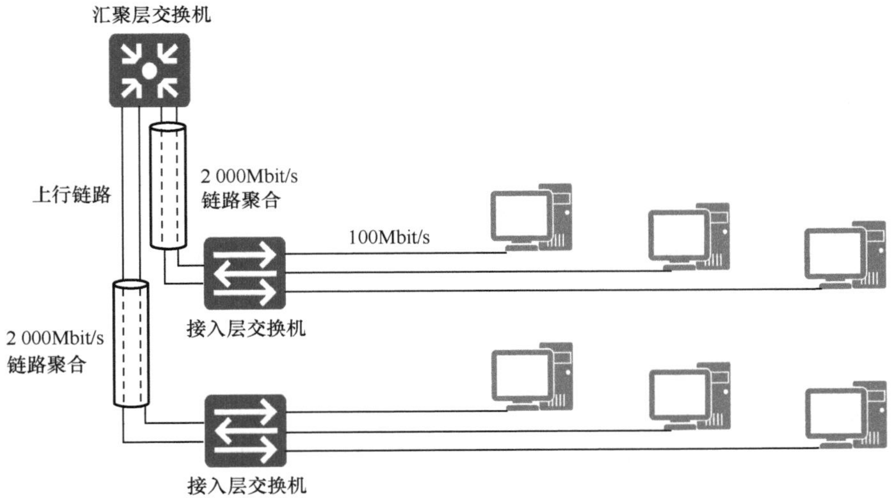

图 6-31 链路聚合

6.6.2 链路聚合技术的使用场景

在 6.6.1 小节提到的例子中，我们将链路聚合技术应用在两个交换机之间。事实上，链路聚合技术还可以应用在交换机与路由器之间、路由器与路由器之间、交换机与服务器之间、路由器与服务器之间、服务器与服务器之间，如图 6-32 所示。注意，从理论上讲，个人计算机（Personal Computer，PC）上也是可以实现链路聚合的，但考虑到成本等因素，没人会在现实中去真正实现。另外，从原理的角度来看，服务器不过就是高性能的计算机。从网络应用的角度来看，服务器非常重要，必须保证服务器与其他设备之间的连接具有非常高的可靠性。因此，服务器上经常用到链路聚合技术。

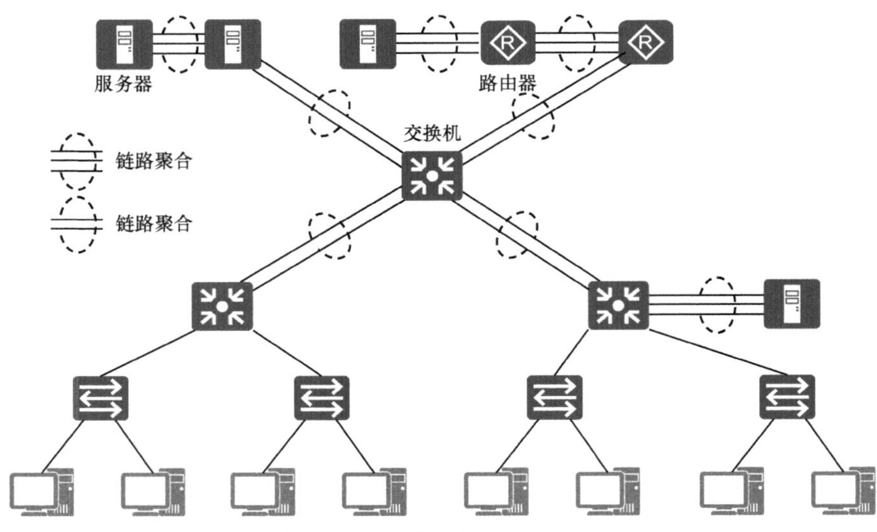

图 6-32 链路聚合技术的应用场景

6.6.3 链路聚合的模式

为了使 Eth-Trunk 接口能正常工作，要求本端 Eth-Trunk 接口中所有成员接口的对端接口属于同一设备，且加入同一 Eth-Trunk 接口。

像设置接口带宽一样，创建 Eth-Trunk 接口有手动配置和通过双方动态协商两种方式。在华为的 Eth-Trunk 语境中，前者称为手动模式（Manual Mode），而后者则根据协商协议被命名为链路聚合控制协议（Link Aggregation Control Protocol，LACP）模式（LACP Mode）。

1. 手动模式

手动模式就是网络管理员在一个设备上创建出 Eth-Trunk 接口，然后根据自己的需求将多个连接同一个交换机的接口都添加到这个 Eth-Trunk 接口中，然后在对端交换机上执行对应的操作。采用手动模式配置的 Eth-Trunk 接口，设备之间不会就建立的 Eth-Trunk 接口交互信息，它们只会按照网络管理员的配置执行链路聚合，然后采用负载分担的方式通过聚合的链路发送数据。

手动模式建立 Eth-Trunk 接口缺乏灵活性，只能通过物理状态判断接口是否正常工作，不能发现错误的配置或连接。如果在手动模式配置的 Eth-Trunk 接口中有一条链路出现了故障，那么双方设备可以检测到这一点，并且不再使用那条故障链路，而继续使用仍然正常的链路来发送数据。尽管因为链路故障导致一部分带宽无法使用，但通信的效果仍然可以得到保障，如图 6-33 所示（其中，GE 表示 GigabitEthernet 接口）。

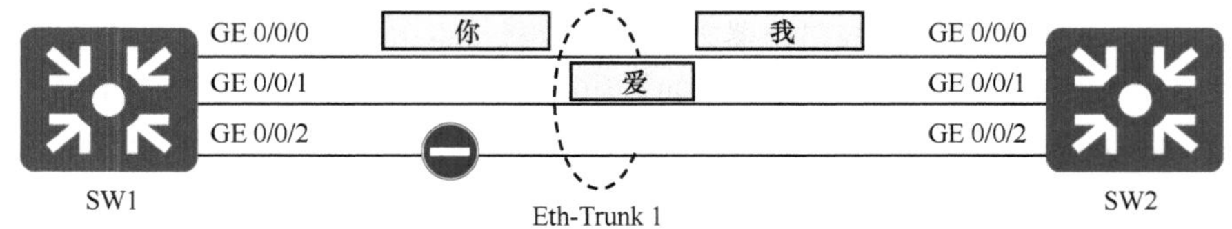

图 6-33 手动模式下只能通过物理状态判断接口是否正常工作

如图 6-34 所示（其中，GE 表示 GigabitEthernet 接口），网络管理员误将交换机 SW1 的接口 GigabitEthernet 0/0/2 接到交换机 SW3 上，SW1 不会知道该接口连接到了其他交换机，依然使用 GigabitEthernet 0/0/2 这个接口进行负载均衡，很显然“你”这个帧不能发送到交换机

SW2，造成无法正常通信。如果采用 LACP 模式，SW1 和 SW2 之间将通过交换 LACP 帧的方式进行自动协商，以确保对端是同一个设备、同一个聚合接口的成员接口。

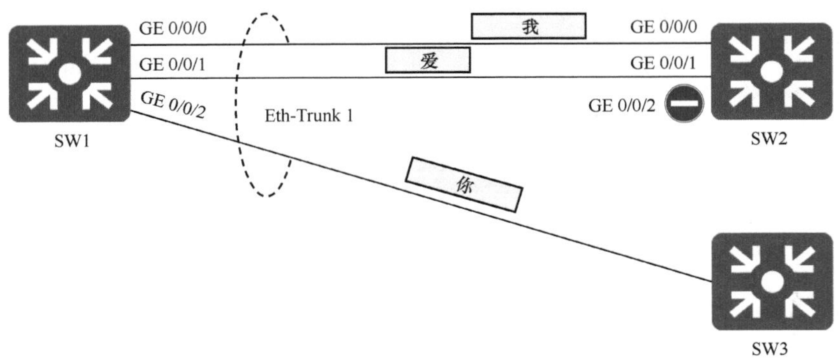

图 6-34 手动模式创建 Eth-Trunk 错误连接造成无法正常通信

2. LACP 模式

LACP 模式是采用 LACP 的一种链路聚合模式。设备间通过链路聚合控制协议数据单元（Link Aggregation Control Protocol Data Unit，LACPDU）进行交互，通过协议协商以确保对端是同一个设备、同一个 Eth-Trunk 接口的成员接口。采用 LACP 模式配置 Eth-Trunk 接口也不复杂，网络管理员只需要在两边的设备上创建 Eth-Trunk 接口，然后将这个 Eth-Trunk 接口配置为 LACP 模式，最后把需要聚合的物理接口添加到这个 Eth-Trunk 接口中即可。

如果老旧、低端的设备不支持 LACP，则可以选择使用手动模式。

6.6.4 负载分担模式

Eth-Trunk 支持基于报文的 IP 地址或 MAC 地址进行负载分担，可以配置不同的模式（本地有效，对出方向报文生效）将数据流分担到不同的成员接口上。

常见的负载分担模式有基于源 IP 地址、目的 IP 地址、源 MAC 地址、目的 MAC 地址，源目 IP 地址、源目 MAC 地址等。实际业务中用户需要根据业务流量特征配置合适的负载分担模式。业务流量中某个参数变化频繁（也就是数量多），选择与此参数相关的负载分担模式，负载均衡程度就高。

如果报文的 IP 地址变化比较频繁，那么选择基于源 IP 地址、目的 IP 地址或者源目 IP 地址的负载分担模式更有利于流量在各物理链路间合理的负载分担。

如果报文的 MAC 地址变化较频繁，而 IP 地址比较固定，那么选择基于源 MAC 地址、目的 MAC 地址或源目 MAC 地址的负载分担模式更有利于流量在各物理链路间合理的负载分担。

如果选择的负载分担模式和实际业务特征不相符，可能会导致流量分担不均，部分成员链路负载很高，其余的成员链路却很空闲，如在报文源目 IP 地址变化频繁但是源目 MAC 地址固定的场景下选择源目 MAC 地址模式，那么将会导致所有流量都分担在一条成员链路上。

接下来通过一个案例来说明。如图 6-35 所示（其中，GE 表示 GigabitEthernet 接口），A 区域的计算机访问 B 区域的服务器，A 区域的计算机数量多，源 MAC 地址数量多，在 SW1 上的 Eth-Trunk 接口配置使用源 MAC 地址负载分担模式，这样 A 区域的计算机访问 B 区域服务器的流量会比较均匀地由 3 条物理链路分担。在 SW2 上的 Eth-Trunk 接口就不能配置源 MAC 地址负载分担模式了，如果配置使用源 MAC 地址负载分担模式，源 MAC 地址就一个（一个服务器），所有到A区域的流量就只走一条物理链路了。B区域的流量到A区域的流量，目的MAC地址数量多，SW2上配置目的MAC地址负载分担模式，这样服务器给A区域的计算机发送的流量就比较均匀地分担在3条物理链路上。

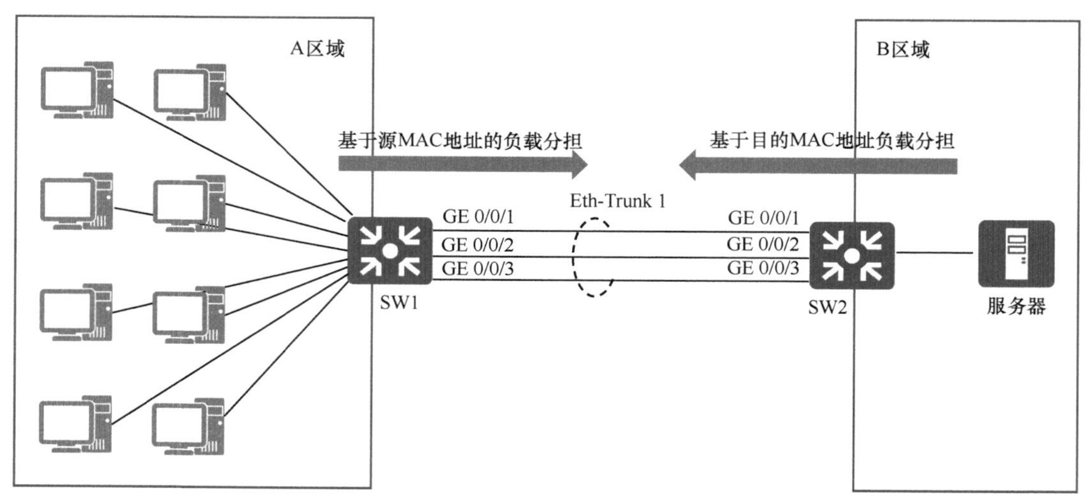

图6-35　基于源MAC地址和目的MAC地址的负载分担模式

图6-36和图6-35类似（其中，GE表示GigabitEthernet接口），都有A区域。A区域的计算机需要通过Eth-Trunk接口访问Internet，两个交换机SW1和SW2的Eth-Trunk接口负载分担模式如何选择呢？

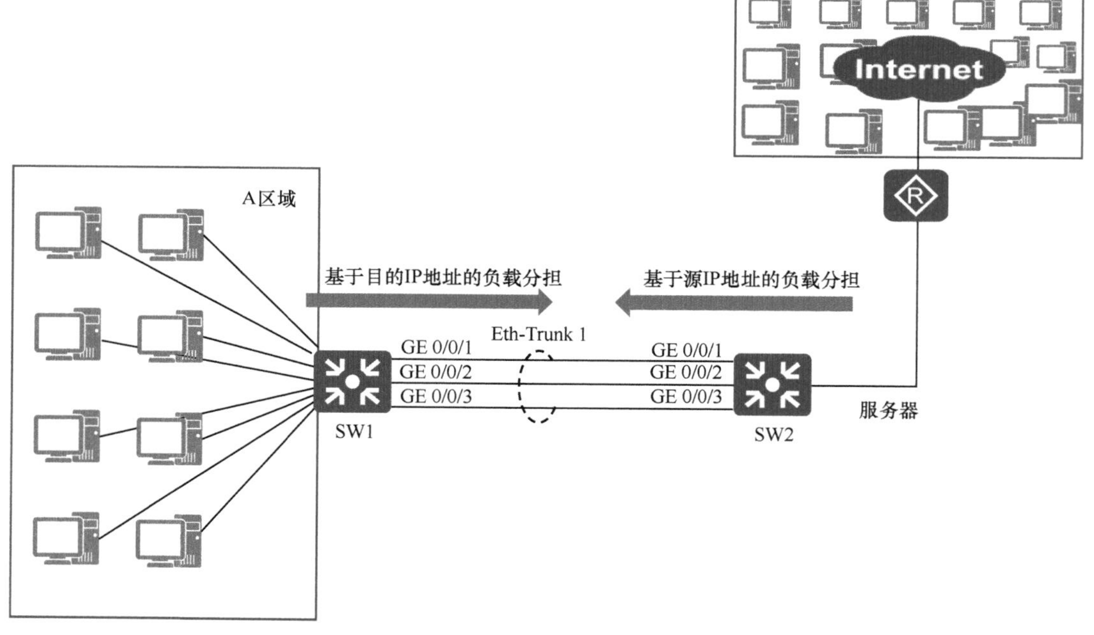

图6-36　基于IP地址和目的IP地址的负载分担模式

由于A区域的计算机访问Internet，Internet中的计算机数量比A区域的多，也就是A区域的计算机访问Internet的流量中，目的IP地址数量最多，因此在SW1的Eth-Trunk接口上配置基于目的IP地址的负载分担模式，在SW2的Eth-Trunk接口上配置基于源IP地址的负载分担模式。

6.6.5 实战：配置链路聚合

加入 Eth-Trunk 接口的物理接口的接口带宽、双工模式必须相同。如果更改了接口的默认配置，需要清除接口的配置，使接口默认配置。

如图 6-37 所示（其中，GE 表示 GigabitEthernet 接口），将交换机 SW1 的 GigabitEthernet 0/0/1、GigabitEthernet 0/0/2、GigabitEthernet 0/0/3 和交换机 SW2 的 GigabitEthernet 0/0/1、GigabitEthernet 0/0/2、GigabitEthernet 0/0/3 接口相连的 3 条链路配置成一条聚合链路。负载分担模式配置为基于源 MAC 地址的负载分担模式。

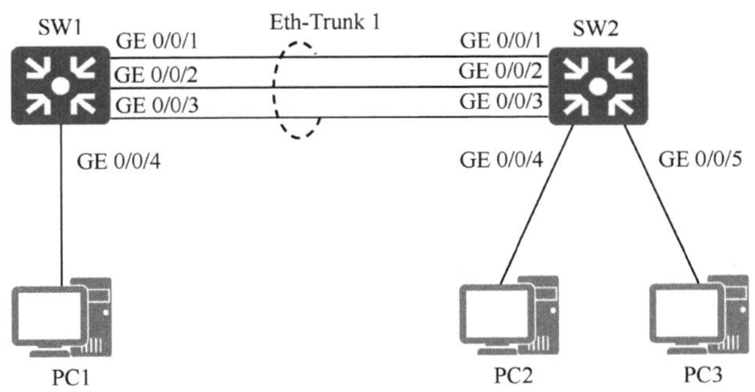

图 6-37 Eth-Trunk 配置示例

在 SW1 上创建编号为 1 的 Eth-Trunk 接口，接口编号要和 SW2 上的一致，配置 Eth-Trunk 1 接口的工作模式为手动模式，将接口 GigabitEthernet 0/0/1 到接口 GigabitEthernet 0/0/3 加入 Eth-Trunk 1 接口，将 Eth-Trunk 1 配置成 Trunk 链路，允许所有 VLAN 通过，如下所示。

```
[SW1]interface Eth-Trunk 1
[SW1-Eth-Trunk1]mode ?                                  --查看 Eth-Trunk 支持的模式
  lacp-static     Static working mode
  manual         Manual working mode
[SW1-Eth-Trunk1]mode manual load-balance                --配置 Eth-Trunk 模式为手动模式
[SW1-Eth-Trunk1]trunkport GigabitEthernet 0/0/1 to 0/0/3
[SW1-Eth-Trunk1]load-balance ?                          --查看支持的负载分担模式
  dst-ip         According to destination IP hash arithmetic
  dst-mac        According to destination MAC hash arithmetic
  src-dst-ip     According to source/destination IP hash arithmetic
  src-dst-mac    According to source/destination MAC hash arithmetic
  src-ip         According to source IP hash arithmetic
  src-mac        According to source MAC hash arithmetic
[SW1-Eth-Trunk1]load-balance src-mac                --配置基于源 MAC 地址的负载分担模式

[SW1-Eth-Trunk1]port link-type trunk
[SW1-Eth-Trunk1]port trunk allow-pass vlan all
[SW1-Eth-Trunk1]quit
```

在 SW2 上创建编号为 1 的 Eth-Trunk 接口，接口编号要和 SW1 上的一致，配置 Eth-Trunk 1 接口的工作模式为手动模式，将接口 GigabitEthernet 0/0/1 到接口 GigabitEthernet 0/0/3 加入 Eth-Trunk 1 接口，将 Eth-Trunk 1 接口配置成 Trunk 链路，允许所有 VLAN 通过，如下所示。

```
[SW2]interface Eth-Trunk 1
[SW2-Eth-Trunk1]mode manual load-balance
[SW2-Eth-Trunk1]trunkport GigabitEthernet 0/0/1 to 0/0/3
[SW2-Eth-Trunk1]load-balance src-mac
```

```
[SW2-Eth-Trunk1]port link-type trunk
[SW2-Eth-Trunk1]port trunk allow-pass vlan all
[SW2-Eth-Trunk1]quit
```

执行 display eth-trunk 1 命令后可查看 Eth-Trunk 1 接口的配置信息，如下所示。

```
[SW1]display eth-trunk 1
Eth-Trunk1's state information is:
WorkingMode: NORMAL           Hash arithmetic: According to SA
Least Active-linknumber: 1  Max Bandwidth-affected-linknumber: 8
Operate status: up            Number Of Up Port In Trunk: 3
------------------------------------------------------------------------------
PortName                      Status      Weight
GigabitEthernet0/0/1          Up          1
GigabitEthernet0/0/2          Up          1
GigabitEthernet0/0/3          Up          1
```

在上面的回显信息中，WorkingMode:NORMAL 表示 Eth-Trunk 1 接口的链路聚合模式为 NORMAL，即手动模式。Least Active-linknumber:1 表示处于 UP 状态的成员链路的下限阈值为 1。设置最少活动接口数目是为了保证最小带宽，当带宽过小时一些对链路带宽有要求的业务将会出现异常，此时切断 Eth-Trunk 接口，通过网络自身的高可靠性将业务切换到其他路径，从而保证业务的正常运行。Operate status:up 表示 Eth-Trunk 1 接口的状态为 UP。从 Portname 下面的信息可以看出，Eth-Trunk 1 接口包含 3 个成员接口，分别是 GigabitEthernet 0/0/1、GigabitEthernet 0/0/2 和 GigabitEthernet 0/0/3。

6.7 习题

选择题

1．下面关于 VLAN 的描述中，不正确的是________。（　　）

A．VLAN 把交换机划分成多个逻辑上独立的交换机

B．干道（Trunk）链路可以提供多个 VLAN 之间通信的公共通道

C．由于包含多个交换机，VLAN 扩大了冲突域

D．一个 VLAN 可以跨越交换机

2．如图 6-38 所示（其中，GE 表示 GigabitEthernet 接口），主机 A 跟主机 C 通信时，SWA 与 SWB 间的 Trunk 链路传递的是不带 VLAN 标记的数据帧，但是当主机 B 跟主机 D 通信时，SWA 与 SWB 之间的 Trunk 链路传递的是带 VLAN 20 标记的数据帧。

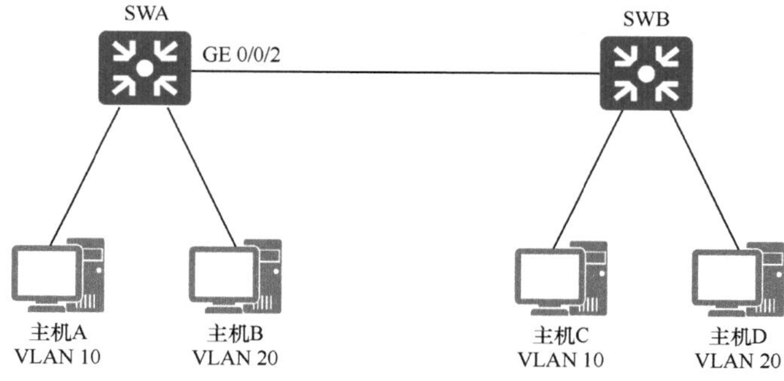

图 6-38 通信示意（1）

根据以上信息，下列描述中正确的是________。（　　）

A．SWA 上的 GE 0/0/2 接口不允许 VLAN 10 通过

B．SWA 上的 GE 0/0/2 接口的 PVID 是 10

C．SWA 上的 GE 0/0/2 接口的 PVID 是 20

D．SWA 上的 GE 0/0/2 接口的 PVID 是 1

3．以下关于 STP 中的转发状态的描述中，错误的是________。（　　）

A．转发状态的接口可以接收 BPDU

B．转发状态的接口不学习报文的源 MAC 地址

C．转发状态的接口可以转发数据报文

D．转发状态的接口可以发送 BPDU

4．如图 6-39 所示（其中，GE 表示 GigabitEthernet 接口），交换机与主机连接的接口均为 Access 接口，SWA 的 GE 0/0/1 的 PVID 为 2，SWB 的 GE 0/0/1 的 PVID 为 2，SWB 的 GE 0/0/3 的 PVID 为 3。SWA 的 GE 0/0/2 为 Trunk 接口，PVID 为 2，且允许所有 VLAN 通过。SWB 的 GE 0/0/2 为 Trunk 接口，PVID 为 3，且允许所有 VLAN 通过。

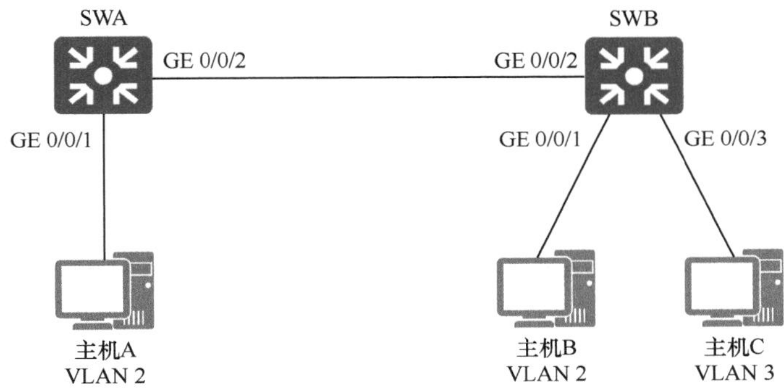

图 6-39　通信示意（2）

如果主机 A、B 和 C 的 IP 地址在一个网段，那么下列描述中正确的是________。（　　）

A．主机 A 只可以与主机 B 通信

B．主机 A 只可以与主机 C 通信

C．主机 A 既可以与主机 B 通信，也可以与主机 C 通信

D．主机 A 既不能与主机 B 通信，也不能与主机 C 通信

5．使用单臂路由器实现 VLAN 间通信时，通常的做法是采用子接口，而不是直接采用物理接口，这是因为________。（　　）

A．物理接口不能封装 802.1Q　　B．子接口转发速率更快

C．用子接口能节约物理接口　　D．子接口可以配置 Access 接口或 Trunk 接口

6．使用 vlan batch 10 20、vlan batch 10 to 20 命令分别能创建的 VLAN 数量是________。（　　）

A．2 和 2　　B．11 和 11

C．11 和 2　　D．2 和 11

7．在交换机上，哪些 VLAN 可以使用 undo 命令来删除？（选择 3 个答案）（　　）

A．VLAN 1　　B．VLAN 2

C．VLAN 1024　　D．VLAN 4096

8．如图 6-40 所示（其中，GE 表示 GigabitEthernet 接口），两台主机通过单臂路由器实现 VLAN 间通信，当 RTA 的 GE 0/0/1.2 子接口收到主机 B 发送给主机 A 的数据帧时，RTA 将执行下列哪项操作？（　　）

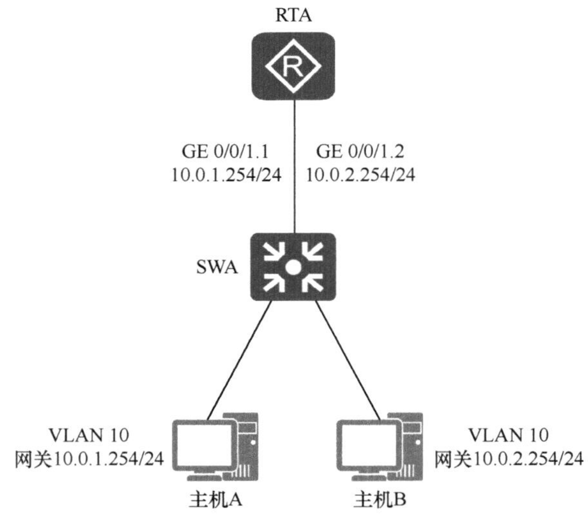

图 6-40　通信示意（3）

A．RTA 将数据帧通过 GE 0/0/1.1 子接口直接转发出去

B．RTA 删除 VLAN 20 标记后，由 GE 0/0/1.1 接口发送出去

C．RTA 首先要删除 VLAN 20 标记，然后添加 VLAN 10 标记，再由 GE 0/0/1.1 接口发送出去

D．RTA 将丢弃数据帧

9．下列关于 VLAN 配置的描述中，正确的是________。（　　）

A．可以删除交换机上的 VLAN 1

B．VLAN 1 可以配置成 Voice VLAN

C．所有 Trunk 接口默认允许 VLAN 1 的数据帧通过

D．用户能够配置并使用 VLAN 4095

10．交换机收到一个带有 VLAN 标记的数据帧，但是在 MAC 地址表中查不到该数据帧的目的 MAC 地址，下列描述中正确的是________。（　　）

A．交换机会向所有接口广播该数据帧

B．交换机会向该数据帧所在 VLAN 的所有接口（除接收接口）广播此数据帧

C．交换机会向所有 Access 接口广播该数据帧

D．交换机会丢弃该数据帧

11．port trunk allow-pass vlan all 命令有什么作用？（　　）

A．在该接口上允许所有 VLAN 的数据帧通过

B．与该接口相连的对端接口必须同时配置 port trunk permit vlan all

C．相连的对端设备可以动态确定允许哪些 VLAN ID 通过

D．如果为相连的远端设备配置了 port default vlan 3 命令，则两台设备之间的 VLAN 3 无法互通

12．下列关于 Trunk 接口与 Access 接口的描述中，正确的是________。（　　）

A. Access 接口只能发送 Untagged 帧　B. Access 接口只能发送 Tagged 帧
C. Trunk 接口只能发送 Untagged 帧　D. Trunk 接口只能发送 Tagged 帧

13. Access 类型的接口在发送报文时，会________。(　　)

A. 发送带标记的报文
B. 剥离报文的 VLAN 信息，然后发送出去
C. 添加报文的 VLAN 信息，然后发送出去
D. 打上本接口的 PVID 信息，然后发送出去

14. 某交换机接口属于 VLAN 5，现在从 VLAN 5 中将该接口删除后，该接口属于哪个 VLAN？(　　)

A. VLAN 0　B. VLAN 1
C. VLAN 1023　D. VLAN 1024

15. 以下信息是运行 STP 的某交换机上所显示的接口状态信息。根据这些信息，以下描述中正确的是________。(　　)

```
<S3>display stp brief
MSTID  Port                      Role    STP State       Protection
0      GigabitEthernet0/0/1      ALTE    DISCARDING      NONE
0      GigabitEthernet0/0/2      ROOT    FORWARDING      NONE
0      GigabitEthernet0/0/3      DESI    FORWARDING      NONE
```

A. 此网络中有可能只包含这一个交换机
B. 此交换机是网络中的根交换机
C. 此交换机是网络中的非根交换机
D. 此交换机肯定连接了 3 个其他的交换机

16. 当二层交换网络中出现冗余路径时，用什么方法可以阻止环路产生，提高网络的可靠性？(　　)

A. STP　B. 水平分割
C. 动态路由　D. 触发更新

17. 用户反映在使用网络传输文件时，速率非常低，网络管理员在网络中使用 Wireshark 抓包工具发现了一些重复的帧，下面关于可能的原因或解决方案的描述中，正确的是________。(　　)

A. 交换机在 MAC 地址表中查找不到数据帧的目的 MAC 地址时，会泛洪该数据帧
B. 网络中的交换设备必须进行升级改造
C. 网络在二层存在环路
D. 网络中没有配置 VLAN

18. 链路聚合有什么作用？(　　)(多选)

A. 增加带宽　B. 实现负载分担
C. 提高网络的可靠性　D. 便于对数据进行分析

19. 如何保证某个交换机成为整个网络中的根交换机？(　　)

A. 为该交换机配置一个低于其他交换机的 IP 地址
B. 设置该交换机的根路径开销值为最小值
C. 为该交换机配置一个小于其他交换机的优先级
D. 为该交换机配置一个小于其他交换机的 MAC 地址

20．STP 计算的接口开销和接口带宽有一定关系，即带宽越大，开销越________。（ ）

A．小　　B．大

C．一致　　D．不一定

21．如图 6-41 所示（其中，GE 表示 GigabitEthernet 接口，E 表示 Ethernet 接口），默认情况下，网络管理员希望使用 Eth-Trunk 手动聚合 SWA 与 SWB 之间的两条物理链路，下面描述中正确的是________。（ ）

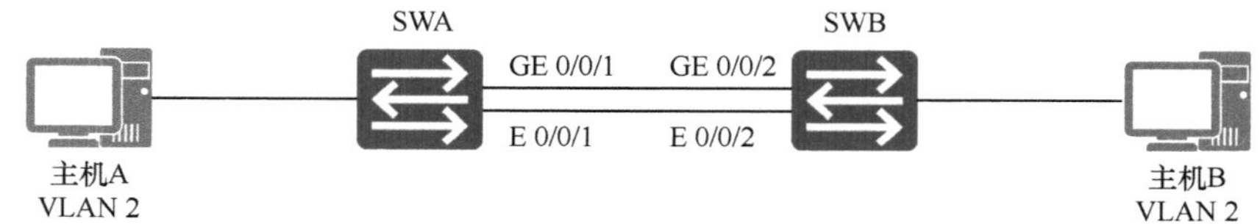

图 6-41 通信示意（4）

A．聚合后可以正常工作

B．可以聚合，聚合后只有 GigabitEthernet 接口能收发数据

C．可以聚合，聚合后只有 Ethernet 接口能收发数据

D．不能聚合

第 7 章
网络安全与网络地址转换

本章内容

- ACL 工作原理
- AAA
- 网络地址转换

路由器可以在不同网段转发数据包，为数据包选择路径，也可以根据数据包的源 IP 地址、目的 IP 地址、协议、源端口、目的端口等信息过滤数据包。通过在路由器上创建访问控制列表（Access Control List，ACL）来实现数据包过滤。

本章将讲解基本 ACL 和高级 ACL 的用法，ACL 规则的应用顺序，在 ACL 中添加规则、删除规则、插入规则，以及将 ACL 应用到路由器的端口等。

AAA 是 Authentication（身份认证）、Authorization（授权）和 Accounting（计费）的简称，是网络安全的一种管理机制，它提供了认证、授权、计费 3 种安全功能。AAA 可以通过多种协议来实现，在实际应用中，常使用 RADIUS（Remote Authentication Dial In User Service，远程身份认证拨号用户服务）协议。本章将讲解 AAA 工作方式，以及在路由器上配置 AAA 本地认证等。

随着 Internet 的发展和网络应用的增多，数量有限的 IPv4 公网地址已经成为制约网络发展的瓶颈。企业内网通常使用私网地址，Internet 则使用公网地址。使用私网地址的计算机访问 Internet（公网）时需要用到网络地址转换（Network Address Translation，NAT）技术。

本章将讲解 NAT 的类型。当企业内网主动访问外部网络时，通常使用静态 NAT、动态 NAT、NAPT 和 Easy IP。如果企业的服务器部署在企业内网（私网），实现让 Internet 上的计算机访问内网服务器，就要在连接 Internet 的路由器上配置 NAT 服务。

7.1 ACL 工作原理

7.1.1 ACL

ACL 是一种应用非常广泛的网络技术，它的基本原理极为简单。配置了 ACL 的网络设备根据事先设定好的报文匹配规则对经过该设备的报文进行匹配，然后对匹配上的报文执行事先设定好的处理动作。这些匹配规则及相应的处理动作是根据具体的网络需求设定的。处理动作的不同以及匹配规则的多样性，使得 ACL 可以发挥各种各样的功效。

ACL 技术总是与防火墙（Firewall）、路由策略、QoS、流量过滤（Traffic Filter）等其他技术结合使用的。在本书中，我们只是从流量控制的角度来简单地了解一下关于 ACL 的基本知识。

另外，需要说明的是，不同的网络设备厂商在 ACL 技术的实现细节上各不相同，本书主要介绍在华为设备上所实现的 ACL 技术。

如图 7-1 所示，ACL 由若干条“deny | permit”语句组成，每条语句就是该 ACL 的一条规则，每条语句中的 deny 或 permit 就是与这条规则相对应的处理动作。处理动作 permit 的含义是“允许”，处理动作 deny 的含义是“拒绝”。特别需要说明的是，ACL 技术总是与其他技术结合在一起使用，因此，所结合的技术不同，“允许”及“拒绝”的内涵及作用也会不同。例如，当 ACL 技术与流量过滤技术结合使用时，permit 就是“允许通行”的意思，deny 就是“拒绝通行”的意思。

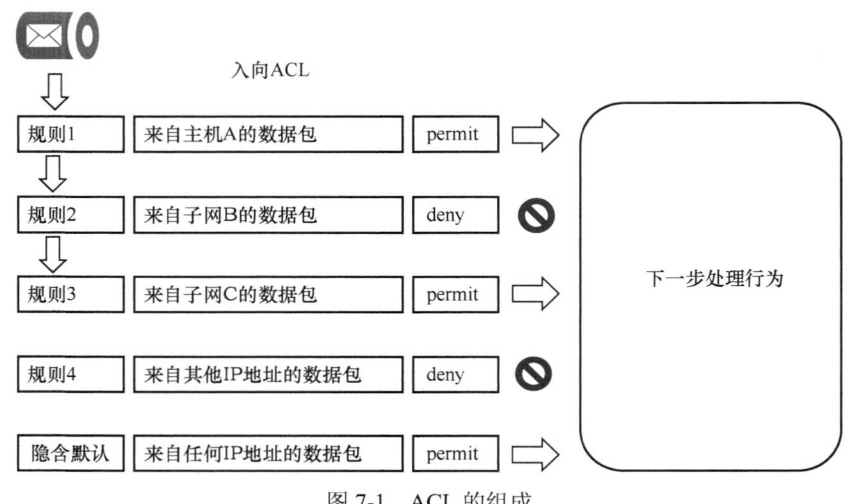

图 7-1　ACL 的组成

配置 ACL 的设备在接收一个报文之后，会将该报文与 ACL 中的规则逐条进行匹配。如果不能匹配当前这条规则，则会继续匹配下一条规则。一旦报文匹配上某条规则，则设备会对该报文执行这条规则中定义的处理动作（permit 或 deny），并且不再尝试与后续规则进行匹配。如果报文不能匹配 ACL 的任何一条规则，则设备会对该报文执行 permit 这个处理动作。华为路由器中的 ACL 隐含默认最后一条规则是来自任何 IP 地址的数据包允许通过，可以在 ACL 最后添加一条规则，拒绝来自任何 IP 地址的数据包。隐含默认的规则将无法起作用。

一个 ACL 中的每一条规则都有一个相应的编号，称为规则编号（rule-id）。默认情况下，报文总是按照规则编号从小到大的顺序与规则进行匹配。默认情况下，设备会在创建 ACL 的过程中自动为每一条规则分配一个编号。如果将规则编号的步长设定为 10（注：规则编号的步长的默认值为 5），则规则编号将按照 10，20，30，40，…这样的规律自动进行分配。如果将规则编号的步长设定为 2，则规则编号将按照 2，4，6，8，…这样的规律自动进行分配。步长的大小反映了相邻规则编号之间的间隔大小。间隔的存在，实际上是为了便于在两个相邻的规则之间插入新的规则。

根据 ACL 所具备的特性的不同，可以将 ACL 分成不同的类型，分别是基本 ACL、高级 ACL、二层 ACL 和用户自定义 ACL，其中应用较为广泛的是基本 ACL 和高级 ACL。在网络设备上配置 ACL 时，每一个 ACL 都需要分配一个编号，称为 ACL 编号。基本 ACL、高级 ACL、二层 ACL、用户自定义 ACL 的编号范围分别为 2 000～2 999、3 000～3 999、4 000～4 999、5 000～5 999。配置 ACL 时，ACL 的编号应该在其相应类型的编号范围内。

基本 ACL 只能基于 IP 报文的源 IP 地址、报文分片标记和时间段信息来定义规则。

高级 ACL 可以根据 IP 报文的源 IP 地址、目的 IP 地址、协议字段的值、优先级的值、长度值、TCP 报文的源端口号、TCP 报文的目的端口号、UDP 报文的源端口号、UDP 报文的目的端口号等信息来定义规则。基本 ACL 的功能只是高级 ACL 的功能的一个子集，高级 ACL 可以比基本 ACL 定义出更精准、更复杂、更灵活的规则。

高级 ACL 中规则的配置比基本 ACL 中规则的配置要复杂得多，且配置命令的格式也会因 IP 报文的载荷数据类型的不同而不同。例如，针对 ICMP 报文、TCP 报文、UDP 报文等不同类型的报文，其相应的配置命令的格式是不同的。

7.1.2　通配符

通配符（Wildcard-mask）与 IP 地址（Address）合写在一起时，表示的是一个由若干个 IP 地址组成的集合。通配符是一个 32 位的数值，用于指示 IP 地址中哪些位需要严格匹配，哪些位无须匹配。通配符通常采用类似子网掩码的点分十进制形式表示，但是含义却与子网掩码完全不同。

通配符换算成二进制数后，“0”表示“匹配”，“1”表示“不关心”。如图 7-2 所示，192.168.1.0 的通配符为 0.0.0.255，表示的网段为 192.168.1.0/24。

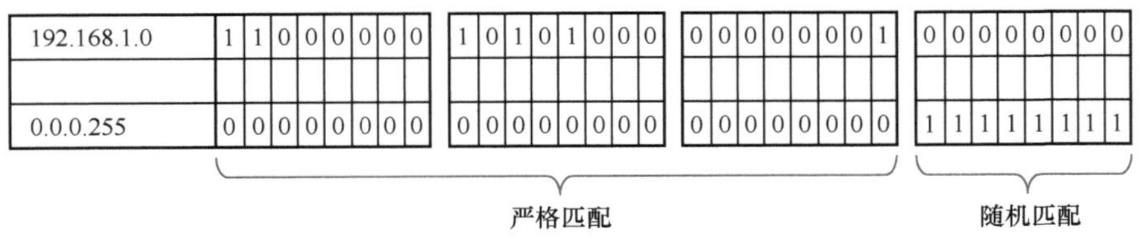

图 7-2　通配符示意

以下命令创建了 ACL 2000，其中添加 4 条规则，每条规则后的黑体部分为通配符。

```
[AR1]acl 2000
[AR1-acl-basic-2000]rule 5   deny    source 10.1.1.1       0.0.0.0
[AR1-acl-basic-2000]rule 10  permit  source 192.168.1.0    0.0.0.255
[AR1-acl-basic-2000]rule 15  permit  source 172.16.0.0     0.0.255.255
[AR1-acl-basic-2000]rule 20  deny    source 0.0.0.0        255.255.255.255
[AR1-acl-basic-2000]quit
```

rule 5 表示拒绝源 IP 地址为 10.1.1.1 的报文通过，因为通配符全为 0，所以每一位都要严格匹配，因此匹配的主机 IP 地址为 10.1.1.1。

rule 10 表示允许源 IP 地址是 192.168.1.0/24 网段地址的报文通过，因为通配符写成二进制数为 0.0.0.11111111，后 8 位为 1，表示不关心，此时 192.168.1.xxxxxxxx 的后 8 位可以为任意值，所以匹配的是 192.168.1.0/24 网段。

rule 15 表示允许源 IP 地址是 172.16.0.0/16 网段地址的报文通过，因为通配符写成二进制数为 0.0.11111111.11111111，后 16 位为 1，表示不关心，此时 172.16.xxxxxxxx.xxxxxxxx 的后 16 位可以为任意值，所以匹配的是 172.16.0.0/16 网段。

rule 20 表示拒绝源 IP 地址是 0.0.0.0/0 网段地址的报文通过，这就相当于拒绝了所有网段。因为通配符写成二进制数为 11111111.11111111.11111111.11111111，32 位全为 1，表示都不关心，此时 xxxxxxxx.xxxxxxxx.xxxxxxxx.xxxxxxxx 32 位可以为任意值，所以匹配的是 0.0.0.0/0 网段。

通配符中的 1 和 0 可以不连续。

如果使用通配符匹配 192.168.1.0/24 这个网段中的奇数 IP 地址，例如 192.168.1.1、192.168.1.3、192.168.1.5 等，通配符如何写呢？

如图 7-3 所示，将奇数 IP 地址最后一部分写成二进制数。可以看到共同点，奇数 IP 地址的最后一位都是 1，需要严格匹配，因此答案为 192.168.1.1　0.0.0.254（0.0.0.11111110）。

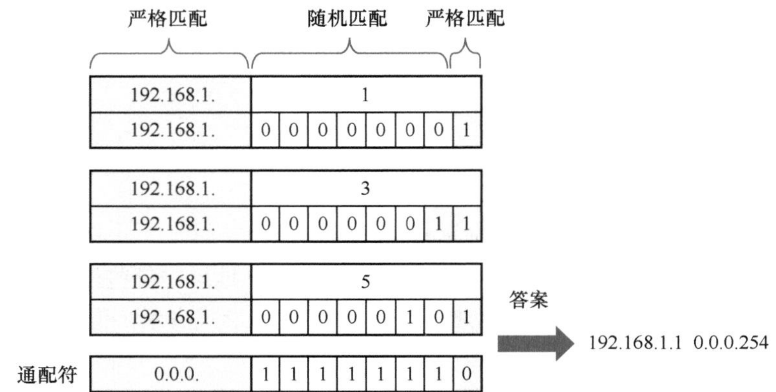

图 7-3　使用通配符匹配奇数 IP 地址

思考一下，如果使用通配符匹配 192.168.1.0/24 这个网段中的偶数 IP 地址，例如 192.168.1.0、192.168.1.2、192.168.1.4、192.168.1.6 等，如何写呢？

答案是：192.168.1.0 0.0.0.254。如果想不明白，就把偶数 IP 地址写成二进制数，再写出通配符。

还有两个特殊的通配符。当通配符全为 0 来匹配 IP 地址时，表示匹配某个 IP 地址；当通配符全为 1 来匹配 0.0.0.0 地址时，表示匹配所有地址。

7.1.3　ACL 设计思路

计算机通信通常是客户端向服务端发送请求，服务端响应客户端的请求。使用 ACL 控制网络流量时，通常是限制客户端向服务端发送的请求流量，服务端收不到客户端请求，就不会响应。虽然使用 ACL 限制服务端向客户端发送响应的流量也能实现相同效果，但不如直接拦截客户端请求的流量。

使用 ACL 控制网络流量时，首先考虑使用基本 ACL 还是高级 ACL。如果只基于数据包源 IP 地址进行控制，就使用基本 ACL；如果需要基于数据包的源 IP 地址、目的 IP 地址、协议、目的端口进行控制，就使用高级 ACL。然后考虑在哪个路由器上的哪个接口的哪个方向进行控制。确定了上述这些才能确定 ACL 规则中的哪些 IP 地址是源 IP 地址，哪些 IP 地址是目的 IP 地址。

在创建 ACL 前，还要确定 ACL 中规则的顺序，如果每条规则中的地址范围不重叠，那么规则编号顺序无关紧要；如果多条规则中用到的地址有重叠，就要把地址块小的规则放到前面，地址块大的规则放到后面。

路由器每个接口的出向和入向均只能绑定一个 ACL，而一个 ACL 可以绑定到多个接口。

如图 7-4 所示（其中，GE 表示 GigabitEthernet 接口），若只想控制内网到 Internet 的访问，由于这是基于源 IP 地址的控制，因此使用基本 ACL 就可以实现。内网计算机访问 Internet 要经过 R1 和 R2 两台路由器，这就要考虑在哪台路由器上进行控制，以及 ACL 绑定到哪个接口上。若在 R1 路由器上创建 ACL，就要绑定到 R1 路由器的 GigabitEthernet 0/0/1 的出向，数据包出去的时候应用 ACL。本例在 R2 路由器上创建 ACL，并绑定到 R2 路由器的 GigabitEthernet 0/0/0 的入向。

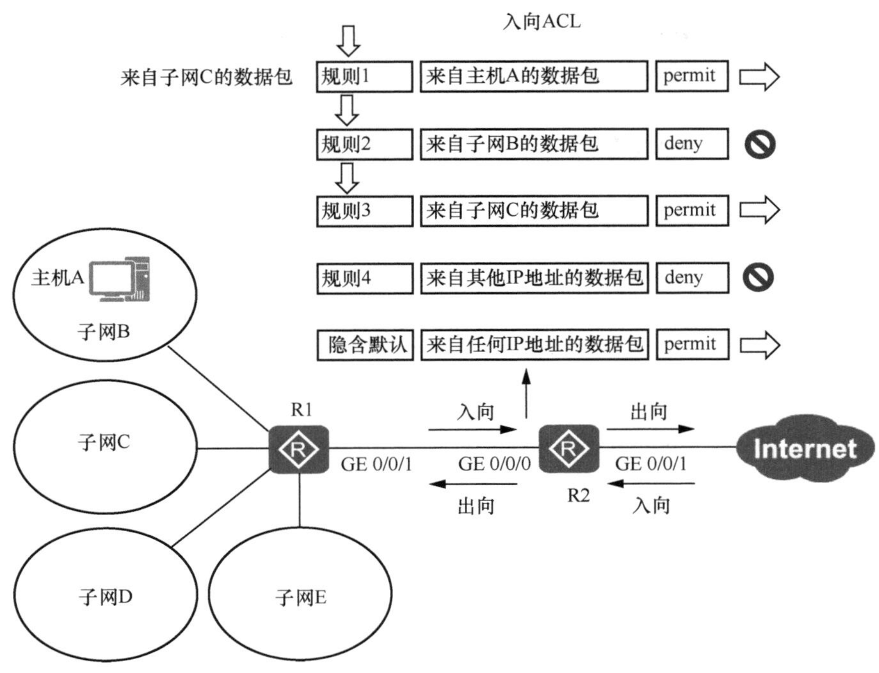

图 7-4 ACL 应用示例

可以看到图 7-4 中的 ACL 有 4 条匹配规则，在华为路由器中 ACL 隐含默认最后一条规则是任何地址都允许通过，本例中创建的规则 4，即任何地址都拒绝通过，则隐含默认规则不起作用。ACL 中的规则是按编号从小到大依次进行匹配，一旦匹配成功，就不再匹配下面的规则。

在本例中 ACL 规则 2 中的源 IP 地址包含规则 1 中的主机 A，也就是规则中的地址有重叠，这就要求针对主机 A 的规则放在针对子网 B 的规则前面，如果顺序颠倒，针对主机 A 的规则就没机会匹配上了。

创建好的 ACL 要在接口进行绑定，并且指明方向。方向是以路由器的角度来看的，从接口进入路由器就是入向，从接口离开路由器就是出向。本例中定义好的 ACL 绑定到 R2 路由器的 GigabitEthernet 0/0/0 接口就是入向，绑定到 R2 路由器的 GigabitEthernet 0/0/1 接口就是出向。

图 7-4 中来自子网 C 的数据包从 R2 路由器的 GigabitEthernet 0/0/0 进入，将会依次匹配规则 1、规则 2，最后匹配到规则 3，处理动作是允许。子网 E 在规则中没有指明，但会匹配规则 4，处理动作是拒绝，隐含默认那条规则将不起作用。

试想一下，是否可以将该 ACL 绑定到 R2 路由器的 GigabitEthernet 0/0/1 的出向？或者绑定到 R2 路由器的 GigabitEthernet 0/0/1 的入向？

绑定到 R2 路由器接口 GigabitEthernet 0/0/1 的出口方向也是可以的。但绑定到 R2 路由器的 GigabitEthernet 0/0/1 接口的入向是不行的，因为规则创建时源 IP 地址都属于内网，控制的是内网到 Internet 的访问。

7.1.4 实战：使用基本 ACL 实现网络安全

下面以一家企业的网络为例，讲述基本 ACL 的用法。

根据数据包从源网络到目的网络的路径，在必经之地（某个路由器的接口）进行数据包过滤。在创建 ACL 之前，首先确定在沿途的哪个路由器的哪个接口的哪个方向进行包过滤，然后才能确定 ACL 中规则的源 IP 地址。

如图 7-5 所示（其中，GE 表示 GigabitEthernet 接口），某企业内网有 3 个网段，VLAN 10 是财务部服务器网段，VLAN 20 是工程部网段，VLAN 30 是财务部网段，企业路由器 AR1 连接 ISP，现需要在 AR1 上创建 ACL 以实现以下功能。

- 源 IP 地址为私有地址的流量不能从 Internet 进入企业网络。
- 只允许财务部中的计算机访问财务部服务器。

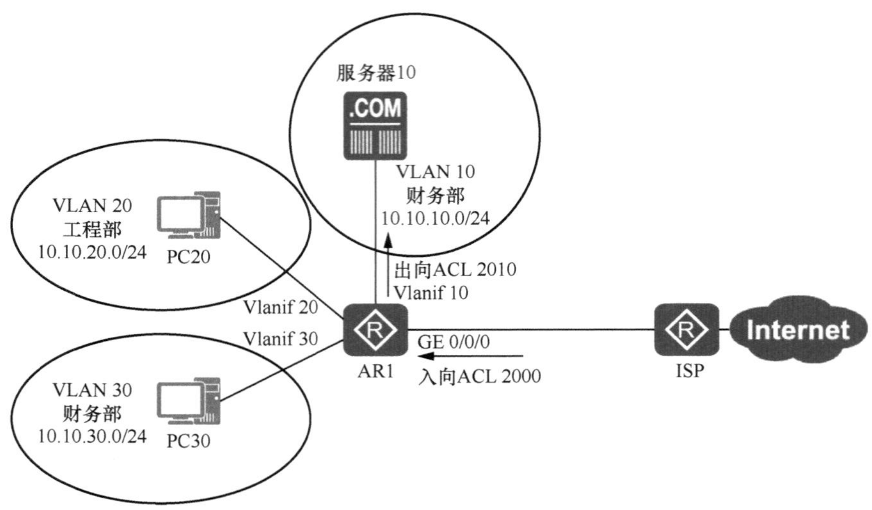

图 7-5　企业网络

首先创建两个 ACL，一个绑定到 AR1 路由器的 GigabitEthernet 0/0/0 接口入向，一个绑定到 AR1 的 Vlanif 10 接口的出向。

在 AR1 上创建两个基本 ACL，即 ACL 2000 和 ACL 2 010，如下所示。

```
[AR1]acl ?
  INTEGER<2000-2999> Basic access-list(add to current using rules) --基本ACL规则编号范围
  INTEGER<3000-3999> Advanced access-list(add to current using rules)--高级ACL规则编号范围
  INTEGER<4000-4999>  Specify a L2 acl group
  ipv6                ACL IPv6
  name                Specify a named ACL
  number              Specify a numbered ACL

[AR1]acl 2000--创建ACL
[AR1-acl-basic-2000]rule deny source 10.0.0.0 0.255.255.255
[AR1-acl-basic-2000]rule deny source 172.16.0.0 0.15.255.255
[AR1-acl-basic-2000]rule deny source 192.168.0.0 0.0.255.255
[AR1-acl-basic-2000]quit
[AR1]acl 2010
[AR1-acl-basic-2010]rule permit source 10.10.30.0 0.0.0.255
[AR1-acl-basic-2010]rule 20 deny source any            --指定规则编号
[AR1-acl-basic-2010]quit
```

执行 display acl all 命令后可查看全部 ACL。执行 display acl 2000 命令后可以查看编号是 2000 的 ACL。

```
[AR1]display acl all
 Total quantity of nonempty ACL number is 2

Basic ACL 2000, 3 rules
Acl's step is 5
 rule 5 deny source 10.0.0.0 0.255.255.255
 rule 10 deny source 172.16.0.0 0.15.255.255
 rule 15 deny source 192.168.0.0 0.0.255.255

Basic ACL 2010, 2 rules
Acl's step is 5
 rule 5 permit source 10.10.30.0 0.0.0.255
 rule 20 deny
```

将创建的 ACL 绑定到接口，如下所示。

```
[AR1]interface GigabitEthernet 0/0/0
[AR1-GigabitEthernet0/0/0]traffic-filter inbound acl 2000     --入向
[AR1-GigabitEthernet0/0/0]quit
[AR1]interface Vlanif 1
[AR1-Vlanif1]quit
[AR1]interface Vlanif 10
[AR1-Vlanif10]traffic-filter outbound acl 2010                --出向
[AR1-Vlanif10]quit
```

ACL 定义好之后，还可以对其进行编辑，可以删除其中的规则，也可以在指定位置插入规则。

现在修改 ACL 2000，删除其中的规则 10，并添加一条规则，允许 10.30.30.0/24 网段通过，思考一下这条规则应该放到什么位置？配置如下所示。

```
[RA1]acl 2000
[RA1-acl-basic-2000]undo rule 10                          --删除 rule 10
[RA1-acl-basic-2000]rule 2 permit source 10.30.30.0 0.0.0.255   --插入 rule 2，编号要小于 5
[RA1-acl-basic-2000]rule 15 permit source 192.168.0.0 0.0.255.255
--修改 rule 15，将其改成 permit
[AR1-acl-basic-2000]display this
[V200R003C00]
#
acl number 2000
 rule 2 permit source 10.30.30.0 0.0.0.255
 rule 5 deny source 10.0.0.0 0.255.255.255
 rule 15 permit source 192.168.0.0 0.0.255.255
#
return
```

删除 ACL 并不自动删除接口的绑定，还需要在接口删除绑定的 ACL，如下所示。

```
[RA1]undo acl 2000      --删除 ACL
[RA1]interface GigabitEthernet 0/0/0
[AR1-GigabitEthernet0/0/0]display this
[V200R003C00]
#
interface GigabitEthernet0/0/0
 ip address 20.1.1.1 255.255.255.0
 traffic-filter inbound acl 2000                       --ACL 2000 依然绑定在出口
#
```

```
return
[AR1-GigabitEthernet0/0/0]undo traffic-filter inbound    --解除入向绑定
```

7.1.5 实战：使用基本 ACL 保护路由器安全

网络中的路由器如果配置了 VTY 端口，只要网络畅通，任何计算机都可以远程登录路由器并进行配置。一旦 Telnet 路由器的密码遭到泄露，路由器的配置就有可能被非法更改。可以创建标准 ACL，只允许特定 IP 地址能够远程登录路由器并进行配置。

路由器 AR1 只允许 PC3 对其进行远程登录。在 AR1 路由器上创建基本 ACL 2001，并将之绑定到 user-interface vty 入站方向。

```
[AR1]acl 2001
[AR1-acl-basic-2001]rule permit source 192.168.2.2 0      --不指定步长，默认是 5
[AR1-acl-basic-2001]rule deny source any                  --拒绝所有
```

提示：

拒绝所有的规则（rule deny source any）可以简写成 rule deny。

查看定义的 ACL 2001 配置，如下所示。

```
<AR1>display acl 2001
Basic ACL 2001, 2 rules
Acl's step is 5                                                  --步长为 5
 rule 5 permit source 192.168.2.2 0 (1 matches)
 rule 10 deny (3 matches)
```

设置 Telnet 端口的认证模式及登录密码，为用户权限级别绑定基本 ACL 2001，如下所示。

```
[AR1]user-interface vty 0 4
[AR1-ui-vty0-4]authentication-mode password                    --设置认证模式
Please configure the login password (maximum length 16):91xueit --设置登录密码为 91xueit
[AR1-ui-vty0-4]user privilege level 3
[AR1-ui-vty0-4]acl 2001 inbound                       --绑定 ACL 2001 入站方向
```

删除绑定，执行以下命令。

```
[AR1-ui-vty0-4]undo acl inbound
```

7.1.6 实战：使用高级 ACL 实现网络安全

如图 7-6 所示（其中，GE 表示 GigabitEthernet 接口），要求在 AR1 路由器上创建高级 ACL 以实现以下功能。

- 允许工程部的计算机能够访问 Internet。
- 允许财务部的计算机能够访问 Internet，但只允许访问网站和收发电子邮件。
- 允许财务部的计算机能够使用 ping 命令以测试到 Internet 的网络是否畅通。
- 禁止财务部服务器访问 Internet。

本实战的流量控制基于数据包的源 IP 地址、目的 IP 地址、协议和端口号，这就要使用高级 ACL 来实现。在 AR1 上创建一个高级 ACL，并将该 ACL 绑定到 AR1 的 GigabitEthernet 0/0/0 接口的出向。

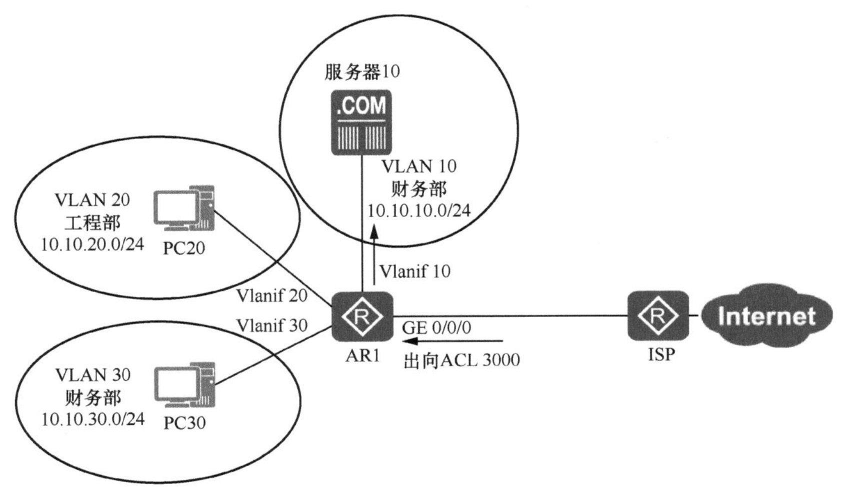

图 7-6 高级 ACL 的应用

若要允许财务部的服务器能够访问 Internet 中的网站，先进行域名解析。域名解析使用 DNS 协议，DNS 协议使用的是 UDP 的 53 端口，访问网站使用的协议是 HTTP 和 HTTPS，HTTP 使用的是 TCP 的 80 端口，HTTPS 使用的是 TCP 的 443 端口。

为了避免 7.1.4 节和 7.1.5 节介绍的实战创建的基本 ACL 对本实战的影响，先删除全部 ACL，再在 Vlanif 10 和 GigabitEthernet 0/0/0 上解除绑定的 ACL，如下所示。

```
[AR1]undo acl all                                     --删除已经创建的全部 ACL
[AR1]interface Vlanif 10
[AR1-Vlanif10]undo traffic-filter outbound            --解除接口上的 ACL 绑定
```

在 AR1 上创建高级 ACL。基于 TCP 和 UDP 创建规则时需要指定目的端口，如下所示。

```
[AR1]acl 3000--创建高级 ACL
[AR1-acl-adv-3000]rule 5 permit ?                     --查看可用的协议
  <1-255>  Protocol number
  gre      GRE tunneling(47)
  icmp     Internet Control Message Protocol(1)
  igmp     Internet Group Management Protocol(2)
  ip       Any IP protocol                            --IP 包含 TCP、UDP 和 ICMP
  ipinip   IP in IP tunneling(4)
  ospf     OSPF routing protocol(89)
  tcp      Transmission Control Protocol (6)
  udp      User Datagram Protocol (17)
[AR1-acl-adv-3000]rule 5 permit ip source 10.10.20.0 0.0.0.255 destination any
[AR1-acl-adv-3000]rule 10 permit udp source 10.10.30.0 0.0.0.255 destination any ?
 --查看可用的参数
  destination-port      Specify destination port
  dscp                  Specify dscp
  fragment              Check fragment packet
  none-first-fragment   Check the subsequence fragment packet
…

 [AR1-acl-adv-3000]rule 10 permit udp source 10.10.30.0 0.0.0.255 destination any
destination-port ?      --指定目的端口大于、小于或等于某个端口或端口范围
  eq      Equal to given port number
  gt      Greater than given port number
```

```
    lt      Less than given port number
    range   Between two port numbers
  [AR1-acl-adv-3000]rule 10 permit udp source 10.10.30.0 0.0.0.255 destination
any destination-port eq ?                        --可以指定端口号或应用层协议名称
    <0-65535>     Port number
    biff          Mail notify (512)
    bootpc        Bootstrap Protocol Client (68)
    bootps        Bootstrap Protocol Server (67)
    discard       Discard (9)
    dns           Domain Name Service (53)
    dnsix         DNSIX Security Attribute Token Map (90)
    echo          Echo (7)
    …
  [AR1-acl-adv-3000]rule 10 permit udp source 10.10.30.0 0.0.0.255 destination any
destination-port eq dns
  [AR1-acl-adv-3000]rule 15 permit tcp source 10.10.30.0 0.0.0.255 destination-port
eq www
  [AR1-acl-adv-3000]rule 20 permit tcp source 10.10.30.0 0.0.0.255 destination-port
eq 443
  [AR1-acl-adv-3000]rule 25 permit icmp source 10.10.30.0 0.0.0.255
  [AR1-acl-adv-3000]rule 30 deny ip
  [AR1-acl-adv-3000]quit
```

将 ACL 绑定到接口，如下所示。

```
[AR1]interface GigabitEthernet 0/0/0
[AR1-GigabitEthernet0/0/0]traffic-filter outbound acl 3000
```

7.2 AAA

7.2.1 AAA 工作方式

网络设备或操作系统通常允许多个用户登录和访问。针对不同的用户可以设置不同的访问权限，为了安全还需要跟踪、记录用户的访问行为。

用户登录系统或网络设备时，通过输入用户名和密码来验证身份，这个过程叫身份认证（Authentication）。授予不同的用户不同的权限，这个过程叫作授权（Authorization）。安全起见，用户登录后对系统资源的访问或更改需要进行记录，这个过程叫作计费（Accounting），这 3 项独立的安全功能总称为 AAA。受限于篇幅，计费功能不在本书讨论范围内。

网络设备可以通过两种方式对发起管理访问的用户进行认证、授权和计费。一种方式是在本地完成。如图 7-7 所示，网络设备通过自己本地数据库中的用户名和密码信息来完成身份认证、权限指定。

另一种方式是通过外部的 AAA 服务器来完成。当用户向网络设备发起管理访问时，网络设备向位于指定地址的 AAA 服务器发送查询信息，让 AAA 服务器判断是否允许这位用户访问，以及这位用户拥有什么权限等，如图 7-8 所示。

与本地设备执行 AAA 操作相比，通过 AAA 服务器可以为网络设备集中提供 AAA 服务，其优势在于扩展性。因此，在中到大规模网络中，图 7-8 所示的这种依靠 AAA 服务器来集中提供 AAA 服务的工作方式更加常见。在这种环境中，需要定义被管理设备与 AAA 服务器之间通信的标准。RADIUS 协议是被管理设备和 AAA 服务器通信的标准协议，即远程身份认证拨号用户服务（Remote Authentication Dial In User Service）协议。AAA 服务器是 RADIUS 服务器，路由器是 RADIUS 客户端。

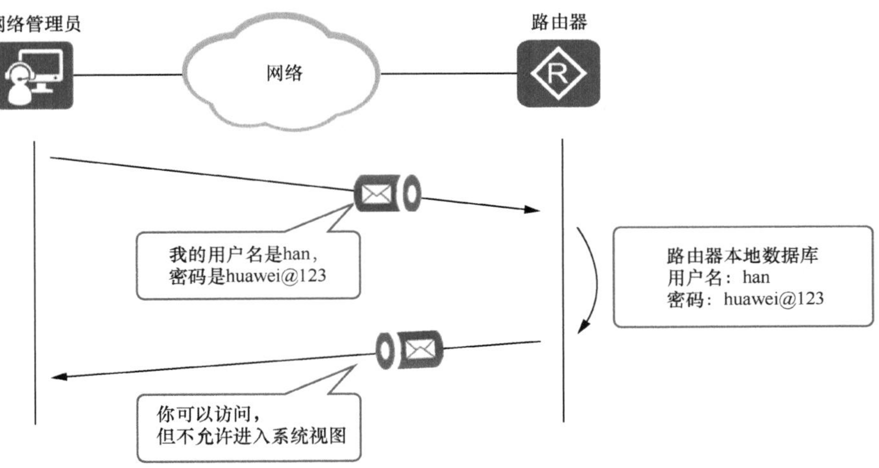

图 7-7 本地 AAA 的工作方式示意

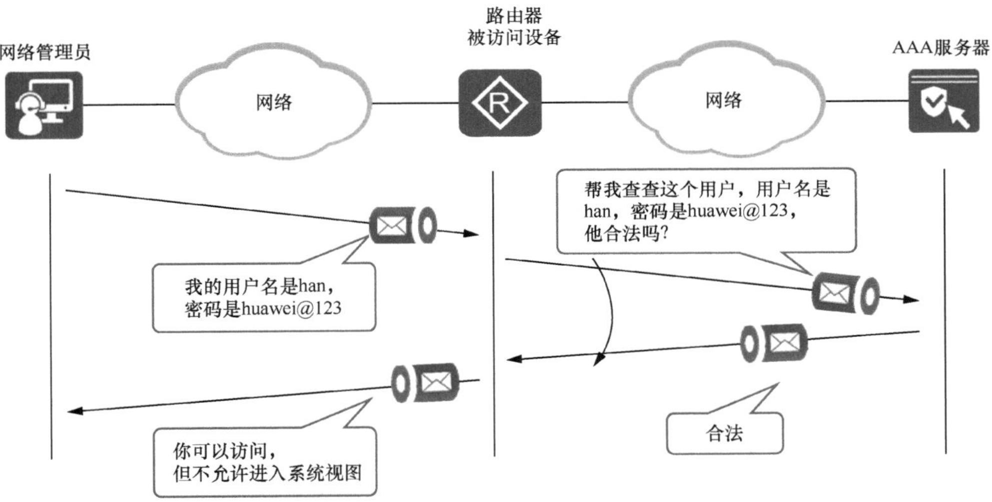

图 7-8 通过 AAA 服务器执行 AAA 的工作方式示意

受限于篇幅，本书不会详细讨论通过 AAA 服务器执行 AAA 工作方式以及 RADIUS 协议，读者可参考其他资料。

7.2.2 实战：在路由器上配置 AAA

本节展示如何配置华为路由器 AAA 本地认证。使用 Telnet 远程登录华为路由器时，可以使用密码认证，使用密码认证没有办法针对不同的用户设置不同的权限。为了提高安全性，为不同的用户授予不同的访问权限，需要设置 Telnet 登录使用 AAA 本地认证。本实战案例使用的网络环境如图 7-9 所示（其中，GE 表示 GigabitEthernet 接口）。

在这个环境中，要在路由器 AR1 上针对 Telnet 启用 AAA 本地认证，用户只有输入正确的用户名和密码，才能通过 Telnet 成功登录 AR1。

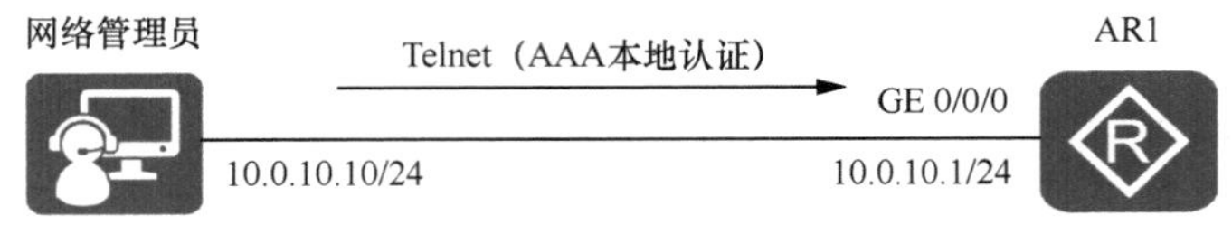

图 7-9　使用 AAA 本地认证的方式进行登录验证

华为设备默认情况下有一个名为 default 的认证方案（authentication-scheme），网络管理员不能删除这个认证方案，但能对其进行修改。在 default 认证方案中，默认的认证模式为本地认证（local），也就是说，路由器会使用本地数据库对用户的登录行为进行认证。在这个案例中，我们使用 default 认证方案，并且保留默认认证模式不进行修改。

查看 AR1 上默认的 AAA 配置信息，如下所示。

```
[AR1]aaa
[AR1-aaa]display this
[V200R003C00]
#
aaa
 authentication-scheme default
 authorization-scheme default
 accounting-scheme default
 domain default
 domain default_admin
 local-user admin password cipher %$%$K8m.Nt84DZ}e#<0`8bmE3Uw}%$%$
 local-user admin service-type http
#
return
[AR1-aaa]
```

执行 aaa 命令后进入 AAA 视图。然后在 AAA 视图中执行 display this 命令，这个命令能够查看当前视图中的配置信息。在 display this 命令的输出内容中，重点介绍 authentication-scheme default 和 domain default_admin。

- authentication-scheme default：这是默认的认证方案 default。如果在 AAA 视图中执行 authentication-scheme default 命令，就可以进入 default 认证方案视图，并可以修改 default 认证方案中的参数。在 default 认证方案视图中，网络管理员可以执行 authentication-mode local 命令来设置本地认证模式。由于这是默认的认证模式，即使网络管理员执行了这个命令，在配置中也是看不到该设置的，如下所示。

```
[AR1-aaa]authentication-scheme default
[AR1-aaa-authen-default]authentication-mode ?    --查看支持的认证模式
  hwtacacs   HWTACACS
  local      Local
  none       None
  radius     RADIUS
[AR1-aaa-authen-default]authentication-mode local
```

- domain default_admin：这是默认的网络管理员域 default_admin，也就是通过 HTTP、SSH、Telnet、Terminal 或 FTP 方式登录设备的用户所属的域。如果在 AAA 视图中执行 domain default_admin 命令，就会进入 default_admin 域视图，并可以修改这个域中的参数，如下所示。

```
[AR1-aaa]domain default_admin
[AR1-aaa-domain-default_admin]?
```

```
aaa-domain-default_admin view commands:
  accounting-scheme       Configure accounting scheme
  arp-ping                ARP-ping
  authentication-scheme   Configure authentication scheme
  authorization-scheme    Configure authorization scheme
  backup                  Backup  information
 …
```

对通过 Telnet 的方式登录设备的用户来说，该用户属于 default_admin 域，这个域使用默认的 default 认证方案，default 认证方案中又设置了默认的本地认证模式。在层层嵌套的配置中，如果想要通过 AAA 本地认证对 Telnet 进行保护，网络管理员无须进行任何修改。因此接下来需要做的是创建用来进行 Telnet 登录的本地用户。

以下命令在 AR1 路由器上创建了两个用户 user1 和 user2，在创建 user1 时，网络管理员指定了用户名（user1）和密码（huawei111），并且把 user1 的接入服务类型设置为 Telnet。在创建 user2 时，网络管理员除了指定用户名（user2）和密码（huawei222），并且把 user2 的接入服务类型也设置为 Telnet 以外，还指定 user2 的级别为 15，也就是最高级别。由于网络管理员没有为 user1 指定级别，因此 user1 拥有默认级别 0，也就是最低级别。

```
[AR1]aaa
[AR1-aaa]local-user user1 password cipher huawei111
Info: Add a new user.
[AR1-aaa]local-user user1 service-type Telnet
[AR1-aaa]local-user user2 privilege level 15 password cipher huawei222
Info: Add a new user.
[AR1-aaa]local-user user2 service-type Telnet
```

最后，网络管理员还需要配置 VTY 接口，并把它的认证模式设置为 AAA，如下所示。

```
[AR1]user-interface vty 0 4
[AR1-ui-vty0-4]authentication-mode aaa
[AR1-ui-vty0-4]quit
```

在 Windows 操作系统上使用 user1 账户 Telnet AR1 路由器，登录成功后，输入问号查询当前能够使用的命令，可以发现列出的命令非常有限，这是因为 user1 的级别是 0。图 7-10 展示了 user1 登录后可用的命令。

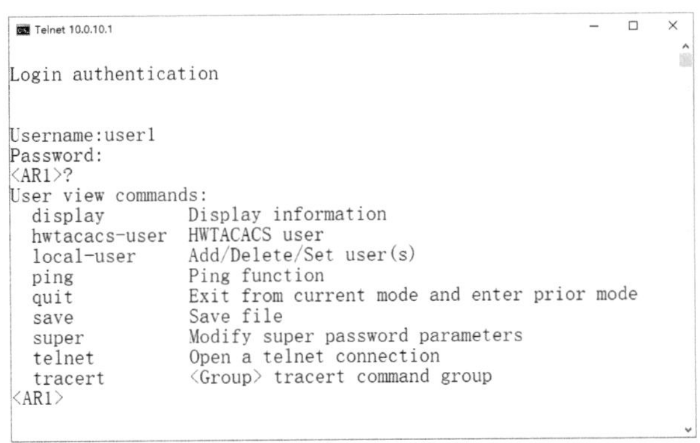

图 7-10　使用 user1 进行登录测试

如图 7-11 所示，使用 user2 登录，输入问号显示当前可用的命令，发现 user2 能够使用的命令非常多，这是因为 user2 的级别是 15，也就是最高级别，这意味着 user2 能够使用全部命令。

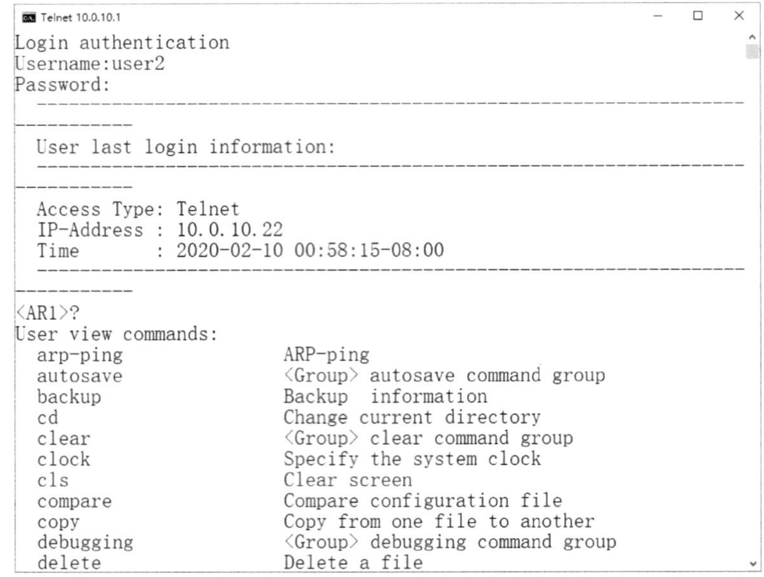

```
Telnet 10.0.10.1
Login authentication
Username:user2
Password:
  ----------------------------------------------------------------
-----------
  User last login information:
  ----------------------------------------------------------------
-----------
  Access Type: Telnet
  IP-Address : 10.0.10.22
  Time       : 2020-02-10 00:58:15-08:00
  ----------------------------------------------------------------
-----------
<AR1>?
User view commands:
  arp-ping                ARP-ping
  autosave                <Group> autosave command group
  backup                  Backup  information
  cd                      Change current directory
  clear                   <Group> clear command group
  clock                   Specify the system clock
  cls                     Clear screen
  compare                 Compare configuration file
  copy                    Copy from one file to another
  debugging               <Group> debugging command group
  delete                  Delete a file
```

图 7-11 使用 user2 进行登录测试

通过执行 display local-user 命令，可以查看设备配置的用户信息，如下所示。

```
[AR1]display local-user
  ----------------------------------------------------------------------------
  User-name                       State   AuthMask  AdminLevel
  ----------------------------------------------------------------------------
  admin                            A       H          -
  user1                            A       T          -
  user2                            A       T          15
  ----------------------------------------------------------------------------
  Total 3 user(s)
[AR1]
```

以上输出信息中，State 为 A（Active），这表明该用户处于活动状态，若 State 为 B（Block），则表明该用户处于禁用状态；AuthMask 表示本地用户的接入类型；admin 的接入类型为 H（HTTP）；user1 和 user2 的接入类型为 T（Telnet），接入类型还有 S（SSH）、F（FTP）等；AdminLevel 表示本地用户的用户级别，从这里也可以看出 user2 的级别为 15。

通过执行 display local-user username *username* 命令，可以查看某个用户的信息。执行查看 user2 的信息的命令后的输出如下。

```
[AR1]display local-user username user2
  The contents of local user(s):
  Password             : ****************
  State                : active
  Service-type-mask    : T
  Privilege level      : 15
  Ftp-directory        : -
  Access-limit         : -
  Accessed-num         : 0
  Idle-timeout         : -
  User-group           : -
```

7.3　网络地址转换

7.3.1　公网地址和私网地址

随着 Internet 用户的增多，公网地址资源显得越发短缺。同时 IPv4 公网地址资源存在地址分配不均的问题，导致部分地区的 IPv4 可用公网地址严重不足。为解决该问题，使用过渡技术解决 IPv4 公网地址短缺就显得尤为必要。

公网指的是 Internet，公网地址指的是 Internet 上全球统一规划的 IP 地址，网段地址块不能重叠。Internet 上的路由器能够转发目的 IP 地址为公网地址的数据包。

在 IP 地址空间里，A、B、C 这 3 类地址中各保留了一部分地址作为私网地址，私网地址不能出现在公网上，只能在内网中使用，Internet 中的路由器没有到私网地址的路由。

保留的 A、B、C 类私网地址的范围分别如下。

A 类地址：10.0.0.0～10.255.255.255。

B 类地址：172.16.0.0～172.31.255.255。

C 类地址：192.168.0.0～192.168.255.255。

针对企业或学校的内部网络，可以根据计算机数量、网络规模大小，选用适当的私网地址段。小型企业或家庭网络可以选择保留的 C 类地址，大中型企业网络可以选择保留的 B 类地址或 A 类地址。如图 7-12 所示，小型厂房园区网选择 192.168.1.0/24 作为内网地址，家庭网络和咖啡厅网络也选择 192.168.1.0/24 作为内网地址。这 3 个网络现在不需要相互通信，将来也不打算相互访问，使用相同的网段或地址重叠也没关系。如果以后小型厂房园区网和家庭网络需要相互通信，就不能使用重叠的地址，需要重新规划这两个网络的 IP 地址。

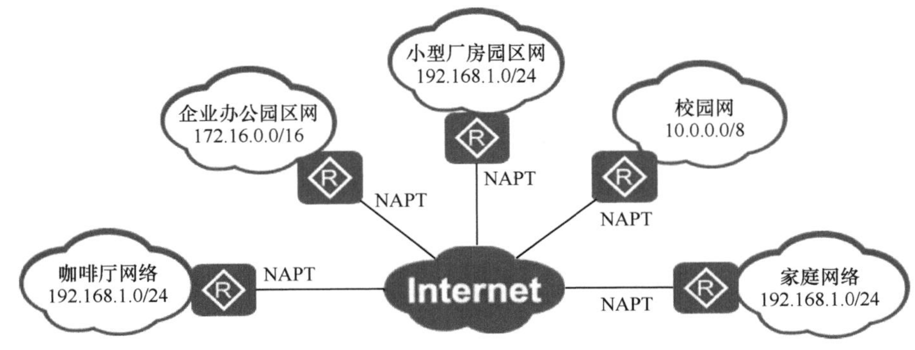

图 7-12　私网地址

企业内网通常使用私网地址。使用私网地址的计算机访问 Internet 时需要在边界路由器上配置网络地址转换（NAT）或网络地址端口转换（Network Address Port Translation，NAPT），NAPT 能够减少对公网地址的占用。NAT 通常具有以下优点。

- 通过 NAPT，私网访问 Internet 时可以使用公网地址，从而节省公网地址。
- 更换 ISP 时，内网地址不用更改，增强了 Internet 连接的灵活性。
- 在 Internet 上的计算机不可直接访问私网，增强了内网的安全性。

但是 NAT 也有如下缺点。

- 在路由器上配置 NAT 或 NAPT 时，都需要修改数据包的网络层和传输层，并且在路由器中保留和记录端口地址转换对应关系，这相比路由数据包会产生较大的交换时延，同时会消耗路由器较多的资源。

- 使用私网地址访问 Internet 时，源 IP 地址被替换成公网地址，如果某学校的学生在论坛上发布消息，论坛只能记录发帖人的 IP 地址是该学校的公网地址，没办法跟踪到是内网的哪个地址。也就是无法进行端到端的 IP 跟踪。
- 公网不能访问私网计算机，如果进行访问，需要进行端口映射。
- 某些应用无法在 NAT 网络中运行，比如互联网络层安全协议（Internet Protocol Security，IPSec）不允许中间数据包被修改。

7.3.2 NAT 的类型

NAT 可分为 5 种类型：静态 NAT、动态 NAT、NAPT、Easy IP 和 NAT 服务。

静态 NAT 在连接私网和公网的路由器上进行配置，每个私网地址都有一个与之对应并且固定的公网地址，即私网地址和公网地址之间的关系是一对一映射的，这种类型的 NAT 不节省公网地址。

静态 NAT 支持双向互访。私网地址访问 Internet 时，经过出口设备 NAT，转换成对应的公网地址。同时，外部网络访问内部网络时，其报文中携带的公网地址（目的 IP 地址）也会被 NAT 设备转换成对应的私网地址。

如图 7-13 所示，在路由器 R1 上配置静态 NAT，内网 192.168.1.2 访问 Internet 时使用公网地址 12.2.2.2 替换源 IP 地址，内网 192.168.1.3 访问 Internet 时使用公网地址 12.2.2.3 替换源 IP 地址。图 7-13 展示了 PC1、PC2 访问 Web 服务器时，数据包在内网时的源 IP 地址和目的 IP 地址，以及数据包发送到 Internet 后的源 IP 地址和目的 IP 地址，同时展示了 Web 服务器发送给 PC1 和 PC2 的数据包在 Internet 上的源 IP 地址和目的 IP 地址，以及进入内网后的源 IP 地址和目的 IP 地址。

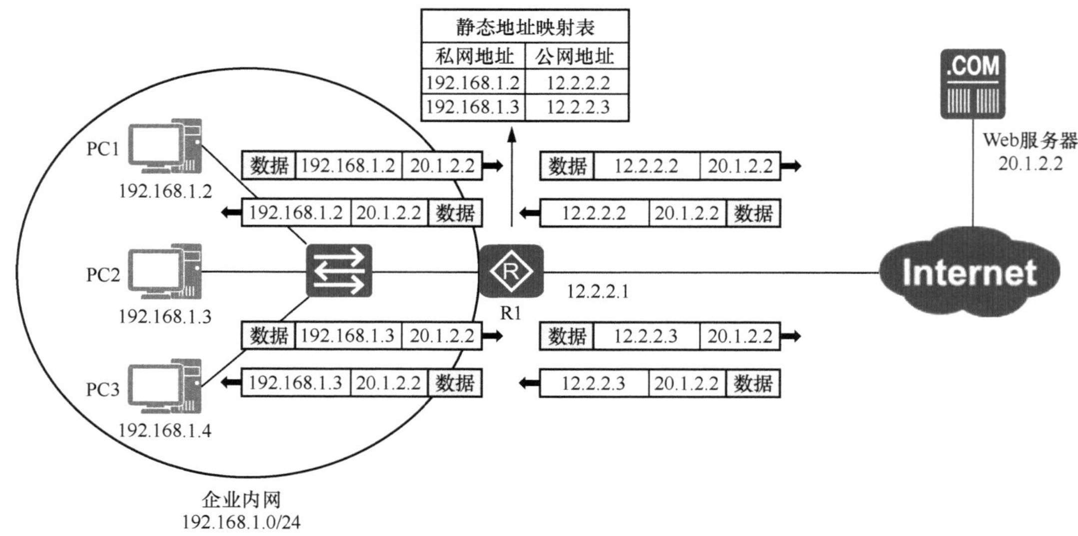

图 7-13 静态 NAT 示意

PC3 不能访问 Internet，因为在 R1 路由器上没有为 IP 地址 192.168.1.4 指定用来替换的公网地址。配置静态 NAT 后，Internet 上的计算机就能通过 12.2.2.2 访问内网的 PC1，通过 12.2.2.3 访问内网的 PC2。

静态 NAT 严格执行一对一地址映射，这就导致即便内网主机长时间离线或者不发送数据时，与之对应的公网地址也处于使用状态。为了避免地址浪费，动态 NAT 提出了地址池的概念，由所有可用的公网地址组成地址池。

当内网主机访问外部网络时临时分配一个地址池中未使用的地址，并将该地址标记为“In Use”。当该主机不再访问外部网络时回收分配的地址，将其重新标记为“Not Use”。

动态 NAT 在连接私网和公网的路由器上进行配置，在路由器上创建公网地址池（地址段），使用 ACL 定义哪些地址需要被转换，但并不指定用哪个公网地址替换哪个私网地址。内网计算机访问 Internet 时，路由器会从公网地址池中随机选择一个没被使用的公网地址进行源 IP 地址替换。动态 NAT 只允许内网主动访问 Internet，而 Internet 上的计算机不能主动通过公网地址访问内网的计算机，这和静态 NAT 不一样。

如图 7-14 所示，内网有 4 台计算机，公网地址池中有 3 个公网地址，这表示只允许内网的 3 台计算机访问 Internet，至于谁能访问 Internet，那就看谁先联网了。由于 PC4 没有可用的公网地址，将无法访问 Internet。

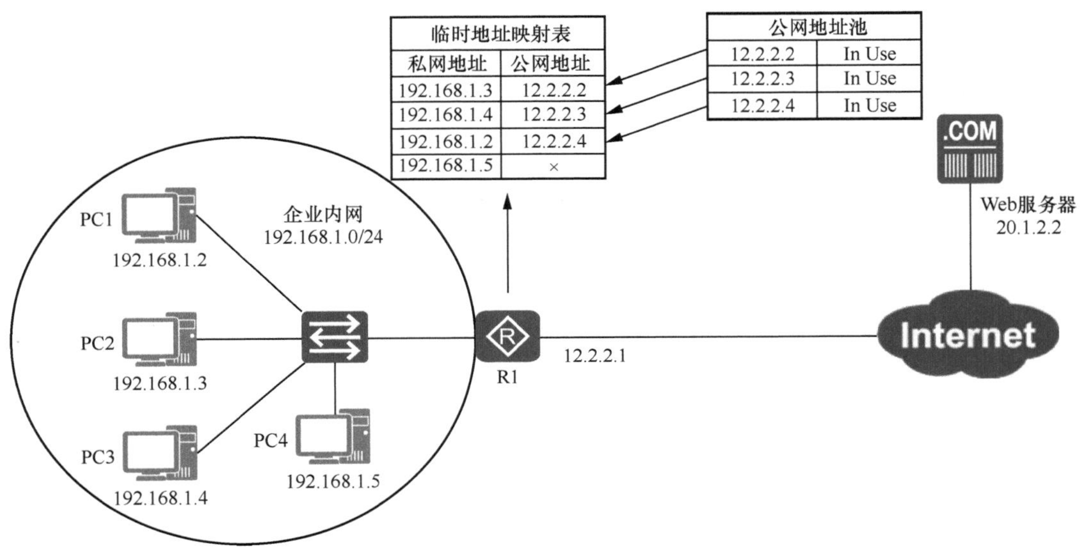

图 7-14 动态 NAT

使用动态 NAT 时，公网地址与私网地址还是一对一映射关系，无法提高公网地址利用率。而 NAPT 在从地址池中选择地址进行转换时不仅会转换 IP 地址，也会对端口号进行转换，从而实现公网地址与私网地址一对多的映射，可以有效提高公网地址利用率。

如果用于 NAT 的公网地址少于内网上网计算机的数量，当内网计算机使用公网地址池中的 IP 地址访问 Internet 时，出去的数据包就要替换源 IP 地址和源端口。在路由器中有一张表用于记录网络地址端口转换，如图 7-15 所示。

源端口（图 7-15 中的公网端口，其中，GE 表示 GigabitEthernet 接口）由路由器统一分配，不会重复，路由器 R1 收到返回来的数据包，根据目的端口就能判定应该将其给内网中的哪台计算机。这就是 NAPT。NAPT 的应用会节省公网地址。

NAPT 只允许内网计算机发起对 Internet 的访问，而 Internet 中的计算机不能主动向内网计算机发起通信，这使得内网在 Internet 中不可见。

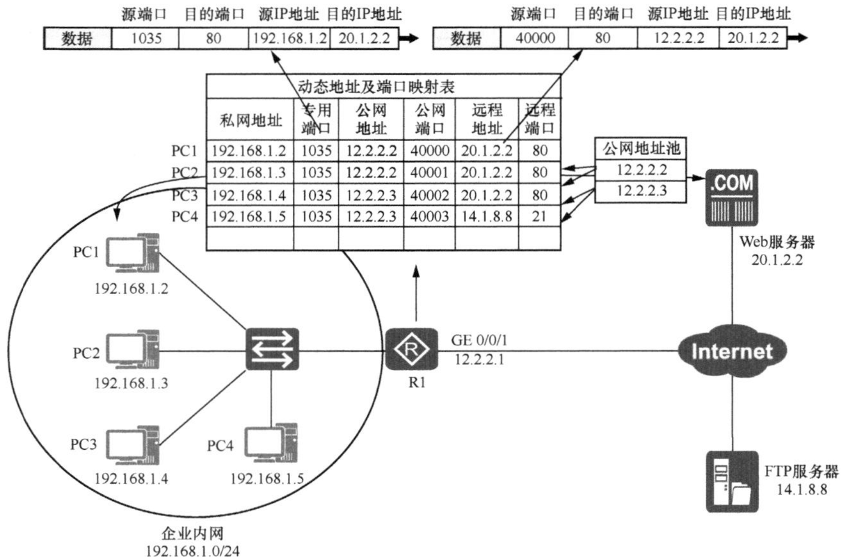

图 7-15　网络地址端口转换示意

7.3.3　Easy IP

Easy IP 的实现原理和 NAPT 相同，需要同时转换 IP 地址、传输层端口，区别在于 Easy IP 没有地址池的概念，Easy IP 使用接口地址作为 NAT 的公网地址。

Easy IP 适用于不具备固定公网地址的场景，比如通过 DHCP、PPPoE（PPP over Ethernet）拨号获取地址的网络出口，可以直接使用获取的动态地址进行转换。

如图 7-16 所示（其中，GE 表示 GigabitEthernet 接口），Easy IP 无须建立公网地址资源池，因为 Easy IP 只会使用一个公网地址，该地址就是路由器 R1 的 GigabitEthernet 0/0/1 接口的 IP 地址。Easy IP 也会建立并维护一张动态地址及端口映射表，并且 Easy IP 会将这张表中的公网地址绑定为 GigabitEthernet 0/0/1 接口的 IP 地址。如果 R1 的 GigabitEthernet 0/0/1 接口的 IP 地址发生变化，那么这张表中的公网地址也会自动跟着变化。GigabitEthernet 0/0/1 接口的 IP 地址可以是手动配置的，也可以是动态分配的。

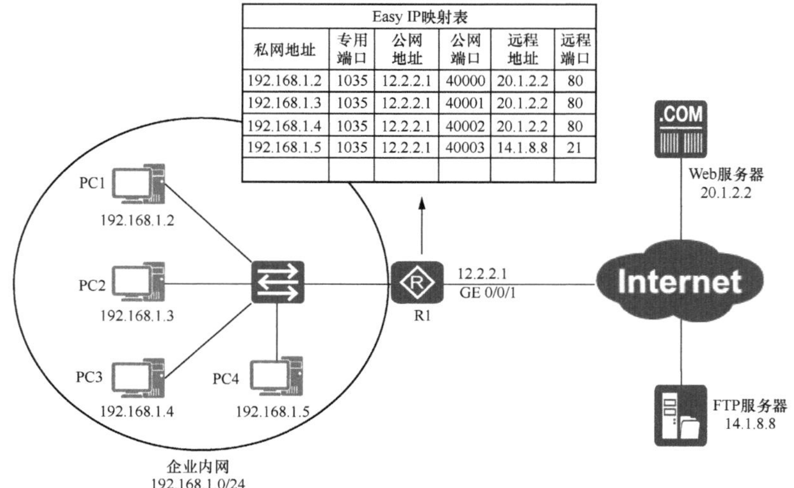

图 7-16　Easy IP 应用示例

其他方面，Easy IP 与 NAPT 完全一样，这里不赘述。

7.3.4 实战：配置静态 NAT

如图 7-17 所示（其中，GE 表示 GigabitEthernet 接口），企业内网使用私网地址的 192.168.0.0/24 网段，路由器 AR1 接入 Internet，有一条默认路由指向路由器 AR2 的 GigabitEthernet 0/0/0 接口 IP 地址，AR2 代表 ISP 在 Internet 上的路由器，该路由器没有到私网的路由。ISP 给企业分配了 3 个公网地址 12.2.2.1、12.2.2.2 和 12.2.2.3，其中，12.2.2.1 指定给 AR1 的 GigabitEthernet 0/0/1 接口。

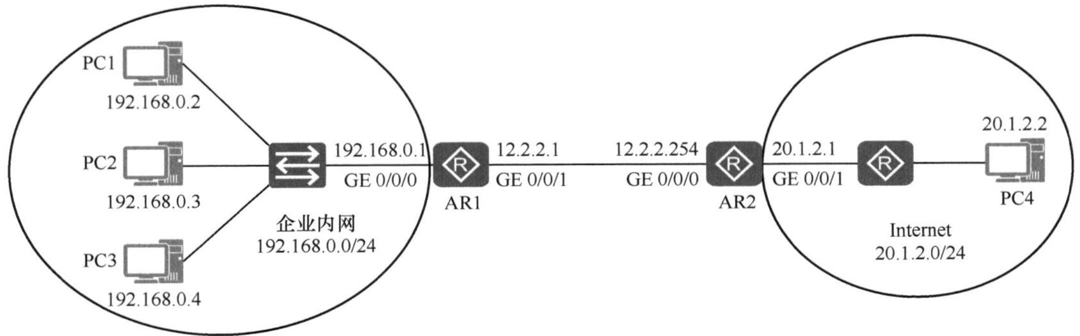

图 7-17 配置静态 NAT

现在要求在路由器 AR1 上配置静态 NAT，使用 12.2.2.2 替换 PC1 访问 Internet 的 IP 地址，使用 12.2.2.3 替换 PC2 访问 Internet 的 IP 地址。由于 12.2.2.1 已经分配给 AR1 的 GigabitEthernet 0/0/1 接口，因此静态映射不能再使用这个地址。

在配置静态 NAT 之前，内网计算机不能访问 Internet 上的计算机。思考一下这是为什么？是数据包不能到达目的 IP 地址，还是 Internet 上的计算机发出的响应数据包不能返回内网？

配置静态 NAT 有两种方式——接口视图下配置和全局视图下配置。

在 AR1 的 GigabitEthernet 0/0/1 接口视图下配置静态 NAT，如下所示。

```
[AR1]interface GigabitEthernet 0/0/1
[AR1-GigabitEthernet0/0/1]nat static global 12.2.2.2 inside 192.168.0.2
[AR1-GigabitEthernet0/0/1]nat static global 12.2.2.3 inside 192.168.0.3
```

在 AR1 的系统视图下配置静态 NAT，如下所示。

```
[AR1]nat static global 12.2.2.2 inside 192.168.0.2
[AR1]nat static global 12.2.2.3 inside 192.168.0.3
[AR1]interface GigabitEthernet 0/0/1
[AR1-GigabitEthernet0/0/1]nat static enable      --在接口视图下启用静态 NAT
```

在 AR1 上查看 NAT 静态映射，如下所示。

```
<AR1>display nat static
  Static Nat Information:
  Interface  : GigabitEthernet0/0/1
    Global IP/Port     : 12.2.2.2/----
    Inside IP/Port     : 192.168.0.2/----
    Protocol : ----
    VPN instance-name  : ----
    Acl number         : ----
    Netmask  : 255.255.255.255
```

```
    Description : ----

    Global IP/Port      : 12.2.2.3/----
    Inside IP/Port      : 192.168.0.3/----
    Protocol : ----
    VPN instance-name   : ----
    Acl number          : ----
    Netmask  : 255.255.255.255
    Description : ----

  Total :    2
```

配置完成后，PC1 和 PC2 均能成功执行 ping 20.1.2.2 命令。PC3 不能成功执行 ping Internet 上的计算机的 IP 地址命令。Internet 上的 PC4 能够通过 12.2.2.2 访问内网的 PC1，还能够通过 12.2.2.3 访问内网的 PC3。

测试完成后，删除静态 NAT 设置。对于在接口视图下配置的静态 NAT，执行以下命令后将删除配置。

```
[AR1-GigabitEthernet0/0/1]undo nat static global 12.2.2.2 inside 192.168.0.2
[AR1-GigabitEthernet0/0/1]undo nat static global 12.2.2.3 inside 192.168.0.3
```

对于在系统视图下配置的静态 NAT，执行以下命令可删除配置。

```
[AR1]undo nat static global 12.2.2.2 inside 192.168.0.2
[AR1]undo nat static global 12.2.2.3 inside 192.168.0.3
[AR1]interface GigabitEthernet 0/0/1
[AR1-GigabitEthernet0/0/1]undo nat static enable
```

7.3.5 实战：配置 NAPT

本节的网络环境如图 7-17 所示，ISP 给企业分配了 12.2.2.1、12.2.2.2 和 12.2.2.3 共 3 个公网地址，12.2.2.1 分配给路由器 AR1 的 GigabitEthernet 0/0/1 接口，12.2.2.2 和 12.2.2.3 这两个地址分配给内网计算机用作 NAPT。

在路由器 AR1 上创建公网地址池，如下所示。

```
[AR1]nat address-group 1 ?                          --指定公网地址池编号为 1
  IP_ADDR<X.X.X.X>  Start address
[AR1]nat address-group 1 12.2.2.2 12.2.2.3          --指定开始地址和结束地址
```

如果企业内网有多个网段，且只允许特定的几个网段能够访问 Internet，那么需要通过 ACL 定义允许通过 NAPT 访问 Internet 的私网网段。在本示例中内网只有一个网段，相应的 ACL 配置命令如下。

```
[AR1]acl 2000
[AR1-acl-basic-2000]rule 5 permit source 192.168.0.0 0.0.0.255
[AR1-acl-basic-2000]rule deny
[AR1-acl-basic-2000]quit
```

在 AR1 连接 Internet 的接口 GigabitEthernet 0/0/1 上配置 NAPT，如下所示。

```
[AR1]interface GigabitEthernet 0/0/1
[AR1-GigabitEthernet0/0/1]nat outbound 2000 address-group 1 ? --指定使用的公网地址池
  no-pat   Not use PAT                          --如果选择 no-pat，就是动态 NAT
  <cr>     Please press ENTER to execute command
[AR1-GigabitEthernet0/0/1]nat outbound 2000 address-group 1  --没有选择 no-pat，就是 NAPT
```

在 PC1、PC2、PC3 上分别执行 ping Internet 上的 PC4 的命令，测试是否成功连接。

7.3.6　实战：配置 Easy IP

如图 7-18 所示（其中，GE 表示 GigabitEthernet 接口），企业内网使用私网地址的 192.168.0.0/24 网段，ISP 只给了企业一个公网地址 12.2.2.1/24。在路由器 AR1 上配置 NAPT，允许内网计算机使用 AR1 上 GigabitEthernet 0/0/1 接口的公网地址做地址转换以访问 Internet。

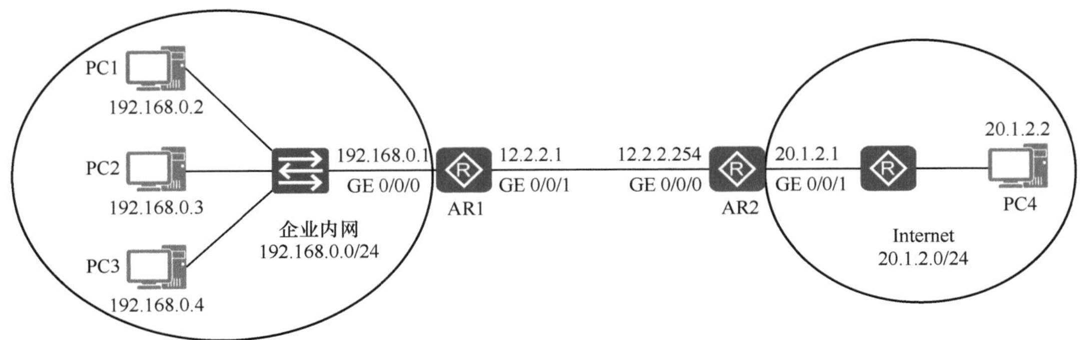

图 7-18　将外网接口地址用作 NAPT

如果企业内网有多个网段，且只允许特定几个网段能够访问 Internet，那么使用 ACL 定义允许通过 NAPT 访问 Internet 的内网网段。在本实战中内网只有一个网段，相应的 ACL 配置命令如下。

```
[AR1]acl 2000
[AR1-acl-basic-2000]rule 5 permit source 192.168.0.0 0.0.0.255
[AR1-acl-basic-2000]rule deny
[AR1-acl-basic-2000]quit
```

在 AR1 连接 Internet 的接口 GigabitEthernet 0/0/1 上配置 NAPT，如下所示。

```
[AR1]interface GigabitEthernet0/0/1
[AR1-GigabitEthernet0/0/1]nat outbound 2000     --指定允许 NAPT 的 ACL
```

7.3.7　NAT 服务简介

当私网中的服务器需要对公网提供服务时，就需要在路由器上配置 NAT 服务，指定[公网地址:端口]与[私网地址:端口]的一对一映射关系，将内网服务器映射到公网。公网主机通过访问[公网地址：端口]实现对内网服务器的访问。

如图 7-19 所示（其中，GE 表示 GigabitEthernet 接口），RA 路由器连接内网和 Internet，计划让 Internet 上的计算机访问内网的 Web 服务器上的网站。要实现以上功能，就需要在路由器 RA 上配置 NAT 服务，这实际上就是在 NAT 映射表中添加一条静态 NAT 映射，将 TCP 的 80 端口映射到内网 Web 服务器的 80 端口。

图 7-19 画出了 Internet 中 PC4 访问 12.2.2.8 的 TCP 的 80 端口的数据包，RA 收到后，查找 NAT 映射表，根据[公网地址:端口]查找对应的[私网地址:端口]，并进行 IP 地址数据报文目的 IP 地址、端口转换，转换后将数据包发送到内网的 Web 服务器。

RA 收到 Web 服务器返回给 PC4 的数据包后，根据 NAT 映射表，将数据包的源 IP 地址和端口进行转换，再发送给 PC4。

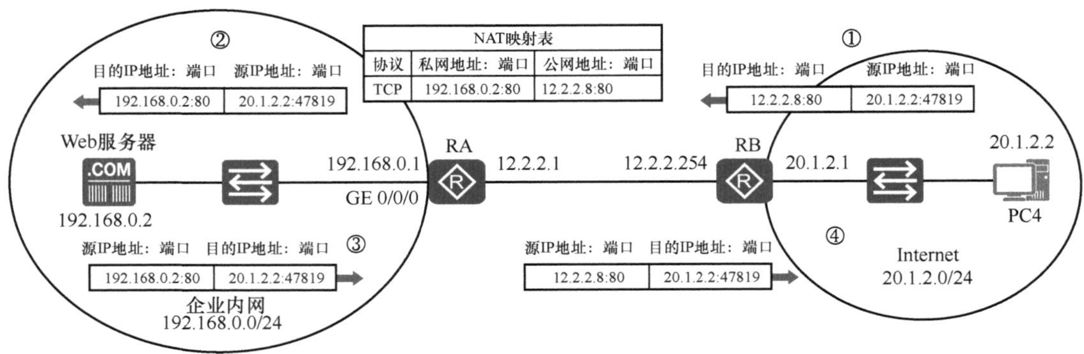

图 7-19　NAT 服务

7.3.8　实战：配置 NAT 服务

如图 7-20 所示（其中，GE 表示 GigabitEthernet 接口），某公司内网使用私网地址的 192.168.0.0/24 网段，用路由器 AR1 连接 Internet，该路由器有一个公网地址 12.2.2.1，该公司内网中的 Web 服务器需要供 Internet 上的计算机访问，该公司 IT 部门的员工下班回家后，需要用远程桌面连接企业内网的服务器 1 和 PC3。

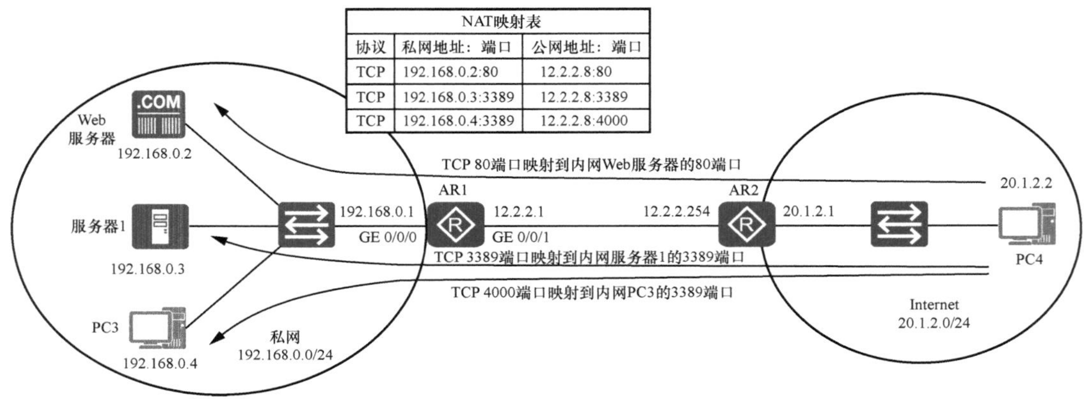

图 7-20　配置 NAT 服务

访问网站使用的是 HTTP，该协议默认使用 TCP 的 80 端口，将 12.2.2.8 的 TCP 的 80 端口映射到内网 192.168.0.2 的 TCP 的 80 端口。

远程桌面使用的是 RDP，该协议默认使用 TCP 的 3389 端口，将 12.2.2.8 的 TCP 的 3389 端口映射到内网的 192.168.0.3 的 TCP 的 3389 端口。

由于 TCP 的 3389 端口已经映射到内网的服务器 1，因此使用远程桌面连接 PC3 时就不能再使用 3389 端口了，可以将 12.2.2.1 的 TCP 的 4000 端口映射到内网 192.168.0.4 的 3389 端口。通过访问 12.2.2.8 的 TCP 的 4000 端口就可以访问 PC3 的远程桌面（3389 端口）。

在 AR1 路由器的 GigabitEthernet 0/0/1 接口配置 Easy IP，内网访问 Internet 的数据包的源 IP 地址使用该接口的公网地址替换。本例需要配置 NAT 服务，使用另外一个公网地址 12.2.2.8 作为 NAT 服务的地址，允许 Internet 访问内网中的 Web 服务器、服务器 1 和 PC3 的远程桌面。

将 AR1 上的 GigabitEthernet 0/0/1 接口的公网地址从 TCP 的 80 端口映射到内网的 192.168.0.2 的 80 端口，如下所示。

```
[AR1-GigabitEthernet0/0/1]nat server protocol tcp global  12.2.2.8 ?
  <0-65535>  Global port of NAT              --可以跟端口号
  ftp        File Transfer Protocol (21)
  pop3       Post Office Protocol v3 (110)
  smtp       Simple Mail Transport Protocol (25)
  Telnet     Telnet (23)
  www        World Wide Web (HTTP, 80)       --www 相当于 80 端口
[AR1-GigabitEthernet0/0/1]nat server protocol tcp global 12.2.2.8 www inside
192.168.0.2 www
Warning:The port 80 is well-known port. If you continue it may cause function
failure.
Are you sure to continue?[Y/N]:y
```

将 AR1 上的 GigabitEthernet 0/0/1 接口的公网地址从 TCP 的 3389 端口映射到内网的 192.168.0.3 的 3389 端口，如下所示。

```
[AR1-GigabitEthernet0/0/1]nat server protocol tcp global 12.2.2.8 3389 inside
192.168.0.3 3389
```

将 AR1 上的 GigabitEthernet 0/0/1 接口的公网地址从 TCP 的 4000 端口映射到内网的 192.168.0.4 的 3389 端口，如下所示。

```
[AR1-GigabitEthernet0/0/1]nat server protocol tcp global 12.2.2.8 4000 inside
192.168.0.4 3389
```

查看 AR1 上 GigabitEthernet 0/0/1 接口的 NAT 服务配置，如下所示。

```
<AR1>display nat server interface GigabitEthernet0/0/1

  Nat Server Information:
  Interface  : GigabitEthernet0/0/1
    Global IP/Port     : 12.2.2.8/80(www)
    Inside IP/Port     : 192.168.0.2/80(www)
    Protocol : 6(tcp)
    VPN instance-name  : ----
    Acl number         : ----
    Description : ----

    Global IP/Port     : 12.2.2.8/3389
    Inside IP/Port     : 192.168.0.3/3389
    Protocol : 6(tcp)
    VPN instance-name  : ----
    Acl number         : ----
    Description : ----

    Global IP/Port     : 12.2.2.8/4000
    Inside IP/Port     : 192.168.0.4/3389
    Protocol : 6(tcp)
    VPN instance-name  : ----
    Acl number         : ----
    Description : ----

  Total :    3
```

7.4 习题

选择题

1．关于 ACL 编号与类型的对应关系，下列描述正确的是________。（　　）

A．基本 ACL 编号范围是 1 000～2 999

B．高级 ACL 编号范围是 3 000～4 000

C．二层 ACL 编号范围是 4 000～4 999

D．基于接口的 ACL 编号范围是 1 000～2 000

2．在路由器 RTA 上完成如下所示的 ACL 配置，则下面描述正确的是________。（　　）

```
[RTA]acl 2001
[RTA-acl-basic-2001]rule 20 permit source 20.1.1.0 0.0.0.255
[RTA-acl-basic-2001]rule 10 deny source 20.1.1.0 0.0.0.255
```

A．VRP 将会自动按配置先后顺序调整第 1 条规则的顺序编号为 5

B．VRP 不会调整顺序编号，但是会先匹配第 1 条规则 permit source 20.1.1.0 0.0.0.255

C．配置错误，规则的顺序编号必须从小到大配置

D．VRP 将会按照顺序编号先匹配第 2 条规则 deny source 20.1.1.0 0.0.0.255

3．ACL 的每条规则都有相应的规则编号来表示匹配顺序。在如下所示的配置中，关于两条规则的编号描述正确的是________。（选择 2 个答案）（　　）

```
[RTA]acl 2002
[RTA-acl-basic-2002]rule permit source 20.1.1.10
[RTA-acl-basic-2002]rule permit source 30.1.1.10
```

A．第 1 条规则的顺序编号是 1　　B．第 1 条规则的顺序编号是 5

C．第 2 条规则的顺序编号是 2　　D．第 2 条规则的顺序编号是 10

4．如图 7-21 所示（其中，GE 表示 GigabitEthernet 接口），网络管理员希望主机 A 不能访问 Web 服务器，但是不限制其访问其他服务器，则下列 RTA 的 ACL 中能够满足需求的是________。（　　）

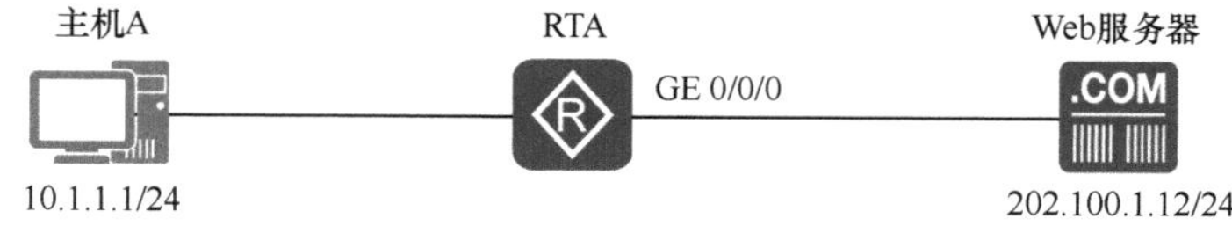

图 7-21　网络拓扑（1）

A．rule deny tcp source 10.1.1.10 destination 202.100.1.12 0.0.0.0 destination-port eq 21

B．rule deny tcp source 10.1.1.10 destination 202.100.1.12 0.0.0.0 destination-port eq 80

C．rule deny udp source 10.1.1.10 destination 202.100.1.12 0.0.0.0 destination-port eq 21

D．rule deny udp source 10.1.1.10 destination 202.100.1.12 0.0.0.0 destination-port eq 80

5．一个路由器 AR2220 上使用了如下 ACL 配置来过滤数据包，则下列描述正确的是________。（　　）

```
[RTA]acl 2001
[RTA-acl-basic-2001]rule permit source 10.0.1.0 0.0.0.255
[RTA-acl-basic-2001]rule deny source 10.0.1.0 0.0.0.255
```

A．10.0.1.0/24 网段的数据包将被拒绝　　B．10.0.1.0/24 网段的数据包将被允许

C．该 ACL 配置有误　　　　　　　　D．以上选项都不正确

6．如图 7-22 所示，网络管理员在路由器 RTA 上使用 ACL 2000 过滤数据包，则下列描述正确的是________。（选择 2 个答案）（　　）

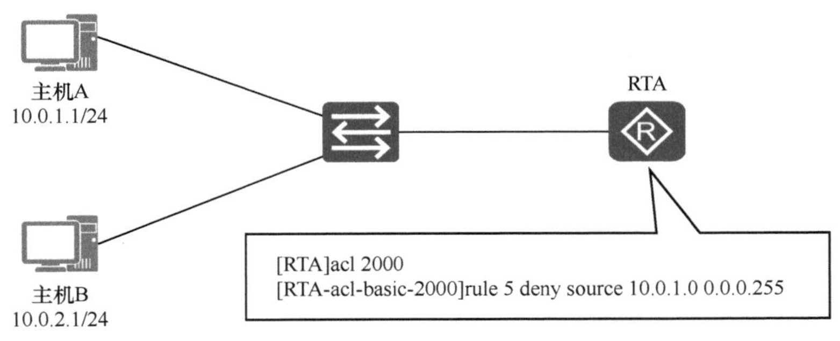

图 7-22　网络拓扑（2）

A．RTA 转发来自主机 A 的数据包　　　　B．RTA 丢弃来自主机 A 的数据包

C．RTA 转发来自主机 B 的数据包　　　　D．RTA 丢弃来自主机 B 的数据包

7．在路由器 RTA 上使用如下所示的 ACL，则下列哪些条目将会被匹配上？（多选）（　　）

```
[RTA]acl 2002
[RTA-acl-basic-2002]rule deny source 172.16.1.1 0.0.0.0
[RTA-acl-basic-2002]rule deny source 172.16.0.0 0.0.255.255
```

A．172.16.1.1/32　　　　B．172.16.1.0/24

C．192.17.0.0/24　　　　D．172.18.0.0/16

8．下列哪项参数不能用于高级 ACL？（　　）

A．物理接口　　　　B．目的端口号

C．协议号　　　　D．时间范围

9．用 Telnet 方式登录路由器时，可以选择哪几种认证方式？（　　）（多选）

A．AAA 本地认证　　　　B．不认证

C．密码认证　　　　D．MD5 密文认证

10．AAA 协议是 RADIUS 协议。（　　）

A．对　　　　B．错

11．如图 7-23 所示，为了使主机 A 能访问公网，且公网用户也能主动访问主机 A，此时在路由器 R1 上应该配置哪种 NAT？（　　）

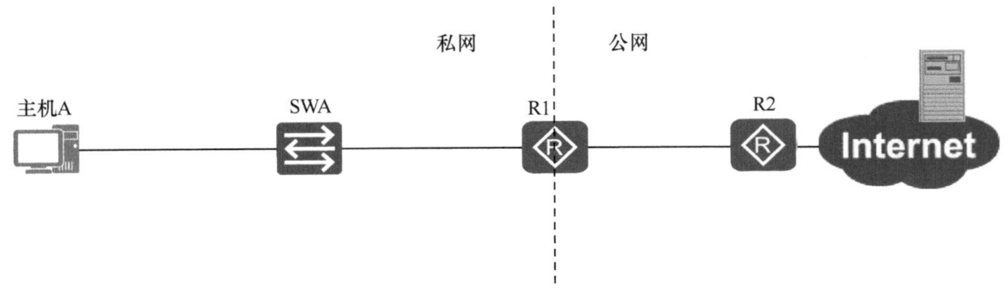

图 7-23　网络拓扑（3）

A．静态 NAT　　　　B．动态 NAT

C．Easy IP　　　　D．NAPT

12．如图 7-24 所示，RTA 使用 NAT 技术，且通过定义地址池来实现动态 NAT，使得私网主机能够访问公网。假设地址池中仅有两个公网地址，并且已经分配给主机 A 和主机 B，做了地址转换，此时若主机 C 也希望访问公网，则下列描述中正确的是________。（　　）

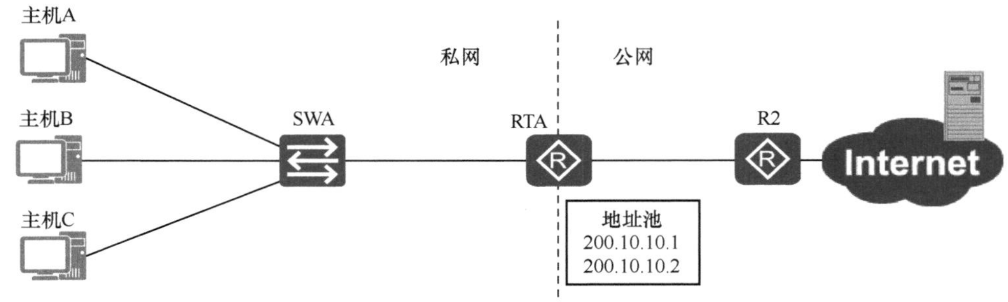

图 7-24　网络拓扑（4）

A．RTA 分配第一个公网地址给主机 C，主机 A 被踢下线

B．RTA 分配最后一个公网地址给主机 C，主机 B 被踢下线

C．主机 C 无法分配到公网地址，不能访问公网

D．所有主机轮流使用公网地址，都可以访问公网

13．下面有关 NAT 的描述中，正确的是________。（多选）（　　）

A．NAT 的中文全称是网络地址转换，又称为地址翻译

B．NAT 通常用来实现私网网络地址与公用网络地址之间的转换

C．当使用私网地址的内部网络的主机访问外部公用网络的时候，一定不需要 NAT

D．NAT 技术为解决 IP 地址紧张的问题提供了很大的帮助

14．某公司的网络中有 50 个私网地址，网络管理员使用 NAT 技术接入公网，且该公司仅有一个公网地址可用，则下列哪种 NAT 方式符合要求？（　　）

A．静态 NAT　　　　B．动态 NAT

C．Easy IP　　　　D．NAPT

15．NAPT 允许多个私网地址通过不同的端口号映射到同一个公网地址，则下列关于 NAPT 端口号的描述中，正确的是________。（　　）

A．必须手动配置端口号和私网地址的对应关系

B．只需要配置端口号的范围

C．不需要做任何关于端口号的配置

D．需要使用 ACL 分配端口号

16．下面选项中，能使一台 IP 地址为 10.0.0.1 的主机访问 Internet 的必要技术是________。（　　）

A．动态路由　　　　B．NAT

C．路由引入　　　　D．静态路由

17．如图 7-25 所示（其中，GE 表示 GigabitEthernet 接口），在路由器 R1 上执行了如下静态 NAT 命令，当 PC 访问 Internet 时，数据包中的目的地址不会发生任何变化。（　　）

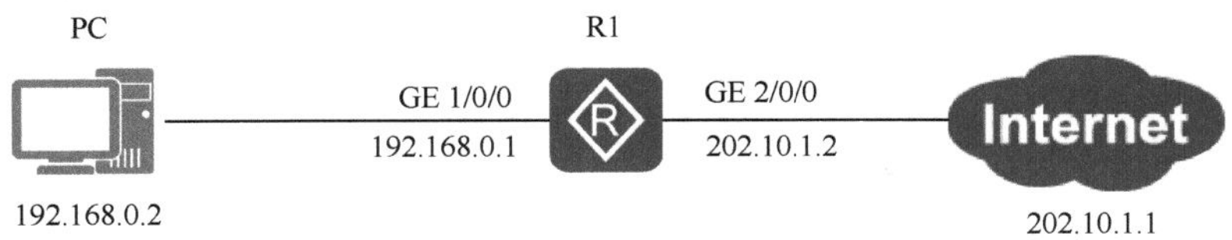

图 7-25 网络拓扑（5）

```
[R1]interface GigabitEthernet 1/0/0
[R1-GigabitEthernet1/0/0]ip address 192.168.0.1 255.255.255.0
[R1]interface GigabitEthernet2/0/0
[R1-GigabitEthernet2/0/0]ip address 202.10.1.2 255.255.255.0
[R1]nat static global 202.10.1.3 inside 192.168.0.2 netmask 255.255.255.255
[R1]ip route-static 0.0.0.0 0.0.0.0 202.10.1.1
```

A．对 B．错

18．NAT 在使用动态地址池时，地址池中的地址可以重复使用，即同一 IP 地址可以同时映射给多个内网 IP 地址。（　　）

A．对 B．错

第8章

网络服务

本章内容

- DHCP 服务和 DHCP
- 网络管理和 SNMP
- 时间同步服务和 NTP

本章将讲解 IP 地址的两种配置方式——静态地址分配和动态地址分配，以及这两种方式适用的场景。使用动态地址分配方式需要网络中有 DHCP 服务器。Windows 服务器、Linux 服务器、路由器和交换机都可以配置为 DHCP 服务器。本章将讲解如何把华为路由器配置为 DHCP 服务器，并为网络中的计算机分配地址。

路由器要为多少个网段分配地址，就要创建多少个 IP 地址池。路由器既可以为直连网段中的计算机分配 IP 地址，也可以为远程网段（非直连网段）中的计算机分配 IP 地址。

网络管理和运维的手段多种多样，本章将讲解使用网络管理系统对企业网络中的设备进行统一管理和监控，介绍 SNMP 工作原理，配置华为路由器作为 SNMP 代理等。

一些企业的网络设备和服务器需要时钟一致，网络时间协议（Network Time Protocol，NTP）是网络设备时间同步的协议，华为的路由器和交换机等设备可以作为时间服务端和客户端。

8.1 DHCP 服务和 DHCP

8.1.1 DHCP 基本概念

为计算机配置 IP 地址有两种方式：一种是人工指定 IP 地址、子网掩码、网关和 DNS 等配置信息，这种方式获得的 IP 地址称为静态地址；另一种是使用 DHCP 服务器为计算机分配 IP 地址、子网掩码、网关和 DNS 等配置信息，这种方式获得的地址称为动态地址。

适用于静态地址的情况如下。

- 计算机在网络中不经常改变位置，比如学校机房，台式机的位置是固定的，通常使用静态地址，甚至为了方便学生访问资源，IP 地址还按一定的规则进行设置，比如第 1 排第 4 列的计算机 IP 地址设置为 192.168.0.14，第 3 排第 2 列的计算机 IP 地址设置为 192.168.0.32 等。
- 企业的服务器通常也使用固定的 IP 地址（静态地址），这是为了方便用户使用 IP 地址访问服务器。企业 Web 服务器、FTP 服务器、域控制器（Domain Controller，DC）、文件服务器、DNS 服务器等通常使用静态地址。

适用于动态地址的情况如下。

- 网络中的计算机不固定，比如某软件学院的每个教室占用一个网段，202 教室的网络是 10.7.202.0/24 网段，204 教室的网络是 10.7.204.0/24 网段，学生下课后从 202 教室再去 204 教室上课，笔记本电脑就要更改 IP 地址了。如果让学生自己更改 IP 地址（静态地址），其设置的地址有可能已经被其他学生的笔记本电脑占用了。手动为移动设备指定地址不仅麻烦，而且指定的地址还容易发生冲突。如果使用 DHCP 服务器统一分配地址，就不会产生冲突。
- 通过 Wi-Fi 联网的设备的 IP 地址也通常由 DHCP 服务器自动分配。通过 Wi-Fi 联网本来就是为了方便，如果连上 Wi-Fi 后，还要设置 IP 地址、子网掩码、网关和 DNS 等才能上网，那就不方便了。

DHCP 应运而生。它可以帮助网络实现为主机动态分配 IP 地址。DHCP 采用客户端-服务器（Client/Server，C/S）架构，主机只需将 IP 地址设置成自动获得就能从服务器获取地址，实现接入网络后即插即用。

如图 8-1 所示，DHCP 客户端可以是无线移动设备，也可以是笔记本电脑、台式机等。只要某设备 IP 地址设置成自动获得（默认就是自动获得），该设备就是 DHCP 客户端。DHCP 服务器可以是 Windows 服务器、Linux 服务器，也可以是华为的三层交换机和路由器。DHCP 客户端发送 DHCP 请求，DHCP 服务器收到请求后为客户端提供一个可用的 IP 地址、子网掩码、网关和 DNS 等信息。

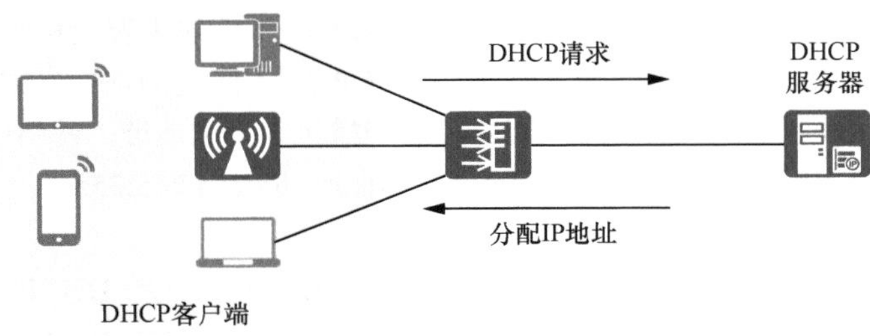

图 8-1 DHCP 工作示意

DHCP 具有以下优点。

- 便于 IP 地址的统一管理。IP 地址从 DHCP 服务器的地址池中获取，服务器会记录和维护 IP 地址的使用情况，比如哪些 IP 地址已经被使用，哪些 IP 地址还没有被使用等信息，做到 IP 地址的统一分配管理。
- 地址租期。DHCP 提出了租期的概念，对于已经分配的 IP 地址，若终端超过租期仍未续租，服务器则判断该终端不再需要使用该 IP 地址，将 IP 地址回收，使其可继续分配给其他终端使用。

8.1.2 DHCP 工作过程

下面列出 DHCP 客户端需要获取新 IP 地址的几种情况。

- 该客户端是第 1 次从 DHCP 服务器获取 IP 地址。
- 该客户端原先所租用的 IP 地址已经被 DHCP 服务器回收，而且已经租给其他客户端了，因此，该客户端需要重新从 DHCP 服务器租用一个新的 IP 地址。

- 该客户端自己释放原先所租用的 IP 地址，并要求租用一个新的 IP 地址。
- 该客户端更换了网卡。
- 该客户端转移到另一个网段。

针对以上几种情况，DHCP 客户端与 DHCP 服务器之间都会通过以下 4 个包来相互通信，具体过程如图 8-2 所示。DHCP 定义了 4 种类型的数据包。

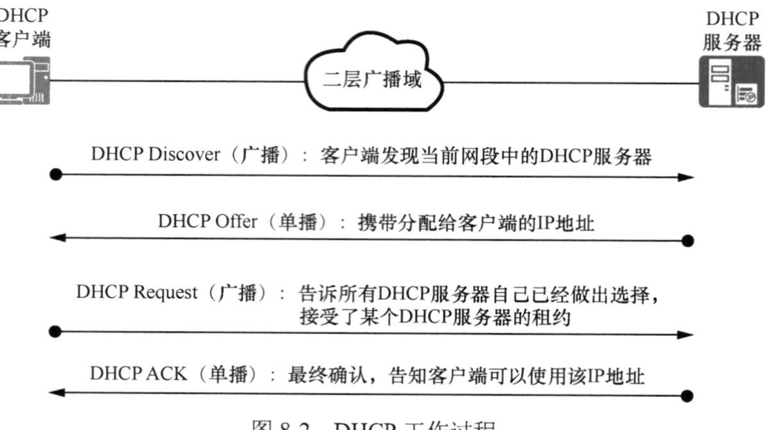

图 8-2 DHCP 工作过程

1. DHCP Discover（DHCP 发现）

DHCP 客户端通过向网络广播一个 DHCP Discover 数据包来发现可用的 DHCP 服务器。

将 IP 地址设置为自动获得的计算机就是 DHCP 客户端，它不知道网络中谁是 DHCP 服务器，自己也没有 IP 地址，DHCP 客户端就发送广播包来请求地址，网络中的设备都能收到该请求。广播包的源 IP 地址为 0.0.0.0，目的 IP 地址为 255.255.255.255。

2. DHCP Offer（DHCP 提供）

DHCP 服务器通过向网络广播一个 DHCP Offer 数据包来应答 DHCP 客户端的请求。

只要网络中的 DHCP 服务器接收到 DHCP 客户端广播的 DHCP Discover 数据包，都会向网络广播一个 DHCP Offer 数据包。所谓 DHCP Offer 数据包，就是 DHCP 服务器用来将 IP 地址提供给 DHCP 客户端的信息。

3. DHCP Request（DHCP 请求）

DHCP 客户端向网络广播一个 DHCP Request 数据包来选择多个 DHCP 服务器提供的 IP 地址。

DHCP 客户端接收到 DHCP 服务器的 DHCP Offer 数据包后，会向网络广播一个 DHCP Request 数据包来接受分配的 IP 地址。DHCP Request 数据包包含为 DHCP 客户端提供租约的 DHCP 服务器的标识，这样其他 DHCP 服务器收到这个数据包后，就会撤销对这个 DHCP 客户端的 IP 地址分配，而将本该分配的 IP 地址回收用于响应其他 DHCP 客户端的租约请求。

4. DHCP ACK（DHCP 确认）

被选择的 DHCP 服务器向网络广播一个 DHCP ACK 数据包，用来确认 DHCP 客户端的选择。

DHCP 服务器接收到 DHCP 客户端广播的 DHCP Request 数据包后，随即向网络广播一个 DHCP ACK 数据包。所谓 DHCP ACK 数据包，就是 DHCP 服务器发给 DHCP 客户端的用来确认 IP 地址租约成功的信息。此信息包含该 IP 地址的有效租约和其他的 IP 配置信息。

DHCP 客户端在收到 DHCP ACK 信息后，就完成了获取 IP 地址的过程，也就可以开始利用这个 IP 地址与网络中的其他计算机通信。

思考：为什么 DHCP 客户端收到 DHCP Offer 数据包之后不直接使用该 IP 地址，还需要发送一个 DHCP Request 数据包告知 DHCP 服务器？

广播的 DHCP Request 数据包让网络中的其他 DHCP 服务器得知，该客户端已经选择了某个 DHCP 服务器分配的 IP 地址，保证其他 DHCP 服务器可以回收通过 DHCP Offer 数据包分配给该客户端的 IP 地址。

8.1.3 实战：将路由器配置为 DHCP 服务器

Windows 服务器、Linux 服务器、华为路由器、三层交换机都可以配置为 DHCP 服务器。将华为设备配置为 DHCP 服务器，就可以不用专门将 Windows 或 Linux 服务器作为 DHCP 服务器了。

如图 8-3 所示（其中，GE 表示 GigabitEthernet 接口），某企业有 3 个部门，销售部的网络使用 192.168.1.0/24 网段，市场部的网络使用 192.168.2.0/24 网段，研发部的网络使用 172.16.5.0/24 网段。现在要配置路由器 AR1 为 DHCP 服务器，为这 3 个部门的计算机分配 IP 地址。

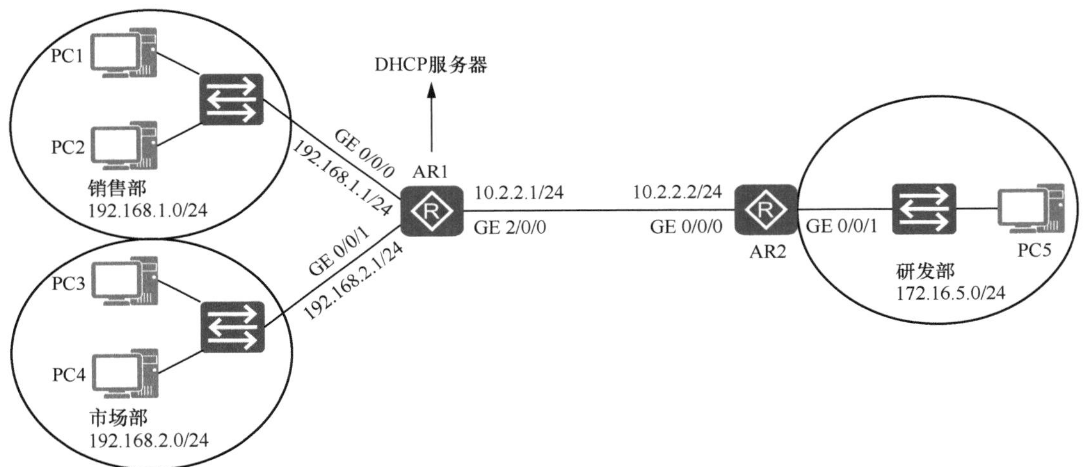

图 8-3　DHCP 网络拓扑

在 AR1 上为销售部创建地址池 vlan1，vlan1 是地址池的名称，地址池名称可以随便指定。配置命令如下所示。

```
[AR1]dhcp enable                                   --全局启用 DHCP 服务
[AR1]ip pool vlan1                                 --创建地址池 vlan1
[AR1-ip-pool-vlan1]network 192.168.1.0 mask 24     --指定地址池所在的网段
[AR1-ip-pool-vlan1]gateway-list 192.168.1.1        --指定该网段的网关
[AR1-ip-pool-vlan1]dns-list 8.8.8.8                --指定 DNS 服务器
[AR1-ip-pool-vlan1]dns-list 222.222.222.222        --指定第 2 个 DNS 服务器
[AR1-ip-pool-vlan1]lease day 0 hour 8 minute 0     --地址租约，允许客户端使用多长时间
[AR1-ip-pool-vlan1]excluded-ip-address 192.168.1.1 192.168.1.10 --指定排除的IP地址范围
Error:The gateway cannot be excluded.              --排除的 IP 地址不能包括网关
[AR1-ip-pool-vlan1]excluded-ip-address 192.168.1.2 192.168.1.10 --指定排除的 IP 地址范围
[AR1-ip-pool-vlan1]excluded-ip-address 192.168.1.50 192.168.1.60 --指定排除的 IP 地址范围
[AR1-ip-pool-vlan1]display this                                  --显示地址池的配置
[V200R003C00]
#
ip pool vlan1
```

```
 gateway-list 192.168.1.1
 network 192.168.1.0 mask 255.255.255.0
 excluded-ip-address 192.168.1.2 192.168.1.10
 excluded-ip-address 192.168.1.50 192.168.1.60
 lease day 0 hour 8 minute 0
 dns-list 8.8.8.8 222.222.222.222
#
Return
```

配置 AR1 的 GigabitEthernet 0/0/0 接口从全局（global）地址池中选择地址，如下所示。创建的 vlan1 地址池是全局地址池。

```
[AR1]interface GigabitEthernet 0/0/0
[AR1-GigabitEthernet0/0/0]dhcp select global
```

一个网段只能创建一个地址池，如果该网段中有些地址已经被占用，就要在该地址池中将其排除，避免 DHCP 服务器分配的地址和已经分配的地址冲突。DHCP 服务器分配给 DHCP 客户端的 IP 地址等配置信息是有时间限制的（租约时间），如果网络中的计算机变换频繁，租约时间设置得短一些，如果网络中的计算机相对稳定，租约时间设置得长一点。例如某软件学院的学生每 2h 就有可能更换教室，因此可把租约时间设置成 2h。通常情况下，DHCP 客户端在租约时间过去一半就会自动找到 DHCP 服务器续约。如果租约到期了，该客户端仍然没有找 DHCP 服务器续约，DHCP 服务器就认为该客户端已经不在网络中，分配给该客户端的 IP 地址将被回收，以便分配给其他客户端使用。

以下命令用于为市场部创建地址池。

```
[AR1]ip pool vlan2
[AR1-ip-pool-vlan2]network 192.168.2.0 mask 24
[AR1-ip-pool-vlan2]gateway-list 192.168.2.1
[AR1-ip-pool-vlan2]dns-list 114.114.114.114
[AR1-ip-pool-vlan2]lease day 0 hour 2 minute 0
[AR1-ip-pool-vlan2]quit
```

配置 AR1 的 GigabitEthernet 0/0/1 接口从全局地址池中选择地址，如下所示。

```
[AR1]interface GigabitEthernet 0/0/1
[AR1-GigabitEthernet0/0/1]dhcp select global
```

执行 display ip pool 命令以显示定义的地址池。

```
<AR1>display ip pool
  -----------------------------------------------------------------------
  Pool-name      : vlan1
  Pool-No        : 0
  Position       : Local           Status           : Unlocked
  Gateway-0      : 192.168.1.1
  Mask           : 255.255.255.0
  VPN instance   : --

  -----------------------------------------------------------------------
  Pool-name      : vlan2
  Pool-No        : 1
  Position       : Local           Status           : Unlocked
  Gateway-0      : 192.168.2.1
  Mask           : 255.255.255.0
```

```
VPN instance    : --

IP address Statistic
  Total          :506
  Used           :4           Idle        :482
  Expired        :0           Conflict    :0           Disable    :20
```

在 Windows 10 操作系统上运行抓包工具，将 IP 地址设置成自动获得，能够捕获 DHCP 客户端请求 IP 地址的数据包。如图 8-4 所示，可以看到 DHCP 客户端和 DHCP 服务器交互的 4 个数据包，也就是 DHCP 的工作过程。

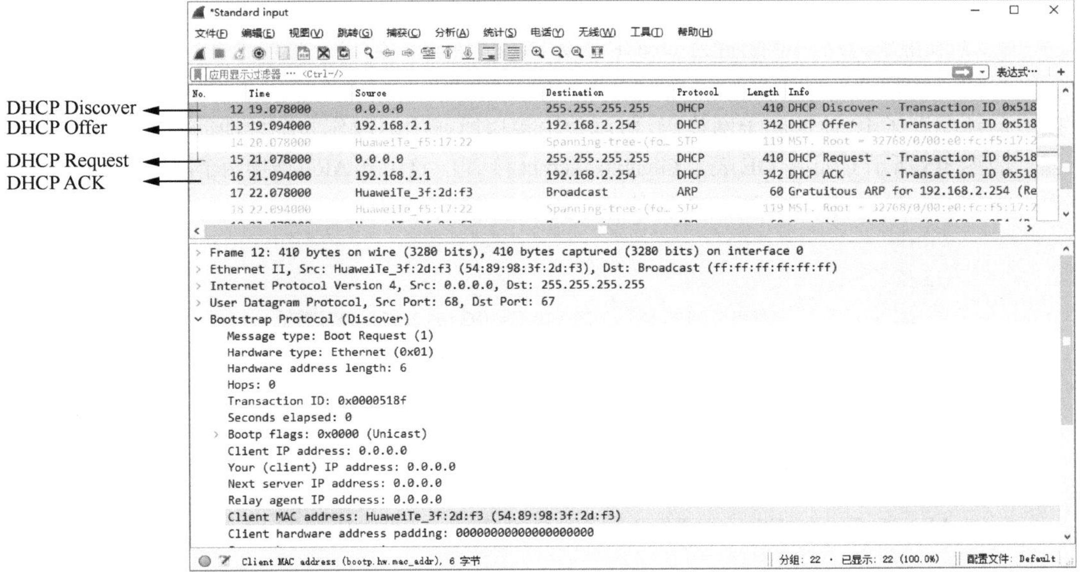

图 8-4　DHCP 的工作过程

执行 display ip pool name vlan1 used 命令以显示地址池 vlan1 的地址租约使用情况。可以看到，已经分配给计算机使用的地址有两个。

```
<AR1>display ip pool name vlan1 used
  Pool-name      : vlan1
  Pool-No        : 0
  Lease          : 0 Days 8 Hours 0 Minutes
  Domain-name    : -
  DNS-server0    : 8.8.8.8
  DNS-server1    : 222.222.222.222
  NBNS-server0   : -
  Netbios-type   : -
  Position       : Local           Status           : Unlocked
  Gateway-0      : 192.168.1.1
  Mask           : 255.255.255.0
  VPN instance   : --
 -----------------------------------------------------------------------------
        Start           End         Total  Used  Idle(Expired)  Conflict  Disable
 -----------------------------------------------------------------------------
    192.168.1.1   192.168.1.254   253     2       231(0)          0        20
 -----------------------------------------------------------------------------
```

```
Network section :
--------------------------------------------------------------------------
Index         IP          MAC                Lease   Status
--------------------------------------------------------------------------
  252    192.168.1.253    5489-9851-4a95  335    Used   --租约,有 DHCP 客户端 MAC 地址
  253    192.168.1.254    5489-9831-72f6  344    Used   --租约,有 DHCP 客户端 MAC 地址
--------------------------------------------------------------------------
```

8.1.4 实战：使用接口地址池为直连网段分配地址

8.1.3 节将华为路由器配置为 DHCP 服务器，一个网段创建一个地址池，还为地址池指定了网段和子网掩码。如果路由器要为直连网段分配地址，可以不用创建地址池，因为路由器接口已经配置了 IP 地址和子网掩码，可以使用接口所在的网段作为地址池的网段和子网掩码。

如图 8-5 所示（其中，GE 表示 GigabitEthernet 接口），路由器 AR1 连接两个网段 192.168.1.0/24 和 192.168.2.0/24。要求配置 AR1 为这两个网段分配 IP 地址。

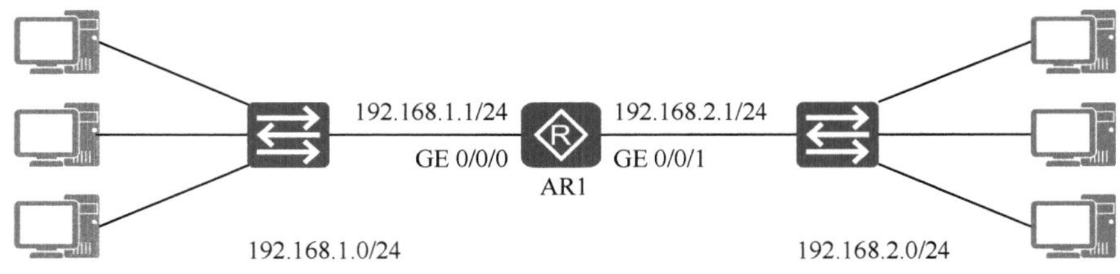

图 8-5 使用接口地址池为直连网段分配地址的网络拓扑

配置 AR1 的 GigabitEthernet 0/0/0 和 GigabitEthernet 0/0/1 接口的 IP 地址，如下所示。

```
[AR1]interface GigabitEthernet 0/0/0
[AR1-GigabitEthernet0/0/0]ip address 192.168.1.1 24
[AR1-GigabitEthernet0/0/0]quit
[AR1]interface GigabitEthernet 0/0/1
[AR1-GigabitEthernet0/0/1]ip address 192.168.2.1 24
[AR1-GigabitEthernet0/0/1]
```

启用 DHCP 服务，配置 GigabitEthernet 0/0/0 接口从接口地址池中选择地址，如下所示。

```
[AR1]dhcp enable                                          --全局启用 DHCP 服务
[AR1]interface GigabitEthernet 0/0/0
[AR1-GigabitEthernet0/0/0]dhcp select interface          --从接口地址池中选择地址
[AR1-GigabitEthernet0/0/0]dhcp server dns-list 114.114.114.114
[AR1-GigabitEthernet0/0/0]dhcp server ?                  --可以看到全部配置项
  dns-list              Configure DNS servers
  domain-name           Configure domain name
  excluded-ip-address   Mark disable IP addresses
…
  lease                 Configure the lease of the IP pool
[AR1-GigabitEthernet0/0/0]dhcp server excluded-ip-address 192.168.1.2 192.168.1.20
--排除的 IP 地址范围
```

配置 GigabitEthernet 0/0/1 接口从接口地址池中选择地址，如下所示。

```
[AR1]interface GigabitEthernet 0/0/1
[AR1-GigabitEthernet0/0/1]dhcp select interface
```

```
[AR1-GigabitEthernet0/0/1]dhcp server dns-list 8.8.8.8
[AR1-GigabitEthernet0/0/1]dhcp server lease day 0 hour 4 minute 0
```

8.1.5 实战：跨网段分配 IP 地址

8.1.4 节讲解了 DHCP 服务器为直连网段分配 IP 地址。DHCP 服务器也可以为非直连的网段分配 IP 地址。如图 8-6 所示（其中，GE 表示 GigabitEthernet 接口），配置路由器 AR1 作为 DHCP 服务器为研发部分配 IP 地址。这就需要在 AR2 的 GigabitEthernet 0/0/1 接口上启用 DHCP 中继。

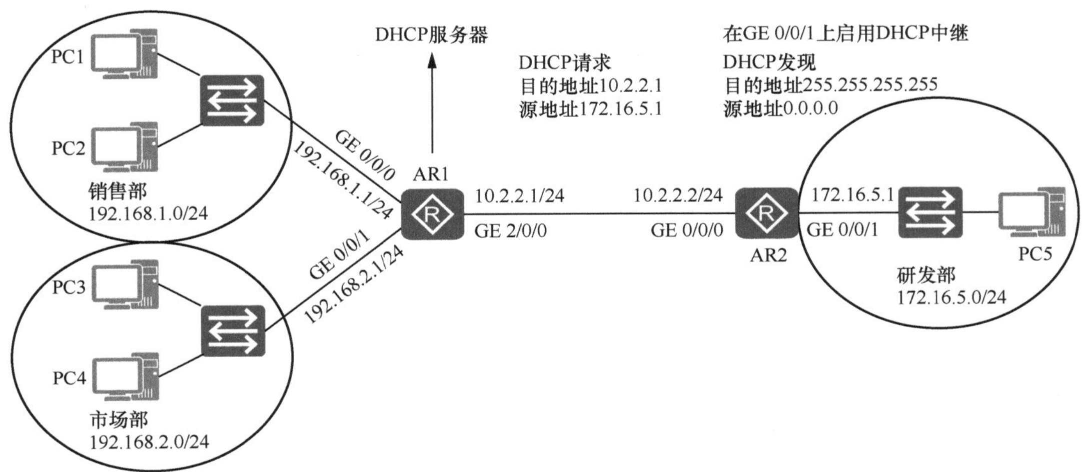

图 8-6 DHCP 中继示意

下面是 DHCP 中继的工作过程。

（1）当 DHCP 客户端启动并进行 DHCP 初始化时，它会在本地网络发送 DHCP Discover 请求数据包。

（2）如果本地网络存在 DHCP 服务器，则可以直接进行 DHCP 配置，不需要 DHCP 中继。

（3）如果本地网络没有 DHCP 服务器，则与本地网络相连的具有 DHCP 中继功能的网络设备收到该广播报文后，将进行适当处理并转发给指定的其他网络上的 DHCP 服务器。如图 8-6 所示，DHCP 中继转发给 DHCP 请求数据包，数据包的目的 IP 地址是 DHCP 服务器的 IP 地址，源 IP 地址是 AR2 接口 GigabitEthernet 0/0/1 的 IP 地址。DHCP 服务器根据源 IP 地址就能够判断出这是来自哪个网段的请求。

（4）DHCP 服务器根据 DHCP 客户端提供的信息进行相应的配置，并通过 DHCP 中继将配置信息发送给 DHCP 客户端，完成对 DHCP 客户端的动态 IP 地址配置。

事实上，从开始到最终完成配置，需要多次这样的交互过程。DHCP 中继设备修改 DHCP 消息中的相应字段，把 DHCP 的广播包改成单播包，并负责在 DHCP 服务器与 DHCP 客户端之间转换。

按照图 8-6 搭建网络环境，在 AR1 上创建地址池 remoteNet，从而为研发部的计算机分配地址。研发部的网络没有和 AR1 直连，AR1 会隔绝广播，因此 AR1 收不到研发部的计算机发送的 DHCP Discover 数据包。这就需要在 AR2 的 GigabitEthernet 0/0/1 接口上启用 DHCP 中继功能，将收到的 DHCP Discover 数据包转换成定向 DHCP Discover 数据包，其目的 IP 地址为 10.2.2.1，源 IP 地址为接口 GigabitEthernet 0/0/1 的 IP 地址 172.16.5.1。AR1 路由器一旦收到这样的数据包，就知道这是来自 172.16.5.0/24 网段的请求，于是从 remoteNet 地址池中选择一个 IP 地址提供给 PC5 使用。完成本实战的前提是确保这几个网络畅通。

下面就在 AR1 上为研发部的网络创建地址池 remoteNet。远程网段的地址池必须设置网关。

```
[AR1]ip pool remoteNet
[AR1-ip-pool-remoteNet]network 172.16.5.0 mask 24
[AR1-ip-pool-remoteNet]gateway-list 172.16.5.1          --必须设置网关
[AR1-ip-pool-remoteNet]dns-list 8.8.8.8
[AR1-ip-pool-remoteNet]lease day 0 hour 2 minute 0
[AR1-ip-pool-remoteNet]quit
```

配置 AR1 的 GigabitEthernet 2/0/0 接口从全局地址池中选择地址，如下所示。

```
[AR1]interface GigabitEthernet 2/0/0
[AR1-GigabitEthernet2/0/0]dhcp select global
[AR1-GigabitEthernet2/0/0]quit
```

在 AR2 上启用 DHCP 中继功能，在 AR2 的 GigabitEthernet 0/0/1 接口上启用 DHCP 中继功能，并指明 DHCP 服务器的 IP 地址，如下所示。

```
[AR2]dhcp enable                                                  --启用 DHCP
[AR2] interface GigabitEthernet 0/0/1
[AR2- GigabitEthernet 0/0/1]dhcp select relay                     --在接口上启用 DHCP 中继功能
[AR2- GigabitEthernet 0/0/1]dhcp relay server-ip 10.2.2.1 --指定 DHCP 服务器的 IP 地址
```

8.2 网络管理和 SNMP

8.2.1 网络管理实现的五大功能

企业信息中心的管理人员需要管理网络设备、服务器、存储设备、数据库服务器等，并对这些设备进行配置和监控。开放系统互连参考模型（Open System Interconnection-Reference Model，OSI-RM）定义了网络管理的五大功能。

- 配置管理。配置管理负责监控网络的配置信息，使网络管理员可以生成、查询和修改硬件、软件的运行参数和条件，并可以进行相关业务的配置。
- 性能管理。性能管理以网络性能为准则，保证在使用较少的网络资源和具有较小时延的前提下，网络能够提供可靠、连续的通信能力。
- 故障管理。故障管理的主要目标是确保网络始终可用，并在发生故障时尽快将其修复。
- 安全管理。安全管理可以保护网络和系统免受未经授权的访问和安全攻击。
- 计费管理。计费管理主要是跟踪和控制用户对网络资源的使用，并把有关信息存储在运行日志数据库中，为收费提供依据。

网络设备的管理手段无外乎两种：一种是连接网络设备的专用管理接口（如 Console 口、Mini USB 等），借助虚拟终端软件（如 SecureCRT 等）对设备实施管理；另一种是使用传输数据的接口向网络设备发起 Telnet/SSH 远程管理访问。上述两种管理方式都需要网络管理员在设备上逐个建立连接和执行管理。在新建或变更网络项目时，这类管理方式并无不妥，因为此时技术人员对各台网络设备所进行的操作都是主动的，操作的目的性非常明确。然而，这类管理方式并不适合作为网络管理员日常管理和维护整个网络的手段，其中一个关键的原因就是网络管理员无法预知网络故障和网络攻击会发生在哪个设备的哪个组件上。

例如，一个网络在某些关键点上部署了备用设备和相应的高可用性技术，希望网络能够为用户提供“7×24 小时无中断”的通信服务。然而，主用设备宕机，转发由主用设备（和链路）平滑切换到备用设备（和链路）的过程没有被任何用户注意到，网络管理员也不知道网络已经出现故障，他当然不会登录已经宕机的主用设备，查看有可能导致宕机的故障，就更不可能对这个设备进行相应的修复或替换。于是，网络管理员第 1 次发现主用设备已经出现故障，是在用户因（备用设备宕机而导致的）网络通信中断向自己进行投诉的时候。换句话说，冗余设备无法发挥提高网络可用性的最佳效果。

上例说明，只要这个网络足够大，哪怕只是网络中出现了一些常见错误，使用我们在前面介绍的这种设备管理方式进行排错都无异于盲人摸象。所以，管理网络需要一种比逐个管理网络设备更加宏观的管理手段。

对于这类复杂系统，最理想的管理方式就是网络管理员能够通过一个管理端程序的操作界面及时获取所有被管理设备的工作状态，并能够通过这个界面对所有被管理设备进行配置。简单网络管理协议（Simple Network Management Protocol，SNMP）定义了管理端与网络设备进行管理通信的标准。

8.2.2 SNMP 版本和 SNMP 系统组成

网络设备种类多种多样，不同设备厂商提供的管理接口（如命令行接口）各不相同，这使得网络管理变得愈发复杂。为解决这一问题，SNMP 应运而生。SNMP 作为广泛应用于 TCP/IP 网络的网络管理标准协议，提供了统一的接口，从而实现了不同种类和不同厂商的网络设备之间的统一管理。

SNMP 分为 3 个版本——SNMPv1、SNMPv2c 和 SNMPv3。

- SNMPv1 是 SNMP 最初的版本，提供最小限度的网络管理功能。SNMPv1 基于团体名认证，安全性较差，但返回报文的错误码较少。
- SNMPv2c 也采用团体名认证。在 SNMPv1 的基础上引入了 GetBulk 和 Inform 操作，支持更多的标准错误码信息和更多的数据类型（如 Counter64、Counter32 等）。
- SNMPv3 主要在安全性方面进行了增强，采用基于用户的安全模块（User-based Security Module，USM）和基于视图的访问控制模块（View-based Access Control Model，VACM）。SNMPv3 支持的操作和 SNMPv2c 支持的操作相同。

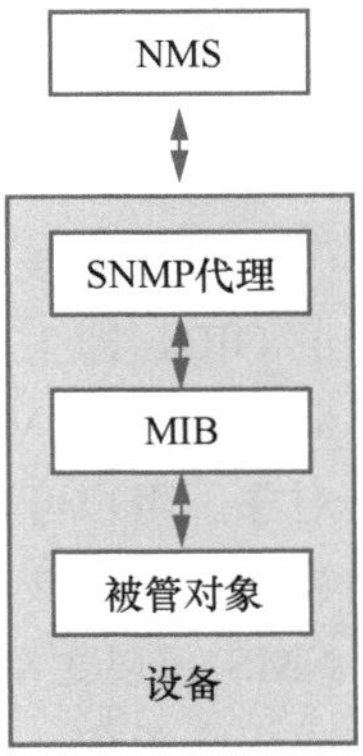

如图 8-7 所示，SNMP 系统由网络管理系统（Network Management System，NMS）、SNMP 代理（SNMP Agent）、管理信息库（Management Information Base，MIB）和被管对象（Managed Object）4 部分组成。NMS 作为整个网络的网管中心，对设备进行管理。

NMS
SNMP代理
MIB
被管对象
设备

图 8-7 SNMP 系统组成

SNMP 系统组件如图 8-7 所示，每个被管理设备中都包含 SNMP 代理、MIB 和多个被管对象。NMS 通过与运行在被管理设备上的 SNMP 代理交互，由 SNMP 代理对设备的 MIB 进行操作，完成 NMS 的指令。

- NMS 是网络中的管理者，它是一个采用 SNMP 对网络设备进行管理、监视的系统，运行在 NMS 服务器上。NMS 可以向设备上的 SNMP 代理发出请求，以查询或修改一个或多个具体的参数值。NMS

可以接收设备上的SNMP代理主动发送的SNMP陷阱[1]（SNMP Trap），以获知被管理设备当前的状态。

- SNMP代理是被管理设备中的一个代理进程，用于维护被管理设备的信息数据并响应来自NMS的请求，把管理数据汇报给发送请求的NMS。SNMP代理接收到NMS的请求信息后，通过MIB完成相应指令，并把操作结果提交给NMS。当设备发生故障或者其他事件时，设备会通过SNMP代理主动发送SNMP Traps给NMS，向NMS报告设备当前的状态。
- MIB是一个数据库，其中存储了被管理设备所维护的变量，这些变量就是被管理设备的一系列属性，比如被管理设备的名称、状态、访问权限和数据类型等。MIB也可以看作NMS和SNMP代理之间的一个接口，通过这个接口，NMS对被管理设备所维护的变量进行查询、设置等操作。
- 每一个设备可能包含多个被管对象，被管对象可以是设备中的某个硬件，也可以是在硬件、软件（如路由选择协议）上配置的参数集合。

MIB是以树形结构存储数据的，如图8-8所示。树的节点表示被管对象，它可以用从根开始的一条路径唯一识别，这条路径称为OID（Object IDentifier，对象标识符），如system对象的OID为1.3.6.1.2.1.1，interfaces对象的OID为1.3.6.1.2.1.2。

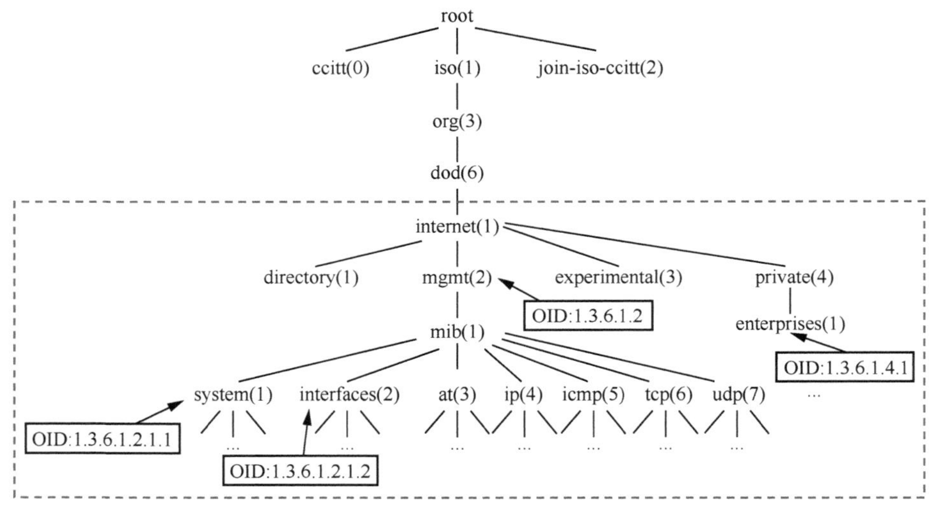

图8-8 OID树形结构

子树可以用该子树根节点的OID来标识，比如以private为根节点的子树的OID为private对象的OID，即1.3.6.1.4。

MIB视图是MIB的子集合，用户可以配置MIB视图来限制NMS能够访问的MIB中的被管对象。用户可以将MIB视图内的子树（或节点）配置为exclude或include，exclude表示当前视图不包含该MIB子树的所有节点，include表示当前视图包含该MIB子树的所有节点。

NMS可以主动向SNMP代理发送查询请求，SNMP代理接收到查询请求后，通过MIB表完成相应指令，并将结果反馈给NMS，如图8-9所示。

---

1 在网管系统中，被管理设备中的代理可以在任何时候向网络管理工作站报告错误情况，例如，预定阈值越界程度等。代理并不需要等到网络管理工作站为获得这些错误而轮询它的时候才报告。这些错误情况就是SNMP陷阱。

SNMP 的查询操作有 3 种——Get、GetNext 和 GetBulk。SNMPv1 不支持 GetBulk 操作。

- Get 操作：NMS 使用该操作从 SNMP 代理中获取一个或多个参数值。
- GetNext 操作：NMS 使用该操作从 SNMP 代理中获取一个或多个参数的下一个参数值。
- GetBulk 操作：基于 GetNext 实现，相当于连续执行多次 GetNext 操作。在 NMS 上可以设置被管理设备在一次 GetBulk 报文交互中，执行 GetNext 操作的次数。

不同版本的 SNMP 查询操作的工作原理基本一致，唯一的区别是 SNMPv3 增加了身份认证和加密处理。下面以 SNMPv2c 的 Get 操作为例介绍 SNMP 查询操作的工作原理。

NMS 可以主动向 SNMP 代理发送对设备进行 Set 操作的请求，SNMP 代理接收到 Set 请求后，通过 MIB 表完成相应指令，并将结果反馈给 NMS，如图 8-10 所示。

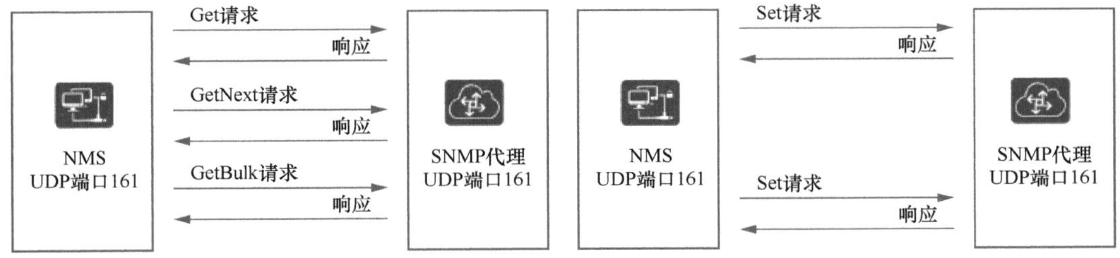

图 8-9 SNMP 查询操作

图 8-10 SNMP Set 操作

SNMP 只有一种 Set 操作，NMS 使用该操作可设置 SNMP 代理中的一个或多个参数值。

不同版本的 SNMP Set 操作的工作原理基本一致，唯一的区别是 SNMPv3 增加了身份认证和加密处理。

SNMP 代理还可以向 NMS 发送 SNMP Traps 消息，主动将设备产生的告警或事件上报给 NMS，以便网络管理员及时了解设备当前的运行状态。

SNMP 代理上报 SNMP Traps 的方式有两种——Trap 和 Inform。SNMPv1 不支持 Inform。Trap 和 Inform 的区别在于，SNMP 代理通过 Inform 向 NMS 发送告警或事件后，NMS 需要回复 InformResponse 进行确认。而 SNMP 代理向 NMS 发送 Trap 消息，NMS 不需要向 SNMP 代理发送确认消息，如图 8-11 所示。

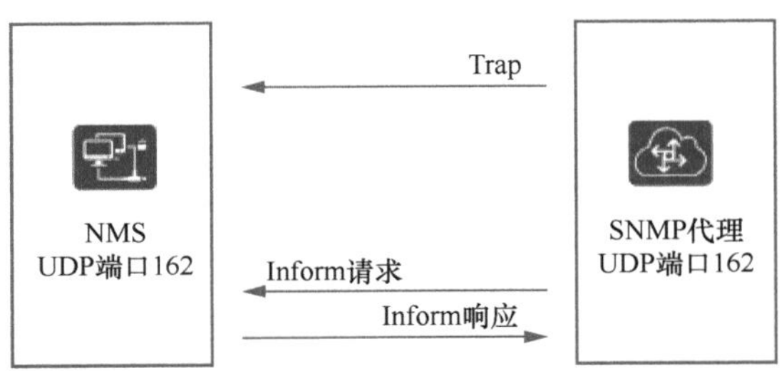

图 8-11 SNMP Traps

8.2.3 实战：配置网络设备支持 SNMP

当企业或组织机构的网络建设工作完成之后，整个网络项目就会转入运维阶段。在规模越大的网络中，参与工作的网络设备数量就越多，接口、线缆、动态路由协议等相关信息的维护工作量也就越大，运维工作的难度也会相应提升。一般来说，在大规模网络环境中，会专门有一个团队负责“网管系统”，这个团队的工作责任可谓重大，他们是网络出现问题时的第一发现人。为了能让两三个人组成的团队担负起这个重任，网络管理员可以在网络项目的实施中，事先在网络设备上开启 SNMP 代理功能，并在网络中部署 NMS，以此来减轻网络管理员的工作负担。

本节演示如何在华为路由器上启用 SNMP 代理功能。本节配置的 SNMP 版本是目前较为常见的 SNMPv2c，以图 8-12 所示拓扑为例，在路由器 AR1 上启用 SNMPv2c 代理功能，并在 NMS 上实现对 AR1 的管理。

图 8-12 在 NMS 上通过 SNMPv2c 实现对 AR1 的管理

如图 8-12 所示，AR1 与 NMS 同属于一个 IP 子网。这种设计是为了简化实验环境，尽量突出实验重点，我们只关注 SNMP 配置的相关元素，而不必考虑 IP 路由问题。但在实际工作中，NMS 和被管理设备往往属于不同的 IP 子网，网络管理员在配置 SNMP 代理功能前，首先需要保证 NMS 与被管理设备之间能实现 IP 通信。在本例中，网络管理员要让指定的 NMS 能够通过 SNMPv2c 与 AR1（以及其他被管理设备）进行通信。

在 AR1 上启用 SNMP 代理功能的配置命令如下。

```
[AR1]snmp-agent              --默认已经启用 snmp-agent，该命令可不用执行
[AR1]snmp-agent sys-info version ?                             --查看支持的 SNMP 版本
  all  Enable the device to support SNMPv1, SNMPv2c and SNMPv3
  v1   Enable the device to support SNMPv1
  v2c  Enable the device to support SNMPv2c
  v3   Enable the device to support SNMPv3
[AR1]snmp-agent sys-info version v2c                          --指定该设备支持的 SNMP 版本
[AR1]snmp-agent sys-info contact hanligang@huawei.com         --指定设备联系人，可选配置
[AR1]snmp-agent sys-info location Office101                   --指定设备位置，可选配置
[AR1]snmp-agent community read public                         --设置能够读取的团体名称
[AR1]snmp-agent community write private                       --指定能够写入的团体名
[AR1]snmp-agent target-host trap-hostname windows10 address 192.168.56.12 udp-port
161 trap-paramsname public                   --指定 snmp-agent 向 NMS 发送 Trap 消息
```

第 1 个命令启用 snmp-agent。由于 SNMP 代理功能默认是启用的，因此第 1 个命令实际上无须执行。第 2 个命令用于查看华为路由器支持的 SNMP 版本，SNMP 代理功能默认启用所有 SNMP 版本。第 3 个命令设置路由器支持的 SNMP 版本为 SNMPv2c。

第 4 个命令指定该设备的管理人信息。第 5 个命令指定该设备的位置信息。

第 6 个命令的作用是把几个配置元素关联在一起，从完整的命令句法能更好分清这几个元素：**snmp-agent community** { **read** | **write** } *community-name*。根据加粗的关键字我们可以轻松识别出，这个命令的主要作用是定义读、写团体名，同时也可以对这个团体名的使用做出限制，网络管理员在这个命令中设置的能够读的团体名为 public，管理系统也要配置读、写团体名，团体名相同才能进行管理。可以将团体名理解成预共享密钥。团体名至少包含 6 个字符，且至少由两种字符形式构成（小写字母、大写字母、数字以及除空格以外的特殊字符）。

团体名配置成功后，会以密文的形式保存在路由器的配置中。

第 7 个命令设置能够写的团体名为 private。第 8 个命令设置该设备能够向哪个 NMS 发送 Trap 消息。

华为 eSight 网络监控平台是一款 NMS 系统。图 8-13 展示了通过 eSight 添加网络设备的界面，其中需要填写被管理设备的 IP 地址、名称、SNMP 版本、读团体字、写团体字和端口。

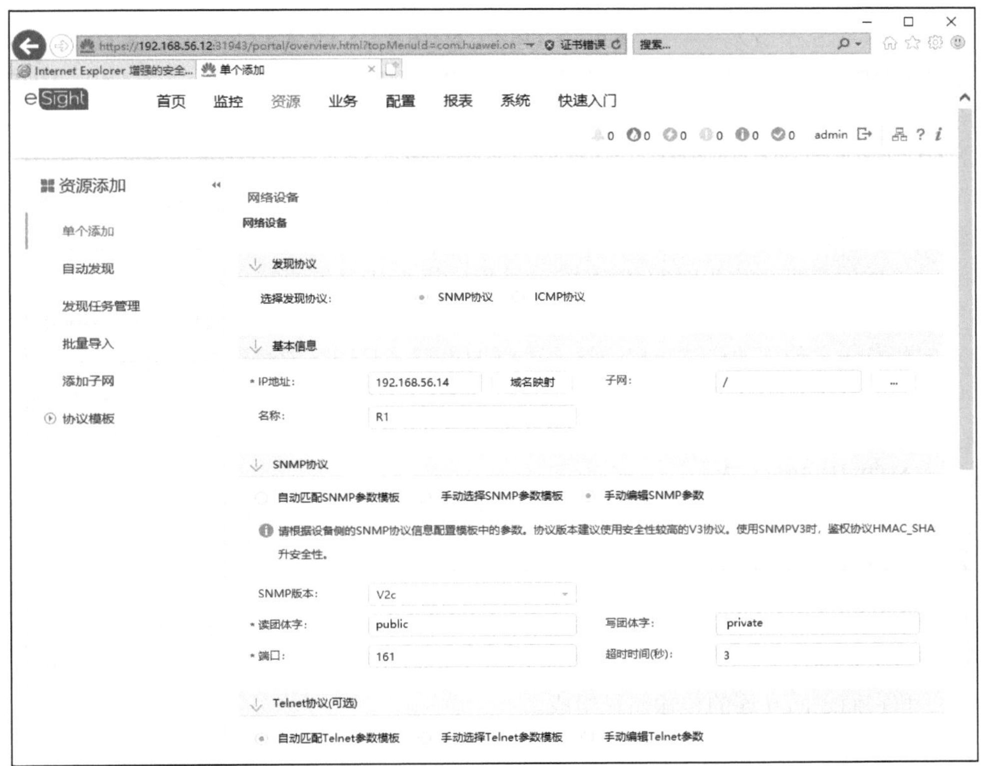

图 8-13　通过 eSight 网络监控平台添加网络设备

8.3　时间同步服务和 NTP

8.3.1　NTP 概述

随着网络拓扑日益复杂，整个网络内设备的时钟同步变得越来越重要。如果依靠网络管理员手动修改系统时钟，不仅工作量巨大，而且时钟的准确性也无法得到保证。网络时间协议（Network Time Protocol，NTP）的出现就是为了解决网络内设备系统时钟的同步问题的。

NTP 主要应用于网络中所有设备时钟需要保持一致的场合，如下所示。

- 网络管理：对从不同路由器采集来的日志信息、调试信息进行分析时，需要以时间作为参照依据。
- 计费系统：要求所有设备的时钟保持一致。
- 多个系统协同处理同一个复杂事件：为保证正确的执行顺序，多个系统必须参考同一时钟。

- 备份服务器和客户端之间进行增量备份：要求备份服务器和所有客户端之间的时钟同步。
- 系统时间：某些应用程序需要知道用户登录系统的时间以及文件修改的时间。

NTP 是 TCP/IP 栈里面的一个应用层协议。NTP 用于在一系列分布式 NTP 时间服务器（简称时间服务器）与客户端之间同步时钟。

NTP 是从时间协议和 ICMP 时间戳报文演变而来，在准确性和健壮性方面进行了特殊的设计。NTP 共有 5 个版本——NTPv0、NTPv1、NTPv2、NTPv3 和 NTPv4。NTPv4 在 NTPv3 的基础上对 IPv6 提供了支持，增强了安全性，同时可以向后兼容 NTPv3。NTP 以 UDP 作为传输层协议，该协议的公共端口号为 123。

NTP 定义了两类不同的消息，分别为同步消息和控制消息。在绝大多数情况下，NTP 设备之间会使用客户端-服务器的通信模型进行通信，服务器与客户端之间往往会以单播的形式发送这两类消息，这种 NTP 通信模式称为单播客户端-服务器模式。同时，NTP 也定义了对等体到对等体的模型（称为对等体模式）、采用广播形式通信的客户端-服务器模型（广播模式）等模式。当 NTP 设备接收到 NTP 消息时，它可以通过这个 NTP 消息中的 Mode（模式）字段来判断发送方使用的模式，以及这个消息的类型（是同步消息还是控制消息）。

目前主流的网络设备，如 AC（Access Controller，无线控制器）、AP（Access Point，接入点）、防火墙、路由器、交换机、服务器等，基本上都可以作为 NTP 客户端，其中部分设备还可以作为 NTP 时间服务器。

8.3.2 NTP 网络结构

NTP 的网络结构中主要存在如下概念。

- 同步子网：如图 8-14 所示，同步子网由主时间服务器、二级时间服务器、PC 客户端和它们之间互连的传输路径组成。

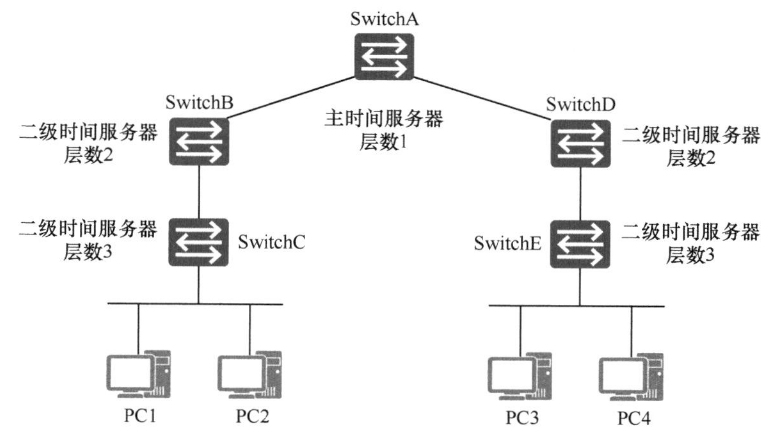

图 8-14 NTP 网络结构

- 主时间服务器：通过线缆或无线信号直接同步到标准参考时钟，标准参考时钟通常是无线电时钟或卫星定位系统等。
- 二级时间服务器：同步到网络中的主时间服务器或者其他二级时间服务器。二级时间服务器通过 NTP 将时间信息传送到局域网内的其他主机。

- 层数（stratum）：层数是对时钟同步情况的一个分级标准，代表了一个时钟的精确度。层数的取值范围是 1～16，数值越小，精确度越高，1 表示时钟精确度最高，16 表示未同步。

在正常情况下，同步子网中的主时间服务器和二级时间服务器呈现出一种分层主从结构。在这种分层结构中，主时间服务器位于根部，二级时间服务器向叶子节点靠近，层数递增，准确性递减，准确性降低的程度取决于网络路径和本地时钟的稳定性。

8.3.3 实战：配置 NTP 服务器和客户端

Internet 上有很多时间服务器，比如阿里云提供了 7 个 NTP 时间服务器，也就是 Internet 时间同步服务器，相关域名如下。

```
ntp1.aliyun.com
ntp2.aliyun.com
ntp3.aliyun.com
ntp4.aliyun.com
ntp5.aliyun.com
ntp6.aliyun.com
ntp7.aliyun.com
```

下面通过一个简单的实验展示如何在华为设备上配置 NTP。图 8-15 展示了实验的 NTP 配置环境。

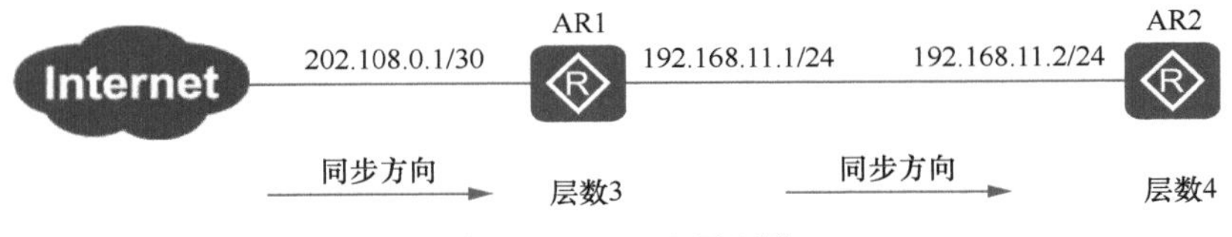

图 8-15 NTP 配置环境

在图 8-15 所示的 NTP 配置环境中，AR1 作为企业的网关路由器与 Internet 相连，并通过 ISP 申请到公网地址 202.108.0.1/30。AR1 使用单播客户端-服务器模式的 NTP，通过公网与阿里云时间服务器同步，并作为企业网内部的时钟源（NTP 时间服务器），该时钟源仍然使用单播客户端-服务器模式的 NTP，对企业中的其他网络设备的时间进行同步。作为企业中的其他网络设备，本例中只给出了一个路由器 AR2，并以它作为 NTP 客户端。

在单播客户端-服务器模式中，时钟信息只能通过客户端与服务器进行同步，服务器不会主动向客户端进行同步。对像 AR1 这种还需要充当本地网络 NTP 时间服务器的设备来说，只有它自己的时钟已同步后，才能作为 NTP 时间服务器去同步其他设备，并且也只有当服务器的层数小于客户端的层数时，客户端才会与其进行同步。

在使用单播客户端-服务器模式的 NTP 时，网络管理员需要在 NTP 时间服务器上配置主时钟，这时要用系统视图的 ntp-service refclock-master [*ip-address*] [*strtum*]命令。网络管理员还需要在 NTP 客户端使用系统视图的 ntp-service unicast-server *ip-address* 命令，来指定 NTP 时间服务器的 IP 地址，使客户端能够与服务器进行同步。

在 AR1 上配置与阿里云时间服务器同步，本例选择 ntp1.aliyun.com 作为时间服务器，该服务器的 IP 地址为 120.25.115.20，如下所示。确保 AR1 已经配置好接口 IP 地址和路由，且能够访问 Internet。

```
[AR1]ntp-service unicast-server 120.25.115.20
[AR1]ntp-service refclock-master
```

ntp-service unicast-server 120.25.115.20 是一个系统视图命令，用来在单播客户端-服务器模式的 NTP 中指定 NTP 时间服务器的 IP 地址。在本例中，由于 AR1 要与阿里云时间服务器进行时钟同步，因此 IP 地址设置为 120.25.115.20。

ntp-service refclock-master 是一个系统视图命令，用来在 NTP 时间服务器上配置主时钟。在本例中，AR1 不仅作为 NTP 客户端从阿里云时间服务器那里同步时钟信息，还作为企业内网中的 NTP 时间服务器，向企业内网中的其他网络设备提供时钟信息，因此网络管理员使用这个命令把路由器本地时钟设置为主时钟。在这个命令中还可以设置层数，由于本例中 AR1 通过外部时钟源获得时钟信息，因此在这里我们不用手动指定层数信息，AR1 使用学习到的层数即可。

在 AR1 上查看 NTP 状态，命令如下所示。

```
<AR1>display ntp-service status
 clock status: synchronized
 clock stratum: 3
 reference clock ID: 120.25.115.20
 nominal frequency: 100.0000 Hz
 actual frequency: 100.0000 Hz
 clock precision: 2^17
 clock offset: -28799204.0460 ms
 root delay: 111.35 ms
 root dispersion: 7.22 ms
 peer dispersion: 1.02 ms
 reference time: 11:10:10.292 UTC Mar 19 2020(E21DD192.4AD86EC1)
```

执行 display ntp-service status 命令后，我们能够查看路由器上的 NTP 状态。从输出内容可以看出，AR1 上的时钟状态是已同步（clock status:synchronized），层数为 3（clock stratum:3），参考时钟 ID 是 120.25.115.20，也就是网络管理员手动指定的 NTP 时间服务器。

由于 AR1 自身的时钟已同步，因此它已经具备成为 NTP 时间服务器的条件，接着对它的 NTP 客户端 AR2 进行配置，如下所示。

```
[AR2]ntp-service unicast-server 192.168.11.1
```

在 AR2 上查看 NTP 状态，命令如下所示。

```
[AR2]display ntp-service status
 clock status: synchronized
 clock stratum: 4
 reference clock ID: 192.168.11.1
 nominal frequency: 100.0000 Hz
 actual frequency: 100.0000 Hz
 clock precision: 2^17
 clock offset: -28799747.5500 ms
 root delay: 332.64 ms
 root dispersion: 0.65 ms
 peer dispersion: 304.50 ms
 reference time: 22:30:56.086 UTC Mar 19 2020(E21E7120.16096787)
[AR2]
```

可以看出 AR2 上的时钟状态是已同步（clock status:synchronized），层数递增为 4（clock statum:4），参考时钟 ID 是 192.168.11.1。

在 AR2 上，网络管理员还可以使用 display ntp-service sessions 命令来查看 NTP 会话的状态统计信息，如下所示。在单播客户端-服务器模式的 NTP 环境中，NTP 会话都是手动添加的。

```
[AR2]display ntp-service sessions
       source           reference        stra reach poll  now offset delay disper

**********************************************************************************
 [12345]192.168.11.1     120.25.115.20      3    63   64     -    -8h  111.0    1.0
note: 1 source(master),2 source(peer),3 selected,4 candidate,5 configured, 6 v
pn-instance
```

从 display ntp-service sessions 命令的输出可以看出，AR2 上有一个 NTP 会话，这个 NTP 会话的源 IP 地址为 192.168.11.1，参考时钟为 120.25.115.20，层数为 3。

8.4 习题

一、选择题

1．网络管理员在网络中部署了一台 DHCP 服务器之后，发现部分主机获取到非该 DHCP 服务器指定的地址，可能的原因有哪些？（多选）（　　）

A．网络中存在另一台工作效率更高的 DHCP 服务器

B．部分主机无法与该 DHCP 服务器正常通信，这些主机客户端系统自动生成 169.254.0.0/16 网段中的地址

C．部分主机无法与该 DHCP 服务器正常通信，这些主机客户端系统自动生成 127.254.0.0/16 网段中的地址

D．DHCP 服务器的地址池已经全部分配完毕

2．网络管理员在配置 DHCP 服务器时，下面哪个命令配置的租期时间最短？（　　）

A．dhcp select　　B．lease day 1

C．lease 24　　D．lease 0

3．主机从 DHCP 服务器 A 获取 IP 地址后进行了重启，重启事件会向 DHCP 服务器 A 发送下面哪种数据包？（　　）

A．DHCP Discover　　B．DHCP Request

C．DHCP Offer　　D．DHCP ACK

4．如图 8-16 所示（其中，GE 表示 GigabitEthernet 接口），在路由器 RA 上启用 DHCP 服务，为 192.168.3.0/24 网段创建地址池，需要在路由器 RB 上做哪些配置，才能使 PC2 能够从 RA 获得 IP 地址？（　　）

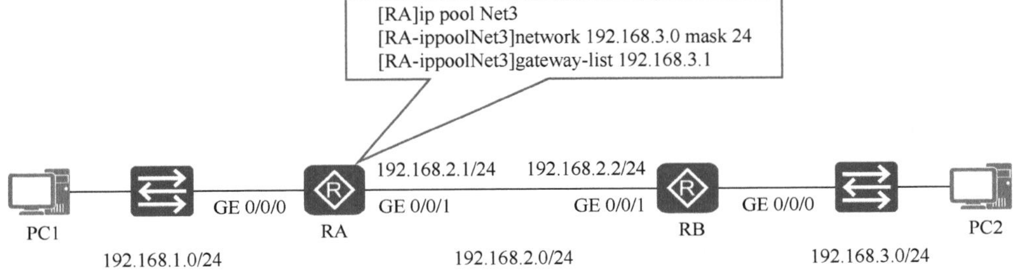

图 8-16　网络拓扑

A.

```
[RB]dhcp enable
[RB]interface GigabitEthernet 0/0/0
[RB-GigabitEthernet 0/0/0]dhcp select global
```

B.

```
[RB]dhcp enable
[RB]interface GigabitEthernet 0/0/0
[RB-GigabitEthernet 0/0/0]dhcp select relay
[RB-GigabitEthernet 0/0/0]dhcp relay server-ip 192.168.2.1
```

C.

```
[RB]dhcp enable
[RB]interface GigabitEthernet 0/0/1
[RB-GigabitEthernet 0/0/0]dhcp select relay
[RB-GigabitEthernet 0/0/0]dhcp relay server-ip 192.168.2.1
```

D.

```
[RB]interface GigabitEthernet 0/0/0
[RB-GigabitEthernet 0/0/0]dhcp select relay
[RB-GigabitEthernet 0/0/0]dhcp relay server-ip 192.168.2.1
```

5. 使用 DHCP 分配 IP 地址有哪些优点？（多选）（　　）

A. 可以实现 IP 地址重复利用

B. 避免 IP 地址冲突

C. 工作量大且不好管理

D. 配置信息（如 DNS）发生变化时，网络管理员只需要在 DHCP 服务器上进行相应修改，方便统一管理

6. DHCP 客户端想要离开网络时发送哪种 DHCP 数据包？（　　）

A. DHCP Discover　　B. DHCP Release

C. DHCP Request　　D. DHCP ACK

7. DHCP 的接口地址池的优先级比全局地址池的高。（　　）

A. 对　　B. 错

8. 以下哪种 SNMP 报文是由被管理设备上的 SNMP 代理发送给 NMS 的？（　　）

A. GetNextRequest　　B. GetRequest

C. SetRequest　　D. Response

9. 下面哪个版本的 SNMP 支持加密特性？（　　）

A. SNMPv2c　　B. SNMPv3

C. SNMPv2　　D. SNMPv1

10. 网络管理工作站通过 SNMP 管理网络设备，当被管理设备有异常发生时，网络管理工作站将会收到哪种 SNMP 报文？（　　）

A. GetResponse　　B. Trap

C. SetRequest　　D. GetRequest

11. 在 SNMP 中，SNMP 代理进程使用哪个端口号向 NMS 发送告警消息？（　　）

A. 163　　B. 161

C．162　　　　　　　　　　D．164

12．在 SNMP 中应用如下 ACL，则下列说法错误的是________？（　　）

```
acl number 2000
rule 5 permit source 192.168.1.2 0
rule 10 permit source 192.168.1.3 0
rule 15 permit source 192.168.1.4 0
```

A．IP 地址为 192.168.1.5 的设备可以使用 SNMP 服务

B．IP 地址为 192.168.1.3 的设备可以使用 SNMP 服务

C．IP 地址为 192.168.1.4 的设备可以使用 SUMP 服务

D．IP 地址为 192.168.1.2 的设备可以使用 SNMP 服务

13．SNMP 报文是通过 TCP 来承载的。（　　）

A．对　　　　　　　　　　B．错

二、简答题

1．阐述 OSI 定义的网络管理的五大功能。

2．SNMP 系统包括哪 4 部分？

第9章 无线局域网

本章内容

- 无线局域网简介
- 无线设备和无线组网架构
- WLAN 的工作原理
- 二层直连隧道转发

近年来，随着人们对网络便携性和移动性需求的日益增长，人们购买的移动设备已经很少像过去那样配备有线网络适配器了，这反映了无线局域网（Wireless Local Area Network，WLAN）在人们的生活和工作中已经越来越普及。无线网络的普及让通信摆脱了线缆和接头的束缚，让通信变得更便捷、灵活。各类相关应用的问世让人们有更多的理由把自己的生活与无线终端绑定在一起，也让整个社会对网络更加依赖。时至今日，很多年轻人几乎已经忘记了那个需要通过网线才能上网的年代。人们越来越少地使用网线来连接终端设备，网线也日渐淡出人们的视野。

本章将介绍 WLAN 技术的相关概念、用到的设备、WLAN 网络架构，以及 WLAN 的工作过程等。本章将讲解一个 WLAN 二层直连隧道转发配置案例。

9.1 无线局域网简介

WLAN 是指通过无线技术构建的无线局域网络。WLAN 广义上是指以无线电波、激光、红外线等无线信号来替代有线局域网中的部分或全部传输介质所构成的网络。

注意：

这里指的无线技术不仅包含 Wi-Fi，还包含红外线、蓝牙、ZigBee 等。

通过 WLAN 技术，用户可以方便地接入无线网络，并在无线网络覆盖区域内自由移动，摆脱有线网络的束缚。图 9-1 所示是一个家庭无线网络，因为房间的门窗、墙壁等会减弱无线信号，所以分别在客厅和卧室部署了无线设备，客厅和卧室的无线设备使用有线连接。无线网络为网络末端的设备提供接入服务，WLAN 需要有线网络进行扩展。

无线网络使用自由、部署灵活。凡是自由空间均可连接网络，不受限于线缆和端口位置。在办公大楼、机场候机厅、度假村、商务酒店、体育场馆、咖啡店等场所尤为适用。在地铁、公路交通监控等难于布线的场所采用 WLAN 进行无线网络覆盖，减少或免去了繁杂的网络布线，实施简单，成本低，扩展性好。

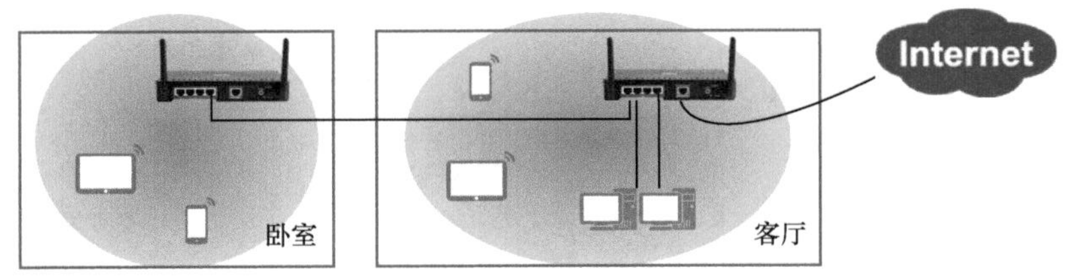

图 9-1 家庭无线网络

本书介绍的 WLAN 特指通过 Wi-Fi 技术基于 IEEE 802.11 标准，利用高频信号（例如 2.4GHz 或 5GHz）作为传输介质的无线局域网。

IEEE 802.11 是现今无线局域网的标准，它是由电气电子工程师学会（IEEE）定义的无线网络通信标准。

Wi-Fi 是无线保真的缩写，英文全称为“Wireless Fidelity”，在无线局域网的范畴是指“无线相容性认证”，它实质上是一种商业认证，同时也是一种无线联网技术。Wi-Fi 是一个无线网络通信技术的品牌，由 Wi-Fi 联盟（Wi-Fi Alliance）所持有。Wi-Fi 的目的是改善基于 IEEE 802.11 标准的无线网络产品之间的互通性。基于两套系统的密切关系，也常有人把 Wi-Fi 当作 IEEE 802.11 标准的同义术语。

表 9-1 展示了 IEEE 802.11 标准与 Wi-Fi 世代的关系。

表 9-1 IEEE 802.11 标准与 Wi-Fi 世代

Wi-Fi	Wi-Fi 1	Wi-Fi 2	Wi-Fi 3	Wi-Fi 4	Wi-Fi 5		Wi-Fi 6
频率	2.4GHz	2.4GHz	2.4GHz、5GHz	2.4GHz、5GHz	5GHz	5GHz	2.4GHz、5GHz
速率	2Mbit/s	11Mbit/s	54Mbit/s	300Mbit/s	1 300Mbit/s	6.9Gbit/s	9.6Gbit/s
标准	802.11	802.11b	802.11a、802.11g	802.11n	802.11ac Wave 1	802.11ac Wave 2	802.11ax

IEEE 802.11 标准聚焦在 TCP/IP 对等模型的下两层。数据链路层主要负责信道接入、寻址、数据帧校验、错误检测、安全机制等功能。物理层主要负责在空口（空中接口）中传输比特流，例如规定所使用的频段等。

IEEE 802.11 第一个版本发表于 1997 年。此后定义了更多的基于 IEEE 802.11 的补充标准，最为人熟知的是影响 Wi-Fi 代际演进的标准：802.11a、802.11b、802.11g、802.11n、802.11ac 等。

在 IEEE 802.11ax 标准推出之际，Wi-Fi 联盟将新 Wi-Fi 规格的名字简化为 Wi-Fi 6，主流的 IEEE 802.11ac 改称 Wi-Fi 5、IEEE 802.11n 改称 Wi-Fi 4，其他世代以此类推。

9.2 无线设备和无线组网架构

9.2.1 无线设备

华为无线局域网产品形态丰富，覆盖室内室外、家庭、企业等各种应用场景，提供高速、安全和可靠的无线网络连接，如图 9-2 所示。

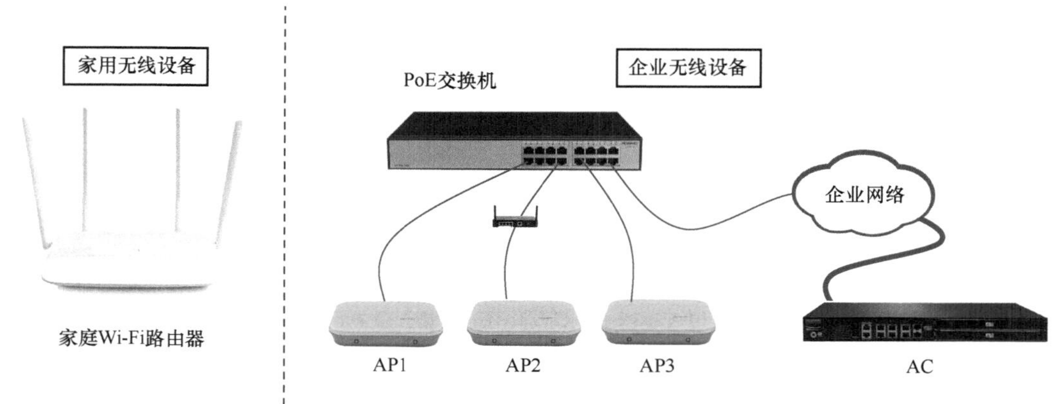

图 9-2 家用无线设备和企业用无线设备

家庭 WLAN 产品有家庭 Wi-Fi 路由器等。家庭 Wi-Fi 路由器通过把有线网络信号转换成无线信号，供家庭计算机、手机等设备接收，实现无线上网功能。

企业 WLAN 产品包括 AP、AC、PoE 交换机和工作站等。

无线接入点（AP）是用于无线网络的交换机。无线 AP 是移动计算机用户进入有线网络的接入点，主要用于宽带家庭、大楼内部以及园区内部，可以覆盖几十米至上百米。

无线接入控制器（Access Controller，AC）一般位于整个网络的汇聚层，提供高速、安全、可靠的 WLAN 业务，以及大容量、高性能、高可靠性、易安装、易维护的无线数据控制业务，具有组网灵活、绿色节能等优势。

PoE（Power over Ethernet，以太网供电）交换机通过网线供电，在 WLAN 中，可以通过 PoE 交换机对 AP 设备进行供电。

工作站（Station，STA）是支持 IEEE 802.11 标准的终端设备，如带无线网卡的计算机、支持 WLAN 的手机等。

9.2.2 无线组网架构

无线组网架构分有线侧和无线侧两部分，如图 9-3 所示。有线侧是指 AP 上行到 Internet 的网络，使用以太网协议。无线侧是指 STA 到 AP 之间的网络，使用 IEEE 802.11 标准。

无线侧接入的无线组网架构为集中式架构。从最初的 FAT AP 架构演进为 AC+FIT AP 架构。

- FAT AP（胖 AP）架构。这种架构不需要专门的设备集中控制就可以完成无线用户的接入、业务数据的加密和业务数据报文的转发等功能，因此又称为自治式网络架构。这种架构适用于家庭无线覆盖。如果 WLAN 覆盖面积增大，接入用户增多，需要部署的 FAT AP 数量也会增多，但 FAT AP 是独立工作的，缺少统一的控制设备，因此管理维护这些 FAT AP 就十分麻烦。
- AC+FIT AP（瘦 AP）架构。大中型企业通常采用这种架构，该架构需要配合 AC 使用，由 AC 统一管理和配置，AC 负责 WLAN 的接入控制、转发和统计、AP 的配置监控、漫游管理、AP 的网管代理、安全控制等。FIT AP 负责报文的加解密、物理层功能、接受 AC 的管理等简单功能。这种架构功能丰富，对网络运维人员的技能要求高，适用于大中型企业无线网络覆盖。

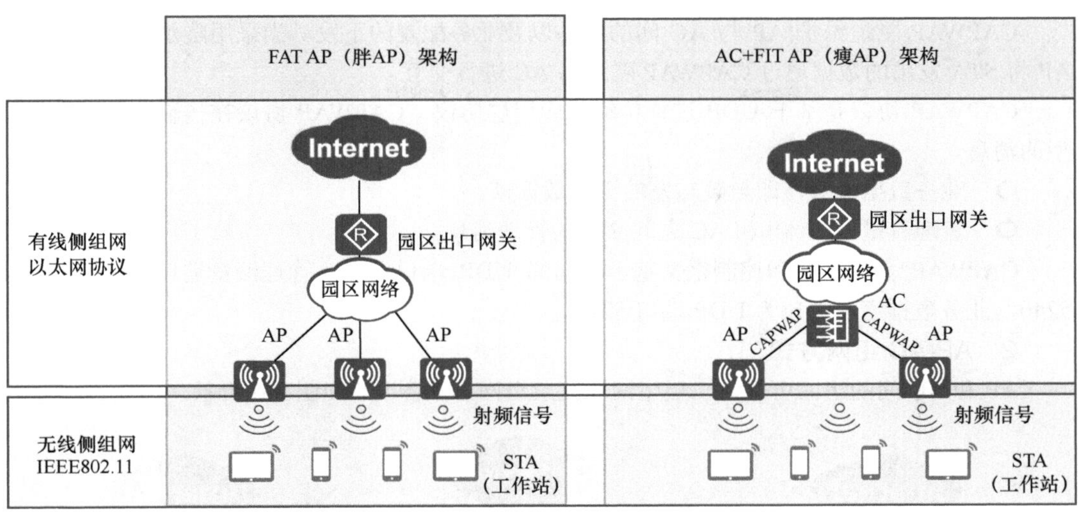

图 9-3　无线组网架构

在本书中，我们主要以 AC+FIT AP 架构为例进行讲解。

9.2.3　有线侧组网相关概念

无线局域网有线侧组网涉及的概念有 CAPWAP、AP-AC 组网方式和 AC 连接方式。

1．CAPWAP

为满足大规模组网的要求，需要对网络中的多个 AP 进行统一管理，IETF 成立了无线接入点控制和配置（Control And Provisioning of Wireless Access Points，CAPWAP）协议工作组，最终制定了 CAPWAP 协议。该协议定义了 AC 如何对 AP 进行管理和业务配置，即 AC 与 AP 间首先会建立 CAPWAP 隧道，然后 AC 通过 CAPWAP 隧道来实现对 AP 的集中管理和控制，如图 9-4 所示。

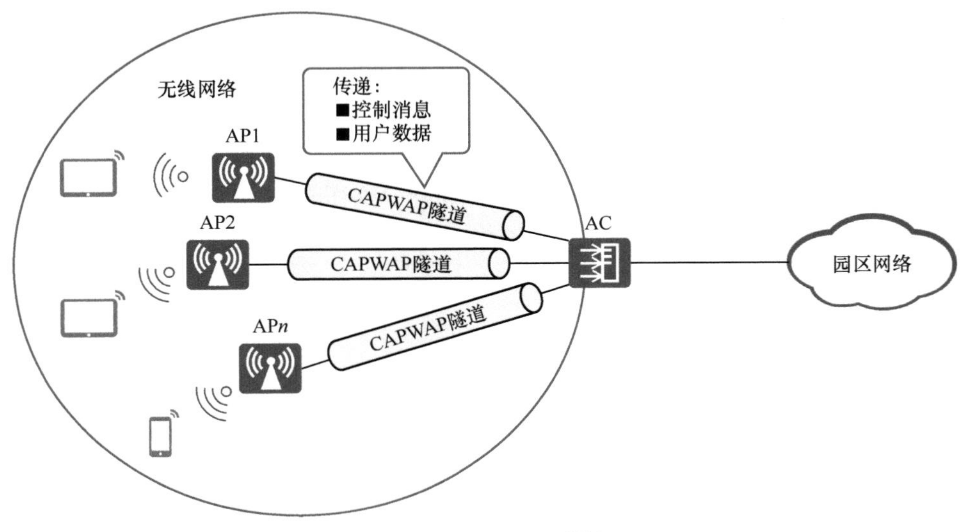

图 9-4　CAPWAP 隧道

CAPWAP 隧道维护 AP 与 AC 间的状态以及业务配置的下发。当采用隧道模式转发时，AP 将 STA 发出的数据通过 CAPWAP 隧道与 AC 进行交互。

CAPWAP 协议是基于 UDP 进行传输的应用层协议。CAPWAP 协议在传输层传输两种类型的消息。

- 业务数据流量，即封装转发的无线数据帧。
- 管理流量，即 AP 和 AC 之间交换的管理消息。

CAPWAP 数据报文和控制报文基于不同的 UDP 端口发送。管理流量端口为 UDP 端口 5246，业务数据流量端口为 UDP 端口 5247。

2. AP-AC 组网方式

AP 和 AC 间的组网可分为二层组网和三层组网，如图 9-5 和图 9-6 所示。

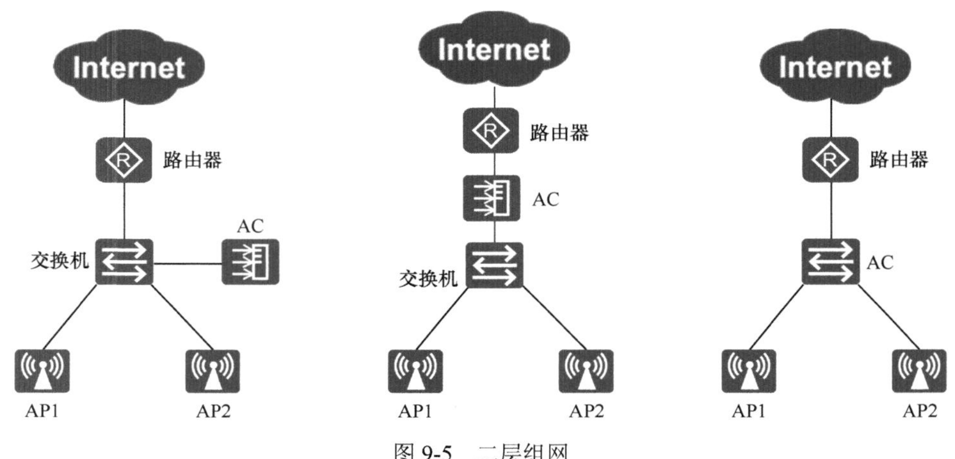

图 9-5 二层组网

二层组网是指 AP 和 AC 之间的网络为直连或者二层网络（使用交换机连接），AP 和 AC 在同一网段。二层组网的 AP 可以通过二层广播或者 DHCP，实现 AP 即插即用上线。二层组网比较简单，适用于简单、临时的网络需求，能够进行比较快速的网络配置，但不适用于大型网络场景。

三层组网是指 AP 与 AC 之间的网络为三层网络。如图 9-6 所示，AP 和 AC 不在同一网段，通信需要经过路由器。三层组网的 AP 无法直接发现 AC，需要通过 DHCP 或 DNS 动态发现，或者配置静态 IP 地址列表。在实际组网中，一个 AC 可以连接几十甚至几百个 AP，组网一般比较复杂。比如在企业网络中，AP 可以布放在办公室、会议室、会客间等场所，而 AC 可以安放在公司机房。这样，AP 和 AC 之间的网络就是比较复杂的三层网络。因此，在大型组网中一般采用三层组网。

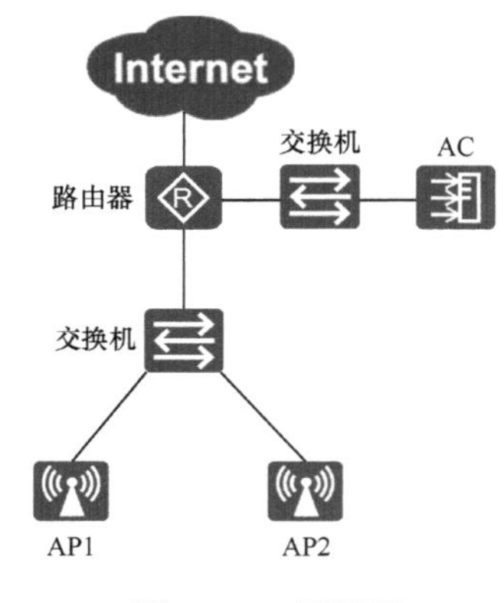

图 9-6 三层组网

3. AC 连接方式

AC 连接方式分为直连式组网和旁挂式组网。

直连式组网 AC 部署在用户的转发路径上。如图 9-7 所示，直连模式的用户流量要经过 AC，会消耗 AC 的转发能力，对 AC 的吞吐量以及数据处理能力要求比较高。如果 AC 性能差，有可能成为整个无线网络带宽的瓶颈。但用此组网，组网架构清晰，组网实施起来简单。

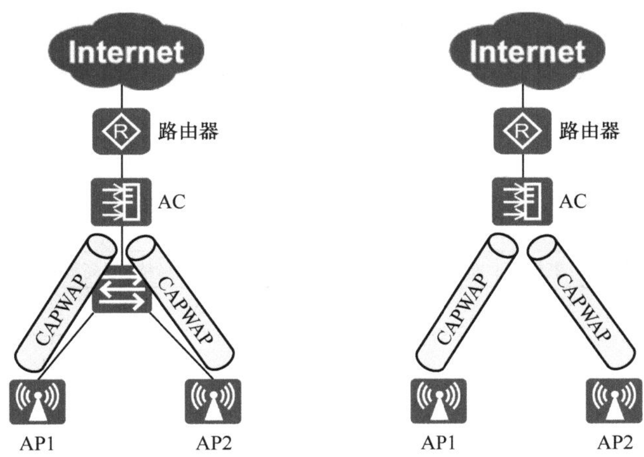

图 9-7 直连式组网

旁挂式组网 AC 旁挂在 AP 与上行网络的直连网络中，不再直接连接 AP。如图 9-8 所示，AP 的业务数据可以不经过 AC 而直接到达上行网络。

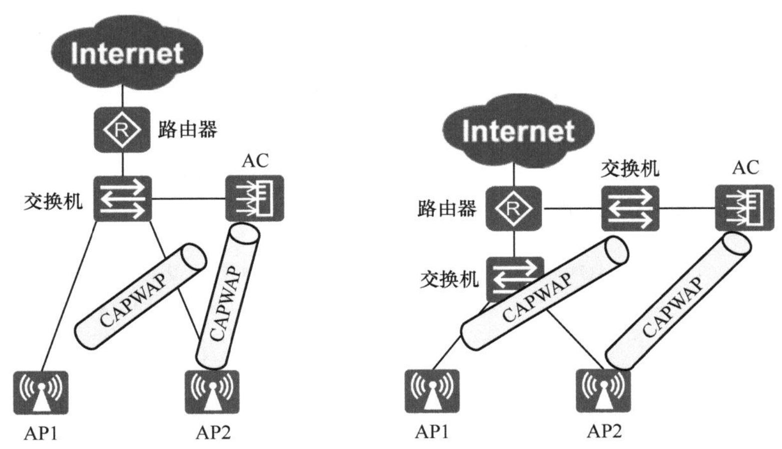

图 9-8 旁挂式组网

实际组网时，大部分网络不是早期就规划好的无线网络，无线网络的覆盖架设大部分是后期在现有网络中扩展而来的。而采用旁挂式组网就比较容易扩展，只需将 AC 旁挂在现有网络中，比如旁挂在汇聚交换机上，就可以对终端 AP 进行管理。所以旁挂式组网方式使用率比较高。

在旁挂式组网中，AC 可以只承载对 AP 的管理功能，管理流在 CAPWAP 隧道中传输，业务流可以通过 CAPWAP 隧道经 AC 转发，也可以不经过 AC 直接转发，直接转发无线用户业务流经汇聚交换机传输至上层网络。

9.2.4 无线侧组网概念

1. 无线电波

无线电波是频率介于 3Hz 和 300GHz 之间的电磁波，也叫作射频电波，或简称射频、射电，如图 9-9 所示。无线电技术是将声音信号或其他信号经过转换，利用无线电波传播。

WLAN 技术是指通过无线电波在空间传输信息。当前使用的频段是超高频的 2.4GHz 频段（2.4GHz～2.4835GHz）和 5GHz 频段（5.15GHz～5.35GHz，5.725GHz～5.85GHz）。

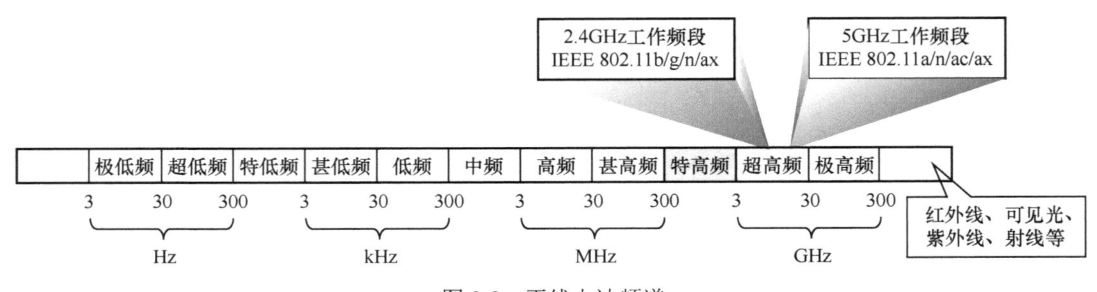

图 9-9 无线电波频谱

2. 无线信道

信道是传输信息的通道，无线信道就是空间中的无线电波。无线电波无处不在，如果随意使用频谱资源，将带来干扰问题，所以无线通信协议除了要定义出允许使用的频段，还要精确划分出频率范围，每个频率范围就是一个信道。

无线网络设备（如路由器、AP 热点、无线网卡等）可在多个信道上运行。在无线信号覆盖范围内的各种无线网络设备应该尽量使用不同的信道，避免信号之间的干扰。

图 9-10 展示了 2.4GHz（2 400MHz）频段的信道划分。该频带实际有 14 个信道（图中标出了第 14 信道），但第 14 信道一般不用。图中只列出对应信道的中心频率。每个信道的有效宽度是 20MHz，另外还有 2MHz 的强制隔离频带（类似于公路上的隔离带）。例如，对于中心频率为 2 412 MHz 的 1 信道，其频率范围为 2 401～2 423MHz。

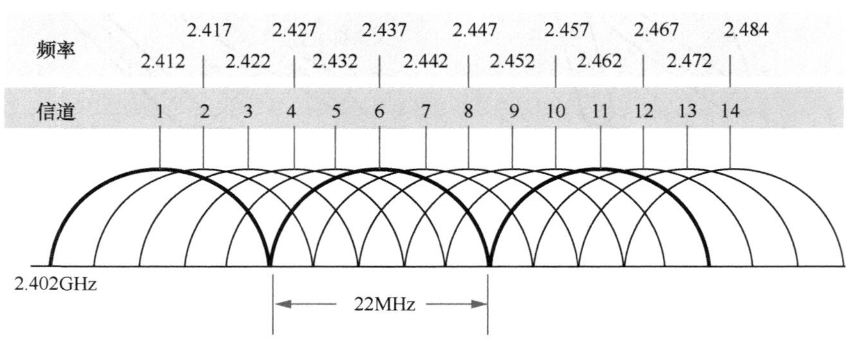

图 9-10 2.4GHz 信道划分

目前主流的 Wi-Fi 网络设备不管采用的是 IEEE 802.11b/g 标准还是 IEEE 802.11b/g/n 标准，一般都支持 14 个信道。它们的中心频率虽然不同，但是因为都占据一定的频率范围，所以会有相互重叠的情况。图 9-10 展示了这 14 个信道的频率范围。了解这 14 个信道所处的频段，有助于我们理解人们经常说的 3 个不互相重叠的信道含义。

从图 9-10 中很容易看到，1、6、11 这 3 个信道（粗线条标记）之间是完全没有重叠的，这就是人们常说的 3 个不互相重叠的信道。每个信道 20MHz 带宽。图中也很容易看清楚其他各信道之间频谱重叠的情况。另外，除 1、6、11 这一组互不干扰的信道以外，还有 2、7、12，3、8、13，以及 4、9、14 这 3 组互不干扰的信道。

在 WLAN 中，AP 的工作状态会受到周围环境的影响。例如，当相邻 AP 的工作信道存在重叠频段时，某个 AP 的功率过大会对相邻 AP 造成信号干扰。

通过射频调优功能，动态调整 AP 的信道和功率，可以使同一 AC 管理的各 AP 的信道和功率保持相对平衡，从而保证 AP 工作在最佳状态。

3. BSS/BSSID/SSID

基本服务集（Basic Service Set，BSS）是一个 AP 覆盖的范围，是无线网络的基本服务单元，通常由一个 AP 和若干 STA 组成。BSS 是 802.11 网络的基本结构，如图 9-11 所示。由于无线介质的共享性，BSS 中报文收发需要携带 BSSID（即 MAC 地址）。

终端需要通过 AP 的身份标识来发现和找到 AP，这个身份标识就是 BSSID（Basic Service Set Identifier，基本服务集标识符）。BSSID 是 AP 上的数据链路层 MAC 地址。为了区分 BSS，要求每个 BSS 都有唯一的 BSSID，因此使用 AP 的 MAC 地址来保证其唯一性。

如果一个空间部署了多个 BSS，终端就会发现多个 BSSID，只要选择加入的 BSSID 就行。但是做出选择的是用户，为了使 AP 的身份更容易辨识，用一个字符串来作为 AP 的名字。这个字符串就是 SSID（Service Set Identifier，服务集标识符），使用 SSID 代替 BSSID。

SSID 是无线网络的标识，用来区分不同的无线网络，AP 可以发送 SSID 以便无线设备选择和接入。例如，当在笔记本电脑上搜索可接入的无线网络时，显示出来的网络名称就是 SSID，如图 9-12 所示。

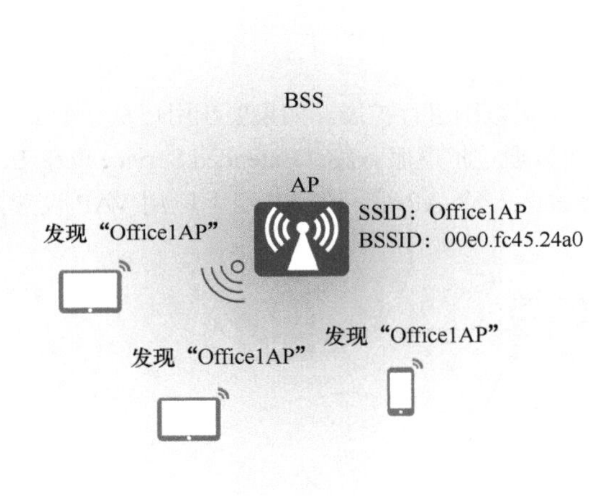

图 9-11 BSS

图 9-12 发现的 SSID

4. VAP

早期的 AP 只支持 1 个 BSS，如果要在同一个空间部署多个 BSS，则需要安放多个 AP，这不但增加了成本，还占用了信道资源。为了改善这种情况，现在的 AP 通常支持创建多个虚拟 AP（Virtual Access Point，VAP）。

VAP 是在一个物理实体 AP 上虚拟出多个 AP。每个被虚拟出来的 AP 就是一个 VAP。每个 VAP 提供和物理实体 AP 一样的功能。如图 9-13 所示，每个 VAP 对应一个 BSS，这样 1 个 AP 就可以提供多个 BSS，可以为这些 BSS 设置不同的 SSID 和不同的接入密码，指定不同的业务 VLAN。这样可以为不同的用户群体提供不同的无线接入服务，比如通过 VAP1 接入无线网络的计算机在 VLAN 10，不允许访问 Internet；通过 VAP2 接入无线网络的计算机在 VLNA 20，允许访问 Internet。

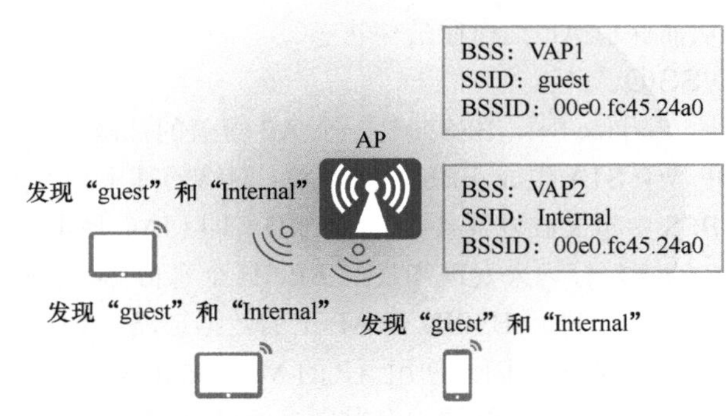

图 9-13　VAP

VAP 可以简化 WLAN 的部署，但并不意味着 VAP 越多越好，要根据实际需求进行规划。一味地增加 VAP 的数量，不仅会让用户花费更多的时间找到 SSID，还会增加 AP 配置的复杂度。而且 VAP 并不完全等同于真正的 AP，所有的 VAP 都共享这个 AP 的软件和硬件资源，所有 VAP 的用户都共享相同的信道资源，所以 AP 的容量是不变的，并不会随着 VAP 数目的增加而成倍增加。

5. ESS

为了满足实际业务的需求，需要对 BSS 的覆盖范围进行扩展。如果要让用户从一个 BSS 移动到另一个 BSS 时，感觉不到 SSID 的变化，可以通过扩展服务集（Extended Service Set，ESS）实现，如图 9-14 所示。配置时将 AP1 和 AP2 加入一个 AP 组，在 AP 组上应用 VAP 设置，就能实现 ESS。

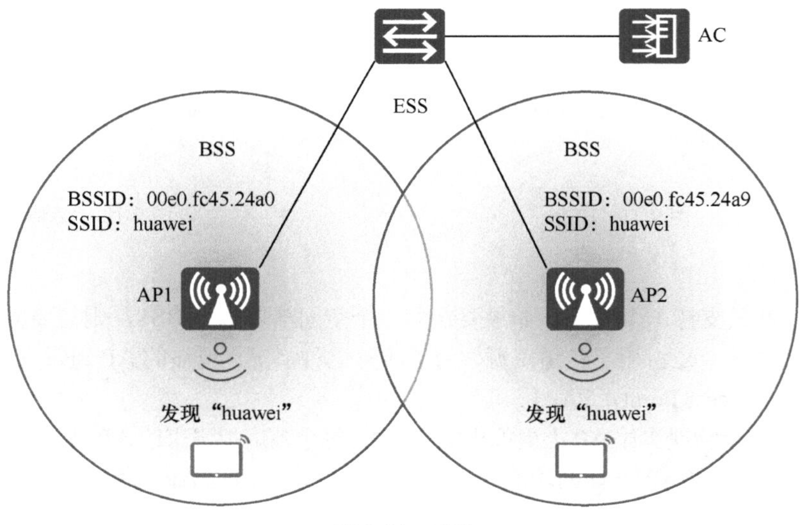

图 9-14　ESS

ESS 是由采用相同的 SSID 的多个 BSS 组成的更大规模的虚拟 BSS。用户可以带着终端在 ESS 内自由移动和漫游，不管用户移动到哪里，都可以认为使用的是同一个 WLAN。

STA 在同属一个 ESS 的不同 AP 的覆盖范围之间移动且保持用户业务不中断的行为，我们称为 WLAN 漫游。

WLAN 的最大优势就是 STA 不受物理介质的影响，可以在 WLAN 覆盖范围内四处移动并且能够保持业务不中断。同一个 ESS 内包含多个 AP 设备，当 STA 从一个 AP 覆盖区域移动到另外一个 AP 覆盖区域时，利用 WLAN 漫游技术可以实现 STA 用户业务的平滑切换。

9.3 WLAN 的工作原理

在 AC+FIT AP 架构中，通过 AC 对 AP 进行统一管理，因此所有的配置都是在 AC 上设置的。WLAN 的工作流程分为 4 个阶段，如图 9-15 所示。

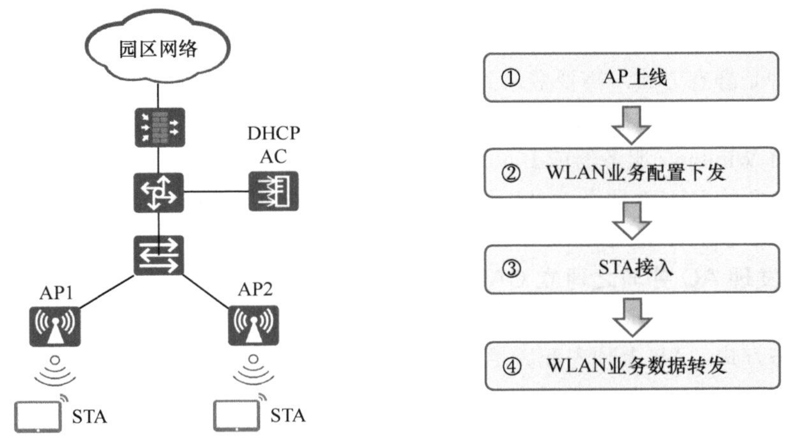

图 9-15 WLAN 工作流程

9.3.1 配置 AP

FIT AP 需完成上线过程，AC 才能实现对 AP 的集中管理和控制，以及业务配置下发。AP 的上线过程包括以下步骤。

1. AC 上预先配置

为确保 AP 能够上线，AC 需要预先配置如下内容。

- 配置网络互通：配置 DHCP 服务器，为 AP 和 STA 分配 IP 地址，也可以将 AC 设备配置为 DHCP 服务器。配置 AP 和 DHCP 服务器之间的网络互通，配置 AP 和 AC 之间的网络互通。
- 创建 AP 组：每个 AP 都会加入并且只能加入一个 AP 组，AP 组通常用于多个 AP 的通用配置。
- 配置 AC 的国家及地区码（域管理模板）：域管理模板提供对 AP 的国家及地区码、调优信道集合和调优带宽等的配置。国家及地区码用来标识 AP 频射所在的国家或地区，不同国家及地区码规定了不同的 AP 射频特性，包括 AP 的发送功率、支持的信道等。配置国家及地区码是为了使 AP 的射频特性符合不同国家或地区的法律法规要求。

- 配置源接口或源地址（与 AP 建立隧道）：每个 AC 都必须指定唯一一个 IP 地址、Vlanif 接口或者 Loopback 接口。该 AC 设备下挂接的 AP 学习到此 IP 地址或者此接口下配置的 IP 地址，就可以进行 AC 和 AP 间的通信。此 IP 地址或者接口称为源地址或源接口。只有为每个 AC 指定唯一一个源接口或源地址，AP 才能与 AC 建立 CAPWAP 隧道。AC 设备支持使用 Vlanif 接口或 Loopback 接口作为源接口，支持使用 Vlanif 接口或 Loopback 接口下的 IP 地址作为源地址。
- 配置 AP 上线时自动升级（可选）：自动升级是指 AP 在上线过程中自动对比自身版本与 AC、SFTP（SSH File Transfer Protocol，SSH 文件传输协议）或 FTP 服务器上配置的 AP 版本是否一致，如果不一致，则进行升级，然后 AP 自动重启，再重新上线。
- 添加 AP 设备：即配置 AP 认证模式，AP 上线。添加 AP 有 3 种方式：离线导入 AP、自动发现 AP 以及手动确认未认证列表中的 AP。

2. AP 获取 IP 地址

AP 必须获得 IP 地址才能够与 AC 通信，WLAN 才能够正常工作。AP 获取 IP 地址有两种方式，一种是静态方式，需要登录到 AP 设备上手动配置 IP 地址；另一种是 DHCP 方式，通过配置 DHCP 服务器，使 AP 作为 DHCP 客户端向 DHCP 服务器请求 IP 地址。

可以部署 Windows 服务器或 Linux 服务器作为专门的 DHCP 服务器为 AP 分配 IP 地址。也可以使用 AC 的 DHCP 服务为 AP 分配 IP 地址，或使用网络中的设备（比如三层交换机或路由器）为 AP 分配 IP 地址。

3. AP 发现 AC 并与之建立 CAPWAP 隧道

AP 通过发送发现请求报文，找到可用的 AC。AP 发现 AC 有两种方式。

- 静态方式：AP 上预先配置 AC 的静态 IP 地址列表。由于 AP 上预先配置了 AC 的静态 IP 地址列表，AP 上线时，如图 9-16 所示，AP 分别发送发现请求单播报文到所有预配置列表中对应 IP 地址的 AC。然后 AP 通过接收 AC 返回的发现响应报文，选择一个 AC 开始建立 CAPWAP 隧道。
- 动态方式：DHCP 方式、DNS 方式或广播方式。本章主要介绍 DHCP 方式和广播方式。

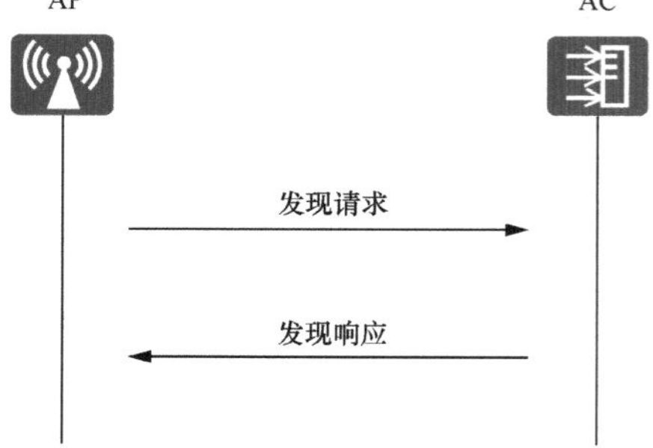

图 9-16 AP 发现 AC

（1）DHCP 方式发现 AC 的过程。

AP 要想通过配置 DHCP 服务器发现 AC，DHCP 响应报文中必须携带 Option 43，且 Option 43 携带 AC 的 IP 地址列表。option 43 用于“告诉”AP AC 的 IP 地址，让 AP 寻找 AC 进行注册。

华为设备如交换机、路由器、AC 等作为 DHCP 服务器时要配置 Option 43。

以 AC 的 IP 地址为 192.168.22.1 为例，DHCP 服务器的配置命令为 option 43 sub-option 3 ascii 192.168.22.1。

其中，sub-option 3 为固定值，代表子选项类型；ascii 192.168.22.1 是 AC 的 IP 地址 192.168.22.1 的 ASCII 格式。

对于涉及多个 AC，Option 要填写多个 IP 地址的情形，IP 地址同样要以英文的“,”分隔。比如两个 AC 的 IP 地址分别为 192.168.22.1 和 192.168.22.2，则 DHCP 服务器的配置命令为 option 43 sub-option 3 ascii 192.168.22.1,192.168.22.2。

AP 通过 DHCP 服务器获取 AC 的 IP 地址后，使用 AC 发现机制来获知哪些 AC 是可用的，以决定与最佳 AC 建立 CAPWAP 隧道。

AP 启动 CAPWAP 的发现机制，以单播或广播的形式发送发现请求报文以试图关联 AC，AC 收到 AP 的发现请求后会发送一个单播发现响应给 AP，AP 可以通过发现响应中所带的 AC 优先级或者 AC 上当前 AP 的个数等，确定与哪个 AC 建立会话。

（2）广播方式发现 AC 的过程。

当 AP 启动后，如果 DHCP 方式和 DNS 方式均未获得 AC 的 IP 地址或 AP 发出发现请求报文后未收到响应，则 AP 启动广播发现流程，以广播包方式发出发现请求报文。

接收到发现请求报文的 AC 检查该 AP 是否有接入本机的权限（通过给 AP 的 MAC 地址或者序列号授权），如果有则发回响应。如果该 AP 没有接入权限，AC 则拒绝该请求。

广播发现方式只适用于 AC 和 AP 间为二层可达的网络场景。

AP 发现 AC 后，完成 CAPWAP 隧道的建立。CAPWAP 隧道包括数据隧道和控制隧道两种。

- 数据隧道用于把 AP 接收的业务数据报文经 CAPWAP 隧道集中到 AC 上转发。可以选择对数据隧道进行数据传输层安全（Datagram Transport Layer Security，DTLS）加密，启用 DTLS 加密功能后，CAPWAP 数据报文都会经过 DTLS 加解密。
- 控制隧道用于 AP 与 AC 之间的管理报文的交换。可以选择对控制隧道进行 DTLS 加密，启用 DTLS 加密功能后，CAPWAP 控制报文都会经过 DTLS 加解密。

4. AP 接入控制

AP 发现 AC 后，会发送加入请求报文。AC 收到 AP 发送的加入请求报文之后，AC 会认证 AP 的合法性，认证通过则添加该 AP 设备，并响应加入响应报文，如图 9-17 所示。

AC 支持以下 3 种对 AP 的认证方式。

- MAC 认证。
- 序列号（Serial Number，SN）认证。
- 不认证。

AC 添加 AP 的方式有以下 3 种。

- 离线导入 AP：预先配置 AP 的 MAC 地址和 SN，当 AP 与 AC 连接时，如果 AC 发现 AP 的 MAC 地址和 SN 与预先配置的 AP 的 MAC 地址和 SN 匹配，则 AC 开始与 AP 建立连接。
- 自动发现 AP：如果配置 AP 的认证模式为不认证，或配置 AP 的认证模式为 MAC 认证或 SN 认证且将 AP 加入了 AP 白名单，则当 AP 与 AC 连接时，AP 将被 AC 自动发现并正常上线。
- 手动确认未认证列表中的 AP：当配置 AP 的认证模式为 MAC 认证或 SN 认证，但 AP 没有离线导入且不在已设置的 AP 白名单中，则该 AP 会被记录到未授权的 AP 列表中。需要用户手动确认后，此 AP 才能正常上线。

5. AP 的版本升级

AP 根据收到的加入请求报文中的参数判断当前的系统软件版本与 AC 上指定的是否一致。如果不一致，则 AP 通过发送版本升级请求报文请求软件版本，然后进行版本升级。升级方式包括 AC 模式、FTP 模式和 SFTP 模式 3 种。AP 在软件版本更新完成后重启，然后重复进行前面的步骤，如图 9-18 所示。

在 AC 上对 AP 升级，分为自动升级和定时升级。

自动升级主要用于 AP 还未在 AC 中上线的场景。通常先配置好 AP 上线时的自动升级参数，然后配置 AP 接入。AP 在之后的上线过程中会自动完成升级。如果 AP 已经上线，配置完自动升级参数后，任意方式触发的 AP 重启，AP 都会进行自动升级。

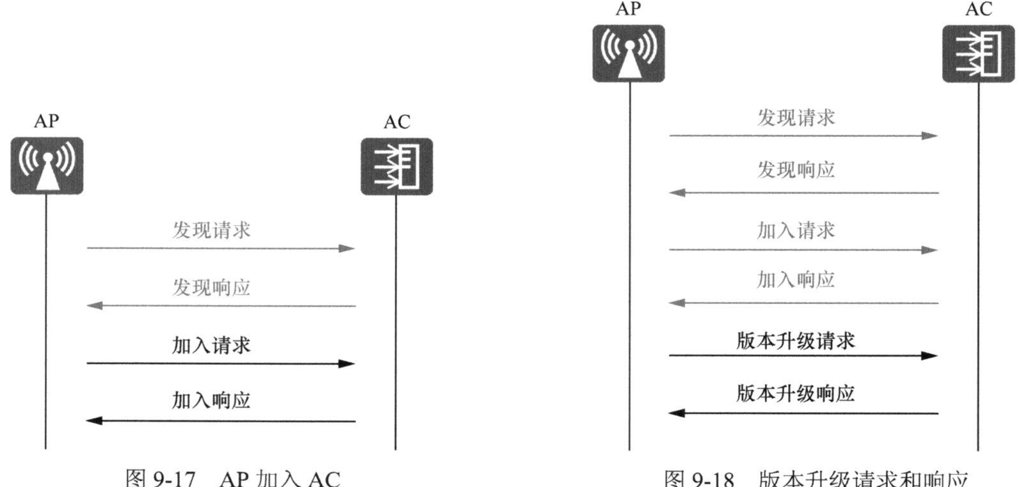

图 9-17 AP 加入 AC

图 9-18 版本升级请求和响应

- AC 模式：AP 升级时从 AC 上下载升级版本，适用于 AP 数量较少的场景。
- FTP 模式：AP 升级时从 FTP 服务器上下载升级版本，适用于对网络安全性要求不是很高的文件传输场景，采用明文传输数据，存在安全隐患。
- SFTP 模式：AP 升级时从 SFTP 服务器上下载升级版本，对传输数据进行了加密和完整性保护，适用于对网络安全性要求高的场景。主要用于 AP 已经在 AC 中上线并已承载了 WLAN 业务的场景。

定时升级主要用于 AP 已经在 AC 中上线并已承载了 WLAN 业务的场景。通常指定在网络访问量少的时间段升级。

6. CAPWAP 隧道维持

数据隧道维持是通过 AP 与 AC 之间交互 Keepalive （UDP 端口号为 5 247）报文来检测数据隧道的连通状态。

控制隧道维持是通过 AP 与 AC 交互 Echo（UDP 端口号为 5 246）报文来检测控制隧道的连通状态。

9.3.2 业务配置下发

如图 9-19 所示，AC 向 AP 发送配置更新请求消息，AP 回应配置更新响应消息。然后 AC 将 AP 的业务配置信息下发给 AP。

AP 上线后会主动向 AC 发送配置状态请求报文，该报文包含 AP 的现有配置。当 AP 的现有配置不符合 AC 要求时，AC 会通过配置状态响应通知 AP。

说明：AP 上线后，首先会主动向 AC 获取当前配置，而后统一由 AC 对 AP 进行集中管理和业务配置下发。

1. 配置模板

WLAN 中存在大量的 AP，为了简化 AP 的配置操作步骤，可以将 AP 加入 AP 组中，在 AP 组中统一对 AP 进行相同的配置。但是每个 AP 都具有不同于其他 AP 的参数配置，这不便于通过 AP 组来进行统一配置，这类个性化的参数可以直接在每个 AP 下配置。每个 AP 在上线时都会加入并且只能加入一个 AP 中。当 AP 从 AC 上获取到 AP 组和 AP 个性化的配置后，会优先使用 AP 下的配置。

AP 组和 AP 都能够引用域管理模板、射频模板、VAP 模板，如图 9-20 所示。部分模板还能继续引用其他模板，这些模板统称为 WLAN 模板。

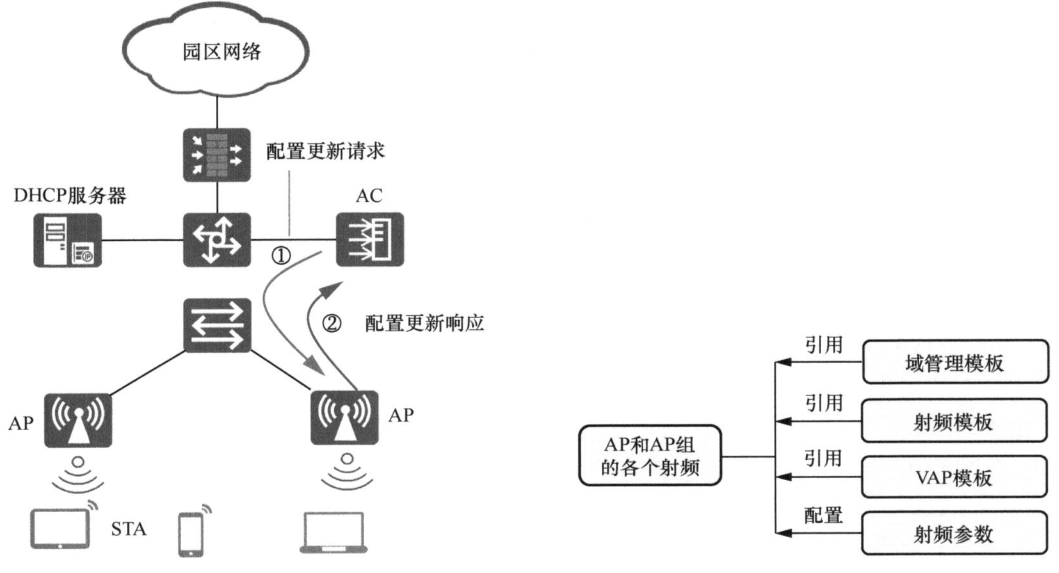

图 9-19 配置升级请求和响应

图 9-20 AP 和 AP 组引用的模板和配置

（1）域管理模板。

域管理模板最重要的一个参数是配置国家及地区码。

通过配置调优信道集合，可以在配置射频调优功能时指定 AP 信道动态调整的范围，同时避开雷达信道和终端不支持的信道。

（2）射频模板。

根据实际的网络环境对射频的各项参数进行调整和优化，使 AP 具备满足实际需求的射频能力，提高 WLAN 的信号质量。射频模板中各项参数下发到 AP 后，只有 AP 支持的参数才会在 AP 上生效。

射频模板中可配置的参数包括射频的类型、射频的速率、射频的无线报文组播发送速率、AP 发送信标（Beacon）帧的周期等。

（3）VAP 模板。

在 VAP 模板下配置各项参数，然后在 AP 组或 AP 中引用 VAP 模板，AP 上就会生成 VAP，VAP 用来为 STA 提供无线接入服务。通过配置 VAP 模板下的参数，使 AP 具备为 STA 提供不同无线业务服务的能力。

VAP 模板还能引用 SSID 模板、安全模板、流量模板等。

（4）射频参数。

AP 射频需要根据实际的 WLAN 环境来配置不同的基本射频参数，使 AP 射频的性能达到更优。

WLAN 中，当相邻 AP 的工作信道存在重叠频段时，容易产生信号干扰，从而对 AP 的工作状态产生影响。为避免信号干扰，使 AP 工作在更佳状态下，可以手动配置相邻 AP 工作在非重叠信道上。

根据实际网络环境的需求，配置射频的发射功率和天线增益，使射频信号强度满足实际网络需求，提高 WLAN 的信号质量。

实际应用场景中，两个 AP 之间的距离可能为几十米到几十千米，因为 AP 间的距离不同，所以 AP 之间传输数据时等待 ACK 报文的时间也不相同。通过调整合适的超时时间参数，可以提高 AP 间的数据传输效率。

2. VAP 模板

VAP 模板要引用 SSID 模板、安全模板，配置数据转发方式和业务 VLAN，如图 9-21 所示。

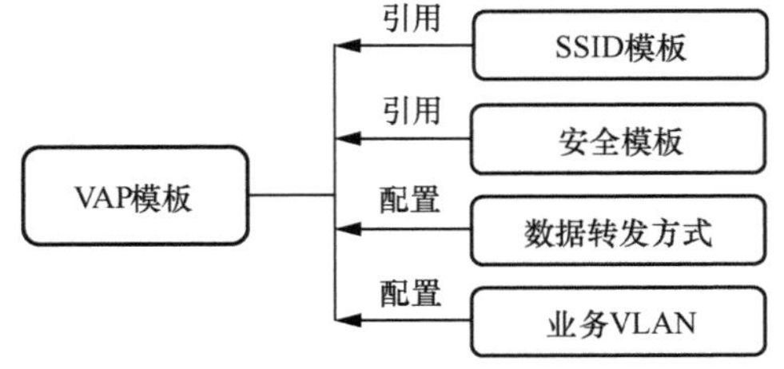

图 9-21 VAP 需要配置的参数和引用的模板

（1）SSID 模板。

SSID 模板主要用于配置 WLAN 的 SSID，还可以配置其他功能，如下所示。

隐藏 SSID 功能：用户在创建无线网络时，为了保护无线网络的安全，可以对无线网络名称进行隐藏设置。这样，只有知道网络名称的无线用户才能连接到这个无线网络中。

单个 VAP 下能够关联成功的最大用户数：单个 VAP 下接入的用户数越多，每个用户能够使用的平均网络资源就越少，为了保证用户的上网体验，可以根据实际的网络状况配置合理的最大用户数。

用户数达到最大时自动隐藏 SSID 的功能：使能用户数达到最大时自动隐藏 SSID 的功能后，当 WLAN 下接入的用户数达到最大时，SSID 会被隐藏，新用户将无法搜索到 SSID。

（2）安全模板。

安全模板用于配置 WLAN 安全策略，可以对无线终端进行身份认证，对用户的报文进行加密，从而保护 WLAN 和用户的安全。

WLAN 安全策略支持开放认证、WEP（Wired Equivalent Privacy，有线等效加密）、WPA（Wi-Fi Protected Access，Wi-Fi 保护接入，有 WPA 和 WPA2 两个标准）、WPA-PSK/WPA2-PSK［WPA 与 WPA2 两种加密算法的混合体，是目前安全性最好的 Wi-Fi 加密模式，PSK（Pre-Shared Key，预先共享密钥）］、WPA/WPA2-802.1X（WPA 与 WPA2 两种加密算法的混合体，使用 802.1X 认证，支持 TKIP 或 AES 两种加密算法），可以在安全模板中选择其中一种进行配置。

（3）数据转发方式。

控制报文是通过 CAPWAP 控制隧道转发的。用户的数据报文分为隧道转发（又称为“集中转发”）方式和直接转发（又称为“本地转发”）方式。这部分内容在 9.3.4 节详细介绍。

（4）业务 VLAN。

由于 WLAN 有灵活的接入方式，STA 可能会在某个地点（例如办公区入口或体育场馆入口）集中接入同一个 WLAN，然后漫游到其他 AP 覆盖的无线网络环境中。

业务 VLAN 配置为单个 VLAN 时，在 STA 接入较多的区域容易出现 IP 地址资源不足、而其他区域 IP 地址资源闲置的情况。

业务 VLAN 配置为 VLAN 池时，可以在 VLAN 池中加入多个 VLAN，然后通过将 VLAN 池配置为 VAP 的业务 VLAN，实现一个 SSID 能够同时支持多个业务 VLAN 的目的。新接入的 STA 会被动态分配到 VLAN 池中的各个 VLAN 中，减少了单个 VLAN 下的 STA 数目，缩小了广播域；同时每个 VLAN 都尽量均匀地分配 IP 地址，减少了 IP 地址的闲置。

9.3.3 STA 接入

CAPWAP 隧道建立完成后，用户就可以接入无线网络了。STA 接入过程分为 6 个阶段：扫描阶段、链路认证阶段、关联阶段、接入认证阶段、STA 地址分配（DHCP）阶段、用户认证阶段。

1. 扫描阶段

STA 可以通过主动扫描，定期搜索周围的无线网络，获取周围的无线网络信息。根据 Probe Request 帧（探测请求帧）是否携带 SSID，可以将主动扫描分为两种，如图 9-22 所示。

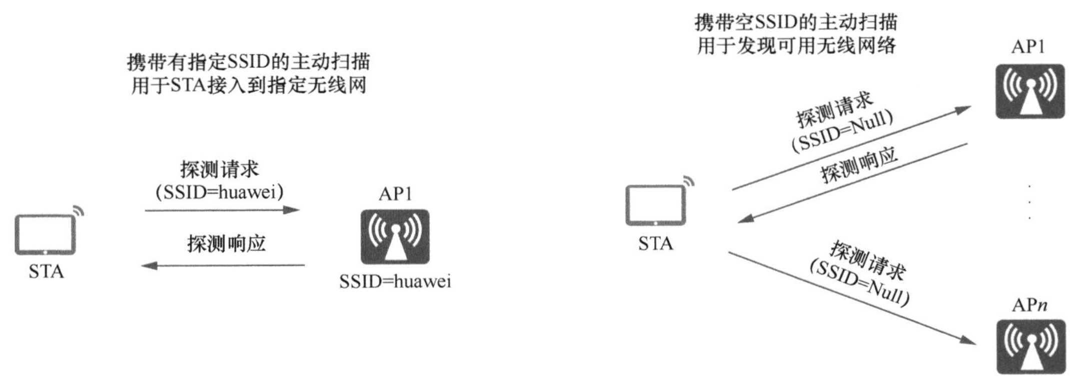

图 9-22　主动扫描

（1）携带有指定 SSID 的主动扫描方式。

携带有指定 SSID 的主动扫描适用于 STA 通过主动扫描接入指定的无线网络。客户端发送携带指定 SSID 的探测请求，STA 依次在每个信道发出探测请求帧，寻找与 STA 有相同 SSID 的 AP，只有能够提供指定 SSID 无线服务的 AP 接收到该探测请求后才会回复 Probe Response（探查响应）。

（2）携带空 SSID 的主动扫描方式。

携带空 SSID 的主动扫描适用于 STA 通过主动扫描获知是否存在可用的无线网络。客户端发送广播探测请求后会定期地在其支持的信息列表中发送探测请求帧以扫描无线网络。当 AP 收到探测请求帧后，会回应探测响应帧通告可以提供的无线网络信息。

STA 也支持被动扫描以搜索无线网络。被动扫描是指客户端通过侦听 AP 定期发送的信标帧（包含 SSID、支持速率等信息）来发现周围的无线网络，默认状态下 AP 发送信标帧的周期为 100TU（1TU=1 024μs）。

2. 链路认证阶段

WLAN 技术以无线射频信号作为业务数据的传输介质，这种开放的信道使得攻击者很容易对无线信道中传输的业务数据进行窃听和篡改，因此，安全性成为阻碍 WLAN 技术发展的重要因素。

WLAN 安全提供了 WEP、WPA、WPA2 等安全策略机制。每种安全策略包含一整套安全机制，包括无线链路建立时的链路认证方式、无线用户上线时的用户接入认证方式和无线用户传输数据业务时的数据加密方式。

为了保证无线链路的安全，STA 接入过程 AP 需要完成对 STA 的认证。802.11 链路定义了两种认证机制——开放系统认证和共享密钥认证。

开放系统认证即不认证，任意 STA 都可以认证成功。

共享密钥认证即 STA 和 AP 预先配置相同的共享密钥，验证两边的密钥配置是否相同，如果一致，则认证成功，否则认证失败。

3．关联阶段

完成链路认证后，STA 会继续发起链路服务协商，具体的协商通过关联报文实现。STA 关联过程实质上就是链路服务协商的过程，协商内容包括支持的速率、信道等。

4．接入认证阶段

接入认证即对用户进行区分，并在用户访问网络之前限制其访问权限。相对于链路认证，接入认证安全性更高。其主要包含 PSK 认证和 802.1X 认证。

5．STA 地址分配阶段

STA 获取到自身的 IP 地址，是 STA 正常上线的前提条件。如果 STA 是通过 DHCP 获取 IP 地址，可以使用 AC 设备或汇聚交换机作为 DHCP 服务器为 STA 分配 IP 地址。一般情况下使用汇聚交换机作为 DHCP 服务器。

6．用户认证阶段

用户认证是一种“端到端”的安全结构，包括 802.1X 认证、MAC 认证和 Portal 认证。Portal 认证也称 Web 认证，一般将 Portal 认证网站称为门户网站。用户上网时，必须在门户网站进行认证，只有认证通过后才可以使用网络资源。用户认证通常需要通过微信或手机短信息验证用户身份，因为微信号或手机号都是通过实名认证的，这样就能记录接入网络的用户信息，如果出现安全事件，可以追查到具体的人。

9.3.4 业务数据转发

用户的数据报文分为隧道转发（又称为“集中转发”）方式和直接转发（又称为“本地转发”）方式。隧道转发方式是指用户的数据报文到达 AP 后，需要经过 CAPWAP 隧道封装后发送给 AC，然后由 AC 转发到上层网络，如图 9-23 所示。

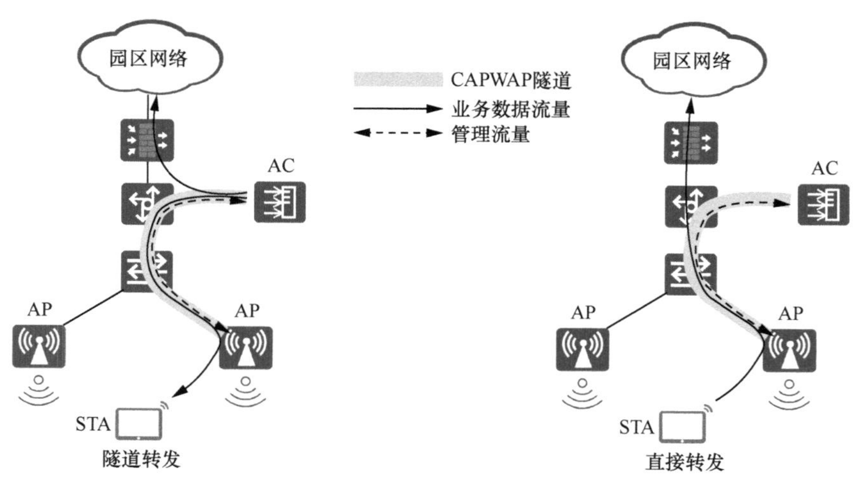

图 9-23 隧道转发和直接转发

直接转发方式是指用户的数据报文到达 AP 后，不经过 CAPWAP 隧道封装直接转发到上层网络，如图 9-23 所示。

隧道转发方式的优点就是 AC 集中转发数据报文，安全性好，方便集中管理和控制。缺点是业务数据必须经过 AC 转发，报文转发效率比直接转发方式低，AC 所受压力大。

直接转发方式的优点是数据报文不需要经过 AC 转发，报文转发效率高，AC 所受压力小。缺点是业务数据不便于集中管理和控制。

9.4 案例：二层直连隧道转发

业务需求：企业有一个 AP 和一个 AC，销售部和市场部两个部门的移动设备需要连接该 AP，接入网络后要分配到不同的 VLAN 中，接入无线网络要使用不同的密码。

组网需求如下。

（1）AC 组网方式：二层直连组网。

（2）DHCP 部署方式：AC 作为 DHCP 服务器为 AP 和 STA 分配 IP 地址。

（3）业务数据转发方式：隧道转发。

要实现通过一个 AP 将两个部门的计算机连接到不同的业务 VLAN 中，就需要创建两个 VAP。其 SSID 分别设置为 sales-AP 和 market-AP，连接无线的密码分别为 a1234567、b1234567。这两个部门的业务 VLAN 分别为 VLAN 101 和 VLAN 102，管理 VLAN 是 VLAN 100，AC 和上游路由器 R1 的连接使用 VLAN 111。

图 9-24（其中，GE 表示 GigabitEthernet 接口）展示了本案例的网络拓扑。由于两个部门的业务 VLAN 数据通过 CAPWAP 隧道发送到 AC，因此相当于 AC 连接了两个 VLAN。AC 和 AP 之间的通信使用管理 VLAN 100。为了更容易理解各个设备承担的角色，图 9-24 右侧展示了逻辑拓扑。

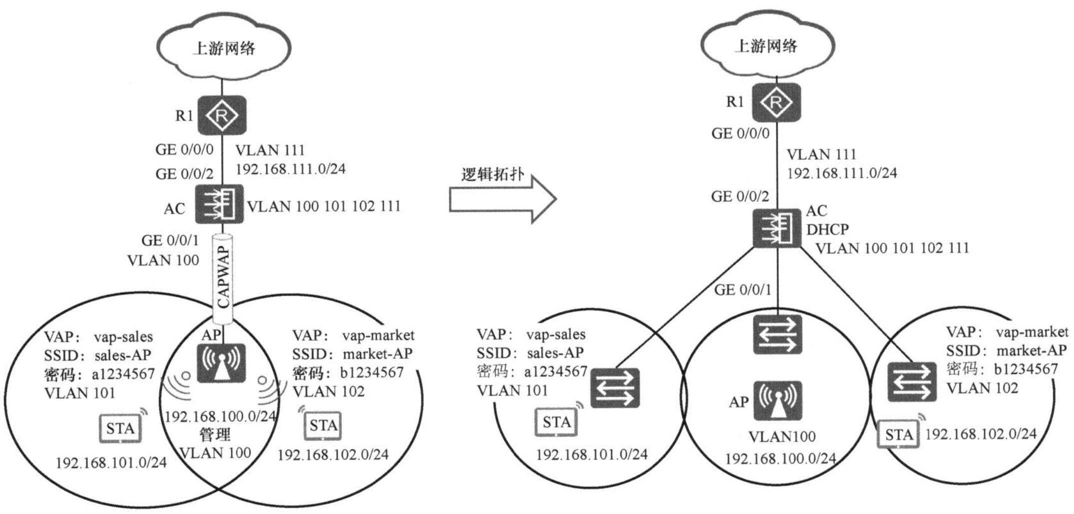

图 9-24　网络拓扑

从图 9-24 可以看出，AC 就相当于一个路由器连接着 VLAN 100、VLAN 101、VLAN 102 和 VLAN 111。需要在 AC 上创建 VLAN 100、VLAN 101、VLAN 102、VLAN 111。由于业务 VLAN 101 和 VLAN 102 的数据包都要通过 CAPWAP 隧道发送给 AC，因此 AC 和 AP 连接的接口配置成 Access 接口，将该接口指定到 VLAN 100 即可。

VLAN 和地址规划、AP 组和模板配置分别如表 9-2 和表 9-3 所示。

表 9-2 VLAN 和地址规划

VLAN 和地址规划	配置
AP 管理 VLAN	VLAN 100
销售部业务 VLAN	VLAN 101
市场部业务 VLAN	VLAN 102
AC 和 R1 互联 VLAN	VLAN 111
VLAN 100 网段	192.168.100.0/24
VLAN 101 网段	192.168.101.0/24
VLAN 102 网段	192.168.102.0/24
VLAN 111 网段	192.168.111.0/24
DHCP 服务器	AC 作为 DHCP 服务器为 AP 和 STA 分配 IP 地址
AC 的源接口和 IP 地址	Vlanif100：192.168.100.1/24

表 9-3 AP 组和模板配置

<table>
<tr><th>配置项</th><th>值</th></tr>
<tr><td>域管理模板</td><td>名称：domain-CN
国家码：cn</td></tr>
<tr><td>AP 组</td><td>名称：default
引用模板
VAP 模板：vap-sales 和 vap-market
域管理模板：domain-CN</td></tr>
<tr><td rowspan="2">SSID 模板</td><td>名称：sales-AP
SSID 名称：sales-AP</td></tr>
<tr><td>名称：market-AP
SSID 名称：market-AP</td></tr>
<tr><td rowspan="2">安全模板</td><td>名称：Sec-sales
安全策略：WPA-WPA2+PSK
密码：a1234567</td></tr>
<tr><td>名称：Sec-market
安全策略：WPA-WPA2+PSK
密码：b1234567</td></tr>
<tr><td rowspan="2">VAP 模板</td><td>名称：vap-sales
转发模式：隧道转发
业务 VLAN：VLAN 101
引用 SSID 模板：sales-AP
安全模板：Sec-sales</td></tr>
<tr><td>名称：vap-market
转发模式：隧道转发
业务 VLAN：VLAN 102
引用 SSID 模板：market-AP
安全模板：Sec-market</td></tr>
</table>

9.4.1 配置网络互通

在 R1 上配置接口 IP 地址和到内网的路由，如下所示。

```
[Huawei]sysname R1
[R1]interface GigabitEthernet 0/0/0
[R1-GigabitEthernet0/0/0]ip address 192.168.111.1 24
[R1-GigabitEthernet0/0/0]quit
[R1]ip route-static 192.168.100.0 24 192.168.111.2
[R1]ip route-static 192.168.101.0 24 192.168.111.2
[R1]ip route-static 192.168.102.0 24 192.168.111.2
```

在 AC 上创建 VLAN，给 VLAN 接口配置 IP 地址，添加默认路由，如下所示。

```
[AC6005]sysname AC
[AC]vlan batch 100 101 102 111
[AC]interface Vlanif 100
[AC-Vlanif100]ip address 192.168.100.1 24
[AC-Vlanif100]interface Vlanif 101
[AC-Vlanif101]ip address 192.168.101.1 24
[AC-Vlanif101]interface Vlanif 102
[AC-Vlanif102]ip address 192.168.102.1 24
[AC-Vlanif102]interface Vlanif 111
[AC-Vlanif111]ip address 192.168.111.2 24
[AC-Vlanif111]quit
[AC]interface GigabitEthernet 0/0/2
[AC-GigabitEthernet0/0/2]port link-type access
[AC-GigabitEthernet0/0/2]port default vlan 111
[AC-GigabitEthernet0/0/2]interface GigabitEthernet 0/0/1
[AC-GigabitEthernet0/0/2]port link-type access
[AC-GigabitEthernet0/0/2]port default vlan 100     --一定要把接口指定到管理 VLAN 上
[AC-GigabitEthernet0/0/2]quit
[AC]ip route-static 0.0.0.0 0 192.168.111.1
```

将 AC 配置成 DHCP 服务器，为管理 VLAN 和业务 VLAN 分配 IP 地址，如下所示。

```
[AC]dhcp enable
[AC]ip pool vlan100
[AC-ip-pool-vlan100]network 192.168.100.0 mask 24
[AC-ip-pool-vlan100]gateway-list 192.168.100.1
[AC-ip-pool-vlan100]quit
[AC]ip pool vlan101
[AC-ip-pool-vlan101]network 192.168.101.0 mask 24
[AC-ip-pool-vlan101]gateway-list 192.168.101.1
[AC-ip-pool-vlan101]dns-list 8.8.8.8
[AC-ip-pool-vlan101]quit
[AC]ip pool vlan102
[AC-ip-pool-vlan102]network 192.168.102.0 mask 24
[AC-ip-pool-vlan102]gateway-list 192.168.102.1
[AC-ip-pool-vlan102]dns-list 8.8.8.8
[AC-ip-pool-vlan102]quit
[AC]interface Vlanif 100
[AC-Vlanif100]dhcp select global
```

```
[AC-Vlanif100]interface Vlanif 101
[AC-Vlanif101]dhcp select global
[AC-Vlanif101]interface Vlanif 102
[AC-Vlanif102]dhcp select global
```

在 AP 上查看获得的 IP 地址，该 IP 地址就是 AP 的管理地址，如下所示。

```
<Huawei>display ip interface brief
Interface                       IP Address/Mask      Physical    Protocol
NULL0                           unassigned           up          up(s)
Vlanif1                         192.168.100.177/24   up          up
```

9.4.2 配置 AP 上线

本案例不对接入网络的 AP 进行认证，AP 连接网络时由 AC 分配管理 IP 地址。AP 发现 AC 后，会自动加入 default 组。

指定和 AP 建立 CAPWAP 隧道的 IP 地址或接口，如下所示。

```
[AC]capwap source interface Vlanif 100
```

配置 AP 接入认证模式，本案例指定 AP 认证模式为不认证，如下所示。

```
[AC]wlan
[AC-wlan-view]ap auth-mode ?                                   --查看支持的认证模式
  mac-auth  MAC authenticated mode, default authenticated mode  --MAC 认证
  no-auth   No authenticated mode                              --指定 AP 认证模式为不认证
  sn-auth   SN authenticated mode                              --指定 AP 认证模式为 SN 认证
[AC-wlan-view]ap auth-mode no-auth                             --不需要认证
```

显示上线的 AP，新加入的 AP 默认属于 default 组，如下所示。

```
[AC]display ap all
Info: This operation may take a few seconds. Please wait for a moment.done.
Total AP information:
nor  : normal          [1]
-------------------------------------------------------------------------------
ID  MAC             Name            Group    IP               Type      State
STA  Uptime
-------------------------------------------------------------------------------
0  00e0-fc23-1c70  00e0-fc23-1c70  default  192.168.100.244  AP2050DN  nor
2    26M:0S
```

创建和配置域管理模板，如下所示。

```
[AC]wlan
[AC-wlan-view]regulatory-domain-profile name domain-CN
[AC-wlan-regulate-domain-domain-CN]country-code cn
[AC-wlan-regulate-domain-domain-CN]quit
```

给 default 组指定域管理模板，如下所示。

```
[AC-wlan-view]ap-group name default
[AC-wlan-ap-group-default]regulatory-domain-profile domain-CN
Warning: Modifying the country code will clear channel, power and antenna gain
configurations of the radio and reset the AP. Continue?[Y/N]:y
[AC-wlan-ap-group-default]quit
```

9.4.3 配置无线网络业务参数

AC 中的 AP 组可以应用多个 VAP 模板，一个物理 AP 或一组 AP 就能够充当多个 VAP。VAP 模板需要指定 SSID 模板、安全模板、转发模式、业务 VLAN。

在 AC 上创建 SSID 模板，如下所示。

```
[AC-wlan-view]ssid-profile name sales-AP
[AC-wlan-ssid-prof-sales-AP]ssid sales-AP
[AC-wlan-ssid-prof-sales-AP]quit
[AC-wlan-view]ssid-profile name market-AP
[AC-wlan-ssid-prof-market-AP]ssid market-AP
[AC-wlan-ssid-prof-market-AP]quit
```

在 AC 上创建安全模板，指定连接无线网络的密码分别为 a1234567 和 b1234567，如下所示。

```
[AC-wlan-view]security-profile name Sec-sales
[AC-wlan-sec-prof-Sec-sales]security wpa-wpa2 psk pass-phrase a1234567 aes
[AC-wlan-sec-prof-Sec-sales]quit
[AC-wlan-view]security-profile name Sec-market
[AC-wlan-sec-prof-Sec-market]security wpa-wpa2 psk pass-phrase b1234567 aes
[AC-wlan-sec-prof-Sec-market]quit
```

在 AC 上为销售部和市场部创建 VAP，指定转发模式、业务 VLAN、SSID 模板、安全模板，如下所示。

```
[AC-wlan-view]vap-profile name vap-sales
[AC-wlan-vap-prof-vap-sales]forward-mode tunnel
[AC-wlan-vap-prof-vap-sales]service-vlan vlan-id 101
[AC-wlan-vap-prof-vap-sales]ssid-profile sales-AP
[AC-wlan-vap-prof-vap-sales]security-profile Sec-sales
[AC-wlan-vap-prof-vap-sales]quit
[AC-wlan-view]vap-profile name vap-market
[AC-wlan-vap-prof-vap-market]forward-mode tunnel
[AC-wlan-vap-prof-vap-market]service-vlan vlan-id 102
[AC-wlan-vap-prof-vap-market]security-profile Sec-market
[AC-wlan-vap-prof-vap-market]ssid-profile market-AP
[AC-wlan-vap-prof-vap-market]quit
```

网络管理员需要在 AP 组中应用配置好的 VAP 模板，AC 才能将 VAP 模板的配置分发给 AP，AP 才能工作。AP 上的射频 0 和射频 1 都使用 VAP 模板。

进入默认 AP 组 default，应用创建好的两个 VAP 模板 vap-sales 和 vap-market，如下所示。

```
[AC-wlan-view]ap-group name default
[AC-wlan-ap-group-default]vap-profile vap-sales wlan 1 radio 0
[AC-wlan-ap-group-default]vap-profile vap-sales wlan 1 radio 1
[AC-wlan-ap-group-default]vap-profile vap-market wlan 2 radio 1
[AC-wlan-ap-group-default]vap-profile vap-market wlan 2 radio 0
```

在 AP 组视图中，网络管理员使用 vap-profile 命令把指定的 VAP 模板与指定的射频进行绑定。这个命令的完整语法为 vap-profile profile-name wlan wlan-id { radio {radio-id | all } }。其中，参数 profile-name 是之前创建的 VAP 模板名称；参数 wlan-id 是指 AC 中的 VAP ID，一个 AC 中最多可以创建 16 个 VAP，VAP ID 的取值范围是 1～16，本例使用了 ID 1 和 ID 2；参数 radio-id 是射频 ID，本例中的 AP 支持 2 个射频：射频 0 和射频 1。其中射频 0 为 2.4GHz 射频，射频 1 为 5GHz 射频。

执行 display station all 命令后可以查看已连接的移动设备的 MAC 地址、所属的业务 VLAN、获得的 IP 地址以及连接的 SSID 等信息，如下所示。

```
<AC>display station all
Rf/WLAN: Radio ID/WLAN ID
Rx/Tx: link receive rate/link transmit rate(Mbps)
------------------------------------------------------------------------------
STA MAC    AP ID Ap name  Rf/WLAN  Band  Type  Rx/Tx RSSI  VLAN  IP address  SSID
------------------------------------------------------------------------------
5489-9857-7a58  0  00e0-fc23-1c70 0/1  2.4G  -  -/-   -   101   192.168.101.100
sales-AP
5489-9869-159b  0  00e0-fc23-1c70 0/2  2.4G  -  -/-   -   102   192.168.102.181
market-AP
------------------------------------------------------------------------------
Total: 2 2.4G: 2 5G: 0
```

在本案例中，如果要在 AC 上连接 AP1、AP2、AP3 这 3 个 AP，只需将 GigabitEthernet 0/0/1、GigabitEthernet 0/0/3 和 GigabitEthernet 0/0/4 接口设置成 Access 接口，并指定到 VLAN 100 即可。这 3 个 AP 就能自动获得管理 IP 地址，发现 AC，自动加入 AC 的 default 组，default 组应用 vap-sales 和 vap-market 两个模板。这样这 3 个物理 AP 就可以充当两个 VAP。由此可见，一个物理 AP 应用多个 VAP 模板可以虚拟出多个 AP（VAP），AP 组中多个物理 AP 应用多个 VAP 模板就能虚拟出多个 AP。

多个 AP 应用了一个 VAP 模板就形成一个扩展服务集（ESS）。如图 9-25 所示（其中，GE 表示 GigabitEthernet 接口），3 个 AP 应用了两个 VAP 模板，进而形成两个扩展服务集。

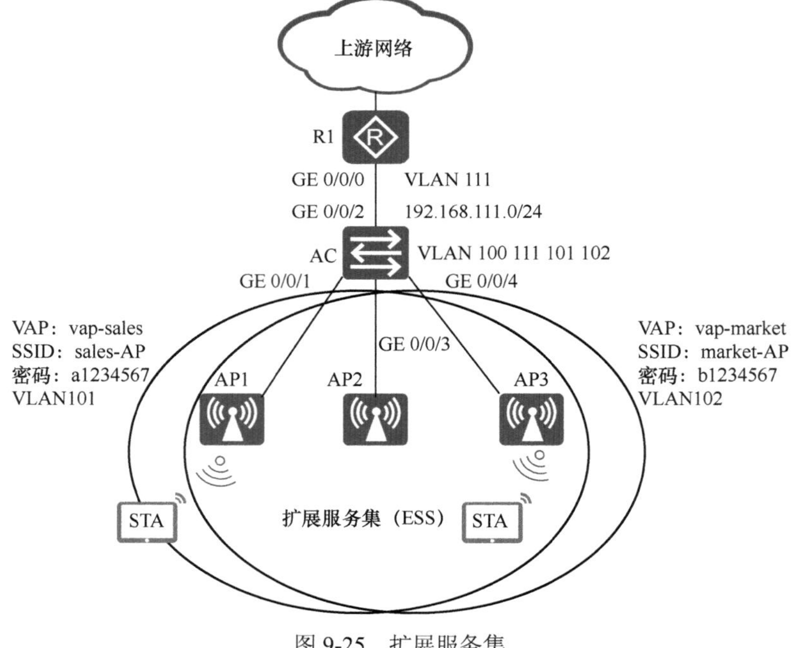

图 9-25 扩展服务集

9.4.4 更改为直接转发

如果将 vap-sales 和 vap-market 配置成直接转发，需要将连接 AP1、AP2 和 AP3 的接口配置成 Trunk 接口，允许管理 VLAN 和业务 VLAN 通过，将接口 PVID 设置成 VLAN 100，即管理 VLAN，如下所示。

```
[AC]interface GigabitEthernet 0/0/1
[AC-GigabitEthernet0/0/1]undo port default vlan --删除接口以前的配置，必须先执行该命令
[AC-GigabitEthernet0/0/1]undo port link-type   --删除接口以前的配置
[AC-GigabitEthernet0/0/1]port link-type trunk
[AC-GigabitEthernet0/0/1]port trunk pvid vlan 100       --设置接口 VLAN ID
[AC-GigabitEthernet0/0/1]port trunk allow-pass vlan 100 101 102
--允许管理 VLAN 和业务 VLAN 通过
[AC-GigabitEthernet0/0/1]quit
[AC]interface GigabitEthernet 0/0/2
[AC-GigabitEthernet0/0/2]undo port default vlan
[AC-GigabitEthernet0/0/2]undo port link-type
[AC-GigabitEthernet0/0/2]port link-type trunk
[AC-GigabitEthernet0/0/2]port trunk pvid vlan 100
[AC-GigabitEthernet0/0/2]port trunk allow-pass vlan 100 101 102
[AC-GigabitEthernet0/0/2]quit
[AC]interface GigabitEthernet 0/0/4
[AC-GigabitEthernet0/0/4]undo port default vlan
[AC-GigabitEthernet0/0/4]undo port link-type
[AC-GigabitEthernet0/0/4]port link-type trunk
[AC-GigabitEthernet0/0/4]port trunk pvid vlan 100
[AC-GigabitEthernet0/0/4]port trunk allow-pass vlan 100 101 102
```

更改销售部和市场部的 VAP 配置，将转发模式设置成直接转发，如下所示。

```
[AC-wlan-view]vap-profile name vap-sales
[AC-wlan-vap-prof-vap-sales]forward-mode direct-forward
[AC-wlan-vap-prof-vap-sales]quit
[AC-wlan-view]vap-profile name vap-market
[AC-wlan-vap-prof-vap-market]forward-mode direct-forward
[AC-wlan-vap-prof-vap-market]quit
[AC-wlan-view]
```

9.5 习题

选择题

1. FIT AP 发现 AC 的方式有哪些？（多选）（　　）

A. 静态发现　　B. DHCP 动态发现

C. FTP 动态发现　　D. DNS 动态发现

2. 以下哪个标准组织是为 WLAN 设备认证实现 WLAN 技术互操作性的？（　　）

A. Wi-Fi 联盟　　B. IEEE

C. IETF　　D. FCC

3. CAPWAP 是由 IEEE 在 2009 年 4 月提出的一个 WLAN 标准，用于 AC 与 FIT AP 之间的通信。这句话是否正确？（　　）

A. 对　　B. 错

4. 中国在 2.4GHz 频段支持的信道数有多少个？（　　）

A．11 B．13

C．3 D．5

5．WLAN 工作频段包括哪些？（多选）（ ）

A．2 GHz B．5 GHz

C．5.4 GHz D．2.4 GHz

6．下面哪个是 IEEE 最初制定的一个 WLAN 标准？（ ）

A．IEEE 802.11 B．IEEE 802.10

C．IEEE 802.12 D．IEEE 802.16

7．华为的 AP 产品仅能支持配置一个 SSID。（ ）

A．对 B．错

8．SSID 的中文名称是什么？（ ）

A．基本服务集 B．基本服务区域

C．扩展服务集 D．服务集标识符

9．由多个 AP 以及连接它们的分布式系统组成的基础架构模式网络，称为________。（ ）

A．基本服务集 B．基本服务区域

C．扩展服务集 D．扩展服务区域

10．用来作为 AP 和 AC 建立 CAPWAP 隧道的 VLAN 是什么 VLAN？（ ）

A．管理 VLAN B．服务 VLAN

C．用户 VLAN D．认证 VLAN

11．配置 AP 的认证模式，AP 支持的认证模式有哪几种？（多选）（ ）

A．mac-auth B．sn-auth

C．no-auth D．mac-sn-auth

12．当 AC 为旁挂式组网时，如果数据是直接转发，则数据流________AC；如果数据是隧道转发模式，则数据流________AC。（ ）

A．不经过，经过 B．不经过，不经过

C．经过，经过 D．经过，不经过

13．当 AC 只有一个接口接入汇聚层交换机时，用户流量直接通过汇聚层交换机进入公网，不经过 AC，此时组网模式应为________。（ ）

A．旁挂模式+隧道转发 B．旁挂模式+直接转发

C．直连模式+隧道转发 D．直连模式+直接转发

第 10 章

IPv6

本章内容

- IPv6 网络层和 IPv6 首部
- IPv6 地址
- IPv6 地址配置
- 实现 IPv6 地址自动配置
- IPv6 路由

IPv6 是 Internet Protocol Version 6（第 6 版互联网协议）的缩写，是因特网工程任务组设计的用来替代 IPv4 的下一代 IP 协议。由于 IPv4 最大的问题在于网络地址资源不足，严重制约 Internet 的应用和发展。IPv6 的使用，不仅能解决了网络地址资源不足的问题，而且解决了多种接入设备连入 Internet 的问题。

本章将从理论上讲解 IPv6 相对 IPv4 有哪些改进，IPv6 的网络层协议相对 IPv4 的网络层协议有哪些变化，第 6 版互联网控制报文协议（Internet Control Message Protocol version 6，ICMPv6）有哪些功能上的扩展等，并介绍 IPv6 地址的格式、简写规则及分类等。

本章将展示 IPv6 地址自动获取的两种方式——无状态地址自动配置和有状态地址自动配置，并展示 IPv6 静态路由配置和动态路由配置。

10.1 IPv6 网络层和 IPv6 首部

10.1.1 IPv6 和 IPv4 的比较及相关优势

图 10-1 所示是 TCP/IPv4 栈和 TCP/IPv6 栈。

TCP/IPv4协议栈		TCP/IPv6协议栈
HTTP、FTP、TELNET、SMTP、POPv3、RIP、TFTP、DNS、DHCP	应用层	HTTP、FTP、TELNET、SMTP、POPv3、RIP、TFTP、DNS、DHCP
TCP、UDP	传输层	TCP、UDP
IPv4、ICMP、IGMP、ARP	网络层	IPv6、NDP、MLD、ICMPv6、ARP
CSMA/CD、PPP、HDLC、FR、X.25	网络接口层	CSMA/CD、PPP、HDLC、FR、X.25

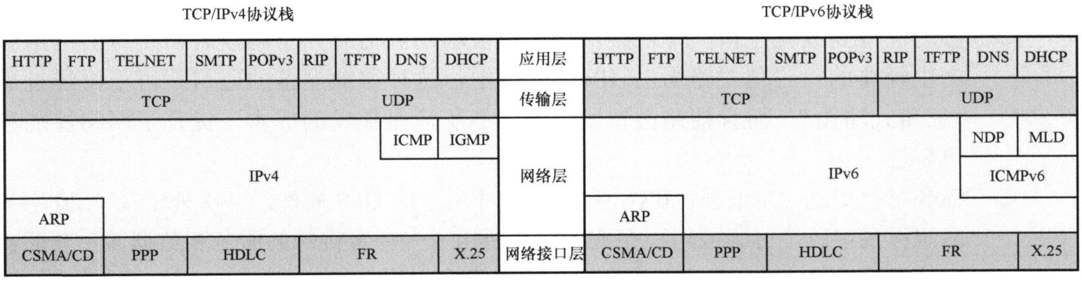

图 10-1　TCP/IPv4 栈和 TCP/IPv6 栈

可以看到，IPv6 栈与 IPv4 栈相比，只是网络层发生了变化，不会影响传输层协议，也不会影响数据链路层协议，网络层的功能和 IPv4 一样。IPv6 的网络层没有 ARP 和 IGMP，对 ICMP 的功能做了很大的扩展，IPv4 栈中 ARP 的功能和 IGMP 的多点传送控制功能也被嵌入 ICMPv6，分别作为邻居发现协议（Neighbor Discovery Protocol，NDP）和多播侦听器发现（Multicast Listener Discovery，MLD）协议。

IPv6 网络层的核心协议包括以下几个。

- IPv6：用来取代 IPv4，是一种可路由协议，用于对数据包进行寻址、路由、分段和重组等。
- ICMPv6：用来取代 ICMP，用于测试网络是否畅通，报告错误和其他信息以帮助判断网络故障。
- NDP：NDP 取代了 ARP，用于管理相邻 IPv6 节点间的交互，包括自动配置地址以及将下一跃点的 IPv6 地址解析为 MAC 地址。
- MLD 协议：MLD 协议取代了 IGMP，用于管理 IPv6 多播组成员的身份。

与 IPv4 相比，IPv6 具有以下几个优势。

- 近乎无限的地址空间：与 IPv4 相比，近乎无限的地址空间是 IPv6 最明显的优势。IPv6 地址由 128 位构成，单从数量上来说，IPv6 所拥有的地址容量是 IPv4 的约 2×10^{96} 倍。这使得海量终端同时在线、统一编址管理成为可能，为万物互联提供了强有力的支撑。
- 层次化的地址结构：有了近乎无限的地址空间，IPv6 在地址规划时就可以根据使用场景划分各种地址段。同时严格要求单播 IPv6 地址段的连续性，便于 IPv6 路由聚合，缩小 IPv6 地址表规模。
- 即插即用：任何计算机或者终端要获取网络资源、传输数据，都必须有明确的 IP 地址。传统的分配 IP 地址方式是手动分配或者通过 DHCP 自动获取，除了上述两种方式外，IPv6 还支持无状态地址自动配置（Stateless Address AutoConfiguration，SLAAC）。
- 端到端网络的完整性：大面积使用 NAT 技术的 IPv4 网络，从根本上破坏了端到端连接的完整性。使用 IPv6 之后，将不再需要 NAT 设备，联网行为管理、网络监管等将变得简单。
- 安全性得到增强：互联网络层安全协议（IPSec）最初是为 IPv6 设计的，所以基于 IPv6 的各种协议报文（路由协议、邻居发现等），都可以进行端到端加密，当然该功能目前应用并不多。而 IPv6 的数据包安全性与 IPv4+IPSec 的基本相同。
- 可扩展性强：IPv6 的扩展首部并不是网络层首部的一部分，但是在必要的时候，这些扩展首部插在 IPv6 基本首部和有效载荷之间，能够协助 IPv6 完成加密、移动、最优路径选择、QoS 等，并可提高报文转发效率。
- 移动性得到改善：当一个用户从一个网段移动到另外一个网段时，传统的网络会产生经典的“三角式路由”。IPv6 网络中，这种移动设备的通信，可不再经过原“三角式路由”，而直接路由转发，这降低了流量转发的成本，提升了网络性能和可靠性。
- QoS 可得到进一步增强：IPv6 保留了 IPv4 所有的 QoS 属性，并额外定义了 20 字节的流标签字段，可为应用程序或者终端所用——针对特殊的服务和数据流，分配特定的资源。目前该机制并没有得到充分开发和应用。

10.1.2 IPv6 的基本首部

IPv6 允许在基本首部（Base Header）的后面有 0 个或多个扩展首部（Extension Header），再后面是数据，如图 10-2 所示。但请注意，所有的扩展首部都不属于 IPv6 数据包的首部。所有的扩展首部和数据合起来叫作数据包的有效载荷（Payload）或净负荷。

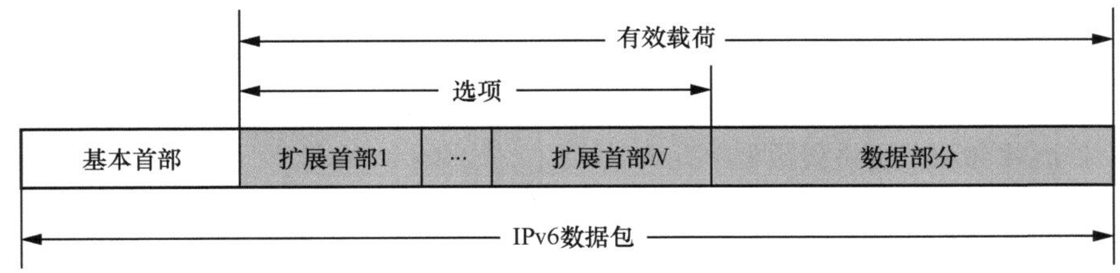

图 10-2 基本首部和扩展首部

图 10-3 展示的是 IPv6 数据包的基本首部。在基本首部后面是有效载荷，它包括传输层的数据和可能选用的扩展首部。

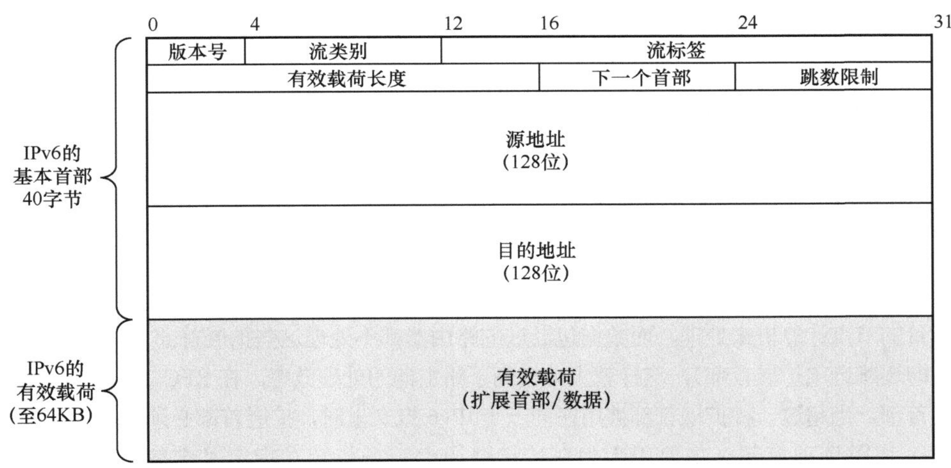

图 10-3 IPv6 基本首部

与 IPv4 相比，IPv6 对首部中的某些字段进行了如下更改。

- 取消了首部长度字段，因为 IPv6 的首部长度是固定的（40 字节）。
- 取消了区分服务字段，因为优先级和流标号字段合起来实现了区分服务字段的功能。
- 取消了总长度字段，改用有效载荷长度字段。
- 取消了标识、标志和片偏移字段，因为这些功能已包含在分片扩展首部中。
- 把生存时间（TTL）字段改称为跳数限制字段，但作用是一样的（名称与作用更加一致）。
- 取消了协议字段，改用下一个首部字段。
- 取消了首部检验和字段，这样就加快了路由器处理数据包的速率。差错检验交给了数据链路层和传输层，在数据链路层检测出有差错的帧就丢弃。在传输层，当使用 UDP 时，若检测出有差错的用户数据包就丢弃。当使用 TCP 时，对检测出有差错的报文段就重传，直到正确传送到目的进程为止。
- 取消了可选字段，用扩展首部以实现选项功能。

由于取消了网络首部中不必要的功能，使得 IPv6 基本首部的字段数减少到只有 8 个字段（虽然首部长度增大了一倍）。

下面介绍 IPv6 基本首部中各字段的作用。

- 版本号：占 4 位。对于 IPv6，该值为 6。
- 流类别：占 8 位。等同于 IPv4 中的 QoS 字段，表示 IPv6 数据包的类或优先级，主要用于 QoS。
- 流标签：占 20 位。IPv6 中新增的字段，用于区分实时流量。不同的流标签+源 IP 地址可以唯一确定一条数据流，中间网络设备可以根据这些信息更加高效地区分数据流。
- 有效载荷长度：占 16 位。有效载荷是指紧跟 IPv6 基本首部的数据包的其他部分（即扩展首部和上层协议数据单元）。
- 下一个首部：占 8 位。该字段定义紧跟在 IPv6 基本首部后面的第一个扩展首部（如果存在）的类型，或者上层协议数据单元中的协议类型（类似于 IPv4 的协议字段）。
- 跳数限制：占 8 位。该字段类似于 IPv4 中的生存时间字段，它定义了 IP 数据包所能经过的最大跳数。每经过一个路由器，该数值减去 1，当该字段的值为 0 时，将丢弃数据包。
- 源 IP 地址：占 128 位。该字段表示发送方的地址。
- 目的地址：占 128 位。该字段表示接收方的地址。

10.1.3 IPv6 的扩展首部

如果在 IPv4 的数据包首部中使用了可选字段，那么数据包传送的路径上的每一个路由器都必须对这些可选字段一一进行检查，这就降低了路由器处理数据包的速率。然而实际上很多的可选字段在途中的路由器上是不需要检查的（因为不需要使用这些可选字段的信息）。

IPv6 把原来 IPv4 首部中可选字段的功能都放在扩展首部中，并把扩展首部留给路径两端的源节点和目的节点计算机来处理，而数据包经过的路由器都不处理这些扩展首部（只有一个扩展首部例外，即逐跳选项扩展首部），这样就大大提高了路由器的处理效率。在 RFC 2460 中定义了以下 6 种扩展首部，当超过一种扩展首部被用在同一个 IPv6 报文里时，扩展首部必须按照下列顺序出现。

（1）逐跳选项首部：主要用于为在传送路径上的每跳转发指定发送参数，传送路径上的每个中间节点都要读取并处理该字段。

（2）目的选项首部：携带了一些只有目的节点才会处理的信息。

（3）路由选择首部：IPv6 源节点用来强制指定数据包经过特定的设备。

（4）分片首部：当报文长度超过最大传输单元（Maximum Transmission Unit，MTU）时就需要将报文分片发送，而在 IPv6 中，分片发送使用的是分片首部。

（5）认证首部（Authentication Header，AH）：该首部由 IPSec 使用，提供认证、数据完整性以及重放保护功能。

（6）封装安全有效载荷（Encapsulating Security Payload，ESP）首部：该首部由 IPSec 使用，提供认证、数据完整性、重放保护和 IPv6 数据包的保密功能。

IPv6 基本首部中的“下一个首部”字段，用来指明基本首部后面的数据应交付网络层上面的哪一个高层协议。该字段的值为 6 表示应交付给传输层的 TCP，该字段的值为 17 表示应交付给传输层的 UDP，该字段的值为 58 表示应交付给 ICMPv6。

表 10-1 展示了所有扩展首部对应的“下一个首部”的取值。

表 10-1 扩展首部对应的下一个首部的值

对应的扩展首部类型	下一个首部的值
逐跳选项首部	0
目的选项首部	60
路由选择首部	43
分片首部	44
认证首部	51
封装安全有效载荷首部	50
无下一个扩展首部	59

每一个扩展首部都由若干个字段组成，它们的长度也各不相同。但所有扩展首部的第一个字段都是 8 位的“下一个首部”字段。此字段的值指出了在该扩展首部后面的字段是什么。如图 10-4 所示，IPv6 数据包中扩展首部有路由选择首部、分片首部，最后是 TCP 首部和数据。

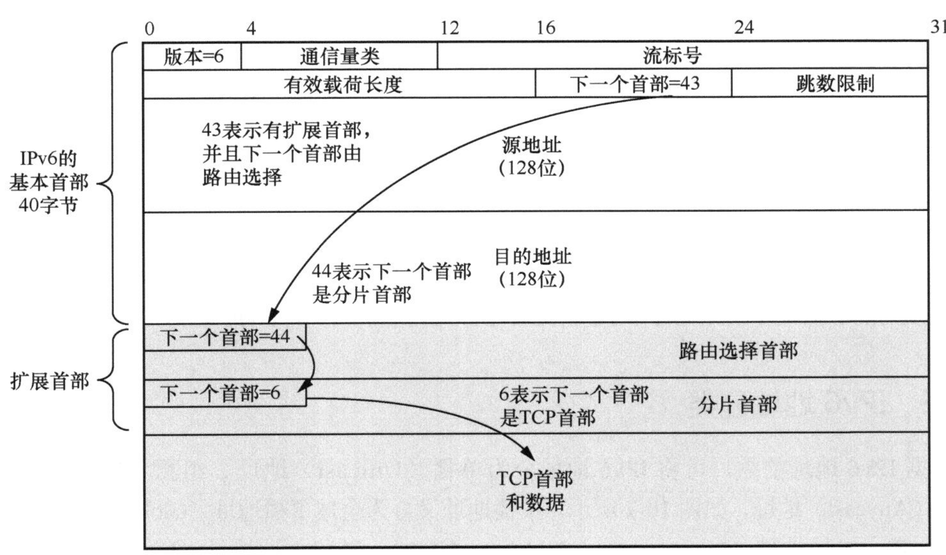

图 10-4 扩展首部

10.2 IPv6 地址

10.2.1 IPv6 地址长度和压缩规范

128 位的 IPv6 地址可以划分出更多的地址层级、拥有更广阔的地址分配空间，并支持地址自动配置。近乎无限的地址空间是 IPv6 最大的优势。

如图 10-5 所示，IPv6 地址由 128 位二进制数组成，用于标识一个或一组接口。IPv6 地址通常写作 xxxx:xxxx:xxxx:xxxx:xxxx:xxxx:xxxx:xxxx，其中 xxxx 表示 4 个十六进制数，等同于一个 16 位的二进制数，8 组 xxxx 共同组成了一个 128 位的 IPv6 地址。一个 IPv6 地址由 IPv6

网络前缀和接口 ID 组成，IPv6 网络前缀用来标识 IPv6 网络，接口 ID 用来标识接口。

由于 IPv6 地址的长度为 128 位，因此书写时会非常不方便。此外，IPv6 地址的巨大地址空间使得地址中往往会包含多个 0。为了应对这种情况，IPv6 提供了压缩方式来简化地址的书写，压缩规则如下所示。

- 每 16 位中的前导 0 可以省略。
- 地址中包含的连续两个或两个以上均为 0 的组，可以用双冒号“::”来代替。需要注意的是，在一个 IPv6 地址中只能使用一次双冒号，否则，设备将压缩后的地址恢复成 128 位时，无法确定每段中 0 的个数，如图 10-6 所示。

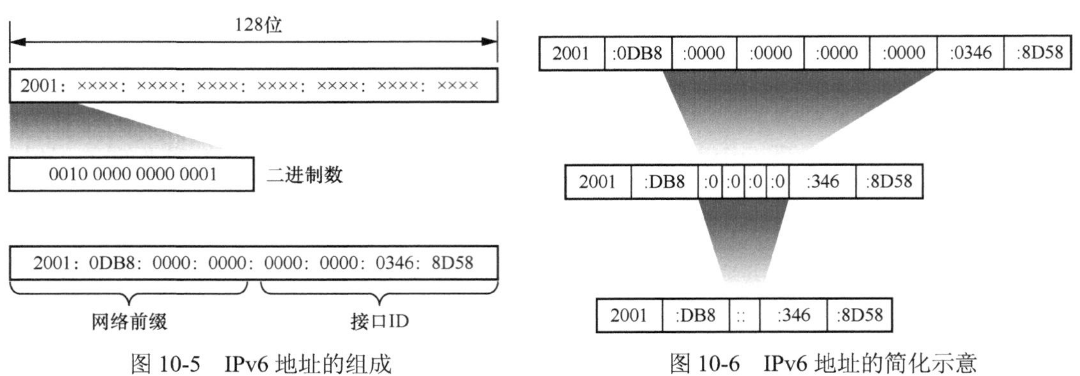

图 10-5 IPv6 地址的组成　　图 10-6 IPv6 地址的简化示意

图 10-6 展示了如何利用压缩规则对 IPv6 地址进行简化表示。

IPv6 地址分为 IPv6 前缀和接口标识，子网掩码使用前缀长度的方式进行标识。其表示形式为：IPv6 地址/前缀长度，其中“前缀长度”是一个十进制数，表示该地址的前多少位是地址前缀。例如 F00D:4598:7304:6540:FEDC:BA98:7654:3210，其地址前缀为 64 位，可以表示为 F00D:4598:7304: 6540:FEDC:BA98:7654:3210/64，所在的网段是 F00D:4598:7304:6540::/64。

10.2.2 IPv6 地址分类

根据 IPv6 地址前缀，可将 IPv6 地址分为单播（Unicast）地址、组播（Multicast）地址和任播（Anycast）地址，如图 10-7 所示。单播地址又分为全球单播地址（Global Unicast Address，GUA）、唯一本地地址（Unique Local Address，ULA）、链路本地地址（Link-Local Address，LLA）、特殊地址和其他单播地址。IPv6 没有定义广播地址（Broadcast Address）。在 IPv6 网络中，所有广播的应用场景将会被 IPv6 组播所取代。

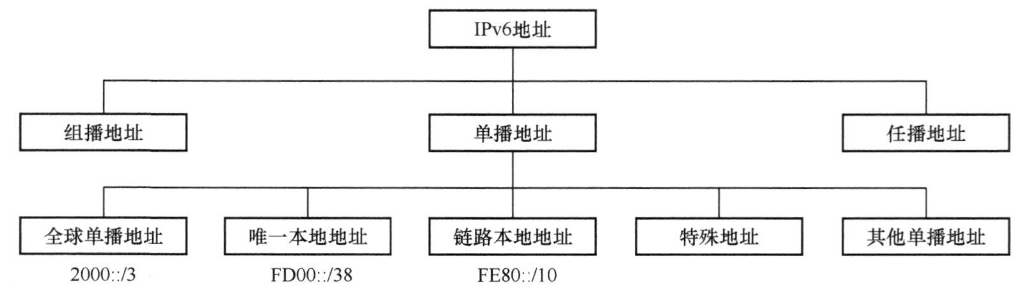

图 10-7 IPv6 地址分类

10.2.3 单播地址

1. 单播地址的组成

单播地址是点对点通信时使用的地址，此地址仅标识一个接口，网络负责把对单播地址发送的数据包传送到该接口上。一个 IPv6 单播地址可以分为如下两部分，如图 10-8 所示。

- 网络前缀（Network Prefix）：占 *n* 位，相当于 IPv4 地址中的网络 ID。
- 接口标识（Interface Identify）：占（128−*n*）位，相当于 IPv4 地址中的主机 ID。

常见的 IPv6 单播地址有全球单播地址（GUA）、唯一本地地址（ULA）、链路本地地址（LLA）等，要求网络前缀和接口标识必须为 64 位。

2. 全球单播地址

全球单播地址也称为可聚合全球单播地址。该类地址全球唯一，用于需要 Internet 访问需求的计算机，相当于 IPv4 的公网地址。通常 GUA 的网络部分长度为 64 位，接口标识也为 64 位，如图 10-9 所示。

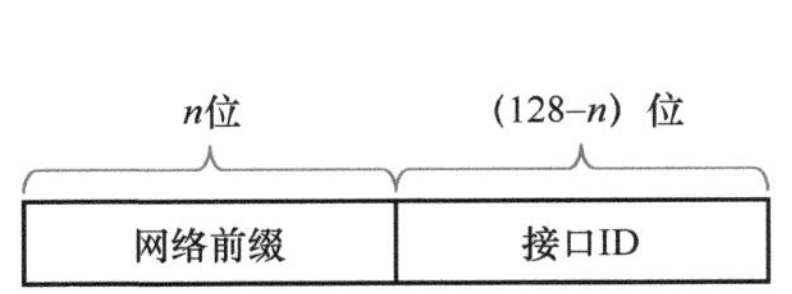

图 10-8 IPv6 单播地址组成

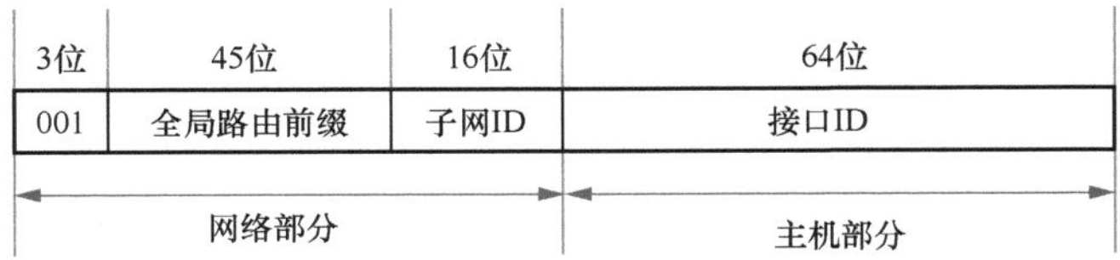

图 10-9 全球单播地址组成

IPv6 全球单播地址的分配方式如下：顶级地址聚集机构（大的 ISP 或地址管理机构）获得大块地址，负责给次级地址聚集机构（中小规模 ISP）分配地址，次级地址聚集机构给站点级地址聚集机构和网络用户分配地址。

可以向运营商申请全球单播地址或者直接向所在地区的 IPv6 地址管理机构申请。

- 全局路由前缀（Global Routing Prefix）：由提供商指定给一个组织机构，该部分一般至少为 45 位。
- 子网 ID（Subnet ID）：组织机构根据自身网络需求划分子网。
- 接口 ID（Interface ID）：用来标识一个设备（的接口）。

3. 唯一本地地址

唯一本地地址是 IPv6 私网地址，只能够在内网使用。该地址空间在 IPv6 公网中不可被路由，因此不能直接访问公网。如图 10-10 所示，唯一本地地址使用 FC00::/7 地址块，目前仅使用了 FD00::/8 地址段，FC00::/8 预留为以后扩展用。唯一本地地址虽然只在有限范围内有效，但也具有全球唯一的前缀（虽然以随机方式产生，但是冲突概率很低）。

8位	40位	16位	64位
1111 1101	全局ID	子网ID	接口ID

图 10-10 唯一本地地址组成

4. 链路本地地址

IPv6 有种地址类型为链路本地地址，该地址用于在同一子网中的 IPv6 计算机之间通信。自动配置、邻居发现以及没有路由器的链路上的节点都使用这类地址。链路本地地址的有效范围是本地链路。如图 10-11 所示，其前缀为 FE80::/10。任何需要将数据包发往单一链路上的设备，以及不希望数据包发往链路范围外的协议都可以使用链路本地地址。当配置一个 IPv6 单播地址的时候，接口上会自动配置一个链路本地地址。链路本地地址可以和可路由的 IPv6 地址共存。

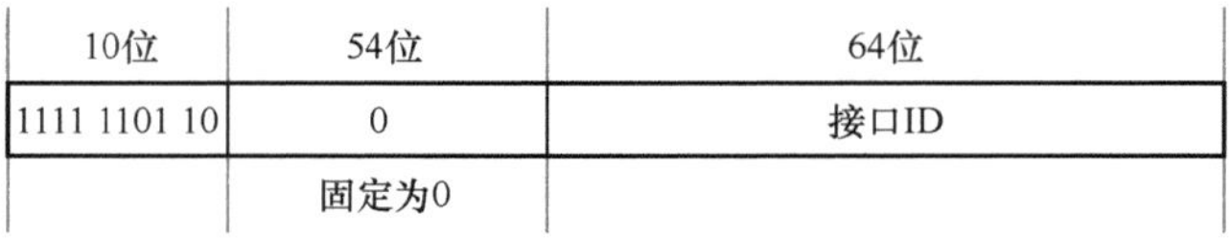

10位	54位	64位
1111 1101 10	0	接口ID
	固定为0	

图 10-11　链路本地地址前缀为 FE80::/10

IPv6 地址的接口标识为 64 位，用于标识链路上的接口。接口标识有许多用途，最常见的用法就是附加在链路本地地址前缀后面，形成接口的链路本地地址，或者在无状态地址自动配置中，附加在获取到的 IPv6 全球单播地址前缀后面构成接口的全球单播地址。

5．单播地址接口标识生成方式

IPv6 单播地址接口标识可以通过以下 3 种方式生成。

- 手动配置。
- 系统自动生成。
- 通过 IEEE EUI-64（64-bit Extended Unique Identifier，64 位扩展的唯一标识符）规范生成。

其中，通过 IEEE EUI-64 规范生成最为常用，此规范将接口的 MAC 地址转换为 IPv6 接口标识。IEEE EUI-64 规范是在 MAC 地址中插入 FF-FE，将 MAC 地址的第 7 位取反，形成 IPv6 地址的 64 位接口标识，如图 10-12 所示。

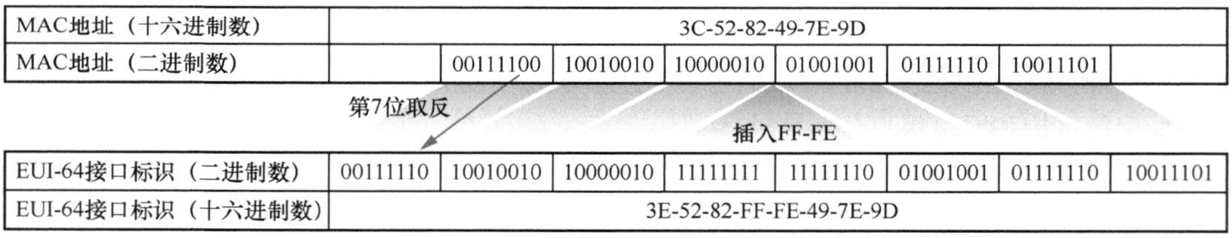

MAC地址（十六进制数）	3C-52-82-49-7E-9D							
MAC地址（二进制数）		00111100	10010010	10000010	01001001	01111110	10011101	
	第7位取反			插入FF-FE				
EUI-64接口标识（二进制数）	00111110	10010010	10000010	11111111	11111110	01001001	01111110	10011101
EUI-64接口标识（十六进制数）	3E-52-82-FF-FE-49-7E-9D							

图 10-12　EUI-64 规范

这种由 MAC 地址生成 IPv6 地址接口标识的方法可以减少配置工作量，尤其是当采用无状态地址自动配置时，只需要获取一个 IPv6 前缀就可以与接口标识形成 IPv6 地址。

使用这种方式最大的缺点就是某些恶意者可以通过三层 IPv6 地址推算出二层 MAC 地址。

10.2.4　组播地址

1．组播地址的构成

与 IPv4 组播相同，IPv6 组播地址可标识多个接口，一般用于“一对多”的通信场景。IPv6 组播地址只可作为 IPv6 报文的目的地址。

组播地址就相当于广播电台的频道，某个广播电台在特定频道发送信息，收音机只要调到该频道，就能收到该广播电台的信息，没有调到该频道的收音机忽略该信息。

如图 10-13 所示，组播源使用某个组播地址发送组播信息，打算接收该组播信息的计算机需要加入该组播组，也就是在网卡上绑定该组播 IP 地址，生成对应的组播 MAC 地址。加入该组播的所有接口均能接收组播信息并对其进行处理，而没有绑定该组播 IP 地址的计算机则忽略组播信息。

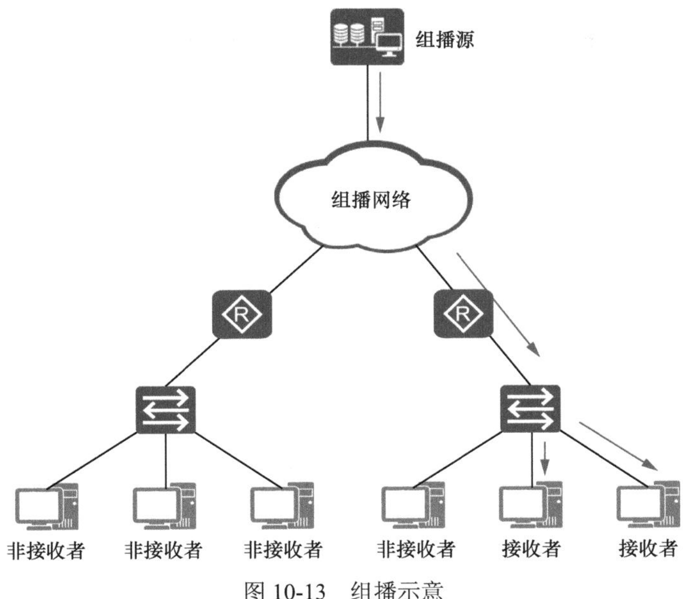

图 10-13 组播示意

组播地址以 11111111（即 FF）开头，如图 10-14 所示。

8位	4位	4位	80位	32位
11111111	Flags	Scope	Reserved（必须为0）	Group ID

图 10-14 组播地址的构成

Flags：用来表示永久或临时组播组。0000 表示永久分配或众所周知，0001 表示是临时的。

Scope：表示组播的范围，如表 10-2 所示。

表 10-2 组播范围

Scope 取值	范围
0	表示预留
1	表示节点本地范围，单个接口有效，仅用于 Loopback 通信
2	表示链路本地范围，例如 FF02::1
5	表示站点本地范围
8	表示组织本地范围
E	表示全球范围
F	表示预留

Group ID：组播组 ID。

Reserved：占 80 位，必须为 0。

2. 被请求节点组播地址

当一个节点具备了单播地址或任播地址，就会对应生成一个被请求节点组播地址，并且加入这个组播组。该地址主要用于邻居发现机制和重复地址检测（Duplicate Address Detection，DAD）功能。被请求节点组播地址的有效范围为本地链路范围。

如图 10-15 所示，被请求节点组播地址前 104 位固定，其前缀为：

`FF02:0000:0000:0000:0000:0001:FFxx:xxxx/104` 或缩写成 `FF02::1:FFxx:xxxx/104`

将 IPv6 地址的后 24 位填充到前缀后面就形成被请求节点组播地址。

例如，IPv6 地址 2001::1234:5678/64 的被请求节点组播地址为 FF02::1:FF34:5678/104。其中 FF02::1:FF 为固定部分，共 104 位。

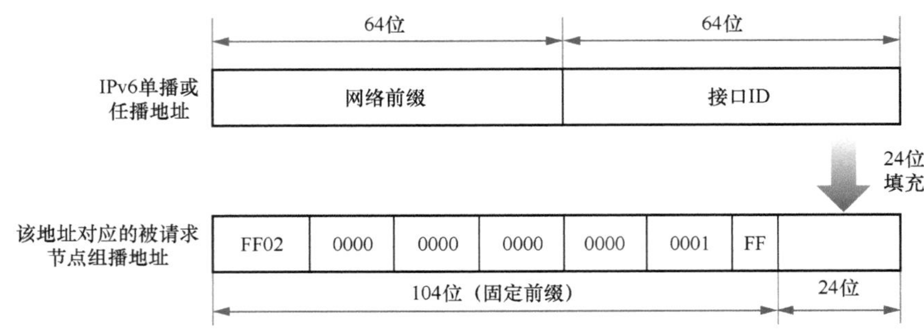

图 10-15　被请求节点组播地址构成

在本地链路上，被请求节点的组播地址中只包含一个接口。只要知道一个接口的 IPv6 地址，就能计算出其对应的被请求节点的组播地址。

被请求节点组播地址的作用如下。

- 在 IPv6 中没有 ARP。ICMP 代替了 ARP 的功能，被请求节点的组播地址被节点用来获得相同本地链路上邻居节点的数据链路层地址。
- 用于重复地址检测（DAD），在使用无状态地址自动配置将某个地址配置为自己的 IPv6 地址之前，节点利用 DAD 验证在其本地链路上该地址是否已经被使用。

由于只有目的节点才会侦听这个被请求节点的组播报文，所以该组播报文可以被目的节点所接收，同时不会占用其他非目的节点的网络资源。

10.2.5　任播地址

任播地址标识一组接口，它与组播地址的区别在于发送数据包的方法。向任播地址发送的数据包并未被分发给组内的所有成员，而是发往该地址标识的“最近的”那个接口。

如图 10-16 所示，Web 服务器 1 和 Web 服务器 2 分配了相同的 IPv6 地址 2001:0DB8::84C2，该单播地址就成了任播地址，PC1 和 PC2 需要访问 Web 服务，向该地址发送请求，PC1 和 PC2 就会分别访问距离它们最近（路由开销最小，也就是路径最短）的 Web 服务器。

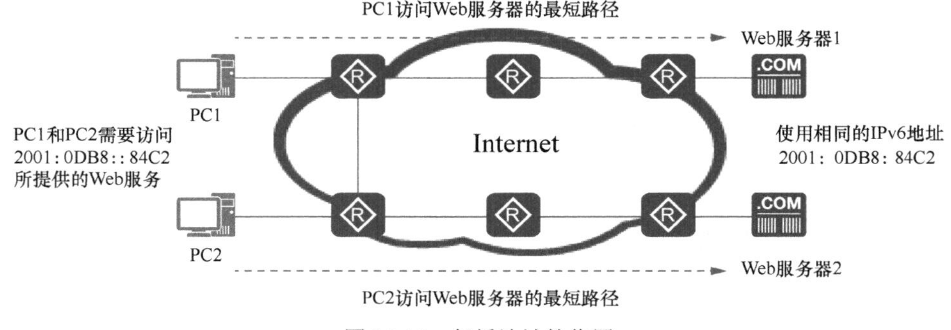

图 10-16　任播地址的作用

任播过程涉及一个任播报文发起方和一个或多个响应方。

- 任播报文的发起方通常为请求某一服务（例如 Web 服务）的主机。
- 任播地址与单播地址在格式上无任何差异，唯一的区别是一个设备可以给多个具有相同地址的设备发送报文。

网络中运用任播地址有以下优势。

- 业务冗余。比如，用户可以通过多台使用相同地址的服务器获取同一个服务（例如 Web 服务）。这些服务器都是任播报文的响应方。如果不是采用任播地址通信，当其中一台服务器发生故障时，用户需要获取另一台服务器的地址才能重新建立通信。如果采用的是任播地址，当一台服务器发生故障时，任播报文的发起方能够自动与使用相同地址的另一台服务器通信，从而实现业务冗余。
- 提供更优质的服务。比如，某公司在 A 省和 B 省各部署了一台提供相同 Web 服务的服务器。基于路由优选规则，A 省的用户在访问该公司提供的 Web 服务时，会优先访问部署在 A 省的服务器，提高访问速率，降低访问时延，大大提升了用户体验。
- 任播地址从单播地址空间中分配，可使用单播地址的任何格式。因而，从语法上，任播地址与单播地址没有区别。当一个单播地址被分配给多于一个的接口时，就将其转换为任播地址。被分配任播地址的节点必须得到明确的配置，从而知道它是一个任播地址。

10.2.6 常见的 IPv6 地址范围和类型

表 10-3 列出了 IPv6 常见的地址范围和地址类型。

表 10-3 IPv6 常见的地址范围和地址类型

地址范围	地址类型
2000::/3	全球单播地址
2001:0DB8::/32	保留地址
FE80::/10	链路本地地址
FF00::/8	组播地址
::/128	未指定地址
::1/128	环回地址

目前，有一小部分全球单播地址已经由因特网编号分配机构（Internet Assigned Numbers Authority，IANA）——互联网名称与数字地址分配机构（Internet Corporation for Assigned Names and Numbers，ICANN）的一个分支——分配给了用户。单播地址的格式是 2000::/3，代表公共 IP 网络上任意可到达的地址。IANA 负责将该段地址范围内的地址分配给多个区域互联网注册管理机构（Region Internet Registry，RIR），RIR 负责全球 5 个区域的地址分配。以下几个地址范围已经分配：2400::/12（APNIC）、2600::/12（ARIN）、2800::/12（LACNIC）、2A00::/12（RIPE）和 2C00::/12 （AFRINIC），它们使用单一地址前缀标识特定区域中的所有地址。

在 2000::/3 地址范围内还为文档示例预留了地址空间，例如 2001:0DB8::/32。

链路本地地址只能用于同一网段节点之间的通信。以链路本地地址为源 IP 地址或目的地址的 IPv6 报文不会被路由器转发到其他链路。链路本地地址的前缀是 FE80::/10。使用 IPv6 通信的计算机会同时拥有链路本地地址和全球单播地址。

组播地址的前缀是 FF00::/8。组播地址范围内的大部分地址都是为特定组播组保留的。跟 IPv4 一样，IPv6 组播地址还支持路由协议。IPv6 中没有广播地址，用组播地址替代广播地址可以确保报文只发送给特定的组播组而不是 IPv6 网络中的任意终端。

0:0:0:0:0:0:0:0/128 等价于::/128。这是 IPv4 中 0.0.0.0 的等价地址，代表 IPv6 未指定地址。

0:0:0:0:0:0:0:1 等价于::1。这是 IPv4 中 127.0.0.1 的等价地址，代表本地环回地址。

10.3 IPv6 地址配置

10.3.1 IPv6 接口地址和组播地址

配置或启用 IPv6 地址的计算机和路由器接口，会自动加入特定的组播地址，如图 10-17 所示。

所有节点的组播地址：FF02:0:0:0:0:0:0:1。

所有路由器的组播地址：FF02:0:0:0:0:0:0:2。

被请求节点组播地址：FF02:0:0:0:0:1:FFXX:XXXX。

所有 OSPF 路由器组播地址：FF02:0:0:0:0:0:0:5。

所有 OSPF 的 DR 路由器组播地址：FF02:0:0:0:0:0:0:6。

所有 RIP 路由器组播地址：FF02:0:0:0:0:0:0:9。

在图 10-17 中，计算机和路由器的接口都生成了两个“被请求节点组播地址”，分别由接口的链路本地地址和网络管理员分配的全球单播地址生成。

网卡的链路本地地址	FE80::2E0:FCFF:FF35:7287
管理员分配的全球单播地址	2001::1975
环回地址	::1
“所有节点”的组播地址	FF01::1及FF02::1
网卡的每个单播地址对应的被请求节点组播地址	FF02::1:FF35::7287
	FF02::1:FF00::1975

网卡的链路本地地址	FE80::2E0:FCFF:FE99:1285
管理员分配的全球单播地址	2001::1977
环回地址	::1
“所有节点”的组播地址	FF01::1及FF02::1
“所有路由器”的组播地址	FF01::2及FF02::2
网卡的每个单播地址对应的被请求节点组播地址	FF02::1:FF99::1285
	FF02::1:FF00::1977

图 10-17 IPv6 接口地址和加入的特定组播地址

10.3.2 邻居发现协议

邻居发现协议（NDP）作为 IPv6 的基础协议，提供了地址自动配置、重复地址检测（DAD）、地址解析等功能，如图 10-18 所示。

- 无状态地址自动配置是IPv6的一个亮点功能，它使IPv6计算机能够非常便捷地接入IPv6网络，即插即用，无须手动配置"繁冗"的 IPv6 地址，也无须部署应用服务器（例如DHCP 服务器）为计算机分发地址。无状态地址自动配置机制使用了 ICMPv6 中的路由器请求（Router Solicitation，RS）报文以及路由器通告（Router Advertisement，RA）报文。通过无状态地址自动配置机制，链路上的节点可以自动获得 IPv6 全球单播地址。
- DAD 使用ICMPv6 邻居请求（Neighbor Solicitation，NS）和ICMPv6 邻居通告（Neighbor Advertisement，NA）报文确保网络中无两个相同的单播地址。所有接口在使用单播地址前都需要做 DAD。
- 地址解析是一种确定目的节点数据链路层地址的方法。NDP 中的地址解析不仅替代了原 IPv4 中的 ARP，还用邻居不可达检测方法来维持邻居节点之间的可达性状态信息。地址解析过程使用两种 ICMPv6 报文：NS 报文和 NA 报文。这里的邻居是指附着在相同链路上的全部节点。

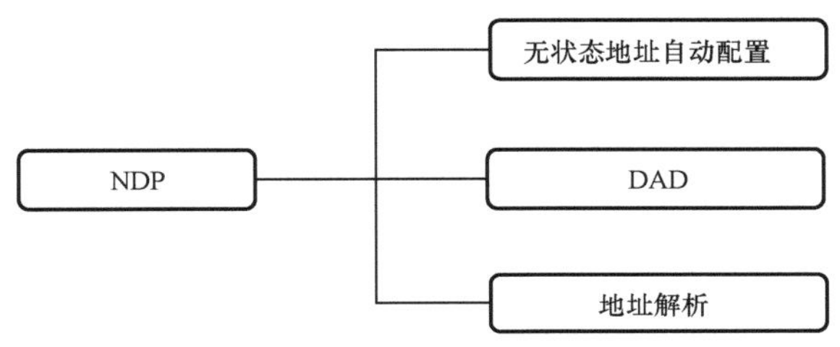

图 10-18　NDP 提供的功能

NDP 封装在 ICMPv6 中，使用类型字段标识 NDP 的不同报文。表 10-4 列出了 NDP 使用的 ICMPv6 报文。

表 10-4　NDP 使用的 ICMPv6 报文

ICMPv6 类型	报文名称
133	路由器请求（RS）
134	路由器通告（RA）
135	邻居请求（NS）
136	邻居通告（NA）

表 10-5 列出了地址解析、前缀公告和 DAD 用到的报文类型。地址解析会用到 NS135 和 NA136 类型的报文，前缀公告会用到 RS133 和 RA134 类型的报文，DAD 会用到 NS135 和 NA136 类型的报文。

表 10-5　NDP 中各机制用到的报文类型

机制	RS133	RA134	NS135	NA136
地址解析			√	√
前缀公告	√	√		
DAD			√	√

10.3.3 配置 IPv6 单播地址

使用 IPv6 通信的计算机，可以人工指定静态地址，也可以设置成自动获取 IPv6 地址，如图 10-19 所示。自动配置有两种方式——无状态地址自动配置和有状态地址自动配置。

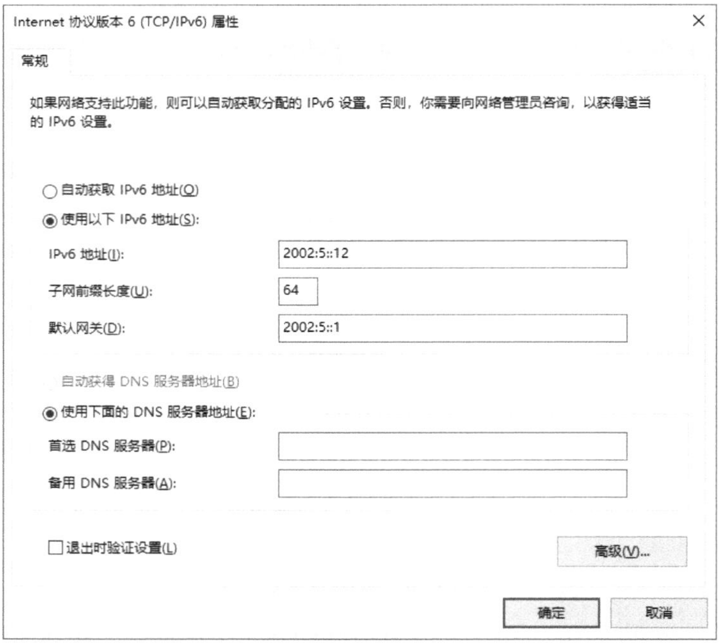

Internet 协议版本 6 (TCP/IPv6) 属性

常规

如果网络支持此功能，则可以自动获取分配的 IPv6 设置。否则，你需要向网络管理员咨询，以获得适当的 IPv6 设置。

○ 自动获取 IPv6 地址(O)

◉ 使用以下 IPv6 地址(S):

IPv6 地址(I): 2002:5::12

子网前缀长度(U): 64

默认网关(D): 2002:5::1

自动获得 DNS 服务器地址(B)

◉ 使用下面的 DNS 服务器地址(E):

首选 DNS 服务器(P):

备用 DNS 服务器(A):

☐ 退出时验证设置(L)　高级(V)...

确定　取消

图 10-19　设置 IPv6 静态地址或自动获取 IPv6 地址

计算机或路由器在发送 IPv6 报文之前要经历地址配置、重复地址检测、地址解析 3 个阶段，如图 10-20 所示。其中，NDP 扮演了重要角色。在无状态地址自动配置、有状态地址自动配置、重复地址检测和地址解析过程中都会用到 NDP。

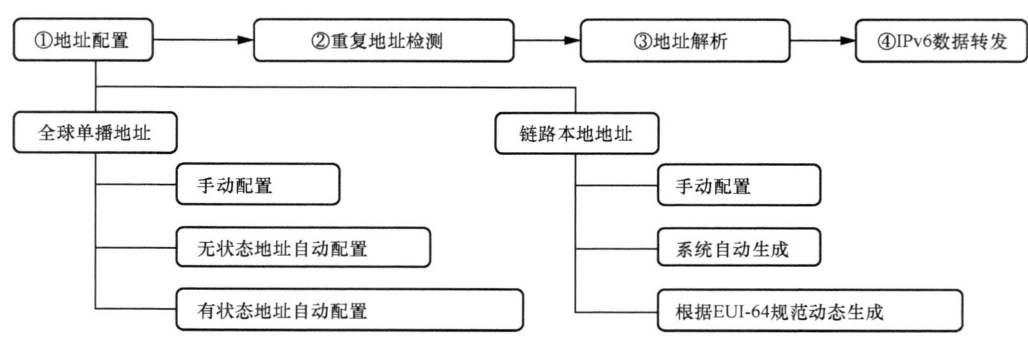

图 10-20　配置 IPv6 地址到发送 IPv6 报文的过程

从 IPv6 地址配置到转发需要经历的过程如下。

（1）全球单播地址和链路本地地址是接口上较常见的 IPv6 单播地址，一个接口上可以配置多个 IPv6 地址。全球单播地址可以通过手动配置，也可以通过无状态地址自动配置或有状态地址自动配置生成。链路本地地址通常通过系统自动生成或根据 EUI-64 规范动态生成，很少手动配置。

（2）DAD 类似于 IPv4 中的免费 ARP 检测，用来检测当前地址是否与其他接口的 IPv6 地址有冲突。

（3）地址解析类似于 IPv4 中的 ARP 请求，通过 ICMPv6 报文形成 IPv6 地址与数据链路层地址（一般是 MAC 地址）的映射关系。

（4）IPv6 配置完毕后，可以使用该地址转发 IPv6 数据。

10.3.4 有状态地址自动配置和无状态地址自动配置

IPv6 支持有状态（Stateful）地址和无状态（Stateless）地址两种自动配置方式。

IPv6 地址无状态地址自动配置，无须使用诸如 DHCP 之类的辅助协议，计算机即可获取 IPv6 前缀并自动生成接口 ID。路由发现功能是 IPv6 地址自动配置功能的基础，主要通过 RA、RS 两种报文来实现。

为了让二层网络上的计算机和其他路由器知道自己的存在，每个路由器会定期以组播方式发送携带网络配置参数的 RA 报文。RA 报文的 Type 字段值为 134。

计算机接入网络后可以主动发送 RS 报文。RA 报文是由路由器定期发送的，但是如果计算机希望能够尽快收到 RA 报文，它可以主动发送 RS 报文给路由器。网络上的路由器收到 RS 报文后会立即向相应的计算机回应单播 RA 报文，告知计算机该网段的默认路由器和相关配置参数。RS 报文的 Type 字段值为 133。

路由器接口通过 RA 报文中的 M 标记位（Managed Address Configuration Flag）和 O 标记位（Other Stateful Configuration Flag）来控制终端自动获取地址的方式。

M 标记位为管理地址配置（Managed Address Configuration）标识。当 M=0 时，标识为无状态地址分配，客户端通过无状态协议（如 NDP）获得 IPv6 地址。当 M=1 时，标识为有状态地址分配，客户端通过有状态协议（如 DHCPv6）获得 IPv6 地址。

O 标记位为其他有状态配置（Other Configuration）标识。当 O=0 时，标识客户端通过无状态协议（如 NDP）获取除地址之外的其他配置信息。当 O=1 时，标识客户端通过有状态地址协议（如 DHCPv6）获取除地址之外的其他配置信息，如 DNS、SIP 服务器等信息。

DHCPv6 协议规定，若 M 标记位为 1，O 标记位为 1，才有意义。若 M 标记位为 0，O 标记位为 1，无意义。

下面是无状态地址自动配置过程，RA 报文中的 M 标记位为 0，O 标记位为 0。

NDP 的无状态地址自动配置包含两个阶段：链路本地地址的配置和全球单播地址的配置。当一个接口启用时，计算机首先根据本地前缀 FE80::/64 和 EUI-64 接口标识，为该接口生成一个链路本地地址，如果在后续的 DAD 中发生地址冲突，则必须对该接口手动配置本地链路地址，否则该接口将不可用。

以图 10-21（其中，GE 表示 GigabitEthernet 接口）中计算机 PC1 的 IPv6 无状态地址自动配置为例，讲解 IPv6 无状态地址自动配置的步骤。

（1）计算机 PC1 在配置好链路本地地址后，发送 RS 报文，请求路由前缀信息。

（2）路由器 AR1 收到 RS 报文后，发送单播 RA 报文，携带用于无状态地址自动配置的前缀信息，M 标记位为 0，O 标记位为 0，同时该路由器也会周期性地发送组播 RA 报文。

（3）PC1 收到 RA 报文后，根据路由前缀信息和配置信息生成一个临时的全球单播地址。同时启动 DAD，发送 NS 报文验证临时地址的唯一性，此时该地址处于临时状态。

（4）链路上的其他节点收到 DAD 的 NS 报文后，如果没有节点使用该地址，则丢弃报文，否则产生应答 NS 的 NA 报文。

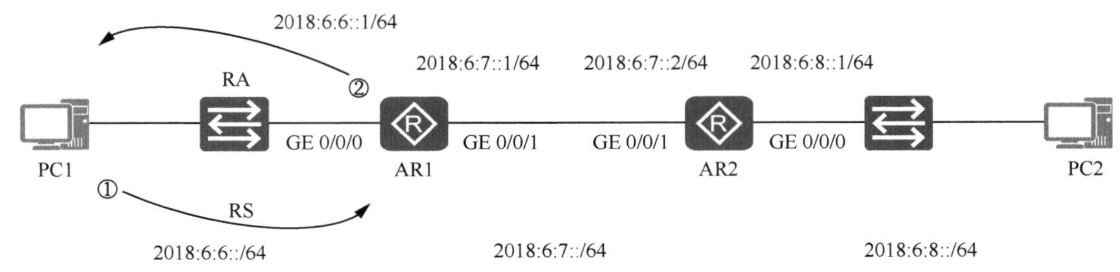

图 10-21 IPv6 无状态地址自动配置示意

（5）PC1 如果没有收到 DAD 的 NA 报文，说明地址是全局唯一的，则用该临时地址初始化接口，此时地址进入有效状态。

无状态地址自动配置的关键在于路由器完全不关心计算机的状态如何，比如是否在线等，所以称为无状态。无状态地址自动配置多用于物联网等终端（比如网络摄像头、网络存储、网络打印机等），且这类终端不需要地址以外其他参数的场景。

以图 10-22（其中，GE 表示 GigabitEthernet 接口）中计算机 PC1 的 IPv6 有状态地址自动配置（DHCPv6）为例，讲解 IPv6 有状态地址自动配置的步骤。

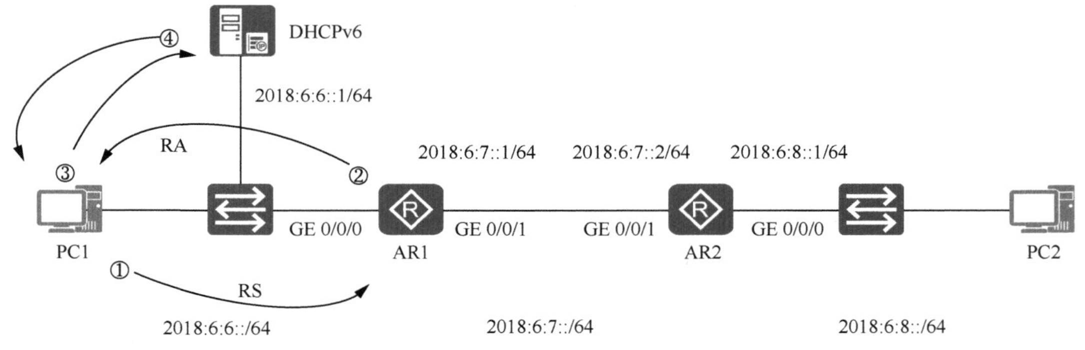

图 10-22 有状态地址自动配置示意

（1）PC1 发送 RS 报文。

（2）AR1 路由器发送 RA 报文。RA 报文中有两个标志位，如果 M 标记位是 1，表示“告诉”PC1 从 DHCPv6 服务器获取完整的 128 位 IPv6 地址；如果 O 标记位是 1，表示“告诉”PC1 从 DHCPv6 服务器获取 DNS 等其他配置；如果这两个标记位都是 0，则表示是无状态地址自动配置，不需要 DHCPv6 服务器。

（3）PC1 发送 DHCPv6 征求消息。征求消息实际上就是组播消息，其目的 IP 地址为 FF02::1:2，是所有 DHCPv6 服务器和中继代理的组播地址。

（4）DHCPv6 服务器给 PC1 提供 IPv6 地址和其他设置。此外，DHCPv6 服务器将会记录该地址的分配情况（这也是为什么称为有状态）。

有状态地址自动配置要求网络中配置 DHCPv6 服务器，多用于公司内部有线终端的地址配置，便于进行地址管理。

10.4 实现 IPv6 地址自动配置

10.4.1 实现 IPv6 地址的无状态地址自动配置

如图 10-23 所示（其中，GE 表示 GigabitEthernet 接口），实验环境有 3 个 IPv6 网络，需要参照拓扑中标注的地址配置 AR1 和 AR2 路由器接口的 IPv6 地址。将 Windows 10 操作系统的 IPv6 地址设置成自动获取 IPv6 地址，实现无状态地址自动配置。

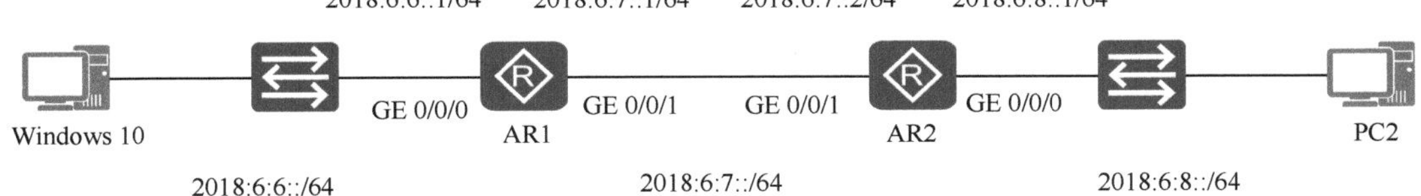

图 10-23 IPv6 无状态地址自动配置的实验拓扑

路由器 AR1 的配置如下。

```
[AR1]ipv6                                                  --全局开启对 IPv6 的支持
[AR1]interface GigabitEthernet 0/0/0
[AR1-GigabitEthernet0/0/0]ipv6 enable                      --在接口上启用 IPv6 支持
[AR1-GigabitEthernet0/0/0]ipv6 address 2018:6:6::1 64      --添加 IPv6 地址
[AR1-GigabitEthernet0/0/0]ipv6 address auto link-local     --配置自动生成链路本地地址
[AR1-GigabitEthernet0/0/0]undo ipv6 nd ra halt --允许接口发送 RA 报文，默认配置为不发送 RA 报文
[AR1-GigabitEthernet0/0/0]quit
[AR1]display ipv6 interface GigabitEthernet 0/0/0         --查看接口的 IPv6 地址
GigabitEthernet0/0/0 current state : UP
IPv6 protocol current state : UP
IPv6 is enabled, link-local address is FE80::2E0:FCFF:FE29:31F0 --链路本地地址
  Global unicast address(es):
    2018:6:6::1, subnet is 2018:6:6::/64                   --全局单播地址
  Joined group address(es):                                --绑定的组播地址
    FF02::1:FF00:1
    FF02::2                                       --路由器接口绑定的组播地址
    FF02::1                                       --所有启用了 IPv6 的接口绑定的组播地址
    FF02::1:FF29:31F0                             --被请求节点组播地址
  MTU is 1500 bytes
  ND DAD is enabled, number of DAD attempts: 1 --地址冲突检测次数
  …
  ND router advertisement max interval 600 seconds, min interval 200 seconds
  ND router advertisements live for 1800 seconds
  ND router advertisements hop-limit 64
  ND default router preference medium
  Hosts use stateless autoconfig for addresses  --计算机使用无状态地址自动配置
```

在 Windows 10 操作系统中，设置 IPv6 地址为自动获取。打开命令提示符窗口，执行 ipconfig 命令后可以看到无状态地址自动配置生成的 IPv6 地址，同时也能看到链路本地地址（在 Windows 操作系统中称为本地链接 IPv6 地址），IPv6 网关是路由器的链路本地地址，如图 10-24 所示。

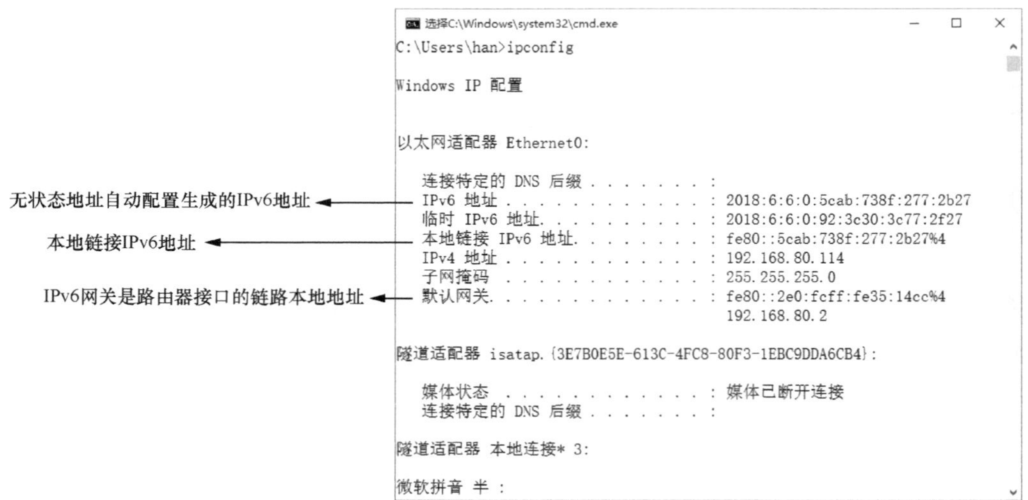

图 10-24　无状态地址自动配置生成的 IPv6 地址

10.4.2　抓包分析 RA 和 RS 数据包

为了让抓包工具能够捕获 IPv6 自动配置发送的 RS 报文和路由器响应的 RA 报文，先在 Windows 10 操作系统上运行抓包工具，然后在 Windows 10 操作系统上给 IPv6 指定一个静态 IPv6 地址，再选择"自动获取 IPv6 地址"，这样计算机就会发送 RS 报文，路由器会发送 RA 报文进行响应。

如图 10-25 所示，抓包工具捕获的数据包中，在显示过滤器中执行 icmpv6.type == 133 命令，显示的第 22 个数据包是 Windows 10 操作系统发送的 RS 数据包，使用的是 ICMPv6，类型字段是 133，可以看到目的 IP 地址是组播地址 ff02::2，代表网络中所有启用了 IPv6 的路由器接口，源 IP 地址是 Windows 10 操作系统的链路本地地址。

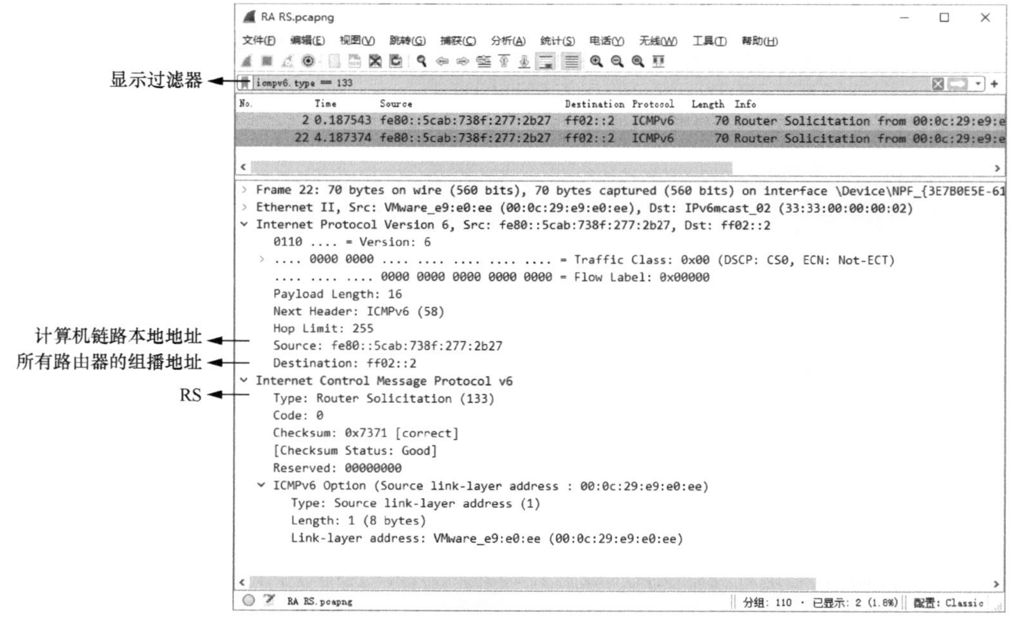

图 10-25　RS 数据包

如图 10-26 所示，在显示过滤器中执行 icmpv6.type == 134 命令，第 60 个数据包是路由器发送的 RA 报文，目的 IP 地址是组播地址 ff02::1（代表网络中所有启用了 IPv6 的路由器接口），使用的是 ICMPv6，类型字段是 134。可以看到 M 标记位为 0，O 标记位为 0，这就告诉 Windows 10 操作系统，使用无状态地址自动配置，路由前缀为 2018:6:6::。

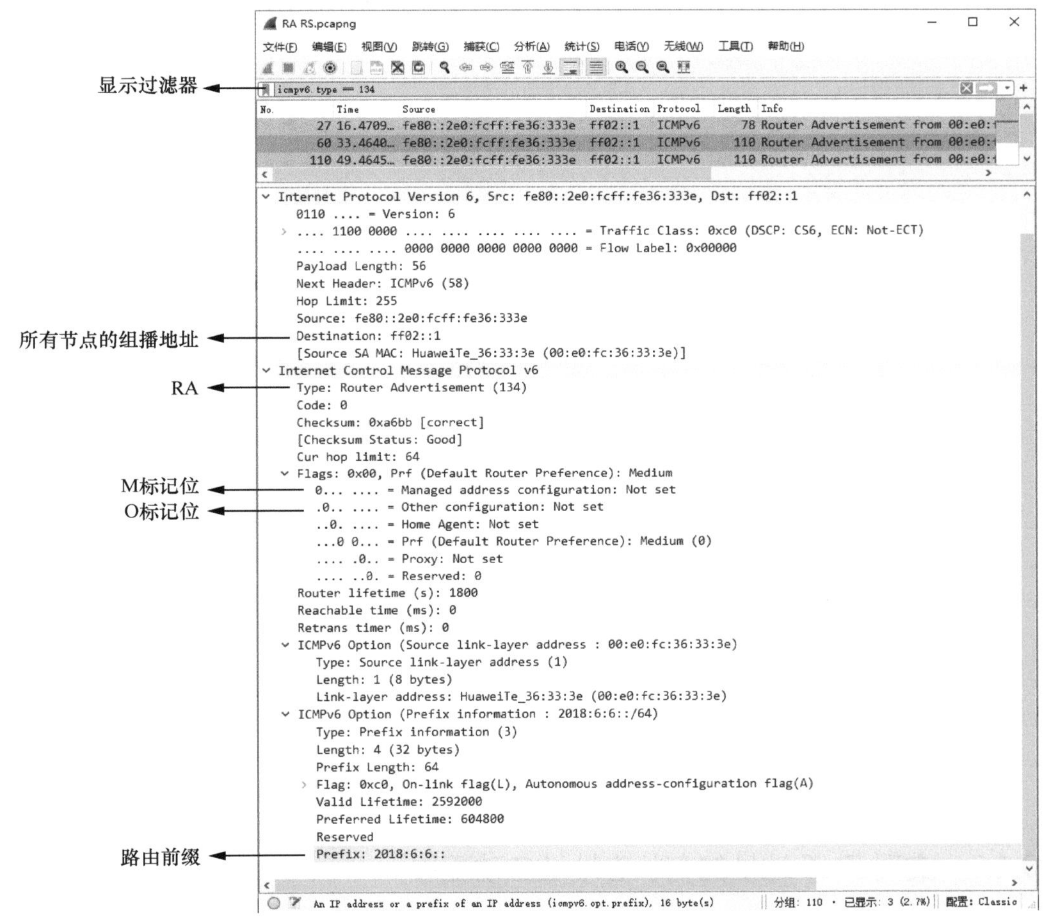

图 10-26 RA 数据包

在 Windows 10 操作系统上查看 IPv6 的配置，如图 10-27 所示。打开命令提示符窗口，执行 netsh 命令，然后执行 interface ipv6 命令，再执行 show interface 命令，可查看 Ethernet0 的索引（Idx），可以看到是 4。执行 show interface "4"命令，可以看到 IPv6 相关的配置参数。“受管理的地址配置”是 disabled，即不从 DHCPv6 服务器获取 IPv6 地址，“其他有状态的配置”是 disabled，即不从 DHCPv6 服务器获取 DNS 等其他参数，也就是无状态地址自动配置。

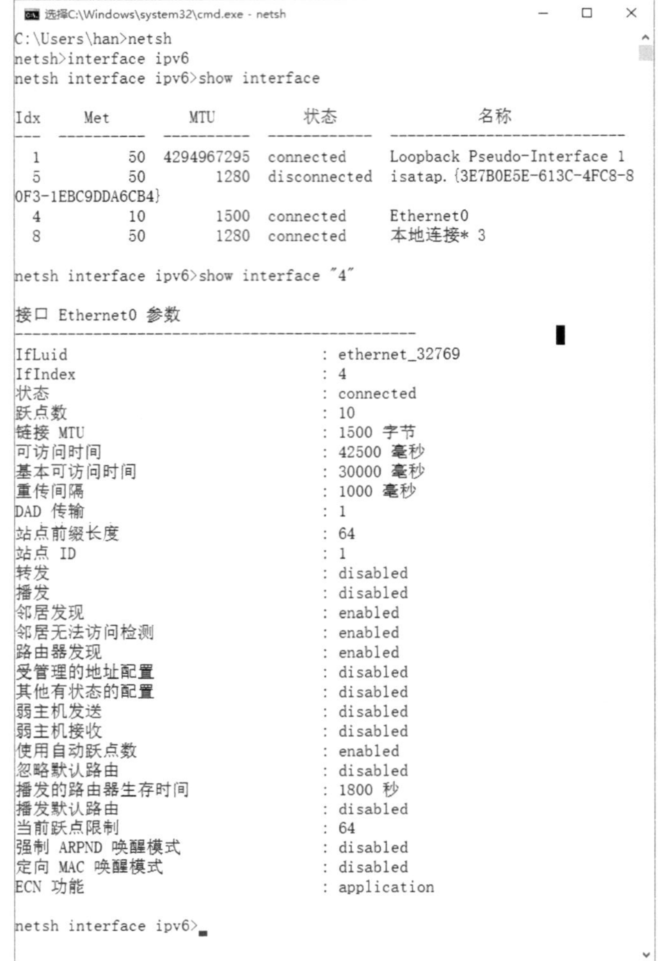

图 10-27 查看 IPv6 的配置

10.4.3 实现 IPv6 地址的有状态地址自动配置

使用 DHCPv6 可以为计算机分配 IPv6 地址、设置 DNS 等。

下面实现 IPv6 有状态地址自动配置，网络拓扑如图 10-28 所示（其中，GE 表示 GigabitEthernet 接口）。首先配置 AR1 路由器为 DHCPv6 服务器，然后配置 GigabitEthernet 0/0/0 接口。虽然 RA 报文中的 M 标记位为 1，O 标记位也为 1，Windows 10 操作系统仍然会从 DHCPv6 获取 IPv6 地址。

图 10-28 有状态地址自动配置的网络拓扑

配置路由器 AR1 为 DHCPv6 服务器，如下所示。

```
[AR1]ipv6                                           --启用 IPv6
[AR1]dhcp enable                                    --启用 DHCP 功能
[AR1]dhcpv6 duid ?                                  --生成 DHCP 唯一标识的方法
  ll    DUID-LL
  llt   DUID-LLT
[AR1]dhcpv6 duid llt                                --使用 llt 方法生成 DHCP 唯一标识
[AR1]display dhcpv6 duid                            --显示 DHCP 唯一标识
The device's DHCPv6 unique identifier: 0001000122AB384A00E0FC2931F0
[AR1]dhcpv6 pool localnet                           --创建 IPv6 地址池，名称为 localnet
[AR1-dhcpv6-pool-localnet]address prefix 2018:6:6::/64      --设置地址前缀
[AR1-dhcpv6-pool-localnet]excluded-address 2018:6:6::1      --设置排除的地址
[AR1-dhcpv6-pool-localnet]dns-domain-name huawei.com        --设置域名后缀
[AR1-dhcpv6-pool-localnet]dns-server 2018:6:6::2000         --设置 DNS 服务器
[AR1-dhcpv6-pool-localnet]quit
```

查看配置的 DHCPv6 地址池，如下所示。

```
<AR1>display dhcpv6 pool
DHCPv6 pool: localnet
  Address prefix: 2018:6:6::/64
    Lifetime valid 172800 seconds, preferred 86400 seconds
    2 in use, 0 conflicts
  Excluded-address 2018:6:6::1
  1 excluded addresses
  Information refresh time: 86400
  DNS server address: 2018:6:6::2000
  Domain name: ptpress.com.cn
  Conflict-address expire-time: 172800
  Active normal clients: 2
```

配置路由器 AR1 的 GigabitEthernet 0/0/0 接口，如下所示。

```
[AR1]interface GigabitEthernet 0/0/0
[AR1-GigabitEthernet0/0/0]ipv6 enable
[AR1-GigabitEthernet0/0/0]dhcpv6 server localnet   --指定从 localnet 地址池选择地址
[AR1-GigabitEthernet0/0/0]undo ipv6 nd ra halt     --设置允许发送 RA 报文
[AR1-GigabitEthernet0/0/0]ipv6 nd autoconfig managed-address-flag --设置 M 标记位为 1
[AR1-GigabitEthernet0/0/0]ipv6 nd autoconfig other-flag           --设置 O 标记位为 1
[AR1-GigabitEthernet0/0/0]quit
```

为了让抓包工具能够捕获 IPv6 自动配置发送的 RS 报文和路由器响应的 RA 报文，先在 Windows 10 操作系统上运行抓包工具，然后在 Windows 10 操作系统上给 IPv6 指定一个静态 IPv6 地址，再选择“自动获取 IPv6 地址”，这样计算机就会发送 RS 报文，路由器也会发送 RA 报文进行响应。从抓包工具中找到 RA 报文，如图 10-29 所示，可以看到 M 标记位和 O 标记位的值都为 1，也通告了路由器前缀，但计算机还是会从 DHCPv6 服务器获取 IPv6 地址和其他设置。

在 Windows 10 操作系统中打开命令提示符窗口，如图 10-30 所示，执行 ipconfig /all 命令后可以看到从 DHCPv6 服务器获得的 IPv6 配置，还可以看到从 DHCPv6 服务器获得的 DNS 后缀搜索列表“huawei.com”、DNS 服务器、租约时间等。

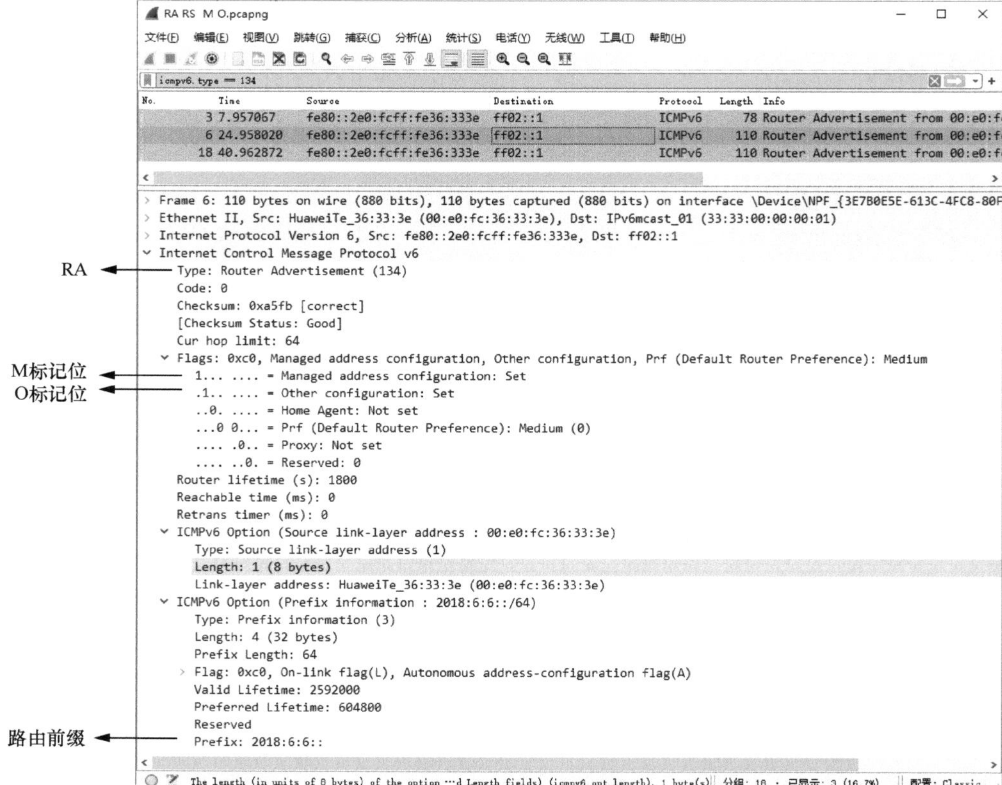

图 10-29 捕获的 RA 数据包

图 10-30 查看从 DHCPv6 服务器获得的 IPv6 配置

如图 10-31 所示，执行 show interface "4"命令后，可以看到“受管理的地址配置”为 enabled，“其他有状态的配置”为 enabled。

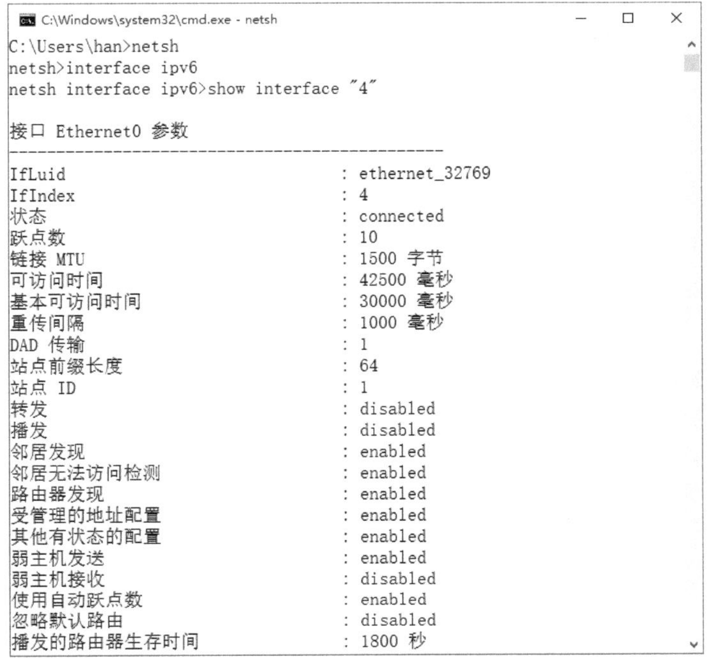

```
C:\Windows\system32\cmd.exe - netsh
C:\Users\han>netsh
netsh>interface ipv6
netsh interface ipv6>show interface "4"

接口 Ethernet0 参数
----------------------------------------------
IfLuid                              : ethernet_32769
IfIndex                             : 4
状态                                : connected
跃点数                              : 10
链接 MTU                            : 1500 字节
可访问时间                          : 42500 毫秒
基本可访问时间                      : 30000 毫秒
重传间隔                            : 1000 毫秒
DAD 传输                            : 1
站点前缀长度                        : 64
站点 ID                             : 1
转发                                : disabled
播发                                : disabled
邻居发现                            : enabled
邻居无法访问检测                    : enabled
路由器发现                          : enabled
受管理的地址配置                    : enabled
其他有状态的配置                    : enabled
弱主机发送                          : enabled
弱主机接收                          : disabled
使用自动跃点数                      : enabled
忽略默认路由                        : disabled
播发的路由器生存时间                : 1800 秒
```

图 10-31 IPv6 的状态

10.5 IPv6 路由

IPv6 网络畅通的条件和 IPv4 一样，数据包有去有回网络才能畅通。对于没有直连的网络，需要人工添加静态路由或使用动态路由协议学习到各个网络的路由。

支持 IPv6 的动态路由协议也都需要新的版本，支持 IPv6 的 OSPF 协议是 OSPFv3（第 3 版 OSPF），支持 IPv4 的 OSPF 协议是 OSPFv2（第 2 版 OSPF）。

下面将会演示配置 IPv6 的静态路由，以及配置支持 IPv6 的动态路由协议 OSPFv3。

10.5.1 IPv6 静态路由

如图 10-32 所示（其中，GE 表示 GigabitEthernet 接口），网络中有 3 个 IPv6 网段、两个路由器，参照图中标注的地址配置路由器接口的 IPv6 地址。在路由器 AR1 和路由器 AR2 上添加静态路由，使得这 3 个网络能够相互通信。

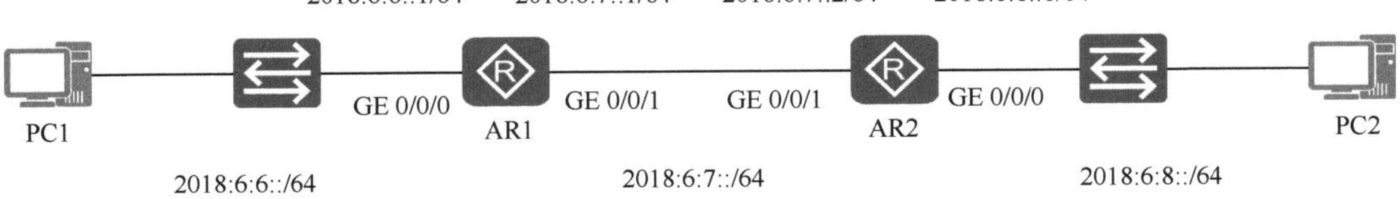

图 10-32 静态路由的网络拓扑

在 AR1 上启用 IPv6，配置接口启用 IPv6，配置接口的 IPv6 地址，如下所示。

```
[AR1]ipv6
[AR1]interface GigabitEthernet 0/0/0
[AR1-GigabitEthernet0/0/0]ipv6 enable
[AR1-GigabitEthernet0/0/0]ipv6 address 2018:6:6::1 64
[AR1-GigabitEthernet0/0/0]undo ipv6 nd ra halt
[AR1-GigabitEthernet0/0/0]quit
[AR1]interface GigabitEthernet 0/0/1
[AR1-GigabitEthernet0/0/1]ipv6 enable
[AR1-GigabitEthernet0/0/1]ipv6 address 2018:6:7::1 64
[AR1-GigabitEthernet0/0/1]quit
```

添加到 2018:6:8::/64 网段的静态路由，如下所示。

```
[AR1]ipv6 route-static 2018:6:8:: 64 2018:6:7::2
```

显示 IPv6 静态路由，如下所示。

```
[AR1]display ipv6 routing-table protocol static
Public Routing Table : Static
Summary Count : 1
Static Routing Table's Status : < Active >
Summary Count : 1
 Destination  : 2018:6:8::                        PrefixLength : 64
 NextHop      : 2018:6:7::2                       Preference   : 60
 Cost         : 0                                 Protocol     : Static
 RelayNextHop : ::                                TunnelID     : 0x0
 Interface    : GigabitEthernet0/0/1              Flags        : RD

Static Routing Table's Status : < Inactive >
Summary Count : 0
```

显示 IPv6 路由表，如下所示。

```
[AR1]display ipv6 routing-table
```

在 AR2 上启用 IPv6，配置接口启用 IPv6，配置接口的 IPv6 地址，添加到 2018:6:6::/64 网段的路由，如下所示。

```
[AR2]ipv6
[AR2]interface GigabitEthernet 0/0/1
[AR2-GigabitEthernet0/0/1]ipv6 enable
[AR2-GigabitEthernet0/0/1]ipv6 address 2018:6:7::2 64
[AR2-GigabitEthernet0/0/1]quit
[AR2]interface GigabitEthernet 0/0/0
[AR2-GigabitEthernet0/0/0]ipv6 enable
[AR2-GigabitEthernet0/0/0]ipv6 address 2018:6:8::1 64
[AR2-GigabitEthernet0/0/0]quit
[AR2]ipv6 route-static 2018:6:6:: 64 2018:6:7::1
```

在 AR1 上测试到 2018:6:8::1 是否畅通，如下所示。

```
<AR1>ping ipv6 2018:6:8::1
  PING 2018:6:8::1 : 56  data bytes, press CTRL_C to break
    Reply from 2018:6:8::1 bytes=56 Sequence=4 hop limit=64  time = 20 ms
    Reply from 2018:6:8::1 bytes=56 Sequence=5 hop limit=64  time = 20 ms
```

```
  Reply from 2018:6:8::1 bytes=56 Sequence=5 hop limit=64  time = 20 ms
  Reply from 2018:6:8::1 bytes=56 Sequence=4 hop limit=64  time = 20 ms
  Reply from 2018:6:8::1 bytes=56 Sequence=5 hop limit=64  time = 20 ms

--- 2018:6:8::1 ping statistics ---
  5 packet(s) transmitted
  5 packet(s) received
  0.00% packet loss
  round-trip min/avg/max = 10/32/80 ms
```

删除 IPv6 静态路由，如下所示。

```
[AR1]undo ipv6 route-static 2018:6:8:: 64
[AR2]undo ipv6 route-static 2018:6:6:: 64
```

10.5.2 IPv6 动态路由

本案例使用 OSPFv3 进行 IPv6 的动态路由配置。

与 IPv4 中的 OSPF 有许多相似之处，OSPFv3 和 OSPFv2 的基本概念都是一样的，它们仍然是链路状态路由协议，将整个网络或自治系统分区，从而使网络层次分明。

在 OSPFv2 中，路由器 ID（RID）由分配给路由器的最大 IP 地址决定（也可以人工分配）。在 OSPFv3 中需要分配 RID、地区 ID 和链路状态 ID。OSPFv3 的 RID 必须手动指定。

OSPFv3 路由器使用链路本地地址作为发送报文的源 IP 地址，使用组播流量来发送更新和应答信息。对于 OSPF 路由器，地址为 FF02::5，对于 OSPF 指定路由器，地址为 FF02::6，这些新地址相当于 OSPFv2 使用的组播地址 224.0.0.5 和 224.0.0.6。一个路由器可以学习到链路上相连的所有其他路由器的链路本地地址，并使用这些链路本地地址作为下一跳来转发报文。

下面讲解配置 OSPFv3 的过程。如图 10-33 所示（其中，GE 表示 GigabitEthernet 接口），网络中的路由器接口地址已经配置完成，现在需要在路由器 AR1 和 AR2 上配置 OSPFv3。

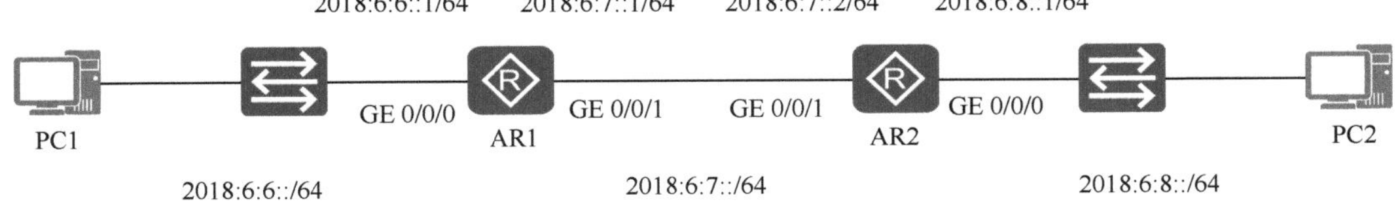

图 10-33 配置 OSPFv3 的网络拓扑

AR1 的配置如下。

```
[AR1]ospfv3 1                                      --启用 OSPFv3，指定进程号
[AR1-ospfv3-1]router-id 1.1.1.1                    --指定 router-id，必须唯一
[AR1-ospfv3-1]quit
[AR1]interface GigabitEthernet 0/0/0
[AR1-GigabitEthernet0/0/0]ospfv3 1 area 0          --在接口上启用 OSPFv3，指定区域编号
[AR1-GigabitEthernet0/0/0]quit
[AR1]interface GigabitEthernet 0/0/1
[AR1-GigabitEthernet0/0/1]ospfv3 1 area 0          --在接口上启用 OSPFv3，指定区域编号
[AR1-GigabitEthernet0/0/1]quit
```

AR2 的配置如下。

```
[AR2]ospfv3 1                                                    --启用 OSPFv3，指定进程号
[AR2-ospfv3-1]router-id 1.1.1.2
[AR2-ospfv3-1]quit
[AR2]interface GigabitEthernet 0/0/0
[AR2-GigabitEthernet0/0/0]ospfv3 1 area 0
[AR2-GigabitEthernet0/0/0]quit
[AR2]interface GigabitEthernet 0/0/1
[AR2-GigabitEthernet0/0/1]ospfv3 1 area 0
[AR2-GigabitEthernet0/0/1]quit
```

查看 OSPFv3 学习到的路由，如下所示。

```
[AR1]display ipv6 routing-table protocol ospfv3
Public Routing Table : OSPFv3
Summary Count : 3
OSPFv3 Routing Table's Status : < Active >
Summary Count : 1
 Destination  : 2018:6:8::                      PrefixLength : 64
 NextHop      : FE80::2E0:FCFF:FE1E:7774        Preference   : 10
 Cost         : 2                               Protocol     : OSPFv3
 RelayNextHop : ::                              TunnelID     : 0x0
 Interface    : GigabitEthernet0/0/1            Flags        : D
…
```

10.6　习题

选择题

1．关于 IPv6 地址 2031:0000:72C:0000:0000:09E0:839A:130B，下列哪些缩写是正确的？（选择两个答案）（　　）

A．2031:0:72C:0:0:9E0:839A:130B　　B．2031:0:72C:0:0:9E:839A:130B

C．2031::72C::9E:839A:130B　　D．2031:0:72C::9E0:839A:130B

2．下列哪些 IPv6 地址可以被手动配置在路由器接口上？（选择两个答案）（　　）

A．FE80:13DC::1/64　　B．FF00:8A3C::9B/64

C．::1/128　　D．2001:12E3:1B02::21/64

3．下列关于 IPv6 的描述中正确的是________。（选择两个答案）（　　）

A．IPv6 的地址长度为 64 位

B．IPv6 的地址长度为 128 位

C．IPv6 地址有状态地址自动配置使用 DHCP 服务器分配地址和其他设置

D．IPv6 地址无状态地址自动配置使用 DHCP 服务器分配地址和其他设置

4．IPv6 地址中不包括下列哪种类型的地址？（　　）

A．单播地址　　B．组播地址

C．广播地址　　D．任播地址

5．下列选项中，哪个是链路本地地址的地址前缀？（　　）

A．2001::/10　　B．FE80::/10

C．FEC0::/10 D．2002::/10

6．下面哪个命令是添加 IPv6 默认路由的命令？（ ）

A．ipv6 route-static :: 0 2018:6:7::2 B．ipv6 route-static ::1 0 2018:6:7::2

C．ipv6 route-static :: 64 2018:6:7::2 D．ipv6 route-static :: 128 2018:6:7::2

7．IPv6 网络层协议有哪些？（ ）

A．ICMPv6、IPv6、ARP、NDP B．ICMPv6、IPv6、MLD 协议、NDP

C．ICMPv6、IPv6、ARP、IGMPv6 D．ICMPv6、IPv6、MLD 协议、ARP

8．在 VRP 中配置 DHCPv6 时，下列哪些形式的 DUID 可以被配置？（ ）

A．DUID-LL B．DUID-LLT

C．DUID-EN D．DUID-LLC

9．DHCPv6 报文需要哪种协议报文来承载？（ ）

A．FTP B．TCP

C．UDP D．HTTP

10．以下关于 IPv6 地址配置说法正确的有？（多选）（ ）

A．IPv6 地址只能手动配置 B．IPv6 支持以 DHCPv6 的形式进行地址配置

C．IPv6 支持无状态地址自动配置 D．IPv6 地址支持多种方式的自动配置

11．2001::12:1 对应的被请求节点的组播地址为 FF02::1:FF12:1。( )

A．对 B．错

12．以下哪些字段是 IPv6 报文头和 IPv4 报文首部中都存在的字段？（多选）（ ）

A．源 IP 地址 B．版本

C．目的 IP 地址 D．下一个首部

13．IPv6 报文首部比 IPv4 报文首部增加了哪个字段？（ ）

A．版本 B．流标签

C．目的 IP 地址 D．源 IP 地址

14．路由器在转发 IPv6 报文时，不需要对数据链路层重新封装。（ ）

A．对 B．错

15．IPv6 报文首部中的哪个字段的作用类似于 IPv4 报文首部中的 TTL 字段？（ ）

A．版本 B．流类别

C．跳数限制 D．下一个首部

16．IPv6 报文支持哪些扩展报文首部？（多选）（ ）

A．VLAN 扩展报文首部 B．逐跳选项扩展报文首部

C．目的选项扩展报文首部 D．分片扩展报文首部

17．下面哪个 OSPF 版本适用于 IPv6？（ ）

A．OSPFv2 B．OSPFv3

C．OSPFv4 D．OSPFv1

18．OSPFv3 的 RID 可以通过系统自动产生。（ ）

A．对 B．错

第 11 章 广域网

本章内容

- 广域网概念和使用的协议
- PPP 原理与配置
- PPPoE
- 广域网技术的发展

广域网（Wide Area Network，WAN）通常跨接很大的物理范围，所覆盖的范围从几十千米到几千千米，它能连接多个城市或国家，或横跨几个大洲，并能提供远距离通信，形成国际性的远程网络。

针对广域网的链路协议有很多，比如 X.25、高级数据链路控制（HDLC）协议、点到点协议（PPP）、帧中继（FR）等。PPP 是典型的点到点广域网链路使用的协议，通常用于路由器连接广域网。

通过将 PPP 帧封装到以太网帧中，使用以太网交换机连接的网络设备可以通过 PPPoE（PPP over Ethernet）实现 PPP 的功能。PPPoE 支持对接入网络的设备进行身份认证，为接入设备分配 IP 地址。

本章先讲解 PPP 的帧格式、工作流程、配置路由器广域网接口数据链路层使用 PPP 等，然后讲解 PPPoE 的工作过程，配置路由器作为 PPPoE 服务器，配置 Windows 操作系统作为 PPPoE 客户端等。

多协议标签交换（Multi-Protocol Label Switching，MPLS）是新一代的 IP 高速骨干网络交换标准，由因特网工程任务组提出，是广域网新技术。分段路由（Segment Routing，SR）技术是由思科公司提出的源路由机制，旨在为 IP 和 MPLS 网络引入可控的标签分配，为网络提供高级流量引导能力，简化网络。

11.1 广域网概念和使用的协议

广域网（WAN）是一种跨地区的数据通信网络。局域网通常作为广域网的终端用户与广域网相连。如图 11-1 所示，一家公司在北京、上海和深圳有 3 个局域网，这 3 个局域网需要相互通信，同时家庭办公人员、移动办公人员也需要能够访问这 3 个局域网。这 3 个局域网和家庭办公人员、移动办公员工通过因特网服务提供商（ISP）的网络互连，ISP 提供广域网连接。可见广域网大多是租用运营商的网络。很少有企业自己布线连接不同城市的局域网，因为运营、维护成本太高。

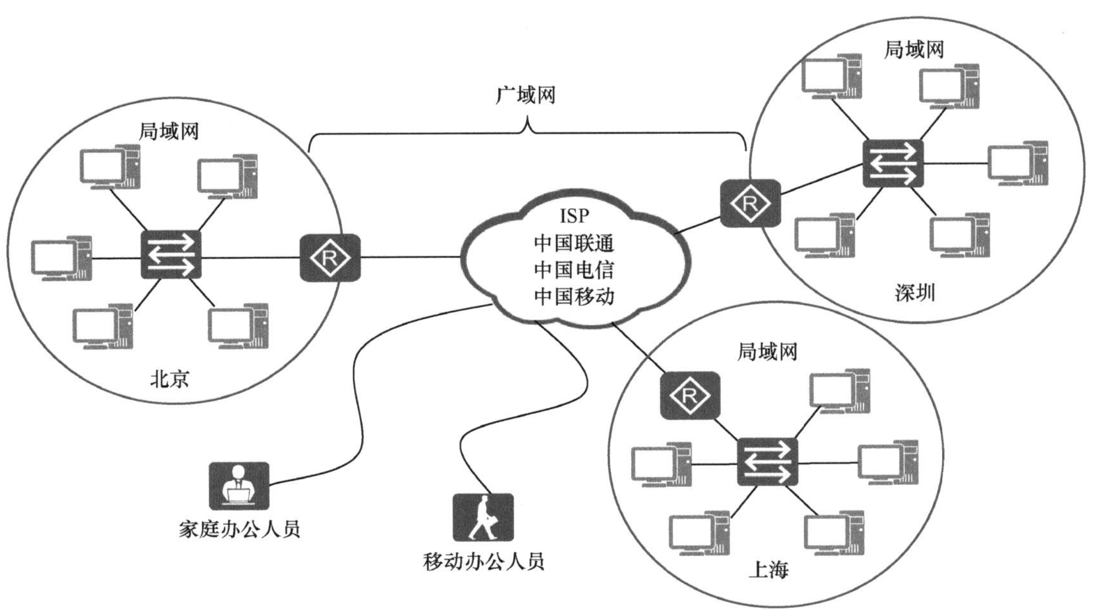

图 11-1 局域网和广域网示意

ISP 是面向广大家庭用户、企业客户提供 Internet 接入业务、信息业务和增值业务的电信运营商。我国三大基础运营商是中国电信、中国移动、中国联通。

局域网（LAN）通常由企业购买的路由器、交换机等网络设备组建，需要企业自己组建、管理和维护。广域网一般由电信部门或电信公司负责组建、管理和维护，向全社会提供面向通信的有偿服务，并进行流量统计和计费。比如家庭用户通过光纤接入 Internet，就是广域网的一个应用。

如图 11-2 所示，局域网 1 和局域网 2 通过广域网链路连接。图中路由器上连接广域网的接口为 Serial 接口，即串行接口。Serial 接口有多个标准，图中展示了“同异步 WAN 接口”和“非通道化 E1/T1 WAN 接口”两种接口。

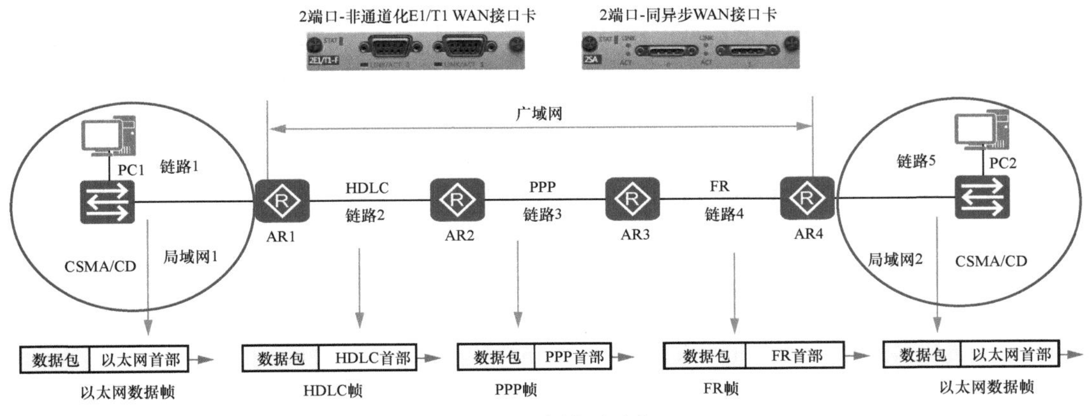

图 11-2 广域网示意

如图 11-2 所示，广域网链路可以使用不同的协议。AR1 路由器和 AR2 路由器之间的串行链路使用的是 HDLC 协议，AR2 和 AR3 之间的串行链路使用的是 PPP，AR3 和 AR4 使用帧中继交换机连接，使用的是帧中继协议。

从图 11-2 可以看到，不同的链路可以使用不同的数据链路层协议，每种数据链路层协议都定义了相应的数据链路层封装（帧格式），数据包经过不同的链路，就要封装成不同的帧。图 11-2 展示了 PC1 给 PC2 发送数据包的过程，首先经过局域网 1，把数据包封装成以太网数据帧，在 AR1 和 AR2 之间的链路上传输要把数据包封装成 HDLC 帧，在 AR2 和 AR3 之间的链路上传输要把数据包封装成 PPP 帧，在 AR3 和 AR4 之间的链路上传输要把数据包封装成 FR 帧，从 AR4 发送到 PC2 要将数据包封装成以太网数据帧。

早期广域网与局域网的区别在于数据链路层和物理层的差异性，其他各层无差异，如图 11-3 所示。HDLC 协议、PPP、FR、ATM 是广域网使用到的数据链路层协议，RS-232、V.24、V.35、G.703 广域网接口标准属于物理层标准。

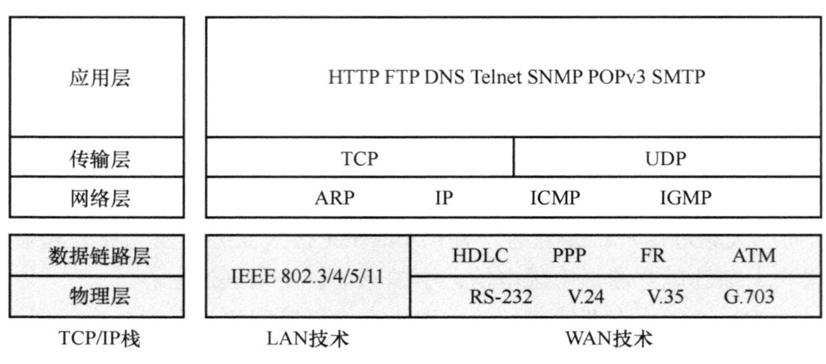

图 11-3　广域网技术处于数据链路层和物理层

11.2　PPP 原理与配置

11.2.1　PPP 简介

PPP 是一种常见的广域网数据链路层协议，主要用于在全双工的链路上进行点到点的数据传输。PPP 的前身是 SLIP（Serial Line Internet Protocol）和 CSLIP（Compressed SLIP）。这两种协议现在已基本不再使用。但 PPP 自 20 世纪 90 年代推出以来，得到了广泛的应用，现在已经成为用于 Internet 接入的使用非常广泛的数据链路层协议。

PPP 提供 LCP（Link Control Protocol，链路控制协议），用于各种链路层参数的协商，例如最大接收单元（Maximum Receive Unit，MRU）、认证方式等。

PPP 提供了安全认证协议族——PAP（Password Authentication Protocol，口令验证协议）和 CHAP（Challenge Handshake Authentication Protocol，挑战握手身份认证协议）。

PPP 提供各种 NCP（Network Control Protocol，网络控制协议），如 IPCP（IP Control Protocol，IP 控制协议），该协议用于各网络层参数的协商，更好地支持了网络层协议。

PPP 具有良好的扩展性，可以和 ADSL（Asymmetric Digital Subscriber Line，非对称数字用户线）、Cable Modem（同轴电缆调制解调器）、LAN 等技术结合起来完成各种类型的宽带接入。PPP 具有良好的扩展性，例如，当需要在以太网链路上承载 PPP 时，PPP 可以扩展为 PPPoE。家庭中使用最多的宽带接入方式就是 PPPoE。PPPoE 是一种利用以太网资源，在以太网上运行 PPP 来对用户进行接入认证的技术，PPP 负责在用户端和运营商的接入服务器之间建立通信链路。

CSMA/CD 协议工作在以太网接口和以太网链路上，而 PPP 工作在串行接口和串行链路上。串行接口的种类多种多样，例如 EIA RS-232-C 接口、EIA RS-422 接口、EIA RS-423 接口、ITU-T V.35 接口等，这些都是常见的串行接口，并且都能够支持 PPP。事实上，任何串行接口，只要能够支持全双工通信方式，就可以支持 PPP。另外，PPP 对串行接口的信息传输速率没有特别的规定，只要求串行链路两端的串行接口在速率上保持一致即可。在本章中，把支持并运行 PPP 的串行接口统称为 PPP 接口。

11.2.2 PPP 帧格式

PPP 的数据帧封装格式如图 11-4 所示。首部占 5 字节，其中 Flag 字段为帧开始定界符（0x7E），占 1 字节，Address 字段为地址字段，占 1 字节，Control 字段为控制字段，占 1 字节，Protocol 字段用来表明信息部分是什么协议，占 2 字节。尾部占 3 字节，其中 2 字节是帧检验序列（FCS），1 字节是帧结束定界符（0x7E）。信息部分不超过 1 500 字节。

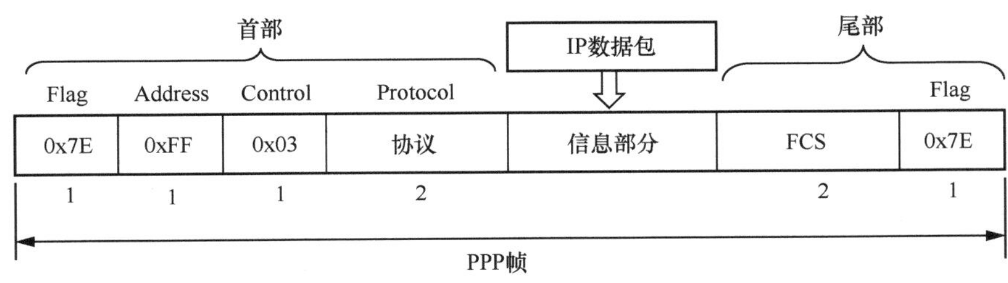

图 11-4 PPP 帧格式

PPP 的封装方式在很大程度上参照了 HDLC 协议的规范，PPP 使用了 HDLC 协议中的帧开始和帧结束标记字段和帧校验字段。此外，PPP 数据帧中很多字段的取值是固定的。鉴于 PPP 是一种纯粹应用于点到点环境的协议，任何一方发送的消息都只会由固定的另一方接收并且处理，地址字段存在的意义已经不大，因此 PPP 地址字段的取值为全 1 的方式被明确下来，表示这条链路上的所有接口。最后，PPP 控制字段（Control）的取值也被明确固定为 0x03。

PPP 的封装与 HDLC 协议的封装有一些区别，例如 PPP 在帧首部添加了协议字段。

11.2.3 PPP 3 个阶段的协商

使用 PPP 的链路在通信之前需要 3 个阶段的协商，即链路层协商、认证协商（可选）和网络层协商。

（1）链路层协商。通过链路控制协议（LCP）报文进行链路参数协商，建立链路层连接。链路参数协商用来确定不同的参数，这些参数有 MRU、认证方式等。对于没有协商的参数，使用默认值。

（2）认证协商（可选）。通过链路层协商的认证方式进行身份认证。如果一方需要身份认证，就需要对方出示用户名和密码。常用的身份认证协议包括口令认证协议（PAP）和挑战握手身份认证协议（CHAP）。PAP 和 CHAP 通常被用在使用 PPP 的链路上，以提供安全性认证。

（3）网络层协商。通过 NCP（Network Control Protocol，网络层控制协议）来协商配置参数。NCP 并不是一个特定的协议，而是指 PPP 中一系列控制不同网络层传输协议的协议。每种网络层协议都有一个对应的 NCP，例如 IPv4 对应的是 IPCP、IPv6 对应的是 IPv6CP、IPX 对应的是 IPXCP、AppleTalk 协议对应的是 ATCP 等。以 IPCP 为例，其需要协商的配置参数包括消息的 PPP 和 IP 头部是否压缩，使用什么算法进行压缩，以及 PPP 接口的 IPv4 地址等。

11.2.4 PPP 工作流程

PPP 工作流程包含 5 阶段，分别是链路关闭阶段、链路建立阶段、认证阶段、网络层协商阶段和链路终结阶段。

（1）通信双方建立 PPP 链路时，先进入链路建立阶段。

（2）在链路建立阶段进行链路层协商。协商通信双方的最大接收单元（Maximum Receive Unit，MRU）、认证方式和魔术数（Magic Number）等参数。协商成功后链路进入打开状态，表示底层链路已经建立。

（3）如果配置了身份认证，将进入认证阶段；否则直接进入网络层协商阶段。

（4）在认证阶段会根据链路建立阶段协商的认证方式进行链路认证。认证方式有两种——PAP 和 CHAP。如果认证成功，进入网络层协商阶段，否则进入链路终结阶段，拆除链路，LCP 状态转为 Down。

（5）在网络层协商阶段，PPP 链路进行 NCP 协商。通过 NCP 协商来选择和配置一个网络层协议并进行网络层参数协商。

（6）在链路终结阶段，如果所有资源都被释放，通信双方将回到链路关闭阶段。PPP 运行过程中，连接可能随时会中断，如物理链路断开、认证失败、超时定时器时间到、网络管理员通过配置关闭连接等，中断会导致链路进入链路终结阶段。

下面详细介绍 PPP 工作流程中的链路建立阶段、认证阶段和网络层协商阶段。

1. 链路建立阶段

PPP 工作流程的第一个阶段是链路关闭阶段。在此阶段，PPP 接口的物理层功能尚未进入正常状态。只有当本端接口和对端接口的物理层功能都进入正常状态之后，PPP 才能进入下一个工作阶段，即链路建立阶段。在此阶段，本端接口会与对端接口相互发送携带有 LCP 报文的 PPP 帧。

LCP 报文格式如图 11-5 所示。其中，Protocol 字段用来说明 PPP 所封装的协议报文类型，0x0021 代表 IP 报文，0x8021 代表 IPCP 报文，0xC021 代表 LCP 报文，0xC023 代表 PAP 报文，0xC223 代表 CHAP 报文。当 Protocol 字段为 0xC021 时，信息部分中的 Code 字段标识不同类型的 LCP 报文。

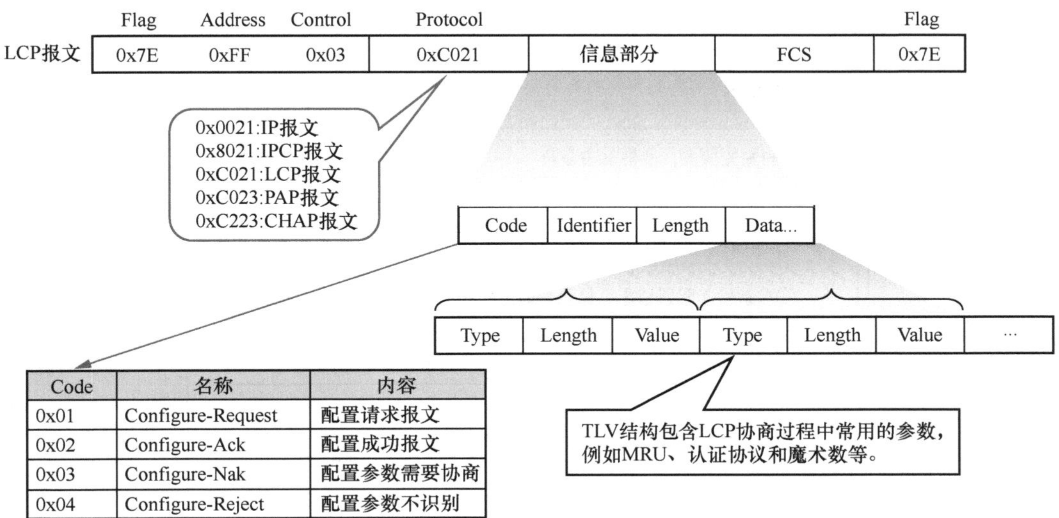

Code	名称	内容
0x01	Configure-Request	配置请求报文
0x02	Configure-Ack	配置成功报文
0x03	Configure-Nak	配置参数需要协商
0x04	Configure-Reject	配置参数不识别

图 11-5 LCP 报文格式

信息部分包含 Protocol 字段中指定协议的内容，该字段的最大长度称为 MRU，默认值为 1 500。当 Protocol 字段为 0xC021 时，信息部分结构如下。

- Identifier 字段用来匹配请求和响应，占 1 字节。
- Length 字段的值就是该 LCP 报文的总字节数。
- Data 字段则承载各种配置参数，TLV（Type、Length、Value）的 T 代表类型、L 代表长度、V 代表值，包括 MRU、认证协议等。

LCP 报文携带的一些常见的配置参数有 MRU、认证协议和魔术数等。

- 在 VRP 上，MRU 使用接口上配置的 MTU 值来表示。
- 常用的 PPP 认证协议有 PAP 和 CHAP，一条 PPP 链路的两端可以使用不同的认证协议来认证对端，但是被认证方必须支持认证方要求使用的认证协议并正确配置用户名和密码等认证信息。
- LCP 使用魔术数来检测路由环路和其他异常情况。魔术数是随机产生的一个数字，随机机制需要保证两端产生相同魔术数的可能性几乎为 0。

如图 11-6 所示，RA 和 RB 使用串行链路相连，运行 PPP。当物理层链路变为可用状态之后，RA 和 RB 使用 LCP 协商链路参数。下面描述 RA 和 RB 进行链路参数协商的过程。

（1）RA 首先发送一个配置请求报文，此报文中包含 RA 上配置的链路层参数。

（2）RB 收到此配置请求报文之后，如果能识别并接收此报文中的所有参数，则向 RA 回应一个配置确认报文。本例中 RB 不能接收 MRU 的值，于是向 RA 发送一个配置否认报文，该报文中包含不能接收的链路层参数和 RB 上可以接收的取值（或取值范围）。本例中配置否认报文包含不能接收的 MRU 参数和可以接收的 MRU 的值为 1 500。

（3）RA 在收到配置否认报文之后，根据此报文中的链路层参数重新选择本地配置的其他参数，并重新发送一个 Configure-Request 报文。

（4）RB 收到配置请求报文后，如果能够识别和接收此报文中所有参数，则向 RA 回应一个配置确认报文。

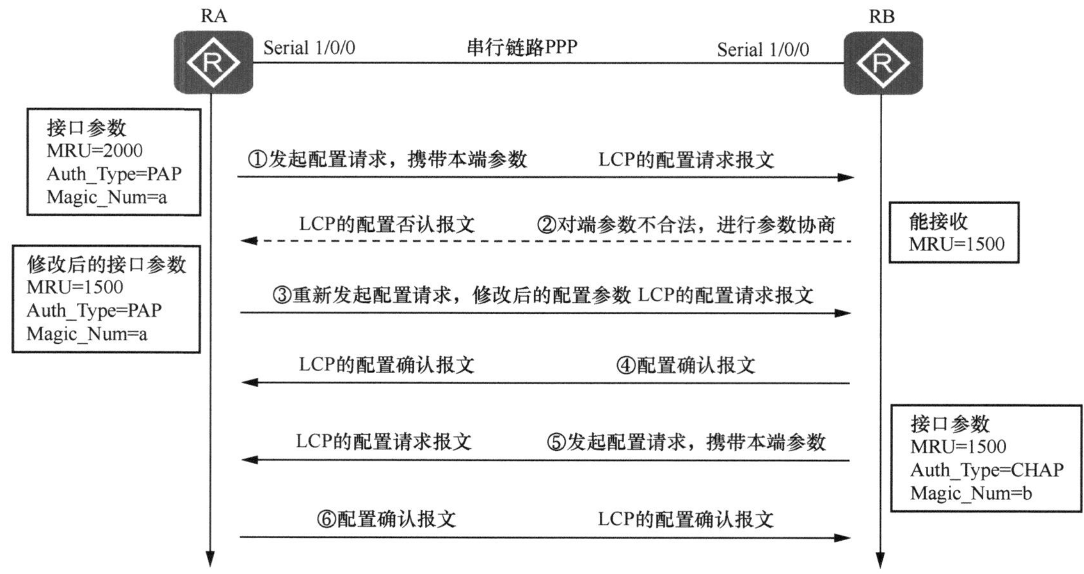

图 11-6　LCP 协商过程

（5）同样地，RB 也需要向 RA 发送配置请求报文，并携带 RB 的接口参数。

（6）RA 检测 RB 上的参数是不是可以接收。如果都可以接收，发送配置确认报文。

RA 在没有接收到配置确认报文或配置否认报文的情况下，会每隔 3s 重发一次配置请求报文，如果连续 10 次发送配置请求报文后仍然没有收到配置确认报文，则认为对端不可用，停止发送配置请求报文。

2．认证阶段

链路建立成功后，进行认证协商（可选）。认证协商有两种认证方式——PAP 和 CHAP。本案例中 RA 在 LCP 协商参数中要求认证方式为 PAP，RA 是认证方，RB 是被认证方。PAP 认证为两次握手协议，密码以明文方式在链路上传输，认证过程如图 11-7 所示。

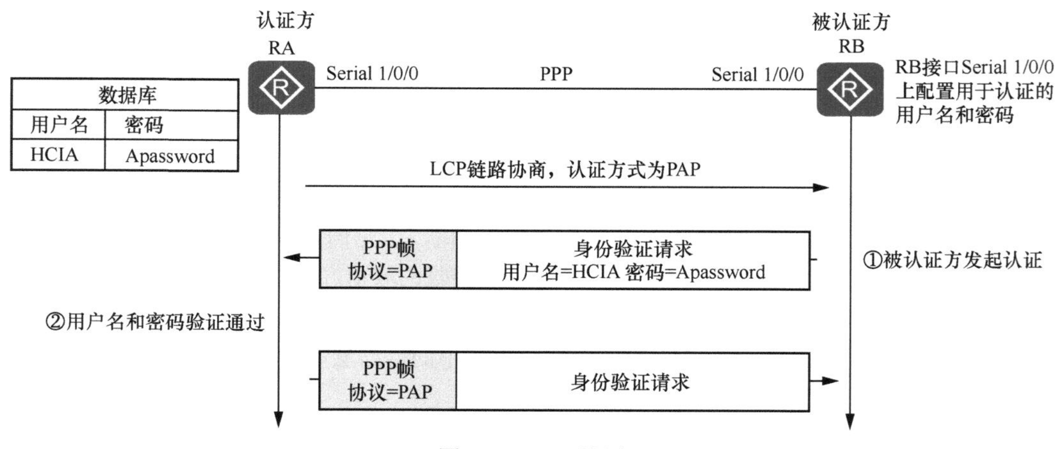

图 11-7　PAP 认证

（1）被认证方将配置的用户名和密码使用身份认证请求报文以明文方式发送给认证方。

（2）认证方收到被认证方发送的用户名和密码后，根据本地配置的用户名和密码数据库检查用户名和密码是否匹配；如果匹配，则回应身份认证确认报文，表示认证成功；否则，回应身份认证否认报文，表示认证失败。

本案例中，LCP 协商完成后，RB 要求 RA 使用 CHAP 方式进行认证。CHAP 认证双方进行 3 次握手协商，协商报文被加密后在链路上传输，认证过程如图 11-8 所示。

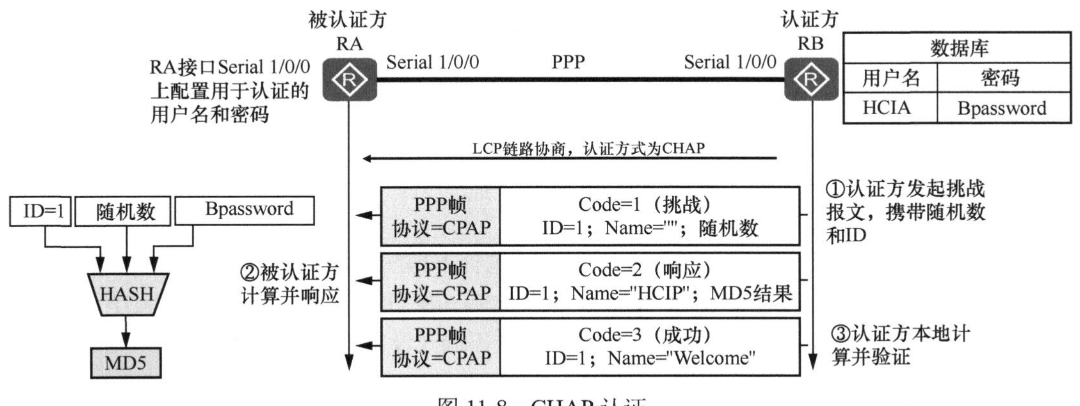

图 11-8　CHAP 认证

（1）认证方 RB 主动发起认证请求，向被认证方 RA 发送挑战报文，报文内包含随机数和 ID（此认证的序列号）。

（2）被认证方 RA 收到挑战报文之后，进行一次计算，计算公式为 MD5（ID+随机数+密码），意思是将 ID、随机数和密码连成一个字符串。然后对此字符串做 MD5 计算，得到一个 16 字节的摘要信息。然后将此摘要信息和端口上配置的 CHAP 用户名一起封装在响应报文中发回认证方 RB。

（3）认证方 RB 接收到被认证方 RA 发送的响应报文之后，按照其中的用户名在本地查找相应的密码信息，得到密码信息之后，进行一次计算，计算方式和被认证方的计算方式相同。然后将计算得到的摘要信息和响应报文中封装的摘要信息做比较，相同则认证成功，不相同则认证失败。

使用 CHAP 认证方式时，被认证方的密码是被加密后才进行传输的，这样就极大地提高了安全性。

使用加密算法时，MD5（数字签名场景和口令加密）加密算法安全性低，存在安全风险，在协议支持的加密算法选择范围内，建议使用更安全的加密算法，例如 AES、RSA（2 043 位以上）、SHA2、HMAC-SHA2 等。

3. 网络层协商阶段

PPP 认证后，双方进入网络层协商阶段，协商在数据链路上所传输的数据包的格式与类型，建立并配置不同的网络层协议。以常见的 IPCP 为例，它分为静态 IP 地址协商和动态 IP 地址协商。

静态 IP 地址协商需要手动在链路两端配置 IP 地址。静态 IP 地址协商过程如图 11-9 所示。

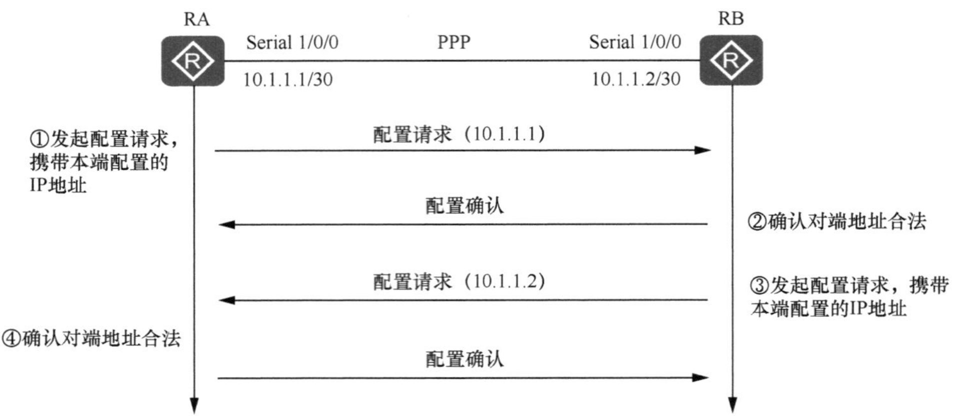

图 11-9　静态 IP 地址协商

（1）每一端都要发送配置请求报文，报文中包含本地配置的 IP 地址。

（2）每一端接收到对端发送的配置请求报文之后，检查其中的 IP 地址。如果 IP 地址是一个合法的单播 IP 地址，而且和本地配置的 IP 地址不同（没有 IP 地址冲突），则认为对端可以使用该 IP 地址，并向对端回应一个配置确认报文。

动态 IP 地址协商支持 PPP 链路一端为对端配置 IP 地址。动态协商 IP 地址的过程如图 11-10 所示。

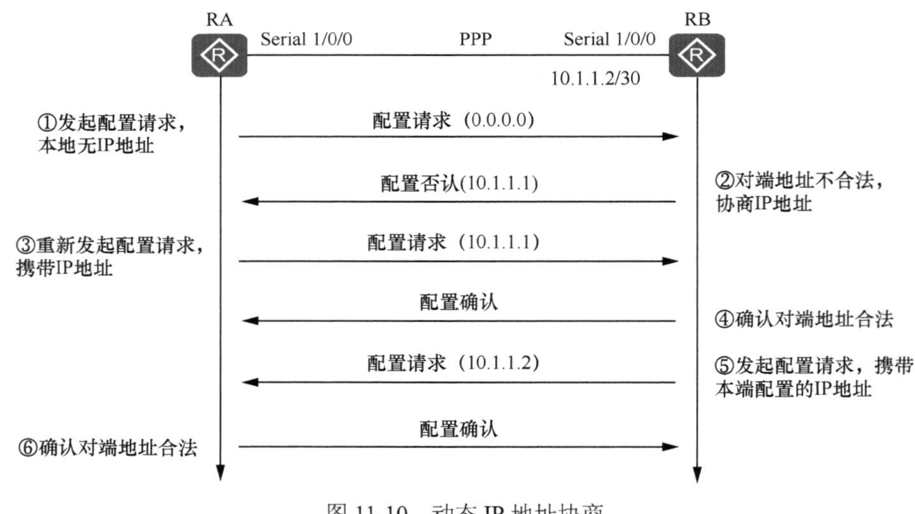

图 11-10　动态 IP 地址协商

（1）RA 向 RB 发送一个配置请求报文，报文中会包含一个 IP 地址 0.0.0.0，表示向对端请求 IP 地址。

（2）RB 收到上述配置请求报文后，认为其中包含的 IP 地址 0.0.0.0 不合法，使用 Configre-Nak 回应一个新的 IP 地址 10.1.1.1。

（3）RA 收到此配置否认报文之后，更新本地 IP 地址，并重新发送一个配置请求报文，包含新的 IP 地址 10.1.1.1。

（4）RB 收到配置请求报文后，认为其中包含的 IP 地址合法，回应一个配置确认报文。

（5）同样地，RB 也要向 RA 发送配置请求报文请求使用地址 10.1.1.2。

（6）RA 如果认为此地址合法，回应配置确认报文。

11.2.5 实战：配置 PPP 身份认证用 PAP 模式

如图 11-11 所示，配置网络中的 AR1 和 AR2 路由器实现以下功能。

- 在 AR1 和 AR2 之间的链路上配置使用 PPP 作为数据链路层协议。
- 在 AR1 上创建用户名和密码，用于 PPP 身份认证。
- 在 AR1 的 Serial 2/0/0 接口上，配置 PPP 身份认证模式为 PAP。
- 在 AR2 的 Serial 2/0/1 接口上，配置出示给 AR1 路由器的用户名和密码。

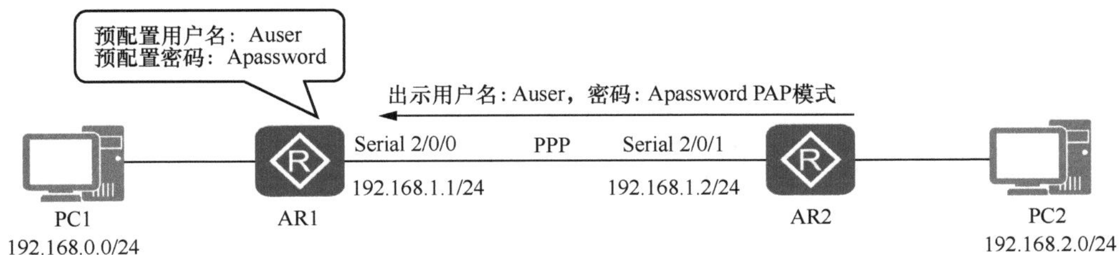

图 11-11　PPP 实战网络拓扑

在 AR1 路由器上的 Serial 2/0/0 接口配置数据链路层协议使用 PPP，华为路由器串行接口默认使用的就是 PPP。下面的操作为查看串行接口支持的数据链路层协议，可以看到同一个接口可以指定使用不同的数据链路层协议。

```
[AR1]interface Serial 2/0/0
[AR1-Serial2/0/0]link-protocol ?              --查看串行接口支持的数据链路层协议
  fr     Select FR as line protocol
  hdlc   Enable HDLC protocol
  lapb   LAPB(X.25 level 2 protocol)
  ppp    Point-to-Point protocol
  sdlc   SDLC(Synchronous Data Line Control) protocol
  x25    X.25 protocol
[AR1-Serial2/0/0]link-protocol ppp             --数据链路层协议指定使用 PPP
```

查看 AR1 路由器上的 Serial 2/0/0 接口的状态，如下所示。返回的消息显示物理层状态为 UP，表明两端接口连接正常，数据链路层状态为 UP，表明两端协议一致。

```
<AR1>display interface Serial 2/0/0
Serial2/0/0 current state : UP                 --物理层状态为 UP
Line protocol current state : UP               --数据链路层状态为 UP
Description:HUAWEI, AR Series, Serial2/0/0 Interface
Route Port,The Maximum Transmit Unit is 1500, Hold timer is 10(sec)
Internet Address is 192.168.1.1/24
Link layer protocol is PPP                     --数据链路层协议为 PPP
LCP reqsent
…
```

在 AR1 上创建用于 PPP 身份认证的用户，如下所示。

```
[AR1]aaa
[AR1-aaa]local-user Auser password cipher Apassword.com --创建用户名为Auser，密码为Apassword
[AR1-aaa]local-user Auser service-type ppp        --指定 Auser 用于 PPP 身份认证
[AR1-aaa]quit
```

配置 AR1 路由器上的 Serial 2/0/0 接口使用 PPP，要求身份认证且身份认证模式为 PAP，需另一端身份认证后才能连接，如下所示。

```
[AR1]interface Serial 2/0/0
[AR1-Serial2/0/0]ppp authentication-mode ?          --查看 PPP 身份认证模式
  chap   Enable CHAP authentication                 --密码安全传输
  pap    Enable PAP authentication                  --密码明文传输
[AR1-Serial2/0/0]ppp authentication-mode pap        --需要 PAP 身份认证
```

在 AR2 路由器上的 Serial 2/0/1 接口配置数据链路层协议使用 PPP，并指定向 AR1 出示的用户名和密码，如下所示。

```
[AR2]interface Serial 2/0/1
[AR2-Serial2/0/1]link-protocol ppp
[AR2-Serial2/0/1]ppp pap local-user Auser password cipher Apassword
```

如果要取消接口的 PPP 身份认证，需要执行以下命令。

```
[AR1-Serial2/0/1]undo ppp authentication-mode pap
```

11.2.6 实战：配置 PPP 身份认证用 CHAP 模式

11.2.5 节只实现了 AR1 验证 AR2。现在要配置 AR2 验证 AR1，在 AR2 上创建用户名 Buser，密码为 Bpassword。配置 AR2 的 Serial 2/0/1 接口使用 PPP，要求身份认证，身份认证模式为 CHAP。配置 AR1 的 Serial 2/0/0 接口出示用户名和 MD5，如图 11-12 所示。

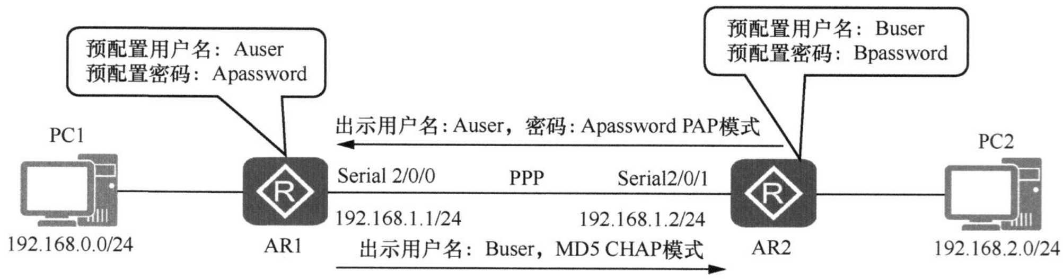

图 11-12 配置 PPP 身份认证用 CHAP 模式

在 AR2 上创建 PPP 身份认证的用户名。配置 Serial 2/0/1 接口，PPP 要求完成身份认证才能连接，如下所示。

```
[AR2]aaa
[AR2-aaa]local-user Buser password cipher Bpassword
[AR2-aaa]local-user Buser service-type ppp
[AR2-aaa]quit
[AR2]interface Serial 2/0/1
[AR2-Serial2/0/1]ppp authentication-mode chap          --要求完成身份认证才能连接
[AR2-Serial2/0/1]quit
```

AR1 的配置如下。先指定用于 PPP 身份认证的用户名，再指定密码。

```
[AR1]interface Serial 2/0/0
[AR1-Serial2/0/0]ppp chap user Buser                    --用户名
[AR1-Serial2/0/0]ppp chap password cipher Bpassword     --密码
[AR1-Serial2/0/0]quit
```

11.3 PPPoE

11.3.1 PPPoE 应用场景

PPP 本身具备通过用户名和密码的形式进行认证的功能。然而，PPP 只适用于点到点的网络类型。如图 11-13 所示，家庭网关（Home Gateway，HG）作为 PPPoE 客户端和 PPPoE 服务器通过以太网交换机连接，交换机组建的网络是多点接入网络（Multi-Access Network），PPP 无法直接应用在这样的网络上。为了将 PPP 应用在以太网（多点接入网络）上，一种被称为 PPPoE（PPP over Ethernet）的协议应运而生。

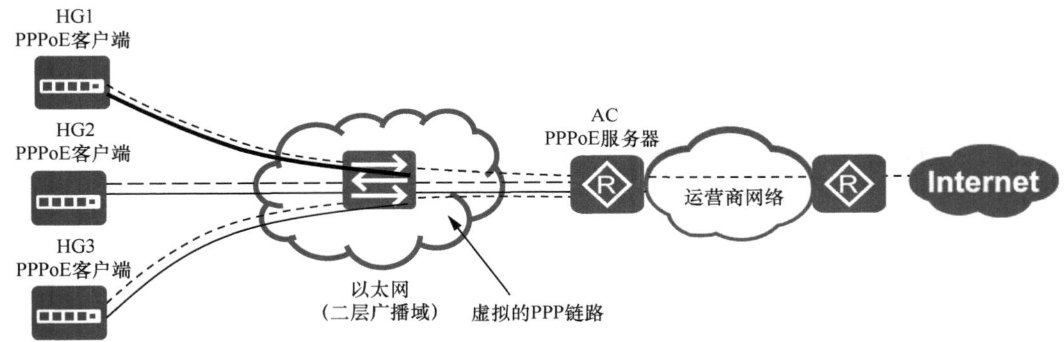

图 11-13　从 PPPoE 的角度来看接入网

PPPoE 实现了在以太网上提供点到点连接。PPPoE 客户端与 PPPoE 服务器之间建立 PPP 会话，封装 PPP 数据报文，为以太网上的主机提供接入服务，实现用户控制和计费。PPPoE 的常见应用场景有家庭用户拨号上网、企业用户拨号上网等。

从本质上讲，PPPoE 是一个允许在以太网广播域中的两个以太网接口之间创建点到点隧道的协议，它描述了如何将 PPP 帧封装在以太网数据帧中。PPPoE 采用了客户-服务器（Client-Server）模式。在 PPPoE 的标准术语中，运行 PPPoE 客户端程序的设备称为主机，运行 PPPoE 服务器程序的设备称为 AC（Access Concentrator）。在图 11-13 中，HG 就是主机，而运营商路由器就是 AC。

利用 PPPoE，每个家庭用户的 HG 都可以与 PPPoE 服务器建立起一条虚拟的 PPP 链路（逻辑意义上的 PPP 链路）。也就是说，HG 与 PPPoE 服务器是可以交互 PPP 帧的。然而，这些 PPP 帧并非在真实的物理 PPP 链路上传输，而是被封装在 HG 与 PPPoE 服务器交互的以太网数据帧中，并随着这些以太网数据帧在以太链路上传输。

11.3.2 PPPoE 报文格式

PPP 不支持以太网环境，以太网网络适配器（网卡）只能将数据分装成以太网数据帧格式，不能将数据封装成 PPP 帧格式。于是，人们想到了一种方法：在封装好的 PPP 数据帧外面再封装一层以太网数据帧，然后把这个嵌套了 PPP 数据帧的以太网数据帧发送到以太网中传输。这样一来，当运营商的设备接收到这个以太网数据帧时，会通过解封装获得其中封装的 PPP 数据帧，然后根据这个 PPP 数据帧内部封装的协议，来对数据帧进行相应的处理。

图 11-14 展示了 PPPoE 报文的格式。如果以太网数据帧的类型字段的值为 0x8863 或 0x8864，则表明该以太网数据帧的载荷数据就是一个 PPPoE 报文。

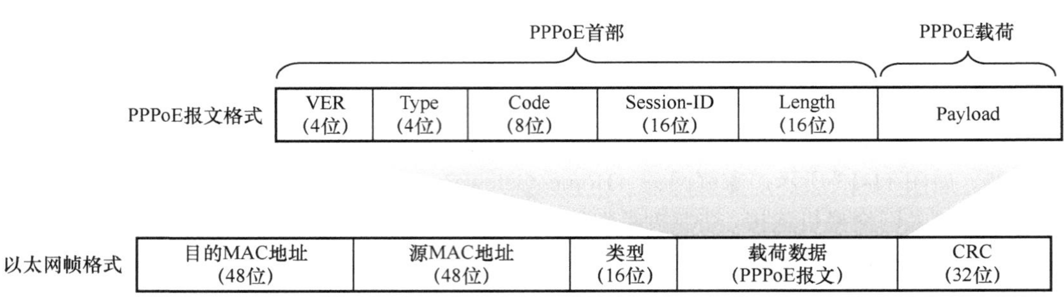

图 11-14 PPPoE 报文格式

PPPoE 报文分为 PPPoE 首部和 PPPoE 载荷两个部分。在 PPPoE 首部中，VER 字段（版本字段）的值总是 0x1，Type 字段的值也总是 0x1，Code 字段表示不同类型的 PPPoE 报文，Length 字段表示整个 PPPoE 报文的长度，Session-ID 字段用来区分不同的 PPPoE 会话（PPPoE Session），PPP 数据帧在 PPPoE 载荷中。

11.3.3 PPPoE 的工作过程

PPPoE 的工作过程分为两个阶段——Discovery 阶段（发现阶段）和 PPP Session 阶段（PPP 会话阶段）。

1. 发现阶段

PPPoE 发现有 4 个步骤：客户端发送请求、服务端响应请求、客户端确认响应和建立会话。

如图 11-15 所示，在 PPPoE 发现阶段，主机与 AC 之间会交互 4 种不同类型的 PPPoE 报文，分别是 PADI（PPPoE Active Discovery Initiation）报文（对应 PPPoE 头中 Code 字段的值为 0x09）、PADO（PPPoE Active Discovery Offer）报文（对应 PPPoE 头中 Code 字段的值为 0x07）、PADR（PPPoE Active Discovery Request）报文（对应 PPPoE 头中 Code 字段的值为 0x19）、PADS（PPPoE Active Discovery Session-confirmation）报文（对应 PPPoE 头中 Code 字段的值为 0x65）。

首先，主机会以广播方式发送一个 PADI 报文，如图 11-16 所示，目的是寻找网络中的 AC，并告诉 AC 自己希望获得的服务类型信息。在 PADI 报文的载荷中，包含的是若干个具有 TLV 结构的 Tag 字段，这些 Tag 字段表达了主机想要获得的各种服务类型信息。注意，PADI 报文中的 Session-ID 字段的值为 0。

AC 接收 PADI 报文之后会将 PADI 报文中请求的服务与自己能够提供的服务进行比较。AC 如果能够提供主机请求的服务，则以单播形式回复一个 PADO 报文；如果不能提供，则不做任何回应。PADO 报文中的 Session-ID 字段的值为 0。

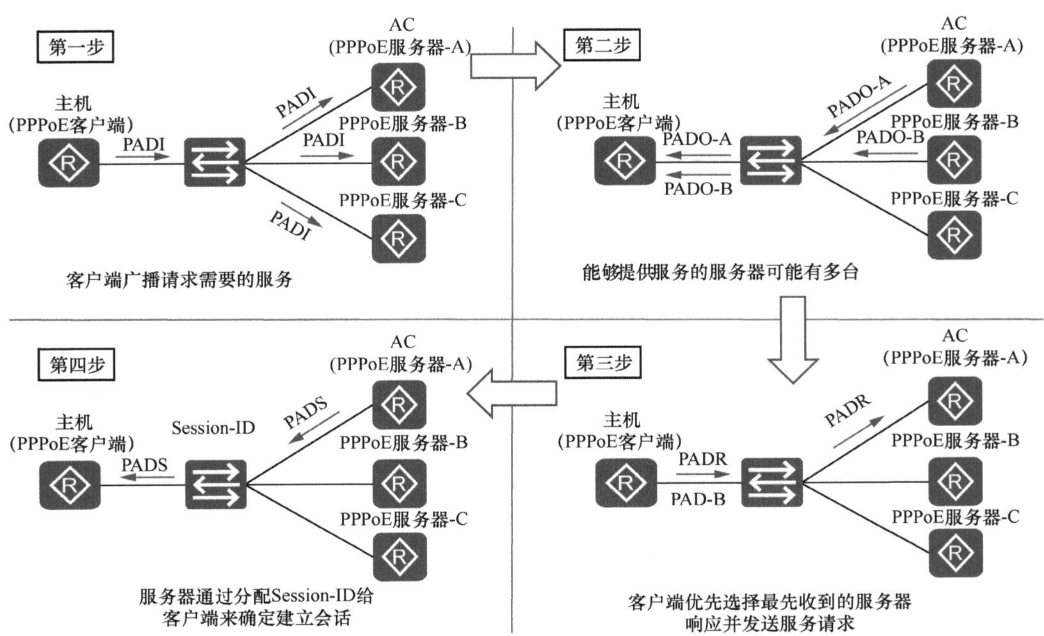

图 11-15　PPPoE 的发现阶段

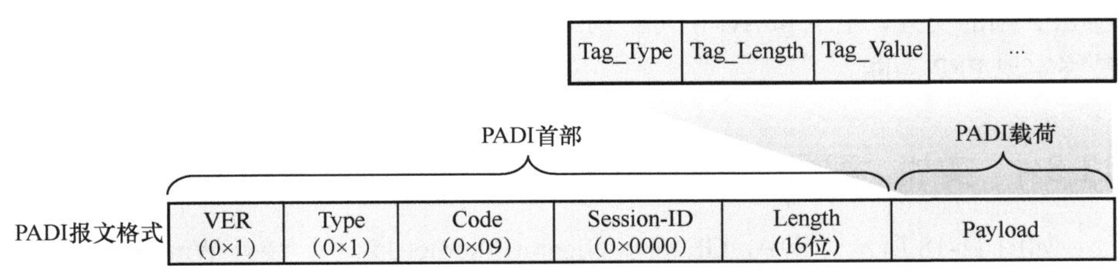

图 11-16　PADI 报文格式

如果网络中有多个 AC，主机就可能接收到来自不同 AC 回应的 PADO 报文。通常，主机会选择最先收到的 PADO 报文对应的 AC 并作为自己的 PPPoE 服务器，同时向这个 AC 以单播形式发送一个 PADR 报文。PADR 报文中的 Session-ID 字段的值仍然为 0。

AC 接收到 PADR 报文之后会确定出一个 PPPoE Session_ID，并在发送给主机的单播 PADS 报文中携带这个 PPPoE Session_ID。PADS 报文中的 Session-ID 字段的值为 0xXXXX，这个值便是 PPPoE Session_ID。

主机接收到 PADS 报文并获知 PPPoE Session_ID 之后，便标志着主机与 AC 已经成功建立 PPPoE 会话。接下来，主机和 AC 便可进入 PPP 会话阶段。

2. PPP 会话阶段

在 PPP 会话阶段，主机与 AC 交互的仍然是以太网数据帧，但是这些以太网数据帧中携带了 PPP 帧。图 11-17 展示了在 PPP 会话阶段主机与 AC 交互的以太网数据帧包含的内容。以太网数据帧的类型字段的值为 0x8864（注：在发现阶段，以太网数据帧的类型字段的值总是为 0x8863），这表明以太网数据帧的载荷数据是一个 PPPoE 报文。PPPoE 报文中，Code 字段的值为 0x00，Session_ID 字段的值保持为在发现阶段确定的值。现在我们终于可以看到此时的 PPPoE 报文的载荷就是一个 PPP 帧！然而，需要注意的是，PPPoE 报文的载荷并非我们之前熟悉的一个完整的 PPP 帧，而只是 PPP 帧的 Protocol 字段和 Information 字段。这是因为 PPP 帧的其他字段在此虚拟的 PPP 链路上已无存在的必要。

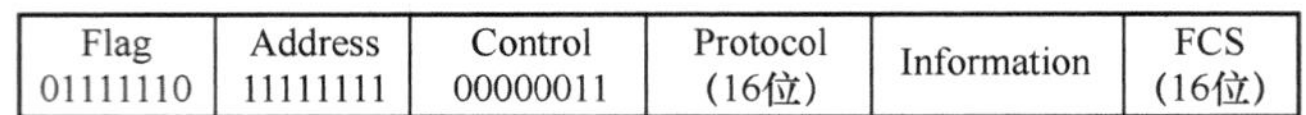

Flag 01111110	Address 11111111	Control 00000011	Protocol (16位)	Information	FCS (16位)

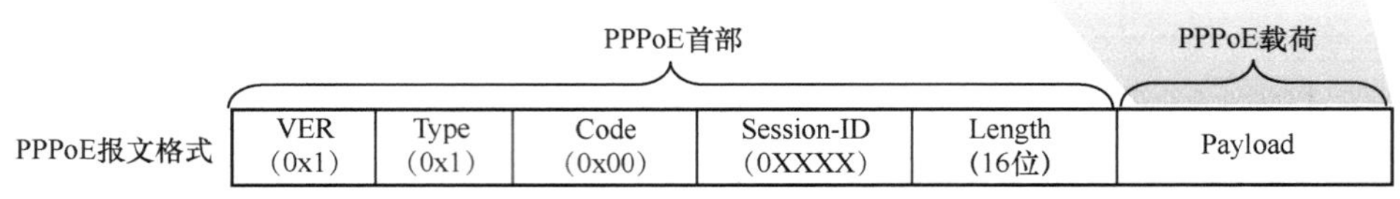

图 11-17　携带有 PPP 帧的以太网数据帧

我们看到，通过 PPPoE 的中介作用，在 PPP 会话阶段主机与 AC 就可以交互 PPP 帧。通过 PPP 帧的交互，主机和 AC 便可经历 PPP 的链路建立阶段、认证阶段以及网络层协商阶段，最终实现 PPP 功能。

11.3.4　实战：配置 Windows 操作系统 PPPoE 拨号上网

如图 11-18 所示（其中，GE 表示 GigabitEthernet 接口），装有 Windows 10 操作系统的 PC1 和 PC2 是某企业内网中的计算机，通过交换机 LSW1 连接到路由器 AR1，PC2 是办公室 101 里的一台计算机，通过路由器 AR2 连接到企业内网，AR3 连接 Internet。出于安全考虑，企业内网中的计算机必须验证用户身份后才允许访问 Internet，AR2 也需要身份认证后才能访问 Internet。下面展示的实验将 AR1 路由器配置成 PPPoE 服务器，PC1 和 AR2 作为 PPPoE 客户端需要建立 PPPoE 拨号连接，通过用户身份认证后才能获得一个合法的地址来访问 Internet。为企业内网的 PC1 和 AR2 分别创建一个拨号用户名和密码。

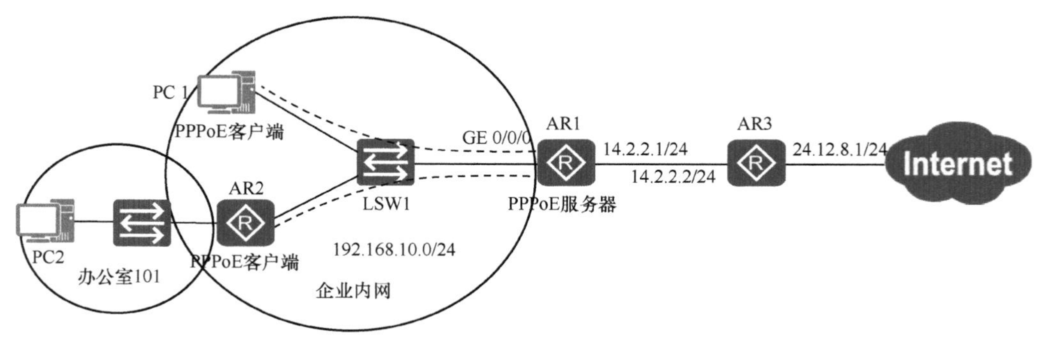

图 11-18　PPPoE 实战网络拓扑

1．配置 PPPoE 服务器

首先配置 AR1 路由器作为 PPPoE 服务器，并为 Windows 10 和 AR2 创建 PPP 拨号的用户名和密码，如下所示。

```
[AR1]aaa
[AR1-aaa]local-user hanligang password cipher Apassword
[AR1-aaa]local-user lishengchun password cipher Bpassword
[AR1-aaa]local-user hanligang service-type ppp
[AR1-aaa]local-user lishengchun service-type ppp
[AR1-aaa]quit
```

创建地址池，如果 PPPoE 拨号成功，需要给拨号的计算机分配 IP 地址和网关，如下所示。

```
[AR1]ip pool PPPoE1
[AR1-ip-pool-PPPoE1]network 192.168.10.0 mask 24
[AR1-ip-pool-PPPoE1]gateway-list 192.168.10.100
[AR1-ip-pool-PPPoE1]quit
```

创建虚拟接口模板，虚拟接口模板可以绑定到多个物理接口上，如下所示。

```
[AR1]interface Virtual-Template ?
  <0-1023>  Virtual template interface number
[AR1]interface Virtual-Template 1
[AR1-Virtual-Template1]remote address pool PPPoE1 --该虚拟接口给 PPPoE 客户端分配的地址池使用
[AR1-Virtual-Template1]ip address 192.168.10.100 24     --给该虚拟机接口指定 IP 地址
[AR1-Virtual-Template1]ppp ipcp dns 8.8.8.8 114.114.114.114    --给 PPPoE 客户端指定主、从
DNS 服务器
[AR1-Virtual-Template1]quit
```

将虚拟接口模板绑定到 GigabitEthernet 0/0/0 接口上，该接口不需要 IP 地址，如下所示。

```
[AR1]interface GigabitEthernet 0/0/0
[AR1-GigabitEthernet0/0/0]undo ip address                     --删除配置的 IP 地址
[AR1-GigabitEthernet0/0/0]pppoe-server bind virtual-template 1 --将虚拟接口模板绑定到该接口上
[AR1-GigabitEthernet0/0/0]quit
```

一个虚拟接口模板可以绑定到 PPPoE 服务器的多个物理接口上。

如图 11-19 所示（其中，GE 表示 GigabitEthernet 接口），路由器 AR1 有两个以太网接口，分别连接了两个以太网。这两个以太网中的计算机都要通过 PPPoE 拨号上网，分配的地址都属于 192.168.10.0/24 这个网段，可以将虚拟接口模板绑定到这两个物理接口上。

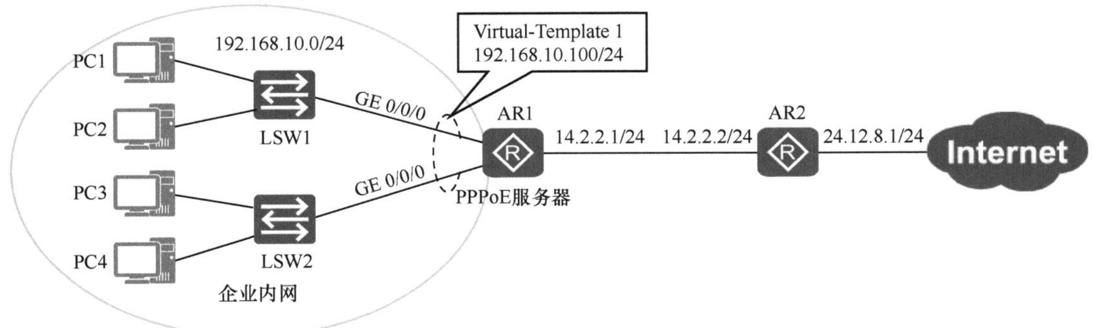

图 11-19　将虚拟接口模板绑定到物理接口上的网络拓扑

2．将 Windows 10 操作系统配置为 PPPoE 客户端

配置 Windows 操作系统 PPPoE 拨号上网，就是将装有 Windows 操作系统的计算机配置为 PPPoE 客户端，也就是在 Windows 操作系统上创建 PPPoE 拨号连接。

（1）登录 Windows 10 操作系统，打开“网络和共享中心”，单击“设置新的连接或网络”。

（2）在出现的“选择一个连接选项”对话框中选中“连接到 Internet”，单击“下一步”。

（3）在出现的“你希望如何连接？”对话框中单击“宽带（PPPoE）”。

（4）如图 11-20 所示，在“键入你的 Internet 服务提供商(ISP)提供的信息”对话框中输入用户名、密码以及连接名称，单击“连接”。

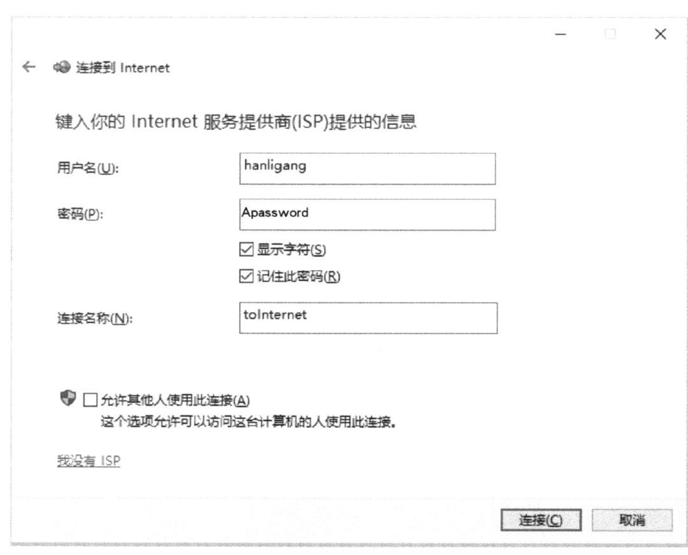

图 11-20 输入 PPPoE 拨号的用户名密码及连接名称

拨通之后，在命令提示符窗口中执行 ipconfig /all 命令以查看通过拨号获得的 IP 地址和 DNS，如下所示。

```
C:\Users\win10>ipconfig /all
Windows IP 配置
   主机名............. : win10-PC
   主 DNS 后缀.......... :
   节点类型 ............ : 混合
   IP 路由已启用.......... : 否
   WINS 代理已启用......... : 否

PPP 适配器 to Internet:     --PPPoE 拨号获得的 IP 地址和 DNS
   连接特定的 DNS 后缀....... :
   描述............... : toInternet
   物理地址............. :
   DHCP 已启用........... : 否
   自动配置已启用.......... : 是
   IPv4 地址............ : 192.168.10.254(首选)
   子网掩码 ............ : 255.255.255.255    --PPPoE 拨号获得的子网掩码均为 255.255.255.255
   默认网关............. : 0.0.0.0
   DNS 服务器 ........... : 8.8.8.8         --PPPoE 拨号获得的 DNS
                           114.114.114.114
   TCPIP 上的 NetBIOS ....... : 已禁用
```

3. 将 AR2 路由器配置为 PPPoE 客户端

将 AR2 配置为 PPPoE 客户端，如下所示。

```
[Huawei]sysname AR2
[AR2]dialer-rule                                    --创建拨号规则
[AR2-dialer-rule]dialer-rule 1 ip permit            --允许所有 IP 报文转发
[AR2-dialer-rule]quit

[AR2]interface Dialer 1                --配置 PPPoE 客户端拨号接口
[AR2-Dialer1]dialer user enterprice --该用户名不用于认证，只起标识作用以及与 dialer 绑定
[AR2-Dialer1]dialer-group 1          -- 接口置于访问组 1
[AR2-Dialer1]dialer bundle 1   --设备通过 dialer bundle 将物理接口与拨号接口关联
[AR2-Dialer1]ppp chap user lishengchun                    --拨号用户名
[AR2-Dialer1]ppp chap password cipher Bpassword           --拨号密码
[AR2-Dialer1]ip address ppp-negotiate                     --允许接口进行 IP 地址协商
[AR2-Dialer1]quit

[AR2]interface GigabitEthernet 0/0/0
[AR2-GigabitEthernet0/0/0]pppoe-client dial-bundle-number 1 --将拨号接口绑定到出接口上
[AR2-GigabitEthernet0/0/0]quit

[AR2]ip route-static 0.0.0.0 0 Dialer 1                         --添加默认路由
```

在 PPPoE 客户端 AR2 上查看拨号接口详细信息，如下所示。

```
<AR2>display interface Dialer 1
Dialer1 current state : UP                                      --拨号成功
Line protocol current state : UP (spoofing)
Description:HUAWEI, AR Series, Dialer1 Interface
Route Port,The Maximum Transmit Unit is 1500, Hold timer is 10(sec)
Internet Address is negotiated, 192.168.10.253/32               --拨号获得的 IP 地址
Link layer protocol is PPP                                      --链路层协议
LCP initial
Physical is Dialer
Current system time: 2022-04-07 22:41:19-08:00
    Last 300 seconds input rate 0 bits/sec, 0 packets/sec
    Last 300 seconds output rate 0 bits/sec, 0 packets/sec
    Realtime 24 seconds input rate 0 bits/sec, 0 packets/sec
    Realtime 24 seconds output rate 0 bits/sec, 0 packets/sec
    Input: 0 bytes
    Output:0 bytes
    Input bandwidth utilization  :    0%
    Output bandwidth utilization :    0%
Bound to Dialer1:0:
Dialer1:0 current state : UP ,
Line protocol current state : UP

Link layer protocol is PPP
LCP opened, IPCP opened
Packets statistics:
  Input packets:0,  0 bytes
  Output packets:0, 0 bytes
  FCS error packets:0
  Address error packets:0
  Control field control error packets:0
```

4．在 PPPoE 服务器上查看拨入的 PPPoE 客户端

在 PPPoE 服务器 AR1 上可以看到有哪些 PPPoE 客户端拨入，还可以看到 PPPoE 客户端的 MAC 地址，也就是 RemMAC，如下所示。

```
<AR1>display pppoe-server session all
SID Intf                     State OIntf        RemMAC          LocMAC
1   Virtual-Template1:0      UP    GE0/0/0      000c.29e7.acc7  00e0.fc4d.3146
2   Virtual-Template1:1      UP    GE0/0/0      00e0.fc2b.78e9  00e0.fc4d.3146
<AR1>
```

5．在 Windows 10 操作系统中抓包，观察 PPPoE 帧格式

建立 PPPoE 拨号连接后，可以通过抓包分析 PPPoE 数据包的帧格式。在 Windows 10 操作系统上运行抓包工具开始抓包，并 ping 24.12.8.1。如图 11-21 所示，观察第 411 个数据包，PPPoE 载荷封装了 PPPoE 首部，又将其封装到以太网数据帧中，类型字段为 0x8864。在 PPPoE 首部中可以看到 Session_ID 为 0x0001。

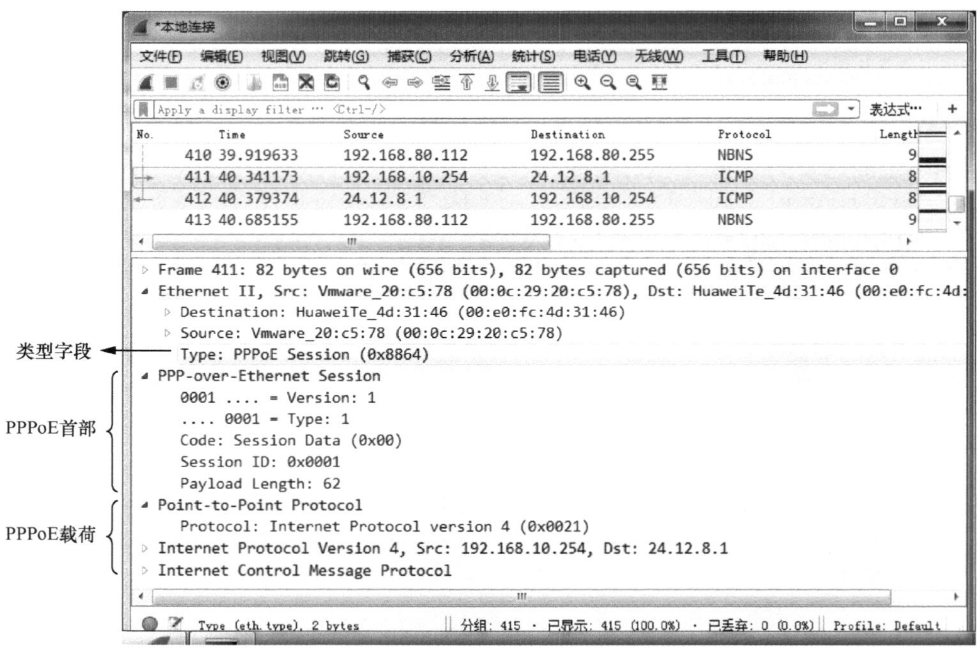

图 11-21 查看 PPPoE 数据包的帧格式

图 11-22 是根据图 11-21 中第 411 个数据包的封装展示的 PPPoE 封装的帧分层，可以看出每个协议都要增加一个首部，每封装一个首部就增加一层，这个封装了 ICMP 报文的 PPPoE 帧有 5 层。从 TCP/IP 定义的各层的功能来看，图中第①、②、③层实现的是 TCP/IPv4 栈的数据链路层功能。

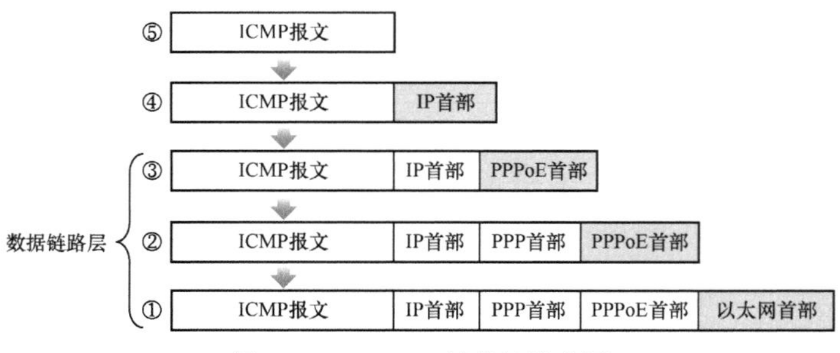

图 11-22 PPPoE 封装的帧分层

11.4 广域网技术的发展

11.4.1 多协议标签交换

传统 IP 路由转发采用的是逐跳转发。数据报文经过每一个路由器，都要被解封装以查看报文网络层信息，然后根据路由最长匹配原则查找路由表指导报文转发。各路由器重复进行解封装、查找路由表和再封装的过程，所以转发性能低。

传统 IP 路由转发的特点如下。

- 所有路由器需要知道全网的路由。
- 传统 IP 转发是面向无连接的，无法提供较好的端到端 QoS 保证。

多协议标签交换（MPLS）是新一代的 IP 高速骨干网络交换标准，是一种在开放的通信网上利用标签引导数据高速、高效传输的新技术，如图 11-23 所示（其中，GE 表示 GigabitEthernet 接口）。

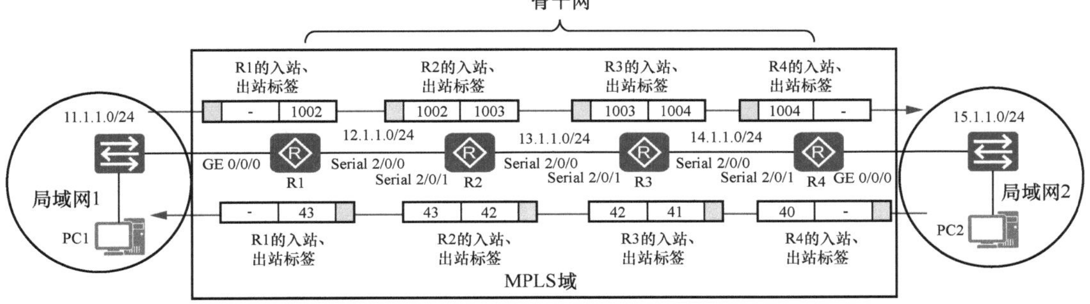

图 11-23 MPLS 示意

- MPLS 是一种隧道技术，主要应用于骨干网，在 IP 路由和控制协议的基础上，向网络层提供面向连接的交换，能够提供较好的 QoS 保证。
- MPLS 标签指导报文转发的过程中，使用本地标签查找替代传统 IP 转发的路由查找，大大提高了转发效率。
- MPLS 转发过程中使用的标签，既可以通过手动静态配置，又可以通过动态标签分发协议分配。
- 多协议的含义是指 MPLS 不但可以支持多种网络层面上的协议，还可以兼容第二层的多种数据链路层技术。

如图 11-23 所示，启用了 MPLS 的路由器称为标签交换路由器（Label Switched Router，LSR）。在 MPLS 域内，LSR 有以下角色。

- Ingress LSR（入站 LSR）：通常指对 IP 报文进行处理，压入标签头部并生成标签，通常处于 LSR 边界。
- Transit LSR（中转 LSR）：对标签进行处理，然后将处理后的标签进行转发，不关心 IP 地址。
- Egress LSR（出站 LSR）：将标签移除，并将报文还原为 IP 报文。

标签交换路径（Label Switched Path，LSP）需要建立双向路径。一个流量能够顺利穿越 MPSL 域的前提是，该流量所对应的转发等价类（Forwarding Equivalence Class，FEC）的 LSP 必须建立完成。LSP 的建立可以通过两种方式实现：静态和动态。

11.4.2　实战：配置 MPLS 转发

根据图 11-23 所示网络拓扑搭建实验环境。路由器 R1、R2、R3、R4 配置为 LSR，给路由器的接口配置 IP 地址。本案例只需要在 R1 上添加到局域网 2 的路由，在 R4 上添加到局域网 1 的路由。

在 R1 上配置接口 IP 地址以及到局域网 2 的静态路由，如下所示。

```
[R1]interface GigabitEthernet 0/0/0
[R1-GigabitEthernet0/0/0]ip address 11.1.1.1 24
[R1-GigabitEthernet0/0/0]quit
[R1]interface Serial 2/0/0
[R1-Serial2/0/0]ip address 12.1.1.1 24
[R1-Serial2/0/0]quit
[R1]ip route-static 15.1.1.0 24 12.1.1.2
```

为 R1 指定 LSR 标识 1.1.1.1，启用 MPLS，再进入接口启用 MPLS，如下所示。要求 MPLS 域中的路由器 lsr-id 必须唯一。本案例中 R2 的 lsr-id 为 2.2.2.2，R3 的 lsr-id 为 3.3.3.3，R4 的 lsr-id 为 4.4.4.4。

```
[R1]mpls lsr-id 1.1.1.1
[R1]mpls
[R1-mpls]quit
[R1]interface GigabitEthernet 0/0/0
[R1-GigabitEthernet0/0/0]mpls
[R1-GigabitEthernet0/0/0]quit
[R1]interface Serial 2/0/0
[R1-Serial2/0/0]mpls
[R1-Serial2/0/0]quit
```

R2、R3、R4 的接口配置和启用 MPLS 和 R1 路由器的类似。需要特别说明的是，要在 R4 路由器上添加到局域网 1 的路由，如下所示。

```
[R4]ip route-static 11.1.1.0 24 14.1.1.1
```

分别配置 R1、R2、R3 和 R4 从局域网 1 到局域网 2 的静态 LSP，将局域网 1 到局域网 2 的转发路径固定，如下所示。

```
[R1]static-lsp ingress 11to15 destination 15.1.1.0 24 nexthop 12.1.1.2 out-label ?
  INTEGER<16-1048575>  Out label      --标签编号范围
[R1]static-lsp ingress 11to15 destination 15.1.1.0 24 nexthop 12.1.1.2 out-label  1002
[R2]static-lsp transit 11to15 incoming-interface Serial 2/0/1 in-label 1002
nexthop 13.1.1.2 out-label 1003
[R3]static-lsp transit 11to15 incoming-interface Serial 2/0/1 in-label 1003
nexthop 14.1.1.2 out-label 1004
[R4]static-lsp egress 11to15 incoming-interface Serial 2/0/1 in-label 1004
```

分别配置 R4、R3、R2 和 R1 从局域网 2 到局域网 1 的静态 LSP，将局域网 2 到局域网 1 的转发路径固定，如下所示。

```
[R4]static-lsp ingress 15to11 destination 11.1.1.0 24 nexthop 14.1.1.1 out-label  40
[R3]static-lsp transit 15to11 incoming-interface Serial 2/0/0 in-label  40
nexthop 13.1.1.1 out-label 41
[R2]static-lsp transit 15to11 incoming-interface Serial 2/0/0  in-label  41
nexthop 12.1.1.1 out-label 42
[R1]static-lsp egress 15to11 incoming-interface Serial 2/0/0  in-label 42
```

图 11-24 所示是捕获的 MPLS 域链路中的数据包，根据第 9 个数据包的 MPLS 标签判断一下是哪条链路上的数据包，是哪个方向的数据包？猜想一下第 10 个数据包的 MPLS 标签是多少？

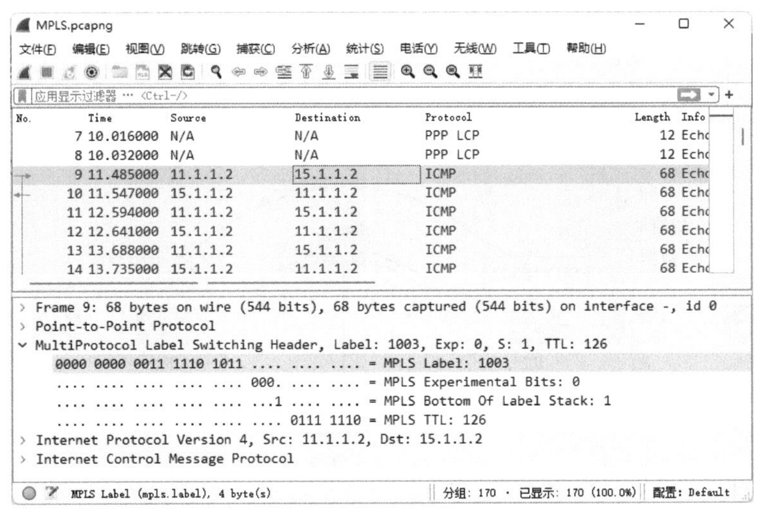

图 11-24　MPLS 域链路中的数据包

11.4.3　分段路由简介

为解决传统 IP 转发和 MPLS 标签分发问题，业界提出了分段路由（SR）。SR 作为一种新的替代 MPLS 的隧道技术受到越来越多的关注，很多用户希望引入 SR 技术来简化网络部署和管理。SR 作为当前主流的隧道技术，在承载网使用广泛。

SR 的转发机制有很大改进，主要体现在以下 3 个方面。

- 基于现有协议进行扩展。扩展后的 IGP/BGP 具有标签分发能力，因此网络中不需要其他标签分发协议，实现了协议简化。
- 引入源路由机制。基于源路由机制，支持通过控制器进行集中算路。
- 由业务来定义网络。业务驱动网络，由应用提出需求（时延、带宽、丢包率等），控制器收集网络拓扑、带宽利用率、时延等信息，根据业务需求计算显式路径。

SR 将网络路径分成一个个的段（Segment），并且为这些段分配 SID（Segment ID）。SID 的分配对象有两种：转发节点和邻接链路。本例中 SID:1600X 中的 X 表示路由器编号；邻接链路 SID:160XX 中的 XX 表示链路两端的节点编号，如图 11-25 所示。

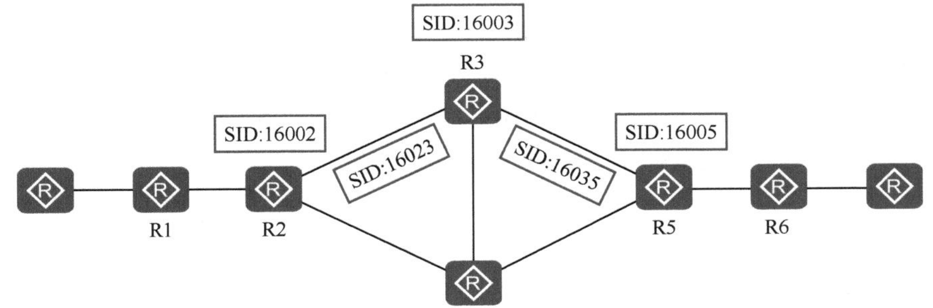

图 11-25　转发节点和邻接链路的 SID

如图 11-26 所示，邻接链路和转发节点的 SID 有序排列形成段列表（Segment List），它代表一条转发路径。SR 由源节点将段序列编码在数据包头部，随数据包传输。SR 的本质是指令，指引报文去哪里和怎么去。

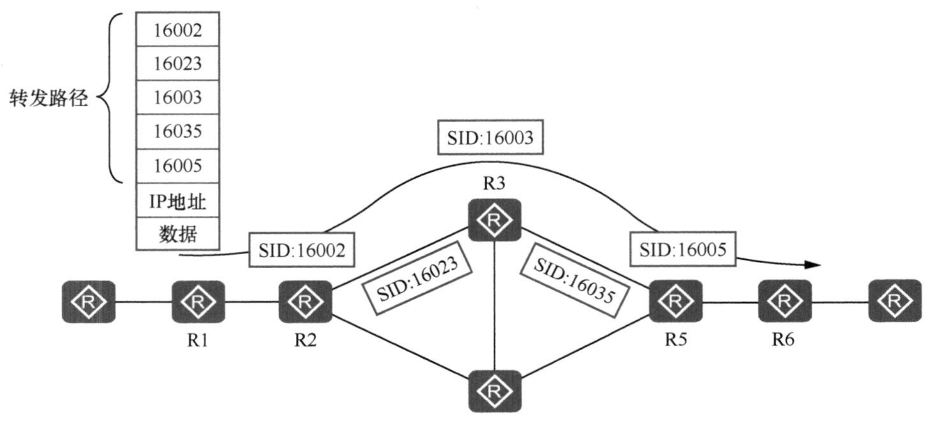

图 11-26 SR 转发路径

如图 11-27 所示，SR 部署分为无控制器部署和有控制器部署。图中有控制器部署中的 iMaster NCE 是控制器，控制器的作用是收集信息、预留路径资源、计算路径，最后将结果下发到节点。有控制器部署是更为推荐的部署方式，这种部署方式需要网络管理员对每个设备进行配置。

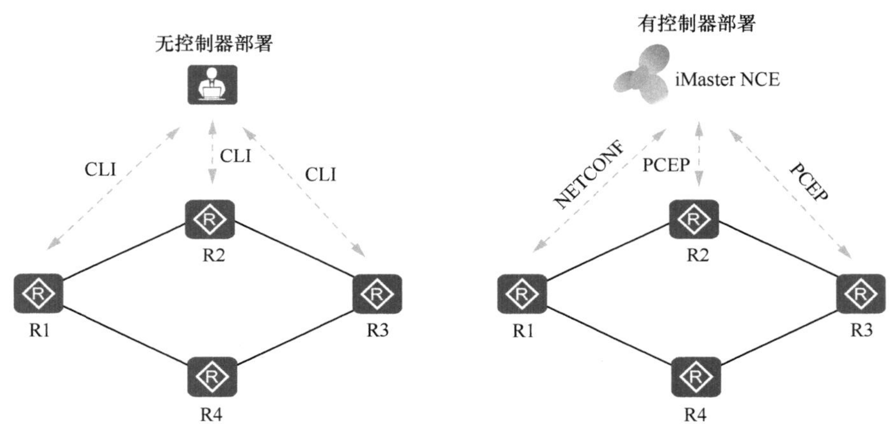

图 11-27 无控制器部署和有控制器部署

NETCONF（Network Configuration Protocol，网络配置协议）为网络管理员和网络设备之间通信提供了一套协议。网络管理员通过 NETCONF 对远端设备的配置进行下发、修改和删除等操作。网络设备提供了规范的应用程序接口（Application Programming Interface，API），网络管理员可以通过 NETCONF 使用这些 API 管理网络设备。

PCEP（Path Computation Element Communication Protocol，路径计算单元通信协议）可以简单概括为一个通信协议。网络中负责路径计算的服务器节点为所有路由器进行路径计算，从而实现集中算路。算路服务器和路由器之间通过 PCEP 进行通信。

BGP-LS（BGP Link-state）表示网络拓扑信息提取技术。

SR 可以简易地指定报文转发路径，也可以为不同业务定义不同的路径。如图 11-28 所示，在控制器上定义了数据下载、视频和语音 3 条显式路径，实现了业务驱动网络。设备由控制器管理，支持路径实时快速发放。

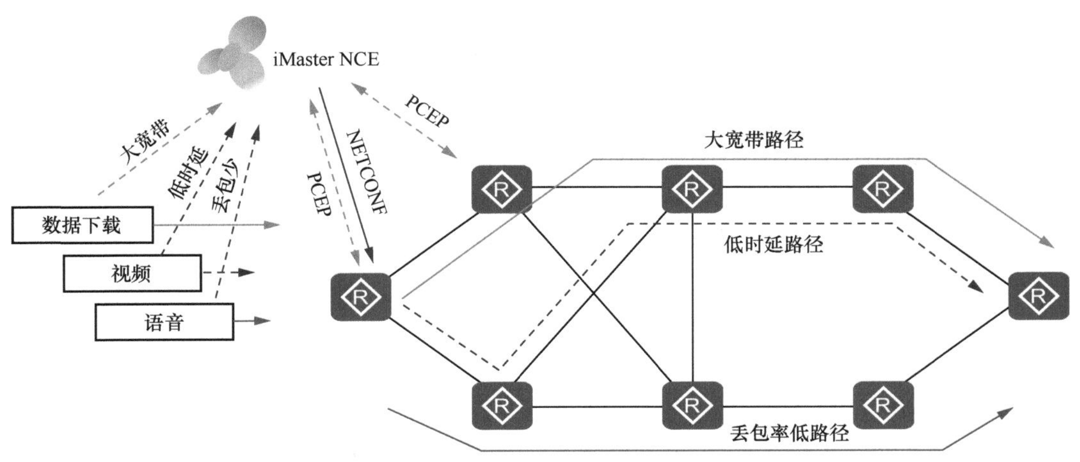

图 11-28 有控制器部署的转发路径

11.5 习题

选择题

1. 在配置 PPP 认证方式为 PAP 时，下面哪些操作是必须执行的？（选择 3 个答案）(　　)

A. 把被认证方的用户名和密码加入认证方的本地用户列表

B. 配置与对端设备相连接口的封装类型为 PPP

C. 设置 PPP 的认证方式为 CHAP

D. 在被认证方配置向认证方发送的用户名和密码

2. 在华为路由器的串行接口上配置封装 PPP 时，需要在接口视图下执行的命令是________。(　　)

A. link-protocol ppp　　B. encapsulation ppp

C. enable ppp　　D. address ppp

3. 两个路由器通过串口连接且数据链路层协议为 PPP，如果想在两个路由器上通过配置 PPP 认证功能来提高安全性，则下列哪种 PPP 认证方式更安全？(　　)

A. CHAP　　B. PAP

C. MD5　　D. SSH

4. 在以太网这种多点访问网络中，PPPoE 服务器可以通过一个以太网端口与多个 PPPoE 客户端建立 PPP 连接，因此 PPPoE 服务器必须为每个 PPP 会话建立唯一的会话标识符以区分不同的连接。PPPoE 会使用什么参数建立会话标识符？(　　)

A. MAC 地址　　B. IP 地址与 MAC 地址

C. MAC 地址与 PPP-ID　　D. MAC 地址与 Session-ID

5. ip address ppp-negotiate 命令有什么作用？(　　)

A. 开启向对端请求 IP 地址的功能　　B. 开启接收远端请求 IP 地址的功能

C. 开启静态分配 IP 地址的功能　　D. 以上选项都不正确

6. 下面关于 PPP 描述正确的是________。（多选）(　　)

A. PPP 支持将多条物理链路捆绑为逻辑链路以增大带宽

B．PPP 支持明文认证和密文认证

C．PPP 扩展性不好，不可以部署在以太网链路上

D．对物理层而言，PPP 支持异步链路和同步链路

E．PPP 支持多种网络层协议，如 IPCP、IPXCP

7．PPPoE 客户端向 PPPoE 服务器发送 PADI 报文，PPPoE 服务器回复 PADO 报文。其中，PADO 报文是一个什么帧？（　　）

A．组播　　B．广播

C．单播　　D．任播

8．PPP 由以下哪些协议组成？（多选）（　　）

A．认证协议　　B．NCP

C．LCP　　D．PPPoE

9．如果在 PPP 认证过程中，被认证者发送了错误的用户名和密码给认证者，认证者将会发送哪种类型的报文给被认证者？（　　）

A．Authenticate-Reject　　B．Authenticate-Ack

C．Authenticate-Nak　　D．Authenticate-Reply

10．PPP 定义的是 OSI 参考模型中哪层的封装格式？（　　）

A．网络层　　B．数据链路层

C．表示层　　D．应用层

11．关于 PPP 的配置和部署，下面说法正确的是________。（　　）

A．PPP 不支持双向认证　　B．PPP 不可以修改 keepalive 时间

C．PPP 不能用于下发 IP 地址　　D．PPP 支持 CHAP 和 PAP 两种认证方式

12．PPP 有以下哪些优点？（多选）（　　）

A．PPP 支持链路层参数的协商

B．PPP 支持网络层参数的协商

C．PPP 既支持同步传输又支持异步传输

D．PPP 支持认证

第 12 章 园区网典型组网案例

本章内容

- 园区网基本概念
- 园区网的生命周期
- 园区网的设计和实施

本章将讲解一个企业园区网典型组网案例，通过一个企业的具体应用场景，使用华为设备组建企业园区网，规划内网网段，部署、配置有线和无线网络设备等。

根据企业的需求，设计高可用的企业内部网，采用双汇聚层设计，通过 VRRP 实现网关冗余。在出口路由器上配置 Easy IP 让内网计算机通过 NAT 访问 Internet，配置 NAT 服务允许 Internet 中的计算机访问内网服务器。在出口路由器上配置 ACL 实现对内网计算机的上网控制。本章讲解的案例展示的是对数据通信认证知识和技能的综合运用。

12.1 园区网基本概念

12.1.1 什么是园区网

园区网是限定区域内连接人与物的局域网络，通常只有一个管理主体。如果有多个管理主体，通常被认为是多个园区网。

园区网的规模可大可小，小到一个家居办公室、咖啡厅无线覆盖等，大到校园、企业园区、公园、购物中心的网络等。园区的规模是有限的，一般的大型园区（例如高校园区、工业园区）的规模一般在几平方千米以内。在这个范围内，我们可以使用局域网技术构建网络。超过这个范围的“园区”通常被视作一个“城域”，需要使用广域网技术，相应的网络会被视作城域网。

如图 12-1 所示，园区网可应用于企业、校园、政府、银行和办公楼。在园区网内部通常采用层次化、区域化设计，也就是通常所说的模块化设计。按设备在网络中的位置进行层次化设计，将网络设备分为终端层（办公计算机、手机等无线设备处于终端层）、接入层、汇聚层、核心层、园区出口层。按实现的功能进行区域划分，可分为网络管理、网络安全、非军事区（Demilitarized Zone，DMZ）、数据中心。连接园区外部的是园区出口层，园区出口层通过 Internet 和 WAN（广域网）连接其他分支、其他园区、远程接入用户和私有云、公有云。

园区网使用典型的局域网技术，包括遵循 IEEE 802.3 标准的以太网技术（有线）和遵循 IEEE 802.11 标准的 Wi-Fi 技术（无线）。

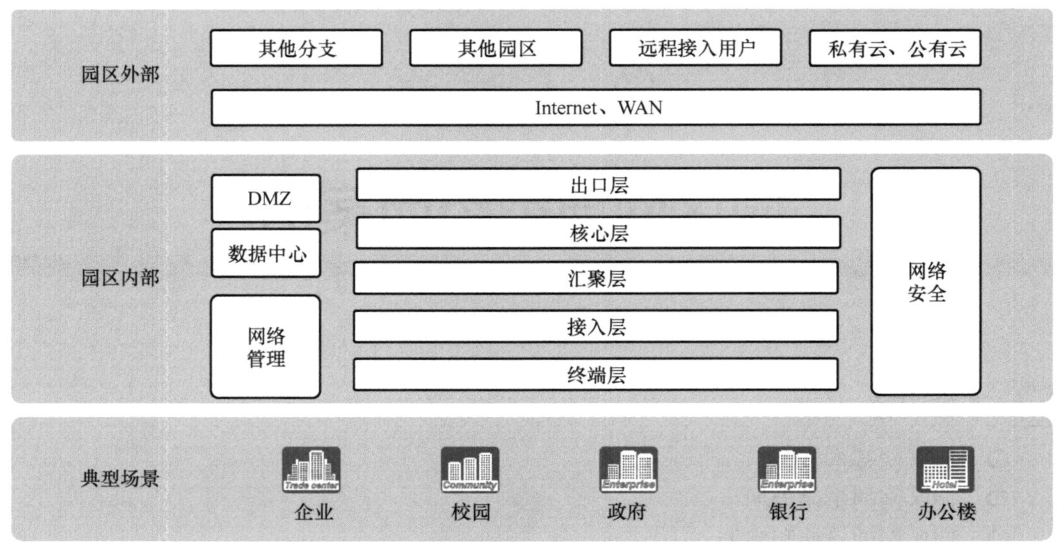

图 12-1　园区网

12.1.2　园区网典型架构

园区网一般遵循模块化设计原则。按照终端用户数量或者网元（即网络元素，包括路由器、交换机、无线 AC、AP 等设备）数量，可将园区网分为小型园区网、中型园区网和大型园区网。图 12-2 展示了园区网典型架构。

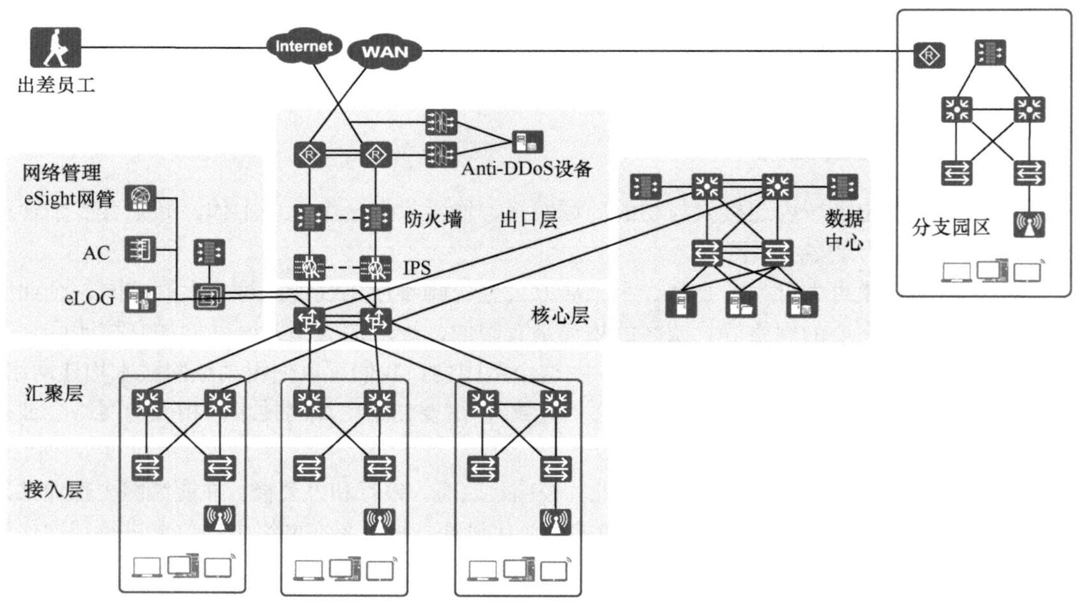

图 12-2　园区网典型架构

- 核心层是园区网骨干，是园区数据交换的核心，用于连接园区网的各个组成部分，如汇聚层、数据中心、出口层、网络管理等。
- 汇聚层处于园区网的中间层次，完成数据汇聚或交换的功能，可以提供一些关键的网络基本功能，如路由、QoS、安全等。

- 接入层为终端用户提供园区网接入服务。
- 出口层是园区内部网络到外部网络的边界，用于实现内部用户接入公网，以及外部用户接入内部网络。一般会在此区域中部署大量的网络安全设备来抵御外部网络的攻击，如 IPS（Intrusion Prevention System，入侵防御系统）、Anti-DDOS（流量清洗）设备、防火墙（Firewall）等。
- 数据中心是部署服务器和应用系统的区域，为企业内部和外部用户提供数据和应用服务。
- 网络管理是部署网络管理系统的区域，包括 eSight 网管、AC（无线控制器）和 eLOG（日志服务器）等设备，负责管理和监控整个园区网。
- 分支园区不仅需要访问 Internet，而且有可能通过专线或者 VPN 接入总部网络，以访问总部、数据中心或其他分支机构。
- 出差员工需要通过 Internet 建立到总部园区网的 VPN 连接，以访问总部园区网的资源。

1. 小型园区网架构

小型园区网适用于接入用户数量较少的场景，一般支持几个至几十个用户，网络建设的目的常常就是为了满足内部资源的访问需求。网络覆盖范围仅限于一个地点，网络不分层次，组网需求简单。小型园区网架构如图 12-3 所示。

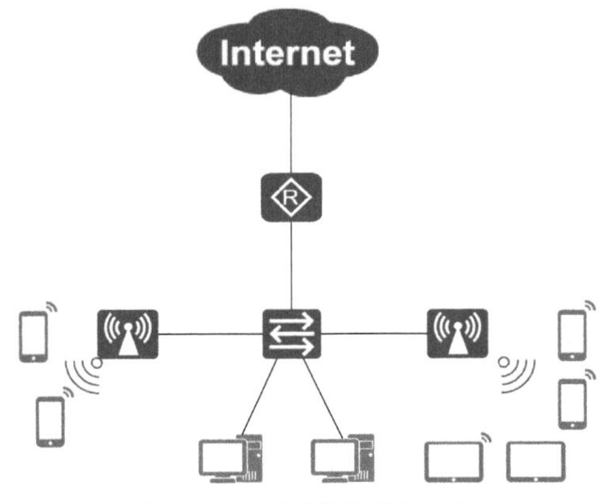

图 12-3 小型园区网架构

2. 中型园区网架构

中型园区网的终端用户数量一般为 200～2 000，网络设备数量一般为 25～100，能够支撑几百至上千个用户的接入。中型园区网引入了按功能划分区域的理念，也就是模块化的设计思路，但功能模块相对较少。一般根据业务需要进行灵活分区。

中型园区网使用场景较多，其架构如图 12-4 所示，一般采用 3 层网络结构，即核心层、汇聚层、接入层，按功能划分出两个区域，即数据中心和出口层。数据中心通常部署企业的服务器，比如内网的网站服务器、办公系统服务器、数据库服务器等。出口层连接 Internet 和核心层，通常部署防火墙控制内网到 Internet 的流量，同时也防止 Internet 中的攻击者入侵内网，NAT 也发生在出口层。

3. 大型园区网架构

大型园区网可能是覆盖多幢建筑的网络，也可能是通过 WAN 连接一个城市内的多个园区的网络，一般会提供接入服务，例如允许出差用户通过 VPN（Virtual Private Network，虚拟专用网络）等技术接入公司内部网络。

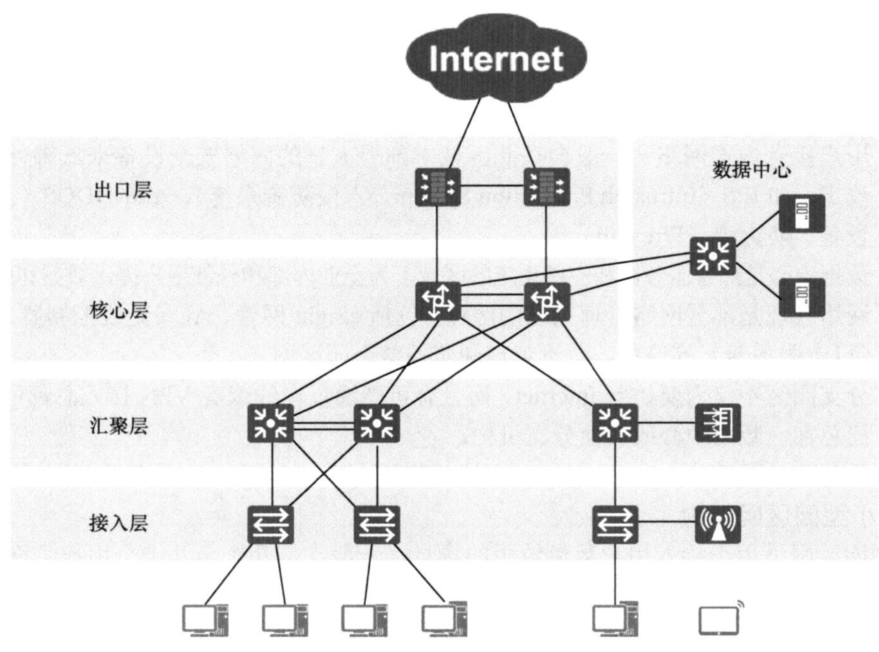

图 12-4 中型园区网架构

覆盖范围广、用户数量多、网络需求复杂、功能模块全、网络层次丰富是大型园区网的特点。大型园区网架构如图 12-5 所示。总部园区功能模块有接入层、汇聚层、核心层、出口层、数据中心和网络管理。在出口层通过 Internet 或 WAN 连接云数据中心和分部园区，出差用户和在家办公人员通过 Internet 访问总部园区网络。

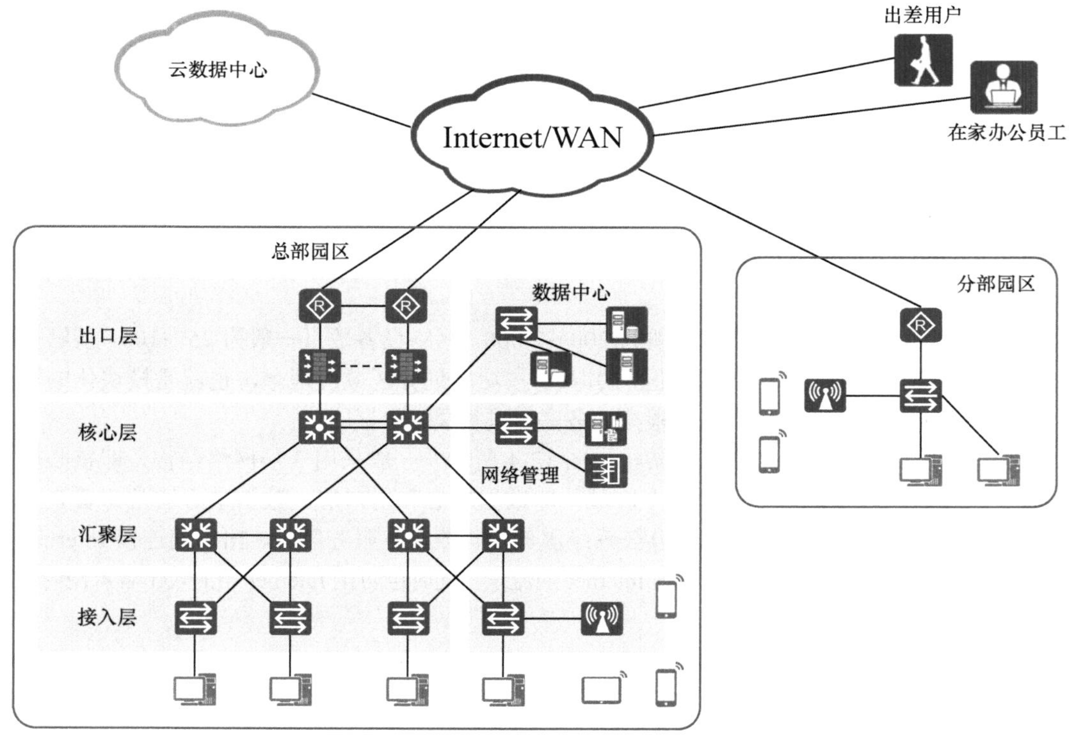

图 12-5 大型园区网架构

12.1.3 园区网用到的协议和技术

园区网各层和模块常用的协议和技术如图 12-6 所示。

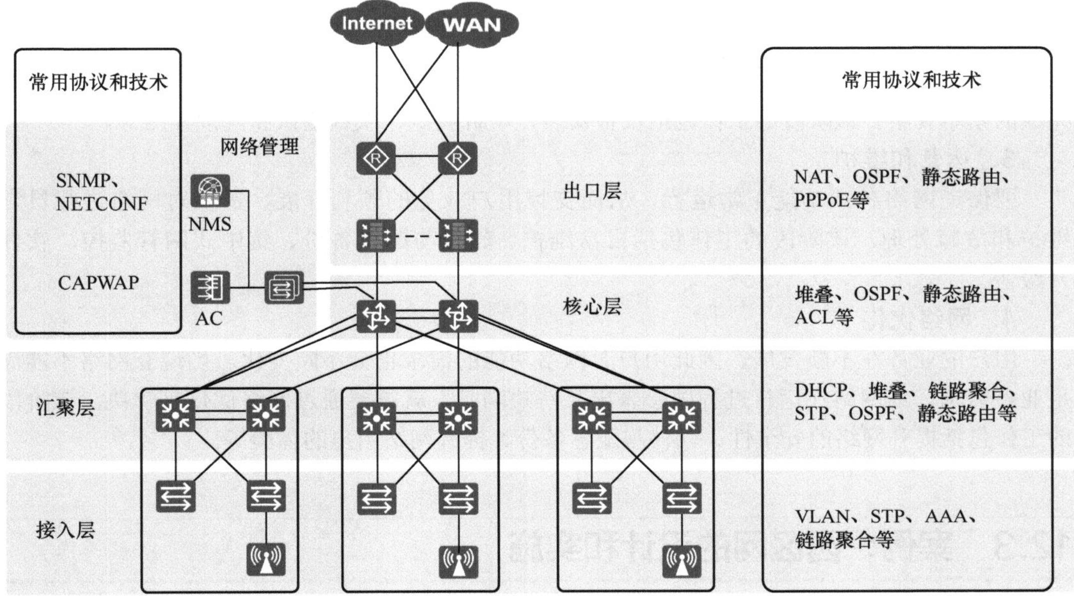

图 12-6 园区网用到的协议或技术

园区网核心层使用到的协议和技术有堆叠、OSPF、静态路由和 ACL 等。汇聚层使用到的协议和技术有 DHCP、堆叠、链路聚合、STP、OSPF、静态路由等。接入层使用到的协议和技术有 VLAN、STP、AAA 和链路聚合等。出口层使用到的协议和技术有 NAT、OSPF、静态路由和 PPPoE 等。网络管理用到的协议和技术有 SNMP、NETCONF 和 CAPWAP。

具体来说，核心层交换机、汇聚层交换机、出口层防火墙和路由器需要配置静态路由或动态路由来实现内网之间的网络链接，以及对 Internet 的访问。其中，出口层连接 Internet 的路由器上配置 NAT 或 NAPT 来实现内网访问 Internet，也可以配置 NAT 服务允许 Internet 中的计算机访问内网的服务器。出口层连接 ISP 的链路通常是广域网链路，可能会用到 PPPoE 或 PPP。汇聚层交换机和接入层交换机使用 STP 阻断环路，VLAN 间的路由通常在汇聚层交换机上实现，由汇聚层交换机实现 DHCP 为 VLAN 中的计算机分配 IP 地址。在 AC 上配置通过 WLAN 相关协议和技术实现对园区网 FIT AP 的配置。在网络管理服务器上通过 SNMP 或 NETCONF 对网络中的设备进行管理和监控。

12.2 园区网的生命周期

一般来说，园区网的生命周期至少应该包括网络系统的规划和计划、部署和实施、运营和维护以及网络优化。园区网的生命周期是一个循环迭代的过程，每次循环迭代的动力都来自网络应用需求的变更。每个循环迭代的过程都经过规划和计划、部署和实施、运营和维护以及网络优化这 4 个阶段。

1．规划和设计

网络的规划与设计是一个项目的起点，完善、细致的规划工作将为项目后续的具体工作打下坚实的基础。该阶段包括设备选型，确定网络的物理拓扑、逻辑拓扑，使用的技术与协议等。

2．部署和实施

项目实施是工程师交付项目的具体操作环节，系统的管理和高效的流程是确保项目顺利完成的基本要素。该阶段的工作包括设备安装、单机调试、联调测试和割接并网等。

3．运营和维护

要保证网络各项功能正常运行，从而支撑用户业务的顺利开展，需要对网络进行日常维护和故障处理。该阶段的工作包括日常维护、软件与配置备份、集中式网管监控、软件升级等。

4．网络优化

用户的业务在不断发展，因此用户对网络功能的需求也会不断变化。当现有网络不能满足业务需求，或网络在运行过程中暴露出某些缺陷时，就需要通过网络优化来解决。该阶段的工作包括提升网络的安全性、软件与配置备份、提升网络用户的体验等。

12.3　案例：园区网的设计和实施

12.3.1　网络设备物理分布

如图 12-7 所示，某企业有 3 个办公室、两个会议室和一个机房，有 3 个重要部门，分别为销售部、售后部、财务部。销售部有 100 台计算机，售后部有 50 台计算机，财务部有 15 台计算机。这 3 个部门的计算机分布在 202、204、210 办公室。两个会议室中使用笔记本电脑和智能手机无线连接网络，机房部署企业用到的服务器，包括 DC（域控制器）、Web 服务器和 FTP 服务器。

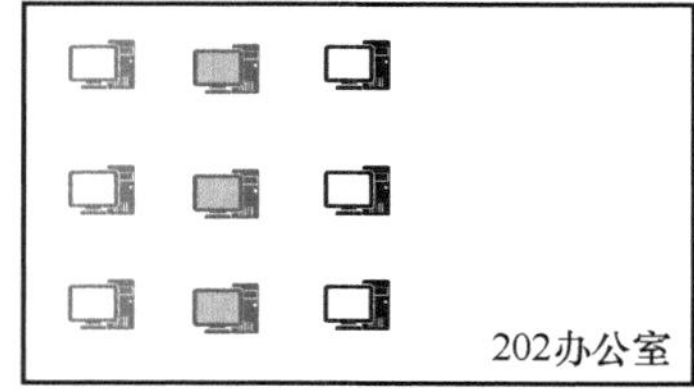

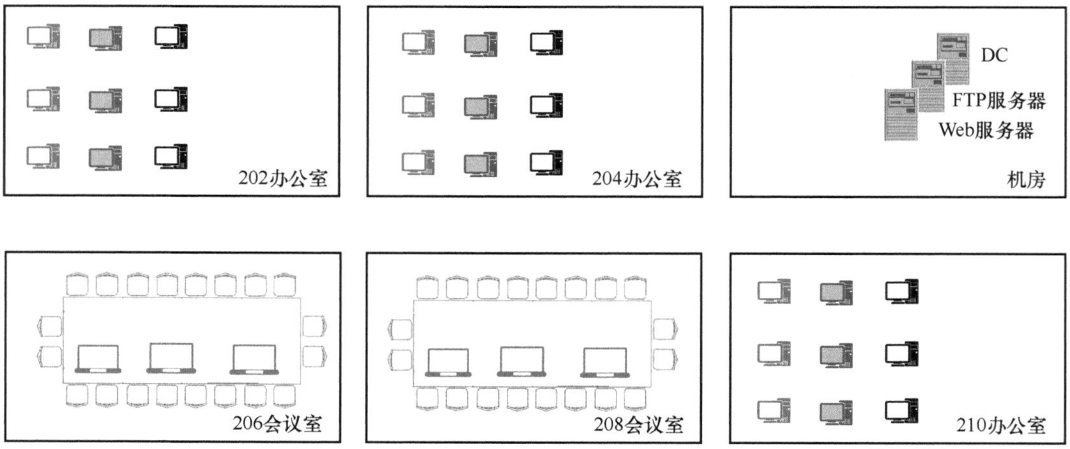

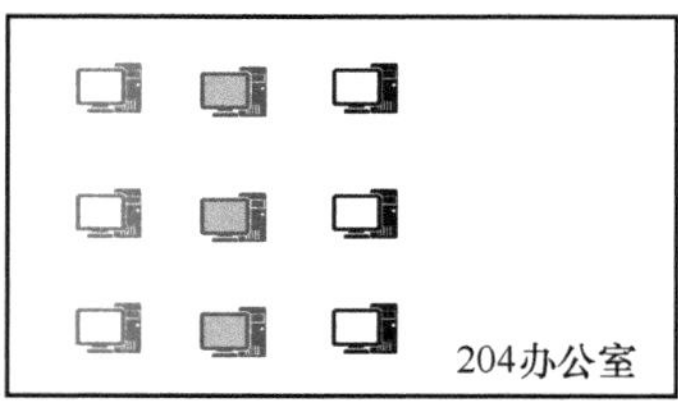

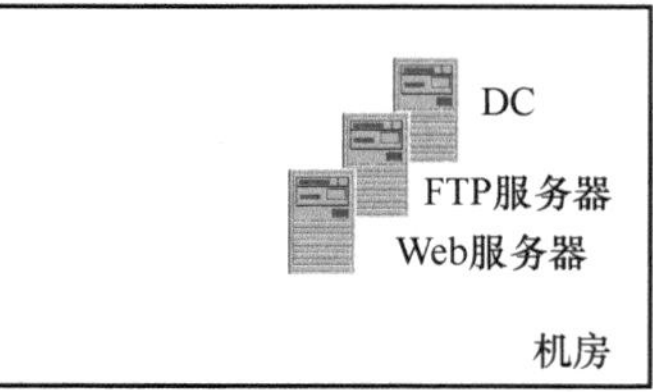

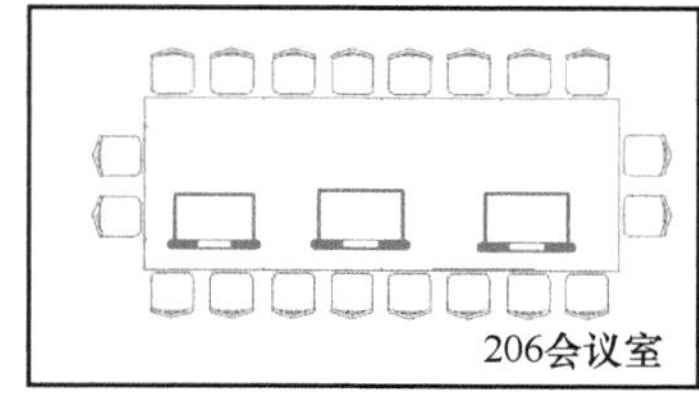

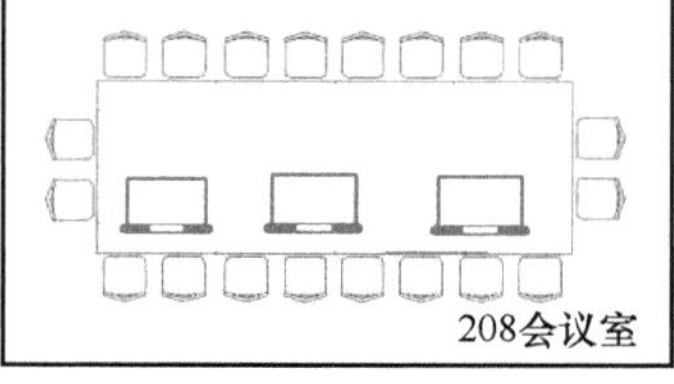

图 12-7　计算机物理分布

12.3.2 组网要求

公司有线网络使用 192.168.1.0/24 这个网段，要求按部门划分 VLAN，无线网络使用 192.168.2.0/24 这个网段，206 会议室和 208 会议室的无线设备要划分到不同 VLAN 中，每个会议室最多有 100 台笔记本电脑。

服务器要单独分配一个网段，目前有 3 台服务器，以后有可能增加到 10 台，要求从使用的 192.168.1.0/24 网段中分配一个子网。

以下是组网的具体要求。

- 采用分层次的组网方式，包括接入层、汇聚层、核心层。
- 为企业提供 Internet 接入服务。
- 企业 Web 服务器允许 Internet 上的用户访问。
- 内网各个办公室的计算机和会议室的笔记本电脑要能够自动获得 IP 地址、网关和 DNS 的配置。
- 内网要求配置静态路由以实现内网各个网段的相互通信以及访问 Internet。
- 确保企业内网的高可用性，汇聚层交换机要有冗余设计。
- 汇聚层交换机之间的链路要使用链路聚合技术来实现容错和负载均衡。
- 配置交换机使用 RSTP，使得汇聚层交换机优先成为根交换机。
- 财务部的计算机不能访问 Internet，售后部只能够访问 Internet 上的网站，销售部和会议室能够访问 Internet，且不做任何限制。

本例的园区网设计需要考虑以下内容。

- 组网方案设计，包括设备选型、物理拓扑和设备命名规范。
- 基础业务设计，包括 VLAN 设计和规划、IP 地址设计和规划、IP 地址分配方式、路由设计。
- WLAN 设计，包括 WLAN 组网设计、WLAN 数据转发方式设计。
- 网络可靠性设计。
- 二层环路避免设计。
- 出口 NAT 设计。
- 安全设计，包括流量管控、DHCP 安全和网络管理安全。
- 运维管理设计，包括使用传统设备管理和 iMaster NCE 平台管理。

12.3.3 组网方案设计

从该企业的计算机物理分布和网络规模来看，内网只需两层结构就能满足要求，即在每个办公室部署一个接入层交换机，在机房部署两个汇聚层交换机和一个路由器，在会议室 208 部署一个 AC，在每个会议室部署两个 AP，两个会议室的 AP 连接到 AC。接入层交换机和 AC 连接同时连接两个汇聚层交换机。服务器连接到汇聚层交换机 LSW1 上。物理拓扑如图 12-8 所示。

网络的逻辑拓扑和分层如图 12-9 所示，部署在办公室的交换机属于接入层，会议室的 AP 属于接入层设备。部署在机房的两个交换机属于汇聚层，连接 Internet 的 AR1 作为出口层设备。

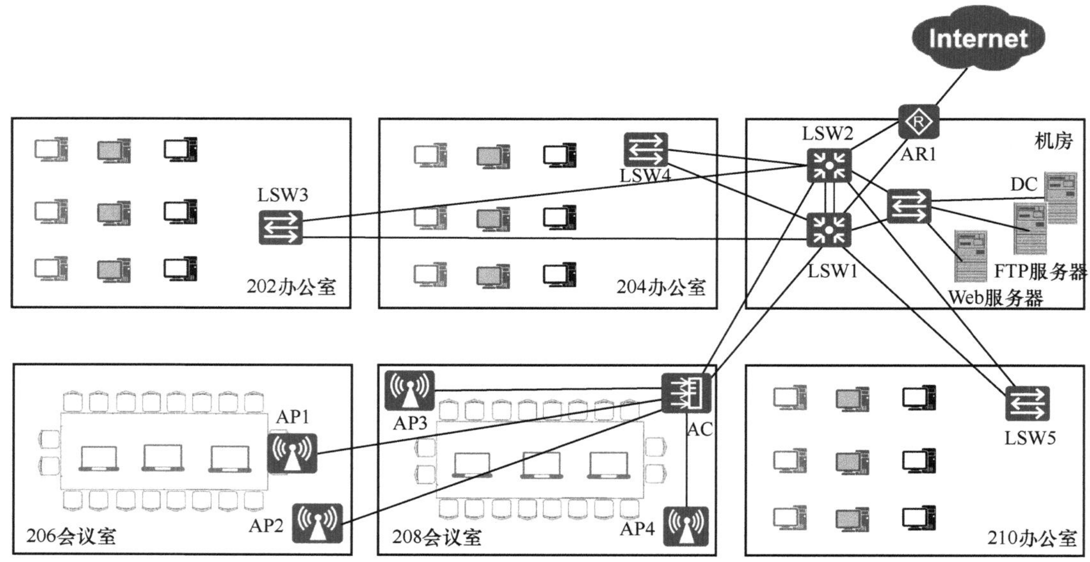

图 12-8 网络物理拓扑

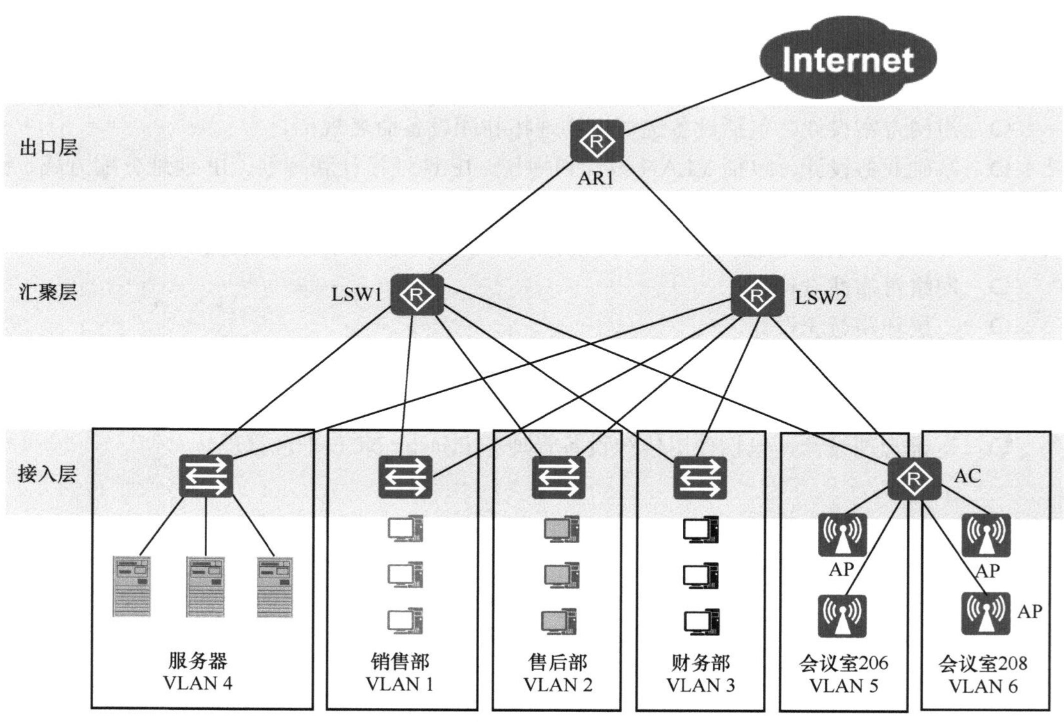

图 12-9 网络逻辑拓扑和分层

12.3.4　VLAN 设计和 IP 地址规划

VLAN 设计如下。

- VLAN 编号连续分配，以保证 VLAN 资源合理利用。
- VLAN 划分需要区分业务 VLAN、管理 VLAN 和互联 VLAN。
- 基于接口划分 VLAN。
- 业务 VLAN 设计可以按地理区域划分 VLAN、按逻辑区域划分 VLAN、按人员结构划分 VLAN、按业务类型划分 VLAN。
- 管理 VLAN 设计用于管理远程网络设备，需要给被管理的设备配置 IP 地址、子网掩码和默认路由。所有属于同一二层网络的交换机使用同一管理 VLAN，管理地址处于同一网段。通常二层交换机使用 Vlanif 接口地址作为管理地址。

图 12-10 所示是本案例的 VLAN 设计示意，表 12-1 所示是 VLAN 规划结果。

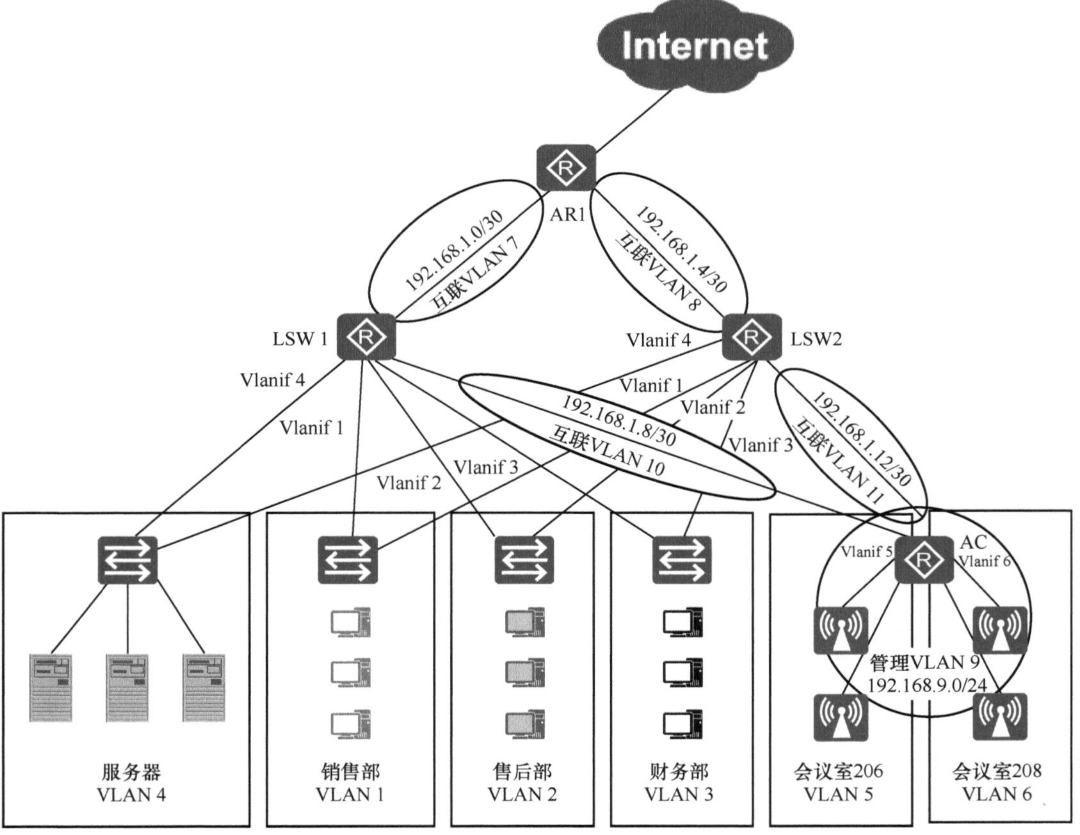

图 12-10　VLAN 设计示意

- 根据部门划分业务 VLAN，分为销售部 VLAN、售后部 VLAN、财务部 VLAN。
- 根据位置划分无线业务 VLAN，分为会议室 206VLAN 和会议室 208VLAN。
- 三层交换机和路由器需要通过 Vlanif 接口连通，需要预留两个互联 VLAN。
- AC 需要和三层交换机通过 Vlanif 接口连通，需要预留两个互联 VLAN。
- 预留 AP 与 AC 建立 CAPWAP 隧道所需要的 VLAN，即管理 VLAN。

表 12-1 本案例 VLAN 规划结果

VLAN 编号	VLAN 描述	VLAN 类别
1	销售部 VLAN	业务 VLAN
2	售后部 VLAN	
3	财务部 VLAN	
4	服务器 VLAN	
5	会议室 206VLAN	无线业务 VLAN
6	会议室 208VLAN	
7	LSW1 和 AR1 连接 VLAN	互联 VLAN
8	LSW2 和 AR1 连接 VLAN	
9	WLAN 的管理 VLAN	管理 VLAN
10	LSW1 和 AC 连接 VLAN	互联 VLAN
11	LSW2 和 AC 连接 VLAN	

业务 IP 地址就是指给服务器、主机、无线设备使用的 IP 地址。业务 IP 地址规划设计原则如下。

- 网关 IP 地址推荐统一使用本网段的最后一个或第一个可用 IP 地址，如 192.168.80.0/24 网段，网关的地址为 192.168.80.254 或 192.168.80.1，这样能够尽量避免和该网段的计算机 IP 地址冲突。
- 各业务 IP 地址范围要清晰区分，每一类业务终端 IP 地址连续、可聚合，这样方便路由汇总。
- 使用掩码为 24 位的 IP 地址段。
- 交换机使用 Vlanif 接口配置管理地址，所有交换机的管理地址使用同一网段。
- 网络设备互联 IP 地址使用 30 位掩码的 IP 地址，核心设备使用地址较小的 IP 地址。

为每类业务规划网段及网关地址时需综合考虑接入客户端数目，要预留足够的 IP 地址。表 12-2 列出了本案例中各个网段的地址、子网及网关等。

表 12-2 IP 地址规划

网段/掩码	网关地址	网段描述	所属 VLAN	VLAN 类别
192.168.1.128/25	192.168.1.129	销售部所属网段	VLAN 1	业务 VLAN
192.168.1.64/26	192.168.1.65	售后部所属网段	VLAN 2	
192.168.1.32/27	192.168.1.33	财务部所属网段	VLAN 3	
192.168.1.16/28	192.168.1.17	服务器所属网段	VLAN 4	
192.168.2.0/25	192.168.2.1	206 会议室所属网段	VLAN 5	无线业务 VLAN

续表

网段/掩码	网关地址	网段描述	所属 VLAN	VLAN 类别
192.168.2.128/25	192.168.2.129	208 会议室所属网段	VLAN 6	
192.168.1.0/30		LSW1 和 AR1 互联网段	VLAN 7	互联 VLAN
192.168.1.4/30		LSW2 和 AR1 互联网段	VLAN 8	
192.168.9.0/24		WLAN 管理网段	VLAN 9	管理 VLAN
192.168.1.8/30		LSW1 和 AC 互联网段	VLAN 10	互联 VLAN
192.168.1.12/30		LSW2 和 AC 互联网段	VLAN 11	

本案例中公司共有 3 个重要部门，分别为销售部、售后部、财务部。销售部有 100 台计算机，售后部有 50 台计算机，财务部有 15 台计算机，机房服务器要预留 10 个 IP 地址。每个部门一个 VLAN，每个 VLAN 要分配一个子网，根据部门计算机数量划分子网。将 192.168.1.0/24 这个 C 类网络进行子网划分。

192.168.1.0/24 网段的地址范围为 192.168.1.0～192.168.1.255。把 0～255 画一条数轴，如图 12-11 所示，图中标出了服务器、财务部、售后部和销售部的 IP 地址分配情况。

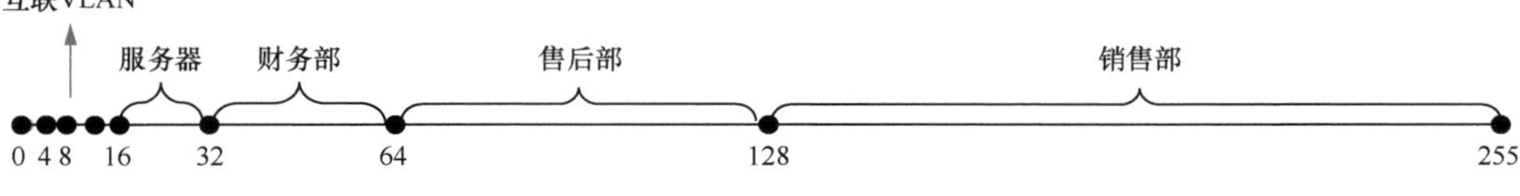

图 12-11 有线网络子网划分

1～16 的地址范围被划分给互联 VLAN 使用。

无线网络使用 192.168.2.0/24 网段，该网段的地址范围为 192.168.2.0～192.168.2.255。把 0～255 画一条数轴，图 12-12 标出了 206 会议室的 IP 地址范围和 208 会议室的 IP 地址范围。

图 12-12 无线网络子网划分

12.3.5 可靠性设计

本案例中接入层和汇聚层都使用交换机组网，交换机组网的可靠性分为端口级别的可靠性和设备级别的可靠性。

- 端口级别的可靠性。采用以太网链路聚合技术既可以增加接入交换机与汇聚交换机之间的可靠性，也可以增加链路带宽。如图 12-13 所示，AC1 和 Agg-S1 之间、AP1 和 Acc-S1 之间以及接入层交换机和汇聚层交换机之间都实现了链路聚合。

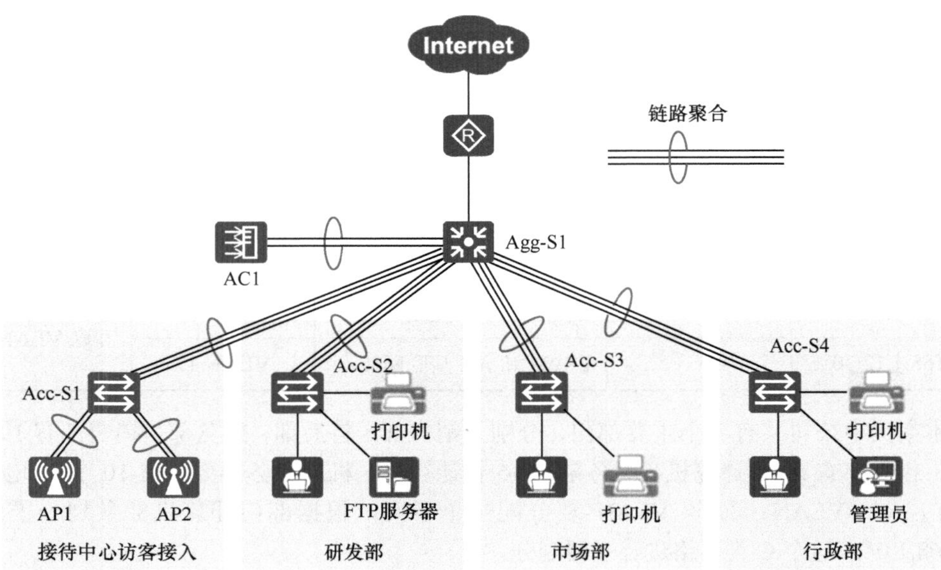

图 12-13　端口级别的可靠性

- 设备级别的可靠性。设备级别的可靠性可以采用双汇聚、双核心来实现，如图 12-14 所示，也可以采用 iStack 或者 CSS 技术，本案例不涉及。

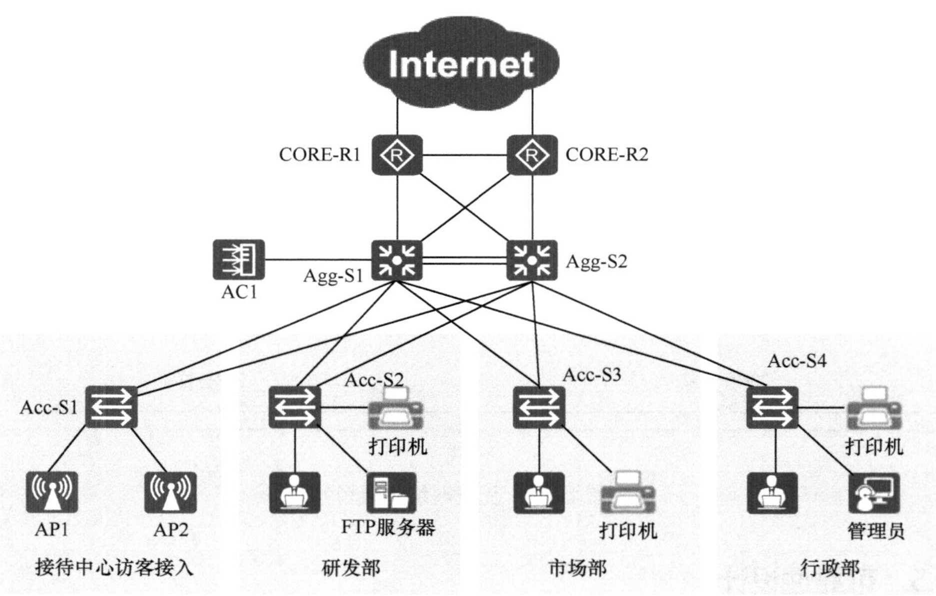

图 12-14　设备级别的可靠性

本案例的可靠性设计综合了端口级别的可靠性和设备级别的可靠性。两个汇聚层交换机 LSW1 和 LSW2 实现设备级别的可靠性，同时这两个交换机之间配置 Eth-Trunk 实现端口级别的可靠性。

如图 12-15 所示（其中，GE 表示 GigabitEthernet 接口，E 表示 Ethernet 接口），在 LSW1、LSW2、LSW3、LSW4 和 LSW5 上创建 VLAN 1、VLAN 2、VLAN 3、VLAN 4，并且将交换

机之间的连接配置成 Trunk 链路，允许 VLAN 1、VLAN 2、VLAN 3、VLAN 4 的帧通过。配置汇聚层交换机之间的两条链路为聚合链路，将聚合链路配置成 Trunk，且允许 VLAN 1、VLAN 2、VLAN 3、VLAN 4 的帧通过。将服务器和每个部门的计算机指定到相应的 VLAN 中。

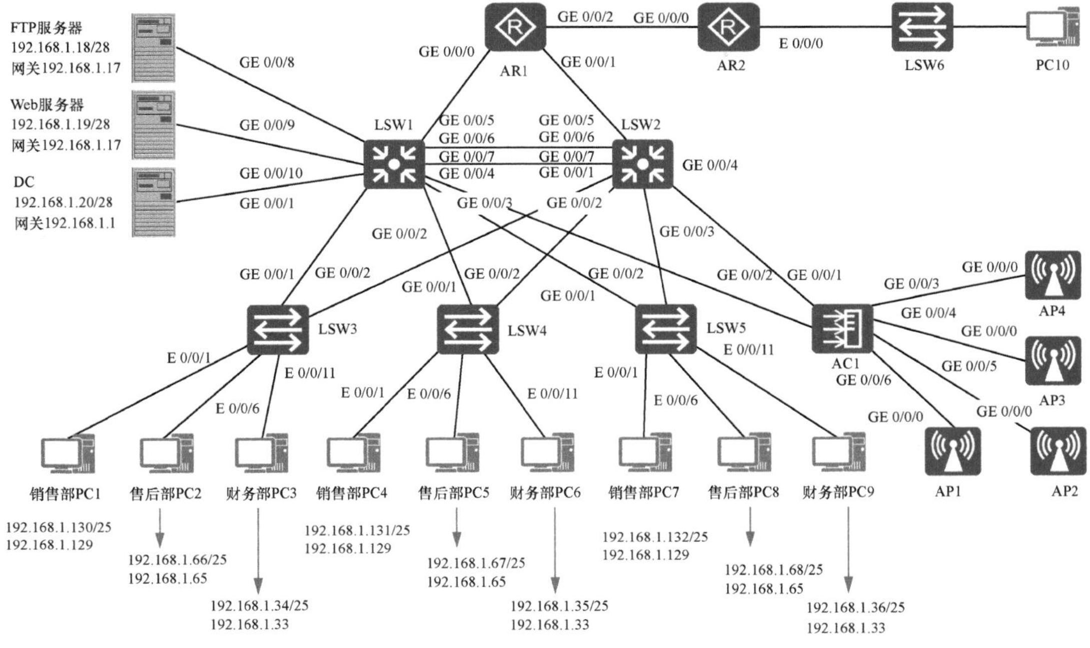

图 12-15　实验环境

在 LSW3 上创建 VLAN，将接口指定到 VLAN 上，将 GigabitEthernet 0/0/1 和 GigabitEthernet 0/0/2 接口配置成 Trunk 接口，如下所示。

```
<Huawei>sys
[Huawei]sysname LSW3
[LSW3]vlan batch 2 3 4
[LSW3]port-group vlan1port
[LSW3-port-group-vlan1port]
[LSW3-port-group-vlan1port]group-member Ethernet 0/0/1 to Ethernet 0/0/5
[LSW3-port-group-vlan1port]port link-type access
[LSW3-port-group-vlan1port]port default vlan 1
[LSW3-port-group-vlan1port]quit
[LSW3]port-group vlan2port
[LSW3-port-group-vlan2port]
[LSW3-port-group-vlan2port]group-member Ethernet 0/0/6 to Ethernet 0/0/10
[LSW3-Ethernet0/0/10]port link-type access
[LSW3-port-group-vlan2port]port default vlan 2
[LSW3-port-group-vlan2port]quit
[LSW3]port-group vlan3port
[LSW3-port-group-vlan3port]group-member Ethernet 0/0/11 Ethernet 0/0/15
[LSW3-port-group-vlan3port]port link-type access
[LSW3-port-group-vlan3port]port default vlan 3
[LSW3-port-group-vlan3port]quit
[LSW3]port-group trunkport --将连接接入层交换机的接口配置成 Trunk，允许 VLAN 1、VLAN 2、
VLAN 3、VLAN 4 通过
```

```
[LSW3-port-group-trunkport]group-member GigabitEthernet 0/0/1 to GigabitEthernet 0/0/2
[LSW3-port-group-trunkport]port link-type trunk
[LSW3-port-group-trunkport]port trunk allow-pass vlan 1 2 3 4
[LSW3-port-group-trunkport]quit
```

LSW4 和 LSW5 的配置与 LSW3 的类似，这里不赘述。

在 LSW1 上创建 VLAN 2、VLAN 3、VLAN 4，将连接服务器的接口配置成 Access 接口，并指定到 VLAN 4 上，将连接 LSW2 的接口配置成 Trunk，配置聚合链路，如下所示。

```
[Huawei]sysname LSW1
[LSW1]vlan batch 2 3 4
[LSW1]port-group vlan4port
[LSW1-port-group-vlan4port]group-member GigabitEthernet 0/0/8 GigabitEthernet 0/0/10
[LSW1-port-group-vlan4port]port link-type access
[LSW1-port-group-vlan4port]port default vlan 4
[LSW1-port-group-vlan4port]quit
[LSW1]port-group trunkport
[LSW1-port-group-trunkport]group-member GigabitEthernet 0/0/1 to GigabitEthernet 0/0/3
[LSW1-port-group-trunkport]port link-type trunk
[LSW1-port-group-trunkport]port trunk allow-pass vlan 1 2 3 4
[LSW1-port-group-trunkport]quit
[LSW1]interface Eth-Trunk 1        --配置聚合链路
[LSW1-Eth-Trunk1]mode manual load-balance
[LSW1-Eth-Trunk1]trunkport GigabitEthernet 0/0/6 to 0/0/7
[LSW1-Eth-Trunk1]port link-type trunk
[LSW1-Eth-Trunk1]port trunk allow-pass vlan 1 2 3 4
[LSW1-Eth-Trunk1]quit
```

在 LSW2 上创建 VLAN 2、VLAN 3、VLAN 4，将连接 LSW1 的接口配置成 Trunk，配置聚合链路，如下所示。

```
[Huawei]sysname LSW2
[LSW2]vlan batch 2 3 4
[LSW2]port-group trunkport
[LSW2-port-group-trunkport]group-member GigabitEthernet 0/0/1 to GigabitEthernet 0/0/3
[LSW2-port-group-trunkport]port link-type trunk
[LSW2-port-group-trunkport]port trunk allow-pass vlan  1 2 3 4
[LSW2-port-group-trunkport]quit
[LSW2]interface Eth-Trunk 1         --配置聚合链路
[LSW2-Eth-Trunk1]mode manual load-balance
[LSW2-Eth-Trunk1]trunkport GigabitEthernet 0/0/6 to 0/0/7
[LSW2-Eth-Trunk1]port link-type trunk
[LSW2-Eth-Trunk1]port trunk allow-pass vlan 1 2 3 4
[LSW2-Eth-Trunk1]quit
```

12.3.6 二层环路避免设计

根据可靠性设计，本案例选择了端口级别的可靠性设计和双汇聚设备级别的可靠性设计相结合的方案，该方案存在环路。同时办公人员有可能将两个交换机误连接，形成环路。为防止办公人员误操作造成环路，可配置交换机采用 STP。

本案例 STP 采用 RSTP，同时建议手动配置 LSW1 为根桥、LSW2 为备用根网桥。相关配置如下所示。

```
[LSW1]stp mode rstp
[LSW1]stp priority 0
[LSW2]stp mode rstp
[LSW2]stp priority 4096
[LSW3]stp mode rstp
[LSW4]stp mode rstp
[LSW5]stp mode rstp
```

12.3.7 路由设计和路由配置

中小型园区网的路由设计包括园区内部的路由设计及园区出口路由设计。

- 园区内部的路由设计主要为满足园区内部设备、终端的互通需求，并且满足可以与外部路由交互的需求。由于中小型园区的网络规模比较小，网络结构比较简单，因此内部的路由设计并不复杂。AP 设备通过 DHCP 分配 IP 地址后会生成一条默认路由。交换机、网关设备通过静态路由即可满足需求，无须部署复杂的路由协议。
- 园区出口的路由设计主要为满足园区内部用户访问 Internet 和广域网的需求，建议在出口设备上配置默认路由。

1. 内网路由配置

将汇聚层交换机和接入层交换机之间的连接配置成 Trunk 链路后，在 LSW1 和 LSW2 上实现 VLAN 间路由，图 12-10 所示为 VLAN 设计的等价逻辑示意。可以将 LSW1 和 LSW2 看作路由器，每个 VLAN 有两个路由器，配置 VRRP 的 Virtual IP 使用 VLAN 中第一个可用的地址，LSW1 交换机的 Vlanif 接口的地址为各个 VLAN 的倒数第二个可用地址，LSW2 交换机的 Vlanif 接口的地址为各个 VLAN 的倒数第一个可用地址。

LSW1 和 AR1 之间的连接需要一个独立的网段，在 LSW1 上创建 VLAN 7 和 AR1 连接，使用 192.168.1.0/30 网段。LSW2 和 AR1 之间的连接也需要一个独立的网段，在 LSW2 上创建 VLAN 8 和 AR1 连接，使用 192.168.1.4/30 网段。可以将 AC 看作一台路由器，通过 VLAN 10 和 LSW1 连接，使用 192.168.1.8/30 网段，AC 和 LSW2 通过 VLAN 11 连接，使用 192.168.1.12/30 网段。

VLAN 1、VLAN 2、VLAN 3、VLAN 4 的 VRRP 虚拟网关优先应用在 LSW1 上，VRRP 的优先级根据连接路由器的 Vlanif 接口进行调整。无线网络优先通过 LSW2 访问 Internet，当 LSW2 不可用后，无线网络通过 LSW1 访问 Internet。

在 LSW1 上配置接口地址，如下所示。

```
[LSW1]interface Vlanif 1
[LSW1-Vlanif1]ip address 192.168.1.253 25
[LSW1-Vlanif1]quit
[LSW1]interface Vlanif 2
[LSW1-Vlanif2]ip address 192.168.1.125 26
[LSW1-Vlanif2]quit
[LSW1]interface Vlanif 3
[LSW1-Vlanif3]ip address 192.168.1.61 27
[LSW1-Vlanif3]quit
[LSW1]interface Vlanif 4
```

```
[LSW1-Vlanif4]ip address 192.168.1.17 28
[LSW1-Vlanif4]quit
```

在 LSW2 上配置接口地址，如下所示。

```
[LSW2]interface Vlanif 1
[LSW2-Vlanif1]ip address 192.168.1.254 25
[LSW2-Vlanif1]quit
[LSW2]interface Vlanif 2
[LSW2-Vlanif2]ip address 192.168.1.126 26
[LSW2-Vlanif2]quit
[LSW2]interface Vlanif 3
[LSW2-Vlanif4]interface Vlanif 3
[LSW2-Vlanif3]ip address 192.168.1.62 27
[LSW2-Vlanif3]quit
[LSW2]interface Vlanif 4
[LSW2-Vlanif4]ip address 192.168.1.30 28
[LSW2-Vlanif4]quit
```

在 LSW1 上创建 VLAN 7，将 GigabitEthernet 0/0/5 接口加入 VLAN 7，配置 Vlanif 7 的 IP 地址，如下所示。在 LSW2 上创建 VLAN 8，将 GigabitEthernet 0/0/5 接口加入 VLAN 8，配置 Vlanif 8 的 IP 地址，如下所示。

```
[LSW1]vlan 7
[LSW1-vlan7]quit
[LSW1]interface GigabitEthernet 0/0/5
[LSW1-GigabitEthernet0/0/5]port link-type access
[LSW1-GigabitEthernet0/0/5]port default vlan 7
[LSW1-GigabitEthernet0/0/5]quit
[LSW1]interface Vlanif 7
[LSW1-Vlanif7]ip address 192.168.1.1 30

[LSW2]vlan 8
[LSW2-vlan8]quit
[LSW2]interface GigabitEthernet 0/0/5
[LSW2-GigabitEthernet0/0/5]port link-type access
[LSW2-GigabitEthernet0/0/5]port default vlan 8
[LSW2-GigabitEthernet0/0/5]quit
[LSW2]interface Vlanif 8
[LSW2-Vlanif8]ip address 192.168.1.5 30
```

在 LSW1 上配置 VRRP，使用每个 VLAN 的第一个地址作为虚拟网关地址，设置跟踪接口为 Vlanif 7，如下所示。由于只有 GigabitEthernet 0/0/5 接口属于 VLAN 7，如果 GigabitEthernet 0/0/5 接口宕掉，就没有物理接口属于 VLAN 7，Vlanif 7 这个虚拟接口也就宕掉了。

```
[LSW1]interface Vlanif 1
[LSW1-Vlanif1]vrrp vrid 1 virtual-ip 192.168.1.129
[LSW1-Vlanif1]vrrp vrid 1 priority 120
[LSW1-Vlanif1]vrrp vrid 1 track interface Vlanif 7 reduced 40
[LSW1-Vlanif1]vrrp vrid 1 preempt-mode timer delay 10

[LSW1]interface Vlanif 2
[LSW1-Vlanif2]vrrp vrid 1 virtual-ip 192.168.1.65
[LSW1-Vlanif2]vrrp vrid 1 priority 120
```

```
[LSW1-Vlanif2]vrrp vrid 1 track interface Vlanif 7 reduced 40
[LSW1-Vlanif2]vrrp vrid 1 preempt-mode timer delay 10

[LSW1]interface Vlanif 3
[LSW1-Vlanif3]vrrp vrid 1 virtual-ip 192.168.1.33
[LSW1-Vlanif3]vrrp vrid 1 priority 120
[LSW1-Vlanif3]vrrp vrid 1 track interface Vlanif 7 reduced 40
[LSW1-Vlanif3]vrrp vrid 1 preempt-mode timer delay 10
```

在 LSW2 上配置 VRRP，使用 VLAN 的第一个地址作为虚拟网关地址，优先级使用默认值 100，不用设置跟踪接口，如下所示。

```
[LSW2]interface Vlanif 1
[LSW2-Vlanif1]vrrp vrid 1 virtual-ip 192.168.1.129
[LSW2]interface Vlanif 2
[LSW2-Vlanif2]vrrp vrid 1 virtual-ip 192.168.1.65
[LSW2]interface Vlanif 3
[LSW2-Vlanif3]vrrp vrid 1 virtual-ip 192.168.1.33
```

查看 VRRP 的摘要信息，可以看到 LSW2 的 Vlanif 1、Vlanif 2、Vlanif 3 接口的状态是 Backup，如下所示。

```
<LSW2>display vrrp brief
VRID  State        Interface                 Type     Virtual IP
----------------------------------------------------------------
1     Backup       Vlanif1                   Normal   192.168.1.129
1     Backup       Vlanif2                   Normal   192.168.1.65
1     Backup       Vlanif3                   Normal   192.168.1.33
----------------------------------------------------------------
Total:3     Master:0     Backup:3     Non-active:0
```

2．出口路由配置

LSW1 和 AR1 之间的连接使用 192.168.1.0/30 网段的地址，LSW2 和 AR1 之间的连接使用 192.168.1.4/30 网段的地址。在两个汇聚层交换机上添加默认路由指向 AR1 路由器。

在 LSW1 上配置 Vlanif 7 接口，添加默认路由指向 AR1 路由器，如下所示。

```
[LSW1]interface Vlanif 7
[LSW1-Vlanif7]ip address 192.168.1.1 30
[LSW1-Vlanif7]quit
[LSW1]ip route-static 0.0.0.0 0 192.168.1.2
```

在 LSW2 上配置 Vlanif 8 接口，添加默认路由指向 AR1 路由器，如下所示。

```
[LSW2]interface Vlanif 8
[LSW2-Vlanif8]ip address 192.168.1.5 30
[LSW2-Vlanif8]quit
[LSW2]ip route-static 0.0.0.0 0 192.168.1.6
```

在 AR1 路由器上配置接口 IP 地址，添加一条默认路由，指向连接 Internet 的路由器 AR2，添加浮动静态路由，到内网的 VLAN 1、VLAN 2、VLAN 3 和 VLAN 4 网段的数据包优先转发给 LSW1，到无线网络的数据包优先转发给 LSW2，如下所示。

```
[Huawei]sysname AR1
[AR1]interface GigabitEthernet 0/0/0
[AR1-GigabitEthernet0/0/0]ip address 192.168.1.2 30
```

```
[AR1-GigabitEthernet0/0/0]interface GigabitEthernet 0/0/1     --可以直接切换接口
[AR1-GigabitEthernet0/0/1]ip address 192.168.1.6 30
[AR1-GigabitEthernet0/0/1]interface GigabitEthernet 2/0/0
[AR1-GigabitEthernet2/0/0]ip address 18.2.2.1 24
[AR1-GigabitEthernet2/0/0]quit
[AR1]ip route-static 0.0.0.0 0 18.2.2.2
[AR1]ip route-static 192.168.1.0 255.255.255.0 192.168.1.1 preference 40
[AR1]ip route-static 192.168.1.0 255.255.255.0 192.168.1.5 preference 60
[AR1]ip route-static 192.168.2.0 255.255.255.0 192.168.1.1 preference 60
[AR1]ip route-static 192.168.2.0 255.255.255.0 192.168.1.5 preference 40
```

12.3.8　IP 地址分配方式

IP 地址分配可以采用动态 IP 地址分配或静态 IP 地址分配。在中小型园区网中，IP 地址的分配原则具体如下。

- 连接广域网的接口的 IP 地址由运营商分配，可以采用静态 IP 地址分配或动态 IP 地址分配（DHCP 方式或者 PPPoE 方式），对于连接广域网接口的 IP 地址需要提前与运营商沟通获取。
- 服务器、特殊终端设备（如打卡机、打印机、IP 视频监控设备等）建议采用静态 IP 地址分配。
- 用户终端设备，比如用户办公用 PC、IP 电话等设备，建议通过在网关设备上部署 DHCP 服务器来统一动态分配 IP 地址。

本案例的 IP 地址分配方式如表 12-3 所示。连接 Internet 的广域网接口采用 PPPoE 方式获取 IP 地址。所有终端（办公计算机和通过无线接入网络的设备）采用 DHCP 方式获取 IP 地址，服务器及打印机分配固定的 IP 地址。所有网络设备上的 IP 地址采用静态方式配置（AP 除外）。

表 12-3　IP 地址分配方式

网段/掩码	分配方式	网段描述	所属 VLAN	VLAN 类别
192.168.1.128/25	DHCP	销售部所属网段，由 LSW1 分配地址	VLAN 1	业务 VLAN
192.168.1.64/26		售后部所属网段，由 LSW1 分配地址	VLAN 2	
192.168.1.32/27		财务部所属网段，由 LSW1 分配地址	VLAN 3	
192.168.1.16/28	静态地址	服务器所属网段	VLAN 4	
192.168.2.0/25	DHCP	206 会议室所属网段，由 AC 分配地址	VLAN 5	无线业务 VLAN
192.168.2.128/25		208 会议室所属网段，由 AC 分配地址	VLAN 6	
192.168.9.0/24	DHCP	WLAN 管理 VLAN，由 AC 分配地址	VLAN 9	管理 VLAN

本案例将汇聚层交换机 LSW1 配置成 VLAN 1、VLAN 2、VLAN 3 的 DHCP 服务器，如下所示。VRRP 的虚拟地址在哪个交换机上就在那个交换机配置该网段的 DHCP 地址池。这种情况一定要配置接口从全局获得 IP 地址，客户端才能获得正确的网关。不要在 LSW2 上创建这 3 个 VLAN 的 DHCP 地址池。

```
[LSW1]dhcp enable
[LSW1]ip pool vlan1
[LSW1-ip-pool-vlan1]network 192.168.1.128 mask 25
[LSW1-ip-pool-vlan1]gateway-list 192.168.1.129
[LSW1-ip-pool-vlan1]dns-list 192.168.1.20
[LSW1-ip-pool-vlan1]lease day 0 hour 8 minute 0
[LSW1-ip-pool-vlan1]excluded-ip-address 192.168.1.253 192.168.1.254
[LSW1-ip-pool-vlan1]quit
[LSW1]interface Vlanif 1
[LSW1-Vlanif1]dhcp select global

[LSW1]ip pool vlan2
[LSW1-ip-pool-vlan2]network 192.168.1.64 mask 26
[LSW1-ip-pool-vlan2]gateway-list 192.168.1.65
[LSW1-ip-pool-vlan2]dns-list 192.168.1.20
[LSW1-ip-pool-vlan2]lease day 0 hour 8 minute 0
[LSW1-ip-pool-vlan2]excluded-ip-address 192.168.1.125 192.168.1.126
[LSW1-ip-pool-vlan2]quit
[LSW1]interface Vlanif 2
[LSW1-Vlanif2]dhcp select global

[LSW1]ip pool vlan3
[LSW1-ip-pool-vlan3]network 192.168.1.32 mask 27
[LSW1-ip-pool-vlan3]gateway-list 192.168.1.33
[LSW1-ip-pool-vlan3]dns-list 192.168.1.20
[LSW1-ip-pool-vlan3]lease day 0 hour 8 minute 0
[LSW1-ip-pool-vlan3]excluded-ip-address 192.168.1.61 192.168.1.62
[LSW1-ip-pool-vlan3]quit
[LSW1]interface Vlanif 3
[LSW1-Vlanif3]dhcp select global
```

12.3.9 WLAN 设计和规划

1．WLAN 组网设计

根据 AC 和 AP 的 IP 地址分配情况，以及数据流量是否流经 AC，可将组网划分为直连二层组网、旁挂二层组网、直连三层组网、旁挂三层组网。本案例采用直连二层组网。

2．WLAN 数据转发方式设计

WLAN 中的数据包括控制报文和数据报文。控制报文通过 CAPWAP 隧道转发，数据报文转发方式分为隧道转发、直接转发。本案例采用隧道转发方式。

3．其他设计

除要规划 WLAN 组网和 WLAN 数据转发方式以外，还需要进行以下设计。

- 网络覆盖设计：针对无线网络覆盖的区域设计规划，保证区域覆盖范围内的信号强度能满足用户的要求，并且解决相邻 AP 间的同频干扰问题。
- 网络容量设计：根据无线终端的带宽要求、终端数目、并发量、单 AP 性能等数据来设计和部署网络所需的 AP，确保无线网络性能可以满足所有终端的上网业务需求。
- AP 布放设计：在网络覆盖设计的基础上，根据实际情况对 AP 的实际布放位置、布放方式和供电走线原则进行修正和确认。

此外还需进行 WLAN 安全设计、漫游设计等，本章不再一一列举。

配置 WLAN 时，需要设置的配置项和配置内容比较多，因此在配置 WLAN 之前，需要明确配置选项和内容。表 12-4 是本案例 WLAN 的配置项和配置内容。在配置时，配置项要参照配置内容进行配置，以免出现差错。

表 12-4 WLAN 的配置项和配置内容

配置项	配置内容
AC 连接 AP 的源接口	接口：Vlanif 9
AP 组	名称：ap-group-206
	名称：ap-group-208
域管理模板	名称：domain-cn
SSID 模板	模板名称：ssid-206 SSID：206-AP
	模板名称：ssid-208 SSID：208-AP
安全模板	模板名称：sec-206 密码：Apassword
	模板名称：sec-208 密码：Bpassword
VAP 模板	模板名称：vap-206 转发模式：tunnel 业务 VLAN：vlan-id 5 引用的 SSID 模板：ssid-206 引用的安全模板：sec-206
	模板名称：vap-208 转发模式：tunnel 业务 VLAN：vlan-id 6 引用的 SSID 模板：ssid-208 引用的安全模板：sec-208

206 会议室和 208 会议室分别规划为 VLAN 5 和 VLAN 6，分配的网段分别为 192.168.2.0/25 和 192.168.2.128/25。VLAN 间的路由在 AC 上实现，这时可以把 AC 看成一个路由器，WLAN 设计等价示意如图 12-10 所示。

AC 和 AP 之间的管理 VLAN 使用 VLAN 9，分配的网段为 192.168.9.0/24。

在 AC 上创建 VLAN，如下所示。

```
[AC]vlan batch 5 6 9 10 11
```

配置 VLAN 接口地址，启用 DHCP，为 AP 分配地址，为无线设备分配地址，如下所示。

```
[AC]dhcp enable
[AC]interface Vlanif 9
[AC-Vlanif9]ip address 192.168.9.1 24
[AC-Vlanif9]dhcp select interface
[AC]interface Vlanif 5
[AC-Vlanif5]ip address 192.168.2.1 25
```

```
[AC-Vlanif5]dhcp select interface
[AC-Vlanif5]quit
[AC]interface Vlanif 6
[AC-Vlanif6]ip address 192.168.2.129 25
[AC-Vlanif6]dhcp select interface
[AC-Vlanif6]quit
```

配置管理 VLAN，如下所示。必须将 Trunk 接口的 PVID 设置成管理 VLAN 9，这是因为 AP 接入网络请求 IP 地址的帧不带 VLAN 标记。

```
[AC]port-group ap-port
[AC-port-group-ap-port]group-member GigabitEthernet 0/0/3 to GigabitEthernet 0/0/6
[AC-port-group-ap-port]port link-type trunk
[AC-port-group-ap-port]port trunk pvid vlan 9
[AC-port-group-ap-port]port trunk allow-pass vlan 9
```

设置 AC 的源接口，如下所示。AC 使用 Vlanif 9 接口的地址作为源 IP 地址与 AP 进行通信。

```
[AC]capwap source interface Vlanif 9
```

配置域管理模板，设置国家码，如下所示。

```
[AC]wlan
[AC-wlan-view]regulatory-domain-profile name domain-cn
[AC-wlan-regulate-domain-domain-cn]country-code cn
[AC-wlan-regulate-domain-domain-cn]quit
```

创建 AP 组，指定域管理模板，如下所示。

```
[AC-wlan-view]ap-group name ap-group-206
[AC-wlan-ap-group-ap-group-206]regulatory-domain-profile domain-cn
Warning: Modifying the country code will clear channel, power and antenna gain configurations of the radio and reset the AP. Continue?[Y/N]:y
[AC-wlan-ap-group-ap-group-206]quit
[AC-wlan-view]ap-group name ap-group-208
[AC-wlan-ap-group-ap-group-208]regulatory-domain-profile domain-cn
Warning: Modifying the country code will clear channel, power and antenna gain configurations of the radio and reset the AP. Continue?[Y/N]:y
[AC-wlan-ap-group-ap-group-208]quit
[AC-wlan-view]
```

在 AC 上以 MAC 认证的方式添加 AP，指定 AP 的 ID 和 MAC 地址，如下所示。

```
[AC-wlan-view]ap-id 1 ap-mac 00E0-FC94-25B0
[AC-wlan-ap-1]ap-group ap-group-206
Warning: This operation may cause AP reset. If the country code changes, it will clear channel, power and antenna gain configurations of the radio, Whether to continue? [Y/N]:y
Info: This operation may take a few seconds. Please wait for a moment.. done.
[AC-wlan-ap-1]quit
[AC-wlan-view]ap-id 2 ap-mac 00E0-FCAF-7440
[AC-wlan-ap-2]ap-group ap-group-206
Warning: This operation may cause AP reset. If the country code changes, it will clear channel, power and antenna gain configurations of the radio, Whether to continue? [Y/N]:y
Info: This operation may take a few seconds. Please wait for a moment.. done.
[AC-wlan-ap-2]quit
```

```
[AC-wlan-view]ap-id 3 ap-mac 00E0-FCCB-6E10
[AC-wlan-ap-3]ap-name ap3
[AC-wlan-ap-3]ap-group ap-group-208
Warning: This operation may cause AP reset. If the country code changes, it
will clear channel, power and antenna gain configurations of the radio, Whether to
continue? [Y/N]:y
Info: This operation may take a few seconds. Please wait for a moment.. done.
[AC-wlan-ap-3]quit
[AC-wlan-view]ap-id 4 ap-mac 00E0-FCB7-66F0
[AC-wlan-ap-4]ap-name ap4
[AC-wlan-ap-4]ap-group ap-group-208
Warning: This operation may cause AP reset. If the country code changes, it
will clear channel, power and antenna gain configurations of the radio, Whether
to continue? [Y/N]:y
Info: This operation may take a few seconds. Please wait for a moment.. done.
[AC-wlan-ap-4]quit
```

配置 SSID 模板，为每一个办公室指定一个 SSID，如下所示。

```
[AC]wlan
[AC-wlan-view]ssid-profile name ssid-206
[AC-wlan-ssid-prof-ssid-206]ssid 206-AP
[AC-wlan-ssid-prof-ssid-206]quit
[AC-wlan-view]ssid-profile name ssid-208
[AC-wlan-ssid-prof-ssid-208]ssid 208-AP
[AC-wlan-ssid-prof-ssid-208]quit
[AC-wlan-view]
```

配置安全模板，指定无线 AP 连接的密码和认证方式，密码分别为 Apassword 和 Bpassword，如下所示。

```
[AC]wlan
[AC-wlan-view]security-profile name sec-206
[AC-wlan-sec-prof-sec-206]security wpa2 psk pass-phrase Apassword aes
[AC-wlan-sec-prof-sec-206]quit
[AC-wlan-view]security-profile name sec-208
[AC-wlan-sec-prof-sec-208]security wpa2 psk pass-phrase Bpassword aes
[AC-wlan-sec-prof-sec-208]quit
[AC-wlan-view]
```

配置 VAP 模板，指定连接会议室 AP 的设备所属的 VLAN、使用的安全模板以及 SSID 模板等，如下所示。

```
[AC-wlan-view]vap-profile name vap-206
[AC-wlan-vap-prof-vap-206]forward-mode tunnel
[AC-wlan-vap-prof-vap-206]service-vlan vlan-id 5
[AC-wlan-vap-prof-vap-206]ssid-profile ssid-206
[AC-wlan-vap-prof-vap-206]security-profile sec-206
[AC-wlan-vap-prof-vap-206]quit

[AC-wlan-view]vap-profile name vap-208
[AC-wlan-vap-prof-vap-208]forward-mode tunnel
[AC-wlan-vap-prof-vap-208]service-vlan vlan-id 6
[AC-wlan-vap-prof-vap-208]ssid-profile ssid-208
[AC-wlan-vap-prof-vap-208]security-profile sec-208
```

```
[AC-wlan-vap-prof-vap-208]quit
[AC-wlan-view]
```

在 AP 组中应用 VAP 模板，如下所示。应用后 AP 开始工作。

```
[AC]wlan
[AC-wlan-view]ap-group name ap-group-206
[AC-wlan-ap-group-ap-group-206]vap-profile vap-206 wlan 1 radio 0
[AC-wlan-ap-group-ap-group-206]vap-profile vap-206 wlan 1 radio 1
[AC-wlan-ap-group-ap-group-206]quit
[AC-wlan-view]ap-group name ap-group-208
[AC-wlan-ap-group-ap-group-208]vap-profile vap-208 wlan 2 radio 0
[AC-wlan-ap-group-ap-group-208]vap-profile vap-208 wlan 2 radio 1
[AC-wlan-ap-group-ap-group-208]quit
[AC-wlan-view]quit
```

12.3.10 配置到无线网络的路由

无线网络优先通过 LSW2 访问 Internet，当 LSW2 不可用后，无线网络通过 LSW1 访问 Internet。

在 LSW1 上创建 VLAN 10，配置 Vlanif 10 接口地址和 AC 连接，添加到无线网络的路由，如下所示。

```
[LSW1]vlan 10
[LSW1-vlan10]quit
[LSW1]interface GigabitEthernet 0/0/4
[LSW1-GigabitEthernet0/0/4]port link-type access
[LSW1-GigabitEthernet0/0/4]port default vlan 10
[LSW1-GigabitEthernet0/0/4]quit
[LSW1]interface Vlanif 10
[LSW1-Vlanif10]ip address 192.168.1.10 30
[LSW1-Vlanif10]quit
[LSW1]ip route-static 192.168.2.0 255.255.255.0 192.168.1.9
```

在 LSW2 上创建 VLAN 11，配置 Vlanif 11 接口地址和 AC 连接，添加到无线网络的路由，如下所示。

```
[LSW2]vlan 11
[LSW2-vlan11]quit
[LSW2]interface GigabitEthernet 0/0/4
[LSW2-GigabitEthernet0/0/4]port link-type access
[LSW2-GigabitEthernet0/0/4]port default vlan 11
[LSW2-GigabitEthernet0/0/4]quit
[LSW2]interface Vlanif 11
[LSW2-Vlanif11]ip address 192.168.1.14 30
[LSW2-Vlanif11]quit
[LSW2]ip route-static 192.168.2.0 255.255.255.0 192.168.1.13
```

在 AC 上创建并配置 Vlanif 10 接口、Vlanif 11 接口，添加默认路由使访问 Internet 的数据包优先转发到 LSW2，如下所示。

```
[AC]interface GigabitEthernet 0/0/2
[AC-GigabitEthernet0/0/2]port link-type access
[AC-GigabitEthernet0/0/2]port default vlan 10
[AC-GigabitEthernet0/0/2]quit
```

```
[AC]interface GigabitEthernet 0/0/1
[AC-GigabitEthernet0/0/1]port link-type access
[AC-GigabitEthernet0/0/1]port default vlan 11
[AC-GigabitEthernet0/0/1]quit
[AC]interface Vlanif 10
[AC-Vlanif10]ip address 192.168.1.9 30
[AC-Vlanif10]quit
[AC]interface Vlanif 11
[AC-Vlanif11]ip address 192.168.1.13 30
[AC-Vlanif11]quit

[AC]ip route-static 0.0.0.0 0 192.168.1.10 preference 60
[AC]ip route-static 0.0.0.0 0 192.168.1.14 preference 40
```

12.3.11 出口 NAT 设计和配置

园区网的内网通常使用私网地址，内网计算机访问 Internet 时需要进行网络地址转换（NAT）。在连接 Internet 的路由器上通常有公网地址，并配置 NAT。NAT 的类型包括静态 NAT、动态 NAT、NAPT、Easy IP 和 NAT 服务，可根据实际情况选择合适类型的 NAT。

静态 NAT 适用于有较多的静态公网地址，且内网的计算机需要使用固定的公网地址访问 Internet 的场景。这种场景下，Internet 中的计算机也可以使用公网地址直接访问到对应的私网地址。

动态 NAT 有地址池的概念。路由器从公网地址池中选择可用地址以便内网计算机访问 Internet。在这种场景下，内网可以发起对 Internet 的访问，而 Internet 不能主动通过公网地址发起对内网的访问。一个公网地址只能给一个内网的计算机做地址转换。

NAPT 适用于公网地址池中 IP 地址数量有限的场景。如果内网计算机数量超过公网地址池中的地址数量，就需要配置成 NAPT，以节省公网地址，提高公网地址的利用率。

Easy IP 适用于连接 Internet 的接口的 IP 地址是动态获得的场景。使用接口的公网地址作为 NAPT，不需要配置公网地址池。

NAT 服务适用于内网计算机需要给 Internet 的计算机提供服务的场景。配置了 NAT 服务，Internet 中的计算机就可以通过路由器的公网地址访问内网的特定服务，如内网的 Web 服务等。

本案例中 AR1 路由器只有一个公网地址，可以让内网计算机通过 AR1 的 GigabitEthernet 2/0/0 接口的公网地址访问 Internet。出口 NAT 建议选择 Easy IP 类型，配置 NAT 服务，允许 Internet 访问内网 Web 服务器，如下所示。

```
[AR1]acl 2000
[AR1-acl-basic-2000]rule 5 permit source 192.168.1.0 0.0.0.255
[AR1-acl-basic-2000]rule 10 permit source 192.168.2.0 0.0.0.255
[AR1-acl-basic-2000]rule 15 deny
[AR1-acl-basic-2000]quit
[AR1]interface GigabitEthernet 2/0/0
[AR1-GigabitEthernet2/0/0]nat outbound 2000
[AR1-GigabitEthernet2/0/0]nat server protocol tcp global current-interface
www inside 192.168.1.19 www
```

12.3.12　安全设计

本案例中安全设计涉及流量管控、DHCP 安全以及网络管理安全在路由器和交换机上实现。

1．流量管控

如图 12-16 所示，研发部、市场部和行政部的计算机能够相互访问，但不能够访问 Internet。访客网络中的计算机可以访问 Internet，但不能访问园区内部网络。可以用 traffic-policy、traffic-filter 等技术完成流量管控，通过配置 NAPT 允许访客网络访问 Internet。配置 NAPT 需要创建 ACL、定义允许访问 Internet 的网段。本案例的 ACL 中只需添加两条规则，一是允许访客的流量通过，二是拒绝其他流量通过；然后在路由器出口配置 Easy IP，如下所示。

```
[CORE-R1]acl 2000
[CORE-R1-acl-basic-2000]rule 5 permit source 192.168.1.0 0.0.0.255
[CORE-R1-acl-basic-2000]rule 10 deny
[CORE-R1-GigabitEthernet0/0/0]nat outbound 2000
```

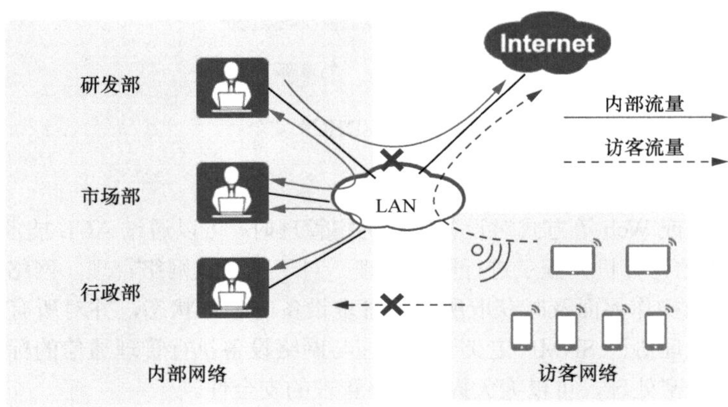

图 12-16　流量管控

2．DHCP 安全

在园区网中，经常会出现员工私接带 DHCP 的无线路由器，导致内网地址混乱、出现地址冲突、无法上网等情况。一般会在接入层交换机使用 DHCP Snooping 防止这种情况的发生，从而保障 DHCP 安全。

如图 12-17 所示（其中，GE 表示 GigabitEthernet 接口，E 表示 Ethernet 接口），为了避免行政部的计算机从家用路由器获得 IP 地址，在 Acc-S4 交换机上启用 DHCP Snooping，将 Ethernet 0/0/1 设置为信任端口，如下所示。这样计算机发送的 DHCP 请求只会发送到 Ethernet 0/0/1 接口。

```
[Acc-S4]dhcp enable
[Acc-S4]dhcp snooping enable
[Acc-S4]vlan 4
[Acc-S4-vlan4]dhcp snooping enable
[Acc-S4-vlan4]quit
[Acc-S4]interface Ethernet 0/0/1
[Acc-S4-Ethernet0/0/1]dhcp snooping trusted
```

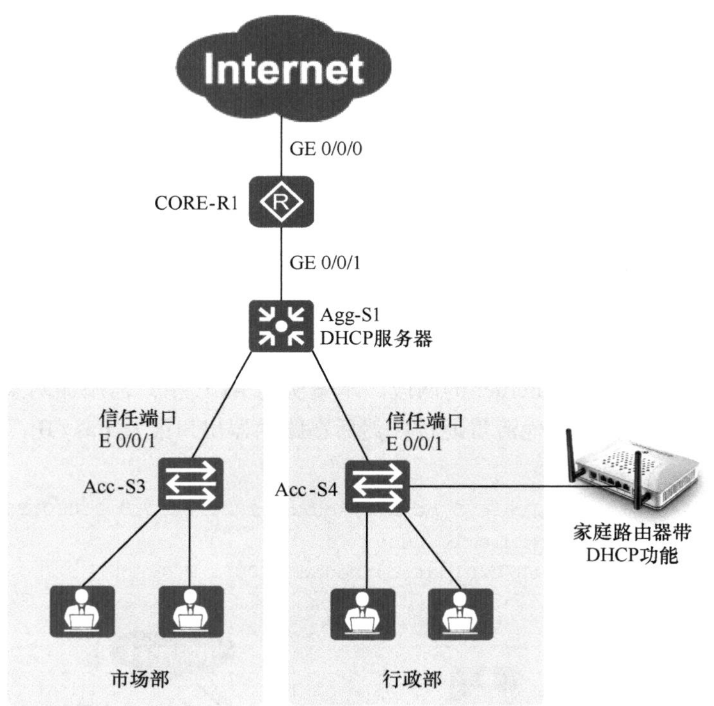

图 12-17 DHCP 安全

3. 网络管理安全

当使用 Telnet 或 Web 等方式对设备进行网络管理时，可以通过 ACL 技术，仅允许固定用户（固定 IP 地址的计算机）登录进行网络管理。对于集中式网络管理，网络管理员能够通过一个管理端程序的操作界面及时获取所有被管理设备的工作状态，并对所有被管理设备进行配置。简单网络管理协议 SNMP 定义了管理端与网络设备执行管理通信的标准，SNMPv3 增加了身份认证和加密处理，可以大大提高网络管理的安全性。

本案例中销售部、206 会议室、208 会议室允许使用任何协议访问 Internet，售后部只允许访问 Internet 上的网站，允许使用 ping 命令测试到 Internet 的连通性，财务部不允许访问 Internet。

允许访问 Internet 上的网站，就需要允许域名解析，DNS 协议使用 UDP 的 53 端口，HTTP 使用 TCP 的 80 端口，有些网站使用 HTTPS 访问，该协议使用 TCP 的 443 端口，ping 命令使用 ICMP。最后别忘了允许 Internet 用户访问内网 Web 服务器。

如图 12-18 所示（其中，GE 表示 GigabitEthernet 接口），ACL 在 AR1 路由器上设置，并绑定到接口 GigabitEthernet 0/0/0 和 GigabitEthernet 0/0/1 接口的入站方向，如下所示。为什么不将 ACL 绑定到 AR1 的 GigabitEthernet 2/0/0 出站方向呢？因为在 AR1 上配置了 NAT，内网计算机访问 Internet 的数据包，其源 IP 地址都被替换成了公网地址，就不能根据源 IP 地址进行数据包过滤。

```
[AR1]acl 3000
[AR1-acl-adv-3000]rule 5 permit ip source 192.168.1.128 0.0.0.127
[AR1-acl-adv-3000]rule 10 permit ip source 192.168.2.0 0.0.0.255
[AR1-acl-adv-3000]rule 15 permit tcp source 192.168.1.64 0.0.0.191 destination-
port eq 80
[AR1-acl-adv-3000]rule 20 permit tcp source 192.168.1.64 0.0.0.191 destination-
```

```
port eq 443
    [AR1-acl-adv-3000]rule 25 permit udp source 192.168.1.64 0.0.0.191 destination-
port eq 53
    [AR1-acl-adv-3000]rule 30 permit icmp source 192.168.1.64 0.0.0.191
    [AR1-acl-adv-3000]rule 35 permit ip source 192.168.1.19 0.0.0.0
    [AR1-acl-adv-3000]rule 40 deny ip
    [AR1]interface GigabitEthernet 0/0/0
    [AR1-GigabitEthernet0/0/0]traffic-filter inbound acl 3000
    [AR1-GigabitEthernet0/0/0]quit
    [AR1]interface GigabitEthernet 0/0/1
    [AR1-GigabitEthernet0/0/1]traffic-filter inbound acl 3000
    [AR1-GigabitEthernet0/0/1]quit
```

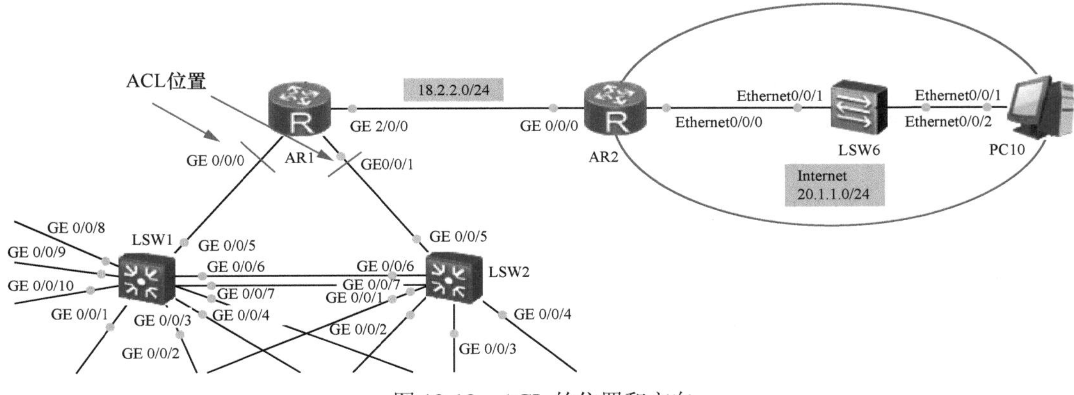

图 12-18 ACL 的位置和方向

第 13 章 SDN 和自动化运维

本章内容

- 传统网络简介
- SDN 和 OpenFlow 协议
- NFV 简介
- 网络编程与自动化运维

2008 年以后，随着 OpenFlow 协议的出现，人们开始关注软件定义网络（Software Defined Network，SDN）。作为一种杰出的网络控制机制和技术，SDN 大幅简化了网络资源的自动化和企业基于策略的网络管理。

目前，SDN 已经发展成由多家技术服务提供商（比如华为公司、思科公司）提供支持的、可靠且稳定的网络技术之一。

近几年随着网络虚拟化技术的快速发展，很多网络设备都从传统的特定硬件转到通用硬件上的软件形态。网络功能虚拟化（Network Function Virtualization，NFV）即通过使用通用硬件以及虚拟化技术来承载多功能的软件处理，从而降低昂贵的网络设备成本，使网络设备功能不再依赖于专用硬件，资源可以充分灵活共享，实现新业务的快速开发和部署。

网络工程领域也不断出现新的协议、技术、交付和运维模式。传统网络面临着云计算、人工智能等新连接需求的挑战。企业也在不断追求业务的敏捷、灵活和弹性。在这些背景因素的影响下，网络自动化越来越重要。

本章将帮助大家了解 SDN 与 NFV 的概念、SDN 的网络架构和 NFV 关键技术和架构发展历史等，并初步介绍华为 SDN 解决方案与 NFV 解决方案，以及如何使用 Python 编程实现网络自动化。

13.1 传统网络简介

13.1.1 传统网络及其分布式控制架构

传统网络（经典 IP 网络）是指分布式的、对等控制的网络。如图 13-1 所示，网络中每个设备都存在独立的管理平面、控制平面和转发平面。设备的控制平面对等交互路由协议，然后独立生成转发平面指导报文转发。

- 管理平面主要包括设备管理系统和业务管理系统。设备管理系统负责网络拓扑、设备接口、设备特性的管理，同时可以给设备下发配置脚本。业务管理系统负责对业务进行管理，比如业务性能监控、业务告警管理等。

- 控制平面负责网络控制，其主要功能为协议处理与计算。比如路由协议负责路由信息的计算、路由表的生成等。
- 转发平面是指设备根据控制平面生成的指令完成用户业务的转发和处理。例如路由器根据路由协议生成的路由表将接收的数据包从相应的出接口转发出去。

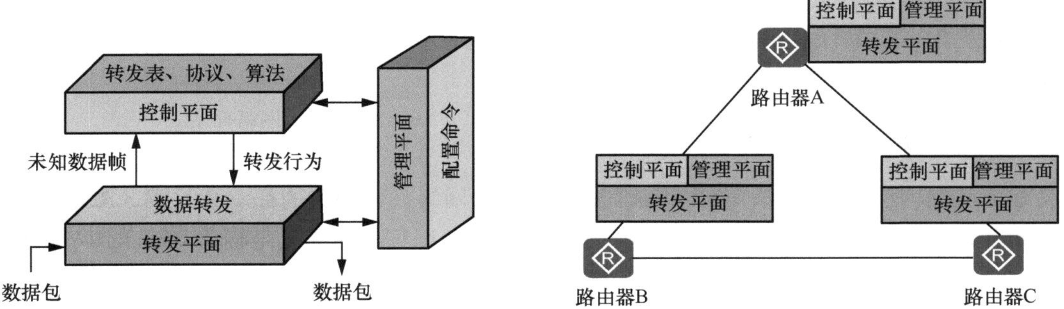

图 13-1 传统网络的分布式控制架构

以交换机为例介绍管理平面、控制平面和转发平面。

- 交换机管理平面：管理平面完成对系统运行状态的监控、环境监控、日志和告警信息处理、系统加载、系统升级等功能。交换机的管理平面提供给网络管理人员使用 Telnet、SSH、SNMP 等方式来管理设备，并执行管理人员对网络设备设置的各种网络协议命令。管理平面必须预先设置好控制平面中各种协议的相关参数，并支持在必要时刻对控制平面的运行进行干预。
- 交换机控制平面：控制平面完成系统的协议处理、业务处理、路由运算、转发控制、业务调度、流量统计、系统安全等功能。交换机的控制平面负责控制和管理所有网络协议的运行。控制平面提供了转发平面数据处理转发前所需的各种网络信息和转发查询表项。
- 交换机转发平面：转发平面提供高速、无阻塞数据通道，实现各个业务模块之间的业务交换功能。交换机的基本任务是处理和转发交换机不同端口上各种类型的数据。L2、L3、ACL、QoS、组播、安全防护等各种具体的数据处理转发过程，都属于交换机转发平面的任务范畴。

传统网络采用分布式控制架构。这里的分布式控制是指在传统网络中，用于协议计算的控制平面和报文转发的转发平面位于同一设备中。路由计算和拓扑变化后，每个设备都要重新进行路由计算，这个过程称为分布式控制过程。在传统网络中，每个设备都是独立收集网络信息、独立计算的，并且都只关心自己的选路。这种架构的弊端就是所有设备在计算路径时缺乏统一性。

传统网络的优势在于设备与协议解耦，厂家之间兼容性较好且发生故障时协议能保证网络收敛。

13.1.2 传统网络面临的问题

传统网络面临以下问题。

1. 网络易拥塞

基于恒定带宽计算转发路径容易造成网络拥塞，解决该问题的思路是基于实时带宽计算转发路径。例如，路由器 C 向路由器 D 发送报文，链路 C-D 为最短转发路径。当路由器 C 和路由器 D 间的业务流量开始超过带宽出现丢包现象时，虽然其他链路空闲，但是算法依然选择最短路径转发。如果可以全局考虑，此时最优的转发路径应为链路 C-A-D，如图 13-2 所示。

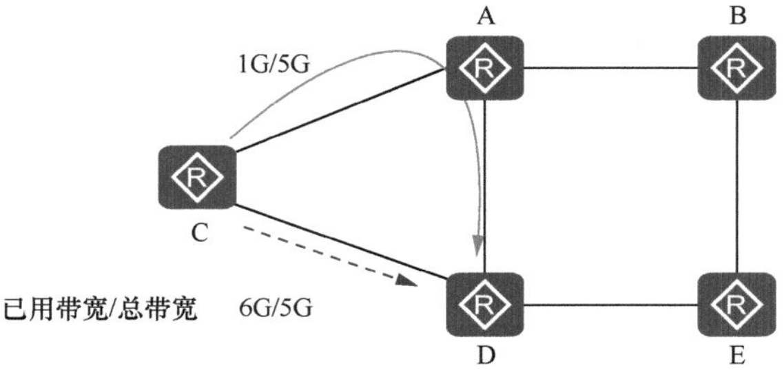

图 13-2　网络拥塞

2. 网络技术太复杂

传统网络的协议非常多。如果您准备成为一名网络技术专家，需要阅读约 2 500 篇与网络设备相关的征求意见稿（Request For Comment，RFC）。如果一天阅读一篇，需要长达 6 年时间。而这只是整个 RFC 的 1/3，其数量还在持续增加。

传统网络的配置命令也特别多。如果您准备成为某家厂商设备的百事通，需要掌握的网络配置命令行可能超过 10 000 条，而其数量还在增加。

3. 网络故障定位、诊断困难

传统运维中，网络故障依靠人工识别、人工定位和人工诊断，故障发现困难。根据数据中心统计，定位一个故障平均耗时约为 76min，超过 85%的故障在投诉后才被发现。传统运维无法有效地主动识别和分析问题。

传统运维仅监控设备指标，缺少对用户和网络的关联分析，存在指标正常但用户体验差的情况。

4. 网络业务的部署速度太慢

传统网络业务部署太慢且不灵活，如图 13-3 所示。

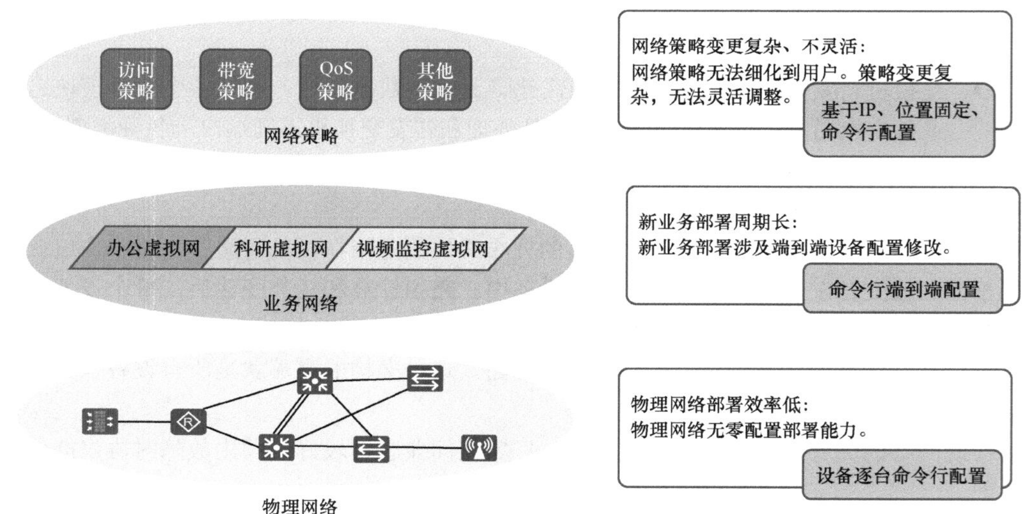

图 13-3　传统网络业务部署

网络业务部署的愿景是网络策略实现业务随行，与物理位置无关，新业务实现快速部署，物理网络支持零配置部署，设备即插即用。

13.2 SDN 和 OpenFlow 协议

13.2.1 SDN 的概念

SDN（Software Defined Network，软件定义网络）是 2006 年由美国斯坦福大学 Clean Slate 研究组提出的一种新型网络创新架构。SDN 提出了 3 个特征：转控分离、集中控制和开放可编程接口。SDN 的核心理念是通过将网络设备控制平面与转发平面分离，实现控制平面集中控制，为网络应用的创新提供良好的支撑。SDN 架构如图 13-4 所示。

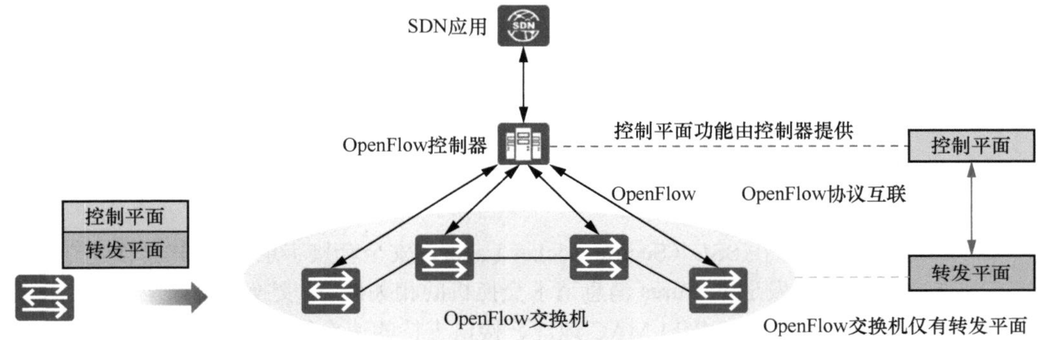

图 13-4　SDN 架构

过去几十年里，传统网络一直是全分布式的，并且战功卓著，几乎满足了各种用户需求。今天，SDN 能更好地满足用户需求。并不是传统网络无法满足什么需求，只是 SDN 能做到更快、更好、更简单。SDN 试图摆脱硬件对网络架构的限制，这样便可以像安装、升级软件一样对网络进行修改，便于更多的应用程序（Application，App）快速部署到网络上。如果把现有的网络看成手机，那 SDN 的目标就是做出一个网络界的 Android 系统，可以在手机上安装和升级，同时还能安装更多更强大的手机 App。

SDN 的本质是网络软件化，提升网络可编程能力。SDN 是一次对网络架构的重构，而不是一种新特性、新功能。不能简单地将 SDN 等同于转控分离或 OpenFlow 协议。控制与转发分离、管理与控制分离都只是满足 SDN 的一种手段，OpenFlow 协议也只是满足 SDN 的一种协议。

13.2.2 OpenFlow 协议

SDN 采用 OpenFlow 协议，OpenFlow 协议基于流表（FlowTable）转发流量，流表一般由 OpenFlow 控制器统一计算，然后下发到交换机。交换机通过查询流表进行流量转发。流表是变长的，拥有丰富的匹配规则和转发规则。一个网络设备有多张流表，如图 13-5 所示。

流表的匹配原则是对于存在的流表 0～流表 255，优先从流表 0 开始匹配。同一流表内部按照优先级匹配，优先级高的优先匹配。

OpenFlow 协议是控制器（Controller）与交换机（Switch）之间的一种南向接口协议。它定义了 3 种类型的消息——控制器到交换机、异步（Asynchronous）消息和对称（Symmetric）

消息。每种消息又包含更多的子类型。

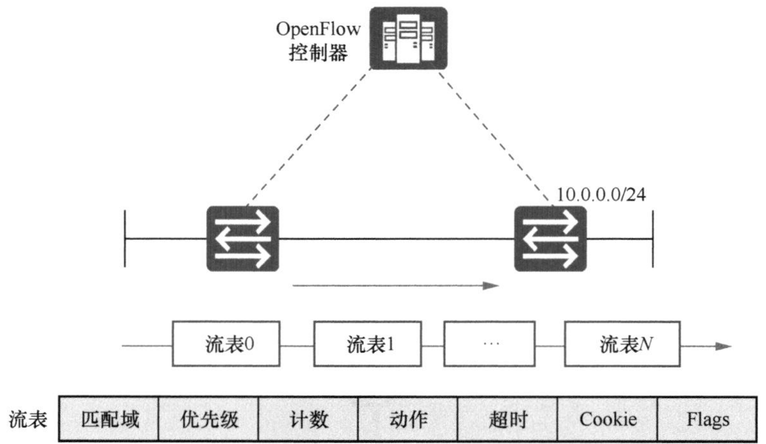

图 13-5　网络设备中的流表

控制器到交换机：该消息由控制器发送，用于管理交换机、查询交换机的相关信息。控制器到交换机有以下子类型。

- Features 消息：在 SSL（Secure Socket Layer，安全套接字层）/TCP 会话建立后，控制器给交换机发送 Features 消息请求交换机的相关信息。交换机必须应答自己支持的功能，包括接口名、接口 MAC 地址、接口支持的速率等基本信息。
- Configuration 消息：控制器可以通过该消息设置、查询交换机的状态。
- Modify-State 消息：控制器通过发送该消息给交换机，来管理交换机的状态，即增加、删除、更改流表，并设置交换机的端口属性。
- Read-State 消息：控制器用该消息收集交换机上的统计信息。
- Send-Packet 消息：控制器发送该消息到交换机的特定端口。

异步消息：该消息由交换机发起。当交换机状态发生改变时，发送该消息告诉控制器状态变化。异步消息有以下子类型。

- Packet-in 消息：当流表中没有匹配的表项或者匹配为“send to Controller”时，交换机将给控制器发送 packet-in 消息。
- Packet-out 消息：从控制器回复的消息。
- Flow-Removed 消息：当给交换机增加一条表项时，会设定超时周期。超时后，该条目就会被删除。这时交换机就会给控制器发送 Flow-Removed 消息；当流表中有条目要删除时，交换机也会给控制器发送该消息。
- Port-status 消息：当数据路径所经接口被添加、删除、修改的时候，此消息用于通知控制器。

对称消息：该消息没有固定的发起方，可由交换机或者控制器发起。例如 Hello、Echo、Error 消息都是对称消息。

- Hello 消息：当一个 OpenFlow 连接建立时，控制器和交换机都会立刻向对端发送 OFPT_HELLO 消息，该消息中的版本号域填充发送方支持的 OpenFlow 协议最高的版本号；接收方收到该消息后，会计算协议版本号，即在发送方和接收方的版本号中选择一个较小的；如果接收方支持该版本，则继续处理连接，连接成功；否则，接收者回复一个 OFPT_ERROR 消息，类型域中填充 ofp_error_type.OFPET_HELLO_FAILED。

- Echo 消息：交换机和控制器任何一方都可以发起 Echo request 消息，但收到的一方必须回应 Echo reply 消息。这个消息可以用来测量时延、控制器和交换机之间的连接性，即心跳消息。
- Error 消息：当交换机需要通知控制器发生问题或错误时，交换机给控制器发送 Error 消息。

13.2.3 流表简介

OpenFlow 交换机，也就是支持 OpenFlow 协议的交换机，基于流表转发报文。每个流表项由匹配域、优先级、计数、动作、超时（Timeout）、Cookie、Flags 这 7 部分组成，如图 13-6 所示。其中关于转发的两个关键部分是匹配域和动作。

（1）匹配域由流表字段组成，流表字段是匹配规则，支持自定义。

（2）动作用来描述匹配后的处理方式。

匹配域	优先级	计数	动作	超时	Cookie	Flags

流表字段支持自定义

Ingress Port	Ether Source	Ether Dst	Ether Type	VLAN ID	WLAN Priority	IP Src	IP Dst	TCP Src Port	TCP Dst Port
3	MAC1	MAC1	0x8100	10	7	IP1	IP2	5321	8080

图 13-6 流表项的组成

- 匹配域（Match Field）：流表项匹配项（OpenFlow 1.5.1 支持 45 个可选匹配项），可以匹配入接口、物理入接口、流表间数据、二层报文首部、三层报文首部、四层端口号等报文字段。
- 优先级（Priority）：流表项优先级，定义流表项之间的匹配顺序，优先级高的先匹配。
- 计数（Counter）：流表项统计计数，统计有多少个报文和字节匹配到该流表项。
- 动作（Instruction）：流表项动作指令集，定义匹配到该流表项的报文需要进行的处理。当报文匹配流表项时，每个流表项包含的指令集就会被执行。这些指令会影响报文、动作集以及管道流程。
- 超时（Timeout）：流表项的超时时间，包括 idle time 和 hard time。
    - idle time：在 idle time 超时后，如果没有报文匹配到该流表项，则此流表项被删除。
    - hard time：在 hard time 超时后，无论是否有报文匹配到该流表项，此流表项都会被删除。
- Cookie：控制器下发的流表项的标识。
- Flags：该字段用于改变流表项的管理方式。

13.2.4 SDN 架构

SDN 是对传统网络架构的重构，将原来分布式控制的网络架构重构为集中控制的网络架构，如图 13-7 所示。

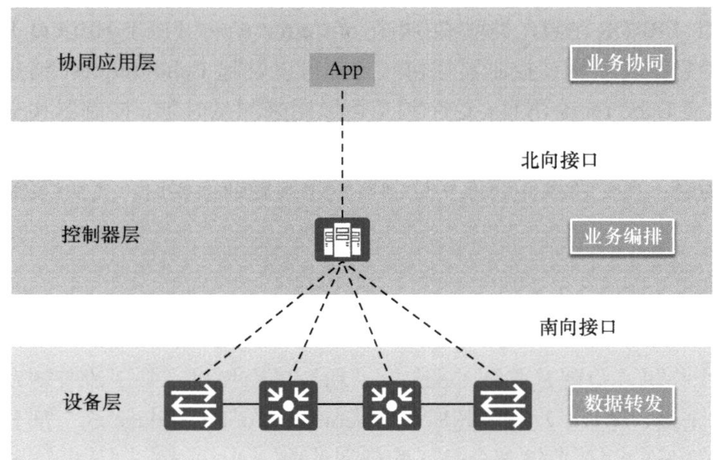

图 13-7　SND 架构

- 协同应用层主要包括满足用户需求的各种上层应用。典型的协同应用层应用包括 OSS（Operation Support System，运营支撑系统）、OpenStack 等。OSS 可以负责整网的业务协同，OpenStack 云平台一般用于数据中心，负责网络、计算、存储的业务协同。还有其他协同应用层应用，比如用户希望部署一个安全 App，这个安全 App 不关心设备具体部署位置，只调用控制器的北向接口，例如 Block（Source IP，Dest IP），然后控制器会给各网络设备下发指令，这个指令根据南向协议的不同而不同。
- 控制器层的实体就是 SDN 控制器，是 SDN 架构下最核心的部分。控制器层是 SDN 系统的“大脑”，其核心功能是实现网络业务编排。
- 设备层的网络设备接收控制器指令，执行数据转发。
- 北向接口（Northbound Interface，NBI）为控制器层对接协同应用层的接口，主要为 RESTful。RESTful 是一种网络应用程序的设计风格和开发方式，基于 HTTP，可以使用 XML 格式或 JSON 格式定义。
- 南向接口（Southbound Interface，SBI）为控制器层与设备层交互的接口，包括 NETCONF、SNMP、OpenFlow、OVSDB（Open vSwitch Database，开源虚拟机数据库）等。

13.3　NFV 简介

13.3.1　NFV 的概念和价值

近年虚拟化和云计算等 IT 技术蓬勃发展，传统应用逐渐云化，并以软件的方式部署在私有云、公有云或者混合云上。

网络功能虚拟化（NFV）是将许多不同类型的网络设备（如服务器、交换机和存储设备等）组成一个数据中心网络（Data Center Network），通过虚拟化技术形成虚拟机（Virtual Machine，VM），然后将传统的通信技术（Communications Technology，CT）业务部署到 VM 上。

虚拟化之后的网络功能被称为 VNF（Virtualized Network Function，虚拟化网络功能）。当我们谈到 VNF 时，通常是指运营商 IMS（IP Multi-Media Sub-System，IP 多媒体子系统，是一个通信网络中各种网络实体的总称）、CPE（Customer Premise Equipment，用户驻地设备）等这些传统网元（网元即网络元素，包括服务器、存储设备、交换机、路由器）在虚拟化之后的实现。硬件通用化后，传统网元不再以嵌入式的方式装在通用硬件上，而是以纯软件的方式装在通用硬件，即 NFV 基础设施（NFV Infrastructure，NFVI）上。

NFV 允许将通信服务与专用硬件（如路由器和防火墙）分离。这意味着网络运维可以不断地提供新的服务，且无须安装新的硬件。此外，虚拟化服务可以运行在通用服务器（而不是专用硬件）上。NFV 的一些额外优势包括可以选择按需付费模式、使用更少的设备从而降低运维开销，以及能够快速扩展网络体系架构。

NFV 是运营商为了解决电信硬件繁多、部署运维复杂、业务创新困难等问题而提出的。NFV 在重构电信网络的同时，给运营商带来以下价值。

- 缩短业务上线时间。在采用 NFV 架构的网络中，增加新的业务节点变得异常简单，不再需要复杂的工勘、硬件安装过程。业务部署只需申请虚拟化资源（计算、存储、网络等），加载软件即可，网络部署变得更加简单。同时，如果需要更新业务逻辑，也只需要更新软件或加载新业务模块，完成业务编排，业务创新变得更加简单。
- 降低建网成本。首先，虚拟化后的网元能够合并到通用设备中，从而获取规模经济效应。其次，NFV 提升了网络资源利用率和能效，降低了整体成本。NFV 采用云计算技术，利用通用化硬件构建统一的资源池，根据业务的实际需要动态按需分配资源，实现了资源共享，提高了资源使用效率。如通过自动扩容、缩容解决业务潮汐效应下资源利用问题。
- 提升网络运维效率。自动化集中式管理提升了运营效率、降低了运维成本。例如数据中心硬件单元集中管理的自动化，基于 MANO（Management and Orchestration，管理编排域）的应用生命周期管理的自动化，基于 NFV/SDN 协同的网络自动化。
- 构建开放的生态系统。传统电信网络专有软硬件的模式，决定了它是一个封闭系统。NFV 架构下的电信网络，基于标准的硬件平台和虚拟化的软件架构，更易于开放平台和开放接口，引入第三方开发者，使得运营商可以和第三方合作伙伴共建开放的生态系统。

13.3.2 NFV 关键技术和架构

在 NFV 的道路上，虚拟化是基础，云化是关键。

1．虚拟化

传统电信网络中，各个网元都是由专用硬件实现的。这种方式的问题在于，一方面，搭建网络需要进行大量不同硬件的互通测试及安装配置，费时费力；另一方面，业务创新依赖于硬件厂商的实现，通常耗时较长，难以满足运营商对业务创新的需求。

在这种背景下，运营商希望引入虚拟化，将网元软件化后运行在通用基础设施上（包括通用的服务器、存储设备、交换机等）。虚拟化具有分区、隔离、封装和相对于硬件独立的特征，能够很好地满足 NFV 的需求，如图 13-8 所示。

使用通用硬件，首先，运营商可以减小采购专用硬件的成本。其次，业务软件可以快速地迭代开发，也使得运营商可以快速进行业务创新，提升自身的竞争力。最后，这也赋予了运营商进入云计算市场的能力。

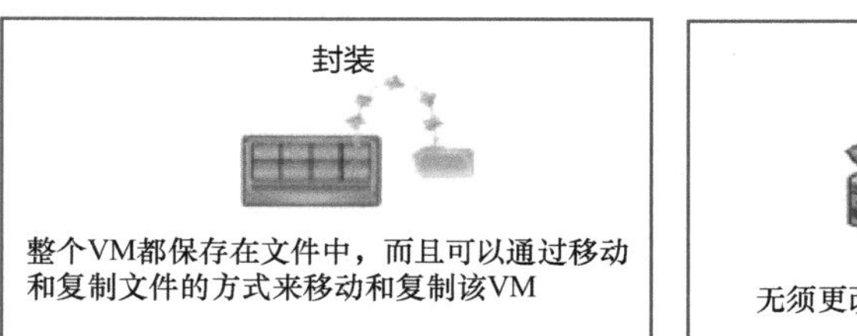

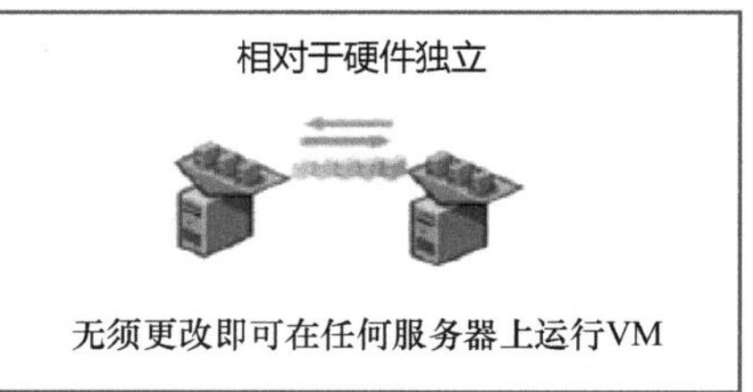

图 13-8 虚拟化的特征

2．云化

云化就是将现有业务迁移到云计算平台的过程。根据美国国家标准与技术研究院的定义，云计算是一种模型，它可以实现随时随地、便捷地、随需应变地从可配置计算资源共享池中获取所需的资源（例如网络、服务器、存储、应用及服务），资源能够快速供应并释放，使管理资源的工作量和与服务提供商的交互减小到最低限度。

云计算服务应该具备以下几个特征。

- 按需自助服务：云计算实现了 IT 资源的按需自助服务，IT 管理员无须介入即可申请和释放资源。
- 广泛网络接入：有网络即可随时、随地使用。
- 资源池化：资源池中的资源包括网络、服务器、存储等资源，可供用户使用。
- 快速弹性伸缩：资源能够快速的供应和释放。申请即可使用，释放立即回收资源。
- 可计量服务：计费功能。计费依据就是所使用的资源可计量。例如按使用小时为计费单位，以服务器 CPU 个数、占用的存储空间、网络的带宽等综合计费。

运营商网络中网络功能的云化更多的是利用资源池化和快速弹性伸缩两个特征。

NFV 架构分 NFVI、VNF 和 MANO 等功能模块，同时还要支持现有的 OSS / BSS（Business Support System，业务支撑系统）功能模块，如图 13-9 所示。

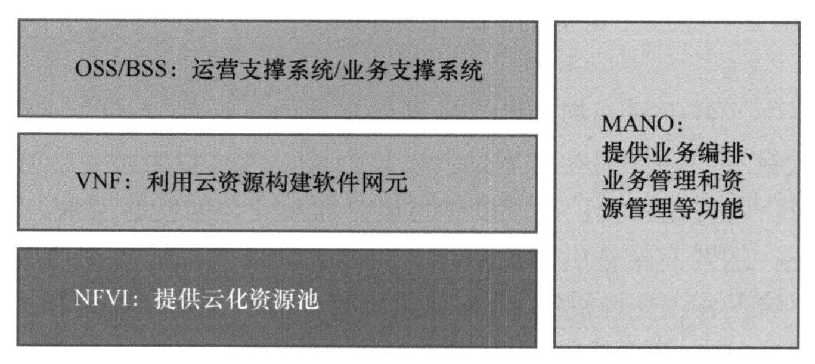

图 13-9 NFV 架构

- OSS/BSS：服务提供商的管理功能模块，不属于 NFV 框架内的功能组件，但 MANO 和网元需要提供对 OSS/BSS 接口的支持。

- VNF：指 VM 及部署在 VM 上的业务网元、网络功能软件等，VNF 也可以理解为各种不同网络功能的 App，是运营商传统网元（如 IMS、EPC、BRAS、CPE 等）的软件实现。
- NFVI：NFV 基础设施，包含硬件层和虚拟化层，为 VNF 提供运行环境。业界也称作 COTS 和 CloudOS。
  - COTS（Commercial Off-The-Shelf，商用现货），即通用硬件，强调易获得性和通用性。例如华为 FusionServer 系列硬件服务器。
  - CloudOS（Cloud Operating System，云操作系统）：设备云化的平台软件，可以理解为电信业的操作系统。CloudOS 提供了硬件设备的虚拟化能力，将物理的计算、存储、网络资源变成虚拟资源供上层的软件使用。例如华为的云操作系统 FusionSphere。
- MANO：MANO 的引入是要解决 NFV 多 CT/IT 厂家场景中网络业务的发放问题，包括分配物理、虚拟资源，垂直打通管理各层，快速适配、对接新厂家新网元。MANO 包括 NFVO（Network Function Virtualization Orchestrator，实现对整个 NFV 架构、软件资源、网络业务的编排和管理）、VNFM（Virtualized Network Function Manager，负责 VNF 的生命周期管理，比如实例化、配置、关闭等）、VIM（Virtualized Infrastructure Manager，负责 NFVI 的资源管理，通常运行于对应的基础设施站点中，主要功能包括资源的发现、虚拟资源的管理分配、故障处理等）3 部分。

NFV 架构中的每个功能模块可由不同的厂商提供解决方案，在提高系统开放性的同时增加了系统集成的复杂度。

13.3.3 华为 NFV 解决方案

华为 NFV 解决方案中，NFVI 可以由华为云 Stack 提供部分功能：计算可以由 FusionCompute 提供，存储可以由 FusionStorage 提供，网络由 FusionNetwork 提供。FusionNetwork 不是具体的产品，而是表示网络虚拟化或者 SDN 功能模块的统称。华为云 Stack 可以实现计算资源、存储资源和网络资源的全面虚拟化，并能够对物理硬件虚拟化资源进行统一管理、监控和优化。

华为 VNF 解决方案包括 CloudBB、Cloud DSL/OLT、CloudEdge、CloudCore、5G Core 等，分别对应不同种类的核心网所承载的虚拟网元的虚拟化方案。华为提供运营商无线网、承载网、传输网、接入网、核心网等全面云化的解决方案，如图 13-10 所示。

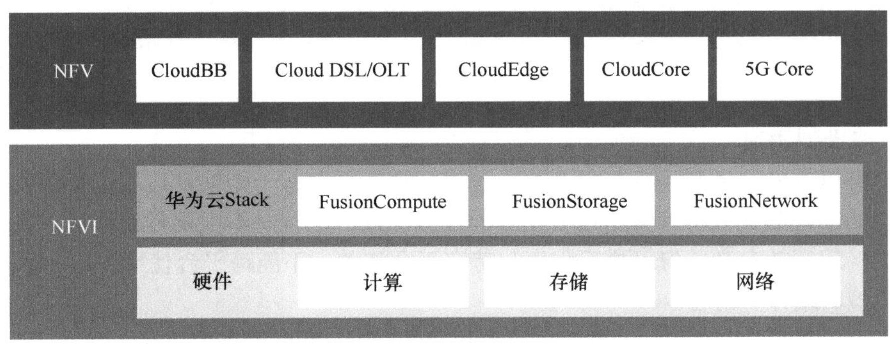

图 13-10　华为 NFV 解决方案

13.4 网络编程与自动化运维

下面介绍一些经典的运维场景。

- 设备升级：网络中有数千个网络设备，您需要周期性、批量地对设备进行升级。
- 配置审计：企业需要对设备进行配置审计。例如要求所有设备启用 STelnet 功能，所有以太网交换机配置生成树安全功能，您需要快速找出不符合要求的设备。
- 配置变更：根据网络安全要求，需要每 3 个月修改设备账号和密码，因此要在数千个网络设备上删除原有账号并新建账号。

传统的网络运维需要网络工程师手动登录网络设备，人工查看和执行配置命令，通过肉眼筛选配置结果。这种严重依赖“人”的工作方式操作流程长、效率低下，而且操作过程不审计。

网络自动化即通过工具实现网络自动化部署、运行和运维，逐步减少对“人”的依赖。

近几年，随着网络自动化技术的兴起，以 Python 为主的编程能力成为对网络工程师的新技能要求。Python 编写的自动化脚本能够很好地执行重复、耗时、有规则的操作。

13.4.1 编程语言分类

计算机编程语言是程序设计中最重要的工具，它是指计算机能够接收和处理的、具有一定语法规则的语言。从计算机诞生至今，计算机编程语言经历了机器语言、汇编语言和高级语言几个阶段。

高级语言按照在执行之前是否需编译可以分为需要编译的编译型语言（Compiled Language）和不需要编译的解释型语言（Interpreted Language），如图 13-11 所示。

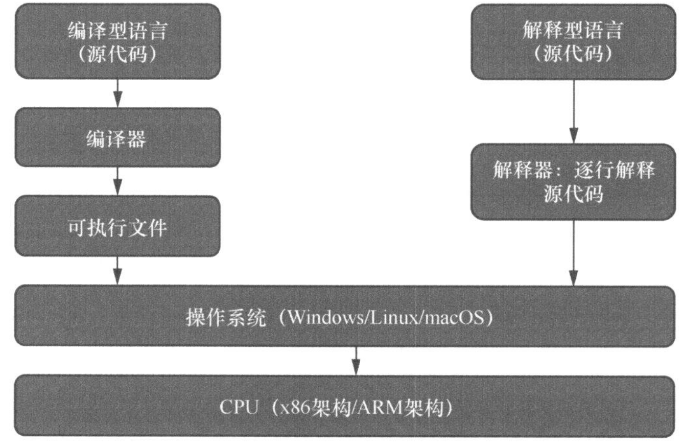

图 13-11 高级语言分类

1. 编译型语言

编译型语言的编译和执行是分开的，程序在执行之前有一个编译过程，把源代码编译成机器语言的二进制文件。编译型语言生成的可执行程序运行时不需要重新编译，直接使用编译的结果，运行效率高。但可执行程序与特定平台相关，不能跨平台使用。C、C++、Go 语言都是典型的编译型语言。

图 13-12 展示了编译型语言从源代码到程序的过程。源代码需要由编译器、汇编器编译成

机器指令，再通过链接器连接库函数等生成机器语言程序。机器语言程序须与 CPU 的指令集匹配，在运行时通过加载器加载到内存，由 CPU 执行指令。编译型语言的源代码在编译时将转换成计算机可以执行的格式，如.exe，.dll，.ocx 等。

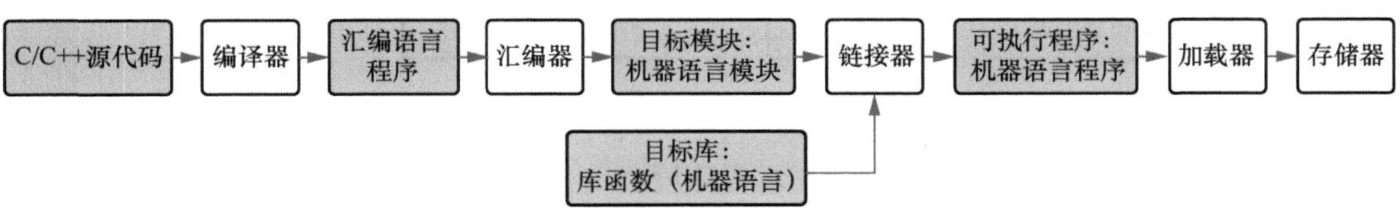

图 13-12 编译型语言从源代码到程序的过程

2. 解释型语言

解释型语言不需要事先编译，直接将源代码解释成机器语言即可执行，所以只要平台提供了相应的解释器即可运行程序。解释型语言的程序每次运行都需要将源代码解释成机器语言再执行，效率较低。但只要平台提供相应的解释器，就可以运行程序，所以程序移植较方便。Python、Perl 都是典型的解释型语言。

图 13-13 展示了解释型语言从源代码到程序的过程，将源代码文件（PY 文件）通过解释器转换成字节码文件（.pyc 文件），然后在 Python 虚拟机（Python VM，PVM）上运行。

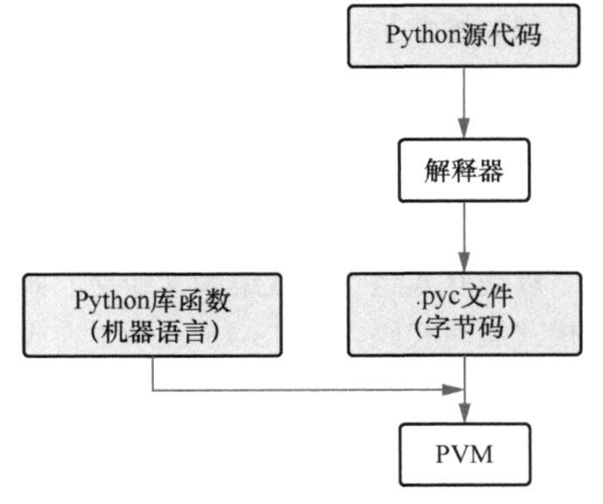

图 13-13 解释型语言从源代码到程序的过程

13.4.2 Python 语言

Python 是一种面向对象的解释型计算机程序设计语言，由荷兰人吉多·范罗苏姆（Guido van Rossum）于 1989 年发明，第一个公开发行版于 1991 年发行。

Python 是纯粹的自由软件，源代码和解释器都遵循 GPL（GNU General Public License）协议。Python 语法简洁清晰，其特点之一是强制用空白符（White Space）作为语句缩进。

Python 具有丰富和强大的库。它能够把用其他语言制作的各种模块（尤其是 C/C++）很轻松地集成在一起，因此常被称为胶水语言。常见的一种应用场景是，使用 Python 快速生成程序的原型（有时甚至是程序的最终界面），然后对其中有特别要求的部分，用更合适的编程语言改写，比如 3D 游戏中的图形渲染模块，性能要求特别高，就可以用 C/C++重写，然后封装成 Python 可以调用的扩展类库。需要注意的是，在您使用扩展类库时可能需要考虑平台问题，某些库可能不提供跨平台实现。

尽管 Python 源代码文件（.py）可以直接使用 python 命令执行，但实际上 Python 并不是直接解释 Python 源代码，而是先将 Python 源代码编译生成 Python 字节码（Python Byte Code，字节码文件的扩展名一般是.pyc），然后由 PVM 执行 Python 字节码。也就是说，这里说 Python 是一种解释型语言，指的是解释的是 Python 字节码，而不是 Python 源代码。这种机制的基本思想跟 Java 和.NET 是一致的。

尽管 Python 也有自己的 VM，但 Python 的 VM 与 Java 或.NET 的 VM 不同的是，Python 的 VM 是一种更高级的 VM。这里的高级并不是通常意义上的高级，不是说 Python 的 VM 的功能比 Java 或.NET 的更强大，而是说与 Java 或.NET 相比，Python 的 VM 距离真实机器的距离更远。或者可以这么说，Python 的 VM 是一种抽象层次更高的 VM。

Python 源代码执行过程如图 13-14 所示。

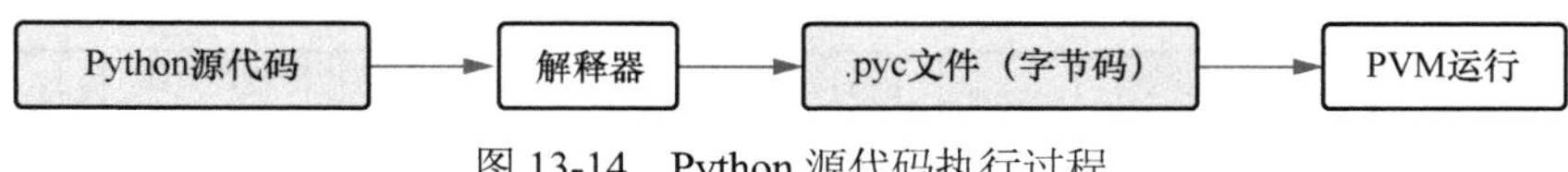

图 13-14　Python 源代码执行过程

（1）在操作系统上安装 Python 及其运行环境。

（2）编写 Python 源代码。

（3）解释器运行 Python 源代码，解释生成.pyc 文件（字节码）。

（4）PVM 将字节码转换为机器语言。

（5）硬件执行机器语言。

13.4.3　Python 代码运行方式

Python 有两种代码运行方式，即交互式运行和脚本式运行。

以交互式运行方式编程（即交互式编程）不需要创建脚本文件，通过 Python 解释器的交互模式编写代码。图 13-15 展示了在 Windows 操作系统上进行交互式编程的过程。需要说明的是，print()为 Python 内置函数，其作用是输出括号中双引号内的内容。

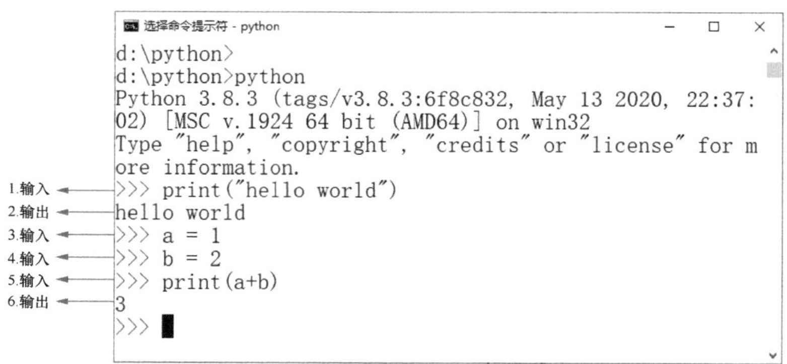

图 13-15　交互式编程过程

以脚本式运行方式编程（即脚本式编程）编写的代码可以在各种 Python 解释器或者集成开发环境上运行。例如 Python 自带的 IDLE、Atom、Visual Studio、Pycharm 和 Anaconda。典型的脚本式编程过程如图 13-16 所示，使用记事本软件编写 Python 脚本，保存脚本文件，其扩展名为.py，然后在 Python 解释器中执行脚本文件。

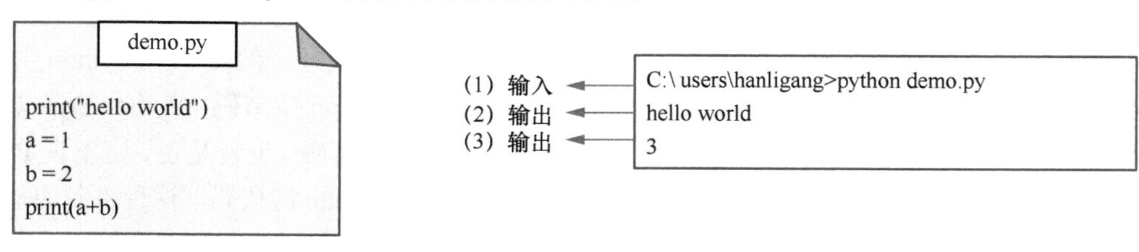

图 13-16　脚本式编程过程

13.4.4 Python 编码规范

Python 编码规范是指使用 Python 编写代码时应遵守的命名规则、代码缩进、代码和语句分割方式等。良好的编码规范有助于提高代码的可读性，便于代码的维护。

1. 分号、空行、圆括号和空格的使用规范建议

分号：Python 程序允许在行尾添加分号，但是不建议使用分号分隔语句。建议每条语句单独一行。如果一行有多条语句，需要用分号隔开。

空行：不同函数或语句块之间可以使用空行来分割，以区分两段代码、提高代码的可读性。

圆括号：圆括号可用于长语句的续行，一般不使用不必要的圆括号。

空格：不建议在圆括号内使用空格，对于运算符，可以按照个人习惯决定是否在两侧加空格。

2. 标识符命名规范

Python 标识符用于表示常量、变量、函数以及其他对象的名称。标识符通常由字母、数字和下画线组成，但不能以数字开头。标识符区分大小写，不允许重名。如果标识符不符合命名规范，编译器运行代码时会输出 SyntaxError 语法错误的提示信息。如图 13-17 所示，第 5 个标识符以数字开头，就是错误的标识符。

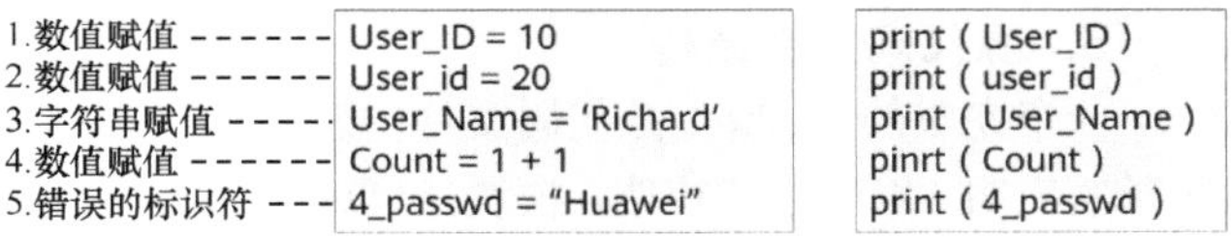

```
1.数值赋值 ------ User_ID = 10                print ( User_ID )
2.数值赋值 ------ User_id = 20                print ( user_id )
3.字符串赋值 ---- User_Name = 'Richard'       print ( User_Name )
4.数值赋值 ------ Count = 1 + 1               pinrt ( Count )
5.错误的标识符 --- 4_passwd = "Huawei"         print ( 4_passwd )
```

图 13-17 标识符命名规范示例

3. 代码缩进

使用 Python 编写条件语句和循环语句时，需要用到代码块。代码块是满足一定条件时执行的一组语句。在 Python 程序中，用代码缩进划分代码块的作用域。如果一个代码块包含两个或两个以上的语句，则这些语句必须具有相同的缩进量。Python 语言使用代码缩进和冒号来区分代码之间的层次。对 Python 而言，代码缩进是一种语法规则。

编写代码的时候，建议按 Tab 键来生成缩进。如果代码中使用了错误的缩进，则会在程序运行时返回 IndentationError 的错误信息。图 13-18 所示的判断语句列出了代码块的开始和结束，以及正确缩进和错误缩进的示例。图中 if 所在行和 else 所在行属于同一个代码块，缩进相同。最后一行 print(a)和 if 所在行、else 所在行属于同一代码块，缩进应该相同。

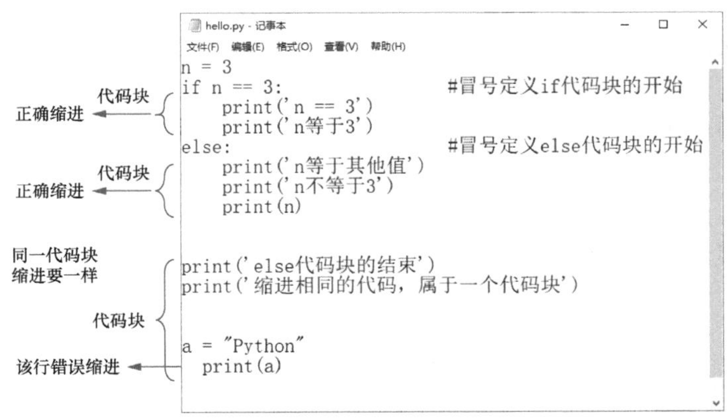

图 13-18 代码块和代码缩进

4. 使用注释

注释就是在程序中添加解释说明，以增强程序的可读性。如图 13-19 所示，在 Python 程序中，注释分为单行注释和多行注释。单行注释以#字符开始直到行尾结束。多行注释可以包含跨多行的内容，这些内容包含在一对三引号内（'''...'''或者"""..."""）。

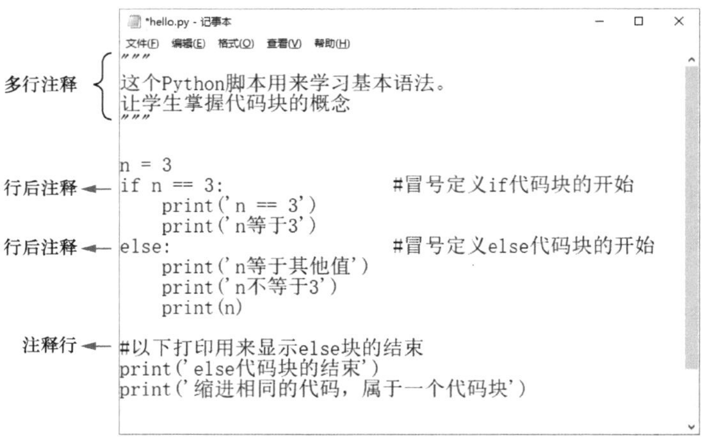

图 13-19 注释

5. 源代码文件结构

一个完整的 Python 源代码文件一般包含解释器声明、编码格式声明、模块注释或文档字符串、模块导入和运行代码。

如果在程序中需要调用标准库或其他第三方库的类时，需要先使 import 或 from...import 语句导入相关的模块。导入语句始终在文件的顶部，在模块注释或文档字符串（docstring）之后。图 13-20 所示是源代码文件结构示例。

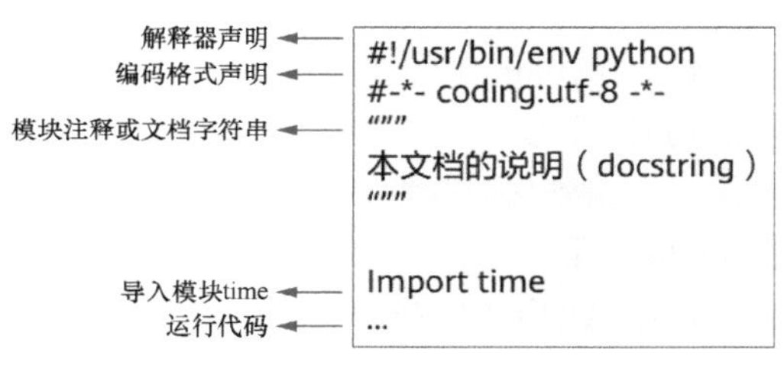

图 13-20 源代码文件结构示例

- 解释器声明的作用是指定运行本文件的编译器的路径（非默认路径安装编译器或有多个 Python 编译器）。在 Windows 操作系统上可以省略本示例中第一行解释器声明。
- 编码格式声明的作用是指定本程序使用的编码类型，并以指定的编码类型读取源代码。Python 2 默认使用的是 ASCII 编码（不支持中文），Python 3 默认支持 UTF-8 编码（支持中文）。
- 文档字符串的作用是对本程序功能的总体介绍。
- 模块导入部分导入了 time 模块，它是 Python 内置模块，其作用是提供处理时间相关的函数。

13.4.5 实战：使用 Python 管理网络设备

Telnet 定义了网络虚拟终端（Network Virtual Terminal，NVT）。它描述了数据和命令序列在 Internet 上传输的标准表示方式，以屏蔽不同平台和操作系统的差异，例如不同平台上换行的指令是不一样的。Telnet 通信采用带内信令方式，即 telnet 命令在数据流中传输。为了区分 telnet 命令和普通数据，telnet 采用了转义序列。每个转义序列由 2 字节构成，前一字节为 0xFF，叫作 IAC（Interpret As Command，解释为命令，它标识了后面 1 字节是命令。在 Windows 操作系统或 Linux 操作系统可以使用 Telnet 远程配置华为路由器和交换机等网络设备。

telnetlib 是 Python 标准库中的模块。它提供了实现 Telnet 功能的类 telnetlib.Telnet。表 13-1 展示了 telnetlib 模块定义的方法。这里通过调用 telnetlib 模块 Telnet 类的不同方法实现不同功能。

表 13-1　telnetlib 模块定义的方法

方法	功能
Telnet.open (host,port = 0 [,timeout])	连接到主机。第二个参数是端口号，默认为标准 Telnet 端口（23），可选的 timeout 参数用来指定阻塞操作（如连接尝试）的超时时间（以秒为单位），如果未指定，将使用全局默认超时设置
Telnet.read_until (expected,timeout=None)	读取，直到预期的给定字节字符串（b’　'）或时间超时。如果找不到匹配项，则返回可用的内容，可能是空字节；如果连接已关闭且没有可用的 cooked 数据，则引发 EOF（End Of File）错误
Telnet.read_all( )	读取所有字节类型数据，直到遇到 EOF 为止，或者直到连接关闭
Telnet.read_very_eager( )	读取从上次 I/O 阻断到现在所有的内容，返回字符串，连接关闭；或者没有数据时触发 EOF 错误异常
Telnet.write(buffer)	将一字节字符串写入套接字，使任何 IAC 字符加倍。如果连接关闭，可能会引发 OS 错误
Telnet.close( )	关闭连接

本案例展示使用 Python 脚本文件，导入 telnetlib 模块，使用该模块定义的方法，通过 Telnet 配置华为路由器，在华为路由器上更改设备名称、创建 VLAN、设置接口 IP 地址这类操作。

（1）配置华为路由器接口 IP 地址，如下所示。

```
<Huawei>system-view
Enter system view, return user view with Ctrl+Z.
[Huawei]interface GigabitEthernet 0/0/0
[Huawei-GigabitEthernet0/0/0]ip address 192.168.80.99 24
[Huawei-GigabitEthernet0/0/0]quit
```

（2）配置路由器允许 Telnet，如下所示。

```
[Huawei]user-interface vty 0 4
[Huawei-ui-vty0-4]authentication-mode password
Please configure the login password (maximum length 16):huawei@123
[Huawei-ui-vty0-4]user privilege level 15
[Huawei-ui-vty0-4]quit
```

（3）在 Windows 操作系统上使用 Telnet 登录路由器，注意观察交互过程，如下所示。

```
C:\Users\hanlg>telnet 192.168.80.99
Login authentication
Password:
<Huawei>system-view
Enter system view, return user view with Ctrl+Z.
[Huawei]quit
```

（4）根据步骤（3）Telnet 交互的输入和输出，编写 Python 脚本，使用 telnetlib 模块下的方法读取 Telnet 输出，执行 telnet 命令，对网络设备进行配置，如下所示。

```
import telnetlib                    #导入 telnetlib 模块
host = '192.168.80.99'              #指定登录设备 IP 地址
password = 'huawei@123'             #指定登录设备密码
tn = telnetlib.Telnet(host)         #使用 Telnet 登录的设备
tn.read_until(b'Password:')         #读取直到回显信息（即设备返回的信息）为“Password:”
tn.write(password.encode('ascii')+b'\n')        #输入 ASCII 编码的密码并按 Enter 键

#进入系统视图，更改设备名称
tn.read_until(b'<Huawei>')              #输出读取直到“<Huawei>”的信息
tn.write(b'system-view'+b'\n')          #输入 system-view 命令并按 Enter 键
tn.read_until(b'[Huawei]')              #输出读取直到“[Huawei]”的信息
tn.write(b'sysname R1'+b'\n')           #更改路由器名称为 R1
tn.read_until(b'[R1]')                  #读取直到回显信息为“[R1]”

#创建 VLAN 2
tn.write(b'vlan 2'+b'\n')               #输入命令创建 vlan 2
tn.read_until(b'vlan2)')                #输出读取直到“vlan2”的信息
tn.write(b'quit'+b'\n')                 #输入命令退出 vlan2 视图
tn.read_until(b'[R1]')                  #输出读取直到“[R1]”的信息

#进入接口视图，配置接口 IP 地址
tn.write(b'interface GigabitEthernet 0/0/1'+b'\n')    #输入命令进入接口视图
tn.read_until(b'1)')                                 #输出读取直到“1)”的信息
tn.write(b'ip address 10.1.1.1 24'+b'\n')            #输入命令配置接口 IP 地址和子网掩码
tn.read_until(b'1)')                                 #输出读取直到“1)”的信息
tn.close()                                           #关闭 Telnet 连接
```

Python 中 encode( )和 decode( )函数的作用是以指定的方式编码字符串和解码字符串。本例中，password.encode('ascii')表示将字符串 huawei@123 转为 ASCII。此处编码格式遵守 telnetlib 模块官方要求。

Python 在字符串前添加 b，例如 b'string'，表示将字符串 string 转换为 bytes 类型。本例中，b'Password:'表示将字符串 Password:转换为 bytes 类型字符串。此处编码格式遵守 telnetlib 模块官方要求。

13.5 习题

一、选择题

Python 属于编译型语言。（　　）

A．正确　　　　B．错误

二、简答题

1．SDN 与 NFV 是什么关系？

2．华为的解决方案中 SDN 与 NFV 是什么关系？

3．简述 Python 标识符命名规范。